全源定位、导航与授时

All Source Positioning, Navigation, and Timing

[美]李荣生(Rongsheng(Ken)Li)　著

王秋滢　译

国防工业出版社

·北京·

著作权合同登记　图字：01-2025-0981 号

图书在版编目(CIP)数据

全源定位、导航与授时 / (美) 李荣生（Rongsheng(Ken)Li）著 ; 王秋滢译. -- 北京 : 国防工业出版社, 2025. 5. -- ISBN 978-7-118-13705-7

Ⅰ. P228.4

中国国家版本馆 CIP 数据核字第 2025B5E417 号

All Source Positioning, Navigation, and Timing by Rongsheng(Ken)Li

ISBN：9781630817039

※

国防工业出版社出版发行

（北京市海淀区紫竹院南路 23 号　邮政编码 100048）

三河市天利华印刷装订有限公司印装

新华书店经售

*

开本 710×1000　1/16　印张 24½　字数 440 千字

2025 年 5 月第 1 版第 1 次印刷　印数 1—1800 册　定价 188.00 元

（本书如有印装错误，我社负责调换）

国防书店：(010)88540777　　书店传真：(010)88540776

发行业务：(010)88540717　　发行传真：(010)88540762

译者序

全球卫星导航系统主要用来解决定位、导航与授时(positioning, navigation, and timing, PNT)问题,当全球卫星导航系统损坏或无法工作时,就需要利用PNT技术。该技术是多种不同传感器和信息源的组合与整合技术。近年来,随着军事、工业的不断发展,越来越多的人关注融合性更强、智能性更高的国家定位导航授时体系。译者翻译本书的初衷是帮助读者梳理并了解全源定位导航与授时技术的基本原理和架构。本书涵盖了PNT技术的基本原理、基本解决方案以及定位导航与授时的辅助技术,可为相关领域的学者和工程师提供指导性思路,对学术研究和实际应用有一定的参考价值。

本书包括三个部分:

第一部分介绍全源定位导航与授时技术的基本内容,主要阐述全源定位导航与授时的必要性及全书的结构(第1章)、书中涉及的重要基本概念和基本算法(第2章)、基于传递方案的PNT解决方案(第3章)、基于测量方案的PNT解决方案(第4章),以及基于卡尔曼滤波解算方案的融合方案(第5章)。

第二部分介绍全源定位导航与授时的基本应用示例(第6~14章),主要包括集成时钟、姿态测定、航天器轨道确定、地形基准导航、当代天文导航、基于视觉和图像的导航、重力异常和磁场异常基准导航、PNT协作、机会信号PNT等。这一部分重点介绍可以被纳入全源PNT架构中的一些具有潜在应用价值和实用性的定位导航与授时辅助技术。

第三部分介绍通用硬件、实时软件架构及其开发过程(第15章)。重点介绍开放架构标准等问题。

本书得到国家自然科学基金项目No.51879046的资助。本书由王秋滢翻译,在翻译和出版过程中,得到刘凯悦、蔡沐春、张硕、张贺、孟夕、宋怡琼、黄倩芸的帮助和支持,没有他们的辛勤工作和支持,本书不能顺利完成,在此深表谢意。

原著中的部分错误已在翻译过程中纠正。由于译者水平有限,难免有其他疏漏之处,请读者批评指正。感谢本书所有读者,希望你们能从中获得有用的信息和知识!

译者
2024 年 8 月

目录

第1章　引言与简介

第2章　基本原理

第3章 多种信息传播测量方案

第4章 多种基于量测的解决方案

第 5 章 全源 PNT 解决方案:卡尔曼滤波组合

第 6 章 集成时钟

第7章 航天器姿态确定

第8章 轨道确定

第 9 章 地形参考导航

第 10 章 现代天文导航

第 11 章 图像与视觉导航

第12章 重力异常与磁力异常参考导航

第13章 协作式 PNT

第14章 机会信号 PNT

第 15 章 实时系统和软件开发方法及其在 PNT 系统中的应用

第1章

引言与简介

1.1 为什么需要全源 PNT?

全球定位系统(global positioning systems, GPS),或更广义的全球卫星导航系统(global navigation satellite systems, GNSS)主要用来解决定位、导航与授时(positioning, navigation, and timing, PNT)问题。目前,全球卫星导航系统主要包括由美国建造的 GPS、苏联/俄罗斯建造的格洛纳斯系统(global navigation satellite system, GLONASS)、欧盟建造的伽利略、中国建造的北斗以及部分基于卫星的增强系统。如今,每部手机都有一个制造成本可能不到3美元的 GNSS 接收机,并且 GNSS 接收机的数量很可能已经超过大多数文明国家人口的数量。GNSS 已经在军事、民用、商业系统以及消费产品中发挥了关键性作用,可以说 GNSS 是人类社会最重要的发明之一。

然而,对于军事安全和执行关键任务的商业应用来说,GNSS 有一个根本性缺点:容易受到影响。具体来说,在以下四种情况下,GNSS 的可用性与完整性会受到严重影响:

(1) 本地操作区域内存在低功率干扰器时,GNSS 信号易受到干扰;

(2) 当有其他信号干扰时,GNSS 信号易受欺骗;

(3) 当有山脉和建筑物阻挡时,GNSS 信号难以被接收到。当 GNSS 卫星以低仰角发射时,位于自然峡谷或城市建筑群中的用户无法接收 GNSS 信号,大大降低了 GNSS 可用性;

(4) 在未来重大军事战略战争中,首先被攻击的系统可能是 GNSS 系统。

正如1.2节所阐述的,有许多替代或补充的 PNT 辅助技术可以作为 GNSS 系统受干扰或无法工作时提供 PNT 解决方案。然而,这些技术都无法在所有操作方式或应用场景下提供足够的可用性和完整性。也就是说,当 GNSS 系统受干扰或无法工作时,没有一种独立的解决方案可以取代 GNSS。因此,该解决方案必然是多种传感器和信息源的组合与整合技术,即全源 PNT 技术(整合所有可用信息源的 PNT 技术)。

1.2 PNT 辅助技术与全源 PNT 技术

本节将从机械编排与基本原理、典型性能、优势与局限性等方面对 PNT 辅助技术进行概述。表 1.1 是对各类 PNT 辅助技术的简要比较。

表 1.1 PNT 辅助技术比较

序号	PNT 辅助技术	典型性能与原理	优点	缺点
1	多星座或多频段 GNSS	典型定位精度 0.01~20m。利用所有 GNSS 信号与交叉检验来提高可用性和完整性	潜在解决自然峡谷与城市建筑群的问题，改善系统完整性	系统仍可被干扰。如 GNSS 星座消失，则方案失效。本方案不可以作为军事应用的信任方案
2	机会信号（signal of opportunity, SOOP）	典型定位精度 1~1000m。利用地面和空间提供的大量可用高强度信号实现定位	信号强度大，部分信号强度比 GPS 强数百万倍；难以干扰；交叉检验可提高系统完整性	需要一个参考基站，并采用参考基站与可能被干扰或不可用的用户通信；无法作为大多数重要任务的信任方案；接收机必须具备能够处理大量不同类型信号的能力；需要有信号源位置或星历数据
3	天文导航	典型定位精度 10~200m。利用恒星或常驻空间物体（resident space objects, RSO）来确定姿态和位置；通常与 INS 组合使用；短波红外（short-ware infrared, SWIR）相机提供白天导航功能	恒星或 RSO 始终可用；不用考虑云层下方的空间导航	需要完成云层上方的空间导航；午夜时间段不可用；部分低地球轨道（low earth orbit, LEO）的 RSO 夜间无光照；特定需求下的性能无法满足；可能需要万向节或波束导航器来跟踪 RSO
4	视觉导航	典型定位精度 0.1~100m。将图像与数据库中的图像进行匹配，或利用一系列图像完成运动测量；精度为 0.5%~5% 的视觉里程计航程	与天文导航互补；不用考虑云层上方的空间导航	需要完成云层下方的空间导航；雨、雪、季节性变化、建筑物等会造成匹配性变差，可用性降低；在无特征的海洋环境无法使用

续表

序号	PNT 辅助技术	典型性能与原理	优点	缺点
5	地形参考导航(terrain referenced navigation,TRN)	典型定位精度 0.1~100m;利用雷达或激光高度计测量高度,以便与地形数据库进行匹配	不受天气影响;不受云层影响;传感器成本低且尺寸、重量和功率(size, weight, and power, SWAP)低	只能探测主动信号;在平坦的陆地与海面无法使用
6	磁场异常参考导航(magnetic anomaly referenced navigation, MARN)	典型定位精度 10~1000m;使用磁强计测量地球磁场,与地图或数据库匹配	成熟、精度高,低 SWAP 的传感器;很难被干扰或欺骗	缺少高精度的磁场异常地图或数据库;必须能够准确测量并校正主动磁场与硬/软铁磁效应对测量平台的影响
7	重力梯度异常参考导航(gravity gradient anomaly referenced navigation, GGARN)	典型定位精度 10~1000m;使用重力梯度仪(gravity gradient instrument, GGI)测量重力梯度,与地图或数据库匹配	难以被干扰或欺骗;受环境影响小(与 MARN 相比)	高精度 GGI 仍在研发中;包含地形效应的高精度重力地图或数据库难以获得
8	重力异常参考导航(gravity anomaly referenced navigation, GARN)	典型定位精度 10~1000m;使用重力计(高精度加速度计)测量重力,与地图或数据库匹配	难以被干扰或欺骗受环境影响小(与 MARN 相比);使用现有的高精度加速度计实现	必须过滤掉由于运动产生的加速度;只适用于稳定或长航程的载体,如潜艇
9	网络协作式 PNT	典型定位精度 1~1000m;有通信、时间传输、测距、测量视距无线传输(line-of-sight, LOS)矢量等功能,为整个网络提供更好的链路性能	易于在现有通信链路中扩充;将高成本、低数量的 PNT 系统扩展为网络协作伙伴	通信链路依然是脆弱的,易受干扰、欺骗等因素影响

价格最便宜的PNT 辅助设备是多星座或多频段 GNSS 接收器,目前,几乎所有的手机都有这种接收器。也可以使用来自每个 GNSS 卫星的所有可用信号,包括 GPS、GLONASS、伽利略系统、北斗系统以及区域性可用的 GNSS 信号和 GNSS 增强系统,如广域增强系统(wide area augmentation system, WAAS)、准天顶卫星系统(quasi-zenith satellite system, QZSS)、欧洲地球同步卫星导航增强服务系统(european geostationary navigation overlay service, EGNOS),共有上百个高质量信号可用于 PNT 跟踪定位。在任何一个地点,很容易捕捉到超过 50 个可用信号。这就使得即使是在自然峡谷或城市建筑群的使用环境下,也能改善

PNT 系统的可用性。

大部分信号需要通过高可靠性交叉检验技术来消除欺骗信号、检测故障数据、剔除多路信号，进而提高解决方案的完整性。通过使用差分 GNSS 增强功能、载波相位跟踪和模糊决策技术，定位精度可以达到厘米级。

然而，由于地面用户接收到的 GNSS 信号功率强度非常低，因此多星座或多频段 GNSS 技术很容易受到低功率干扰器影响导致无法使用。特别是在战略战争期间，所有的 GNSS 卫星都会成为攻击目标。

机会信号 PNT 利用了大量无线电射频（radio frequency, RF）信号的优势，即信号可以从地面信号源（如调幅/调频（AM/FM）收音机、电视台、手机信号塔）和空间信号源（如卫星广播、卫星电视、卫星移动电话等）获得。这些信号源大多具有非常高的功率强度（通常比 GNSS 信号高 30~70dB），即使在战争期间，这类信号也很难被完全干扰或屏蔽。

SOOP PNT 的最大问题是所有的信号源无法以任何一种方式同步。因此，通常需要一个与用户端接收相同信号的参考基站，不仅可以实现基于到达时间差（time difference of arrival, TDOA）的定位，而且能够与参考基站时间同步。参考基站不仅解决了时间同步问题，而且还以类似于差分 GPS（differential global positioning system, DGPS）的方式改善了系统性能。但是，参考基站的使用带来了另一个缺点，即基站极有可能成为攻击的目标，而且参考基站与用户接收器之间的通信过程易受到干扰与欺骗。

天体导航是一门古老的导航技术，早期曾在船舶和飞机导航系统中使用。当代天体导航包括正在研发的 SWIR 星际跟踪器，该星际跟踪器能够在白天跟踪恒星与卫星，还使用了 RSO 来提高导航性能。

基于恒星观测的星际跟踪器可以辅助惯性导航系统以获得高精度姿态、速度和位置。其中，速度误差和位置误差以舒勒周期调谐并有界（详见第 10 章），因为 RSO 与导航器距离有限，且 LOS 方向对姿态和位置的敏感性高，因此使用 RSO 有助于进一步提高位置和速度性能。即使同时使用恒星与 RSO 观测，天体导航性能也属于航路导航性能范畴，因此想要进一步提高导航性能是非常困难的。

天体导航的导航精度受制于导航仪上方的云层覆盖。而对于在高空飞行的飞机来说，云层的影响要小得多。在低空，特别是对于在海洋和地面行驶的载体，云层极有可能阻挡导航仪观测恒星和卫星的视野。即使有云图和避开云层的设计，当使用者对性能有需求时，恒星和 RSO 很有可能不可见。

在很多情况下，视觉导航可以作为天体导航的补充技术来使用。天体导航主要通过观测恒星与 RSO 来完成导航。当使用飞行器平台导航时，视觉导航主要是观测地面方向的图像。由于在这种情况下，只需要关注飞行器下方的云层，因此，高空飞行器比低空飞行器视觉导航难度更大。

对于地面用户,视觉导航主要是利用导航仪周围的图像和典型三维(3D)数据库实现导航功能。

从根本上说,视觉导航方法主要有两种。第一种方法是将相机采集图像与地理标记图像数据库进行比对,通过配准误差来确定姿态和位置。大多数情况下,数据库存储的不是大量图像而是图像特征。因此,首先要做的是提取相机采集图像的特征,以便后续与数据库中存储的特征进行匹配。

第二种方法不需要数据库,而是利用能够表示载体运动的一连串图像序列推导出载体的姿态变化与位置变化信息。这是视觉里程计的特点,可以完成相对导航。

还有一种介于两者之间的方法,即同步定位与地图绘制(simultaneous localization and mapping,SLAM)。该方法与基于数据库的视觉导航方法基本相同,只是在测量环境变化时,数据库中的特征信息要随着场景变化而随时更新或创建。

天体导航和视觉导航是利用无源光学图片进行导航的,导航过程中不需要产生任何能够被探测到的信号。因此,该导航方式无法被干扰或欺骗。

视觉导航的性能可以扩展和改善。也就是说,当使用的图像更真实时,能够得到精度更高的导航结果。使用数据库的视觉导航的问题之一是,由于雪、雨、季节和建筑等因素的变化,采集的图像也可能会发生变化。尽管可以采取措施来改进图像与数据库中的图像匹配问题,使得无须图像中的每一部分都与数据库中图像匹配,但这一问题依然会降低视觉导航的可用性和精度。

TRN、MARN、GGARN、GARN 都属于广义地形参考导航方式,这一类导航方法的基本原则相同,即采用合适的传感器来测量物理变量。例如,利用地形测量高度、磁场异常、重力异常和重力梯度异常,这些变量都是与位置有关的函数。然后,将测量的变量与基于位置或姿态的地图或数据库预测值进行匹配。通过对比差异值来估计导航误差和传感器误差,并对导航状态变量进行修正。

经典 TRN 方法是利用雷达或激光高度计测量地面上方的高度,再利用测量的高度与数据库匹配完成导航。由于 TRN 方法利用雷达高度计测量时必须使用有源信号,因此,信号在一定程度上可以被探测到且易受干扰。此外,TRN 方法的另一个缺点是它无法在平坦的地面或平静的海域工作。

磁力异常与重力异常的测量只能使用无源传感器,在一定距离内干扰或欺骗重力场或磁场是极其困难的。磁场异常与重力异常随处可见,飞行器、地面载体、水下载体都可以使用。

当前,高精度、低 SWAP、价格合理的磁强计传感器已经可以满足磁异常参考导航的需求。目前的主要难点是缺少高精度的磁场异常地图以及对待测量环境周围磁场的建模与校准能力有限。

然而,高精度、低 SWAP、价格合理的 GGI 传感器正在研发,并且重力梯度导航也存在缺乏高精度地图与数据库的问题。

GARN 方法选择测量重力代替重力梯度完成导航过程。这就需要消除由于测量运动而产生的加速度影响。因此,GARN 只适用于特殊类型的低动态运动载体,如潜艇或水面船,通过长时间的平均或滤波处理可以降低运动对重力测量的影响,使导航精度达到可接受的水平。

网络协作式 PNT 技术主要是通过网络通信技术建立一个互联的"世界"。一方面,网络节点要通过通信网络交换信息。更重要的是,网络节点要通过网络完成额外参数的测量。例如,传输时间量(发射时间(time of transmit, TOT)和到达时间(time of arrival,TOA))、距离测量、LOS 矢量。这样,各网络节点可以利用这些测量值与其他节点的位置与时间信息来确定自身的位置与时间。网络协作式 PNT 技术的主要优点是,它可以将高成本的资源信号(如原子钟信号、天体导航信号、具有更高 GNSS 可用性与完整性的其他设备信号)与资源不丰富的网络节点互通信息。由上可知,网络协作式 PNT 技术无法作为一项单独的 PNT 技术使用,也就是说,协作式网络中必须有一些节点与其他基于 PNT 技术的节点互相联通,为网络提供位置和时间基准信息。

综上所述,上述 PNT 辅助技术无法在所有工作和应用场景中提供性能一致、可用性和完整性好的完美解决方案。正因如此,业界和政府机构一致认为,对上述问题的唯一解决方案是将这些技术整合在一起,因此就有了全源 PNT 技术。

文献[1-4]描述了美国政府对全源 PNT 技术的发展举措,美国国防部高级研究计划局(Defense Advanced Research Projects Agency, DARPA)将该技术称为全源定位与导航(all source positioning and navigation, ASPN)。文献[5-67]描述了工业界与学术界的替代性或互补性 PNT 相关技术、全源 PNT 技术的研究成果,部分技术成果可以融合到传统 PNT 技术中(如文献[68-86]),以及各种基于卡尔曼滤波技术的组合导航中(如文献[87-91])。

1.3 通用全源 PNT 技术架构

本书的大部分读者可能对 GPS/惯性导航系统(inertial navigation system, INS)组合导航系统有所了解,即将 GPS 与 INS 组合在一起的导航。全源 PNT 技术与 GPS/INS 组合导航类似,也属于传感器融合的问题,需要有与 GPS/INS 组合导航类似的工具与软件架构。下面是全源 PNT 的主要架构:

(1) 全源 PNT 系统需要集成多种传感器与信息源。

(2) 当使用多种传感器和信息源时,来自各传感器和信息源的测量结果必须相对于同一个参考时间或时钟进行时间标记(时间同步/时间匹配)。

(3) 来自各传感器和信息源的测量结果必须能够被转换到相同的空间坐标

系或参考坐标系中(空间对齐/空间匹配)。

(4) 需要有一种算法将所有信息融合到一起,并且该方法可以支持不同来源的异步信息。因此,扩展卡尔曼滤波或无迹卡尔曼滤波是常用的方法之一。

(5) 必须有方法来检测、防范、隔离、响应各种类型故障和威胁。

图 1.1 描述了典型的全源 PNT 系统的基本架构。可以看出,图 1.1 描述的结构是采用了卡尔曼滤波器的基本架构[87-91],该基本架构包含以下关键点:

(1) 信息传播解决方案;

(2) 时间匹配缓冲区;

(3) 测量量接收、时间标记与处理;

(4) 测量量预测;

(5) 狭义卡尔曼滤波。

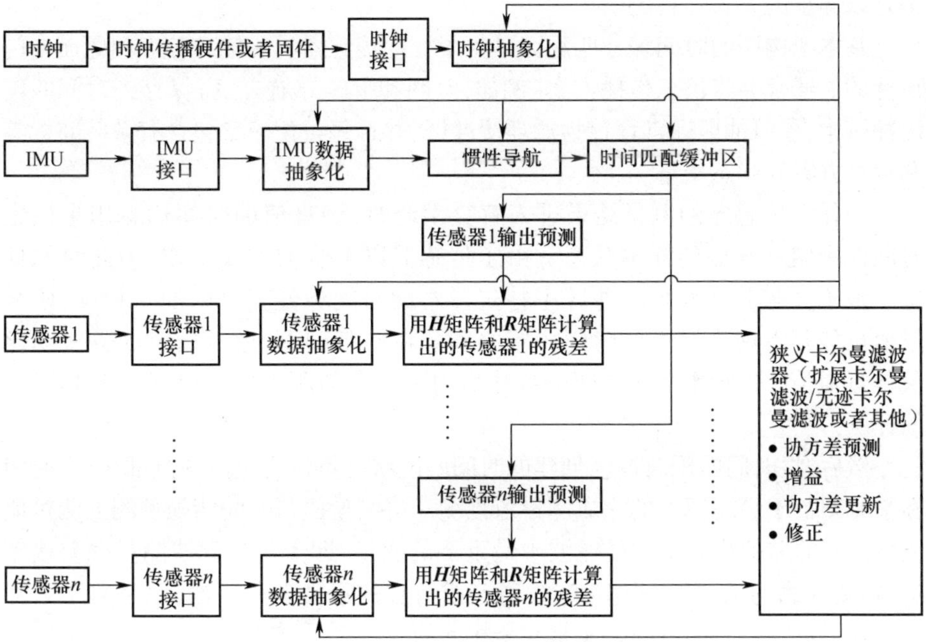

图 1.1　全源 PNT 系统基本架构

对于全源 PNT 系统的数据融合,通常是两种解决方案的融合:信息传播方案采用积分算法、微分方程或硬件前向传播完成信息传播的解决方案;基于测量的解决方案是指传感器通过代数或静态变换方法(相对于信息传播方案的微分或差分方程而言)直接测量 PNT 系统的一部分状态量。

信息传播方案的典型应用实例:基于振荡器输出的时间,基于捷联式惯性测量单元(inertial measurement unit, IMU)测量的姿态、速度和位置,基于多普勒雷达或里程计速度测量结果得到的位置。其他信息传播方案的应用实例就是不利用任何传感器采集数据,而是利用数学模型完成解算,如载体运动模型、载体动力学模型,以及两个模型的结合。

基于测量解决方案的典型应用实例:GPS 接收机测量位置和速度,GPS 接收机测量伪距、三角距和载波相位,机会信号接收机测量 TOA/伪距或 TDOA,在星跟踪器视场范围(field of view,FOV)内测量恒星位置和 RSO 位置,照相机测量地面图像,高度计测量高度,磁强计测量磁场,重力计测量比力,GGI 测量重力梯度,网络中两运行节点之间距离的测量,测量一个节点指向另一个节点的 LOS 矢量。

上述所有测量方案实例都可以作为卡尔曼滤波器的更新信息,卡尔曼滤波对传播方案的测量值和测量量自身误差源进行修正。可以看出,无论是采用信息传播方案的数据来源,还是基于测量信息方案的数据来源,所有传感器的信息都是以异步的方式运行的。

基本架构中的时间缓冲匹配区是为了处理传感器异步输入信息问题而专门设计的。通常会将信息传播方案(例如,时间和 INS 导航方案)保存到时间匹配缓冲区中,该缓冲区通常设计为循环缓冲区,并且每条记录都包含有效时间标签和解算方案的状态变量。

当任意传感器的测量结果进入解算系统时,测量值的时间标签用来检索时间匹配缓冲存储的样本状态。由于传感器以异步的方式工作,因此时间标签一般不会与时间匹配缓冲区中特定样本的时间标签完全匹配。相反,该测量值可能是在两个样本的时间标签之间。在此基础上,通过插值的方法创建最佳近似值,即利用两个(或更多)样本创建一个与所提供的时间标签相匹配的样本。

然后,将时间匹配缓冲区创建的时间匹配状态量作为量测预测部分,在时间标签时刻基于量测模型的完成测量值预测。将测量值与时间匹配预测的测量值相减得到的差值作为卡尔曼滤波中最重要的变量,即卡尔曼滤波测量残差或新息(需要注意的是,在一些文献中,残差或新息的定义有所不同,但是对于大部分文献,包括本书,两者的含义是完全相同的)。

由于在实际应用中,整个系统构成了整个卡尔曼滤波器。因此,可以采用狭义卡尔曼滤波器术语来定义系统中的每个部分,如协方差传播过程、增益计算、协方差更新,以及基于增益矩阵与残差相乘的修正过程。根据定义,狭义卡尔曼滤波器会产生修正量,并同时反馈到传播解算方案与测量模型中。

显然,为了使以上描述的基本结构能够正常工作,系统中的每个设备必须使用相同的时间基准。这可以通过标准时间传输机制来实现,如网络授时协议(network timing protocol, NTP)、精确授时协议(precision timing protocol, PTP)、每秒一个脉冲(1PPS)、基于相关性的时间传输机制等(详见后续章节)。

另一个重点是将不同传感器沿不同坐标系的测量结果在同一个坐标系中对

齐。一般来说,需要将各传感器的失准角与错位作为卡尔曼滤波器状态量的一部分。

1.4 本书结构安排

图 1.1 描述的基本架构是本书的基础。在引言与综述部分之后,第 2 章集中介绍本书涉及的重要基本概念和基本工具,包括坐标系定义、坐标系之间的转换关系、姿态的不同表示方式、重力场和磁场模型、传感器数据融合的重要工具:卡尔曼滤波及其扩展算法的原理。

第 3 章~第 5 章为全源 PNT 基本内容介绍。基本思路很简单,在以卡尔曼滤波为基础的系统中,介绍两种融合方案:基于信息传播的解决方案与基于测量的解决方案。第 3 章重点描述基于传播解决方案的 PNT,第 4 章重点描述基于测量解决方案的 PNT,第 5 章讨论上述解决方案是如何集成在一起的。

第 6 章~第 14 章为全源 PNT 的基本应用示例介绍。在这些章节中,重点介绍一些有潜在应用价值、实用性的 PNT 辅助技术,介绍的每一项技术都可以纳入全源 PNT 架构中。介绍这些章节有两个目的:一是可以将本书作为 PNT 典型类型的应用教程,二是将本书作为全源 PNT 解决方案的一部分。

特别地,第 6 章专门介绍了集成时钟。第 7 章主要讨论姿态测定,尽管该章的名称是"航天器姿态测定",但大部分内容普遍适用于任何姿态测定问题。第 8 章介绍航天器的轨道确定问题。第 9 章讨论 TRN 技术。第 10 章介绍现代天文导航技术。第 11 章介绍基于视觉和图像的导航技术,重点介绍三个方面:地理数据库参考法、同步定位和地图绘制视觉里程计。第 12 章重点介绍重力异常和 MARN,本章内容是第 9 章内容的延续。第 13 章介绍了协作式 PNT。第 14 章介绍机会信号 PNT。

在本书最后,第 15 章简单介绍通用硬件、实时软件架构及其开发过程。特别地,书中将重点介绍开放架构标准等问题。

参 考 文 献

[1] DARPA, "Broad Agency Announcement: All-Source Positioning and Navigation (ASPN)," Strategic Technology Office, DARPA-BAA-11-14, 2010.

[2] https://www.transportation.gov/pnt/national-positioning-navigation-and-timing-pnt-architecture.

[3] https://www.darpa.mil/program/adaptable-navigation-systems.

[4] Owano, N., "DARPA Seeks New Positioning, Navigation, Timing Solutions," *TecXplore*, March 28, 2015, https://techxplore.com/news/2015-03-darpa-positioning-solutions.html.

[5] Groves, P. D., "The Complexity Problem in Future Multi-Sensor Navigation and Positioning Systems: A Modular Solution," *The Journal of Navigation*, Vol. 67, 2014, pp. 311-326.

[6] Si, S. , et al. , "A New Underwater All Source Positioning and Navigation (ASPN) Algorithm Based on Factor Graph," *2019 Chinese Control and Decision Conference* (*CCDC*) ,2019, https://ieeexplore. ieee. org/document/8832700.

[7] Groves, P. D. , *Principles of GNSS, Inertial, and Multisensor Integrated Navigation Systems*, 2nd ed. , Norwood, MA: Artech House, 2013.

[8] Penn, T. R. , "All Source Sensor Integration Using an Extended Kalman Filter," Air Force Institute of Technology, Master's thesis, March 2012.

[9] Pullen, S. , T. Walter, and P. Enge, "Integrity for Non-Aviation Users: Moving Away from Specific Risk," *GPS World*, July 2011, pp. 28-36.

[10] Thomas, M. , et al. , *Global Navigation Space Systems: Reliance and Vulnerabilities*, Royal Academy of Engineering, 2011.

[11] Wang, L. , and S. Li, "Enhanced Multi-Sensor Data Fusion Methodology Based on Multiple Model Estimation for Integrated Navigation System," *Int. J. Control Autom. Syst.* , Vol. 16, 2018, pp. 295-305.

[12] Gong, X. , J. Zhang, and J. Fang, "A Modified Nonlinear Two-Filter Smoothing for High-Precision Airborne Integrated GPS and Inertial Navigation," *IEEE Transactions on Instrumentation and Measurement*, Vol. 64, 2015, pp. 3315-3322.

[13] Gao, W. , Y. Zhang, and J. Wang, "A Strapdown Interial Navigation System/Beidou/Doppler Velocity Log Integrated Navigation Algorithm Based on a Cubature Kalman Filter," *Sensors*, Vol. 14, 2014, pp. 1511-1527.

[14] Abdolkarimi, E. S. , G. Abaei, and M. R. Mosavi, "A Wavelet-Extreme Learning Machine for Low-Cost INS/GPS Navigation System in High-Speed Applications," *GPS Solutions*, Vol. 22, 2018, p. 15.

[15] Chang, L. , K. Li, and B. Hu, "Huber's M-Estimation-Based Process Uncertainty Robust Filter for Integrated INS/GPS," *IEEE Sens. J.* , Vol. 15, 2015, pp. 3367-3374.

[16] Giorgi, G. , and C. Narduzzi, "Performance Analysis of Kalman-Filter-Based Clock Synchronization in IEEE 1588 Networks," *IEEE Transactions on Instrumentation and Measurement*, Vol. 60, No. 8, August 2011.

[17] Stein, S. R. , and R. L. Filler, "Kalman Filter Analysis for Real Time Applications of Clocks and Oscillators," *Proceedings of the 42nd Annual Frequency Control Symposium*, 1988.

[18] Kim, H. , et al. , "Tracking Low-Precision Clocks with Time-Varying Drifts Using Kalman Filtering," *Journal IEEE/ACM Transactions on Networking* (*TON*) , Vol. 20, No. 1, February 2012, pp. 257-270.

[19] Wang, B. , et al. , "Kalman Filter Simulation and Characterization of BDS Satellite Clock," *2018 European Frequency and Time Forum* (*EFTF*) , April 10-12, 2018.

[20] https://en. wikipedia. org/wiki/Precision_Time_Protocol.

[21] Whelan, D. , G. Gutt, and P. Enge, "Boeing Timing & Location: An Indoor Capable Time Transfer and Geolocation System," *Proceedings of Fifth Stanford University, Symposium on Position, Navigation, and Timing*, Menlo Park, CA, 2011.

[22] Tan, Z. , et al. , "New Method for Positioning Using IRIDIUM Satellite Signals of Opportunity," *IEEE Access*, Vol. 7, June 24, 2019, pp. 83412-83423.

[23] Chowdhary, G. , et al. , "GPS-Denied Indoor and Outdoor Monocular Vision Aided Navigation and Control of Unmanned Aircraft," *Journal of Field Robotics*, Vol. 30, No. 3, pp. 415-438.

[24] Won, D. H. , et al. , "Integration of Limited GNSS Signals with Monocular Vision Based Navigation," *12th International Conference on Control, Automation and Systems* (*ICCAS*) , pp. 2012, 1364-1367.

[25] George, M., and S. Sukkarieh, "Camera Aided Inertial Navigation in Poor GPS Environments," *2007 IEEE Aerospace Conference*, 2007, pp. 1-12.

[26] Giebner, M. G., "Tightly-Coupled Image-Aided Inertial Navigation System Via a Kalman Filter," M. S. thesis, AFIT/GE/ENG/03-10, Graduate School of Engineering and Management, Air Force Institute of Technology(AU), Wright-Patterson AFB OH, ADA415246, March 2003.

[27] Hartley, R., and A. Zisserman, *Multiple View Geometry in Computer Vision*, 2nd ed., New York: Cambridge University Press, 2003.

[28] Kauffman, K., et al., "Simulation Study of UWB-OFDM SAR for Navigation with INS Integration," *Proceedings of the* 2011 *International Technical Meeting of the Institute of Navigation*, 2011.

[29] Veth, M. J., "Fusion of Imaging and Inertial Sensors for Navigation," Ph. D. dissertation. Air Force Institute of Technology(AU), Wright-Patterson AFB OH, ADA468382, September 2006.

[30] Chiu, H. -P., et al., "Precise Vision-Aided Aerial Navigation," *IEEE/RSJ International Conference on Intelligent Robots and Systems (IROS)*, 2014.

[31] Chiu, H. -P., et al., "Constrained Optimal Selection for Multi-Sensor Robot Navigation Using Plug-and-Play Factor Graphs," *IEEE International Conference on Robotics and Automation (ICRA)*, 2014.

[32] Chiu, H. -P., et al., "Robust Vision-Aided Navigation Using Sliding-Window Factor Graphs," *IEEE International Conference on Robotics and Automation (ICRA)*, 2013.

[33] Trinh, N., et al., "A General Approach to Online Sensor Calibration for Navigation Using Factor Graphs," *ION International Technical Meeting*, 2013.

[34] Kumar, R., et al., "Plug-and-Play Navigation Algorithms Using Factor Graphs," *Joint Navigation Conference (JNC)*, 2012.

[35] Kaess, M., et al., "iSAM2: Incremental Smoothing and Mapping Using the Bayes Tree," *Intl. J. of Robotics Research*, Vol. 31, February 2012, pp. 217-236.

[36] Lindsten, F., et al., "Geo-Referencing for UAV Navigation Using Environment Classification," *Proc. IEEE Intl. Conf. on Robotics and Automation (ICRA)*, 2010.

[37] Patterson, T., et al., "Utilizing Geographic Information System Data for Unmanned Aerial Vehicle Position Estimation," *Proc. of Canadian Conf. on Computer and Robot Vision*, 2011.

[38] Sim, D., et al., "Integrated Position Estimation Using Aerial Image Sequences," *IEEE Transactions on Pattern Analysis and Machine Intelligence*, Vol. 24, No. 1, 2002.

[39] Conte, G., and P. Doherty, "Vision-Based Unmanned Aerial Vehicle Navigation Using Geo-Referenced Information," *EURASIP Journal of Advances in Signal Processing*, 2009.

[40] Kschischang, F., B. Fey, and H. Loeliger, "Factor Graphs and the Sum Product Algorithm," *IEEE Transactions on Information Theory*, Vol. 47, No. 2, February 2001.

[41] Mourikis, A., et al., "Vision-Aided Inertial Navigation for Spacecraft Entry, Descent, and Landing," *IEEE Transactions on Robotics*, Vol. 25, No. 2, April 2009.

[42] Chiu, H., et al., "Robust Vision-Aided Navigation Using Sliding-Window Factor Graphs," *Proc. IEEE Intl. Conf. on Robotics and Automation (ICRA)*, 2013.

[43] Kumar, R., et al., "Registration of Video to Geo-Referenced Imagery," *Proc. IEEE Intl. Conf. on Pattern Recognition (ICPR)*, 1998.

[44] Mourikis, A., and S. Roumeliotis, "A Multi-State Constraint Kalman Filter for Vision-Aided Inertial Navigation," *Proc. IEEE Intl. Conf. on Robotics and Automation (ICRA)*, 2007.

[45] Sinko, J., "RTK Performance in Highway and Racetrack Experiments," *Navigation*, Vol. 50, No. 4, 2003, pp. 265-275.

[46] Hollowell, J., "Heli/SITAN: A Terrain Referenced Navigation Algorithm for Helicopters," *IEEE Symposium on Position Location and Navigation. A Decade of Excellence in the Navigation Sciences*, March 1990.

[47] McGuffin, J. T., "Terrain Referenced Navigation Electromagnetic-Gravitational Correlation," U. S. Patent 5272639A, 1992(2019-11-14 Application status is Expired—Lifetime).

[48] Fellerhoff, J. R., "SITAN Implementation in the Saint System," *IEEE Journal*, 1986, pp. 89-95.

[49] Baird, C. A., and M. R. Abramson, "A Comparison of Several Digital Map-Aided Navigation Techniques," *IEEE Journal*, 1984, pp. 286-293.

[50] Hostetler, L. D., and R. D. Andreas, "Nonlinear Kalman Filtering Techniques for Terrain Aided Navigation," *IEEE Transactions on Automatic Control*, Vol. AC-28, No. 3, March 1983, pp. 315-323.

[51] Priestley, N., "Terrain Referenced Navigation," *IEEE Symposium on Position Location and Navigation, A Decade of Excellence in the Navigation Sciences*, March 20, 1990.

[52] Henley, A. J., "Terrain Aided Navigation: Current Status, Techniques for Flat Terrain and Reference Data Requirements," *IEEE Symposium on Position Location and Navigation. A Decade of Excellence in the Navigation Sciences*, March 20, 1990.

[53] Alving, B., et al., "Terrain Referenced Navigation of AUVs and Submarines Using MultiBeam Echo Sounders," Norwegian Defense Research, 2004, http://citeseerx. ist. psu. edu/viewdoc/download? doi = 10. 1. 1. 459. 3521&rep = rep1&type = pdf.

[54] Metzger, J., "Sigma-Point Filter for Terrain Referenced Navigation," *AIAA Guidance, Navigation, and Control Conference and Exhibit*, San Francisco, CA, August 15-18, 2005.

[55] Richeson, J. A., "Gravity Gradiometer Aided Inertial Navigation Within Non-GNSS Environments," Ph. D. Dissertation, University of Maryland, College Park, 2008.

[56] Rogers, M. M., "An Investigation into the Feasibility of Using a Modern Gravity Gradient Instrument for Passive Aircraft Navigation and Terrain Avoidance," Master's Thesis, Air Force Institute of Technology, 2009.

[57] Wu, X., "Gravity Gradient Survey with a Mobile Atom Interferometer," Ph. D. Dissertation, Stanford University, 2009.

[58] Metzger, E. H., and A. Jircitano, "Inertial Navigation Performance Improvement Using Gravity Gradient Matching Techniques," *J. Spacecraft*, June 1976.

[59] Meryl, J., H. Rice, and S. Shinners, "The Universal Gravity Module for Enhanced Submarine Navigation," *IEEE 1998 Position Location and Navigation Symposium*, Palm Springs, CA, 1998.

[60] Wu, L., et al., "Performance Evaluation and Analysis for Gravity Matching Aided Navigation," *Sensors*, April 2017.

[61] Wang, H., et al., "Location Accuracy of INS/Gravity-Integrated Navigation System on the Basis of Ocean Experiment and Simulation," *Sensors*, December 2017.

[62] Wang, B., et al., "A Particle Filter-Based Matching Algorithm with Gravity Sample Vector for Underwater Gravity Aided Navigation," *IEEE/ASME Transactions on Mechatronics*, Vol. 21, No. 3, June 2016.

[63] Morales, G., "Magnetometer Aided Navigation Filters for Improved Observability and Estimation on Ground Vehicles," Master's Thesis, Auburn University, 2016.

[64] Han, K., et al., "UAV Vision: Feature Based Accurate Ground Target Localization Through Propagated Initializations and Interframe Hymnographies," *Proc. IEEE Intl Conf. on Robotics and Automation (ICRA)*, 2012.

[65] Kumar, R., et al., "Registration of Highly-Oblique and Zoomed in Aerial Video to Reference Imagery,"

Proc. IEEE Intl Conf. on Pattern Recognition (*ICPR*), 2000.

[66] Kumar, R., et al., "Aerial Video Surveillance and Exploitation," *Proc. of the IEEE*, Vol. 89, No. 10, October 2001.

[67] Wiles, R., et al., "Video Geo-Registration: Algorithms and Quantitative Evaluation," *Proc. IEEE Intl Conf. on Computer Vision* (*ICCV*), 2001

[68] Savage, P. G., "Strapdown Inertial Navigation Integration Algorithm Design Part 1: Attitude Algorithms," *Journal of Guidance, Control, and Dynamics*, Vol. 21, No. 1, 1998, pp. 19-28.

[69] Savage, P. G., "Strapdown Inertial Navigation Integration Algorithm Design Part 2: Velocity and Position Algorithms," *Journal of Guidance, Control, and Dynamics*, Vol. 21, No. 2, March-April 1998.

[70] Titterton, D. and J. Weston, *Strapdown Inertial Navigation Technology*, Second Edition, The American Institute of Aeronautics and Astronautics, 2004.

[71] Roetenberg, D., "Inertial and Magnetic Sensing of Human Motion," Ph. D. thesis, Universiteit Twente, 2006.

[72] Jordan, J. W., "An Accurate Strapdown Direction Cosine Algorithm," NASA TN - D - 5384, September 1969.

[73] Bortz, J. E., "A New Mathematical Formulation for Strapdown Inertial Navigation," *IEEE Transactions on Aerospace and Electronic Systems*, Vol. AES-7, No. 1, 1971, pp. 61-66.

[74] Ignagni, M. B., "Optimal Strapdown Attitude Integration Algorithms," *Journal of Guidance, Control, and Dynamics*, Vol. 13, No. 2, 1990, pp. 363-369.

[75] Ignagni, M. B., "Efficient Class of Optimized Coning Compensation Algorithms," *Journal of Guidance, Control, and Dynamics*, Vol. 19, No. 2, 1996, pp. 424-429.

[76] Mark, J. G., and D. A. Tazartes, "On Sculling Algorithms," *3rd St. Petersburg International Conf. on Integrated Navigation Systems*, St. Petersburg, Russia, May 1996.

[77] Miller, R., "A New Strapdown Attitude Algorithm," *Journal of Guidance, Control, and Dynamics*, Vol. 6, No. 4, 1983, pp. 287-291.

[78] Wu, M., et al., "Optimization-Based Alignment for Inertial Navigation Systems: Theory and Algorithm," *Aerosp. Sci. Technol.*, Vol. 15, 2011, pp. 1-17.

[79] Chang, L., J. Li, and S. Chen, "Initial Alignment by Attitude Estimation for Strapdown Inertial Navigation Systems," *IEEE Transactions on Instrumentation and Measurement*, Vol. 64, 2015, pp. 784-794.

[80] Silson, P. M. G., "Coarse Alignment of a Ship's Strapdown Inertial Attitude Reference System Using Velocity Loci," *IEEE Transactions on Instrumentation and Measurement*, Vol. 60, 2011, pp. 1930-1941.

[81] Wu, Y., and X. Pan, "Velocity/Position Integration Formula Part I: Application to In-Flight Coarse Alignment," *IEEE Transactions on Aerospace and Electronic Systems*, Vol. 49, 2012, pp. 1006-1023.

[82] Fang, J., and S. Yang, "Study on Innovation Adaptive EKF for In-Flight Alignment of Airborne POS," *IEEE Transactions on Instrumentation and Measurement*, Vol. 60, 2011, pp. 1378-1388.

[83] El-Sheimy, N., S. Nassar, and A. Noureldin, "Wavelet De-Noising for IMU Alignment," *IEEE Aerospace and Electronic Systems Magazine*, Vol. 19, 2004, pp. 32-39.

[84] Xu, X., et al., "A Kalman Filter for SINS Self-Alignment Based on Vector Observation," *Sensors*, Vol. 17, 2017, p. 264.

[85] Liang, Y., and Y. Jia, "A Nonlinear Quaternion-Based Fault-Tolerant SINS/GNSS Integrated Navigation Method for Autonomous UAVs," *Aerosp. Sci. Technol.*, Vol. 40, 2015, pp. 191-199.

[86] Chang, L., J. Li, and K. Li, "Optimization-Based Alignment for Strapdown Inertial Navigation System:

Comparison and Extension," *IEEE Transactions on Aerospace and Electronic Systems*, Vol. 52, 2014, pp. 1697-1713.

[87] Gelb, M. ,*Applied Optimal Estimation*, Cambridge, MA: MIT Press, 1974.

[88] Brown, R. G. , and P. Hwang,*Introduction to Random Signals and Applied Kalman Filtering*, New York: John Wiley & Sons, 1996.

[89] Li, R. , and A. Wu, "Kalman Filtering & Applications," *UCLA Lecture Notes*, 2005-2019.

[90] Julier S. J. , J. K. Uhlmann, and H. Durrant-Whyte, "A New Approach for Filtering Nonlinear System," *Proceedings of the American Control Conference*, 1995, pp. 1628-1632.

[91] Julier, S. J. , and J. K. Uhlmann, *General Method for Approximating Nonlinear Transformation of Probability Distributions*, Technical Report RRG Department of Engineering Science, University of Oxford, November 1996.

第2章

基本原理

2.1 引　言

本章首先重点介绍坐标系定义与坐标变换的相关定义、符号、公式与算法；然后，重点回顾地球模型、重力场模型、磁场模型，并总结能够支持全源定位、导航与授时(positioning, navigation, and timing, PNT)系统的重要工具——卡尔曼滤波。在详细描述其变量定义、结构和算法的基础上，介绍如何在PNT技术中应用卡尔曼滤波技术。

文献[1-8]都对本章内容有所介绍。因此，本章的主要目的不是详细推导或阐述基本原理，而是总结在某个应用方向的实用性结论，定义本书其余各章涉及的符号，并以独特的方式呈现特定话题，希望能为读者带来额外的收获。

2.2 坐　标　系

书中后续章节涉及多个坐标系，常用坐标系介绍如下：

(1) 载体坐标系(B)：指一个实体的坐标系，例如载体、平台或传感器等。

(2) 当地水平导航坐标系(N)：该坐标系随载体坐标系一起移动，但保持局部水平(z 轴与当地水平面垂直)。该坐标系方位角的定义有多种形式，最常用的是游动方位角坐标系，在地球南极和北极仍可使用。此外，还有两种常用的当地水平坐标系定义方式：北-东-地(north-east-down, NED)与东-北-天(east-north-up, ENU)。NED和ENU都是遵循右手螺旋定则的当地水平坐标系。对于NED坐标系，z 轴沿本地垂线方向向下，x 轴指向北，y 轴指向东。对于ENU坐标系，z 轴向上，x 轴指向东，y 轴指向北。

(3) 地球坐标系(E)：该坐标系以地球为坐标原点、各坐标轴与地心固连(earth-centered earth-fixed, ECEF)，具体定义如下：

① 原点：原点位于地球质心(一般为世界最大地测量系统1984(world

geodetic system 1984, WGS 84)椭球体);

② z 轴:坐标轴指向国际地球自转与参考系服务(International Earth Rotation and Reference Systems Service, IERS)的基准地极(WGS84 椭球体的旋转轴);

③ x 轴:坐标轴指向 IERS 参考子午线(IERS reference meridian, IRM)与过原点并垂直于 z 轴平面的交点;

④ y 轴:与 x 轴和 z 轴组成右手螺旋定则,形成 ECEF 正交坐标系。

(4) 惯性坐标系(I):牛顿定律下的惯性坐标系。加速度计和陀螺仪分别测量载体坐标系相对于惯性坐标系的速度变化量(比力)与角度变化量(角速率)。对于惯性坐标系,多数时候不关心具体的坐标系定义,只关心坐标系本身是惯性的。然而,当分析对象为恒星、行星或卫星等天体时,对惯性坐标系的定义就变得十分重要。

为了方便起见,可以将地心惯性(earth-centered inertial, ECI)坐标系在某一个特定时刻与 ECEF 坐标系重合。正如本书后续内容所述,地球自转轴实际上不是惯性固定的,因此,要引入初始固定 ECI 坐标系(fixed epoch ECI frame)的概念。如果初始坐标系不做固定连接定义,那么 ECI 坐标系是实时移动的。为了从 ECI 坐标系转换到 ECEF 坐标系,必须对地球的章动和岁差运动做精确建模。详细内容将在 2.4 节进一步讨论。

2.3 姿态和坐标系转换的数学表示

2.3.1 三种常用姿态表示方式

利用姿态表示一个物体的“姿势”,即从一个坐标系到另一个坐标系的转换关系。姿态表示方式有许多种,最常用的有三种:欧拉角、方向余弦矩阵(directional cosine matrix, DCM)和四元数。表 2.1 总结了三种不同类型姿态表示方式的主要特点。

表 2.1 三种类型姿态表达方式的比较

类型	欧拉角	DCM	四元数
参数数量	3	3×3	4
本质	三次有顺序的单轴旋转	一个坐标系的单位矢量在另一个坐标系表示	特征轴旋转
奇异性	取决于转动顺序,欧拉角无法完全定义唯一姿态	无奇异值	无奇异值
其他优点与缺点	参数数量最少;必须与平台陀螺仪角度相关联;直观且形象;便于解析式表达;有奇异性;旋转顺序是错误与误差的来源	方便,经常用于表示坐标系转换;参数数量最多	在奇异性与参数数量之间折中的表达方式;无三角函数变换过程;对于矢量变换,没有 DCM 方法便捷

2.3.2 内积与叉积相关符号

下面重点介绍本书中经常使用的符号。

已知 3×1 矢量 $\boldsymbol{e}$ 和 $\boldsymbol{f}$, 两个矢量的内积可以表示为以下形式：

$$\boldsymbol{e} \cdot \boldsymbol{f} = \langle \boldsymbol{e}, \boldsymbol{f} \rangle = (\boldsymbol{e}, \boldsymbol{f}) = \boldsymbol{e}^{\mathrm{T}}\boldsymbol{f}$$

并且,已知矢量内积有如下关系：

$$\boldsymbol{e} \cdot \boldsymbol{f} = \boldsymbol{f} \cdot \boldsymbol{e}$$

两个矢量的叉积可以表示为如下形式：

$$\boldsymbol{e} \times \boldsymbol{f} = [\boldsymbol{e} \times]\boldsymbol{f} \tag{2.1}$$

其中,引入一个经常使用的符号如下：

$$[\boldsymbol{e} \times] = \begin{bmatrix} 0 & -e_3 & e_2 \\ e_3 & 0 & -e_1 \\ -e_2 & e_1 & 0 \end{bmatrix} \tag{2.2}$$

并且,已知矢量叉积有如下关系：

$$\boldsymbol{f} \times \boldsymbol{e} = -\boldsymbol{e} \times \boldsymbol{f} \tag{2.3}$$

2.3.3 方向余弦矩阵

已知沿坐标系 A 的三轴单位矢量表示为

$$\boldsymbol{x}_A, \boldsymbol{y}_A, \boldsymbol{z}_A$$

它们沿坐标系 A 的坐标可以简单表示为

$$^A\boldsymbol{x}_A = \begin{bmatrix} 1 \\ 0 \\ 0 \end{bmatrix}, {}^A\boldsymbol{y}_A = \begin{bmatrix} 0 \\ 1 \\ 0 \end{bmatrix}, {}^A\boldsymbol{z}_A = \begin{bmatrix} 0 \\ 0 \\ 1 \end{bmatrix}$$

$\boldsymbol{x}_A, \boldsymbol{y}_A, \boldsymbol{z}_A$ 在坐标系 B 的坐标表示为

$$^B\boldsymbol{x}_A, {}^B\boldsymbol{y}_A, {}^B\boldsymbol{z}_A$$

那么,DCM $\boldsymbol{C}_A^B = \boldsymbol{C}_{B\_A}$ 定义为

$$\boldsymbol{C}_A^B = \boldsymbol{C}_{B\_A} = [{}^B\boldsymbol{x}_A, {}^B\boldsymbol{y}_A, {}^B\boldsymbol{z}_A] \tag{2.4}$$

定义矢量 $\boldsymbol{v}$, 该矢量沿坐标系 A 和坐标系 B 的投影分别表示为 $^A\boldsymbol{v}$ 和 $^B\boldsymbol{v}$, 则有

$$^B\boldsymbol{v} = \boldsymbol{C}_A^{B\,A}\boldsymbol{v} \tag{2.5}$$

需要注意的是,若使上述方程成立,坐标系不一定是正交或遵循右手螺旋定则的,并且原则上,也不需要 DCM 是标准正交的。

DCM 具有以下常用性质：

(1) DCM 中的列表示在原坐标系的单位矢量沿目标坐标系的表示结果如下：

$$
\begin{aligned}
{}^{B}\boldsymbol{x}_A &= \boldsymbol{C}_A^B(:,1) \\
{}^{B}\boldsymbol{y}_A &= \boldsymbol{C}_A^B(:,2) \\
{}^{B}\boldsymbol{z}_A &= \boldsymbol{C}_A^B(:,3)
\end{aligned}
\tag{2.6}
$$

（2）DCM 是一个矩阵，矩阵元素为内积或方向余弦的形式。该性质对于非正交坐标系同样成立，表示为

$$
\cos\alpha_{ij} = \langle \boldsymbol{u}_{Bi}, \boldsymbol{v}_{Aj} \rangle = \boldsymbol{C}_A^B(i,j) \tag{2.7}
$$

式中：$\boldsymbol{u}_{Bi}$ 为坐标系 B 的 i 坐标轴上的单位向量；$\boldsymbol{v}_{Aj}$ 为坐标系 A 的 j 坐标轴上的单位向量；α_{ij} 为 $\boldsymbol{u}_{Bi}$ 与 $\boldsymbol{v}_{Aj}$ 之间的夹角。

（3）多重转换链式原则为

$$
\boldsymbol{C}_A^C = \boldsymbol{C}_B^C \boldsymbol{C}_A^B \tag{2.8}
$$

（4）仅对于正交坐标系，有

$$
(\boldsymbol{C}_A^B)^{-1} = (\boldsymbol{C}_A^B)^{\mathrm{T}} \tag{2.9}
$$

（5）对于两个正交坐标系 A 和 B，存在一个矢量 $\boldsymbol{v}$，有如下关系：

$$
\boldsymbol{v} = \boldsymbol{C}_A^B \boldsymbol{v} \tag{2.10}
$$

这是欧拉旋转定理的数学表达式。从数学角度看，该方程意味着标准正交矩阵至少有一个特征值为 1。从几何学角度看，该方程意味着坐标转换过程可以表示绕为一个单轴旋转，旋转矢量的旋转轴就是特征轴。特征轴在旋转前后保持不变。

2.3.4 欧拉角

欧拉角表示从一个坐标系到另一个坐标系的三次角度旋转过程。有三种基本旋转方式：绕 x 轴、绕 y 轴、绕 z 轴。每个欧拉角旋转都可以用以下三种 DCM 中的一种表示：

$$
\boldsymbol{C}_{\mathrm{Old}}^{\mathrm{New}} = \boldsymbol{R}_x(\varphi) = \begin{bmatrix} 1 & 0 & 0 \\ 0 & \cos\varphi & \sin\varphi \\ 0 & -\sin\varphi & \cos\varphi \end{bmatrix} \tag{2.11}
$$

$$
\boldsymbol{C}_{\mathrm{Old}}^{\mathrm{New}} = \boldsymbol{R}_y(\theta) = \begin{bmatrix} \cos\theta & 0 & -\sin\theta \\ 0 & 1 & 0 \\ \sin\theta & 0 & \cos\theta \end{bmatrix} \tag{2.12}
$$

$$
\boldsymbol{C}_{\mathrm{Old}}^{\mathrm{New}} = \boldsymbol{R}_z(\psi) = \begin{bmatrix} \cos\psi & \sin\psi & 0 \\ -\sin\psi & \cos\psi & 0 \\ 0 & 0 & 1 \end{bmatrix} \tag{2.13}
$$

常用的欧拉角旋转方式有如下两种。

（1）类型 1：依次绕各坐标轴旋转。当第二次旋转为 ±90°时，会出现奇异值。有六种不同的旋转顺序：123、132、231、213、312 和 321。

(2) 类型 2:第一次和第三次绕同一个坐标轴旋转。奇异值会出现在 0°和 180°的第二次旋转。有六种不同的旋转顺序:121、131、212、232、313 和 323。

示例:

$$\boldsymbol{R}(\text{'321'},\psi,\theta,\varphi)=\boldsymbol{R}_x(\varphi)\boldsymbol{R}_y(\theta)\boldsymbol{R}_z(\psi)$$

$$\boldsymbol{R}(\text{'313'},\psi,\theta,\varphi)=\boldsymbol{R}_z(\varphi)\boldsymbol{R}_x(\theta)\boldsymbol{R}_z(\psi)$$

欧拉角会出现奇异值的原因是,对于一个确定性姿态,有不止一种欧拉角旋转次序来实现相同的姿态。

例如,下面两个旋转次序得到的结果相同:

(1) 方位轴旋转 0°,俯角轴旋转 90°、横滚轴转 45°。

(2) 方位轴旋转 45°,俯角轴旋转 90°、横滚轴转 0°。

当俯仰角为 90°时,横滚角和方位角是无法分辨的。图 2.1 对该现象做了相应说明。

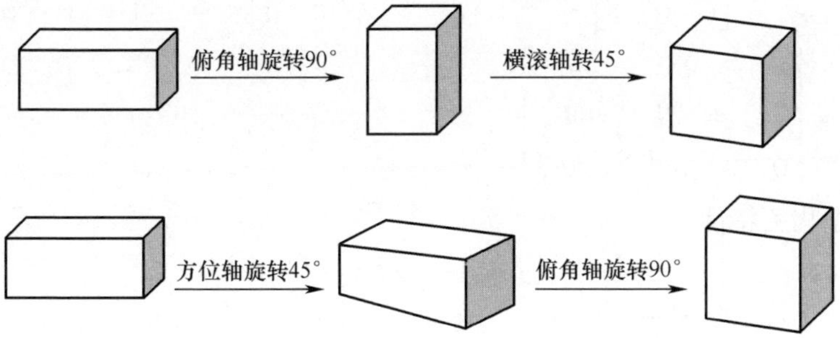

图 2.1 两种不同欧拉角旋转次序得到相同结果

2.3.5 绕任意轴旋转

给定坐标系 A、坐标系 B 以及一个旋转轴,如图 2.2 所示,该旋转轴的单位矢量可以表示为

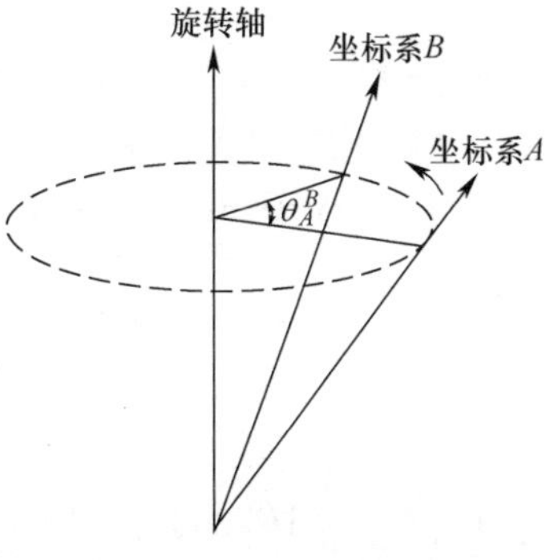

图 2.2 欧拉旋转

$$\boldsymbol{e}=\begin{bmatrix}e_1\\e_2\\e_3\end{bmatrix}$$

旋转的角度为 θ_A^B 。

从坐标系 A 到坐标系 B 的 DCM 可以表示为

$$\boldsymbol{C}_A^B=\boldsymbol{R}_e(\theta_A^B)=(\cos\theta_A^B)\boldsymbol{I}+(1-\cos\theta_A^B)\boldsymbol{e}\boldsymbol{e}^{\mathrm{T}}-\sin\theta_A^B[\boldsymbol{e}\times] \tag{2.14}$$

下面是一个绕 x 轴单轴旋转的示例:

$$\boldsymbol{e}=\begin{bmatrix}1\\0\\0\end{bmatrix},\quad \boldsymbol{e}\boldsymbol{e}^{\mathrm{T}}=\begin{bmatrix}1&0&0\\0&0&0\\0&0&0\end{bmatrix},\quad [\boldsymbol{e}\times]=\begin{bmatrix}0&0&0\\0&0&-1\\0&1&0\end{bmatrix},$$

$$\begin{aligned}\boldsymbol{C}_A^B&=\cos\theta_A^B\begin{bmatrix}1&0&0\\0&1&0\\0&0&1\end{bmatrix}+(1-\cos\theta_A^B)\begin{bmatrix}1&0&0\\0&0&0\\0&0&0\end{bmatrix}-\sin\theta_A^B\begin{bmatrix}0&0&0\\0&0&-1\\0&1&0\end{bmatrix}\\&=\begin{bmatrix}1&0&0\\0&\cos\theta_A^B&\sin\theta_A^B\\0&-\sin\theta_A^B&\cos\theta_A^B\end{bmatrix}\end{aligned}$$

根据相关特性:

$$[\boldsymbol{e}\times][\boldsymbol{f}\times]=-(\boldsymbol{e}\cdot\boldsymbol{f})\boldsymbol{I}+\boldsymbol{f}\boldsymbol{e}^{\mathrm{T}} \tag{2.15}$$

基于上述数学关系,有

$$\begin{aligned}\boldsymbol{C}_A^B&=\boldsymbol{R}_e(\theta_A^B)=(\cos\theta_A^B)\boldsymbol{I}+(1-\cos\theta_A^B)\boldsymbol{e}\boldsymbol{e}^{\mathrm{T}}-\sin\theta_A^B[\boldsymbol{e}\times]\\&=\boldsymbol{I}-\sin\theta_A^B[\boldsymbol{e}\times]+(1-\cos\theta_A^B)[\boldsymbol{e}\times]^2\end{aligned} \tag{2.16}$$

对式(2.16)进行小角度近似后,会发现一个在数学建模和误差方程推导中经常使用的结论,下面详细讨论。

对于式(2.16)进行小角度近似时,采用以下近似原则:

$$\cos\theta_A^B\approx1,\quad \sin\theta_A^B\approx\theta_A^B$$

得到

$$\boldsymbol{C}_A^B=\boldsymbol{R}_e(\theta_A^B)=\boldsymbol{I}-\theta_A^B[\boldsymbol{e}\times]=\boldsymbol{I}-[\boldsymbol{\theta}_A^B\times] \tag{2.17}$$

可以看出来,对于小角度而言,旋转次序变得不重要了。

小角度旋转方程的一个应用是,DCM 可以写成矩阵指数的形式:

$$\boldsymbol{C}_A^B=\boldsymbol{R}_e(\theta_A^B)=\boldsymbol{R}_e\left(\frac{\theta_A^B}{N}\right)\boldsymbol{R}_e\left(\frac{\theta_A^B}{N}\right)\cdots\boldsymbol{R}_e\left(\frac{\theta_A^B}{N}\right)=\left(\boldsymbol{R}_e\left(\frac{\theta_A^B}{N}\right)\right)^N=\left(\boldsymbol{I}-\frac{1}{N}[\boldsymbol{\theta}_A^B\times]\right)^N$$

令 $N\to\infty$,则有

$$\begin{aligned}\boldsymbol{C}_A^B&=\boldsymbol{R}_e(\theta_A^B)=\lim_{N\to\infty}\left(\boldsymbol{I}-\frac{1}{N}[\boldsymbol{\theta}_A^B\times]\right)^N=\exp(-[\boldsymbol{\theta}_A^B\times])\\&=\boldsymbol{I}-\sin\theta_A^B[\boldsymbol{e}\times]+(1-\cos\theta_A^B)[\boldsymbol{e}\times]^2\end{aligned} \tag{2.18}$$

欧拉特征轴旋转定理从本质上说明,大多数刚体姿态变化就是绕某一坐标轴的旋转过程。换句话说,每一个 DCM(正交坐标系之间的 DCM)可以表示为

$$C_A^B = R_e(\theta_A^B) = (\cos\theta_A^B)I + (1 - \cos\theta_A^B)ee^{\mathrm{T}} - \sin\theta_A^B[e \times]$$

2.3.6 四元数

如前所述,四元数的优点是只用四个参数来描述姿态,且不存在奇异性。四元数是基于欧拉特征轴旋转定理来定义的

$$\boldsymbol{q} \equiv \begin{bmatrix} \boldsymbol{q} \\ q_4 \end{bmatrix}, \quad \boldsymbol{q} = \sin\frac{\theta}{2}\boldsymbol{e}, \quad q_4 = \cos\frac{\theta}{2} \tag{2.19}$$

式中:$\boldsymbol{e}$ 为旋转轴的单位矢量;θ 为旋转角度。

以下是一些关于四元数的结论。

(1) 四元数的乘积定义如下:

$$\boldsymbol{p} \otimes \boldsymbol{q} = \begin{bmatrix} q_4\boldsymbol{p} + p_4\boldsymbol{q} - \boldsymbol{p} \times \boldsymbol{q} \\ p_4 q_4 - \boldsymbol{p} \cdot \boldsymbol{q} \end{bmatrix} \neq \boldsymbol{q} \otimes \boldsymbol{p} \tag{2.20}$$

(2) 四元数归一化定义如下:

$$\boldsymbol{q}^{\mathrm{T}}\boldsymbol{q} = 1 \tag{2.21}$$

(3) 单位四元数如下:

$$\boldsymbol{u}_q = \begin{bmatrix} 0 \\ 0 \\ 0 \\ 1 \end{bmatrix}, \quad \boldsymbol{q} \otimes \boldsymbol{u}_q = \boldsymbol{q}, \quad \boldsymbol{u}_q \otimes \boldsymbol{q} = \boldsymbol{q} \tag{2.22}$$

(4) 四元数的逆如下:

$$\boldsymbol{q}^{-1} = \begin{bmatrix} -\boldsymbol{q} \\ q_4 \end{bmatrix}, \quad \boldsymbol{q} \otimes \boldsymbol{q}^{-1} = \boldsymbol{u}_q, \quad \boldsymbol{q}^{-1} \otimes \boldsymbol{q} = \boldsymbol{u}_q \tag{2.23}$$

对于每一次旋转,可以定义(至少)两个四元数。这就是采用四元数表示姿态时需要定义四元数原因。引入 $\boldsymbol{q}_{B/A}$ 和 $\boldsymbol{q}_A^B$ 这两个符号,这两个符号都是四元数,表示从坐标系 A 旋转至坐标系 B 的坐标变换(以及旋转转动),则有

$$\boldsymbol{q}_{B/A} \equiv \begin{bmatrix} \boldsymbol{q}_{B/A} \\ q_4 \end{bmatrix}, \quad \boldsymbol{q}_{B/A} = \sin\frac{\theta_A^B}{2}\boldsymbol{e}, \quad q_4 = \cos\frac{\theta_A^B}{2} \tag{2.24}$$

$$\boldsymbol{q}_A^B \equiv \begin{bmatrix} \boldsymbol{q}_A^B \\ q_4 \end{bmatrix}, \quad \boldsymbol{q}_A^B = -\sin\frac{\theta_A^B}{2}\boldsymbol{e}, \quad q_4 = \cos\frac{\theta_A^B}{2} \tag{2.25}$$

由此可见,上述两组四元数是互逆的,即

$$(\boldsymbol{q}_{B/A})^{-1} = \boldsymbol{q}_A^B$$

两种约定方式最重要的区别就是链式法则的不同(即如何将多组转换合并

成一个)：

$$\boldsymbol{q}_{B/A} \otimes \boldsymbol{q}_{C/B} = \boldsymbol{q}_{C/A} \tag{2.26}$$

$$\boldsymbol{q}_B^C \otimes \boldsymbol{q}_A^B = \boldsymbol{q}_A^C \tag{2.27}$$

可以发现,对于第一种约定方式,链式法则与 DCM 规则相反;对于第二种约定方式,链式法则与 DCM 规则相同。基于上述原因,在大多数情况下,采用第二种约定方式。但重要的是要认识到,在工业界、教育界、政府机构使用哪一种约定方式都有可能,因此,对两种约定方式都了解是十分必要的。

如前所述,四元数归一化定义为

$$\boldsymbol{q}^{\mathrm{T}}\boldsymbol{q} = 1$$

如果由于某种原因(如计算误差)使上述公式不能被满足,可以采用下面的公式进行归一化处理

$$\boldsymbol{q} \Leftarrow \frac{\boldsymbol{q}}{\sqrt{\boldsymbol{q}^{\mathrm{T}}\boldsymbol{q}}} \tag{2.28}$$

虽然没有必要,但一直保持四元数的规范性是十分必要的,即

$$q_4 \geqslant 0$$

四元数的规范化过程可以采用以下公式:

$$\text{如果 } q_4 < 0, \text{那么}\{\boldsymbol{q} \Leftarrow -\boldsymbol{q}\} \tag{2.29}$$

上面定义的四元数与 DCM 的关系可以表示为以下形式:

$$\begin{aligned} \boldsymbol{C}_A^B &= (q_4^2 - \|\boldsymbol{q}_{B/A}\|^2)I + 2\boldsymbol{q}_{B/A}(\boldsymbol{q}_{B/A})^{\mathrm{T}} - 2q_4[\boldsymbol{q}_{B/A}\times] \\ \boldsymbol{C}_A^B &= (q_4^2 - \|\boldsymbol{q}_A^B\|^2)I + 2\boldsymbol{q}_A^B(\boldsymbol{q}_A^B)^{\mathrm{T}} - 2q_4[\boldsymbol{q}_A^B\times] \end{aligned} \tag{2.30}$$

可以推导出:

$$\boldsymbol{C}_A^B = \boldsymbol{R}_e(\theta_A^B) = (\cos\theta_A^B)\boldsymbol{I} + (1 - \cos\theta_A^B)\boldsymbol{e}\boldsymbol{e}^{\mathrm{T}} - \sin\theta_A^B[\boldsymbol{e}\times]$$

其中

$$\sin\theta_A^B = 2\sin\left(\frac{\theta_A^B}{2}\right)\cos\left(\frac{\theta_A^B}{2}\right)$$

$$\cos\theta_A^B = \cos^2\left(\frac{\theta_A^B}{2}\right) - \sin^2\left(\frac{\theta_A^B}{2}\right) = 1 - 2\sin^2\left(\frac{\theta_A^B}{2}\right)$$

2.4 ECI 坐标系

ECI 坐标系使用地球自转轴作为其 z 轴。然而,地球自转轴不是固定的,它有岁差和章动运动。因此,定义如下两种类型的惯性坐标系。

(1) 初始固定 ECI 坐标系:指特定时刻的 ECI 坐标系。例如,J2000 ECI 是最常用的 ECI 坐标系。

(2) 基于真实/平均日期的 ECI 坐标系:是指某一天的平均 ECI 坐标系。

2.4.1　地球自转轴的岁差

相对于遥远的物体来说,地球轨道平面、黄道平面和地球赤道平面都不是固定的。地球极轴绕黄道极点的岁差是主要运动,这主要是由于月球和太阳对地球的扭矩引起的。地球极轴在 26000 年内会“扫”出一个半角为 23.5°的圆锥体,约为 20″/年。图 2.3 描述了地球自转轴的岁差。

在 ECI 坐标系下测量恒星位置的近似校正结果可以表示为

$$\begin{aligned} \mathrm{RA} &= \mathrm{RA}(2000) + [3.075 + 1.336\sin(\mathrm{RA})\tan(\mathrm{Dec})]y \\ \mathrm{Dec} &= \mathrm{Dec}(2000) + 20.04\cos(\mathrm{RA})y \end{aligned} \tag{2.31}$$

式中,y 表示从 2000 年 1 月 1 日开始的时间,以分数年(fractional years)为单位;赤经(right ascension, RA)和赤纬(declination, Dec)的偏移量单位是角秒(″)。

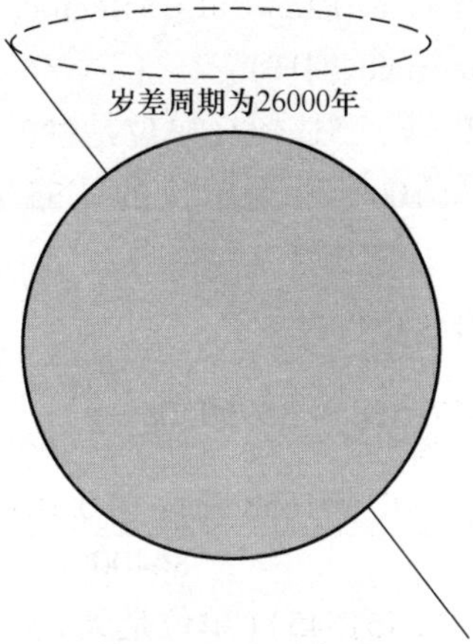

图 2.3　地球自转轴岁差示意图

2.4.2　地球自转轴的章动

在标准章动理论中,包括 106 项非谐波相关的正弦和余弦分量,主要是由太阳和月亮的二阶扭矩效应产生的。此外,还包括 85 项行星校正参数项。在这些参量中,包括四个主要章动周期:

(1) 18.6 年(月球轨道的岁差周期);

(2) 182.6 天(半年);

(3) 13.7 天(半个月);

(4) 9.3 年(月球近地点的自转周期)。

主要项的幅值约为 18″。下式描述的章动约为 1″:

$$\Delta \mathrm{RA} = (0.9175 + 0.3978\sin(\mathrm{RA})\tan(\mathrm{Dec}))\mathrm{d}L - \cos(\mathrm{RA})\tan(\mathrm{Dec})\mathrm{d}E$$
$$\Delta \mathrm{Dec} = 0.3978\cos(\mathrm{RA})\mathrm{d}L + \sin(\mathrm{RA})\mathrm{d}E \tag{2.32}$$

式中，ΔRA 与 ΔDec 被添加到平均坐标系中得到视坐标系。经度章动 dL 与黄道倾角章动 dE 是上述基本原理中两个最大项：

$$\mathrm{d}L = -17.3\sin(125.0 - 0.05295d) - 1.4\sin(200.0 + 1.97129d)$$
$$\mathrm{d}E = 9.4\cos(125.0 - 0.05295d) + 0.7\cos(200.0 + 1.97129d) \tag{2.33}$$

其中，d=儒略日(Julian date)-2451545.0，正弦和余弦参数项的单位是度(°)，dL 和 dE 的单位是角秒(″)。

2.4.3 标准 J2000 ECI 坐标系到真实日期 ECI 坐标系的转换

该算法过程描述如下。

(1) 计算相对于全球定位系统(global positioning systems，GPS)时间的地面动态时间(terrestrail dynamic time，TDT)：

$$\mathrm{TDT} = t + 51.184\ (\text{单位是秒(s)}) \tag{2.34}$$

(2) 计算以天和世纪(100 年)为单位的儒略星历日期(julian ephemeris date，JED)：

$$\mathrm{JED} = \mathrm{TDT}\ (\text{单位是天})$$
$$g = \frac{\pi}{180}\left(357.528 + 35999.05\frac{\mathrm{JED} - 2451545}{36525}\right)$$
$$\mathrm{JBD} = \mathrm{JED} + \frac{0.001658\sin(g + 0.0167\sin g)}{86400} \tag{2.35}$$
$$d = (\mathrm{JBD} - 2451545)\ (\text{单位是天})$$
$$T = \frac{d}{36525}\ (\text{单位是 100 年})$$

(3) 计算岁差有关参数项：

$$\zeta = \frac{\pi}{3600 \times 180}(2306.218T + 0.30188T^2 + 0.017998T^3)$$
$$z = \frac{\pi}{3600 \times 180}(2306.2181T + 1.09468T^2 + 0.018203T^3) \tag{2.36}$$
$$\theta = \frac{\pi}{3600 \times 180}(2004.3109T + 0.42665T^2 - 0.041833T^3)$$

其中，主要项约为每 100 年 2000″或每年 20″的数量级。

(4) 岁差旋转矩阵计算：

$$\boldsymbol{D} = \boldsymbol{R}_z\left(-\frac{\pi}{2} - z\right)\boldsymbol{R}_y(\theta)\boldsymbol{R}_z\left(\frac{\pi}{2} + \zeta\right) \tag{2.37}$$

（5）计算日平均倾斜角（mean obliquity for the date）、倾斜角章动和经度章动（longitudinal nuation）。

基本原理中包括106个不同频率项，下述的倾斜角章动和经度章动方程中只列出了两个主要频率项。

日平均倾斜角为

$$\bar{\varepsilon} = \frac{\pi}{180}(23.439291111 - 0.013004167T - 1.63889 \times 10^{-7}T^2 + 5.03611 \times 10^{-7}T^3)$$

倾斜角章动近似表示为

$$\Delta\varepsilon = \frac{\pi}{180}\left\{0.0026\cos\left[\frac{\pi}{180}(125 - 0.05295d)\right] + 0.0002\cos\left[\frac{\pi}{180}(200.9 + 1.97129d)\right]\right\}$$

经度章动近似表示为

$$\Delta\psi = \frac{\pi}{180}\left\{-0.0048\sin\left[\frac{\pi}{180}(125 - 0.05295d)\right] - 0.0004\sin\left[\frac{\pi}{180}(200.9 + 1.97129d)\right]\right\} \tag{2.38}$$

其中，第一项的周期为360/0.05295＝6978.866天＝18.6143年，第二项的周期为360/1.97129＝182.62天。

（6）章动旋转矩阵计算方式为

$$\boldsymbol{C} = \boldsymbol{R}_x[-(\bar{\varepsilon} + \Delta\varepsilon)]\boldsymbol{R}_z(-\Delta\psi)\boldsymbol{R}_x(\bar{\varepsilon}) \tag{2.39}$$

（7）最后，标准J2000 ECI坐标系到真实日期ECI坐标系的转换矩阵为

$$\boldsymbol{C}_{\mathrm{ECI_{J2000}}}^{\mathrm{ECI_{tod}}} = \boldsymbol{CD} \tag{2.40}$$

式中：$\boldsymbol{D}$ 和 $\boldsymbol{C}$ 为前面计算的章动旋转矩阵和岁差旋转矩阵。

2.5 地球模型、地球重力场模型和地球磁场模型

2.5.1 地球模型

世界大地测量系统WGS84由参考椭球、标准坐标系、高度数据和大地水平面组成[8-27]。

2.5.1.1 WGS84基本参数

WGS84坐标系原点位于地球质心，并且认为不确定度小于2cm。

WGS84坐标系的零经度子午线是位于皇家天文台纬度的格林尼治子午线以东5.3″或102m（355英尺）的IERS参考子午线。

WGS84坐标系基准面为扁球形，赤道的长半轴半径为 a＝6378137m，扁率 f＝1/298.257223563。

WGS84引力常数精确值（包括地球大气层的质量）为GM＝3986004.418×$10^8\mathrm{m^3/s^2}$。

地球转动角速率为 $\omega=72.92115\times10^{-6}$rad/s。

2.5.1.2 WGS84 衍生参数

极短半轴 $b = a(1 - f) = 6356752.3142$m，第一偏心率的平方值 $e^2 = 6.69437999014 \times 10^{-3}$。

2.5.2 地球引力场模型和世界磁场模型

WGS84 采用的是地球引力模型 2008(earth gravitational model 2008, EGM2008)与世界磁场模型 2015v2(world magnetic model, WMM 2015V2)。由于北磁极的磁场异常大且运动不稳定,必须考虑发布 WMM2015 的新版本。目前,WGS84 已改用 WMM2000,该版本于 2019 年 12 月发布。

2.5.3 大地位置到 ECEF 位置的转换

下面是将大地位置经度、纬度、高度(latitude, longitude, altitude, LLA)转换到 ECEF 位置的标准方程式:

$$ {}^{\mathrm{E}}\boldsymbol{r}_{\mathrm{E}}^{\mathrm{B}} = \begin{bmatrix} x \\ y \\ z \end{bmatrix} = \mathrm{geodetic2ecef}(\mathrm{lat},\ \mathrm{lon},\ h) = \begin{bmatrix} (R_{\mathrm{N}}(\mathrm{lat}) + h)\cos(\mathrm{lat})\cos(\mathrm{lon}) \\ (R_{\mathrm{N}}(\mathrm{lat}) + h)\cos(\mathrm{lat})\sin(\mathrm{lon}) \\ \left(\left(\dfrac{b}{a}\right)^2 R_{\mathrm{N}}(\mathrm{lat}) + h\right)\sin(\mathrm{lat}) \end{bmatrix} \tag{2.41} $$

式中:a 为地球椭球模型的长半轴;geodetic2ecef 表示大地位置到 ECEF 位置。

$$ R_{\mathrm{N}}(\mathrm{lat}) = \frac{a^2}{\sqrt{a^2\cos^2(\mathrm{lat}) + b^2\sin^2(\mathrm{lat})}} = \frac{a}{\sqrt{1 + e^2\sin^2(\mathrm{lat})}} $$

$$ e^2 = 1 - \left(\frac{b}{a}\right)^2 $$

2.5.4 ECEF 位置到大地位置的转换

首先,可以简单计算经度:

$$ \mathrm{lon} = \arctan\left(\frac{x}{y}\right) \tag{2.42} $$

其中,计算公式对大地坐标系和地心坐标系是相同的。

然后,计算沿 x-y 平面的半径为

$$ r_{\mathrm{h}} = \sqrt{x^2 + y^2} \tag{2.43} $$

地心纬度计算公式为

$$ \mathrm{lat_c} = \arctan\left(\frac{z}{r_{\mathrm{h}}}\right) \tag{2.44} $$

以地心纬度为初始值,经过迭代计算得到大地纬度。计算过程描述如下。

迭代算法的初始化:

$$\begin{aligned} &k = 0 \\ &\mathrm{lat}(k) = \mathrm{lat}_c \end{aligned} \tag{2.45}$$

迭代:

$$\begin{aligned} &R_N(k) = R_N[\mathrm{lat}(k)] = \frac{a}{\sqrt{1 + e^2 \sin^2[\mathrm{lat}(k)]}} \\ &h(k) = \frac{r_h}{\cos[\mathrm{lat}(k)]} - R_N(k) \\ &\mathrm{lat}(k+1) = \arctan\left[\frac{z}{r_h}\left(1 - e^2 \frac{R_N(k)}{R_N(k) + h(k)}\right)^{-1}\right] \end{aligned} \tag{2.46}$$

通常情况下,只需要迭代 4 或 5 次,就会得到大地纬度 lat 和大地高度 h 。

2.5.5 基于精确方程的 ECEF 坐标系到大地坐标系的转换

从 ECEF 坐标系到大地坐标系有精确的数学转换关系。但是必须指出的是,在实际应用中,从计算角度来说,上述迭代算法比大多数精确数学方程算法更方便,数值上也更精确。

下面描述的闭环方程是利用数学方程计算坐标系间转换关系的最佳公式推导结果之一,该结果于 2017 年至 2019 年间公开提出。该算法由 Osen[9] 提出,由 Zhu 等[10-11] 对算法进行改进。算法具体描述如下。

(1) 在确定可行性之前进行的简单计算:

$$\begin{aligned} &w^2 = x^2 + y^2 \\ &l = \frac{e^2}{2} \\ &m = \frac{w^2}{a^2} \\ &n = \frac{z^2(1 - e^2)}{a^2} \\ &p = \frac{m + n - 4l^2}{6} \\ &G = mnl^2 \\ &H = 2p^3 + G \end{aligned} \tag{2.47}$$

（2）可行性测试：

$$\begin{aligned}&\text{如果 } H < H_{\min}\text{，那么中止（例如，数值不稳定情况下）}\\&H_{\min} = 2.25010182030430273673 \times 10^{-14}\end{aligned} \tag{2.48}$$

（3）平方根与立方根的复杂计算：

$$\begin{aligned}C &= \sqrt[3]{\frac{H + G + 2\sqrt{HG}}{2}}\\ i &= \frac{-(2l^2 + m + n)}{2}\\ P &= p^2\\ \beta &= \frac{i}{3} - C - \frac{P}{C}\\ k &= l^2(l^2 - m - n)\\ t &= \sqrt{\sqrt{\beta^2 - k} - \frac{\beta + i}{2} - \operatorname{sign}(m - n)\sqrt{\frac{|\beta - i|}{2}}}\\ w &= \sqrt{w^2}\end{aligned} \tag{2.49}$$

（4）进一步计算：

$$\begin{aligned}F &= t^4 + 2it^2 + 2l(m - n)t + k\\ \frac{\mathrm{d}F}{\mathrm{d}T} &= 4t^3 + 4it + 2l(m - n)\\ \Delta t &= \frac{-F\mathrm{d}t}{\mathrm{d}F}\\ u &= t + \Delta t + l\\ v &= t + \Delta t - l\\ \Delta w &= w\left(1 - \frac{1}{u}\right)\\ \Delta z &= z\left(1 - \frac{1 - e^2}{v}\right)\end{aligned} \tag{2.50}$$

（5）最终结果：

$$\begin{aligned}\mathrm{lat} &= \arctan\left(\frac{wv}{zu}\right)\\ h &= \operatorname{sign}(u - 1)\sqrt{(\Delta w)^2 + (\Delta z)^2}\end{aligned} \tag{2.51}$$

2.5.6 地球重力场模型

地球（与其他行星）重力场模型与磁力场模型用球谐函数来建立。在地球重力场和磁力场模型开发与精度提高方面，相关专业的科研工作者已经做了大量工作[12-27]。

具体来说，令 V_g 表示重力势的标量，在 ECEF 坐标系中是位置的函数，则有

$$V_g = V_g({}^{E}\boldsymbol{R}_{E}^{B}) \tag{2.52}$$

重力加速度(或比力)由下式计算：

$${}^{E}\boldsymbol{g} = \frac{\partial V_g({}^{E}\boldsymbol{R}_{E}^{B})}{\partial {}^{E}\boldsymbol{R}_{E}^{B}} = \nabla V_g({}^{E}\boldsymbol{R}_{E}^{B}) \tag{2.53}$$

该公式也是引力势梯度表达式。

用球谐函数对引力势函数建模：

$$\begin{aligned} V_g({}^{E}\boldsymbol{R}_{E}^{B}) &= -\frac{\mu}{r}\left\{1+\sum_{n=2}^{\infty}\left(\frac{a}{r}\right)^n\sum_{m=0}^{n}P_{n,m}(\sin\lambda)[C_{n,m}\cos(m\phi)+S_{n,m}\sin(m\phi)]\right\} \\ &= -\left(\frac{\mu}{r}+\sum_{n=2}^{\infty}\sum_{m=0}^{n}V_{n,m}\right) \end{aligned} \tag{2.54}$$

式中，ECEF 位置矢量被转换到地心球面坐标中(注意，在这里没有使用大地测量方法)，坐标参数为地心距离 r 、地心纬度 λ 与经度 ϕ ，并满足以下方程：

$${}^{E}\boldsymbol{R}_{E}^{B} = \begin{bmatrix} r\cos\lambda\cos\phi \\ r\cos\lambda\sin\phi \\ r\sin\lambda \end{bmatrix} \tag{2.55}$$

其中：a 为地球长半轴，用于将系数归一化为无单位形式；$P_{n,0}$ 为勒让德(Legendre)多项式；$P_{n,m}$ ($1 \leqslant m \leqslant n$)为勒让德相关函数，可以由 $P_{n,0}$ 递归求解得到。

重力势函数可以写成以下形式，这样更符合传统的命名方式与术语约定，特别是对于传统重力模型中的 J 项，有

$$\begin{aligned} V_g({}^{E}\boldsymbol{R}_{E}^{B}) = -\frac{\mu}{r}\Bigg\{1 &+ \sum_{n=2}^{N_z}\bar{J}_n\left(\frac{a}{r}\right)^n P_{n,0}\sin\lambda + \sum_{n=2}^{N_t}\sum_{m=1}^{n}\left(\frac{a}{r}\right)^n P_{n,m}\sin\lambda \times \\ &[C_{n,m}\cos(m\phi)+S_{n,m}\sin(m\phi)]\Bigg\} \end{aligned} \tag{2.56}$$

显然

$$\bar{J}_n = C_{n,0} \tag{2.57}$$

在式(2.56)中，第一项与经度无关，称为带谐项，第二项(总和项)称为田谐项。上式中无 $n=1$ 项，这是因为 $m=0$、$m=1$ 时 $n=1$，代表多极展开式中的偶极项。重力不会表现出任何偶极子特性，故这些项为 0。

勒让德多项式定义为

$$\begin{aligned} P_{0,0}(x) &= 1 \\ P_{n,0}(x) &= \frac{1}{2^n n!}\frac{d^n}{dx^n}(x^2-1)^n, \quad n \geqslant 1 \end{aligned} \tag{2.58}$$

上式中前几项为

$$\begin{aligned}&P_{0,0}(x)=1,P_{1,0}(x)=x\\&P_{2,0}(x)=\frac{1}{2}(3x^2-1),P_{3,0}(x)=\frac{1}{2}(5x^2-3x)\\&P_{4,0}(x)=\frac{1}{8}(35x^4-30x^3+3)\\&P_{5,0}(x)=\frac{1}{8}(63x^4-70x^3+15)\end{aligned}\tag{2.59}$$

勒让德相关函数可以利用勒让德多项式,通过下式计算:

$$P_{n,m}(x)=(x^2-1)^{\frac{m}{2}}\frac{\mathrm{d}^mP_{n,0}(x)}{\mathrm{d}x^m},\quad 1\leqslant m\leqslant n\tag{2.60}$$

这里引入一个常用的方程,即

$$P_{n,m}(\sin\lambda)=(\cos\lambda)^m\left.\frac{\mathrm{d}^mP_{n,0}(x)}{\mathrm{d}x^m}\right|_{x=\sin\lambda},\quad 1\leqslant m\leqslant n\tag{2.61}$$

在许多文献中,勒让德相关函数被归一化勒让德函数代替,这会导致系数的定义有所不同,即

$$\bar{P}_{n,m}(x)=\begin{cases}\sqrt{2\dfrac{(n-m)!}{(n+m)!}(2n+1)}\,P_{n,m}(x), & m=1,2,\cdots,n\\ \sqrt{2n+1}P_{n,m}(x), & m=0\end{cases}\tag{2.62}$$

联合重力模型-2(Joint gravity model-2, JGM-2)的特别之处在于,当忽略所有田谐项,只保留质点,引力模型之外的第一主导项时,有

$$\begin{aligned}V_{\mathrm{g}}({}^{\mathrm{E}}\boldsymbol{R}_{\mathrm{E}}^{\mathrm{B}})&=-\frac{\mu}{r}\left[1+\bar{J}_2\left(\frac{a}{r}\right)^nP_{2,0}(\sin\lambda)\right]=-\frac{\mu}{r}\left\{1+\bar{J}_2\left(\frac{a}{r}\right)^n\frac{1}{2}[3(\sin\lambda)^2-1]\right\}\\&=-\frac{\mu}{r}-\bar{J}_2\frac{\mu a^2}{r^3}\frac{1}{2}[3(\sin\lambda)^2-1]\end{aligned}\tag{2.63}$$

令

$$J_2=(\mu a^2)\bar{J}_2\tag{2.64}$$

并且有

$$V_{\mathrm{g}}({}^{\mathrm{E}}\boldsymbol{R}_{\mathrm{E}}^{\mathrm{B}})=-\frac{\mu}{r}-J_2\frac{1}{r^3}\frac{1}{2}[3(\sin\lambda)^2-1]=-\frac{\mu}{r}-J_2\frac{1}{r^5}\frac{1}{2}(3z^2-r^2)\tag{2.65}$$

则梯度(即重力加速度矢量)在 ECEF 坐标系的投影可以表示为

$$\boldsymbol{g}=\nabla V_{\mathrm{g}}=-\frac{\mu}{r^3}\begin{bmatrix}x\\y\\z\end{bmatrix}+J_2\frac{1}{r^7}\begin{bmatrix}x\left[6z^2-\dfrac{3}{2}(x^2+y^2)\right]\\y\left[6z^2-\dfrac{3}{2}(x^2+y^2)\right]\\x\left[3z^2-\dfrac{9}{2}(x^2+y^2)\right]\end{bmatrix}\tag{2.66}$$

对于 JGM-3 模型，有

$$J_2=\bar{J}_2\mu a^2=(0.1082635854\times10^{-2})\times(398600.4415)\times(6378.1363)^2\quad((\mathrm{km})^5/\mathrm{s}^2)$$

需要注意的是，目前已经公开发表了多种高效算法，便于完成以下计算：

(1) 重力势函数参数项；

(2) 重力势函数梯度（即重力加速度）；

(3) 重力异常；

(4) 重力梯度。

详情请参阅文献[27]。特别地，在 MATLAB 软件中，重力球谐（gravity spherical harmonic）函数可实现球面谐波模型。球面谐波模型可以用来拟合不同数据源的测量数据，生成以下模型：

(1) 由戈达德太空飞行中心（Goddard Space Flight Center）与其他机构共同开发的联合地球重力模型（JGM-1，JGM-2，JGM-3）；

(2) Nz＝Nt＝360，包含 130317 个系数的 EGM96 模型；

(3) EGM2008 模型，该模型代表地球重力场模型的最前沿水平。

需要指出的是，对于不同的应用场景，并不是都要使用高阶重力场模型。这是因为很多不确定性因素会直接“淹没”高阶项提供的精度。例如，在航天器轨道计算中，空气动力学模型和太阳辐射模型的不确定性使得采用模型阶次不需要超过 $n=m=36$。

在上述模型中，官方地球引力模型 EGM2008 可以达到球面谐波程度，阶数为 2159 阶（$n = m = 2159$），并且包含扩展到 2190 阶次和 2159 阶次的附加系数。

与 EGM96 相比，EGM2008 分辨率提高了 6 倍，精度提高了 3~6 倍。在建立地球重力场模型 EGM2008 的过程中，用到了以下重要成果：

(1) 2000 年 7 月发射的挑战性小卫星有效载荷（challenging minisatellite payload, CHAMP）任务采集的数据；

(2) 2002 年 3 月发射的重力恢复与气候试验（gravity recovery and climate experiment, GRACE）任务采集的数据；

(3) 2009 年 3 月发射的重力场和稳态海洋环流探测器（gravity field and steady-state ocean circulation explorer, GOCE）任务采集的数据；

(4) 以 5′等角网格划分的全球区域平均空间重力异常的汇总统计数据。

2.5.7 地球磁场模型

与地球重力场模型相似，也可以采用球谐势函数（spherical harmonics potential functions）来确定地球磁场模型，并且磁场矢量可以作为势能函数梯度来计算。

令 V_{m} 表示地球磁场势能标量，则该量在 ECEF 坐标系中是位置的函数，有

$$V_{\mathrm{m}}=V_{\mathrm{m}}({}^{\mathrm{E}}\boldsymbol{R}_{\mathrm{E}}^{\mathrm{B}}) \tag{2.67}$$

利用磁场势能函数梯度可以得到地球磁场 $\boldsymbol{B}$：

$$^{\mathrm{E}}\boldsymbol{B}=-\frac{\partial V_{\mathrm{m}}({}^{\mathrm{E}}\boldsymbol{R}_{\mathrm{E}}^{\mathrm{B}})}{\partial^{\mathrm{E}}\boldsymbol{R}_{\mathrm{E}}^{\mathrm{B}}}=-\nabla V_{\mathrm{m}}({}^{\mathrm{E}}\boldsymbol{R}_{\mathrm{E}}^{\mathrm{B}}) \tag{2.68}$$

以球谐函数建模，可得

$$V_{\mathrm{m}}({}^{\mathrm{E}}\boldsymbol{R}_{\mathrm{E}}^{\mathrm{B}})=a\left\{\sum_{n=1}^{\infty}\left(\frac{a}{r}\right)^{n+1}\sum_{m=0}^{n}P_{n,m}(\sin\lambda)\left[g_{n,m}\cos(m\phi)+b_{n,m}\sin(m\phi)\right]\right\} \tag{2.69}$$

式中，将在 ECEF 坐标系的位置矢量转换到地心球坐标系中，坐标参数为地心距离 r、地心纬度 λ 与经度 ϕ，并满足以下方程：

$$^{\mathrm{E}}\boldsymbol{R}_{\mathrm{E}}^{\mathrm{B}}=\begin{bmatrix} r\cos\lambda\cos\phi \\ r\cos\lambda\sin\phi \\ r\sin\lambda \end{bmatrix}$$

其中：a 为地球长半轴，用于将系数归一化为无单位形式；$P_{n,0}$ 为勒让德多项式；$P_{n,m}$（$1\leqslant m\leqslant n$）为勒让德相关函数。与重力模型中的参数含义相同。

需要注意的是，在部分文献中，勒让德相关函数用施密特函数（Schmidt functions）P_n^m（与 $P_{n,m}$ 对比）代替，这与重力场模型中用到的勒让德归一化函数有所不同。这些差异并不重要，但会导致系数有所不同。施密特函数定义如下

$$P_{n,m}=\begin{cases}\sqrt{2\dfrac{(n-m)!}{(n+m)!}}P_{n,m}(x), & m=1,2,\cdots,n \\ P_{n,m}(x), & m=0\end{cases} \tag{2.70}$$

国际地磁参考场（international geomagnetic reference field，IGRF）与世界磁场模型是地球磁场模型中最常用的模型。由于地球磁场是随时间变化的，因此，该模型每 5 年会更新一次。一般来说，未来几年 WMM 在导航中用处更大。

2.6 卡尔曼滤波及其变化形式

卡尔曼滤波及其变化形式[28-33]是传感器与数据融合最重要的数学工具，也是全源 PNT 中最重要的数学工具之一。

2.6.1 卡尔曼滤波

在一个以确定量、随机量与随机量测噪声为输入的线性动态系统中，模型为

$$\begin{aligned}&\boldsymbol{x}(k)=\boldsymbol{\Phi}(k)\boldsymbol{x}(k-1)+\boldsymbol{\Gamma}(k)\boldsymbol{u}(k)+\boldsymbol{w}(k)\\&z(k)=\boldsymbol{H}(k)\boldsymbol{x}(k)+\boldsymbol{v}(k)\\&\boldsymbol{x}(0)=\boldsymbol{x}_0\end{aligned} \tag{2.71}$$

式中：$\boldsymbol{x}(k)$ 为 n 维状态量；$\boldsymbol{u}(k)$ 为 m 维输入矢量(已知确定)；$\boldsymbol{z}(k)$ 为 p 维输出矢量(已知可测量)；$\boldsymbol{\Phi}(k)$、$\boldsymbol{\Gamma}(k)$、$\boldsymbol{H}(k)$ 为维数适当的系统矩阵(已知)；$\boldsymbol{w}(k)$、$\boldsymbol{v}(k)$ 分别为协方差矩阵 $\boldsymbol{Q}(k)$、$\boldsymbol{R}(k)$ 已知的零均值白噪声；$\boldsymbol{x}_0$ 为状态量的初始值，与 $\boldsymbol{w}(k)$、$\boldsymbol{v}(k)$ 不相关，其协方差矩阵初始值为 $\boldsymbol{P}_0$。

各符号定义如下。

(1) $\hat{\boldsymbol{x}}(k+1|k)$：利用 k 时刻的量测量估算 $k+1$ 时刻状态 $\boldsymbol{x}(k+1)$。

(2) $\hat{\boldsymbol{x}}(k|k)$：利用 k 时刻量测量估算 k 时刻状态 $\boldsymbol{x}(k)$。

(3) $\tilde{\boldsymbol{x}}(k|k)$：利用 k 时刻量测量估算 $\hat{\boldsymbol{x}}(k|k)$ 的误差，即 $\tilde{\boldsymbol{x}}(k|k)=\hat{\boldsymbol{x}}(k|k)-\boldsymbol{x}(k)$ 或 $\tilde{\boldsymbol{x}}(k|k)=\hat{\boldsymbol{x}}(k|k)+\boldsymbol{x}(k)$。

(4) $\tilde{x}(k+1|k)$：利用 k 时刻量测量估算 $\hat{x}(k+1|k)$ 的误差，即 $\tilde{\boldsymbol{x}}(k+1|k)=\hat{\boldsymbol{x}}(k+1|k)-\boldsymbol{x}(k+1)$ 或 $\tilde{\boldsymbol{x}}(k+1|k)=\hat{\boldsymbol{x}}(k+1|k)+\boldsymbol{x}(k+1)$。

(5) $\boldsymbol{P}(k+1|k)$：$\tilde{x}(k+1|k)$ 的协方差矩阵。

(6) $\boldsymbol{P}(k|k)$：$\tilde{\boldsymbol{x}}(k|k)$ 的协方差矩阵。

卡尔曼滤波器是一种在不假设所有随机过程或变量是高斯分布的情况下，使用以下方程构建的递归估计器，是线性估计器中的一种最小方差估计器。在高斯假设下，该估计器在所有类别的估计器中是最优的。

(1) 状态量传播过程与状态量协方差传播过程：

$$\hat{\boldsymbol{x}}(k|k-1)=\boldsymbol{\Phi}(k-1)\hat{\boldsymbol{x}}(k-1|k-1)+\boldsymbol{\Gamma}(k)\boldsymbol{u}(k) \tag{2.72}$$

$$\boldsymbol{P}(k|k-1)=\boldsymbol{\Phi}(k-1)\boldsymbol{P}(k-1|k-1)\boldsymbol{\Phi}^{\mathrm{T}}(k-1)+\boldsymbol{Q}(k) \tag{2.73}$$

(2) 量测量预测：

$$\hat{z}(k|k-1)=\boldsymbol{H}(k)\hat{\boldsymbol{x}}(k|k-1) \tag{2.74}$$

(3) 残差/新息计算：

$$\boldsymbol{\mu}=(\boldsymbol{z}(k)-\hat{z}(k|k-1)) \tag{2.75}$$

注意，在一些文献中，残差和新息的定义有所不同。在本书中，卡尔曼滤波残差与卡尔曼滤波新息的意义完全相同。

(4) 增益计算：

$$\boldsymbol{K}(k)=\boldsymbol{P}(k|k-1)\boldsymbol{H}^{\mathrm{T}}(k)\left(\boldsymbol{H}(k)\boldsymbol{P}(k|k-1)\boldsymbol{H}^{\mathrm{T}}(k)+\boldsymbol{R}(k)\right)^{-1} \tag{2.76}$$

(5) 状态量与协方差矩阵更新：

$$\hat{\boldsymbol{x}}(k|k)=\hat{\boldsymbol{x}}(k|k-1)+\boldsymbol{K\mu}(k) \tag{2.77}$$

$$\boldsymbol{P}(k|k)=(\boldsymbol{I}-\boldsymbol{K}(k)\boldsymbol{H}(k)^{\mathrm{T}})\boldsymbol{P}(k|k-1)(\boldsymbol{I}-\boldsymbol{K}(k)\boldsymbol{H}(k))^{\mathrm{T}}+\boldsymbol{K}(k)\boldsymbol{R}(k)\boldsymbol{K}^{\mathrm{T}}(k) \tag{2.78}$$

或

$$\boldsymbol{P}(k|k)=(\boldsymbol{I}-\boldsymbol{K}(k)\boldsymbol{H}(k))\boldsymbol{P}(k|k-1) \tag{2.79}$$

图 2.4 为卡尔曼滤波器的结构关系图。

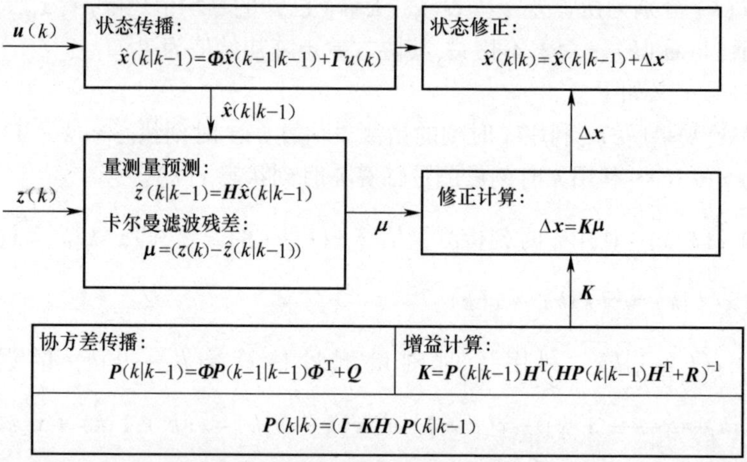

图 2.4　卡尔曼滤波器的结构关系图

2.6.2　扩展卡尔曼滤波器

将卡尔曼滤波器扩展到非线性（平滑的、可微分）系统，就得到了扩展卡尔曼滤波器（extended Kalman filter, EKF）。给定一个非线性离散系统模型：

$$\begin{aligned}\boldsymbol{x}(k)&=f(\boldsymbol{x}(k-1),\boldsymbol{u}(k),k)+\boldsymbol{w}(k)\\ \boldsymbol{z}(k)&=g(\boldsymbol{x}(k),\boldsymbol{u}(k),k)+\boldsymbol{v}(k)\end{aligned} \tag{2.80}$$

其中，各变量定义与前面提到的线性系统相同。唯一的区别是，EKF 中用非线性微分方程表示状态方程，用非线性代数方程表示量测方程。

上述非线性系统的最小方差递归估计器可由以下方程组描述。

（1）状态量传播方程与状态协方差传播方程：

$$\hat{\boldsymbol{x}}(k|k-1)=f(\hat{\boldsymbol{x}}(k-1|k-1),\boldsymbol{u}(k-1),k-1) \tag{2.81}$$

$$\boldsymbol{P}(k|k-1)=\boldsymbol{\Phi}(k-1)\boldsymbol{P}(k-1|k-1)\boldsymbol{\Phi}^{\mathrm{T}}(k-1)+\boldsymbol{Q}(k) \tag{2.82}$$

其中

$$\boldsymbol{\Phi}(k-1)\triangleq\frac{\partial f}{\partial x\big|_{\boldsymbol{x}=\hat{\boldsymbol{x}}(k-1|k-1)}}\triangleq f_{\boldsymbol{x}}\big|_{\boldsymbol{x}=\hat{\boldsymbol{x}}(k-1|k-1)}$$

（2）量测量预测：

$$\hat{z}(k|k-1)=g(\hat{\boldsymbol{x}}(k|k-1),\boldsymbol{u}(k-1),k) \tag{2.83}$$

（3）残差计算：

$$\boldsymbol{\mu}=(z(k)-\hat{z}(k|k-1)) \tag{2.84}$$

（4）增益计算：

$$\boldsymbol{K}(k)=\boldsymbol{P}(k|k-1)\boldsymbol{H}^{\mathrm{T}}(k)\left(\boldsymbol{H}(k)\boldsymbol{P}(k|k-1)\boldsymbol{H}^{\mathrm{T}}(k)+\boldsymbol{R}(k)\right)^{-1} \tag{2.85}$$

其中

$$\boldsymbol{H}(k)\triangleq\frac{\partial g}{\partial \boldsymbol{x}_{\boldsymbol{x}=\hat{\boldsymbol{x}}(k|k-1)}}\triangleq g_{\boldsymbol{x}|\boldsymbol{x}=\hat{\boldsymbol{x}}(k|k-1)}$$

(5) 状态量与协方差阵更新:

$$\hat{\boldsymbol{x}}(k|k)=\hat{\boldsymbol{x}}(k|k-1)+\boldsymbol{K}\boldsymbol{\mu}(k) \tag{2.86}$$

$$\boldsymbol{P}(k|k)=(\boldsymbol{I}-\boldsymbol{K}(k)\boldsymbol{H}(k))\boldsymbol{P}(k|k-1)(\boldsymbol{I}-\boldsymbol{K}(k)\boldsymbol{H}(k))^{\mathrm{T}}+\boldsymbol{K}(k)\boldsymbol{R}(k)\boldsymbol{K}^{\mathrm{T}}(k) \tag{2.87}$$

或

$$\boldsymbol{P}(k|k)=(\boldsymbol{I}-\boldsymbol{K}(k)\boldsymbol{H}(k))\boldsymbol{P}(k|k-1) \tag{2.88}$$

图2.5为扩展卡尔曼滤波器的结构关系图。

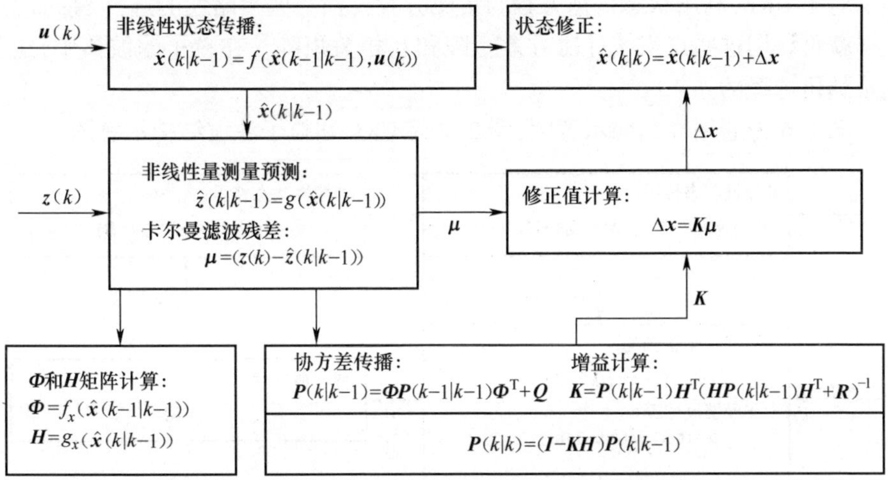

图2.5 扩展卡尔曼滤波器的结构关系图

2.6.3 传播/预测和校正通用性结构与无迹卡尔曼滤波和粒子滤波

前面几节描述的卡尔曼滤波(Kalman filter, KF)与EKF有以下结构特点:

(1) 使用已知状态量传播模型来传播要估计的状态量;

(2) 使用已知的量测模型,通过最佳状态量估计来完成量测量预测;

(3) 用量测值与预测值之间的差值来计算残差;

(4) 将残差与增益矩阵相乘得到修正量,用来修正状态量估计结果。

上述方案是一种通用结构方案,采用不同的增益设计或不同的计算方式,可以得到不同类型的估计器。

例如,卡尔曼滤波器是一种基于优化 H_2 准则的误差估计器,所以卡尔曼滤波器是一种最优 H_2 估计器。

相似地,可以设计一个增益矩阵,该矩阵基于优化估计误差的 H_∞ 准则,进而设计一个 H_∞ 最优估计器。

在许多应用场景下,特别是对于线性时不变系统,可以选择一个恒定的增益矩阵,以确保估计器的稳定性和合理性。在这种情况下,设计一个恒定增益的估计器是最常用的方式之一。恒定增益估计器的一个特例就是稳态卡尔曼滤波器。

对于无迹卡尔曼滤波器(unscented Kalman filter,UKF)、西格玛(Sigma)点卡尔曼滤波器、粒子卡尔曼滤波器,采用与 EKF 类似的方程来计算增益矩阵,并将增益矩阵计算结果用于协方差矩阵更新。不同的是,不采用解析方程计算迭代协方差矩阵、状态量与量测量之间的互相关矩阵,而是采用统计方法。

对于 UKF,利用状态传播方程与量测方程传播一些策略性的选择 Sigma 点,这样就可以用这些点来统计协方差矩阵和互相关矩阵。在粒子滤波器中,这些点是随机选择的。

图 2.6 为通用性结构示意图,图 2.7 为 UKF 和粒子滤波结构示意图。

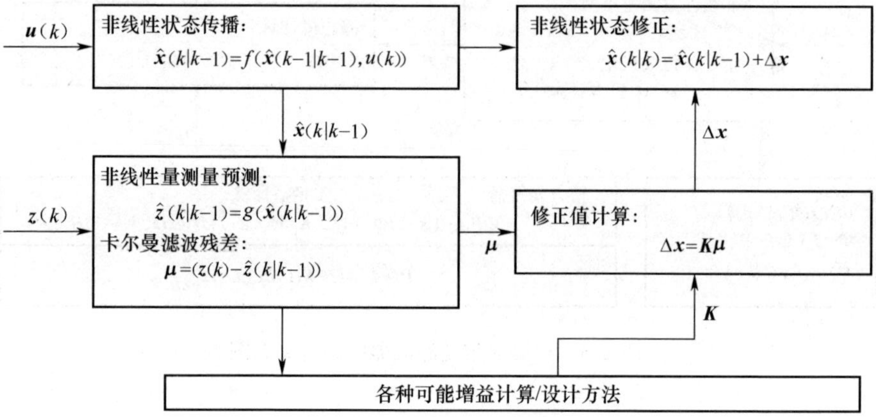

图 2.6　通用性结构示意图

UKF 和粒子滤波算法流程描述如下。

(1) 非线性状态量传播过程与状态量协方差矩阵。

① 给定 $\hat{\boldsymbol{x}}(k-1|k-1)$ 与 $\boldsymbol{P}(k-1|k-1)$,形成 Sigma 点或粒子 $\hat{x}_j(k-1|k-1)$。

② 传播样本(如 Sigma 点或粒子):

$$\hat{\boldsymbol{x}}_j(k|k-1)=f(\hat{\boldsymbol{x}}_j(k-1|k-1),\boldsymbol{u}(k)) \tag{2.89}$$

③ 利用上述样本,统计后更新估计(均值)与协方差矩阵:

$$\hat{\boldsymbol{x}}(k|k-1) \text{ 与 } \boldsymbol{P}(k|k-1)$$

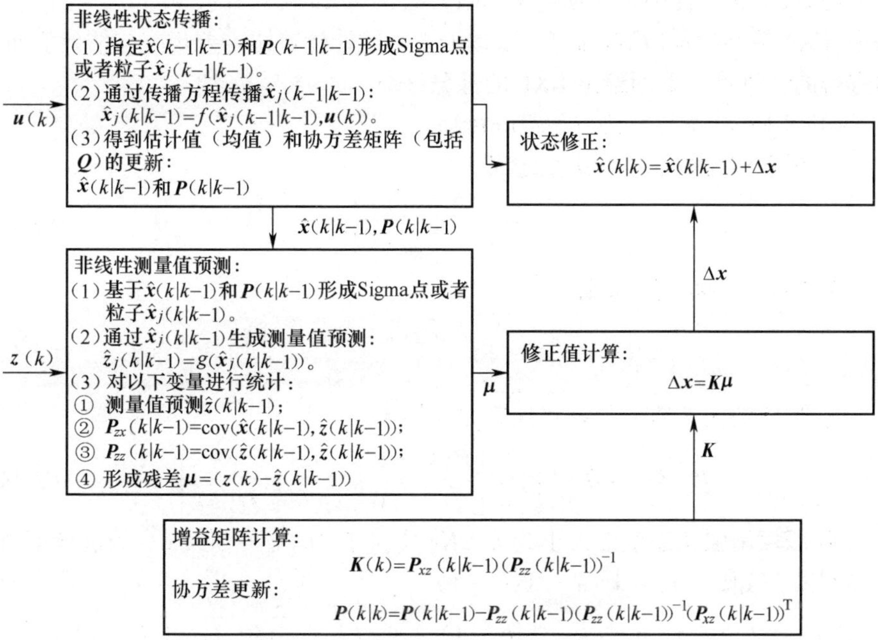

图 2.7　UKF 和粒子滤波结构示意图

(2) 量测量及其协方差矩阵预测。

① 基于预测状态量 $\hat{\boldsymbol{x}}(k|k-1)$ 与协方差矩阵 $\boldsymbol{P}(k|k-1)$，形成 Sigma 点或粒子 $\hat{\boldsymbol{x}}_j(k|k-1)$。

② 对 $\hat{\boldsymbol{x}}_j(k|k-1)$ 的量测量预测，有

$$\hat{z}_j(k|k-1) = g(\hat{\boldsymbol{x}}_j(k|k-1)) \tag{2.90}$$

③ 统计形成以下变量：

a. $\hat{z}(k|k-1)$：量测量预测值。

b. $\boldsymbol{P}_{zz}(k|k-1) = \mathrm{cov}(\tilde{\boldsymbol{x}}(k|k-1), \tilde{z}(k|k-1))$：互相关协方差阵。

c. $\boldsymbol{P}_{zz}(k|k-1) = \mathrm{cov}(\tilde{z}(k|k-1), \tilde{z}(k|k-1))$：协方差阵。

(3) 残差：

$$\boldsymbol{\mu} = (z(k) - \hat{z}(k|k-1))$$

(4) 增益计算。增益矩阵计算方式如下：

$$\boldsymbol{K}(k) = \boldsymbol{P}_{xz}(k|k-1)(\boldsymbol{P}_{zz}(k|k-1))^{-1} \tag{2.91}$$

(5) 状态量与协方差阵更新：

$$\hat{\boldsymbol{x}}(k|k) = \hat{\boldsymbol{x}}(k|k-1) + \boldsymbol{K\mu}(k) \tag{2.92}$$

$$\boldsymbol{P}(k|k) = \boldsymbol{P}(k|k-1) - \boldsymbol{P}_{xz}(k|k-1)(\boldsymbol{P}_{zz}(k|k-1))^{-1}(\boldsymbol{P}_{xz}(k|k-1))^{\mathrm{T}} \tag{2.93}$$

注意,上述方程中统一描述了 UKF/Sigma 点和粒子卡尔曼滤波。在这些方法中,UKF 策略性选取 Sigma 点,以减少为了统计计算协方差矩阵与估计值而必须进行的计算量。下面给出 UKF 的部分细节。

(1) UKF 状态量与协方差矩阵传播。

① 用于传播的增广状态量定义为

$$\boldsymbol{x}^{\mathrm{a}}(k)=\begin{bmatrix}\boldsymbol{x}(k)\\ \boldsymbol{w}(k)\end{bmatrix} \tag{2.94}$$

② $k-1$ 时刻状态量估算为

$$\boldsymbol{x}^{\mathrm{a}}(k-1|k-1)=\begin{bmatrix}\hat{\boldsymbol{x}}(k-1|k-1)\\ 0\end{bmatrix} \tag{2.95}$$

③ 相应的误差协方差矩阵计算方式如下:

$$\boldsymbol{P}^{\mathrm{a}}(k-1|k-1)=\begin{bmatrix}\boldsymbol{P}(k-1|k-1) & 0\\ 0 & \boldsymbol{Q}(k)\end{bmatrix} \tag{2.96}$$

④ 假设增强状态量的大小为 L,UKF 定义了 $2L+1$ 个 Sigma 点的选择策略:

$$\begin{aligned}
&\boldsymbol{\chi}^{\mathrm{a}0}(k-1|k-1)=\hat{\boldsymbol{x}}^{\mathrm{a}}(k-1|k-1)\\
&\boldsymbol{\chi}^{\mathrm{a}i}(k-1|k-1)=\hat{\boldsymbol{x}}^{\mathrm{a}}(k-1|k-1)+\left(\sqrt{(L+\lambda)\boldsymbol{P}^{\mathrm{a}}(k-1|k-1)}\right)_i,\\
&i=1,2,\cdots,L\\
&\boldsymbol{\chi}^{\mathrm{a}i}(k-1|k-1)=\hat{\boldsymbol{x}}^{\mathrm{a}}(k-1|k-1)-\left(\sqrt{(L+\lambda)\boldsymbol{P}^{\mathrm{a}}(k-1|k-1)}\right)_i,\\
&i=L+1,L+2,\cdots,2L
\end{aligned} \tag{2.97}$$

式中:$\sqrt{(L+\lambda)\boldsymbol{P}^{\mathrm{a}}(k-1|k-1)}$ 为矩阵 $(L+\lambda)\boldsymbol{P}^{\mathrm{a}}(k-1|k-1)$ 平方根第 i 列(注意,给定一个半正定矩阵 $\boldsymbol{P}$,$\boldsymbol{P}$ 的平方根用 $\boldsymbol{S}$ 表示,$\boldsymbol{S}$ 可以根据 $\boldsymbol{P}$ 的乔莱斯基(Cholesky)分解得到,满足 $\boldsymbol{P}=\boldsymbol{S}\boldsymbol{S}^{\mathrm{T}}$)。则式(2.97)中的第 3 个公式为

$$\boldsymbol{\chi}^{\mathrm{a}i}(k-1|k-1)=\begin{bmatrix}\boldsymbol{\chi}^{i}(k-1|k-1)\\ \boldsymbol{w}^{i}(k-1)\end{bmatrix} \tag{2.98}$$

⑤ $2L+1$ 个 Sigma 点通过非线性传播方程进行传播:

$$\boldsymbol{\chi}^{i}(k|k-1)=f(\boldsymbol{\chi}^{\mathrm{a}i}(k-1|k-1)),\quad i=0,\cdots,2L \tag{2.99}$$

注意,输入的是增广 Sigma 点,而输出是未增广 Sigma 点。

⑥ 传播状态量估计结果与协方差矩阵,可以利用 Sigma 点(未增广的)计算得到,计算方式如下:

$$\begin{aligned}
&\hat{\boldsymbol{x}}(k|k-1)=\sum_{i=0}^{2L}\boldsymbol{W}_{\mathrm{s}}^{i}\,\boldsymbol{\chi}^{i}(k|k-1)\\
&\boldsymbol{P}(k|k-1)=\sum_{i=0}^{2L}\boldsymbol{W}_{\mathrm{c}}^{i}(\boldsymbol{\chi}^{i}(k|k-1)-\hat{\boldsymbol{x}}(k|k-1))(\boldsymbol{\chi}^{i}(k|k-1)-\hat{\boldsymbol{x}}(k|k-1))^{\mathrm{T}}
\end{aligned} \tag{2.100}$$

其中

$$W_s^0 = \frac{\lambda}{(L+\lambda)}, \quad W_c^0 = \frac{\lambda}{(L+\lambda)} + (1-\alpha^2+\beta)$$
$$W_s^i = W_c^i = \frac{1}{2(L+\lambda)}, \quad \lambda = \alpha^2(L+\kappa) - L \tag{2.101}$$

可调参数的设定值为 $\alpha = 1 \times 10^{-3}$、$\beta = 2$、$\kappa = 0$

(2) 状态量与协方差阵更新。

① 利用 $\hat{\boldsymbol{x}}(k|k-1)$ 和 $\boldsymbol{P}(k|k-1)$，可以得到一组新的增广状态量与协方差矩阵，可用于状态量协方差阵更新：

$$\boldsymbol{x}^a(k) = \begin{bmatrix} \boldsymbol{x}(k) \\ \boldsymbol{v}(k) \end{bmatrix} \tag{2.102}$$

② 预测的增广状态量为

$$\hat{\boldsymbol{x}}^a(k|k-1) = \begin{bmatrix} \hat{\boldsymbol{x}}(k|k-1) \\ 0 \end{bmatrix} \tag{2.103}$$

并且，协方差矩阵可用下式计算得到：

$$\boldsymbol{P}^a(k|k-1) = \begin{bmatrix} \boldsymbol{P}(k|k-1) & 0 \\ 0 & \boldsymbol{R}(k) \end{bmatrix} \tag{2.104}$$

这里仍然采用 L 作为增广状态量的大小。但需要注意的是，在这一点上增广的部分是量测噪声，而不是过程噪声，并且 L 的实际值可能与传播步长不同。

③ 此时，为了量测预测，将选择一组新的 Sigma 点，与其相关的协方差矩阵为

$$\begin{aligned}
&\boldsymbol{\chi}^{a0}(k|k-1) = \hat{\boldsymbol{x}}^a(k|k-1) \\
&\boldsymbol{\chi}^{ai}(k|k-1) = \hat{\boldsymbol{x}}^a(k|k-1) + \left(\sqrt{(L+\lambda)\boldsymbol{P}^a(k|k-1)}\right)_i, \quad i = 1,2,\cdots,L \\
&\boldsymbol{\chi}^{ai}(k|k-1) = \hat{\boldsymbol{x}}^a(k|k-1) - \left(\sqrt{(L+\lambda)\boldsymbol{P}^a(k|k-1)}\right)_i, \quad i = L+1,L+2,\cdots,2L
\end{aligned} \tag{2.105}$$

④ 由式(2.105)中的第 3 个公式，有

$$\boldsymbol{\chi}^{ai}(k|k-1) = \begin{bmatrix} \boldsymbol{\chi}^i(k|k-1) \\ v^i(k) \end{bmatrix} \tag{2.106}$$

⑤ 然后，通过量测方程传播 Sigma 点：

$$\boldsymbol{\gamma}^i(k|k-1) = g(\boldsymbol{\chi}^{ai}(k|k-1)), \quad i = 0,\cdots,2L \tag{2.107}$$

同样需要注意的是，这里的输入量是增广 Sigma 点，而输出量是未增广 Sigma 点。

⑥ 量测量预测值与其协方差矩阵可以计算得到：

$$\hat{z}(k|k-1)=\sum_{i=0}^{2L}W_{s}^{i}\boldsymbol{\gamma}^{i}(k|k-1)$$

$$\boldsymbol{P}_{zz}(k|k-1)=\sum_{i=0}^{2L}W_{c}^{i}(\boldsymbol{\gamma}^{i}(k|k-1)-\hat{z}(k|k-1))(\boldsymbol{\gamma}^{i}(k|k-1)-\hat{z}(k|k-1))^{T} \tag{2.108}$$

⑦ 状态/量测相关协方差矩阵为

$$\boldsymbol{P}_{xz}(k|k-1)=\sum_{i=0}^{2L}W_{c}^{i}(\boldsymbol{\chi}^{i}(k|k-1)-\hat{\boldsymbol{x}}(k|k-1)(\boldsymbol{\gamma}^{i}(k|k-1)-\hat{z}(k|k-1))^{T} \tag{2.109}$$

⑧ 增益矩阵计算为

$$\boldsymbol{K}(k)=\boldsymbol{P}_{xz}(k|k-1)(\boldsymbol{P}_{zz}(k|k-1))^{-1} \tag{2.110}$$

⑨ 最后,用标准卡尔曼滤波方程来完成状态量和协方差阵更新,则有

$$\begin{aligned}\hat{\boldsymbol{x}}(k|k)&=\hat{\boldsymbol{x}}(k|k-1)+\boldsymbol{K}(k)(z(k)-\hat{z}(k|k-1))\\ \boldsymbol{P}(k|k)&=\boldsymbol{P}(k|k-1)-\boldsymbol{K}(k)\boldsymbol{P}_{zz}(k|k-1)\boldsymbol{K}^{T}(k)\end{aligned} \tag{2.111}$$

2.6.4 卡尔曼滤波器实际应用中的问题

2.6.4.1 时间匹配

卡尔曼滤波残差是卡尔曼滤波最重要的参数之一,是表示预测量测量与真实量测量吻合程度的参数。

残差是指量测量(量测解算方案)与量测量预测值(传播解算方案)之间的差异。它是卡尔曼滤波器能够完成修正过程的“驱动力”。

因此,正确地计算残差是十分重要的。正确计算残差过程中最重要的是,量测量的预测值与量测值需要在同一时间段内适配。如果量测量变化得很快,且与量测量的预测值在时间上无法匹配,就会产生明显的估算误差。

文献[28]描述了一种能够确保时间匹配的技术。主要内容概述如下。

(1) 传播传感器数据有时间标记。

(2) 测量传感器数据有时间标记。

(3) 时钟复位或同步方案用来保证计算机时钟(用于接收传感器数据)、传播传感器时钟、测量传感器时钟都相对于同一个时间基准进行同步。

(4) 传播状态数据与相应的时间标签(通常在高速率下可用)被保存到一个循环缓冲区中。

(5) 对于每个带时间标记的量测量,能从时间匹配缓冲区中检测出一个与时间标记匹配的状态量。其中,采用插值方案可以精确地与匹配时间。

(6) 然后利用量测模型中使用与时间标记匹配的状态量来计算量测量的预测值。

(7) 最后,计算时间匹配残差。

2.6.4.2 非白噪声

在实际系统中,真正的白噪声是十分罕见的。白噪声指的是在特定时间段内噪声之间互不相关。

对于过程噪声,白噪声意味着随机噪声在协方差传播进行的时间段内过程中是不相关的。对于量测噪声,白噪声意味着随机噪声在更新过程中是互不相关的。基于上述理解,在实际应用中处理有色噪声会容易很多。

1) 非白过程噪声的解决方案

常用的非白噪声处理方式有两种

① 方案1:使用线性动态模型对噪声建模,如一阶马尔可夫模型。当采取这种解决方案时,卡尔曼滤波中会添加额外的状态量来模拟噪声的相关特性。

② 方案2:在一个长采样时间间隔内完成协方差传播过程。在这种情况下,需要保证状态转移矩阵与 $\boldsymbol{Q}$ 矩阵设定值正确,才能表明传播过程中过程噪声的综合性影响。

2) 非白量测噪声的解决方案

常用的非白量测噪声的处理方案有三种。

(1) 方案1:使用线性动态模型对噪声建模,如一阶马尔可夫模型。当采取这种解决方案时,卡尔曼滤波中会添加额外的状态量来模拟噪声的相关特性。

(2) 方案2:可以通过减少执行更新过程的频率使更新过程之间的误差不相关。从根本上说,当量测噪声相关时,以高频率执行的更新过程并不能为系统引入有效的新信息。如果没有认识到这一点,卡尔曼滤波就会在每次更新时降低协方差阵的作用,滤波结果过于理想化。因此,减少更新频率会使系统与实际相符。

(3) 方案3:人为设置一个更大的 $\boldsymbol{R}$ 矩阵来消除白噪声假设不准确所带来的过度理想化,达到与方案2类似的效果。

2.6.4.3 完整性检测

鉴于卡尔曼滤波残差的重要性,对残差进行完整性检测是一个比较好的方式。例如,可以将残差与 3σ(或更高)协方差约束进行比较,以确定是否应该拒绝该残差对卡尔曼滤波估计结果进行修正。

此外,如果拒绝校正的操作持续一段时间,则表明系统中存在失效或故障的可能性。可以通过选择适当的阈值,作为系统的故障检测算法。

2.6.4.4 卡尔曼滤波发散

当卡尔曼滤波状态量估计结果精度较低时,就会发生卡尔曼滤波发散现象。卡尔曼滤波发散可以通过检查滤波器的残差来检测。如果残差持续超过协方差预测的值,就说明滤波结果发散。

下面是常见的滤波发散原因:

(1) 用于卡尔曼滤波器的误差模型不能正确反映系统状态;

(2) 计算误差被忽略;

(3) 没有合理地考虑线性化误差;

(4) 非白噪声被建模为白噪声,导致协方差阵过于理想化,校正效果差甚至没有发生修正。

避免发散的基本原则是不能对卡尔曼滤波"说谎",这意味着需要对卡尔曼滤波设计过程中的所有不同误差源进行适当建模。当一个特定的误差源在系统中没有被建模时,对未建模项的评估就显得十分重要。

例如,计算误差和线性化误差经常会因设计者的经验不足而被忽视。最重要的是要确保计算误差和线性化误差明显小于状态转换模型的过程噪声,且明显小于量测模型的量测噪声。

如果对上述过程的评估结果是,未建模误差源带来的误差不可忽视,则下面列出了部分解决该问题的补救方案。

(1) 如果计算误差太大而无法忽视,则可以采用精度更高的计算方式或算法。当使用的传感器精度很高时,这个问题经常发生,而且计算误差很可能会大于传感器误差,导致高精度、高成本传感器被浪费。

(2) 如果线性化和其他模型误差大于建模误差,首先要尝试的解决方法是采用更高精度的线性化模型。如果这种方式行不通,就需要尝试 UKF 或粒子滤波。

(3) 可以采用更简单的方式,即利用 $\boldsymbol{Q}$ 矩阵作为未建模误差源的传播模型误差, $\boldsymbol{R}$ 矩阵作为未建模误差源的量测模型误差。但这样做是以降低性能为代价的,因此,该方案是在其他方案都失效时才考虑使用。

参考文献

[1] Wertz, J. R., *Spacecraft Attitude Determination and Control*, Boston, MA: D. Reidel Publishing Company, 1986.

[2] Sidi, M. I., *Spacecraft Dynamics and Control*, Cambridge, U.K.: Cambridge University Press, 1997.

[3] Shuster, M. D., "A Survey of Attitude Representations," *The Astronautical Science*, Vol. 41, 1993, pp. 439-517.

[4] Tamer, M., et al., "Comparative Study of Spacecraft Attitude Determination and Estimation Algorithms

(A Cost-Benefit Approach)," *Aerospace Science and Technology*, Vol. 26, No. 1, April-May 2013, pp. 211–215.

[5] Mohd, Z. H., et al., "Review on Attitude Estimation Algorithm of Attitude Determination System," *ARPN Journal of Engineering and Applied Sciences*, Vol. 11, 2016, pp. 4455–4460.

[6] Savage, P. G., "Strapdown Inertial Navigation Integration Algorithm Design Part 1: Attitude Algorithms," *Journal of Guidance, Control, and Dynamics*, Vol. 21, No. 1, 1998, pp. 19–28.

[7] Savage, P. G., "Strapdown Inertial Navigation Integration Algorithm Design Part 2: Velocity and Position Algorithms," *Journal of Guidance, Control, and Dynamics*, Vol. 21, No. 2, March–April 1998.

[8] Pisacane, V. L., (ed.), *Fundamentals of Space Systems*, 2nd ed., Oxford, U.K.: Oxford University Press, 2005.

[9] Osen, K., *Accurate Conversion of Earth-Fixed Earth-Centered Coordinates to Geodetic Coordinates*, Research Report, Norwegian University of Science and Technology, 2017, hal–01704943v2, https://hal.archives-ouvertes.fr/hal-01704943v2.

[10] Zhu, J., "Exact Conversion of Earth-Centered Earth-Fixed Coordinates to Geodetic Coordinates" *Journal of Guidance, Control, and Dynamics*, Vol. 16, No. 2, March-April 1993.

[11] Zhu, J., "Conversion of Earth-Centered Earth-Fixed Coordinates to Geodetic Coordinates," *IEEE Transactions on Aerospace and Electronic Systems*, Vol. 30, July 1994.

[12] Pavlis, N. K., et al., "The Development and Evaluation of the Earth Gravitational Model 2008 (EGM2008)," *Journal of Geophysical Research: Solid Earth*, Vol. 117, No. B4, April 2012.

[13] Roithmayr, C. M., "Contributions of Spherical Harmonics to Magnetic and Gravitational Fields," NASA/TM-2004-213007, NASA Technical Report, March 2004.

[14] https://earth-info.nga.mil/GandG/wgs84/gravitymod/egm2008/egm08_wgs84.html.

[15] https://www.esri.com/news/arcuser/0703/geoid1of3.html.

[16] "WGS 84 Earth Gravitational Model," earth-info.nga.mil.

[17] "WGS 84, N=M=180 Earth Gravitational Model," earth-info.nga.mil.

[18] Lemoine, F. G., et al., "The Development of the Joint NASA GSFC and the National Imagery and Mapping Agency(NIMA) Geopotential Model EGM96," NASA/TP-1998-206861, July 1998.

[19] Gottlieb, R. G., "Fast Gravity, Gravity Partials, Normalized Gravity, Gravity Gradient Torque and Magnetic Field: Derivation, Code and Data," *Technical Report NASA Contractor Report 188243*, NASA Lyndon B. Johnson Space Center, Houston, TX, February 1993.

[20] "Department of Defense World Geodetic System 1984, Its Definition and Relationship with Local Geodetic Systems", National Imagery And Mapping Agency Technical Report, NIMA TR8350.2, 1984.

[21] Kenyon S., et al., "Towards the Next Earth Gravitational Model," *Society of Exploration Geophysicists 77th Annual Meeting*, San Antonio, TX, September 23–28, 2007.

[22] Pavlis, N. K., et al., "An Earth Gravitational Model to Degree 2160: EGM2008," *2008 General Assembly of the European Geosciences Union*, Vienna, Austria, April 13–18, 2008.

[23] Grueber, T., and A. Köhl, "Validation of the EGM2008 Gravity Field with GPS-Leveling and Oceanographic Analyses," *IAG International Symposium on Gravity, Geoid & Earth Observation* 2008, Chania, Greece, June 23–27, 2008.

[24] Förste, C., et al., "A Mean Global Gravity Field Model from the Combination of Satellite Mission and Altimetry/Gravimetry Surface Data—EIGEN-GL04C," European Geosciences Union, General Assembly 2006, Vienna, Austria, 02–07 April 2006.

[25] Colombo, O. L., "Numerical Methods for Harmonic Analysis on the Sphere," Reports of the Department

of Geodetic Science, Report No. 310, The Ohio State University, Columbus, OH., March 1981.

[26] Colombo, O. L., "The Global Mapping of Gravity with Two Satellites," *Netherlands Geodetic Commission*, Vol. 7, No. 3, Delft, The Netherlands, 1984.

[27] Jones, B. A., "Efficient Models for the Evaluation and Estimation of the Gravity Field," Doctoral dissertation, University of Colorado, Boulder, CO, 2010.

[28] Li, R., and Y. -W. Wu, "Spacecraft Attitude Determination System and Method," U. S. Patent 6285927 (Expired), 1999.

[29] Gelb, M., *Applied Optimal Estimation*, Cambridge, MA: MIT Press, 1974.

[30] Brown, R. G., and P. Hwang, *Introduction to Random Signals and Applied Kalman Filtering*, New York: John Wiley & Sons, 1996.

[31] Li, R., and Y. -W. Wu, "Kalman Filtering & Applications," *UCLA Lecture Notes*, 2005–2019.

[32] Julier, S., J. K. Uhlmann, and H. Durrant-Whyte, "A New Approach for Filtering Nonlinear System," *Proceedings of the American Control Conference*, 1995, pp. 1628–1632.

[33] Julier, S. J., and J. K. Uhlmann, *A General Method for Approximating Nonlinear Transformation of Probability Distributions*, Technical Report RRG, Department of Engineering Science, University of Oxford, November 1996.

第3章

多种信息传播测量方案

3.1 常值与近似常值参数的传播模型

3.1.1 随机游走与一阶马尔可夫过程

各类传感器和子系统作为全源定位、导航与授时(positioning, navigation, and timing, PNT)系统的一部分,需要对其建模。例如,陀螺仪和加速度计的零位偏差、刻度因子、失准角、G 敏感系数、光学传感器对准误差、光学传感器有效焦距误差、时钟偏差和光学传感器畸变参数等。对这些参数建模并将其作为卡尔曼滤波器状态量的一部分,能够估计或校正参数[1-5]。

给定一个(常值)未知参数 p 。可以通过连续时域微分方程与离散时域微分方程对该参量建模。

(1) 连续模型:

$$\frac{\mathrm{d}}{\mathrm{d}t}p(t)=0 \tag{3.1}$$

$$E(p^2(t_0))=\sigma^2(p(t_0)) \tag{3.2}$$

(2) 离散模型:

$$p(k+1)=p(k) \tag{3.3}$$

$$E(p^2(k_0))=\sigma^2(p(k_0)) \tag{3.4}$$

尽管 p 是一个常值,但由于对 p 取值没有足够的先验知识,因此将其建模为一个随机过程,且初值建模为一个随机变量。可以通过估计器来估算 p 的数值,即利用与 p 有关的量测量来估算 p 从而降低其方差随时间变化的不确定性。

若已知 p 是缓慢变化的,例如陀螺仪零位偏差随温度缓慢变化,则通常将该参数建模为一个随机游走过程或一阶马尔可夫过程。下面列出随机游走模型。

(1) 连续模型:

$$\frac{\mathrm{d}}{\mathrm{d}t}p(t)=w_{\mathrm{prw}}(t) \tag{3.5}$$

式中：$w_{\mathrm{prw}}(t)$ 为产生随机游走的白噪声过程。

$$\begin{aligned} &E(w_{\mathrm{prw}}(t)w_{\mathrm{prw}}(s)) = \sigma_{\mathrm{prw}}^2\delta(t-s) \\ &E(p^2(t_0)) = \sigma^2(p(t_0)) \end{aligned} \tag{3.6}$$

（2）离散模型：

$$p(k+1) = p(k) + w_{\mathrm{dprw}}(k) \tag{3.7}$$

式中：$w_{\mathrm{dprw}}(k)$ 为产生随机游走的白噪声序列。

$$\begin{aligned} &E(w_{\mathrm{dprw}}(k)w_{\mathrm{dprw}}(j)) = (\sigma_{\mathrm{dprw}}^2)\delta_{k,j} = (\sigma_{\mathrm{prw}}^2\delta t)\delta_{k,j} \\ &E(p^2(k_0)) = \sigma^2(p(k_0)) \end{aligned} \tag{3.8}$$

式中：δt 为采样周期。

连续模型与离散模型的关系可以用下式描述：

$$\begin{aligned} &w_{\mathrm{dprw}}(k) = \int_{(k-1)\delta_t}^{k\delta_t} w_{\mathrm{prw}}(t)\,\mathrm{d}t \\ &\sigma_{\mathrm{dprw}} = \sigma_{\mathrm{prw}}\sqrt{\delta t} \end{aligned} \tag{3.9}$$

随机游走过程简单、容易理解。需要注意的是，对于随机游走的过程模型，参数的方差会随着时间的推移无上界增长。因此，有

$$P(t) = E(p^2(t)) = \sigma_{\mathrm{prw}}^2(t-t_0) \text{ 或 } \sigma(p(t)) = \sqrt{P(t)} = \sigma_{\mathrm{prw}}\sqrt{t-t_0} \tag{3.10}$$

在很多情况下，参数是随机变化的，但是在相关时间内参数变化有界。这种情况下，将参数建模为一阶马尔可夫过程更合适。这是因为参数被建模为一阶、稳定、低通滤波器的输出时，其方差是有界的。

下面为一阶马尔可夫过程模型方程式。

（1）连续模型：

$$\frac{\mathrm{d}}{\mathrm{d}t}p(t) = -\frac{1}{T}p(t) + w(t) \tag{3.11}$$

式中：$w(t)$ 为生成一阶马尔可夫过程的白噪声；T 为相关时间。

因此，有

$$\begin{aligned} &E(w(t)w(s)) = \sigma_{\mathrm{c}}\delta(t-s) \\ &E(p^2(t_0)) = \sigma^2(p(t_0)) \end{aligned} \tag{3.12}$$

（2）离散模型：

$$p(k+1) = e^{-(\delta t/T)}p(k) + w_{\mathrm{d}}(k) \tag{3.13}$$

式中：$w_{\mathrm{d}}(k)$ 为产生一阶马尔可夫过程的白噪声序列；T 为相关时间。

因此，有

$$\begin{aligned} &E(w_{\mathrm{d}}(k)w_{\mathrm{d}}(j)) = (\sigma_{\mathrm{d}}^2)\delta_{k,j} = (\sigma_{\mathrm{c}}^2\delta t)\delta_{k,j} \\ &E(p^2(k_0)) = \sigma^2(p(k_0)) \end{aligned} \tag{3.14}$$

3.1.2 微分与代数李雅普诺夫方程

为了以矢量形式预测普通一阶马尔可夫过程的协方差矩阵,需要进一步研究利用矢量微分方程对随机过程 $x(t)$ 的建模过程:

$$\dot{\boldsymbol{x}}(t)=\boldsymbol{A}(t)\boldsymbol{x}(t)+\boldsymbol{G}(t)\boldsymbol{w}(t) \tag{3.15}$$

式中,$\boldsymbol{w}(t)$ 表示白噪声过程。

$$\begin{aligned}&E(\boldsymbol{w}(t))=0\\&E(\boldsymbol{w}(t)\boldsymbol{w}^{\mathrm{T}}(s))=\boldsymbol{Q}_w\delta(t-s)\\&E(\boldsymbol{w}(t)\boldsymbol{x}^{\mathrm{T}}(t_0))=0\end{aligned} \tag{3.16}$$

设协方差矩阵为

$$\boldsymbol{P}(t)=E(\boldsymbol{x}(t)\boldsymbol{x}(t)^{\mathrm{T}})$$

因此,有

$$\begin{aligned}\frac{\mathrm{d}}{\mathrm{d}t}\boldsymbol{P}(t)&=\frac{\mathrm{d}}{\mathrm{d}t}E(\boldsymbol{x}(t)\boldsymbol{x}(t)^{\mathrm{T}})=E(\dot{\boldsymbol{x}}(t)\boldsymbol{x}(t)^{\mathrm{T}})+E(\boldsymbol{x}(t)\dot{\boldsymbol{x}}(t)^{\mathrm{T}})\\&=E((\boldsymbol{Ax}+\boldsymbol{Gw})\boldsymbol{x}^{\mathrm{T}})+E(\boldsymbol{x}(\boldsymbol{x}^{\mathrm{T}}\boldsymbol{A}^{\mathrm{T}}+\boldsymbol{w}^{\mathrm{T}}\boldsymbol{G}^{\mathrm{T}}))\\&=\boldsymbol{A}E(\boldsymbol{xx}^{\mathrm{T}})+E(\boldsymbol{xx}^{\mathrm{T}})\boldsymbol{A}^{\mathrm{T}}+\boldsymbol{G}E(\boldsymbol{wx}^{\mathrm{T}})+E(\boldsymbol{xw}^{\mathrm{T}})\boldsymbol{G}^{\mathrm{T}}\end{aligned}$$

需要注意的是:

$$\boldsymbol{x}(t)=\boldsymbol{\Phi}(t,t_0)\boldsymbol{x}(t_0)+\int_{t_0}^{t}\boldsymbol{\Phi}(t,s)\boldsymbol{G}(s)\boldsymbol{w}(s)\mathrm{d}s$$

$$\begin{aligned}E(\boldsymbol{x}(t)\boldsymbol{w}(t)^{\mathrm{T}})&=E(\boldsymbol{\Phi}(t,t_0)\boldsymbol{x}(t_0)\boldsymbol{w}^{\mathrm{T}})+E\left(\int_{t_0}^{t}\boldsymbol{\Phi}(t,s)\boldsymbol{G}(s)\boldsymbol{w}^{\mathrm{T}}(t)\mathrm{d}s\right)\\&=0+\int_{t_0}^{t}\boldsymbol{\Phi}(t,s)\boldsymbol{G}(s)E\{\boldsymbol{w}(s)\boldsymbol{w}^{\mathrm{T}}(\tau)\}\mathrm{d}s\\&=\int_{t_0}^{t}\boldsymbol{\Phi}(t,s)\boldsymbol{G}(s)\boldsymbol{Q}\delta(s-t)\mathrm{d}s\\&=\frac{1}{2}\boldsymbol{\Phi}(t,t)\boldsymbol{G}(t)\boldsymbol{Q}=\frac{1}{2}\boldsymbol{G}(t)\boldsymbol{Q}\end{aligned}$$

式中的 1/2 是由于 t 恰好为积分的边界点。

相似地,有

$$E(\boldsymbol{w}(t)x(t)^{\mathrm{T}})=\frac{1}{2}\boldsymbol{Q}\boldsymbol{G}^{\mathrm{T}}(t)$$

因此,有

$$\dot{\boldsymbol{P}}(t)=\boldsymbol{A}(t)\boldsymbol{P}(t)+\boldsymbol{P}(t)\boldsymbol{A}^{\mathrm{T}}(t)+\boldsymbol{G}(t)\boldsymbol{Q}(t)\boldsymbol{G}^{\mathrm{T}}(t) \tag{3.17}$$

上述方程称为微分李雅普诺夫方程。可以利用这个方程来预测由线性微分方程建模的随机过程的协方差矩阵。

对于平稳的线性时不变系统,微分李雅普诺夫方程会收敛到一个稳态值。

在平稳状态下，有 $\dot{\boldsymbol{P}}=0$。因此，有如下代数李雅普诺夫方程：

$$\boldsymbol{AP}+\boldsymbol{PA}^{\mathrm{T}}+\boldsymbol{GQG}^{\mathrm{T}}=0 \tag{3.18}$$

该方程满足平稳协方差矩阵。

类似地，对于线性离散系统，可以将上述过程建模为

$$\boldsymbol{x}(k+1)=\boldsymbol{\Phi}(k+1,k)\boldsymbol{x}(k)+\boldsymbol{G}(k)\boldsymbol{w}(k) \tag{3.19}$$

式中：$\boldsymbol{w}(k)$ 为离散白噪声序列。

$$\begin{aligned}&E(\boldsymbol{w}(k))=0\\&E(\boldsymbol{w}(k)\boldsymbol{w}^{\mathrm{T}}(j))=\boldsymbol{Q}(k)\delta_{k,j}\end{aligned} \tag{3.20}$$

可证明，协方差矩阵满足下面的离散李雅普诺夫方程：

$$\boldsymbol{P}(k+1)=\boldsymbol{\Phi}(k+1,k)\boldsymbol{P}(k)\boldsymbol{\Phi}^{\mathrm{T}}(k+1,k)+\boldsymbol{G}(k)\boldsymbol{Q}(k)\boldsymbol{G}^{\mathrm{T}}(k) \tag{3.21}$$

对于一个平稳线性时不变离散系统，协方差矩阵会收敛到一个稳态值，并且稳态协方差矩阵满足如下离散李雅普诺夫方程：

$$\boldsymbol{P}=\boldsymbol{\Phi P\Phi}^{\mathrm{T}}+\boldsymbol{GQG}^{\mathrm{T}} \tag{3.22}$$

采用的一阶马尔可夫建模的过程是基于线性时不变系统实现的，可以通过解算代数李雅普诺夫方程得到有界的方差值。

上述方程式在后续章节中有十分重要的作用。

3.2 时钟、时钟传播及其误差模型

3.2.1 概述

精确计时对许多应用场景至关重要。通常情况下，精确时间基准由振荡器(oscillator, XO)组成，由更新或校正装置辅助。其中，校正装置可以采用另一个基于直接更新或时间传播机制提供的时间参考，如射频、光学等。

不同类型 XO 可以应用在不同种类的系统中。表 3.1 列举了在芯片级原子钟(chip scale atomic clock, CSAS)成为现实之前，各种类型振荡器的汇总。

表 3.1 各种类型振荡器比较

类型	晶体振荡器(crystal oscillator, CXO)	温度补偿晶体振荡器(temperature compensated CXO, TCXO)	微机补偿晶体振荡器(microcomputer compensated CXO, MCXO)	恒温晶体振荡器(oven controlled CXO, OCXO)	铷原子频率标准晶体振荡器(rubidium atomic frequency standard CXO, RbXO)	铯原子频率晶体振荡器(cesium atomic standard CXO, CsXO)
典型性能	10~100ppm	1ppm	0.01~0.1ppm	0.01~0.5ppm	10^{-3}ppm	10^{-6}~10^{-5}ppm

续表

类型	晶体振荡器(crystal oscillator, CXO)	温度补偿晶体振荡器(temperature compensated CXO, TCXO)	微机补偿晶体振荡器(microcomputer compensated CXO, MCXO)	恒温晶体振荡器(oven controlled CXO, OCXO)	铷原子频率标准晶体振荡器(rubidium atomic frequency standard CXO, RbXO)	铯原子频率晶体振荡器(cesium atomic standard CXO, CsXO)
老化/(1/10年)	10~20ppm	2~5ppm	1~3ppm	0.01~1ppm	5×10^{-4}~5×10^{-3}ppm	1×10^{-6}~1×10^{-5}ppm
辐射	2.00×10^{-12}	2.00×10^{-12}	2.00×10^{-12}	2.00×10^{-12}	2.00×10^{-13}	2.00×10^{-14}
功率/W	2.00×10^{-5}	1.00×10^{-4}	2.00×10^{-4}	1~3	6~12	25~40
重量/g	20	50	100	200~500	1500~2500	10000~20000

注:ppm 表示实际频率与标称频率的偏差程度,百万分之一量级。

由于 CSAC 技术的出现,振荡器的尺寸、重量和功耗发生了重大变化。图 3.1 为特利丹科学与成像公司(Teledyne Scientific & Imaging)研制 CSAC 的实例[6]。

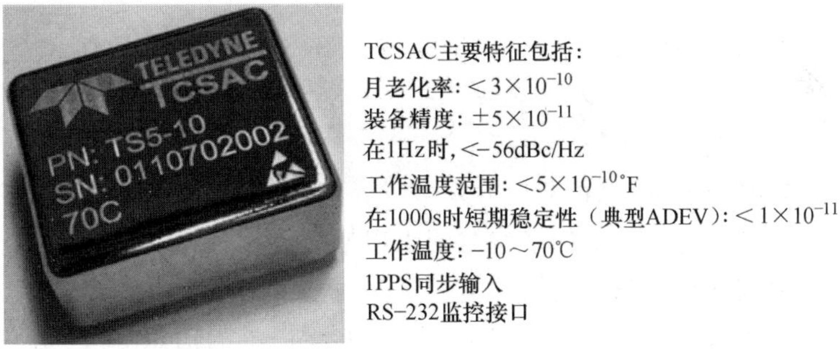

图 3.1 CASC 示例(已授权使用,来源:Teledyne Scientific & Imaging)

3.2.2 时间与频率误差、艾伦方差与功率谱密度

给定一个输出为正弦波的振荡器:

$$V(t) = A\sin[2\pi f_0 t + \phi(t)] \tag{3.23}$$

式中:f_0 为标称频率(Hz);$\phi(t)$ 为相位误差或偏差,或是由于时钟不稳定导致的变化(rad)。

部分变量可由上述变量定义,且在许多文献中都已经使用过,如变量

$$x(t)=\frac{1}{2\pi f_0}\phi(t) \tag{3.24}$$

$x(t)$ 是以 s 为单位的时间相位，或是时钟的时间输出。

瞬时频率相对于标称频率的偏离量可以用标称频率的分数或时钟速率误差表示：

$$y(t)=\frac{1}{2\pi f_0}\dot{\phi}(t)=\dot{x}(t) \tag{3.25}$$

式中：$y(t)$ 为时钟的时间频率（没有单位或用 s/s 表示）。

角度 $\phi(t)$ 、时间相位 $x(t)$ 、分数频率/时间频率 $y(t)$ 被视为随机过程，相应的功率谱密度（power spectrum density，PSD）函数满足以下关系式：

$$\begin{aligned}
S_y(f)&=\frac{1}{(2\pi f_0)^2}S_\phi(f)=\frac{(2\pi f)^2}{(2\pi f_0)^2}S_\phi(f)=\left(\frac{f}{f_0}\right)^2 S_\phi(f)\\
S_x(f)&=\frac{1}{(2\pi f_0)^2}S_\phi(f)\\
S_y(f)&=\left(\frac{f}{f_0}\right)^2 S_\phi(f)=(2\pi f)^2 S_x(f)
\end{aligned} \tag{3.26}$$

PSD 描述了不同频率下噪声含量的信息。

艾伦方差定义为

$$\sigma_y^2(\tau)=\frac{1}{2}E((\bar{y}_{k+1}-\bar{y}_k)^2)=\frac{1}{2}E((x_{k+2}-2x_{k+1}+x_k)^2) \tag{3.27}$$

式中，$\bar{y}_k$ 表示 $y(t)$ 的均值，即平均时间频率。在一个周期 τ 内，有

$$\bar{y}_k=\frac{1}{\tau}\int_{t_k}^{t_k+\tau}y(t)\,\mathrm{d}t=\frac{x_{k+1}-x_k}{\tau} \tag{3.28}$$

作为平均时间 τ 的函数，艾伦方差可以提供时间速率或变量 $y(t)$ 在一个平均周期内信息的变化。较短的平均时间可以捕捉到高频率的特征信息；较长的平均时间可以捕捉到低频率的特征信息。

可以直观想象，艾伦方差与 PSD 在数学方面提供的信息等效，它们可以用下面的数学公式做相互转化推导：

$$\sigma_y^2(\tau)=2\int_0^\infty S_y(f)\,\frac{\sin^4(\pi f\tau)}{(\pi f\tau)^2}\mathrm{d}f \tag{3.29}$$

注意：如果使用单边 PSD，则系数为 2；如果使用双边 PSD，则系数为 4。本书采用单边 PSD。

在大多数应用中，PSD 可以通过以下幂级数展开形式近似得到：

$$S_y(f)=\frac{h_{-2}}{f^2}+\frac{h_{-1}}{f}+h_0+h_1 f+h_2 f^2 \tag{3.30}$$

式中：h_{-2}/f^2 为频率/速率随机游走随机过程的 PSD；h_{-1}/f 为频闪噪声随机过程的 PSD；h_0 为频率白噪声或相位随机游走的随机过程的 PSD；$h_1 f$ 为闪变相位噪声随机过程的 PSD；$h_2 f^2$ 为相位白噪声随机过程的 PSD。

如果一个有色噪声的 PSD 可以被分解为有理传递函数内积的形式，那么这个有色噪声就可以由一个线性有限维系统产生。

可以生成频率随机游走的线性系统是一个积分器。而能够生成频闪噪声的线性系统却不是一个有限维系统，同样，能生成闪变相位噪声的线性系统也是如此。相位白噪声可以通过微分器产生。

当 PSD 以对数形式绘制时，各参数项在 PSD 图中以不同斜率的形式体现。同样，艾伦方差相对平均时间 τ 也有近似的幂级数展开式形式：

$$\sigma_y^2(\tau)=\frac{(2\pi)^2}{6}h_{-2}\tau+(2\ln 2)h_{-1}+0.5\frac{h_0}{\tau}+\frac{1.038+3\ln(2\pi f_h\tau)}{(2\pi)^2}\frac{h_1}{\tau^2}+\frac{3f_h}{(2\pi)^2}\frac{h_2}{\tau^2} \tag{3.31}$$

式中：f_h 为高频截止点，超过该截止点的 PSD 被认为是 0。

注意，在艾伦方差图中，相位闪变与相位白噪声很难区分开，这是因为两者都有 τ 的-2 次幂项。

为了使用卡尔曼滤波，通常采用可实现模型来约束 PSD。对于时钟，将采用以下可实现模型。

3.2.2.1 相位白噪声

建模对象为时钟相位白噪声。对于分频，该噪声可以建模为一个通过微分器的白噪声。因此，PSD 可以写为

$$\mathrm{PSD}=(\omega^2)\sigma_{\mathrm{pwn}}^2=(2\pi)^2\sigma_{\mathrm{pwn}}^2 f^2=h_2 f^2 \tag{3.32}$$

并且，有

$$h_2=(2\pi)^2\sigma_{\mathrm{pwn}}^2 \tag{3.33}$$

相应的艾伦方差为

$$\sigma_y^2(\tau)=\frac{3f_h}{(2\pi)^2}\frac{h_2}{\tau^2}=(3f_h)\frac{\sigma_{\mathrm{pwn}}^2}{\tau^2} \tag{3.34}$$

3.2.2.2 相位随机游走

可以建模为分频白噪声（或等价于时钟速率），即一个相位上的随机游走。因此，PSD 写为

$$\mathrm{PSD}=\sigma_{\mathrm{prw}}^2=h_0 \tag{3.35}$$

相应的艾伦方差可以写为

$$\sigma_y^2(\tau)=0.5\frac{h_0}{\tau}=\frac{\sigma_{\mathrm{prw}}^2}{2}\tau^{-1} \tag{3.36}$$

3.2.2.3 频率/速率随机游走

可以建模为在分频上加入的白噪声。因此,PSD 可以写为

$$\mathrm{PSD}=\frac{\sigma_{\mathrm{rrw}}^2}{\omega^2}=\frac{\dfrac{\sigma_{\mathrm{rrw}}^2}{(2\pi)^2}}{f^2}=\frac{h_{-2}}{f^2} \tag{3.37}$$

从而有

$$h_{-2}=\frac{\sigma_{\mathrm{rrw}}^2}{(2\pi)^2} \tag{3.38}$$

相应的艾伦方差为

$$\sigma_y^2(\tau)=\frac{\sigma_{\mathrm{rrw}}^2}{6}\tau \tag{3.39}$$

3.2.3 时钟传播模型

基于相位白噪声、相位随机游走、速率随机游走模型,可以得到时钟传播模型:

$$\frac{\mathrm{d}x}{\mathrm{d}t}=1+b+w_{\mathrm{prw}} \tag{3.40}$$

$$\frac{\mathrm{d}b}{\mathrm{d}t}=w_{\mathrm{rrw}} \tag{3.41}$$

$$mT=x+w_{\mathrm{pwn}} \tag{3.42}$$

式中:$x(t)$ 为以时间为单位的时间相位;$b(t)$ 为原始时钟频率或速率误差。$b(t)$ 通常为一个缓慢变化、几乎恒定的变量,可以建模为一个随机游走过程;w_{prw} 为加入到相位随机游走误差的白噪声过程,并且有

$$E(w_{\mathrm{prw}})=0 \tag{3.43}$$

$$E(w_{\mathrm{prw}}(t)w_{\mathrm{prw}}(s))=\sigma_{\mathrm{prw}}^2\delta(t-s) \tag{3.44}$$

w_{rrw} 为加入到速率随机游走的白噪声过程,即时钟速率误差 $b(t)$ 的随机游走,并且有

$$E(w_{\mathrm{rrw}})=0 \tag{3.45}$$

$$E(w_{\mathrm{rrw}}(t)w_{\mathrm{rrw}}(s))=\sigma_{\mathrm{rrw}}^2\delta(t-s) \tag{3.46}$$

w_{pwn} 为添加到相位输出的白噪声过程,并且有

$$E(w_{\mathrm{pwn}})=0 \tag{3.47}$$

$$E(w_{\mathrm{pwn}}(t)w_{\mathrm{pwn}}(s))=\sigma_{\mathrm{pwn}}^2\delta(t-s) \tag{3.48}$$

如果只关心时钟误差,可以利用

$$\delta x(t)=x(t)-t \tag{3.49}$$

并且有

$$\frac{\mathrm{d}}{\mathrm{d}t}\begin{bmatrix}\delta x\\ b\end{bmatrix}=\begin{bmatrix}1 & 0\\ 0 & 0\end{bmatrix}\begin{bmatrix}\delta x\\ b\end{bmatrix}+\begin{bmatrix}w_{\mathrm{prw}}\\ w_{\mathrm{rrw}}\end{bmatrix} \tag{3.50}$$

$$\delta T=\delta x+w_{\mathrm{prw}}$$

利用微分李雅普诺夫方程,可以写出由于相位随机游走导致的相位误差协方差微分方程:

$$\dot{p}_{\mathrm{prw}}=0\cdot p_{\mathrm{prw}}+\sigma_{\mathrm{prw}}^{2} \tag{3.51}$$

因此有

$$p_{\mathrm{prw}}=\sigma_{\mathrm{prw}}^{2}t \text{ 或 } \sigma_{\mathrm{prw}}=\sigma_{\mathrm{prw}}\sqrt{t} \tag{3.52}$$

换句话说,时间误差标准差会随着时间的平方根的增大而增大。

对于速率随机游走,有以下李雅普诺夫微分方程:

$$\begin{bmatrix}\dot{p}_{11} & \dot{p}_{12}\\ \dot{p}_{12} & \dot{p}_{22}\end{bmatrix}=\begin{bmatrix}0 & 1\\ 0 & 0\end{bmatrix}\begin{bmatrix}p_{11} & p_{12}\\ p_{12} & p_{22}\end{bmatrix}+\begin{bmatrix}p_{11} & p_{12}\\ p_{12} & p_{22}\end{bmatrix}\begin{bmatrix}0 & 0\\ 1 & 0\end{bmatrix}+\begin{bmatrix}0 & 0\\ 0 & \sigma_{\mathrm{rrw}}^{2}\end{bmatrix}=\begin{bmatrix}2p_{12} & p_{22}\\ p_{22} & \sigma_{\mathrm{rrw}}^{2}\end{bmatrix} \tag{3.53}$$

上式可以简化为

$$\begin{aligned}\dot{p}_{22}&=\sigma_{\mathrm{rrw}}^{2}\\ p_{22}&=\sigma_{\mathrm{rrw}}^{2}t\end{aligned} \tag{3.54}$$

与

$$\begin{aligned}\dot{p}_{12}&=p_{22}=\sigma_{\mathrm{rrw}}^{2}t\\ p_{12}&=\frac{1}{2}\sigma_{\mathrm{rrw}}^{2}t^{2}\end{aligned} \tag{3.55}$$

与

$$\begin{aligned}\dot{p}_{11}&=2p_{12}=\sigma_{\mathrm{rrw}}^{2}t^{2}\\ p_{11}&=\frac{1}{3}\sigma_{\mathrm{rrw}}^{2}t^{3}\end{aligned} \tag{3.56}$$

综上所述,有

$$\begin{aligned}\sigma_{b}(t)&=\sqrt{p_{22}}=\sigma_{\mathrm{rrw}}\sqrt{t}\\ \sigma_{\delta x}(t)&=\sqrt{p_{11}}=\frac{1}{\sqrt{3}}\sigma_{\mathrm{rrw}}t^{\frac{3}{2}}\\ \mathrm{cov}(\delta x,b)&=p_{12}=\frac{1}{2}\sigma_{\mathrm{rrw}}^{2}t^{2}\end{aligned} \tag{3.57}$$

基于上述方程,可以清晰地看到各项误差是如何随时间向前传播的。具体来说,相位随机游走误差随$\sqrt{t}$的增长而变大,速率随机游走引起的误差随$t^{3/2}$的增长而变大。

3.3 惯性测量单元的陀螺仪和加速度计误差参数模型

惯性测量单元(inertial measurement unit,IMU)中的三轴陀螺仪用来测量沿IMU坐标系(B)相对于惯性坐标系(I)的旋转角速率 ${}^{B}\boldsymbol{\omega}_{I}^{B}$,量测速率用 $m^{B}\boldsymbol{\omega}_{I}^{B}$ 表示,则陀螺仪量测误差可以表示为

$$\delta^{B}\boldsymbol{\omega}_{I}^{B} = m^{B}\boldsymbol{\omega}_{I}^{B} - {}^{B}\boldsymbol{\omega}_{I}^{B} = \delta S_{g}{}^{B}\boldsymbol{\omega}_{I}^{B} + \boldsymbol{b}_{g} + \boldsymbol{w}_{arw} \tag{3.58}$$

其中:3×3 矩阵 $\delta\boldsymbol{S}_{g}$ 表示刻度系数误差(对角线元素)与失准角(非对角线元素);3×1 矢量 $\boldsymbol{b}_{g}$ 表示陀螺仪零偏误差。

由于刻度系数误差/失准角与零偏矢量都是几乎恒定的参数,因此,可以使用本章前面提到的随机游走或一阶马尔可夫过程进行建模。

$\boldsymbol{w}_{arw}$ 是3×1白噪声矢量,会产生角速度随机游走,并且 $E(\boldsymbol{w}_{arw}) = 0$。

$$E(\boldsymbol{w}_{arw}(t)^{T}\boldsymbol{w}_{arw}(s)) = \begin{bmatrix} (\sigma_{arw}(1))^{2} & 0 & 0 \\ 0 & (\sigma_{arw}(2))^{2} & 0 \\ 0 & & (\sigma_{arw}(3))^{2} \end{bmatrix} \delta(t-s) \tag{3.59}$$

类似地,可以对加速度计误差建模。

三轴加速度计用来测量IMU坐标系(B)相对于惯性坐标系(I)的比力(加速度-重力) ${}^{B}\boldsymbol{a}_{I}^{B}$,测量的比力用符号 $m^{B}\boldsymbol{a}_{I}^{B}$ 表示,则加速度计量测误差可以表示为

$$\delta^{B}\boldsymbol{a}_{I}^{B} = m^{B}\boldsymbol{a}_{I}^{B} - {}^{B}\boldsymbol{a}_{I}^{B} = \delta\boldsymbol{S}_{a}{}^{B}\boldsymbol{a}_{I}^{B} + \boldsymbol{b}_{a} + \boldsymbol{w}_{vrw} \tag{3.60}$$

其中,3×3 矩阵 $\delta\boldsymbol{S}_{a}$ 表示刻度系数误差(对角线元素)与失准角(非对角线元素),3×1 矢量 $\boldsymbol{b}_{a}$ 表示加速度计零偏误差。

同样,由于加速度计刻度系数误差/失准角与零偏矢量都是几乎恒定的参数,因此,也可以建模为本章前面提到的随机游走或一阶马尔可夫过程。

$\boldsymbol{w}_{vrw}$ 是3×1白噪声矢量,会产生速度随机游走,并且 $E(\boldsymbol{w}_{vrw}) = 0$。

$$E(\boldsymbol{w}_{vrw}(t)^{T}\boldsymbol{w}_{arw}(s)) = \begin{bmatrix} (\sigma_{vrw}(1))^{2} & 0 & 0 \\ 0 & (\sigma_{vrw}(2))^{2} & 0 \\ 0 & & (\sigma_{vrw}(3))^{2} \end{bmatrix} \delta(t-s) \tag{3.61}$$

如果以加速度计 x 轴作为参考基准坐标轴,用加速度计 x 轴和加速度计 y 轴张成的平面作为IMU的 x-y 平面,那么 x 轴就不会有失准角,y 轴垂直于 x 轴和 y 轴张成的平面不会有任何误差。因此,刻度系数误差与失准角误差矩阵可

以化简为以下形式：

$$\delta \boldsymbol{S}_{\mathrm{a}}=\begin{bmatrix} s_{\mathrm{a}11} & 0 & 0 \\ s_{\mathrm{a}21} & s_{\mathrm{a}22} & 0 \\ s_{\mathrm{a}31} & s_{\mathrm{a}32} & s_{\mathrm{a}33} \end{bmatrix} \tag{3.62}$$

其中，矩阵元素包括三个刻度系数误差以及三个失准角误差。

图 3.2 对上述 IMU 坐标系的选择方式进行了说明。

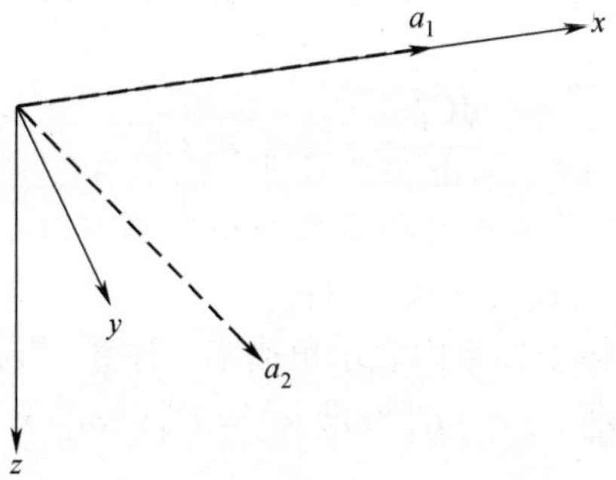

图 3.2　利用加速度计定义的坐标系

3.4　姿态传播与误差模型

3.4.1　角速率与姿态运动学

3.4.1.1　角速率

下面从利用科里奥利(Coriolis)方程定义角速率的角度展开讨论。

给定一个在载体坐标系 B 下不变的矢量 $\boldsymbol{R}$，矢量 $\boldsymbol{R}$ 相对于坐标系 $\boldsymbol{R}$ 的线速度用 $(\mathrm{d}\boldsymbol{R}/\mathrm{d}t)_{\mathrm{R}}$ 表示。其中，$(\,)_{\mathrm{R}}$ 表示相对于坐标系 R 进行微分。然后，角速率被定义为

$$\boldsymbol{V}=\left(\frac{\mathrm{d}\boldsymbol{R}}{\mathrm{d}t}\right)_{\mathrm{R}}=\boldsymbol{\omega}_{\mathrm{R}}^{\mathrm{B}}\times\boldsymbol{R} \tag{3.63}$$

通常角速率还可以用载体坐标系下的单位矢量表示：

$$\left(\frac{\mathrm{d}\boldsymbol{U}}{\mathrm{d}t}\right)_{\mathrm{R}}=\boldsymbol{\omega}_{\mathrm{R}}^{\mathrm{B}}\times\boldsymbol{U} \tag{3.64}$$

3.4.1.2　方向余弦矩阵表示的姿态运动方程

由于 $\boldsymbol{C}_{\mathrm{B}}^{\mathrm{R}}=[\,{}^{\mathrm{R}}\boldsymbol{u}_{1\mathrm{B}}\quad {}^{\mathrm{R}}\boldsymbol{u}_{2\mathrm{B}}\quad {}^{\mathrm{R}}\boldsymbol{u}_{3\mathrm{B}}\,]$，并且 ${}^{\mathrm{R}}\boldsymbol{u}_{k\mathrm{B}}$ $(k=1,2,3)$ 表示载体坐标系的单位矢量在参考坐标系中的映射，则有

$$\frac{\mathrm{d}\boldsymbol{C}_{\mathrm{B}}^{\mathrm{R}}}{\mathrm{d}t}=\left[\frac{\mathrm{d}^{R}\boldsymbol{u}_{1\mathrm{B}}}{\mathrm{d}t}\quad\frac{\mathrm{d}^{\mathrm{R}}\boldsymbol{u}_{2\mathrm{B}}}{\mathrm{d}t}\quad\frac{\mathrm{d}^{\mathrm{R}}\boldsymbol{u}_{3\mathrm{B}}}{\mathrm{d}t}\right]=\left[{}^{\mathrm{R}}\boldsymbol{\omega}_{\mathrm{R}}^{\mathrm{B}}\times{}^{\mathrm{R}}\boldsymbol{u}_{1\mathrm{B}}\quad{}^{\mathrm{R}}\boldsymbol{\omega}_{\mathrm{R}}^{\mathrm{B}}\times{}^{\mathrm{R}}\boldsymbol{u}_{2\mathrm{B}}\quad{}^{\mathrm{R}}\boldsymbol{\omega}_{\mathrm{R}}^{\mathrm{B}}\times{}^{\mathrm{R}}\boldsymbol{u}_{3\mathrm{B}}\right]\tag{3.65}$$

或

$$\frac{\mathrm{d}\boldsymbol{C}_{\mathrm{B}}^{\mathrm{R}}}{\mathrm{d}t}=[{}^{\mathrm{R}}\boldsymbol{\omega}_{\mathrm{R}}^{\mathrm{B}}\times][{}^{\mathrm{R}}\boldsymbol{u}_{1\mathrm{B}}\quad{}^{\mathrm{R}}\boldsymbol{u}_{2\mathrm{B}}\quad{}^{\mathrm{R}}\boldsymbol{u}_{3\mathrm{B}}]=[{}^{\mathrm{R}}\boldsymbol{\omega}_{\mathrm{R}}^{\mathrm{B}}\times]\boldsymbol{C}_{\mathrm{B}}^{\mathrm{R}}\tag{3.66}$$

并且可以推导得到一个很重要的方向余弦矩阵(directional cosine matrix, DCM)运动方程:

$$\frac{\mathrm{d}\boldsymbol{C}_{\mathrm{B}}^{\mathrm{R}}}{\mathrm{d}t}=[{}^{\mathrm{R}}\boldsymbol{\omega}_{\mathrm{R}}^{\mathrm{B}}\times]\boldsymbol{C}_{\mathrm{B}}^{\mathrm{R}}\tag{3.67}$$

式(3.67)描述的微分方程使得在参考坐标系下以角速率的形式描述姿态的(以 DCM 形式表示)传播方式成为可能。

另外,也可以在载体坐标系内表示角速率。注意, ${}^{\mathrm{R}}\boldsymbol{\omega}_{\mathrm{R}}^{\mathrm{B}}=\boldsymbol{C}_{\mathrm{B}}^{\mathrm{R}}{}^{\mathrm{B}}\boldsymbol{\omega}_{\mathrm{R}}^{\mathrm{B}}$,并且

$$[{}^{\mathrm{R}}\boldsymbol{\omega}_{\mathrm{R}}^{\mathrm{B}}\times]=[\boldsymbol{C}_{\mathrm{B}}^{\mathrm{R}}{}^{\mathrm{B}}\boldsymbol{\omega}_{\mathrm{R}}^{\mathrm{B}}\times]=\boldsymbol{C}_{\mathrm{B}}^{\mathrm{R}}[{}^{\mathrm{B}}\boldsymbol{\omega}_{\mathrm{R}}^{\mathrm{B}}\times]\boldsymbol{C}_{\mathrm{R}}^{\mathrm{B}}\tag{3.68}$$

则有

$$\dot{\boldsymbol{C}}_{\mathrm{B}}^{\mathrm{R}}=[{}^{\mathrm{R}}\boldsymbol{\omega}_{\mathrm{R}}^{\mathrm{B}}\times]\boldsymbol{C}_{\mathrm{B}}^{\mathrm{R}}=\boldsymbol{C}_{\mathrm{B}}^{\mathrm{R}}[{}^{\mathrm{B}}\boldsymbol{\omega}_{\mathrm{R}}^{\mathrm{B}}\times]\boldsymbol{C}_{\mathrm{R}}^{\mathrm{B}}\boldsymbol{C}_{\mathrm{B}}^{\mathrm{R}}=\boldsymbol{C}_{\mathrm{B}}^{\mathrm{R}}[{}^{\mathrm{B}}\boldsymbol{\omega}_{\mathrm{R}}^{\mathrm{B}}\times]\tag{3.69}$$

综上所述,可得

$$\dot{\boldsymbol{C}}_{\mathrm{B}}^{\mathrm{R}}=[{}^{\mathrm{R}}\boldsymbol{\omega}_{\mathrm{R}}^{\mathrm{B}}\times]\boldsymbol{C}_{\mathrm{B}}^{\mathrm{R}}=\boldsymbol{C}_{\mathrm{B}}^{\mathrm{R}}[{}^{\mathrm{B}}\boldsymbol{\omega}_{\mathrm{R}}^{\mathrm{B}}\times]\tag{3.70}$$

也可以利用载体坐标系下的旋转角速率表示载体坐标系相对于惯性坐标系的旋转角速率,并且使用在参考坐标系中表示的角速率作为参考坐标系相对于惯性坐标系的旋转角速率。

利用 $\boldsymbol{C}_{\mathrm{B}}^{\mathrm{R}}=\boldsymbol{C}_{\mathrm{I}}^{\mathrm{R}}\boldsymbol{C}_{\mathrm{B}}^{\mathrm{I}}$,有

$$\begin{aligned}\dot{\boldsymbol{C}}_{\mathrm{B}}^{\mathrm{R}}&=\dot{\boldsymbol{C}}_{\mathrm{I}}^{\mathrm{R}}\boldsymbol{C}_{\mathrm{B}}^{\mathrm{I}}+\boldsymbol{C}_{\mathrm{I}}^{\mathrm{R}}\dot{\boldsymbol{C}}_{\mathrm{B}}^{\mathrm{I}}=[{}^{\mathrm{R}}\boldsymbol{\omega}_{\mathrm{R}}^{\mathrm{I}}\times]\boldsymbol{C}_{\mathrm{I}}^{\mathrm{R}}\boldsymbol{C}_{\mathrm{B}}^{\mathrm{I}}+\boldsymbol{C}_{\mathrm{I}}^{\mathrm{R}}\boldsymbol{C}_{\mathrm{B}}^{\mathrm{I}}[{}^{\mathrm{B}}\boldsymbol{\omega}_{\mathrm{I}}^{\mathrm{B}}\times]\\&=-[{}^{\mathrm{R}}\boldsymbol{\omega}_{\mathrm{I}}^{\mathrm{R}}\times]\boldsymbol{C}_{\mathrm{B}}^{\mathrm{R}}+\boldsymbol{C}_{\mathrm{B}}^{\mathrm{R}}[{}^{\mathrm{B}}\boldsymbol{\omega}_{\mathrm{I}}^{\mathrm{B}}\times]\end{aligned}\tag{3.71}$$

因此,有

$$\dot{\boldsymbol{C}}_{\mathrm{B}}^{\mathrm{R}}=\boldsymbol{C}_{\mathrm{B}}^{\mathrm{R}}[{}^{\mathrm{B}}\boldsymbol{\omega}_{\mathrm{I}}^{\mathrm{B}}\times]-[{}^{\mathrm{R}}\boldsymbol{\omega}_{\mathrm{I}}^{\mathrm{R}}\times]\boldsymbol{C}_{\mathrm{B}}^{\mathrm{R}}\tag{3.72}$$

3.4.1.3 四元数表示的姿态运动方程

同理,不难推导出以下四元数形式的微分方程:

$$\dot{\boldsymbol{q}}_{\mathrm{B}}^{\mathrm{R}}=\frac{1}{2}{}^{\mathrm{R}}\boldsymbol{\omega}_{\mathrm{R}}^{\mathrm{B}}\otimes\boldsymbol{q}_{\mathrm{B}}^{\mathrm{R}}=\frac{1}{2}\boldsymbol{q}_{\mathrm{B}}^{\mathrm{R}}\otimes{}^{\mathrm{R}}\boldsymbol{\omega}_{\mathrm{R}}^{\mathrm{B}}\tag{3.73}$$

$$\dot{\boldsymbol{q}}_{\mathrm{B}}^{\mathrm{R}}=\frac{1}{2}(\boldsymbol{q}_{\mathrm{B}}^{\mathrm{R}}\otimes{}^{\mathrm{B}}\boldsymbol{\omega}_{\mathrm{I}}^{\mathrm{B}}-{}^{\mathrm{R}}\boldsymbol{\omega}_{\mathrm{I}}^{\mathrm{R}}\otimes\boldsymbol{q}_{\mathrm{B}}^{\mathrm{R}})\tag{3.74}$$

其中

$$\boldsymbol{v}\otimes\boldsymbol{q}\equiv\begin{bmatrix}v\\0\end{bmatrix}\otimes q,\quad\boldsymbol{q}\otimes\boldsymbol{v}\equiv\boldsymbol{q}\otimes\begin{bmatrix}v\\0\end{bmatrix}$$

3.4.1.4 离散形式表示的姿态运动方程

通过使用链式法则,得到如下 DCM 方程:

$$\boldsymbol{C}_{\mathrm{R}}^{\mathrm{B}(k+1)}=\boldsymbol{C}_{\mathrm{B}(k)}^{\mathrm{B}(k+1)}\boldsymbol{C}_{\mathrm{R}}^{\mathrm{B}(k)} \tag{3.75}$$

$$\boldsymbol{C}_{\mathrm{R}(k+1)}^{\mathrm{B}}=\boldsymbol{C}_{\mathrm{R}(k)}^{\mathrm{B}}\boldsymbol{C}_{\mathrm{R}(k+1)}^{\mathrm{R}(k)} \tag{3.76}$$

$$\boldsymbol{C}_{\mathrm{R}(k+1)}^{\mathrm{B}(k+1)}=\boldsymbol{C}_{\mathrm{B}(k)}^{\mathrm{B}(k+1)}\boldsymbol{C}_{\mathrm{R}(k)}^{\mathrm{B}(k)}\boldsymbol{C}_{\mathrm{R}(k+1)}^{\mathrm{R}(k)} \tag{3.77}$$

类似地,得到四元数方程:

$$\boldsymbol{q}_{\mathrm{R}}^{\mathrm{B}(k+1)}=\boldsymbol{q}_{\mathrm{B}(k)}^{\mathrm{B}(k+1)}\boldsymbol{q}_{\mathrm{R}}^{\mathrm{B}(k)} \tag{3.78}$$

$$\boldsymbol{q}_{\mathrm{R}(k+1)}^{\mathrm{B}}=\boldsymbol{q}_{\mathrm{R}(k)}^{\mathrm{B}}\boldsymbol{q}_{\mathrm{R}(k+1)}^{\mathrm{R}(k)} \tag{3.79}$$

$$\boldsymbol{q}_{\mathrm{R}(k+1)}^{\mathrm{B}(k+1)}=\boldsymbol{q}_{\mathrm{B}(k)}^{\mathrm{B}(k+1)}\boldsymbol{q}_{\mathrm{R}(k)}^{\mathrm{B}(k)}\boldsymbol{q}_{\mathrm{R}(k+1)}^{\mathrm{R}(k)} \tag{3.80}$$

DCM 增量与四元数增量可以利用以下方程计算得到。

假设载体坐标系移动了 $\delta^{\mathrm{B}}\boldsymbol{\theta}_{\mathrm{B}}(k)$ 、参考坐标系移动了 $\delta^{\mathrm{R}}\boldsymbol{\theta}_{\mathrm{R}}(k)$,则有

$$\begin{aligned}\boldsymbol{C}_{\mathrm{B}(k)}^{\mathrm{B}(k+1)}&=\boldsymbol{I}-\sin(\delta^{\mathrm{B}}\theta_{\mathrm{B}})\left[\left(\frac{\delta^{\mathrm{B}}\boldsymbol{\theta}_{\mathrm{B}}(k)}{\delta^{\mathrm{B}}\theta_{\mathrm{B}}(k)}\right)\times\right]+[1-\cos(\delta^{\mathrm{B}}\theta_{\mathrm{B}})]\left[\frac{\delta^{\mathrm{B}}\boldsymbol{\theta}_{\mathrm{B}}(k)}{\delta^{\mathrm{B}}\theta_{\mathrm{B}}(k)}\times\right]^2\\&=\boldsymbol{I}-\frac{\sin(\delta^{\mathrm{B}}\theta_{\mathrm{B}})(k)}{\delta^{\mathrm{B}}\theta_{\mathrm{B}}(k)}[\delta^{\mathrm{B}}\boldsymbol{\theta}_{\mathrm{B}}(k)\times]+\frac{1-\cos(\delta^{\mathrm{B}}\theta_{\mathrm{B}})(k)}{(\delta^{\mathrm{B}}\boldsymbol{\theta}_{\mathrm{B}}(k))^2}[\delta^{\mathrm{B}}\boldsymbol{\theta}_{\mathrm{B}}(k)\times]^2\end{aligned} \tag{3.81}$$

并且

$$\begin{aligned}\boldsymbol{C}_{\mathrm{R}(k)}^{\mathrm{R}(k+1)}&=\boldsymbol{I}-\frac{\sin(\delta^{\mathrm{R}}\theta_{\mathrm{R}})(k)}{\delta^{\mathrm{R}}\theta_{\mathrm{R}}(k)}[\delta^{\mathrm{R}}\boldsymbol{\theta}_{\mathrm{R}}(k)\times]+\frac{1-\cos\delta^{\mathrm{R}}\theta_{\mathrm{R}}(k)}{(\delta^{\mathrm{R}}\theta_{\mathrm{R}}(k))^2}[\delta^{\mathrm{R}}\boldsymbol{\theta}_{\mathrm{R}}(k)\times]^2\\\boldsymbol{C}_{\mathrm{R}(k+1)}^{\mathrm{R}(k)}&=\boldsymbol{I}+\frac{\sin(\delta^{\mathrm{R}}\theta_{\mathrm{R}})(k)}{\delta^{\mathrm{R}}\theta_{\mathrm{R}}(k)}[\delta^{\mathrm{R}}\boldsymbol{\theta}_{\mathrm{R}}(k)\times]+\frac{1-\cos\delta^{\mathrm{R}}\theta_{\mathrm{R}}(k)}{(\delta^{\mathrm{R}}\theta_{\mathrm{R}}(k))^2}[\delta^{\mathrm{R}}\boldsymbol{\theta}_{\mathrm{R}}(k)\times]^2\end{aligned} \tag{3.82}$$

此处列举了式(3.81)和式(3.82)的四元数形式:

$$\boldsymbol{q}_{\mathrm{B}(k)}^{\mathrm{B}(k+1)}=\begin{bmatrix}\dfrac{\delta^{\mathrm{B}}\boldsymbol{\theta}_{\mathrm{B}}(k)}{\delta^{\mathrm{B}}\theta_{\mathrm{B}}(k)}\sin\dfrac{\delta^{\mathrm{B}}\theta_{\mathrm{B}}}{2}\\\cos\dfrac{\delta^{\mathrm{B}}\theta_{\mathrm{B}}}{2}\end{bmatrix} \tag{3.83}$$

$$\begin{cases}\boldsymbol{q}_{\mathrm{R}(k)}^{\mathrm{R}(k+1)}=\begin{bmatrix}\dfrac{\delta^{\mathrm{R}}\boldsymbol{\theta}_{\mathrm{R}}(k)}{\delta^{\mathrm{R}}\theta_{\mathrm{R}}(k)}\sin\dfrac{\delta^{\mathrm{R}}\theta_{\mathrm{R}}}{2}\\\cos\dfrac{\delta^{\mathrm{R}}\theta_{\mathrm{R}}}{2}\end{bmatrix}\\\boldsymbol{q}_{\mathrm{R}(k+1)}^{\mathrm{R}(k)}=\begin{bmatrix}-\dfrac{\delta^{\mathrm{R}}\boldsymbol{\theta}_{\mathrm{R}}(k)}{\delta^{\mathrm{R}}\theta_{\mathrm{R}}(k)}\sin\dfrac{\delta^{\mathrm{R}}\theta_{\mathrm{R}}}{2}\\\cos\dfrac{\delta^{\mathrm{R}}\theta_{\mathrm{R}}}{2}\end{bmatrix}\end{cases} \tag{3.84}$$

3.4.2 姿态传播/数值积分算法

下面描述三类姿态传播算法：

(1) 类型1：该算法将以陀螺数据可用的速率运行，并假定旋转轴在陀螺仪采样间隔内保持不变。

(2) 类型2：在与类型1相同的假设条件下，首先利用圆锥补偿算法对陀螺仪角度变化量积分，然后使用类型1的算法以较低的速率完成传播计算。

(3) 类型3：该算法假设瞬时旋转轴可能在变化，并试图达到更好的性能。

本节重点讨论了常用的四元数方程。使用DCM方程也可以得到类似结论。四元数算法因其计算量在实际应用中要小很多而被广泛使用。

3.4.2.1 类型1算法

第1类算法使用了四元数和DCM的链式规则。下面列出该算法的几个重要表达形式。

如果参考坐标系采用惯性坐标系，如地球中心惯性（earth-centered inertial, ECI）坐标系或其他惯性坐标系，姿态传播算法可写为以下简单形式：

$$\boldsymbol{q}_{\mathrm{I}}^{\mathrm{B}(k+1)} = \begin{bmatrix} \dfrac{\delta^{\mathrm{B}}\boldsymbol{\theta}_{\mathrm{B}}(k)}{\delta^{\mathrm{B}}\theta_{\mathrm{B}}(k)}\sin\dfrac{\delta^{\mathrm{B}}\theta_{\mathrm{B}}}{2} \\ \cos\dfrac{\delta^{\mathrm{B}}\theta_{\mathrm{B}}}{2} \end{bmatrix} \otimes \boldsymbol{q}_{\mathrm{I}}^{\mathrm{B}(k)} \tag{3.85}$$

在航天器应用中，选用轨道坐标系作为参考坐标系，即 $\mathrm{R}=\mathrm{O}$，轨道坐标系相对于惯性坐标绕负轨道法线轴（$-y$ 轴）旋转。因此，有

$$\delta^{\mathrm{O}}\boldsymbol{\theta}_{\mathrm{O}}(k) = \begin{bmatrix} 0 \\ -\Omega\delta t \\ 0 \end{bmatrix} \tag{3.86}$$

式中：Ω 为轨道速率。

此时，姿态传播算法由下式给出：

$$\boldsymbol{q}_{\mathrm{O}}^{\mathrm{B}(k+1)} = \begin{bmatrix} \dfrac{\delta^{\mathrm{B}}\boldsymbol{\theta}_{\mathrm{B}}(k)}{\delta^{\mathrm{B}}\boldsymbol{\theta}_{\mathrm{B}}(k)}\sin\dfrac{\delta^{\mathrm{B}}\theta_{B}}{2} \\ \cos\dfrac{\delta^{\mathrm{B}}\theta_{\mathrm{B}}}{2} \end{bmatrix} \otimes \boldsymbol{q}_{\mathrm{O}}^{\mathrm{B}(k)} \otimes \begin{bmatrix} 0 \\ -\sin\left(\dfrac{1}{2}\Omega\delta t\right) \\ 0 \\ \cos\left(\dfrac{1}{2}\Omega\delta t\right) \end{bmatrix} \tag{3.87}$$

对于地球导航，常使用地心固连（earth-centered earth fixed, ECEF）坐标系作为参考坐标系，即R=ECEF。并且，因为ECEF坐标系以地球自转角速率绕其 z 轴旋转，则有

$$\delta^{E}\boldsymbol{\theta}_{E}(k)=\begin{bmatrix}0\\0\\\Omega_{e}\delta t\end{bmatrix} \tag{3.88}$$

式中：Ω_e 为地球自转角速率。

姿态传播算法由下式给出：

$$\boldsymbol{q}_{E}^{B(k+1)}=\begin{bmatrix}\dfrac{\delta^{B}\boldsymbol{\theta}_{B}(k)}{\delta^{B}\theta_{B}(k)}\sin\dfrac{\delta^{B}\theta_{B}}{2}\\\cos\dfrac{\delta^{B}\theta_{B}}{2}\end{bmatrix}\otimes\boldsymbol{q}_{E}^{B(k)}\otimes\begin{bmatrix}0\\0\\\sin\left(\dfrac{1}{2}\Omega_{e}\delta t\right)\\\cos\left(\dfrac{1}{2}\Omega_{e}\delta t\right)\end{bmatrix} \tag{3.89}$$

另一个经常使用的参考坐标系是当地水平坐标系，通常称为导航坐标系(即R=N)。导航坐标系相对于惯性坐标系以两个旋转角速率之和进行旋转：飞行器(或称为被测节点)速率由于相对于地球的运动速度，会产生当地水平坐标系相对于地球的旋转角速度，以及地球相对于惯性坐标系的旋转角速率，即

$${}^{N}\boldsymbol{\omega}_{I}^{N}={}^{N}\boldsymbol{\omega}_{E}^{N}+{}^{N}\boldsymbol{\omega}_{I}^{E} \tag{3.90}$$

在大多数应用中，${}^{N}\boldsymbol{\omega}_{I}^{N}$ 相对于载体旋转角速率缓慢的多。因此，在姿态传播过程中可以视为常数，故有

$$\delta^{N}\boldsymbol{\theta}_{N}(k)={}^{N}\boldsymbol{\omega}_{I}^{N}\delta t \tag{3.91}$$

这样，姿态传播算法由下式给出：

$$\boldsymbol{q}_{E}^{B(k+1)}=\begin{bmatrix}\dfrac{\delta^{B}\boldsymbol{\theta}_{B}(k)}{\delta^{B}\theta_{B}(k)}\sin\dfrac{\delta^{B}\theta_{B}}{2}\\\cos\dfrac{\delta^{B}\theta_{B}}{2}\end{bmatrix}\otimes\boldsymbol{q}_{E}^{B(k)}\otimes\begin{bmatrix}\dfrac{{}^{N}\boldsymbol{\omega}_{I}^{N}}{\|{}^{N}\boldsymbol{\omega}_{I}^{N}\|}\sin\dfrac{\|{}^{N}\boldsymbol{\omega}_{I}^{N}\|\delta t}{2}\\\cos\dfrac{\|{}^{N}\boldsymbol{\omega}_{I}^{N}\|\delta t}{2}\end{bmatrix} \tag{3.92}$$

3.4.2.2 类型2算法

如前所述，类型2算法与以较低的速率使用圆锥补偿积分方法得到结果后与类型1算法利用了相同的方程。

该方法使用的前提条件是瞬时旋转角度满足以下方程：

$$\dot{\boldsymbol{\theta}}(t)={}^{B}\boldsymbol{\omega}_{I}^{B}(t)+\frac{1}{2}\boldsymbol{\theta}(t)\times{}^{B}\boldsymbol{\omega}_{I}^{B}(t)+\frac{1}{\theta^{2}}\left[1-\frac{\theta\sin\theta}{2(1-\cos\theta)}\right]\boldsymbol{\theta}(t)\times\left[\boldsymbol{\theta}(t)\times{}^{B}\boldsymbol{\omega}_{I}^{B}(t)\right] \tag{3.93}$$

关于上述方程，需要注意的是，当旋转轴不变化时，$\boldsymbol{\theta}(t)$ 和 ${}^{B}\boldsymbol{\omega}_{I}^{B}(t)$ 沿同一个方向，并且有 $\boldsymbol{\theta}(t)\times{}^{B}\boldsymbol{\omega}_{I}^{B}(t)=0$，由此得到：

$$\dot{\boldsymbol{\theta}}(t) = {}^{\mathrm{B}}\boldsymbol{\omega}_{\mathrm{I}}^{\mathrm{B}}(t)$$

这与常规认知相吻合,即如果旋转轴保持不变,就不需要用圆锥补偿算法。

通常情况下,式(3.93)中的第三项与其他项相比非常小,可以忽略。下面给出了圆锥补偿算法的常用标准方程:

$$\dot{\boldsymbol{\theta}}(t) = {}^{\mathrm{B}}\boldsymbol{\omega}_{\mathrm{I}}^{\mathrm{B}}(t) + \frac{1}{2}\boldsymbol{\theta}(t) \times {}^{\mathrm{B}}\boldsymbol{\omega}_{\mathrm{I}}^{\mathrm{B}}(t) \tag{3.94}$$

图 3.3 描述了类型 2 算法与类型 1 算法的不同之处。

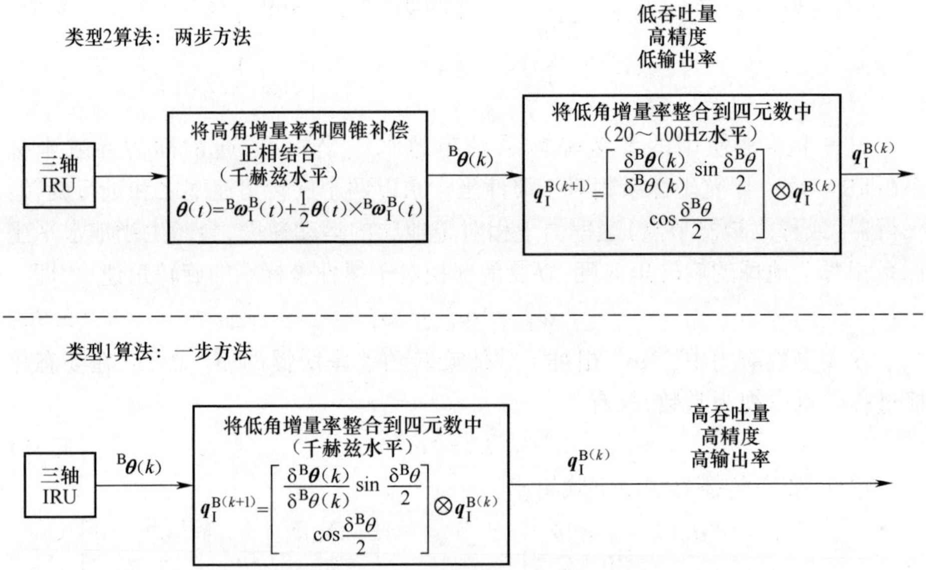

图 3.3　类型 2 与类型 1 姿态传递算法

3.4.2.3　类型 3 算法

类型 3 算法假设旋转轴在陀螺仪输出角度变化量期间无法保持恒定,并试图从连续采样样本中获得有用的信息。该算法通常可以达到更高的精度,经常作为首选算法。

首先,给出微分方程:

$$\begin{aligned}\dot{\boldsymbol{q}}_{\mathrm{B}}^{\mathrm{R}} &= \frac{1}{2}\boldsymbol{q}_{\mathrm{B}}^{\mathrm{R}} \otimes {}^{\mathrm{B}}\boldsymbol{\omega}_{\mathrm{R}}^{\mathrm{B}} = \frac{1}{2}\boldsymbol{q}_{\mathrm{B}}^{\mathrm{R}}\,{}^{\mathrm{B}}\boldsymbol{\omega}_{\mathrm{R}}^{\mathrm{B}} \\ \boldsymbol{q} \otimes \boldsymbol{v} &\equiv \boldsymbol{q} \otimes \begin{bmatrix} v \\ 0 \end{bmatrix} \equiv \boldsymbol{q}\begin{bmatrix} v \\ 0 \end{bmatrix}\end{aligned} \tag{3.95}$$

算法的目标是为上述微分方程开发一种数值积分算法。如果使用四阶龙格库塔算法(fourth-order Runge-Kutta algorithm, RK4)会得到较好的性能。下面将推导一种具有良好性能的算法,并且证明了算法性能的优越性。

为了简化符号,使用下式计算:

$$\boldsymbol{q} = \boldsymbol{q}_{\mathrm{B}}^{\mathrm{R}}, \quad \boldsymbol{W} = \begin{bmatrix} \omega_1 \\ \omega_2 \\ \omega_3 \\ 0 \end{bmatrix} = \begin{bmatrix} {}^{\mathrm{B}}\boldsymbol{\omega}_{\mathrm{R}}^{\mathrm{B}} \\ 0 \end{bmatrix} \dot{\boldsymbol{q}} = \frac{1}{2}\boldsymbol{q}\boldsymbol{W} \tag{3.96}$$

与其他数值积分方法的推导过程类似,这里使用泰勒展开方法:

$$\boldsymbol{q}_{\mathrm{p}} = \boldsymbol{q}(t - \Delta t) = \boldsymbol{q} - \frac{\mathrm{d}\boldsymbol{q}}{\mathrm{d}t}\Delta t + \frac{1}{2}\frac{\mathrm{d}^2\boldsymbol{q}}{\mathrm{d}t^2}(\Delta t)^2 - \frac{1}{6}\frac{\mathrm{d}^3\boldsymbol{q}}{\mathrm{d}t^3}(\Delta t)^3 + \frac{1}{24}\frac{\mathrm{d}^4\boldsymbol{q}}{\mathrm{d}t^4}(\Delta t)^4 + \cdots \tag{3.97}$$

并且

$$\begin{aligned} \frac{\mathrm{d}\boldsymbol{q}}{\mathrm{d}t} &= \boldsymbol{q}\left(\frac{1}{2}\boldsymbol{W}\right) \\ \frac{\mathrm{d}^2\boldsymbol{q}}{\mathrm{d}t^2} &= \boldsymbol{q}\left(\frac{1}{4}\boldsymbol{W}^2 + \frac{1}{2}\dot{\boldsymbol{W}}\right) \\ \frac{\mathrm{d}^3\boldsymbol{q}}{\mathrm{d}t^3} &= \boldsymbol{q}\left[\frac{1}{8}\boldsymbol{W}^3 + \frac{1}{4}(\boldsymbol{W}\dot{\boldsymbol{W}} + \frac{1}{4}\dot{\boldsymbol{W}}\boldsymbol{W} + \boldsymbol{W}\dot{\boldsymbol{W}}) + \frac{1}{2}\ddot{\boldsymbol{W}}\right] \\ \frac{\mathrm{d}^4\boldsymbol{q}}{\mathrm{d}t^4} &= \boldsymbol{q}\left[\frac{1}{16}\boldsymbol{W}^4 + \frac{1}{8}(\boldsymbol{W}^2\dot{\boldsymbol{W}} + \dot{\boldsymbol{W}}\boldsymbol{W}^2) + \frac{1}{4}\boldsymbol{W}(\boldsymbol{W}\dot{\boldsymbol{W}} + \dot{\boldsymbol{W}}\boldsymbol{W}) + \frac{3}{4}\dot{\boldsymbol{W}}^2 + \right. \\ &\quad \left. \frac{1}{4}(\boldsymbol{W}\ddot{\boldsymbol{W}} + \ddot{\boldsymbol{W}}\boldsymbol{W}) + \frac{1}{2}\boldsymbol{W}\ddot{\boldsymbol{W}} + \frac{1}{2}\dddot{\boldsymbol{W}}\right] \\ &\vdots \end{aligned} \tag{3.98}$$

为了简化方程式,定义以下公式:

$$\frac{1}{2}\Delta t\omega_i(t) = \delta_i$$

$$\frac{1}{2}\Delta t\omega_i(t - \Delta t) = \delta_i^{\mathrm{p}}$$

$$\delta_0^2 = \delta_1^2 + \delta_2^2 + \delta_3^2$$

以下方程主要用于三阶和四阶方程:

$$\frac{1}{2}\boldsymbol{W}\Delta t = \begin{pmatrix} \delta_1 \\ \delta_2 \\ \delta_3 \\ 0 \end{pmatrix}$$

$$\frac{1}{2}\dot{\boldsymbol{W}}\Delta t=\begin{pmatrix}\dot{\delta}_1\\\dot{\delta}_2\\\dot{\delta}_3\\0\end{pmatrix}$$

$$\frac{1}{2}\ddot{\boldsymbol{W}}\Delta t=\begin{pmatrix}\ddot{\delta}_1\\\ddot{\delta}_2\\\ddot{\delta}_3\\0\end{pmatrix}$$

$$\frac{1}{2}\dddot{\boldsymbol{W}}\Delta t=\begin{pmatrix}\dddot{\delta}_1\\\dddot{\delta}_2\\\dddot{\delta}_3\\0\end{pmatrix}$$

$$\frac{1}{8}\boldsymbol{W}^3\ (\Delta t)^3=-\delta_0^2\begin{pmatrix}\delta_1\\\delta_2\\\delta_3\\0\end{pmatrix}$$

$$\frac{1}{8}(\boldsymbol{W}^2\dot{\boldsymbol{W}}+\dot{\boldsymbol{W}}\boldsymbol{W}^2)\ (\Delta t)^3=-2\delta_0^2\begin{pmatrix}\dot{\delta}_1\\\dot{\delta}_2\\\dot{\delta}_3\\0\end{pmatrix}$$

$$\frac{1}{4}\boldsymbol{W}\dot{\boldsymbol{W}}\ (\Delta t)^2=\begin{pmatrix}\delta_2\dot{\delta}_3-\delta_3\dot{\delta}_2\\\delta_3\dot{\delta}_1-\delta_1\dot{\delta}_3\\\delta_1\dot{\delta}_2-\delta_2\dot{\delta}_1\\-(\delta_1\dot{\delta}_1+\delta_2\dot{\delta}_2+\delta_3\dot{\delta}_3)\end{pmatrix}$$

$$\frac{1}{4}\boldsymbol{W}\ddot{\boldsymbol{W}}(\Delta t)^2=\begin{pmatrix}\delta_2\ddot{\delta}_3-\delta_3\ddot{\delta}_2\\ \delta_3\ddot{\delta}_1-\delta_1\ddot{\delta}_3\\ \delta_1\ddot{\delta}_2-\delta_2\ddot{\delta}_1\\ -(\delta_1\ddot{\delta}_1+\delta_2\ddot{\delta}_2+\delta_3\ddot{\delta}_3)\end{pmatrix}$$

$$\frac{1}{8}\boldsymbol{W}(\boldsymbol{W}\dot{\boldsymbol{W}}+\dot{\boldsymbol{W}}\boldsymbol{W})(\Delta t)^3=-2(\delta_1\dot{\delta}_1+\delta_2\dot{\delta}_2+\delta_3\dot{\delta}_3)\begin{pmatrix}\delta_1\\ \delta_2\\ \delta_3\\ 0\end{pmatrix}$$

$$\frac{1}{4}\boldsymbol{W}^2(\Delta t)^2=-\delta_0^2 q_{\mathrm{u}}$$

$$\frac{1}{4}(\dot{\boldsymbol{W}}\boldsymbol{W}+\boldsymbol{W}\dot{\boldsymbol{W}})(\Delta t)^2=-2(\delta_1\dot{\delta}_1+\delta_2\dot{\delta}_2+\delta_3\dot{\delta}_3)\boldsymbol{q}_{\mathrm{u}}$$

$$\frac{1}{16}\boldsymbol{W}^4(\Delta t)^4=\delta_0^4\boldsymbol{q}_{\mathrm{u}}\dot{\boldsymbol{W}}^2(\Delta t)^2=-(\dot{\delta}_1^2+\dot{\delta}_2^2+\dot{\delta}_3^2)\boldsymbol{q}_{\mathrm{u}}$$

$$\frac{1}{4}\dot{\boldsymbol{W}}^2(\Delta t)^2=-(\dot{\delta}_1^2+\dot{\delta}_2^2+\dot{\delta}_3^2)\boldsymbol{q}_{\mathrm{u}}$$

$$\frac{1}{4}(\boldsymbol{W}\ddot{\boldsymbol{W}}+\ddot{\boldsymbol{W}}\boldsymbol{W})(\Delta t)^2=-2(\delta_1\ddot{\delta}_1+\delta_2\ddot{\delta}_2+\delta_3\ddot{\delta}_3)\boldsymbol{q}_{\mathrm{u}}$$

在姿态传播过程中，有

$$\boldsymbol{q}_{\mathrm{p}}=\boldsymbol{q}(t-\Delta t)=\boldsymbol{q}(t)\boldsymbol{\Phi}(t,t-\Delta t)\equiv\boldsymbol{q}(t)\begin{pmatrix}\Phi_1\\ \Phi_2\\ \Phi_3\\ \Phi_4\end{pmatrix}\tag{3.99}$$

或

$$\boldsymbol{q}(t)=\boldsymbol{q}(t-\Delta t)\begin{pmatrix}-\Phi_1\\ -\Phi_2\\ -\Phi_3\\ \Phi_4\end{pmatrix}\tag{3.100}$$

此处使用下式计算角度变化量的速率和加速度：

$$\dot{\delta}_i\Delta t=\delta_i-\delta_i^{\mathrm{p}}$$

$$\ddot{\delta}_i(\Delta t)^2=\delta_i-2\delta_i^{\mathrm{p}}-\delta_i^{\mathrm{pp}}$$

$$\dddot{\delta}_i(\Delta t)^3=\delta_i-3\delta_i^{\mathrm{p}}+3\delta_i^{\mathrm{pp}}-\delta_i^{\mathrm{ppp}}$$

对于三阶算法,有

$$\boldsymbol{\Phi}(t,t-\Delta t)=\begin{pmatrix}\left(-\frac{2}{3}+\frac{1}{6}\delta_0^2\right)\delta_1+\frac{1}{6}(\delta_2\delta_3^{\mathrm{p}}-\delta_3\delta_2^{\mathrm{p}})-\frac{1}{6}(\delta_1^{\mathrm{p}}+\delta_1^{\mathrm{pp}})\\ \left(-\frac{2}{3}+\frac{1}{6}\delta_0^2\right)\delta_2+\frac{1}{6}(\delta_3\delta_1^{\mathrm{p}}-\delta_1\delta_3^{\mathrm{p}})-\frac{1}{6}(\delta_2^{\mathrm{p}}+\delta_2^{\mathrm{pp}})\\ \left(-\frac{2}{3}+\frac{1}{6}\delta_0^2\right)\delta_3+\frac{1}{6}(\delta_1\delta_2^{\mathrm{p}}-\delta_2\delta_1^{\mathrm{p}})-\frac{1}{6}(\delta_3^{\mathrm{p}}+\delta_3^{\mathrm{pp}})\\ 1-\frac{1}{2}(\delta_1\delta_1^{\mathrm{p}}+\delta_2\delta_2^{\mathrm{p}}+\delta_3\delta_3^{\mathrm{p}})\end{pmatrix} \tag{3.101}$$

$$\begin{pmatrix}-\boldsymbol{\Phi}_1\\-\boldsymbol{\Phi}_2\\-\boldsymbol{\Phi}_3\\\boldsymbol{\Phi}_4\end{pmatrix}=\begin{pmatrix}\left(\frac{2}{3}-\frac{1}{6}\delta_0^2\right)\delta_1-\frac{1}{6}(\delta_2\delta_3^{\mathrm{p}}-\delta_3\delta_2^{\mathrm{p}})+\frac{1}{6}(\delta_1^{\mathrm{p}}+\delta_1^{\mathrm{pp}})\\ \left(\frac{2}{3}-\frac{1}{6}\delta_0^2\right)\delta_2-\frac{1}{6}(\delta_3\delta_1^{\mathrm{p}}-\delta_1\delta_3^{\mathrm{p}})+\frac{1}{6}(\delta_2^{\mathrm{p}}+\delta_2^{\mathrm{pp}})\\ \left(\frac{2}{3}-\frac{1}{6}\delta_0^2\right)\delta_3-\frac{1}{6}(\delta_1\delta_2^{\mathrm{p}}-\delta_2\delta_1^{\mathrm{p}})+\frac{1}{6}(\delta_3^{\mathrm{p}}+\delta_3^{\mathrm{pp}})\\ 1-\frac{1}{2}(\delta_1\delta_1^{\mathrm{p}}+\delta_2\delta_2^{\mathrm{p}}+\delta_3\delta_3^{\mathrm{p}})\end{pmatrix} \tag{3.102}$$

可以使用以下简化方法:

$$\frac{1}{6}(\delta_i^{\mathrm{p}}+\delta_i^{\mathrm{pp}})=\frac{1}{3}\delta_i$$

$$1-\frac{1}{2}(\delta_1\delta_1^{\mathrm{p}}+\delta_2\delta_2^{\mathrm{p}}+\delta_3\delta_3^{\mathrm{p}})=1-\delta_0^2$$

简化后的最终结果为

$$\begin{pmatrix}-\boldsymbol{\Phi}_1\\-\boldsymbol{\Phi}_2\\-\boldsymbol{\Phi}_3\\\boldsymbol{\Phi}_4\end{pmatrix}=\begin{pmatrix}\left(1-\frac{1}{6}\delta_0^2\right)\delta_1-\frac{1}{6}(\delta_2\delta_3^{\mathrm{p}}-\delta_3\delta_2^{\mathrm{p}})\\ \left(1-\frac{1}{6}\delta_0^2\right)\delta_2-\frac{1}{6}(\delta_3\delta_1^{\mathrm{p}}-\delta_1\delta_3^{\mathrm{p}})\\ \left(1-\frac{1}{6}\delta_0^2\right)\delta_3-\frac{1}{6}(\delta_1\delta_2^{\mathrm{p}}-\delta_2\delta_1^{\mathrm{p}})\\ 1-\frac{1}{2}\delta_0^2\end{pmatrix} \tag{3.103}$$

同理,还可以推导出四阶算法:

$$
\boldsymbol{\Phi}(t,t-\Delta t)=
\begin{pmatrix}
\left[-\frac{15}{24}-\frac{1}{12}\delta_0^2+\frac{1}{6}(\delta_1\delta_1^{p}+\delta_2\delta_2^{p}+\delta_3\delta_3^{p})\right]\delta_1-\left(\frac{7}{24}-\frac{1}{12}\delta_0^2\right)\delta_1^{p}-\frac{1}{24}(\delta_1^{pp}+\delta_1^{ppp})+\frac{1}{12}(\delta_2\delta_3^{pp}-\delta_3\delta_2^{pp})\\
\left[-\frac{15}{24}-\frac{1}{12}\delta_0^2+\frac{1}{6}(\delta_1\delta_1^{p}+\delta_2\delta_2^{p}+\delta_3\delta_3^{p})\right]\delta_2-\left(\frac{7}{24}-\frac{1}{12}\delta_0^2\right)\delta_2^{p}-\frac{1}{24}(\delta_2^{pp}+\delta_2^{ppp})+\frac{1}{12}(\delta_3\delta_1^{pp}-\delta_1\delta_3^{pp})\\
\left[-\frac{15}{24}-\frac{1}{12}\delta_0^2+\frac{1}{6}(\delta_1\delta_1^{p}+\delta_2\delta_2^{p}+\delta_3\delta_3^{p})\right]\delta_3-\left(\frac{7}{24}-\frac{1}{12}\delta_0^2\right)\delta_3^{p}-\frac{1}{24}(\delta_3^{pp}+\delta_3^{ppp})+\frac{1}{12}(\delta_1\delta_2^{pp}-\delta_2\delta_1^{pp})\\
1-\frac{7}{24}\delta_0^2+\frac{1}{24}\delta_0^4+\frac{1}{12}(\delta_1\delta_1^{p}+\delta_2\delta_2^{p}+\delta_3\delta_3^{p})-\frac{1}{8}(\delta_0^{p})^2-\frac{1}{6}(\delta_1\delta_1^{pp}+\delta_2\delta_2^{pp}+\delta_3\delta_3^{pp})
\end{pmatrix}
\tag{3.104}
$$

3.4.3　欧拉角姿态传播算法

如果以分析为目的,基于欧拉角的方程是十分有效的。下面列出了典型 321 旋转顺序(方位-俯仰-横滚欧拉角)的微分方程:

$$
\begin{aligned}
\dot{\varphi}&=(\omega_3\cos\psi-\omega_1\sin\psi)\sec\theta\\
\dot{\theta}&=\omega_3\sin\psi-\omega_1\cos\psi\\
\dot{\psi}&=\omega_2-(\omega_3\cos\psi-\omega_1\sin\psi)\tan\theta
\end{aligned}
\tag{3.105}
$$

并且

$$
\begin{aligned}
\omega_1&=\dot{\theta}\cos\psi-\dot{\varphi}\cos\theta\sin\psi\\
\omega_2&=\dot{\psi}+\dot{\varphi}\sin\theta\\
\omega_3&=\dot{\theta}\sin\psi-\dot{\varphi}\cos\theta\cos\psi
\end{aligned}
\tag{3.106}
$$

3.4.4　姿态传播误差方程

姿态传播误差模型有以下作用:

(1) 可以帮助分析不同传感器的误差参数如何影响姿态传播误差。

(2) 帮助建立线性方程,有助于建立卡尔曼滤波器。

姿态是描述两个坐标系坐标轴之间的关系。通常也可以把这两个坐标系称为载体坐标系和参考坐标系。更重要的是,要认识到姿态误差既可以在载体坐标系中表示,也可以在参考坐标系中表示。尽管两种表达方式在数学上是等价的,但它们在应用场景与便捷性方面有着不同的含义。

3.4.4.1　两种姿态误差

给定一个 DCM $\boldsymbol{C}_{\mathrm{B}}^{\mathrm{R}}$ 以及该矩阵的相关信息或估计值 $\hat{\boldsymbol{C}}_{\mathrm{B}}^{\mathrm{R}}$,两个矩阵的“差”可以看作是载体坐标系与参考坐标系之间的偏差。即

$$\hat{\boldsymbol{C}}_{\mathrm{B}}^{\mathrm{R}} = \boldsymbol{C}_{\mathrm{R}}^{\hat{\mathrm{R}}}\boldsymbol{C}_{\mathrm{B}}^{\mathrm{R}} = (\boldsymbol{I} - [\boldsymbol{\theta}_{\mathrm{R}}^{\hat{\mathrm{R}}} \times])\boldsymbol{C}_{\mathrm{B}}^{\mathrm{R}} = (\boldsymbol{I} - [\delta^{\mathrm{R}}\boldsymbol{\theta}_{\mathrm{B}}^{\mathrm{R}} \times])\boldsymbol{C}_{\mathrm{B}}^{\mathrm{R}} \tag{3.107}$$

式中：$\delta^{\mathrm{R}}\boldsymbol{\theta}_{\mathrm{B}}^{\mathrm{R}} = \boldsymbol{\theta}_{\mathrm{R}}^{\hat{\mathrm{R}}}$ 为沿坐标系 R 表示的姿态误差（坐标系 R 相对于坐标系 B）。

符号 $\delta^{\mathrm{R}}\boldsymbol{\theta}_{\mathrm{B}}^{\mathrm{R}}$ 比 $\boldsymbol{\theta}_{\mathrm{R}}^{\hat{\mathrm{R}}}$ 表示含义更明确，因为 $\delta^{\mathrm{R}}\boldsymbol{\theta}_{\mathrm{B}}^{\mathrm{R}}$ 能表示出坐标系之间的关系。同样，也可以将上述两个矩阵的“差”用载体坐标系中的相关信息误差表示：

$$\hat{\boldsymbol{C}}_{\mathrm{B}}^{\mathrm{R}} = \boldsymbol{C}_{\mathrm{B}}^{\mathrm{R}}\boldsymbol{C}_{\mathrm{B}}^{\mathrm{B}} = \boldsymbol{C}_{\mathrm{B}}^{\mathrm{R}}(\boldsymbol{I} - [\boldsymbol{\theta}_{\mathrm{B}}^{\mathrm{B}} \times]) = \boldsymbol{C}_{\mathrm{B}}^{\mathrm{R}}(\boldsymbol{I} + [\boldsymbol{\theta}_{\mathrm{B}}^{\hat{\mathrm{B}}} \times]) = \boldsymbol{C}_{\mathrm{B}}^{\mathrm{R}}(\boldsymbol{I} + [\delta^{\mathrm{B}}\boldsymbol{\theta}_{\mathrm{R}}^{\mathrm{B}} \times]) \tag{3.108}$$

其中，$\delta^{\mathrm{R}}\boldsymbol{\theta}_{\mathrm{R}}^{\mathrm{B}} = \boldsymbol{\theta}_{\mathrm{B}}^{\hat{\mathrm{B}}} = -\delta^{\mathrm{B}}\boldsymbol{\theta}_{\mathrm{B}}^{\mathrm{R}}$ 为沿坐标系 B 表示的姿态误差（坐标系 B 相对于坐标系 R）。

显然，对这一姿态误差，可以用下式中的两种表达方式表述：

$$\boldsymbol{C}_{\mathrm{B}}^{\mathrm{R}}(\boldsymbol{I} + [\boldsymbol{\theta}_{\mathrm{B}}^{\hat{\mathrm{B}}} \times]) = (\boldsymbol{I} - [\boldsymbol{\theta}_{\mathrm{R}}^{\hat{\mathrm{R}}} \times])\boldsymbol{C}_{\mathrm{B}}^{\mathrm{R}}$$

下面做一些简单的代换，有

$$\begin{aligned}\boldsymbol{C}_{\mathrm{B}}^{\mathrm{R}}(\boldsymbol{I} + [\boldsymbol{\theta}_{\mathrm{B}}^{\hat{\mathrm{B}}} \times]) &= \boldsymbol{C}_{\mathrm{B}}^{\mathrm{R}}\boldsymbol{I} + \boldsymbol{C}_{\mathrm{B}}^{\mathrm{R}}[\boldsymbol{\theta}_{\mathrm{B}}^{\hat{\mathrm{B}}} \times] = \boldsymbol{C}_{\mathrm{B}}^{\mathrm{R}}\boldsymbol{I} + [(\boldsymbol{C}_{\mathrm{B}}^{\mathrm{R}}\boldsymbol{\theta}_{\mathrm{B}}^{\hat{\mathrm{B}}}) \times]\boldsymbol{C}_{\mathrm{B}}^{\mathrm{R}} \\ &= (\boldsymbol{I} + [(\boldsymbol{C}_{\mathrm{B}}^{\mathrm{R}}\boldsymbol{\theta}_{\mathrm{B}}^{\hat{\mathrm{B}}}) \times])\boldsymbol{C}_{\mathrm{B}}^{\mathrm{R}} = (\boldsymbol{I} - [\boldsymbol{\theta}_{\mathrm{R}}^{\hat{\mathrm{R}}} \times])\boldsymbol{C}_{\mathrm{B}}^{\mathrm{R}}\end{aligned}$$

为了使上式成立，必须有

$$\boldsymbol{\theta}_{\mathrm{R}}^{\hat{\mathrm{R}}} = -\boldsymbol{C}_{\mathrm{B}}^{\mathrm{R}}\boldsymbol{\theta}_{\mathrm{B}}^{\hat{\mathrm{B}}} \quad \boldsymbol{\theta}_{\mathrm{B}}^{\hat{\mathrm{B}}} = -\boldsymbol{C}_{\mathrm{R}}^{\mathrm{B}}\boldsymbol{\theta}_{\mathrm{R}}^{\hat{\mathrm{R}}} \tag{3.109}$$

如果采用含义更明确的符号来表示，负号的含义更容易被理解，即

$$\delta^{\mathrm{R}}\boldsymbol{\theta}_{\mathrm{B}}^{\mathrm{R}} = -\boldsymbol{C}_{\mathrm{B}}^{\mathrm{R}}\delta^{\mathrm{B}}\boldsymbol{\theta}_{\mathrm{R}}^{\mathrm{B}} = \boldsymbol{C}_{\mathrm{B}}^{\mathrm{R}}\delta^{\mathrm{B}}\boldsymbol{C}_{\mathrm{B}}^{\mathrm{R}} \tag{3.110}$$

或

$$\delta^{\mathrm{B}}\boldsymbol{\theta}_{\mathrm{R}}^{\mathrm{B}} = \boldsymbol{\theta}_{\mathrm{B}}^{\hat{\mathrm{B}}} = -\boldsymbol{C}_{\mathrm{R}}^{\mathrm{B}}\delta^{\mathrm{R}}\boldsymbol{\theta}_{\mathrm{B}}^{\mathrm{R}} = \boldsymbol{C}_{\mathrm{R}}^{\mathrm{B}}\delta^{\mathrm{R}}\boldsymbol{\theta}_{\mathrm{R}}^{\mathrm{B}} \tag{3.111}$$

3.4.4.2 姿态误差运动学

首先列出姿态误差在参考坐标系下表示的动力学方程。鉴于有三个前序推导方程，沿参考坐标系的姿态误差定义为

$$\boldsymbol{C}_{\mathrm{B}}^{\hat{\mathrm{R}}} = (\boldsymbol{I} - [\delta^{\mathrm{R}}\boldsymbol{\theta}_{\mathrm{I}}^{\mathrm{R}} \times])\boldsymbol{C}_{\mathrm{B}}^{\mathrm{R}} \tag{3.112}$$

真实姿态的动力学方程表示为 DCM 形式：

$$\dot{\boldsymbol{C}}_{\mathrm{B}}^{\mathrm{R}} = \boldsymbol{C}_{\mathrm{B}}^{\mathrm{R}}[{}^{\mathrm{B}}\boldsymbol{\omega}_{\mathrm{R}}^{\mathrm{B}} \times] \tag{3.113}$$

估计姿态的动力学方程表示为 DCM 形式：

$$\dot{\hat{\boldsymbol{C}}}_{\mathrm{B}}^{\mathrm{R}} = \hat{\boldsymbol{C}}_{\mathrm{B}}^{\mathrm{R}}[{}^{\mathrm{B}}\hat{\boldsymbol{\omega}}_{\mathrm{R}}^{\mathrm{B}} \times] \tag{3.114}$$

一方面有

$$\begin{aligned}\dot{\hat{\boldsymbol{C}}}_{\mathrm{B}}^{\mathrm{R}} &= \hat{\boldsymbol{C}}_{\mathrm{B}}^{\mathrm{R}}[{}^{\mathrm{B}}\boldsymbol{\omega}_{\mathrm{R}}^{\mathrm{B}} \times] = (\boldsymbol{I} - [\delta^{\mathrm{R}}\boldsymbol{\theta}_{\mathrm{I}}^{\mathrm{R}} \times])\boldsymbol{C}_{\mathrm{B}}^{\mathrm{R}}[{}^{\mathrm{B}}\hat{\boldsymbol{\omega}}_{\mathrm{R}}^{\mathrm{B}} \times] \\ &= (\boldsymbol{I} - [\delta^{\mathrm{R}}\boldsymbol{\theta}_{\mathrm{I}}^{\mathrm{R}} \times])[\boldsymbol{C}_{\mathrm{B}}^{\mathrm{R}}{}^{\mathrm{B}}\hat{\boldsymbol{\omega}}_{\mathrm{R}}^{\mathrm{B}} \times]\boldsymbol{C}_{\mathrm{B}}^{\mathrm{R}}\end{aligned}$$

另一方面有

$$\dot{\tilde{C}}_{\mathrm{B}}^{\mathrm{R}}=\frac{\mathrm{d}}{\mathrm{d}t}(\boldsymbol{I}-[\delta^{\mathrm{R}}\boldsymbol{\theta}_{\mathrm{I}}^{\mathrm{R}}\times])\boldsymbol{C}_{\mathrm{B}}^{\mathrm{R}}=-[\delta^{\mathrm{R}}\dot{\boldsymbol{\theta}}_{\mathrm{I}}^{\mathrm{R}}\times]\boldsymbol{C}_{\mathrm{B}}^{\mathrm{R}}+(\boldsymbol{I}-[\delta^{\mathrm{R}}\boldsymbol{\theta}_{\mathrm{I}}^{\mathrm{R}}\times])\dot{\boldsymbol{C}}_{\mathrm{B}}^{\mathrm{R}}$$

$$=-[\delta^{\mathrm{R}}\dot{\boldsymbol{\theta}}_{\mathrm{I}}^{\mathrm{R}}\times]\boldsymbol{C}_{\mathrm{B}}^{\mathrm{R}}+(\boldsymbol{I}-[\delta^{\mathrm{R}}\dot{\boldsymbol{\theta}}_{\mathrm{I}}^{\mathrm{R}}\times])\boldsymbol{C}_{\mathrm{B}}^{\mathrm{R}}[{}^{\mathrm{B}}\boldsymbol{\omega}_{\mathrm{R}}^{\mathrm{B}}\times]$$

$$=-[\delta^{\mathrm{R}}\dot{\boldsymbol{\theta}}_{\mathrm{I}}^{\mathrm{R}}\times]\boldsymbol{C}_{\mathrm{B}}^{\mathrm{R}}+(\boldsymbol{I}-[\delta^{\mathrm{R}}\boldsymbol{\theta}_{\mathrm{I}}^{\mathrm{R}}\times])[\boldsymbol{C}_{\mathrm{B}}^{\mathrm{R}}{}^{\mathrm{B}}\boldsymbol{\omega}_{\mathrm{R}}^{\mathrm{B}}\times]\boldsymbol{C}_{\mathrm{B}}^{\mathrm{R}}$$

两式相等,则有

$$-[\delta^{\mathrm{R}}\dot{\boldsymbol{\theta}}_{\mathrm{I}}^{\mathrm{R}}\times]=(\boldsymbol{I}-[\delta^{\mathrm{R}}\boldsymbol{\theta}_{\mathrm{I}}^{\mathrm{R}}\times])[\boldsymbol{C}_{\mathrm{B}}^{\mathrm{R}}({}^{\mathrm{B}}\hat{\boldsymbol{\omega}}_{\mathrm{R}}^{\mathrm{B}}-{}^{\mathrm{B}}\boldsymbol{\omega}_{\mathrm{R}}^{\mathrm{B}})\times]$$

$$=(\boldsymbol{I}-[\delta^{\mathrm{R}}\boldsymbol{\theta}_{\mathrm{I}}^{\mathrm{R}}\times])[\boldsymbol{C}_{\mathrm{B}}^{\mathrm{R}}(\delta^{\mathrm{B}}\boldsymbol{\omega}_{\mathrm{R}}^{\mathrm{B}})\times]$$

忽略二阶项,有

$$[\delta^{\mathrm{R}}\dot{\boldsymbol{\theta}}_{\mathrm{I}}^{\mathrm{R}}\times]=-[\boldsymbol{C}_{\mathrm{B}}^{\mathrm{R}}(\delta^{\mathrm{B}}\boldsymbol{\omega}_{\mathrm{R}}^{\mathrm{B}})\times]$$

最后,得到以姿态误差在参考坐标系下表示的姿态误差动力学方程:

$$\delta^{\mathrm{R}}\dot{\boldsymbol{\theta}}_{\mathrm{B}}^{\mathrm{R}}=-\boldsymbol{C}_{\mathrm{B}}^{\mathrm{R}}\delta^{\mathrm{B}}\boldsymbol{\omega}_{\mathrm{R}}^{\mathrm{B}} \tag{3.115}$$

式中:$\delta^{\mathrm{B}}\boldsymbol{\omega}_{\mathrm{R}}^{\mathrm{B}}$ 为沿载体坐标系的速率误差。

负号的含义:坐标系 B 相对于 R 速率的正速率误差会引起 B 相对于 R 姿态的姿态误差与 R 相对于 B 姿态的负姿态误差。

同理,还可以推导出姿态误差沿载体坐标系的运动学方程。

相对于式(3.111),可以写为

$$\delta^{\mathrm{B}}\dot{\boldsymbol{\theta}}_{\mathrm{R}}^{\mathrm{B}}=-\dot{\boldsymbol{C}}_{\mathrm{R}}^{\mathrm{B}}\delta^{\mathrm{R}}\boldsymbol{\theta}_{\mathrm{B}}^{\mathrm{R}}-\boldsymbol{C}_{\mathrm{R}}^{\mathrm{B}}\delta^{\mathrm{R}}\dot{\boldsymbol{\theta}}_{\mathrm{B}}^{\mathrm{R}}$$

利用

$$\dot{\boldsymbol{C}}_{\mathrm{R}}^{\mathrm{B}}=-[{}^{\mathrm{B}}\boldsymbol{\omega}_{\mathrm{R}}^{\mathrm{B}}\times]\boldsymbol{C}_{\mathrm{R}}^{\mathrm{B}}$$

与

$$\delta^{\mathrm{R}}\dot{\boldsymbol{\theta}}_{\mathrm{B}}^{\mathrm{R}}=-\boldsymbol{C}_{\mathrm{B}}^{\mathrm{R}}\delta^{\mathrm{B}}\boldsymbol{\omega}_{\mathrm{R}}^{\mathrm{B}}$$

得到

$$\delta^{\mathrm{B}}\dot{\boldsymbol{\theta}}_{\mathrm{R}}^{\mathrm{B}}=-\dot{\boldsymbol{C}}_{\mathrm{R}}^{\mathrm{B}}\delta^{\mathrm{R}}\boldsymbol{\theta}_{\mathrm{B}}^{\mathrm{R}}-\boldsymbol{C}_{\mathrm{R}}^{\mathrm{B}}\delta^{\mathrm{R}}\dot{\boldsymbol{\theta}}_{\mathrm{B}}^{\mathrm{R}}=[{}^{\mathrm{B}}\boldsymbol{\omega}_{\mathrm{R}}^{\mathrm{B}}\times]\boldsymbol{C}_{\mathrm{R}}^{\mathrm{B}}\delta^{\mathrm{R}}\boldsymbol{\theta}_{\mathrm{B}}^{\mathrm{R}}+\boldsymbol{C}_{\mathrm{R}}^{\mathrm{B}}\boldsymbol{C}_{\mathrm{B}}^{\mathrm{R}}\delta^{\mathrm{B}}\boldsymbol{\omega}_{\mathrm{R}}^{\mathrm{B}}$$

$$=-[{}^{\mathrm{B}}\boldsymbol{\omega}_{\mathrm{R}}^{\mathrm{B}}\times]\delta^{\mathrm{B}}\boldsymbol{\theta}_{\mathrm{R}}^{\mathrm{B}}+\delta^{\mathrm{B}}\boldsymbol{\omega}_{\mathrm{R}}^{\mathrm{B}}$$

最后,沿载体坐标系的姿态误差的运动学方程可以写为

$$\delta^{\mathrm{B}}\dot{\boldsymbol{\theta}}_{\mathrm{R}}^{\mathrm{B}}=-[{}^{\mathrm{B}}\boldsymbol{\omega}_{\mathrm{R}}^{\mathrm{B}}\times]\delta^{\mathrm{B}}\boldsymbol{\theta}_{\mathrm{R}}^{\mathrm{B}}+\delta^{\mathrm{B}}\boldsymbol{\omega}_{\mathrm{R}}^{\mathrm{B}} \tag{3.116}$$

最重要的是,要认识到尽管 IMU 标定得很准确,但是由于载体坐标系自身的旋转,沿载体坐标系的姿态误差依然会改变。然而当没有陀螺仪的作用时,沿参考坐标系的姿态误差保持不变。这就是在设计卡尔曼滤波时,经常选择沿参考坐标系的姿态误差的原因:当估计姿态误差时,姿态误差为常值不变量或者在一段时间内缓慢变化。此时,校正算法不需要在最短时间内完成。但是,沿载体坐标系的姿态误差会随着载体坐标系的旋转而旋转,校正算法必须及时在载体

坐标系中完成。

当载体坐标系与参考坐标系在惯性坐标系运动时,就需要姿态传播计算,如前所述,则有

$$\dot{\boldsymbol{C}}_{\mathrm{B}}^{\mathrm{R}} = \boldsymbol{C}_{\mathrm{B}}^{\mathrm{R}}[{}^{\mathrm{B}}\boldsymbol{\omega}_{\mathrm{I}}^{\mathrm{B}} \times] - [{}^{\mathrm{R}}\boldsymbol{\omega}_{\mathrm{I}}^{\mathrm{R}} \times]\boldsymbol{C}_{\mathrm{B}}^{\mathrm{R}}$$

或以四元数的形式表示:

$$\dot{\boldsymbol{q}}_{\mathrm{B}}^{\mathrm{R}} = \frac{1}{2}(\boldsymbol{q}_{\mathrm{B}}^{\mathrm{R}} \otimes {}^{\mathrm{B}}\boldsymbol{\omega}_{\mathrm{I}}^{\mathrm{B}} - {}^{\mathrm{R}}\boldsymbol{\omega}_{\mathrm{I}}^{\mathrm{R}} \otimes \boldsymbol{q}_{\mathrm{B}}^{\mathrm{R}})$$

在这种情况下,推导误差方程的简便方法是,计算坐标系 R 相对于惯性坐标系的姿态、坐标系 B 相对于惯性坐标系的姿态,将两组姿态都在参考坐标系内表示,则有

$$\delta^{\mathrm{R}}\dot{\boldsymbol{\theta}}_{\mathrm{I}}^{\mathrm{R}} = -[{}^{\mathrm{R}}\boldsymbol{\omega}_{\mathrm{I}}^{\mathrm{R}} \times]\delta^{\mathrm{R}}\boldsymbol{\theta}_{\mathrm{I}}^{\mathrm{R}} + \delta^{\mathrm{R}}\boldsymbol{\omega}_{\mathrm{I}}^{\mathrm{R}}$$

$$\delta^{\mathrm{R}}\dot{\boldsymbol{\theta}}_{\mathrm{I}}^{\mathrm{B}} = -[{}^{\mathrm{R}}\boldsymbol{\omega}_{\mathrm{I}}^{\mathrm{R}} \times]\delta^{\mathrm{R}}\boldsymbol{\theta}_{\mathrm{I}}^{\mathrm{B}} + \boldsymbol{C}_{\mathrm{B}}^{\mathrm{R}}\delta^{\mathrm{B}}\boldsymbol{\omega}_{\mathrm{I}}^{\mathrm{B}}$$

$$\delta^{\mathrm{R}}\boldsymbol{\theta}_{\mathrm{B}}^{\mathrm{R}} = \delta^{\mathrm{R}}\boldsymbol{\theta}_{\mathrm{I}}^{\mathrm{R}} - \delta^{\mathrm{R}}\boldsymbol{\theta}_{\mathrm{I}}^{\mathrm{B}}$$

最后,得到以下重要方程:

$$\delta^{\mathrm{R}}\dot{\boldsymbol{\theta}}_{\mathrm{B}}^{\mathrm{R}} = -[{}^{\mathrm{R}}\boldsymbol{\omega}_{\mathrm{I}}^{\mathrm{R}} \times]\delta^{\mathrm{R}}\boldsymbol{\theta}_{\mathrm{B}}^{\mathrm{R}} - \boldsymbol{C}_{\mathrm{B}}^{\mathrm{R}}\delta^{\mathrm{R}}\boldsymbol{\omega}_{\mathrm{I}}^{\mathrm{B}} + \delta^{\mathrm{R}}\boldsymbol{\theta}_{\mathrm{I}}^{\mathrm{R}} \tag{3.117}$$

3.4.4.3 基于姿态误差运动学方程得到的结论

可以从姿态误差运动学方程中得到许多有趣的结论。

1) 利用单轴 LOS 传感器约束三轴姿态误差

假设利用陀螺仪输出的积分来计算圆形轨道上运行的航天器姿态,有趣的是,只需要一个单轴视距无线传输(line-of-sight, LOS)传感器(如地球敏感器(earth sensor))来抑制姿态误差沿三个坐标轴的漂移量。

LOS 传感器在载体坐标系内。它只能测量任意时刻的横滚姿态误差与俯仰姿态误差的瞬时值。然而,由于载体坐标系下的姿态误差随载体坐标系旋转,经过 1/4 轨道后,原来无法观测的航向误差变成横滚误差,此时可以用单轴 LOS 传感器来观测。这样,当航天器在轨道上运行时,三个轴的姿态误差都可以通过单轴 LOS 传感器的量测量来观测。这种效应称为航天器姿态测量中的横滚/航向耦合现象,与陀螺罗经密切相关。图 3.4 描述了该现象。

2) IMU 误差参数影响

如前所述下式为三轴陀螺仪测量角速率的标准模型:

$$\boldsymbol{\omega}_{\mathrm{m}} = (\boldsymbol{I} + \boldsymbol{S})\boldsymbol{\omega} + \boldsymbol{b} + \boldsymbol{w}_{\mathrm{arw}}$$

速率误差为

$$\delta\boldsymbol{\omega} = \boldsymbol{\omega}_{\mathrm{m}} - \boldsymbol{\omega} = (\boldsymbol{I} + \boldsymbol{S})\boldsymbol{\omega} + \boldsymbol{b} + \boldsymbol{w}_{\mathrm{arw}} - \boldsymbol{\omega} = \boldsymbol{S}\boldsymbol{\omega} + \boldsymbol{b} + \boldsymbol{w}_{\mathrm{arw}}$$

首先,载体本身没有任何运动时,有

$$\delta\boldsymbol{\omega} = \boldsymbol{S}\boldsymbol{\omega} + \boldsymbol{b} + \boldsymbol{w}_{\mathrm{arw}} = \boldsymbol{S} \times 0 + \boldsymbol{b} + \boldsymbol{w}_{\mathrm{arw}} = \boldsymbol{b} + \boldsymbol{w}_{\mathrm{arw}}$$

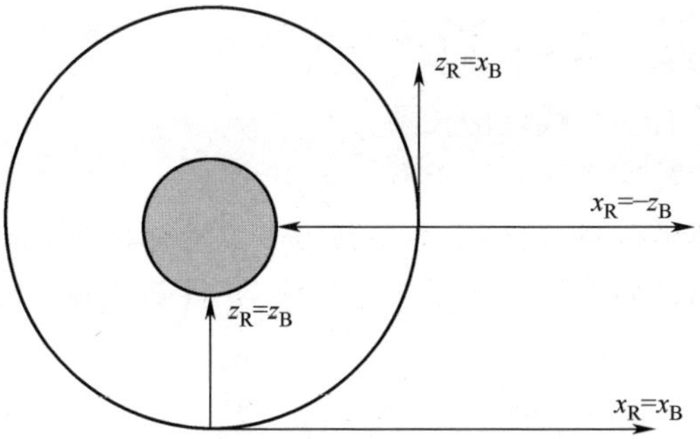

图 3.4　横滚/航向耦合现象

然后,可以得到

$$\dot{\hat{\boldsymbol{\theta}}}_{\mathrm{B}}^{\mathrm{B}}=-[{}^{\mathrm{B}}\boldsymbol{\omega}_{\mathrm{R}}^{\mathrm{B}}\times]\hat{\boldsymbol{\theta}}_{\mathrm{B}}^{\mathrm{B}}+\delta^{\mathrm{B}}\boldsymbol{\omega}_{\mathrm{R}}^{\mathrm{B}}=\boldsymbol{b}+\boldsymbol{w}_{\mathrm{arw}}$$

对上式积分,可以得到如下结果:

$$\hat{\boldsymbol{\theta}}_{\mathrm{B}}^{\mathrm{B}}=\hat{\boldsymbol{\theta}}_{\mathrm{B}}^{\mathrm{B}}(0)+\boldsymbol{b}t+\hat{\boldsymbol{\theta}}_{\mathrm{B}}^{\mathrm{B}}(t)_{\mathrm{arw}}$$

其中

$$\sigma(\hat{\boldsymbol{\theta}}_{\mathrm{B}}^{\mathrm{B}}(t)_{\mathrm{arw}})=\sigma_{\mathrm{arw}}\sqrt{t}$$

因此,当载体没有运动时,可以得到下面两个简单的结论:

(1) 陀螺仪零偏导致姿态误差随时间线性增长。

(2) 角度随机游走(angle random walk,ARW)引入了一个随机误差,其不确定性随着时间的平方根增长。

现在考虑这样一个情况:载体坐标系绕其自身一个固定轴线、以恒定的速度运动,姿态 DCM 可以写成如下形式:

$$\boldsymbol{C}_{\mathrm{B}}^{\mathrm{R}}(t)=\boldsymbol{I}-\sin\theta_{\mathrm{B}}^{\mathrm{R}}[\boldsymbol{e}\times]+(1-\cos\theta_{\mathrm{B}}^{\mathrm{R}})[\boldsymbol{e}\times]^2$$

$$\boldsymbol{\theta}_{\mathrm{B}}^{\mathrm{R}}=-\omega t$$

$$\boldsymbol{C}_{\mathrm{B}}^{\mathrm{R}}(t)=\boldsymbol{I}+\sin(\omega t)[\boldsymbol{e}\times]+(1-\cos\omega t)[\boldsymbol{e}\times]^2$$

然后,有

$$\dot{\hat{\boldsymbol{\theta}}}_{\mathrm{R}}^{\mathrm{R}}=-\boldsymbol{C}_{\mathrm{B}}^{\mathrm{R}}\delta^{\mathrm{B}}\boldsymbol{\omega}_{\mathrm{R}}^{\mathrm{B}}=-\{\boldsymbol{I}+\sin(\omega t)[\boldsymbol{e}\times]+[1-\cos(\omega t)][\boldsymbol{e}\times]^2\}\delta^{\mathrm{B}}\boldsymbol{\omega}_{\mathrm{R}}^{\mathrm{B}}$$

$$\begin{aligned}\hat{\boldsymbol{\theta}}_{\mathrm{R}}^{\mathrm{R}}(t)&=\hat{\boldsymbol{\theta}}_{\mathrm{R}}^{\mathrm{R}}(0)-\{t\boldsymbol{I}-[\cos(\omega t)-1][\boldsymbol{e}\times]+[t-\sin(\omega t)][\boldsymbol{e}\times]^2\}\delta^{\mathrm{B}}\boldsymbol{\omega}_{\mathrm{R}}^{\mathrm{B}}\\&=\hat{\boldsymbol{\theta}}_{\mathrm{R}}^{\mathrm{R}}(0)-[[\boldsymbol{e}\times]+t(\boldsymbol{I}+[\boldsymbol{e}\times]^2)-\cos(\omega t)[\boldsymbol{e}\times]-\sin(\omega t)[\boldsymbol{e}\times]^2]\delta^{\mathrm{B}}\boldsymbol{\omega}_{\mathrm{R}}^{\mathrm{B}}\\&=\hat{\boldsymbol{\theta}}_{\mathrm{R}}^{\mathrm{R}}(0)-[[\boldsymbol{e}\times]+t(\boldsymbol{e}\boldsymbol{e}^{\mathrm{T}})-\cos(\omega t)[\boldsymbol{e}\times]-\sin(\omega t)[\boldsymbol{e}\times]^2]\delta^{\mathrm{B}}\boldsymbol{\omega}_{\mathrm{R}}^{\mathrm{B}}\end{aligned}$$

现在,利用下面的方程来分析细节:

$$\hat{\boldsymbol{\theta}}_{\mathrm{R}}^{\mathrm{R}}(t)=\hat{\boldsymbol{\theta}}_{\mathrm{R}}^{\mathrm{R}}(0)-[[\boldsymbol{e}\times]+t(\boldsymbol{e}\boldsymbol{e}^{\mathrm{T}})-\cos(\omega t)[\boldsymbol{e}\times]-\sin(\omega t)[\boldsymbol{e}\times]^2]\delta^{\mathrm{B}}\boldsymbol{\omega}_{\mathrm{R}}^{\mathrm{B}}$$

$$\delta^{\mathrm{B}}\boldsymbol{\omega}_{\mathrm{R}}^{\mathrm{B}}=\boldsymbol{S}\boldsymbol{\omega}\boldsymbol{e}+\boldsymbol{b}$$

得到以下重要的结论：

(1) 速率误差有一个常数项；

(2) 速率误差有一个线性增长项；

(3) 在恒定旋转速率的频率上有一个正弦项。

如果改变载体坐标系，使该坐标系其中一个坐标轴为旋转轴，分析过程就可以被大幅简化。通常假设已完成了上述工作，并且确定旋转轴是 z 轴，可得下面化简后的方程：

$$\boldsymbol{C}_{\mathrm{B}}^{\mathrm{R}}=\begin{bmatrix}\cos(\omega t) & \sin(\omega t) & 0\\ -\sin(\omega t) & \cos(\omega t) & 0\\ 0 & 0 & 1\end{bmatrix},\quad {}^{\mathrm{B}}\boldsymbol{\omega}_{\mathrm{R}}^{\mathrm{B}}=\begin{bmatrix}0\\0\\\omega\end{bmatrix}$$

与

$$\dot{\boldsymbol{\theta}}_{\mathrm{R}}^{\hat{\mathrm{R}}}=-\begin{bmatrix}\cos(\omega t) & \sin(\omega t) & 0\\ -\sin(\omega t) & \cos(\omega t) & 0\\ 0 & 0 & 1\end{bmatrix}\delta^{\mathrm{B}}\boldsymbol{\omega}_{\mathrm{R}}^{\mathrm{B}}$$

因此，有

$$\boldsymbol{\theta}_{\mathrm{R}}^{\hat{\mathrm{R}}}(t)=-\begin{bmatrix}-\dfrac{1}{\omega}\sin(\omega t) & -\dfrac{1}{\omega}[\cos(\omega t)-1] & 0\\ \dfrac{1}{\omega}[\cos(\omega t)-1] & -\dfrac{1}{\omega}\sin(\omega t) & 0\\ 0 & 0 & -t\end{bmatrix}\begin{bmatrix}\omega S_{13}+b_1\\ \omega S_{23}+b_2\\ S_{33}\omega+b_3\end{bmatrix}$$

并且，有

$$\begin{aligned}
\Delta\theta_{1\mathrm{R}}^{\hat{\mathrm{R}}}(t)&=-\sin(\omega t)(S_{13}+b_1/\omega)-[\cos(\omega t)-1](S_{23}+b_2/\omega)\\
\Delta\theta_{2\mathrm{R}}^{\hat{\mathrm{R}}}(t)&=[\cos(\omega t)-1](S_{13}+b_1/\omega)-\sin(\omega t)(S_{23}+b_2/\omega)\\
\Delta\theta_{3\mathrm{R}}^{\hat{\mathrm{R}}}(t)&=-t(S_{33}\omega+b_3)
\end{aligned}\tag{3.118}$$

可以得到以下重要结论(仅对单轴运动成立)：

(1) 旋转，使沿非旋转轴的陀螺仪零偏的影响变得有界。引起的误差正比于零偏与旋转速率的比值(陀螺罗经效应)。

(2) 在一个固定的单轴旋转过程中，失准角的影响有限。引起的误差要么是零均值的，要么是非零均值的。误差的幅值为失准角本身。

(3) 绕着旋转轴自旋转，零偏的影响随着时间的推移而增长，并且是无界的。刻度系数误差的影响与积分速率(或总回转角度)成正比，并且无界。

上述部分结论是平台式导航系统调制策略的基础。通过适当的策略调整平台，可以将无界的线性漂移误差转换成有界的非漂移误差。

另一个有趣的现象是，在圆锥运动中失准角误差具有积累效应，特别是非正交性误差的积累。

假设载体坐标系进行了三次旋转。

(1) 旋转 1：绕载体坐标系和参考坐标系的 z 轴旋转 180°，则有

$$\delta^{R}\boldsymbol{\theta}(t)=-\frac{1}{\omega}\begin{bmatrix}\sin(\omega t) & -[1-\cos(\omega t)] & 0\\ [1-\cos(\omega t)] & \sin(\omega t) & 0\\ 0 & 0 & \omega t\end{bmatrix}\begin{bmatrix}S_{13}\omega+b_1\\ S_{23}\omega+b_2\\ S_{33}\omega+b_3\end{bmatrix}$$

$$\delta^{R}\boldsymbol{\theta}(t)=\begin{bmatrix}-\sin(\omega t)(S_{13}\omega+b_1/\omega)-[\cos(\omega t)-1](S_{23}\omega+b_2/\omega)\\ -\sin(\omega t)(S_{23}\omega+b_2/\omega)-[1-\cos(\omega t)](S_{13}\omega+b_1/\omega)\\ -t(S_{33}\omega+b_3/\omega)\end{bmatrix}$$

令刻度系数与零偏为 0，并且 $\omega t=\pi$，则有

$$\delta^{R}\theta_1=2S_{23},\quad \delta^{R}\theta_2=-2S_{13},\quad \delta^{R}\theta_2=0$$

图 3.5 描述了上述旋转过程。

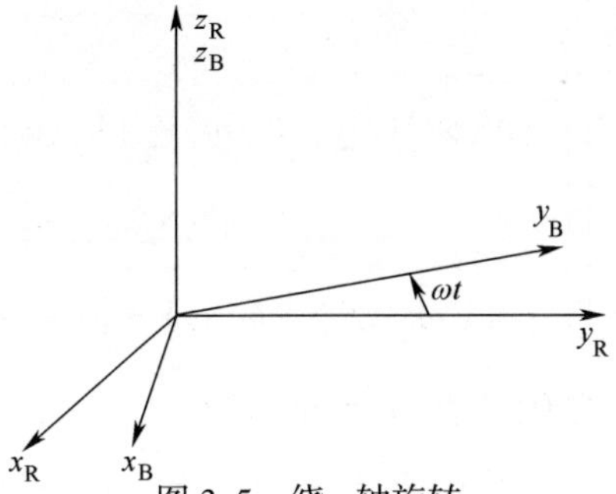

图 3.5　绕 z 轴旋转

(2) 旋转 2：绕新的载体坐标系的 x 轴再旋转 180°。上次旋转后，得到一个新的载体坐标系 B_1，进而得到以下 DCM 结果：

$$\boldsymbol{C}_{B_1}^{R}=\boldsymbol{C}_{B}^{R}(\omega t=\pi)=\begin{bmatrix}-1 & 0 & 0\\ 0 & -1 & 0\\ 0 & 0 & 1\end{bmatrix}$$

从这个新坐标系开始，绕新坐标系 B_1 的 x 轴旋转到 B_2，有

$$\delta^{B_1}\boldsymbol{\theta}(t)=\frac{1}{\omega}\begin{bmatrix}-\omega t & 0 & 0\\ 0 & -\sin(\omega t) & [1-\cos(\omega t)]\\ 0 & -[1-\cos(\omega t)] & -\sin(\omega t)\end{bmatrix}\begin{bmatrix}S_{11}\omega+b_1\\ S_{21}\omega+b_2\\ S_{31}\omega+b_3\end{bmatrix}$$

将误差结果转化到参考坐标系中，有

$$\begin{aligned}\delta^{R}\boldsymbol{\theta}(t)&=\boldsymbol{C}_{B_1}^{R}\cdot(\delta^{B_1}\boldsymbol{\theta}(t))\\ &=\begin{bmatrix}-1 & 0 & 0\\ 0 & -1 & 0\\ 0 & 0 & 1\end{bmatrix}\begin{bmatrix}-t(S_{11}\omega+b_1/\omega)\\ -\sin(\omega t)(S_{21}+b_2/\omega)-[\cos(\omega t)-1](S_{31}+b_3/\omega)\\ -\sin(\omega t)(S_{31}+b_3/\omega)+[\cos(\omega t)-1](S_{21}+b_2/\omega)\end{bmatrix}\end{aligned}$$

令刻度系数与零偏为0,并且 $\omega t=\pi$,则有

$$\delta^{R}\theta_1=0,\quad \delta^{R}\theta_2=-2S_{31},\quad \delta^{R}\theta_3=-2S_{21}$$

(3) 旋转3:绕新载体坐标系的 y 轴再旋转180°。在上次旋转的最后,得到一个新的载体坐标系 B_2,有

$$\boldsymbol{C}_{B_2}^{R}=\boldsymbol{C}_{B_1}^{R}\boldsymbol{C}_{B_2}^{B_1}=\begin{bmatrix}-1&0&0\\0&-1&0\\0&0&1\end{bmatrix}\begin{bmatrix}1&0&0\\0&-1&0\\0&0&-1\end{bmatrix}=\begin{bmatrix}-1&0&0\\0&1&0\\0&0&-1\end{bmatrix}$$

从这个新坐标系 B_2 开始,绕 y 轴旋转180°,有

$$\delta^{B_2}\boldsymbol{\theta}(t)=\frac{1}{\omega}\begin{bmatrix}\sin(\omega t)&0&-[1-\cos(\omega t)]\\0&\omega t&0\\ [1-\cos(\omega t)]&0&\sin(\omega t)\end{bmatrix}\begin{bmatrix}S_{12}\omega+b_1\\S_{22}\omega+b_2\\S_{32}\omega+b_3\end{bmatrix}$$

将误差结果转化到参考坐标系中,有

$$\delta^{R}\boldsymbol{\theta}(t)=\boldsymbol{C}_{B_2}^{R}\cdot(\delta^{B_2}\boldsymbol{\theta}(t))$$

$$=\begin{bmatrix}-1&0&0\\0&1&0\\0&0&-1\end{bmatrix}\begin{bmatrix}\sin(\omega t)(S_{12}+b_1/\omega)-[1-\cos(\omega t)](S_{32}+b_3/\omega)\\-t(S_{22}\omega+b_2/\omega)\\-\sin(\omega t)(S_{32}+b_3/\omega)+[1-\cos(\omega t)](S_{12}+b_1/\omega)\end{bmatrix}$$

令刻度系数与零偏为0,并且 $\omega t=\pi$,则有

$$\delta^{R}\theta_1=2S_{32},\quad \delta^{R}\theta_2=0,\quad \delta^{R}\theta_3=-2S_{12}$$

绕 z 轴旋转180°、绕 x 轴旋转180°、绕 y 轴旋转180°后回到了原来的姿态。

由于姿态误差信息被转换到同一个参考坐标系中,因此三次独立旋转引起的误差可以通过简单的加和得到:

$$\Delta^{R}\theta_1=2(S_{23}+S_{32}),\quad \Delta^{R}\theta_2=-2(S_{13}+S_{31}),\quad \Delta^{R}\theta_3=-2(S_{12}+S_{21})$$

如果继续做 N 组三次旋转,误差将累积为

$$\Delta^{R}\theta_1=2N(S_{23}+S_{32}),\quad \Delta^{R}\theta_2=-2N(S_{13}+S_{31}),\quad \Delta^{R}\theta_3=-2N(S_{12}+S_{21})$$

更重要的是,如果失准角矩阵为反对称阵,即

$$S_{23}=-S_{32},\quad S_{23}+S_{32}=0$$

$$S_{13}=-S_{31},\quad S_{13}+S_{31}=0$$

$$S_{12}=-S_{21},\quad S_{12}+S_{12}=0$$

那么,圆锥运动后的误差为0。

事实证明,当失准角误差表示坐标系的旋转时,其矩阵是反对称阵。

换句话说,只有非正交失准角产生的误差会通过圆锥运动累积,这就是为什么在后续的章节中要把失准角分为旋转项与非正交项。

3.5　载体坐标系速度与姿态/航向传感器导航

3.5.1　简介

下面描述基于传感器的载体导航，这是利用信息传播方法导航的一个应用实例，这些传感器可以测量载体坐标系下的运动速度，并与独立姿态/航向参考系统（attitude/heading reference system，AHRS）相结合。

在实际系统中，载体坐标系速度可以由地面载体的里程计水面或水下载体的流量计，航空航天运载器的空气速度传感器或多普勒雷达传感器测量。

AHRS由以重力矢量为垂直参考的低成本陀螺仪和提供航向参考的磁力计组成，是一个传播方案与测量方案相结合的组合系统。

为简化表述，本节对速度传感器与AHRS进行了简单假设，在详细讨论惯性导航（3.6节）与卡尔曼滤波器组合导航后，会使读者更容易、全面理解本节阐述的内容。

3.5.2　导航方程

为了实现不同类型的导航算法，导航方程可以写成沿不同坐标系的表达形式。这里主要使用ECEF坐标系与当地水平坐标系（N）。

从ECEF坐标系的E轴开始，符号$\boldsymbol{C}_{\mathrm{B}}^{\mathrm{E}}$是用姿态表示的载体坐标系到参考坐标系的DCM。假设速度沿载体的x轴产生，在这种理想情况下，沿载体坐标系的速度矢量可以表示为

$$^{\mathrm{B}}\boldsymbol{v}_{\mathrm{E}}^{\mathrm{B}}=\begin{bmatrix}v\\0\\0\end{bmatrix}$$

因此，沿参考坐标系的速度可以表示为

$$^{\mathrm{E}}\boldsymbol{v}_{\mathrm{E}}^{\mathrm{B}}=\boldsymbol{C}_{\mathrm{B}}^{\mathrm{E}}{}^{\mathrm{B}}\boldsymbol{v}_{\mathrm{E}}^{\mathrm{B}}=\boldsymbol{C}_{\mathrm{B}}^{\mathrm{E}}\begin{bmatrix}v\\0\\0\end{bmatrix}=\boldsymbol{C}_{\mathrm{B}}^{\mathrm{E}}(:,1)v$$

参考坐标系中的位置可以用速度积分计算得到：

$$\frac{\mathrm{d}}{\mathrm{d}t}{}^{\mathrm{E}}\boldsymbol{r}_{\mathrm{E}}^{\mathrm{B}}={}^{\mathrm{E}}\boldsymbol{v}_{\mathrm{E}}^{\mathrm{B}}=\boldsymbol{C}_{\mathrm{B}}^{\mathrm{E}}(:,1)v \tag{3.119}$$

速度在当地水平坐标系下的方程是相同的，这是因为当地水平坐标系随载体一同移动，但是位置要使用单独的方程表示。

以北-东-地（north-east-down，NED）当地水平坐标系为例，如前面所述，有相同的速度方程：

$$
{}^{\mathrm{N}}\boldsymbol{v}_{\mathrm{E}}^{\mathrm{B}} = \boldsymbol{C}_{\mathrm{B}}^{\mathrm{NB}}\ \boldsymbol{v}_{\mathrm{E}}^{\mathrm{B}} = \boldsymbol{C}_{\mathrm{B}}^{\mathrm{N}}\begin{bmatrix} v \\ 0 \\ 0 \end{bmatrix} = \boldsymbol{C}_{\mathrm{B}}^{\mathrm{N}}(:,1)v
$$

纬度、经度和高度可以利用下面的积分方程计算得到:

$$
\begin{aligned}
\frac{\mathrm{d}}{\mathrm{d}t}L &= \frac{{}^{\mathrm{N}}\boldsymbol{v}_{\mathrm{E}}^{\mathrm{B}}(1)}{R_{\mathrm{N}}(L) + h} \\
\frac{\mathrm{d}}{\mathrm{d}t}\lambda &= \frac{{}^{\mathrm{N}}\boldsymbol{v}_{\mathrm{E}}^{\mathrm{B}}(2)}{[R_{\mathrm{E}}(L) + h]\cos(L)} \\
\frac{\mathrm{d}}{\mathrm{d}t}h &= -{}^{\mathrm{N}}\boldsymbol{v}_{\mathrm{E}}^{\mathrm{B}}(3)
\end{aligned}
\tag{3.120}
$$

式中: $R_{\mathrm{N}}(L)$ 为经线曲率半径,且有

$$
R_{\mathrm{N}}(L) = \frac{R_0(1 - e^2)}{(1 - e^2\sin^2 L)^{3/2}} \tag{3.121}
$$

$R_{\mathrm{E}}(L)$ 为横断面曲率半径,且有

$$
R_{\mathrm{E}}(L) = \frac{R_0}{(1 - e^2\sin^2 L)^{1/2}} \tag{3.122}
$$

3.5.3 误差模型

本节从速度误差方程开始讨论。

速度真值满足以下方程:

$$
{}^{\mathrm{E}}\boldsymbol{v}_{\mathrm{E}}^{\mathrm{B}} = \boldsymbol{C}_{\mathrm{B}}^{\mathrm{EB}}\ \boldsymbol{v}_{\mathrm{E}}^{\mathrm{B}} = \boldsymbol{C}_{\mathrm{B}}^{\mathrm{E}}\begin{bmatrix} v \\ 0 \\ 0 \end{bmatrix} = \boldsymbol{C}_{\mathrm{B}}^{\mathrm{E}}(:,1)v
$$

估计值满足以下方程:

$$
{}^{\mathrm{E}}\hat{\boldsymbol{v}}_{\mathrm{E}}^{\mathrm{B}} = \hat{\boldsymbol{C}}_{\mathrm{B}}^{\mathrm{E}}\begin{bmatrix} \hat{v} \\ 0 \\ 0 \end{bmatrix}
$$

两者的误差为

$$
\begin{aligned}
\delta\, {}^{\mathrm{E}}\boldsymbol{v}_{\mathrm{E}}^{\mathrm{B}} = {}^{\mathrm{E}}\hat{\boldsymbol{v}}_{\mathrm{E}}^{\mathrm{B}} - {}^{\mathrm{E}}\boldsymbol{v}_{\mathrm{E}}^{\mathrm{B}} &= \hat{\boldsymbol{C}}_{\mathrm{B}}^{\mathrm{E}}\begin{bmatrix} \boldsymbol{v}\,\hat{} \\ 0 \\ 0 \end{bmatrix} - \boldsymbol{C}_{\mathrm{B}}^{\mathrm{E}}\begin{bmatrix} v \\ 0 \\ 0 \end{bmatrix} = \hat{\boldsymbol{C}}_{\mathrm{B}}^{\mathrm{E}}\begin{bmatrix} \hat{v} \\ 0 \\ 0 \end{bmatrix} - \boldsymbol{C}_{\mathrm{B}}^{\mathrm{E}}\begin{bmatrix} \hat{v} \\ 0 \\ 0 \end{bmatrix} + \boldsymbol{C}_{\mathrm{B}}^{\mathrm{E}}\begin{bmatrix} \hat{v} \\ 0 \\ 0 \end{bmatrix} - \boldsymbol{C}_{\mathrm{B}}^{\mathrm{E}}\begin{bmatrix} v \\ 0 \\ 0 \end{bmatrix} \\
&= (\hat{\boldsymbol{C}}_{\mathrm{B}}^{\mathrm{E}} - \boldsymbol{C}_{\mathrm{B}}^{\mathrm{E}})\begin{bmatrix} \hat{v} \\ 0 \\ 0 \end{bmatrix} + \boldsymbol{C}_{\mathrm{B}}^{\mathrm{E}}\begin{bmatrix} \hat{v} - v \\ 0 \\ 0 \end{bmatrix}
\end{aligned}
$$

由于

$$\hat{\boldsymbol{C}}_{\mathrm{B}}^{\mathrm{E}}-\boldsymbol{C}_{\mathrm{B}}^{\mathrm{E}}=\boldsymbol{C}_{\mathrm{B}}^{\mathrm{E}}[\delta^{\mathrm{B}}\boldsymbol{\theta}_{\mathrm{E}}^{\mathrm{B}}\times]=-[\delta^{\mathrm{E}}\boldsymbol{\theta}_{\mathrm{B}}^{\mathrm{E}}\times]\boldsymbol{C}_{\mathrm{B}}^{\mathrm{E}}$$

$$\delta^{\mathrm{E}}\boldsymbol{v}_{\mathrm{E}}^{\mathrm{B}}=(\hat{\boldsymbol{C}}_{\mathrm{B}}^{\mathrm{E}}-\boldsymbol{C}_{\mathrm{B}}^{\mathrm{E}})\begin{bmatrix}\hat{v}\\0\\0\end{bmatrix}+\boldsymbol{C}_{\mathrm{B}}^{\mathrm{E}}\begin{bmatrix}\hat{v}-v\\0\\0\end{bmatrix}=-[\delta^{\mathrm{E}}\boldsymbol{\theta}_{\mathrm{B}}^{\mathrm{E}}\times]\boldsymbol{C}_{\mathrm{B}}^{\mathrm{E}}\begin{bmatrix}\hat{v}\\0\\0\end{bmatrix}+\boldsymbol{C}_{\mathrm{B}}^{\mathrm{E}}(1,:)\delta v$$

$$=-[\delta^{\mathrm{E}}\boldsymbol{\theta}_{\mathrm{B}}^{\mathrm{E}}\times]\boldsymbol{C}_{\mathrm{B}}^{\mathrm{E}}(1,:)\hat{v}+\boldsymbol{C}_{\mathrm{B}}^{\mathrm{E}}(1,:)\delta v=\hat{v}[(\boldsymbol{C}_{\mathrm{B}}^{\mathrm{E}}(1,:)\times)]\delta^{\mathrm{E}}\boldsymbol{\theta}_{\mathrm{B}}^{\mathrm{E}}+(\boldsymbol{C}_{\mathrm{B}}^{\mathrm{E}}(1,:))\delta v$$

综上所述,有

$$\delta^{\mathrm{E}}\boldsymbol{v}_{\mathrm{E}}^{\mathrm{B}}=\hat{v}[(\boldsymbol{C}_{\mathrm{B}}^{\mathrm{E}}(1,:)\times)]\delta^{\mathrm{E}}\boldsymbol{\theta}_{\mathrm{B}}^{\mathrm{E}}+(\boldsymbol{C}_{\mathrm{B}}^{\mathrm{E}}(1,:))\delta v \tag{3.123}$$

沿 ECEF 坐标系的位置误差可以简单表示为

$$\frac{\mathrm{d}}{\mathrm{d}t}\delta^{\mathrm{E}}\boldsymbol{r}_{\mathrm{E}}^{\mathrm{B}}=\delta^{\mathrm{E}}\boldsymbol{v}_{\mathrm{E}}^{\mathrm{B}} \tag{3.124}$$

同样地,在 NED 坐标系下,可以得到相同的速度误差方程:

$$\delta^{\mathrm{N}}\boldsymbol{v}_{\mathrm{E}}^{\mathrm{B}}=\hat{v}[(\boldsymbol{C}_{\mathrm{B}}^{\mathrm{N}}(1,:)\times)]\delta^{\mathrm{N}}\boldsymbol{\theta}_{\mathrm{B}}^{\mathrm{N}}+(\boldsymbol{C}_{\mathrm{B}}^{\mathrm{N}}(1,:))\delta v \tag{3.125}$$

位置误差方程为

$$\begin{aligned}&\frac{\mathrm{d}}{\mathrm{d}t}\delta L=\frac{\delta^{\mathrm{N}}\boldsymbol{v}_{\mathrm{R}}^{\mathrm{B}}(1)}{R_{\mathrm{N}}(L)+h}\\&\frac{\mathrm{d}}{\mathrm{d}t}\delta\lambda=\frac{\delta^{\mathrm{N}}\boldsymbol{v}_{\mathrm{R}}^{\mathrm{B}}(2)}{[R_{\mathrm{E}}(L)+h]\cos L}\\&\frac{\mathrm{d}}{\mathrm{d}t}\delta h=-\delta^{\mathrm{N}}\boldsymbol{v}_{\mathrm{E}}^{\mathrm{B}}(3)\end{aligned} \tag{3.126}$$

3.6 惯性导航与误差方程

3.6.1 简介

惯性导航算法是目前最成熟的导航算法之一,文献[3,7-26]做了深入探讨。为了避免重复推导与讨论,以下只讨论本书涉及的符号与约定并简单地给出结论。

3.6.2 ECI 坐标系下的惯性导航方程与误差方程

ECI 坐标系下的惯性导航方程在形式上最为简单,尽管在应用和分析时并不是最方便的。

经推导,以四元数表示的姿态传播方程为

$$\dot{\boldsymbol{q}}_{\mathrm{B}}^{\mathrm{I}}=\frac{1}{2}\boldsymbol{q}_{\mathrm{B}}^{\mathrm{I}}\otimes{}^{\mathrm{B}}\boldsymbol{\omega}_{\mathrm{B}}^{\mathrm{I}}$$

由四元数推导得到的 DCM 为

$$\boldsymbol{C}_{\mathrm{B}}^{\mathrm{I}}=\mathrm{q2DCM}(\boldsymbol{q}_{\mathrm{B}}^{\mathrm{I}})$$

在实际系统中,可以使用 3.4 节描述的各种数值积分方法来实现上述方程。

如 3.4 节所述,姿态误差可以建模为

$$\delta^{\mathrm{I}}\dot{\boldsymbol{\theta}}_{\mathrm{B}}^{\mathrm{I}} = -\boldsymbol{C}_{\mathrm{B}}^{\mathrm{I}}\delta^{\mathrm{B}}\boldsymbol{\omega}_{\mathrm{I}}^{\mathrm{B}}$$

其中,姿态误差角度矢量与 DCM 的关系如下:

$$\hat{\boldsymbol{C}}_{\mathrm{B}}^{\mathrm{I}} - \boldsymbol{C}_{\mathrm{B}}^{\mathrm{I}} = \boldsymbol{C}_{\mathrm{B}}^{\mathrm{I}}[\delta^{\mathrm{B}}\boldsymbol{\theta}_{\mathrm{I}}^{\mathrm{B}}\times] = -[\delta^{\mathrm{I}}\boldsymbol{\theta}_{\mathrm{B}}^{\mathrm{I}}\times]\boldsymbol{C}_{\mathrm{B}}^{\mathrm{I}}$$

速度方程可以简单表示为

$$\frac{\mathrm{d}}{\mathrm{d}t}{}^{\mathrm{I}}\boldsymbol{v}_{\mathrm{I}}^{\mathrm{B}} = \boldsymbol{C}_{\mathrm{B}}^{\mathrm{I}}\,{}^{\mathrm{B}}\boldsymbol{f}_{\mathrm{I}}^{\mathrm{B}} + {}^{\mathrm{I}}\boldsymbol{g}$$

式中:${}^{\mathrm{B}}\boldsymbol{f}_{\mathrm{I}}^{\mathrm{B}}$ 为加速度计测量的比力;${}^{\mathrm{I}}\boldsymbol{g}$ 为重力加速度(或简称重力)在惯性坐标系(I)的投影,由重力模型计算得到。

速度误差由三个误差源引起:

(1) 加速度计误差 $\delta^{\mathrm{B}}\boldsymbol{f}_{\mathrm{I}}^{\mathrm{B}} = m^{\mathrm{B}}\boldsymbol{f}_{\mathrm{I}}^{\mathrm{B}} - {}^{\mathrm{B}}\boldsymbol{f}_{\mathrm{I}}^{\mathrm{B}}$(测量值-真值)。

(2) 姿态误差 $\delta\boldsymbol{C}_{\mathrm{B}}^{\mathrm{I}} = \hat{\boldsymbol{C}}_{\mathrm{B}}^{\mathrm{I}} - \boldsymbol{C}_{\mathrm{B}}^{\mathrm{I}} = \boldsymbol{C}_{\mathrm{B}}^{\mathrm{I}}[\delta^{\mathrm{B}}\boldsymbol{\theta}_{\mathrm{I}}^{\mathrm{B}}\times] = -[\delta^{\mathrm{I}}\boldsymbol{\theta}_{\mathrm{B}}^{\mathrm{I}}\times]\boldsymbol{C}_{\mathrm{B}}^{\mathrm{I}}$。

(3) 由位置误差引起的重力误差 $\delta^{\mathrm{I}}\boldsymbol{g} = {}^{\mathrm{I}}\boldsymbol{g}({}^{\mathrm{I}}\hat{\boldsymbol{r}}_{\mathrm{I}}^{\mathrm{B}}) - {}^{\mathrm{I}}\boldsymbol{g}({}^{\mathrm{I}}\boldsymbol{r}_{\mathrm{I}}^{\mathrm{B}}) = \frac{\partial^{\mathrm{I}}\boldsymbol{g}}{\partial^{\mathrm{I}}\boldsymbol{r}_{\mathrm{I}}^{\mathrm{B}}}({}^{\mathrm{I}}\hat{\boldsymbol{r}}_{\mathrm{I}}^{\mathrm{B}} - {}^{\mathrm{I}}\boldsymbol{r}_{\mathrm{I}}^{\mathrm{B}}) = \frac{\partial^{\mathrm{I}}\boldsymbol{g}}{\partial^{\mathrm{I}}\boldsymbol{r}_{\mathrm{I}}^{\mathrm{B}}}\delta^{\mathrm{I}}\boldsymbol{r}_{\mathrm{I}}^{\mathrm{B}}$。

速度误差可以写为

$$\delta^{\mathrm{I}}\boldsymbol{v}_{\mathrm{I}}^{\mathrm{B}} = {}^{\mathrm{I}}\hat{\boldsymbol{v}}_{\mathrm{I}}^{\mathrm{B}} - {}^{\mathrm{I}}\boldsymbol{v}_{\mathrm{I}}^{\mathrm{B}}$$

也可以写为

$$\begin{aligned}
\frac{\mathrm{d}}{\mathrm{d}t}\delta^{\mathrm{I}}\boldsymbol{v}_{\mathrm{I}}^{\mathrm{B}} &= \frac{\mathrm{d}}{\mathrm{d}t}{}^{\mathrm{I}}\hat{\boldsymbol{v}}_{\mathrm{I}}^{\mathrm{B}} - \frac{\mathrm{d}}{\mathrm{d}t}{}^{\mathrm{I}}\boldsymbol{v}_{\mathrm{I}}^{\mathrm{B}} = \hat{\boldsymbol{C}}_{\mathrm{B}}^{\mathrm{I}}m^{\mathrm{B}}\boldsymbol{f}_{\mathrm{I}}^{\mathrm{B}} - \boldsymbol{C}_{\mathrm{B}}^{\mathrm{I}}\,{}^{\mathrm{B}}\boldsymbol{f}_{\mathrm{I}}^{\mathrm{B}} + {}^{\mathrm{I}}\hat{\boldsymbol{g}} - \boldsymbol{g} \\
&= \hat{\boldsymbol{C}}_{\mathrm{B}}^{\mathrm{I}}m^{\mathrm{B}}\boldsymbol{f}_{\mathrm{I}}^{\mathrm{B}} - \boldsymbol{C}_{\mathrm{B}}^{\mathrm{I}}m^{\mathrm{B}}\boldsymbol{f}_{\mathrm{I}}^{\mathrm{B}} + \boldsymbol{C}_{\mathrm{B}}^{\mathrm{I}}m^{\mathrm{B}}\boldsymbol{f}_{\mathrm{I}}^{\mathrm{B}} - \boldsymbol{C}_{\mathrm{B}}^{\mathrm{I}}\,{}^{\mathrm{B}}\boldsymbol{f}_{\mathrm{I}}^{\mathrm{B}} + {}^{\mathrm{I}}\hat{\boldsymbol{g}} - {}^{\mathrm{I}}\boldsymbol{g} \\
&= (\hat{\boldsymbol{C}}_{\mathrm{B}}^{\mathrm{I}} - \boldsymbol{C}_{\mathrm{B}}^{\mathrm{I}})m^{\mathrm{B}}\boldsymbol{f}_{\mathrm{I}}^{\mathrm{B}} + \boldsymbol{C}_{\mathrm{B}}^{\mathrm{I}}\delta^{\mathrm{B}}\boldsymbol{f}_{\mathrm{I}}^{\mathrm{B}} + \delta^{\mathrm{I}}\boldsymbol{g}
\end{aligned}$$

把上述三个误差源代入速度误差方程,有

$$\frac{\mathrm{d}}{\mathrm{d}t}\delta^{\mathrm{I}}\boldsymbol{v}_{\mathrm{I}}^{\mathrm{B}} = -[\delta^{\mathrm{I}}\boldsymbol{\theta}_{\mathrm{B}}^{\mathrm{I}}\times](\boldsymbol{C}_{\mathrm{B}}^{\mathrm{I}}m^{\mathrm{B}}\boldsymbol{f}_{\mathrm{I}}^{\mathrm{B}}) + \boldsymbol{C}_{\mathrm{B}}^{\mathrm{I}}\delta^{\mathrm{B}}\boldsymbol{f}_{\mathrm{I}}^{\mathrm{B}} + \frac{\partial^{\mathrm{I}}\boldsymbol{g}}{\partial^{\mathrm{I}}\boldsymbol{r}_{\mathrm{I}}^{\mathrm{B}}}\delta^{\mathrm{I}}\boldsymbol{r}_{\mathrm{I}}^{\mathrm{B}}$$

或

$$\frac{\mathrm{d}}{\mathrm{d}t}\delta^{\mathrm{I}}\boldsymbol{v}_{\mathrm{I}}^{\mathrm{B}} = \left[((\boldsymbol{C}_{\mathrm{B}}^{\mathrm{I}}m^{\mathrm{B}}\boldsymbol{f}_{\mathrm{I}}^{\mathrm{B}})\times]\delta^{\mathrm{I}}\boldsymbol{\theta}_{\mathrm{B}}^{\mathrm{I}} + \boldsymbol{C}_{\mathrm{B}}^{\mathrm{I}}\delta^{\mathrm{B}}\boldsymbol{f}_{\mathrm{I}}^{\mathrm{B}} + \frac{\partial^{\mathrm{I}}\boldsymbol{g}}{\partial^{\mathrm{I}}\boldsymbol{r}_{\mathrm{I}}^{\mathrm{B}}}\right]\delta^{\mathrm{I}}\boldsymbol{r}_{\mathrm{I}}^{\mathrm{B}}$$

注意,此处姿态误差项的符号与其他文献中的有所不同,这是由于姿态误差的约定定义不同。本节使用的是惯性坐标系下的载体姿态误差。

惯性坐标系下的位置方程简化为

$$\frac{\mathrm{d}}{\mathrm{d}t}{}^{\mathrm{I}}\boldsymbol{r}_{\mathrm{I}}^{\mathrm{B}} = {}^{\mathrm{I}}\boldsymbol{v}_{\mathrm{I}}^{\mathrm{B}}$$

相应的误差方程为

$$\frac{\mathrm{d}}{\mathrm{d}t}\delta^{\mathrm{I}}\boldsymbol{r}_{\mathrm{I}}^{\mathrm{B}} = \delta^{\mathrm{I}}\boldsymbol{v}_{\mathrm{I}}^{\mathrm{B}}$$

综上所述,得到以下导航方程:

$$\dot{\boldsymbol{q}}_{\mathrm{B}}^{\mathrm{I}} = \frac{1}{2}\boldsymbol{q}_{\mathrm{B}}^{\mathrm{I}} \otimes {}^{\mathrm{B}}\boldsymbol{\omega}_{\mathrm{B}}^{\mathrm{I}} \tag{3.127}$$

$$\boldsymbol{C}_{\mathrm{B}}^{\mathrm{I}} = \mathrm{q2DCM}(\boldsymbol{q}_{\mathrm{B}}^{\mathrm{I}}) \tag{3.128}$$

$$\frac{\mathrm{d}}{\mathrm{d}t}{}^{\mathrm{I}}\boldsymbol{v}_{\mathrm{I}}^{\mathrm{B}} = \boldsymbol{C}_{\mathrm{B}}^{\mathrm{I}}\,{}^{\mathrm{B}}\boldsymbol{f}_{\mathrm{I}}^{\mathrm{B}} + {}^{\mathrm{I}}\boldsymbol{g} \tag{3.129}$$

$$\frac{\mathrm{d}}{\mathrm{d}t}{}^{\mathrm{I}}\boldsymbol{r}_{\mathrm{I}}^{\mathrm{B}} = {}^{\mathrm{I}}\boldsymbol{v}_{\mathrm{I}}^{\mathrm{B}} \tag{3.130}$$

误差模型为

$$\delta^{\mathrm{I}}\dot{\boldsymbol{\theta}}_{\mathrm{B}}^{\mathrm{I}} = -\boldsymbol{C}_{\mathrm{B}}^{\mathrm{I}}\delta^{\mathrm{B}}\boldsymbol{\omega}_{\mathrm{I}}^{\mathrm{B}} \tag{3.131}$$

$$\frac{\mathrm{d}}{\mathrm{d}t}\delta^{\mathrm{I}}\boldsymbol{v}_{\mathrm{I}}^{\mathrm{B}} = [(\boldsymbol{C}_{\mathrm{B}}^{\mathrm{I}}m^{\mathrm{B}}\boldsymbol{f}_{\mathrm{I}}^{\mathrm{B}})\times]\delta^{\mathrm{I}}\boldsymbol{\theta}_{\mathrm{B}}^{\mathrm{I}} + \boldsymbol{C}_{\mathrm{B}}^{\mathrm{I}}\delta^{\mathrm{B}}\boldsymbol{f}_{\mathrm{I}}^{\mathrm{B}} + \frac{\partial^{\mathrm{I}}\boldsymbol{g}}{\partial^{\mathrm{I}}\boldsymbol{r}_{\mathrm{I}}^{\mathrm{B}}}\delta^{\mathrm{I}}\boldsymbol{r}_{\mathrm{I}}^{\mathrm{B}} \tag{3.132}$$

$$\frac{\mathrm{d}}{\mathrm{d}t}\delta^{\mathrm{I}}\boldsymbol{r}_{\mathrm{I}}^{\mathrm{B}} = \delta^{\mathrm{I}}\boldsymbol{v}_{\mathrm{I}}^{\mathrm{B}} \tag{3.133}$$

注意,此处使用的符号与其他部分文献中的符号有差异。符号差异是由姿态误差定义不同引起的,如果姿态误差方程中没有负号,那么在姿态误差对速度的影响中就会有一个负号,这使得姿态误差方程与其他方程形式相同。

3.6.3 ECEF 坐标系(或其他地球固连坐标系)下的惯性导航方程与误差方程

沿 ECEF 坐标系的惯性导航方程只比 ECI 坐标系下的惯性导航方程复杂一些。多数情况下,应用 ECEF 坐标系导航方程是十分方便的,它是方程的简单性和应用与分析的方便性之间的折中选择。

四元数形式的姿态传播方程为

$$\dot{\boldsymbol{q}}_{\mathrm{B}}^{\mathrm{E}} = \frac{1}{2}(\boldsymbol{q}_{\mathrm{B}}^{\mathrm{E}} \otimes {}^{\mathrm{B}}\boldsymbol{\omega}_{\mathrm{I}}^{\mathrm{B}} - {}^{\mathrm{E}}\boldsymbol{\omega}_{\mathrm{I}}^{\mathrm{E}} \otimes \boldsymbol{q}_{\mathrm{B}}^{\mathrm{E}})$$

在实际系统中,可以使用 3.4 节中论述的各种数值积分方法来实现上述方程。由四元数推导得到的 DCM 为

$$\boldsymbol{C}_{\mathrm{B}}^{\mathrm{E}} = \mathrm{q2DCM}(\boldsymbol{q}_{\mathrm{B}}^{\mathrm{E}})$$

如 3.4 节所述,相应的姿态误差满足下式:

$$\delta^{\mathrm{E}}\dot{\boldsymbol{\theta}}_{\mathrm{B}}^{\mathrm{E}} = -[{}^{\mathrm{E}}\boldsymbol{\omega}_{\mathrm{I}}^{\mathrm{E}}\times]\delta^{\mathrm{E}}\boldsymbol{\theta}_{\mathrm{B}}^{\mathrm{E}} - \boldsymbol{C}_{\mathrm{B}}^{\mathrm{E}}\delta^{\mathrm{B}}\boldsymbol{\omega}_{\mathrm{I}}^{\mathrm{B}} + \delta^{\mathrm{E}}\boldsymbol{\omega}_{\mathrm{I}}^{\mathrm{E}}$$

一般来说,假设 ECEF 坐标系中的地球自转角速率为已知项,因此有

$$\delta^{\mathrm{E}}\boldsymbol{\omega}_{\mathrm{I}}^{\mathrm{E}} = 0$$

则

$$\delta^{E}\dot{\boldsymbol{\theta}}_{B}^{E} = -[{}^{E}\boldsymbol{\omega}_{I}^{E}\times]\delta^{E}\boldsymbol{\theta}_{B}^{E} - \boldsymbol{C}_{B}^{E}\delta^{B}\boldsymbol{\omega}_{I}^{B}$$

相比于惯性坐标系的公式推导结果,ECEF 坐标系中的速度方程更复杂:

$$\frac{d}{dt}{}^{E}\boldsymbol{v}_{E}^{B} = \boldsymbol{C}_{B}^{E}{}^{B}\boldsymbol{f}_{I}^{B} + {}^{E}\boldsymbol{g} - 2{}^{E}\boldsymbol{\omega}_{I}^{E}\times{}^{E}\boldsymbol{v}_{E}^{B} - [{}^{E}\boldsymbol{\omega}_{I}^{E}\times][{}^{E}\boldsymbol{\omega}_{I}^{E}\times]{}^{E}\boldsymbol{r}_{E}^{B}$$

式中:${}^{B}\boldsymbol{f}_{I}^{B}$ 为加速度计测量的理想比力;${}^{E}\boldsymbol{g}$ 为重力加速度(或简称重力)在地球坐标系(E)的投影,用重力模型计算得到。

离心加速度通常与重力加速度结合表示:

$${}^{E}\boldsymbol{g}_{c}({}^{E}\boldsymbol{r}_{E}^{B}) = {}^{E}\boldsymbol{g} - [{}^{E}\boldsymbol{\omega}_{I}^{E}\times][{}^{E}\boldsymbol{\omega}_{I}^{E}\times]{}^{E}\boldsymbol{r}_{E}^{B}$$

因此,速度方程可以写为

$$\frac{d}{dt}{}^{E}\boldsymbol{v}_{E}^{B} = \boldsymbol{C}_{B}^{E}{}^{B}\boldsymbol{f}_{I}^{B} + {}^{E}\boldsymbol{g}_{c} - 2{}^{E}\boldsymbol{\omega}_{I}^{E}\times{}^{E}\boldsymbol{v}_{E}^{B}$$

沿地球坐标系的位置误差为

$$\frac{d}{dt}{}^{E}\boldsymbol{r}_{E}^{B} = {}^{E}\boldsymbol{v}_{E}^{B}$$

类似地假设 ECEF 坐标系下的地球自转角速度 ${}^{E}\boldsymbol{\omega}_{I}^{E}$ 为已知恒定矢量,速度与位置的误差方程可以写为

$$\frac{d}{dt}\delta^{E}\boldsymbol{v}_{E}^{B} = [(\boldsymbol{C}_{B}^{E}m^{B}\boldsymbol{f}_{I}^{B})\times]\delta^{E}\boldsymbol{\theta}_{B}^{E} + \boldsymbol{C}_{B}^{E}\delta^{B}\boldsymbol{f}_{I}^{B} + \frac{\partial^{E}\boldsymbol{g}}{\partial^{E}\boldsymbol{r}_{E}^{B}}\delta^{E}\boldsymbol{r}_{I}^{B} - 2[({}^{E}\boldsymbol{\omega}_{I}^{E}\times)]\delta^{E}\boldsymbol{v}_{E}^{B}$$

$$\frac{d}{dt}\delta^{E}\boldsymbol{r}_{E}^{B} = \frac{d}{dt}{}^{E}\boldsymbol{v}_{E}^{B}$$

综上所述,得到下面一组方程。

(1) 导航方程:

$$\dot{\boldsymbol{q}}_{B}^{E} = \frac{1}{2}(\boldsymbol{q}_{B}^{E}\otimes{}^{B}\boldsymbol{\omega}_{I}^{B} - {}^{E}\boldsymbol{\omega}_{I}^{E}\otimes\boldsymbol{q}_{B}^{E}) \tag{3.134}$$

$$\boldsymbol{C}_{B}^{E} = \mathrm{q2DCM}(\boldsymbol{q}_{B}^{E}) \tag{3.135}$$

$$\frac{d}{dt}{}^{E}\boldsymbol{v}_{E}^{B} = \boldsymbol{C}_{B}^{E}{}^{B}\boldsymbol{f}_{I}^{B} + {}^{E}\boldsymbol{g}_{c} - 2{}^{E}\boldsymbol{\omega}_{I}^{E}\times{}^{E}\boldsymbol{v}_{E}^{B} \tag{3.136}$$

$$\frac{d}{dt}{}^{E}\boldsymbol{r}_{E}^{B} = {}^{E}\boldsymbol{v}_{E}^{B} \tag{3.137}$$

(2) 误差方程:

$$\frac{d}{dt}\delta^{E}\boldsymbol{\theta}_{B}^{E} = -[{}^{E}\boldsymbol{\omega}_{I}^{E}\times]\delta^{E}\boldsymbol{\theta}_{B}^{E} - \boldsymbol{C}_{B}^{E}\delta^{B}\boldsymbol{\omega}_{I}^{B} + \delta^{E}\boldsymbol{\omega}_{I}^{E} \tag{3.138}$$

$$\frac{d}{dt}\delta^{E}\boldsymbol{v}_{E}^{B} = [(\boldsymbol{C}_{B}^{E}m^{B}\boldsymbol{f}_{I}^{B})\times]\delta^{E}\boldsymbol{\theta}_{B}^{E} + \boldsymbol{C}_{B}^{E}\delta^{B}\boldsymbol{f}_{I}^{B} + \frac{\partial^{E}\boldsymbol{g}}{\partial^{E}\boldsymbol{r}_{E}^{B}}\delta^{E}\boldsymbol{v}_{I}^{B} - 2{}^{E}\boldsymbol{\omega}_{I}^{E}\times\delta^{E}\boldsymbol{v}_{E}^{B} \tag{3.139}$$

$$\frac{\mathrm{d}}{\mathrm{d}t}\delta^{\mathrm{E}}\boldsymbol{r}_{\mathrm{E}}^{\mathrm{B}} = \delta^{\mathrm{E}}\boldsymbol{v}_{\mathrm{E}}^{\mathrm{B}} \tag{3.140}$$

3.6.4 当地水平坐标系下的惯性导航方程与误差方程

一般来说,当地水平坐标系(N)下的惯性导航方程要比 ECI 与 ECEF 坐标系下的惯性导航方程更复杂,但是当地水平坐标系下的方程,特别是误差方程,是最直观和最有启发性的(如舒勒周期)。

当地水平坐标系与 ECEF 坐标系可以通过下式联系起来:

$$\begin{aligned}\boldsymbol{C}_{\mathrm{E}}^{\mathrm{N}} &= \begin{bmatrix}\cos\alpha & -\sin\alpha & 0\\ \sin\alpha & \cos\alpha & 0\\ 0 & 0 & 1\end{bmatrix}\begin{bmatrix}\cos L & 0 & \sin L\\ 0 & 1 & 0\\ -\sin L & 0 & \cos L\end{bmatrix}\begin{bmatrix}1 & 0 & 0\\ 0 & \cos\lambda & \sin\lambda\\ 0 & -\sin\lambda & \cos\lambda\end{bmatrix}\begin{bmatrix}0 & 0 & 1\\ 0 & 1 & 0\\ -1 & 0 & 0\end{bmatrix}\\ &= \begin{bmatrix}-\cos\alpha\sin L\cos\lambda+\sin\alpha\sin\lambda & -\cos\alpha\sin L\sin\lambda-\sin\alpha\cos\lambda & \cos\alpha\cos L\\ -\sin\alpha\sin L\cos\lambda-\cos\alpha\sin\lambda & -\sin\alpha\sin L\sin\lambda+\cos\alpha\cos\lambda & \sin\alpha\cos L\\ -\cos L\cos\lambda & -\cos L\sin\lambda & \sin L\end{bmatrix}\end{aligned} \tag{3.141}$$

式中:α 表示为了解决北极与南极位置带来奇异值而引入的游动方位角。当 $\alpha=0$ 时,游动方位当地水平坐标系就是 NED 当地水平坐标系。在这种情况下,有

$$\boldsymbol{C}_{\mathrm{E}}^{\mathrm{N}} = \begin{bmatrix}-\sin L\cos\lambda & -\sin L\sin\lambda & \cos L\\ -\sin\lambda & \cos\lambda & 0\\ -\cos L\cos\lambda & -\cos L\sin\lambda & \sin L\end{bmatrix} \tag{3.142}$$

一般来说,纬度、经度和游动方位角可以用以下 DCM 计算出来:

$$\begin{aligned}L &= \arcsin\boldsymbol{C}_{\mathrm{E}}^{\mathrm{N}}(3,3)\\ \lambda &= \arctan\frac{\boldsymbol{C}_{\mathrm{E}}^{\mathrm{N}}(3,2)}{\boldsymbol{C}_{\mathrm{E}}^{\mathrm{N}}(3,1)}\\ \alpha &= \arctan\frac{\boldsymbol{C}_{\mathrm{E}}^{\mathrm{N}}(2,3)}{\boldsymbol{C}_{\mathrm{E}}^{\mathrm{N}}(1,3)}\end{aligned} \tag{3.143}$$

注意,即使坐标系 N 仅表示 NED 坐标系,经度、纬度的方程也不变。

综上可知,$\boldsymbol{C}_{\mathrm{E}}^{\mathrm{N}}$ 从基本上就代表了地球上的位置。

以四元数表示姿态传播方程,则有

$$\dot{\boldsymbol{q}}_{\mathrm{B}}^{\mathrm{N}} = \frac{1}{2}(\boldsymbol{q}_{\mathrm{B}}^{\mathrm{N}} \otimes {}^{\mathrm{B}}\boldsymbol{\omega}_{\mathrm{I}}^{\mathrm{B}} - {}^{\mathrm{N}}\boldsymbol{\omega}_{\mathrm{I}}^{\mathrm{N}} \otimes \boldsymbol{q}_{\mathrm{B}}^{\mathrm{N}})$$

可以使用 3.4 节中论述的各种数值积分方法在实际系统中实现上述方程。

利用四元数推导得到 DCM:

$$\boldsymbol{C}_{\mathrm{B}}^{\mathrm{N}} = \mathrm{q2DCM}(\boldsymbol{q}_{\mathrm{B}}^{\mathrm{N}})$$

如 3.4 节所述,相应的姿态误差公式变为以下形式:

$$\delta^{N}\dot{\boldsymbol{\theta}}_{B}^{N}=-[{}^{N}\boldsymbol{\omega}_{I}^{N}\times]\delta^{N}\boldsymbol{\theta}_{B}^{N}-\boldsymbol{C}_{B}^{N}\delta^{B}\boldsymbol{\omega}_{I}^{B}+\delta^{N}\boldsymbol{\omega}_{I}^{N}$$

其中

$${}^{N}\boldsymbol{\omega}_{I}^{N}={}^{N}\boldsymbol{\omega}_{E}^{N}+{}^{N}\boldsymbol{\omega}_{I}^{E}$$

$$\delta^{N}\boldsymbol{\omega}_{I}^{N}=\delta^{N}\boldsymbol{\omega}_{E}^{N}+\delta^{N}\boldsymbol{\omega}_{I}^{E}$$

相比于惯性坐标系与 ECEF 坐标系,当地水平坐标系中的速度方程形式变得更复杂:

$$\frac{\mathrm{d}}{\mathrm{d}t}{}^{N}\boldsymbol{v}_{E}^{B}=\boldsymbol{C}_{B}^{N}{}^{B}\boldsymbol{f}_{I}^{B}+\boldsymbol{C}_{E}^{N}({}^{E}\boldsymbol{g}-[{}^{E}\boldsymbol{\omega}_{I}^{E}\times][{}^{E}\boldsymbol{\omega}_{I}^{E}\times]{}^{E}\boldsymbol{r}_{E}^{B})-{}^{N}\boldsymbol{\omega}_{E}^{N}\times{}^{N}\boldsymbol{v}_{E}^{B}-2{}^{N}\boldsymbol{\omega}_{I}^{E}\times{}^{N}\boldsymbol{v}_{E}^{B}$$

或

$$\frac{\mathrm{d}}{\mathrm{d}t}{}^{N}\boldsymbol{v}_{E}^{B}=\boldsymbol{C}_{B}^{N}{}^{B}\boldsymbol{f}_{I}^{B}+\boldsymbol{C}_{E}^{N}{}^{E}\boldsymbol{g}_{c}-(2{}^{N}\boldsymbol{\omega}_{I}^{E}+{}^{N}\boldsymbol{\omega}_{E}^{N}){}^{N}\boldsymbol{v}_{E}^{B}$$

对于游动方位当地水平坐标系,利用游动方位角带来的自由度,使得 ${}^{N}\boldsymbol{\omega}_{E}^{N}(3)=0$,则有

$$\begin{bmatrix}{}^{N}\boldsymbol{\omega}_{E}^{N}(1)\\{}^{N}\boldsymbol{\omega}_{E}^{N}(2)\end{bmatrix}=\begin{bmatrix}\left(\frac{1}{R_{N}+h}-\frac{1}{R_{E}+h}\right)\sin\alpha\cos\alpha & \frac{\sin^{2}\alpha}{R_{N}+h}+\frac{\cos^{2}\alpha}{R_{E}+h}\\-\left(\frac{\cos^{2}\alpha}{R_{N}+h}+\frac{\sin^{2}\alpha}{R_{E}+h}\right) & -\left(\frac{1}{R_{N}+h}-\frac{1}{R_{E}+h}\right)\sin\alpha\cos\alpha\end{bmatrix}\begin{bmatrix}{}^{N}\boldsymbol{v}_{E}^{B}(1)\\{}^{N}\boldsymbol{v}_{E}^{B}(2)\end{bmatrix}$$

$${}^{N}\boldsymbol{\omega}_{E}^{N}(3)=0$$

其中,矩阵形式为

$$\mathrm{Cur}(L,\lambda,h,\alpha)=\begin{bmatrix}\left(\frac{1}{R_{N}+h}-\frac{1}{R_{E}+h}\right)\sin\alpha\cos\alpha & \frac{\sin^{2}\alpha}{R_{N}+h}+\frac{\cos^{2}\alpha}{R_{E}+h}\\-\left(\frac{\cos^{2}\alpha}{R_{N}+h}+\frac{\sin^{2}\alpha}{R_{E}+h}\right) & -\left(\frac{1}{R_{N}+h}-\frac{1}{R_{E}+h}\right)\sin\alpha\cos\alpha\end{bmatrix}$$

表示以三维位置和游动方位角为变量的曲率矩阵。

作为一个参考点,当坐标系 N 为没有游动方位角的 NED 坐标系时,可以用下式计算出载体速率(craft rate):

$${}^{N}\boldsymbol{\omega}_{E}^{N}=\begin{bmatrix}\frac{{}^{N}\boldsymbol{v}_{E}^{B}(2)}{R_{E}+h}\\-\frac{{}^{N}\boldsymbol{v}_{E}^{B}(1)}{R_{N}+h}\\-\frac{{}^{N}\boldsymbol{v}_{E}^{B}(2)\tan L}{R_{N}+h}\end{bmatrix}$$

注意,当 L 为 90°或-90°时, ${}^{N}\boldsymbol{\omega}_{E}^{N}(3)$ 变得不确定。

用 DCM $\boldsymbol{C}_{E}^{N}$ 表示的位置与高度 h,可以利用微分方程的积分计算得到:

$$\frac{d}{dt}\boldsymbol{C}_{E}^{N}=\boldsymbol{C}_{E}^{N}[{}^{N}\boldsymbol{\omega}_{E}^{N}\times]$$

$$\frac{d}{dt}h=-{}^{N}\boldsymbol{v}_{R}^{B}(3)$$

另外,利用以下公式直接积分计算纬度、经度与海拔高度,可能会节省计算成本:

$$\frac{d}{dt}L=\frac{{}^{N}\boldsymbol{v}_{R}^{B}(1)\cos\alpha+{}^{N}\boldsymbol{v}_{R}^{B}(2)\sin\alpha}{R_{N}(L)+h}$$

$$\frac{d}{dt}\lambda=\frac{-{}^{N}\boldsymbol{v}_{R}^{B}(1)\sin\alpha+{}^{N}\boldsymbol{v}_{R}^{B}(2)\cos\alpha}{[R_{E}(L)+h]\cos L}$$

$$\frac{d}{dt}h=-{}^{N}\boldsymbol{v}_{R}^{B}(3)$$

在实际应用中,只有当 N=NED 时,也就是当 $\alpha=0$ 时,直接积分计算纬度、经度和高度才有意义(否则无论如何都需要积分 DCM 才能计算出 α),在这种情况下,有

$$\frac{d}{dt}L=\frac{{}^{N}\boldsymbol{v}_{R}^{B}(1)}{R_{N}(L)+h}=-{}^{N}\boldsymbol{\omega}_{E}^{N}(2)$$

$$\frac{d}{dt}\lambda=\frac{{}^{N}\boldsymbol{v}_{R}^{B}(2)}{[R_{E}(L)+h]\cos L}=\frac{{}^{N}\boldsymbol{\omega}_{E}^{N}(1)}{\cos L}$$

$$\frac{d}{dt}h=-{}^{N}\boldsymbol{v}_{R}^{B}(3)$$

综上所述,得到两种算法。

(1) 算法 1,如图 3.6 所示。

① 姿态传播:

$$\dot{\boldsymbol{q}}_{B}^{N}=\frac{1}{2}(\boldsymbol{q}_{B}^{N}\otimes{}^{B}\boldsymbol{\omega}_{I}^{B}-{}^{N}\boldsymbol{\omega}_{I}^{N}\otimes\boldsymbol{q}_{B}^{N})\tag{3.144}$$

② 将四元数转换为 DCM 形式:

$$\boldsymbol{C}_{B}^{N}=\mathrm{q2DCM}(\boldsymbol{q}_{B}^{N})\tag{3.145}$$

③ 对速度方程积分:

$$\frac{d}{dt}{}^{N}\boldsymbol{v}_{E}^{B}=\boldsymbol{C}_{B}^{N}{}^{B}\boldsymbol{f}_{I}^{B}+\boldsymbol{C}_{E}^{N}({}^{E}\boldsymbol{g}-[{}^{E}\boldsymbol{\omega}_{I}^{E}\times][{}^{E}\boldsymbol{\omega}_{I}^{E}\times]{}^{E}\boldsymbol{r}_{E}^{B})-({}^{N}\boldsymbol{\omega}_{E}^{N}+2{}^{N}\boldsymbol{\omega}_{I}^{E})\times{}^{N}\boldsymbol{v}_{E}^{B}\tag{3.146}$$

④ 计算载体速率:

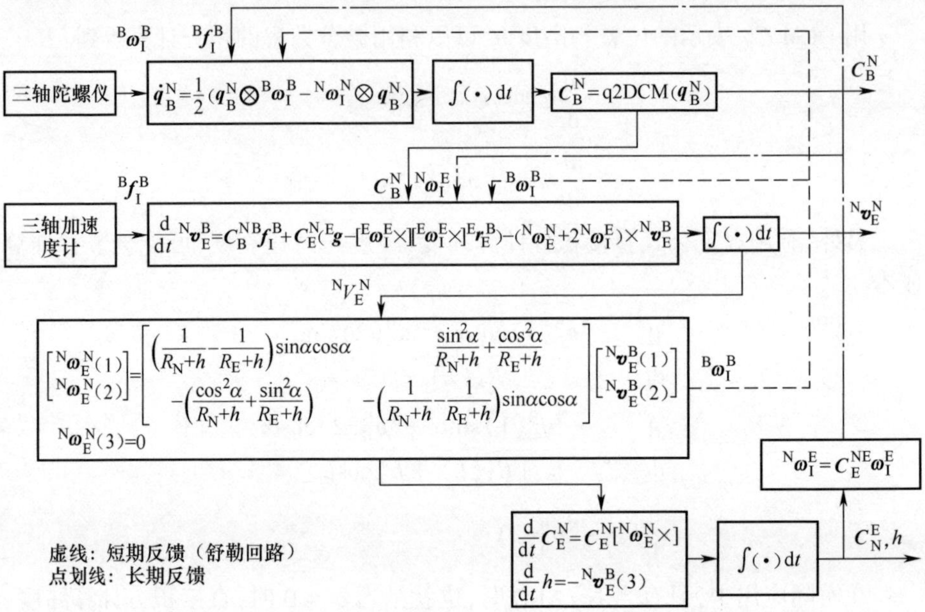

图 3.6　当地水平坐标系下的捷联式惯性导航算法

$$\begin{bmatrix} {}^{\mathrm{N}}\boldsymbol{\omega}_{\mathrm{E}}^{\mathrm{N}}(1) \\ {}^{\mathrm{N}}\boldsymbol{\omega}_{\mathrm{E}}^{\mathrm{N}}(2) \end{bmatrix} = \begin{bmatrix} \left(\frac{1}{R_{\mathrm{N}}+h}-\frac{1}{R_{\mathrm{E}}+h}\right)\sin\alpha\cos\alpha & \frac{\sin^2\alpha}{R_{\mathrm{N}}+h}+\frac{\cos^2\alpha}{R_{\mathrm{E}}+h} \\ -\left(\frac{\cos^2\alpha}{R_{\mathrm{N}}+h}+\frac{\sin^2\alpha}{R_{\mathrm{E}}+h}\right) & -\left(\frac{1}{R_{\mathrm{N}}+h}-\frac{1}{R_{\mathrm{E}}+h}\right)\sin\alpha\cos\alpha \end{bmatrix} \begin{bmatrix} {}^{\mathrm{N}}\boldsymbol{v}_{\mathrm{E}}^{\mathrm{B}}(1) \\ {}^{\mathrm{N}}\boldsymbol{v}_{\mathrm{E}}^{\mathrm{B}}(2) \end{bmatrix}$$

$$ {}^{\mathrm{N}}\boldsymbol{\omega}_{\mathrm{E}}^{\mathrm{N}}(3) = 0 \tag{3.147}$$

⑤ 积分得到位置：

$$\begin{aligned} \frac{\mathrm{d}}{\mathrm{d}t}\boldsymbol{C}_{\mathrm{E}}^{\mathrm{N}} &= \boldsymbol{C}_{\mathrm{E}}^{\mathrm{N}}[\,{}^{\mathrm{N}}\boldsymbol{\omega}_{\mathrm{E}}^{\mathrm{N}}\times] \\ \frac{\mathrm{d}}{\mathrm{d}t}h &= -{}^{\mathrm{N}}\boldsymbol{v}_{\mathrm{R}}^{\mathrm{B}}(3) \end{aligned} \tag{3.148}$$

⑥ 利用 $\boldsymbol{C}_{\mathrm{E}}^{\mathrm{N}}$ 计算经度、纬度与游动方位角：

$$\begin{aligned} L &= \arcsin\boldsymbol{C}_{\mathrm{E}}^{\mathrm{N}}(3,3) \\ \lambda &= \arctan\frac{\boldsymbol{C}_{\mathrm{E}}^{\mathrm{N}}(3,2)}{\boldsymbol{C}_{\mathrm{E}}^{\mathrm{N}}(3,1)} \\ \alpha &= \arctan\frac{\boldsymbol{C}_{\mathrm{E}}^{\mathrm{N}}(2,3)}{\boldsymbol{C}_{\mathrm{E}}^{\mathrm{N}}(1,3)} \end{aligned} \tag{3.149}$$

⑦ 将地球转动速率转换到当地水平坐标系：

$$ {}^{\mathrm{N}}\boldsymbol{\omega}_{\mathrm{I}}^{\mathrm{E}} = \boldsymbol{C}_{\mathrm{E}}^{\mathrm{N}}\,{}^{\mathrm{E}}\boldsymbol{\omega}_{\mathrm{I}}^{\mathrm{E}} \tag{3.150} $$

（2）算法 2，只适用于 N=NED 的情况。

① 姿态传播：

$$ \dot{\boldsymbol{q}}_{\mathrm{B}}^{\mathrm{N}} = \frac{1}{2}\left(\boldsymbol{q}_{\mathrm{B}}^{\mathrm{N}} \otimes {}^{\mathrm{B}}\boldsymbol{\omega}_{\mathrm{I}}^{\mathrm{B}} - {}^{\mathrm{N}}\boldsymbol{\omega}_{\mathrm{I}}^{\mathrm{N}} \otimes \boldsymbol{q}_{\mathrm{B}}^{\mathrm{N}}\right) $$

② 将四元数转换为 DCM 形式：

$$ \boldsymbol{C}_{\mathrm{B}}^{\mathrm{N}} = \mathrm{q2DCM}(\boldsymbol{q}_{\mathrm{B}}^{\mathrm{N}}) $$

③ 对速度方程积分：

$$ \frac{\mathrm{d}}{\mathrm{d}t}{}^{\mathrm{N}}\boldsymbol{v}_{\mathrm{E}}^{\mathrm{B}} = \boldsymbol{C}_{\mathrm{B}}^{\mathrm{N}}\,{}^{\mathrm{B}}\boldsymbol{f}_{\mathrm{I}}^{\mathrm{B}} + \boldsymbol{C}_{\mathrm{E}}^{\mathrm{N}}\left({}^{\mathrm{E}}\boldsymbol{g} - [{}^{\mathrm{E}}\boldsymbol{\omega}_{\mathrm{I}}^{\mathrm{E}}\times][{}^{\mathrm{E}}\boldsymbol{\omega}_{\mathrm{I}}^{\mathrm{E}}\times]{}^{\mathrm{E}}\boldsymbol{r}_{\mathrm{E}}^{\mathrm{B}}\right) - \left({}^{\mathrm{N}}\boldsymbol{\omega}_{\mathrm{E}}^{\mathrm{N}} + 2\,{}^{\mathrm{N}}\boldsymbol{\omega}_{\mathrm{I}}^{\mathrm{E}}\right)\times{}^{\mathrm{N}}\boldsymbol{v}_{\mathrm{E}}^{\mathrm{B}} $$

④ 计算载体速率：

$$ {}^{\mathrm{N}}\boldsymbol{\omega}_{\mathrm{E}}^{\mathrm{N}} = \begin{bmatrix} \dfrac{{}^{\mathrm{N}}\boldsymbol{v}_{\mathrm{E}}^{\mathrm{B}}(2)}{R_{\mathrm{E}}+h} \\ -\dfrac{{}^{\mathrm{N}}\boldsymbol{v}_{\mathrm{E}}^{\mathrm{B}}(1)}{R_{\mathrm{N}}+h} \\ -\dfrac{{}^{\mathrm{N}}\boldsymbol{v}_{\mathrm{E}}^{\mathrm{B}}(2)\tan L}{R_{\mathrm{N}}+h} \end{bmatrix} \tag{3.151} $$

⑤ 速度积分得到位置：

$$ \begin{aligned} \frac{\mathrm{d}}{\mathrm{d}t}L &= -{}^{\mathrm{N}}\boldsymbol{\omega}_{\mathrm{E}}^{\mathrm{N}}(2) \\ \frac{\mathrm{d}}{\mathrm{d}t}\lambda &= \frac{{}^{\mathrm{N}}\boldsymbol{\omega}_{\mathrm{E}}^{\mathrm{N}}(1)}{\cos L} \\ \frac{\mathrm{d}}{\mathrm{d}t}h &= -{}^{\mathrm{N}}\boldsymbol{v}_{\mathrm{R}}^{\mathrm{B}}(3) \end{aligned} \tag{3.152} $$

⑥ 利用经度、纬度计算 $\boldsymbol{C}_{\mathrm{E}}^{\mathrm{N}}$：

$$ \boldsymbol{C}_{\mathrm{E}}^{\mathrm{N}} = \begin{bmatrix} -\sin L\cos\lambda & -\sin L\sin\lambda & \cos L \\ -\sin\lambda & \cos\lambda & 0 \\ -\cos L\cos\lambda & -\cos L\sin\lambda & \sin L \end{bmatrix} $$

⑦ 将地球转动速率转换到当地水平坐标系下：

$$ {}^{\mathrm{N}}\boldsymbol{\omega}_{\mathrm{I}}^{\mathrm{E}} = \boldsymbol{C}_{\mathrm{E}}^{\mathrm{N}}\,{}^{\mathrm{E}}\boldsymbol{\omega}_{\mathrm{I}}^{\mathrm{E}} $$

尽管在数学上是等价的，但与算法 1 相关的误差方程形式更简单，如果需要与卡尔曼滤波和其他传感器或信息源一同工作，一般推荐使用算法。

如前所述，姿态误差可以用下式分析：

$$ \delta{}^{\mathrm{N}}\dot{\boldsymbol{\theta}}_{\mathrm{B}}^{\mathrm{N}} = -[{}^{\mathrm{N}}\boldsymbol{\omega}_{\mathrm{I}}^{\mathrm{N}}\times]\delta{}^{\mathrm{N}}\boldsymbol{\theta}_{\mathrm{B}}^{\mathrm{N}} - \boldsymbol{C}_{\mathrm{B}}^{\mathrm{N}}\delta{}^{\mathrm{B}}\boldsymbol{\omega}_{\mathrm{I}}^{\mathrm{B}} + \delta{}^{\mathrm{N}}\boldsymbol{\omega}_{\mathrm{I}}^{\mathrm{N}} $$

速度误差可以利用下式分析：

$$\frac{\mathrm{d}}{\mathrm{d}t}\delta^{N}\boldsymbol{v}_{E}^{N}=\boldsymbol{C}_{B}^{N}\delta^{B}\boldsymbol{a}_{I}^{B}+{}^{N}\boldsymbol{a}_{I}^{B}\times\delta^{N}\boldsymbol{\theta}_{B}^{N}-(2^{N}\boldsymbol{\omega}_{I}^{E}+{}^{N}\boldsymbol{\omega}_{E}^{N})\delta^{N}\boldsymbol{v}_{E}^{N}-(2\delta^{N}\boldsymbol{\omega}_{I}^{E}+\delta^{N}\boldsymbol{\omega}_{E}^{N})\times{}^{N}\boldsymbol{v}_{E}^{N}+\delta^{N}\boldsymbol{g}$$

忽略高度误差二阶量对载体速率的影响，载体速率的误差可以用速度误差计算得到：

$$\begin{bmatrix}{}^{N}\boldsymbol{\omega}_{E}^{N}(1)\\{}^{N}\boldsymbol{\omega}_{E}^{N}(2)\end{bmatrix}=\begin{bmatrix}\left(\dfrac{1}{R_{N}+h}-\dfrac{1}{R_{E}+h}\right)\sin\alpha\cos\alpha & \dfrac{\sin^{2}\alpha}{R_{N}+h}+\dfrac{\cos^{2}\alpha}{R_{E}+h}\\-\left(\dfrac{\cos^{2}\alpha}{R_{N}+h}+\dfrac{\sin^{2}\alpha}{R_{E}+h}\right) & -\left(\dfrac{1}{R_{N}+h}-\dfrac{1}{R_{E}+h}\right)\sin\alpha\cos\alpha\end{bmatrix}\begin{bmatrix}{}^{N}\boldsymbol{v}_{E}^{B}(1)\\{}^{N}\boldsymbol{v}_{E}^{B}(2)\end{bmatrix}$$

$${}^{N}\boldsymbol{\omega}_{E}^{N}(3)=0$$

水平位置误差可以用角度误差 $\delta^{N}\boldsymbol{\theta}_{E}^{N}$ 来描述：

$$\boldsymbol{C}_{N}^{E}=\boldsymbol{C}_{N}^{E}\boldsymbol{C}_{N}^{N}=\boldsymbol{C}_{N}^{E}(\boldsymbol{I}+[\delta^{N}\boldsymbol{\theta}_{E}^{N}\times])=\boldsymbol{C}_{N}^{E}(\boldsymbol{I}-[\delta^{N}\boldsymbol{\theta}_{N}^{E}\times])$$

该误差微分方程形式如下：

$$\frac{\mathrm{d}}{\mathrm{d}t}\delta^{N}\boldsymbol{\theta}_{E}^{N}=-{}^{N}\boldsymbol{\omega}_{E}^{N}+\delta^{N}\boldsymbol{\theta}_{E}^{N}+\delta^{N}\boldsymbol{\omega}_{E}^{N}$$

下面研究如果使用不正确的水平位置来推算地球速率的误差会有哪些影响。

根据定义，从当地水平坐标系到 ECEF 坐标系的 DCM 公式如下：

$$\hat{\boldsymbol{C}}_{N}^{E}=\boldsymbol{C}_{N}^{E}(\boldsymbol{I}+[\delta^{N}\boldsymbol{\theta}_{E}^{N}\times])$$

可以改写为

$$\hat{\boldsymbol{C}}_{E}^{N}=(\boldsymbol{I}-[\delta^{N}\boldsymbol{\theta}_{E}^{N}\times])\boldsymbol{C}_{E}^{N}$$

由此，可以写出地球转动速率的投影误差为

$$\begin{aligned}\frac{\mathrm{d}}{\mathrm{d}t}{}^{N}\boldsymbol{\omega}_{I}^{E}&={}^{N}\hat{\boldsymbol{\omega}}_{I}^{E}-{}^{N}\boldsymbol{\omega}_{I}^{E}=(\boldsymbol{I}-[\delta^{N}\boldsymbol{\theta}_{E}^{N}\times])\boldsymbol{C}_{E}^{N\,E}\boldsymbol{\omega}_{I}^{E}-\boldsymbol{C}_{E}^{N\,E}\boldsymbol{\omega}_{I}^{E}\\&=(\boldsymbol{I}-[\delta^{N}\boldsymbol{\theta}_{E}^{N}\times])^{N}\boldsymbol{\omega}_{I}^{E}-{}^{E}\boldsymbol{\omega}_{I}^{E}=-[\delta^{N}\boldsymbol{\theta}_{E}^{N}\times]^{N}\boldsymbol{\omega}_{I}^{E}\end{aligned}$$

综上所述，给出以下方程的集合，作为当地水平坐标系导航误差分析方程。

当地水平坐标系误差方程为如下。

(1) 姿态误差传播：

$$\delta^{N}\dot{\boldsymbol{\theta}}_{B}^{N}=-[{}^{N}\boldsymbol{\omega}_{I}^{N}\times]\delta^{N}\boldsymbol{\theta}_{B}^{N}-\boldsymbol{C}_{B}^{N}\delta^{B}\boldsymbol{\omega}_{I}^{B}+\delta^{N}\boldsymbol{\omega}_{I}^{N}\tag{3.153}$$

(2) 速度误差传播：

$$\frac{\mathrm{d}}{\mathrm{d}t}\delta^{N}\boldsymbol{v}_{E}^{N}=\boldsymbol{C}_{B}^{N}\delta^{B}\boldsymbol{a}_{I}^{B}+{}^{N}\boldsymbol{a}_{I}^{B}\times\delta^{N}\boldsymbol{\theta}_{B}^{N}-(2^{N}\boldsymbol{\omega}_{I}^{E}+{}^{N}\boldsymbol{\omega}_{E}^{N})\delta^{N}\boldsymbol{v}_{E}^{N}-(2\delta^{N}\boldsymbol{\omega}_{I}^{E}+\delta^{N}\boldsymbol{\omega}_{E}^{N})\times{}^{N}\boldsymbol{v}_{E}^{N}+\delta^{N}\boldsymbol{g}\tag{3.154}$$

（3）载体速率误差：

$$\begin{bmatrix}\delta^{N}\boldsymbol{\omega}_{E}^{N}(1)\\ \delta^{N}\boldsymbol{\omega}_{E}^{N}(2)\end{bmatrix}=\begin{bmatrix}\left(\dfrac{1}{R_N+h}-\dfrac{1}{R_E+h}\right)\sin\alpha\cos\alpha & \dfrac{\sin^2\alpha}{R_N+h}+\dfrac{\cos^2\alpha}{R_E+h}\\ -\left(\dfrac{\cos^2\alpha}{R_N+h}+\dfrac{\sin^2\alpha}{R_E+h}\right) & -\left(\dfrac{1}{R_N+h}-\dfrac{1}{R_E+h}\right)\sin\alpha\cos\alpha\end{bmatrix}\begin{bmatrix}\delta^{N}\boldsymbol{v}_{E}^{B}(1)\\ \delta^{N}\boldsymbol{v}_{E}^{B}(2)\end{bmatrix}$$

$$\delta^{N}\boldsymbol{\omega}_{E}^{N}(3)=0 \tag{3.155}$$

（4）位置误差传播：

$$\begin{aligned}\frac{\mathrm{d}}{\mathrm{d}t}\delta^{N}\boldsymbol{\theta}_{E}^{N}&=-{}^{N}\boldsymbol{\omega}_{E}^{N}\times\delta^{N}\boldsymbol{\theta}_{E}^{N}+\delta^{N}\boldsymbol{\omega}_{E}^{N}\\ \frac{\mathrm{d}}{\mathrm{d}t}\delta h&=-\delta^{N}\boldsymbol{v}_{R}^{B}(3)\end{aligned} \tag{3.156}$$

（5）地球转速投影误差：

$$\delta^{N}\boldsymbol{\omega}_{I}^{E}=-\delta^{N}\boldsymbol{\theta}_{E}^{N}\times{}^{N}\boldsymbol{\omega}_{I}^{E}={}^{N}\boldsymbol{\omega}_{I}^{E}\times\delta^{N}\boldsymbol{\theta}_{E}^{N} \tag{3.157}$$

当地水平坐标系下的惯性导航误差模型如图 3.7 所示。

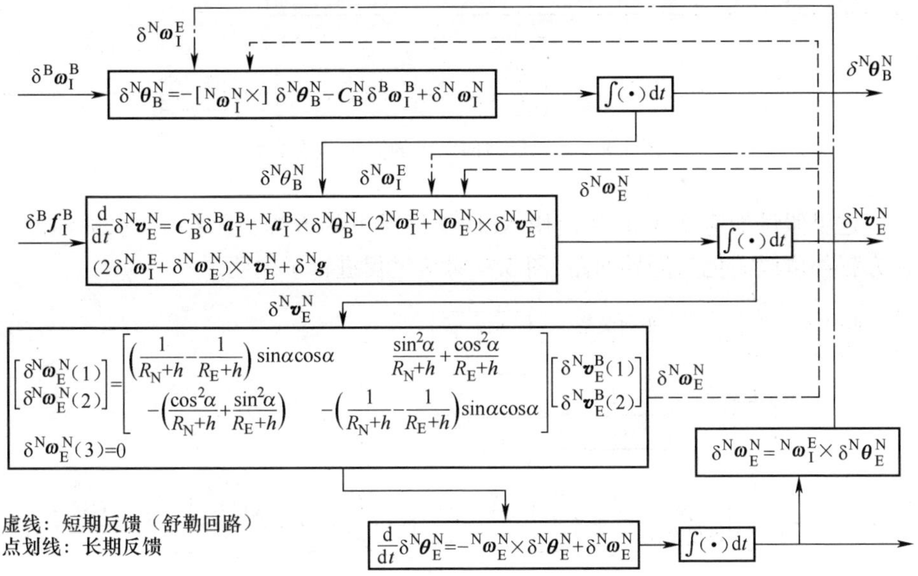

图 3.7　当地水平坐标系下的惯性导航误差模型

观察图 3.7，可以看到两个反馈回路。

（1）短期反馈回路：速度误差产生载体速率误差，又反馈到平台姿态误差（以及较小的科里奥利加速度误差），然后影响加速度计输出到当地水平坐标系的投影，进而产生速度误差。这个循环就是传统意义上的舒勒回路。

(2) 长期反馈回路:位置误差产生地球自转角速度的投影误差,再反馈到平台姿态误差(以及较小的科里奥利加速度误差),然后影响加速度计输出到当地水平坐标系的投影。进而产生速度误差,速度误差又产生位置误差。这个回路的影响要慢得多,因为一个数值较大的位置误差才能在地球转速的投影中产生一个小误差。因此,在很多设计与分析工作中,该误差经常被忽略。

图 3.8 所示为上述误差模型只考虑短期反馈回路影响的简化版本。

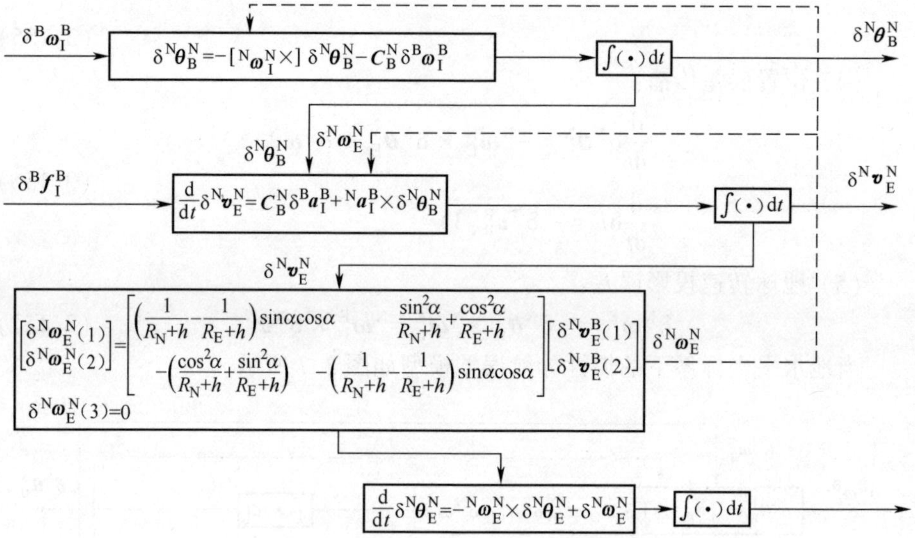

图 3.8　短期反馈回路下的简化误差模型

这里假设加速度为 0,并使用 NED 坐标系下的方程,任意一个水平轴的误差方程都可以简化为舒勒回路,图 3.9 对该过程进行了说明。

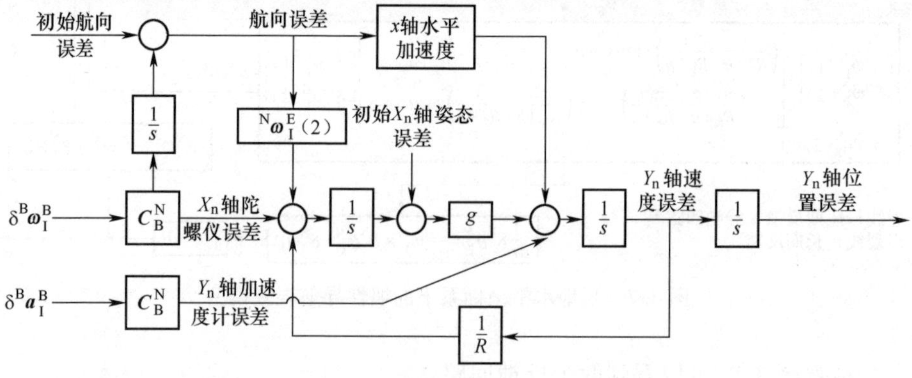

系统特征值:
积分器$\lambda_1=0$,线性漂移器$\lambda_{2,3}=\pm j\Omega_s=\pm j\sqrt{\frac{g}{R}}=\frac{2\pi}{84\text{min为1个周期}}$。

图 3.9　舒勒回路

参 考 文 献

[1] Gelb, M. , Applied Optimal Estimation, Cambridge, MA: MIT Press, 1974.

[2] Brown, R. G. , and P. Hwang, *Introduction to Random Signals and Applied Kalman Filtering*, New York: John Wiley & Sons, 1996.

[3] Li, A. , and Y. -W. Wu, "Kalman Filtering & Applications," *UCLA Lecture Notes*, 2005-2019.

[4] Julier, S. J. , J. K. Uhlmann, and H. Durrant-Whyte, "A New Approach for Filtering Nonlinear System," *Proc. of American Control Conference*, 1995, pp. 1628-1632.

[5] Julier, S. J. , and J. K. Uhlmann, A *General Method for Approximating Nonlinear Transformation of Probability Distributions*, Technical Report RRG, Department of Engineering Science, University of Oxford, November 1996.

[6] http://www. teledyne-si. com/products-and-services/scientific-company/csac.

[7] Savage, P. G. , "Strapdown Inertial Navigation Integration Algorithm Design Part 1: Attitude Algorithms," *Journal of Guidance, Control, and Dynamics*, Vol. 21, No. 1, 1998, pp. 19-28.

[8] Savage, P. G. , "Strapdown Inertial Navigation Integration Algorithm Design Part 2: Velocity and Position Algorithms," *Journal of Guidance, Control, and Dynamics*, Vol. 21, No. 2, March-April 1998.

[9] Titterton, D. , and J. Weston, *Strapdown Inertial Navigation Technology*, Second Edition, The American Institute of Aeronautics and Astronautics, 2004.

[10] Groves, P. D. , *Principles of GNSS, Inertial, and Multisensor Integrated Navigation Systems*, Second Edition, Norwood, MA: Artech House, 2013.

[11] Roetenberg, D. , "Inertial and Magnetic Sensing of Human Motion," Ph. D. thesis, Universiteit Twente, 2006.

[12] Jordan, J. W. , "An Accurate Strapdown Direction Cosine Algorithm," NASA TN-D-5384, September 1969.

[13] Bortz, J. E. , "A New Mathematical Formulation for Strapdown Inertial Navigation," *IEEE Transactions on Aerospace and Electronic Systems*, Vol. AES-7, No. 1, 1971, pp. 61-66.

[14] Ignagni, M. B. , "Optimal Strapdown Attitude Integration Algorithms," *Journal of Guidance, Control, and Dynamics*, Vol. 13, No. 2, 1990, pp. 363-369.

[15] Ignagni, M. B. , "Efficient Class of Optimized Coning Compensation Algorithms," *Journal of Guidance, Control, and Dynamics*, Vol. 19, No. 2, 1996, pp. 424-429.

[16] Mark, J. G. , and Tazartes, D. A. , "On Sculling Algorithms," *3rd St. Petersburg International Conf. on Integrated Navigation Systems*, St. Petersburg, Russia, May 1996.

[17] Miller, R. , "A New Strapdown Attitude Algorithm," *Journal of Guidance, Control, and Dynamics*, Vol. 6, No. 4, 1983, pp. 287-291.

[18] Wu, M. , et al. , "Optimization-Based Alignment for Inertial Navigation Systems: Theory and Algorithm," *Aerosp. Sci. Technol.* , Vol. 15, 2011, pp. 1-17.

[19] Chang, L. , J. Li, and S. Chen, "Initial Alignment by Attitude Estimation for Strapdown Inertial Navigation Systems," *IEEE Transactions on Instrumentation and Measurement*, Vol. 64, 2015, pp. 784-794.

[20] Silson, P. M. G. , "Coarse Alignment of a Ship's Strapdown Inertial Attitude Reference System Using Velocity Loci," *IEEE Transactions on Instrumentation and Measurement*, Vol. 60, 2011, pp. 1930-

1941.

[21] Wu, Y., and X. Pan, "Velocity/Position Integration Formula Part I: Application to In-Flight Coarse Alignment," *IEEE Transactions on Aerospace and Electronic Systems*, Vol. 49, 2012, pp. 1006-1023.

[22] Fang, J., and S. Yang, "Study on Innovation Adaptive EKF for In-Flight Alignment of Airborne POS," *IEEE Transactions on Instrumentation and Measurement*, Vol. 60, 2011, pp. 1378-1388.

[23] El-Sheimy, N., S. Nassar, and A. Noureldin, "Wavelet De-Noising for IMU Alignment," *IEEE Aerospace and Electronic Systems Magazine*, Vol. 19, 2004, pp. 32-39.

[24] Xu, X., et al., "A Kalman Filter for SINS Self-Alignment Based on Vector Observation," *Sensors*, Vol. 17, 2017, p. 264.

[25] Liang, Y., and Y. Jia, "A Nonlinear Quaternion-Based Fault-Tolerant SINS/GNSS Integrated Navigation Method for Autonomous UAVs," *Aerosp. Sci. Technol.*, Vol. 40, 2015, pp. 191-199.

[26] Chang, L., J. Li, and K. Li, "Optimization-Based Alignment for Strapdown Inertial Navigation System: Comparison and Extension," *IEEE Transactions on Aerospace and Electronic Systems*, Vol. 52, 2014, pp. 1697-1713.

第4章

多种基于量测的解决方案

4.1 引　　言

第3章重点讨论了定位、导航与授时(positioning, navigation, and timing, PNT)算法及其在输入量被积分或传播时的误差分析。这是一种基于微分方程积分或差分方程传播的形式。当采用卡尔曼滤波或类似传感器融合机制作为综合解算方案时,这些算法和信息源(如传感器、模型或数据)可以满足传播方案与组合方案要求。

本章重点讨论了另一种类型的传感器与信息源,即在不使用微分或差分方程的前提下,直接或通过代数变换的方式得到部分或全部PNT的解决方案。该类型传感器和信息源往往可作为更新解决方案或量测解决方案,当不同类型的信息源集成或融合在一起时,能够获得更好的性能。

值得注意的是,一些传感器和信息源可用于生成传播解算方案,也可用于生成(预测)量测解决方案。例如,多普勒雷达可用于测量速度,并使用该速度作为数据源约束或更新惯性导航误差。此外,也可以用多普勒雷达测量的速度启动传播解算方案,即将速度积分得到位置。

与第3章类似,本章将重点讨论数学和算法,而不是具体的传感器技术。全源PNT系统涉及的具体传感器技术将在后续章节讨论。

4.2 基于测距与测距率的PNT

4.2.1 双向测距与时间传输

假设两个地点(位置1和位置2,或节点1与节点2)分别设有无线电或光信号收发器,并且每个节点都有自己的时间基准,这样就可以测量两个节点之间的相对距离,并且通过两个节点之间的时间偏移量来同步两个时间基准。该技术就是双向测距与时间传输技术。

这是通过节点 2 向节点 1 或节点 1 向节点 2 发送带有某种时间标记的信号(射频、光学或其他类型的信号)来实现的,如脉冲、编码或数据调制序列,由此得到两组测量结果,发射时间(time of transmit, TOT)和到达时间(time of arrival, TOA)。利用这些测量结果可以得到两个方程来求解两个未知数,即两节点间的距离和时间偏移量。

定义两个时间基准之间的偏移量为 Δt,则有

$$^{R_2}t = {}^{R_1}t + \Delta t$$

式中:^{R_1}t 为节点 1 时钟的时间;^{R_2}t 为节点 2 时钟的时间。

假定 $^{R_1}t_{11}$ 是节点 1 根据自身时钟发出时间脉冲(或其他信号)的时间,$^{R_2}t_{12}$ 是节点 2 根据自身时钟收到时间脉冲(或其他信号)的时间。显然有

$$^{R_2}t_{12} = {}^{R_1}t_{11} + \Delta t + \frac{r}{c}$$

式中:r 为两个节点之间的距离;c 为射频、光学或其他类型信号在介质中的传播速度。

同理,节点 2 可以向节点 1 发送一个脉冲(或其他信号)。

假定 $^{R_2}t_{22}$ 是节点 2 根据自身时钟发出时间脉冲(或其他信号)的时间,$^{R_1}t_{21}$ 是节点 1 根据自身时钟收到时间脉冲(或其他信号)的时间。类似地,有

$$^{R_1}t_{21} = {}^{R_2}t_{22} - \Delta t + \frac{r}{c}$$

可以把上述两个方程写成如下形式:

$$\begin{aligned} \Delta t + \frac{r}{c} &= ({}^{R_2}t_{12} - {}^{R_1}t_{11}) \\ \Delta t - \frac{r}{c} &= ({}^{R_2}t_{22} - {}^{R_1}t_{21}) \end{aligned} \tag{4.1}$$

因此,可以计算得到时钟偏移量(允许时间同步与时间传输)与测距结果:

$$\begin{aligned} \Delta t &= \frac{({}^{R_2}t_{12} - {}^{R_1}t_{11}) + ({}^{R_2}t_{22} - {}^{R_1}t_{21})}{2} \\ r &= c\,\frac{({}^{R_2}t_{12} - {}^{R_1}t_{11}) - ({}^{R_2}t_{22} - {}^{R_1}t_{21})}{2} \end{aligned} \tag{4.2}$$

为了使上述方程能够得到更好的结果,两条路径对称是十分重要的。换句话说,要求从节点 1 到节点 2 的路径与从节点 2 到节点 1 的路径是完全相同的路径。路径的不对称性会在下面两种情况下发生:

(1) 当节点在移动时,定时脉冲无法完全准确的同时发送。在这种情况下,就希望各节点发出脉冲的时间差非常小。这通常不难实现,因为通过射频或光链路可以实现非常高的数据速率。

(2) 当介质发生变化时,例如对流层随时间的变化,并且同样存在定时脉冲

无法完全准确的同时发送。该问题也容易解决,因为通过射频或光链路可以实现非常高的数据速率。

当两个节点中的一个或两个是航天器时,上述问题就变得尤为重要。在这种情况下,节点之间的距离比较远,信号需要很长时间才能传输到另一个节点。此外,节点的速度除了要考虑信号传输时间内节点的运动(畸变误差)外,还需要考虑相对论效应。在这种情况下,对每个节点和介质的运动精确建模就显得尤为重要。此外,需要校正的误差包括由于节点在信号传输时间内运动、相对论效应和介质畸变而产生的畸变误差。

在不考虑上述不对称性的情况下,假设 TOT 和 TOA 量测误差相互独立,可以估计时间同步误差和测距误差的标准差为

$$\sigma(\Delta t)=\frac{\sqrt{\sigma^2({}^{\mathrm{R}_2}t_{12})+\sigma^2({}^{\mathrm{R}_1}t_{11})+\sigma^2({}^{\mathrm{R}_2}t_{22})+\sigma^2({}^{\mathrm{R}_1}t_{21})}}{2} \tag{4.3}$$

$$\sigma(r)=c\sigma(\Delta t)$$

如果各节点 TOA 和 TOT 误差的方差相同,那么式(4.3)可以简化为

$$\sigma(\Delta t)=\sqrt{\frac{\sigma^2({}^{\mathrm{R}_2}t_{12})+\sigma^2({}^{\mathrm{R}_1}t_{11})}{2}} \tag{4.4}$$

$$\sigma(r)=c\sigma(\Delta t)$$

如果所有的时间误差的标准差都相同,且等于 $\sigma(t)$,那么式(4.4)可以进一步简化为

$$\begin{aligned}\sigma(\Delta t)&=\sigma(t)\\ \sigma(r)&=c\sigma(\Delta t)\end{aligned} \tag{4.5}$$

式(4.5)的含义是,双向时间传递不会放大时间误差。当进行多次测量时,可以通过进一步平均噪声获得更高的性能。

4.2.2　基于测距的简单定位

基于测距或伪距测量的各种 PNT 解决方案已在文献[1-4]中给出。

给定 n 个位置已知且在同一坐标系下的节点,其位置可以表示为如下形式:

$$\boldsymbol{r}_k=\begin{bmatrix}x_k\\ y_k\\ z_k\end{bmatrix},\quad k=1,2,\cdots,n$$

导航仪器试图通过测量获取自身位置:

$$\boldsymbol{r}=\begin{bmatrix}x\\ y\\ z\end{bmatrix}$$

测量的与各节点间的距离:

$$d_k=\|\boldsymbol{r}-\boldsymbol{r}_k\|+v_k=\sqrt{(x-x_k)^2+(y-y_k)^2+(z-z_k)^2}+v_k \tag{4.6}$$

式中：v_k 为测距误差。

使用一个近似解将式(4.6)进行线性化，可得

$$
{}_0\boldsymbol{r} = \begin{bmatrix} {}_0x \\ {}_0y \\ {}_0z \end{bmatrix}
$$

$$
\begin{aligned}
d_k &= \| \boldsymbol{r}_k - \boldsymbol{r} \| + v_k = \| (\boldsymbol{r}_k - {}_0\boldsymbol{r}) - (\boldsymbol{r} - \boldsymbol{r}_0) \| + v_k \\
&\approx \| \boldsymbol{r}_k - {}_0\boldsymbol{r} \| - \frac{(\boldsymbol{r}_k - {}_0\boldsymbol{r})^{\mathrm{T}}}{\| \boldsymbol{r}_k - {}_0\boldsymbol{r} \|}(\boldsymbol{r} - \boldsymbol{r}_0) + v_k
\end{aligned}
$$

可写成以下形式：

$$
\Delta d_k({}_0\boldsymbol{r}) = d_k - \| \boldsymbol{r}_k - {}_0\boldsymbol{r} \| = - \boldsymbol{u}_{\mathrm{LOS}}(\boldsymbol{r}_0)_k^{\mathrm{T}}(\boldsymbol{r} - \boldsymbol{r}_0) + v_k
$$

其中

$$
\boldsymbol{u}_{\mathrm{LOS}}(\boldsymbol{r}_0)_k = \frac{\boldsymbol{r}_k - {}_0\boldsymbol{r}}{\| \boldsymbol{r}_k - {}_0\boldsymbol{r} \|}
$$

表示 ${}_0\boldsymbol{r}$ 到 $\boldsymbol{r}_k$ 的视距无线传输(line-of-sight, LOS)单位矢量。

综上可知，对于每一个 k，有以下线性化量测方程：

$$
\Delta d_k({}_0\boldsymbol{r}) = - (\boldsymbol{u}_{\mathrm{LOS}}(\boldsymbol{r}_0)_k)^{\mathrm{T}} \Delta \boldsymbol{r} + v_k \tag{4.7}
$$

易得上述公式的几何意义：由于 Δr 引起的测距偏差是 Δr 在 LOS 方向的投影，故 Δr 表示 ${}_0\boldsymbol{r}$ 到 $\boldsymbol{r}_k$ 的矢量。

当将传播解决方案(如惯性导航)与量测解决方案相结合时，该方程可以直接用于扩展卡尔曼滤波的设计。此时，利用这些方程得到 Δr 的最小二乘解，因此，$\boldsymbol{r}$ 的估算结果为

$$
\boldsymbol{r} = {}_0\boldsymbol{r} + \Delta \boldsymbol{r}
$$

显然，需要参考节点的最小数量为 3。更多的量测值可以减小量测误差的影响。

将每个方程表示为矢量与矩阵的形式，有

$$
\begin{bmatrix} \Delta d_1({}_0r) \\ \Delta d_2({}_0\boldsymbol{r}) \\ \vdots \\ \Delta d_n({}_0\boldsymbol{r}) \end{bmatrix} = \begin{bmatrix} -(\boldsymbol{u}_{\mathrm{LOS}}({}_0\boldsymbol{r})_1)^{\mathrm{T}} \\ -(\boldsymbol{u}_{\mathrm{LOS}}({}_0\boldsymbol{r})_2)^{\mathrm{T}} \\ \vdots \\ -(\boldsymbol{u}_{\mathrm{LOS}}({}_0\boldsymbol{r})_n)^{\mathrm{T}} \end{bmatrix} \Delta \boldsymbol{r} + \begin{bmatrix} v_1 \\ v_2 \\ \vdots \\ v_n \end{bmatrix}
$$

也可以写成下面的形式：

$$
\Delta \boldsymbol{D} = \boldsymbol{H} \Delta \boldsymbol{r} + \boldsymbol{V} \tag{4.8}
$$

其中

$$
\Delta \boldsymbol{D}({}_0\boldsymbol{r}) = \begin{bmatrix} \Delta d_1 \\ \Delta d_2 \\ \vdots \\ \Delta d_n \end{bmatrix}, \quad \boldsymbol{H}({}_0\boldsymbol{r}) = \begin{bmatrix} -(\boldsymbol{u}_{\mathrm{LOS}}({}_0\boldsymbol{r})_1)^{\mathrm{T}} \\ -(\boldsymbol{u}_{\mathrm{LOS}}({}_0\boldsymbol{r})_2)^{\mathrm{T}} \\ \vdots \\ -(\boldsymbol{u}_{\mathrm{LOS}}({}_0\boldsymbol{r})_n)^{\mathrm{T}} \end{bmatrix}, \quad \boldsymbol{V} = \begin{bmatrix} v_1 \\ v_2 \\ \vdots \\ v_n \end{bmatrix} \tag{4.9}
$$

可以通过以下公式计算得到最小二乘解：

$$\Delta \boldsymbol{D}({}_0\boldsymbol{r}) = \boldsymbol{H}({}_0\boldsymbol{r})\Delta \boldsymbol{r} + \boldsymbol{V}$$

$$\Delta \hat{\boldsymbol{r}} = (\boldsymbol{H}({}_0\boldsymbol{r})^{\mathrm{T}}\boldsymbol{H}({}_0\boldsymbol{r}))^{-1}\boldsymbol{H}({}_0\boldsymbol{r})^{\mathrm{T}}\Delta \boldsymbol{D}({}_0\boldsymbol{r}) = \boldsymbol{H}({}_0\boldsymbol{r})^{+}\Delta \boldsymbol{D}({}_0\boldsymbol{r})$$

这样，得到一个新的位置估计结果：

$$\hat{\boldsymbol{r}} = {}_0\boldsymbol{r} + \Delta \hat{\boldsymbol{r}} = {}_1\boldsymbol{r}$$

可以利用该估计结果作为新的点，围绕这个点对方程线性化处理，并推导出一个新的解。这样，可以不断进行迭代，直到得到最好的解。

具体来说，假设从第 i 次迭代结果 ${}_i\boldsymbol{r}$ 开始得到量测矢量与矩阵 $\boldsymbol{H}$，则量测方程变为以下形式：

$$\Delta \boldsymbol{D}({}_i\boldsymbol{r}) = \boldsymbol{H}({}_i\boldsymbol{r})\Delta \boldsymbol{r} + \boldsymbol{V}$$

求解上面的方程，得到

$$\Delta \hat{\boldsymbol{r}} = (\boldsymbol{H}({}_i\boldsymbol{r})^{\mathrm{T}}\boldsymbol{H}({}_i\boldsymbol{r}))^{-1}\boldsymbol{H}({}_i\boldsymbol{r})^{\mathrm{T}}\Delta \boldsymbol{D}({}_i\boldsymbol{r}) = \boldsymbol{H}({}_i\boldsymbol{r})^{+}\Delta \boldsymbol{D}({}_i\boldsymbol{r})$$

并且

$$\hat{\boldsymbol{r}} = {}_i\boldsymbol{r} + \Delta \hat{\boldsymbol{r}} = {}_{(i+1)}\boldsymbol{r}$$

假设来自不同节点的量测噪声不相关且有相同的标准差，即

$$\sigma(v_k) = \sigma \quad (k = 1,2,\cdots,n)$$

收敛之后（线性化误差可以被忽略时），估计误差的方差可以写为

$$\sigma^2(\hat{\boldsymbol{r}} - \boldsymbol{r}) = (\boldsymbol{H}^{\mathrm{T}}\boldsymbol{H})^{-1}\sigma^2 \tag{4.10}$$

如果每一个量测噪声的方差不同，可以用标准差对每个方程进行缩放，则线性化后方程变为

$$\Delta \overline{\boldsymbol{D}}({}_i\boldsymbol{r}) = \overline{\boldsymbol{H}}({}_i\boldsymbol{r})\Delta \boldsymbol{r} + \overline{\boldsymbol{V}} \tag{4.11}$$

其中

$$\Delta \overline{\boldsymbol{D}} = \begin{bmatrix} \dfrac{1}{\sigma_1}\Delta d_1 \\ \dfrac{1}{\sigma_2}\Delta d_2 \\ \vdots \\ \dfrac{1}{\sigma_n}\Delta d_n \end{bmatrix}, \quad \overline{\boldsymbol{H}} = \begin{bmatrix} -\dfrac{1}{\sigma_1}(\boldsymbol{u}_{\mathrm{LOS}1})^{\mathrm{T}} \\ -\dfrac{1}{\sigma_2}(\boldsymbol{u}_{\mathrm{LOS}2})^{\mathrm{T}} \\ \vdots \\ -\dfrac{1}{\sigma_n}(\boldsymbol{u}_{\mathrm{LOS}n})^{\mathrm{T}} \end{bmatrix}, \quad \overline{\boldsymbol{V}} = \begin{bmatrix} \dfrac{1}{\sigma_1}v_1 \\ \dfrac{1}{\sigma_2}v_2 \\ \vdots \\ \dfrac{1}{\sigma_n}v_n \end{bmatrix} \tag{4.12}$$

则有

$$\Delta \hat{\boldsymbol{r}} = (\overline{\boldsymbol{H}}({}_i\boldsymbol{r})^{\mathrm{T}}\overline{\boldsymbol{H}}({}_i\boldsymbol{r}))^{-1}\overline{\boldsymbol{H}}({}_i\boldsymbol{r})^{\mathrm{T}}\Delta \overline{\boldsymbol{D}}({}_i\boldsymbol{r}) = \overline{\boldsymbol{H}}({}_i\boldsymbol{r})^{+}\Delta \overline{\boldsymbol{D}}({}_i\boldsymbol{r}) \tag{4.13}$$

$$\sigma^2(\hat{\boldsymbol{r}} - \boldsymbol{r}) = (\overline{\boldsymbol{H}}^{\mathrm{T}}\overline{\boldsymbol{H}})^{-1}\sigma^2 \tag{4.14}$$

除了获得位置解，也可以从距离变化率的测量中得到速度的估算结果。写成以下形式：

$$\dot{\boldsymbol{D}} = \boldsymbol{H}\boldsymbol{v} + \boldsymbol{V}_{\text{rate}} \tag{4.15}$$

$$\hat{\boldsymbol{v}} = \boldsymbol{H}^{+}\dot{\boldsymbol{D}} \tag{4.16}$$

式中：$\dot{\boldsymbol{D}}$ 为距离变化率测量矢量；$\boldsymbol{v}$ 为速度；$\hat{\boldsymbol{v}}$ 为速度估算结果。

4.2.3　仅限测距的网络协作式 PNT

4.2.1 节与 4.2.2 节中得到的结论为网络协作式 PNT 提供了基础，具体来说有以下几点。

(1) 通过双向测距和时间传输，可以允许多个"伙伴"参与协作(每个协作"伙伴"称为节点)，测量两个节点之间的相对距离，并同步两个节点之间的时间。

(2) 对于 3 个及以上已知位置的节点，可以建立一组核心节点。这样，如果任何其他节点完成了自身与这些核心节点的测距，就可以通过这些测距结果来求解自身的位置。

(3) 通过上述方法确定节点的位置后，这个节点也可以作为核心节点来辅助其他节点测量自身与新核心节点的相对距离，解决其他节点的定位问题。

更具体地说，关于相对定位可以得到以下重要结论。

(1) 协作"伙伴"或节点之间的测距只能辅助确定相对位置。集群节点可以在不违反相对测距约束的情况下进行 6 个自由度的平移和旋转。

(2) 3 个节点构成一个三角形。三角形的大小和形状完全由各边的距离(测距)确定。因此，集群的形状与大小完全由相对测距来定义。

(3) 当有 3 个及以上($n\geqslant3$)节点时，可以形成(n,3)(从 3 到 n 中任选)互相连接的三角形组成的集群。因此，集群的形状和大小完全由相对测距来确定。

(4) 在一个完全确定的情况下，相对测距不一定是独立的。以一个四边形为例，四条边是相对独立的，其中一条对角线也是独立的。然而，这四条边与一条对角线完全定义了两个三角形。因此，另一条对角线不是独立的。

(5) 当存在不确定结果时，所有的量测量都有意义。

关于绝对定位，可以得到以下重要结论。

(1) 对于三点锚定，在三维空间中，如果 3 个节点已知自身的绝对位置，那么通过测量节点之间的相对距离，可以获得整个集群或网络中各节点的位置。这是因为 3 个锚定节点定义了一个平面，进一步来讲，其定义了一个三轴坐标系。一旦这个坐标系固定不动，整个网络在这个空间内就被定义了。

(2) 对于两点锚定，在二维空间，如果两个节点已知自身的绝对位置，那么通过测量两个节点间的相对距离，可以获得整个集群或网络中各节点的位置。

(3) 对于部分信息锚定，一般来说，如果某些节点有部分信息可用，只要结果允许在三维空间中定义两个矢量(参考坐标系中)或在二维空间中定义一个矢量(参考坐标系中),那么网络的绝对位置就可以被确定。

(4) 对于全网协作,一般来说,各节点都有自己的位置信息,且存在一定的不确定性。通过测量相对距离,可以减少各节点的不确定性。

图 4.1 描述了上述原则。

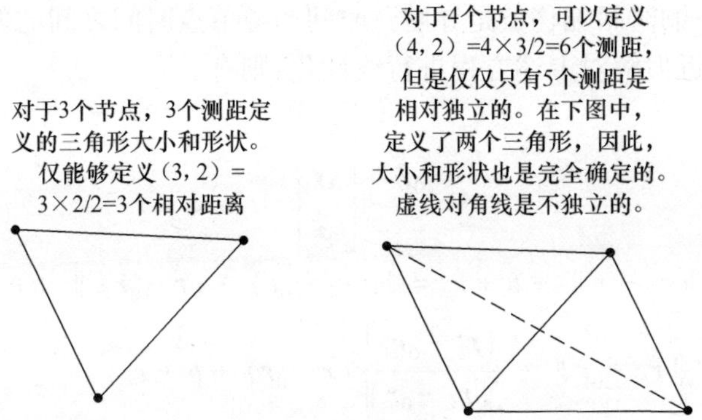

图 4.1　仅限测距的网络协作式 PNT

4.3　基于伪距测量的 PNT

4.3.1　同步单向测距(伪距)与 PNT

全球定位系统(global positioning systems, GPS)与其他全球卫星导航系统(global navigation satellite systems, GNSS)系统使用的是单向测距而不是双向测距,单向测距方法也可以用于机会信号定位(signal of opportunity positioning, SOOP)[1-4]。单向测距的最大优点是不需要基础设施系统来接收用户信号(这将限制可支持用户的数量)。

给定 n 个在同一坐标系中已知位置的节点(称为源节点),其位置信息表示为

$$\boldsymbol{r}_k = \begin{bmatrix} x_k \\ y_k \\ z_k \end{bmatrix}, \quad k = 1,2,\cdots,n$$

待定位导航仪的位置表示为

$$\boldsymbol{r} = \begin{bmatrix} x \\ y \\ z \end{bmatrix}$$

通过测量每个源节点发射信号的 TOA,可以得到各节点之间的伪距。每个源节点使用相同的参考时间(同步源节点):

$$\rho_k = \| \boldsymbol{r}_k - \boldsymbol{r} \| + b + v_k = \sqrt{(x - x_k)^2 + (y - y_k)^2 + (z - z_k)^2} + b + v_k \tag{4.17}$$

式中：b 为以距离单位(如 m)测量的时钟偏差；v_k 为测距误差。

假设所有参考节点都有相同的时钟偏差 b，这是因为若假设所有源节点都是同步的，唯一的时间偏移量是导航器时间与源节点时间之间的偏移量。

使用一个近似解对上述方程进行线性化，则有

$$_0\boldsymbol{r} = \begin{bmatrix} _0x \\ _0y \\ _0z \end{bmatrix}$$

$$\begin{aligned} \rho_k &= \| \boldsymbol{r}_k - \boldsymbol{r} \| + b + v_k = \| (\boldsymbol{r}_k - {}_0\boldsymbol{r}) - (\boldsymbol{r} - {}_0\boldsymbol{r}) \| + b + v_k \\ &\approx \| \boldsymbol{r}_k - {}_0\boldsymbol{r} \| - \frac{(\boldsymbol{r}_k - {}_0\boldsymbol{r})^{\mathrm{T}}}{\| \boldsymbol{r}_k - {}_0\boldsymbol{r} \|}(\boldsymbol{r} - {}_0\boldsymbol{r}) + b + v_k \end{aligned}$$

或

$$\begin{aligned} \Delta\rho_k({}_0\boldsymbol{r}) = \rho_k - \| \boldsymbol{r}_k - {}_0\boldsymbol{r} \| &= - \boldsymbol{u}_{\mathrm{LOS}}\,({}_0\boldsymbol{r})_k^{\mathrm{T}}(\boldsymbol{r} - {}_0\boldsymbol{r}) + b + v_k \\ &= - \boldsymbol{u}_{\mathrm{LOS}}\,({}_0\boldsymbol{r})_k^{\mathrm{T}}\Delta\boldsymbol{r} + b + v_k \end{aligned}$$

其中

$$\boldsymbol{u}_{\mathrm{LOS}}\,(\boldsymbol{r}_0)_k = \frac{\boldsymbol{r}_k - {}_0\boldsymbol{r}}{\| \boldsymbol{r}_k - {}_0\boldsymbol{r} \|}$$

表示从 $_0\boldsymbol{r}$ 到 $\boldsymbol{r}_k$ 的 LOS 单位矢量。

综上所述，对于每一个 k，有以下线性化量测方程：

$$\Delta\rho_k({}_0\boldsymbol{r}) = - (\boldsymbol{u}_{\mathrm{LOS}}\,({}_0\boldsymbol{r})_k)^{\mathrm{T}}\Delta\boldsymbol{r} + b + v_k \tag{4.18}$$

将量测解决方案与传播解决方案(如惯性导航)相结合时，上述方程可以直接应用到扩展卡尔曼滤波器设计中。这样，将利用这些方程形成 Δr 的最小二乘解，因此 $\boldsymbol{r}$ 的估计结果为

$$\boldsymbol{r} = {}_0\boldsymbol{r} + \Delta\boldsymbol{r}$$

显然，所需的源目标或源节点的最小数目为 4。更多的量测值可以降低量测误差的影响。

将每个方程写成矢量或矩阵形式，表达形式为

$$\begin{bmatrix} \Delta\rho_1({}_0\boldsymbol{r}) \\ \Delta\rho_2({}_0\boldsymbol{r}) \\ \vdots \\ \Delta\rho_n({}_0\boldsymbol{r}) \end{bmatrix} = \begin{bmatrix} -(\boldsymbol{u}_{\mathrm{LOS}}\,({}_0\boldsymbol{r})_1)^{\mathrm{T}} \\ -(\boldsymbol{u}_{\mathrm{LOS}}\,({}_0\boldsymbol{r})_2)^{\mathrm{T}} \\ \vdots \\ -(\boldsymbol{u}_{\mathrm{LOS}}\,({}_0\boldsymbol{r})_n)^{\mathrm{T}} \end{bmatrix} \begin{bmatrix} \Delta\boldsymbol{r} \\ b \end{bmatrix} + \begin{bmatrix} v_1 \\ v_2 \\ \vdots \\ v_n \end{bmatrix}$$

也可以写成如下形式：

$$\Delta \boldsymbol{P} = \boldsymbol{H}\Delta \boldsymbol{r} + \boldsymbol{V} \tag{4.19}$$

其中

$$\Delta \boldsymbol{P}({}_0 r) = \begin{bmatrix} \Delta\rho_1({}_0\boldsymbol{r}) \\ \Delta\rho_2({}_0\boldsymbol{r}) \\ \vdots \\ \Delta\rho_n({}_0\boldsymbol{r}) \end{bmatrix}, \quad \boldsymbol{H}({}_0\boldsymbol{r}) = \begin{bmatrix} -(\boldsymbol{u}_{\mathrm{LOS}}({}_0\boldsymbol{r})_1)^{\mathrm{T}} \\ -(\boldsymbol{u}_{\mathrm{LOS}}({}_0\boldsymbol{r})_2)^{\mathrm{T}} \\ \vdots \\ -(\boldsymbol{u}_{\mathrm{LOS}}({}_0\boldsymbol{r})_n)^{\mathrm{T}} \end{bmatrix}, \quad \boldsymbol{V} = \begin{bmatrix} v_1 \\ v_2 \\ \vdots \\ v_n \end{bmatrix} \tag{4.20}$$

再通过以下公式计算最小二乘解：

$$\Delta \boldsymbol{P}({}_0\boldsymbol{r}) = \boldsymbol{H}({}_0\boldsymbol{r}) \begin{bmatrix} \Delta \boldsymbol{r} \\ b \end{bmatrix} + \boldsymbol{V} \tag{4.21}$$

$$\begin{bmatrix} \Delta \hat{\boldsymbol{r}} \\ \hat{b} \end{bmatrix} = (\boldsymbol{H}({}_0\boldsymbol{r})^{\mathrm{T}}\boldsymbol{H}({}_0\boldsymbol{r}))^{-1}\boldsymbol{H}({}_0\boldsymbol{r})^{\mathrm{T}}\Delta \boldsymbol{P}({}_0\boldsymbol{r}) = \boldsymbol{H}({}_0\boldsymbol{r})^{+}\Delta \boldsymbol{P}({}_0\boldsymbol{r}) \tag{4.22}$$

得到全新的位置估计结果：

$$\hat{\boldsymbol{r}} = {}_0\boldsymbol{r} + \Delta\hat{\boldsymbol{r}} = {}_1\boldsymbol{r}$$

可以把这个估计结果作为新的点，围绕这个点对方程线性化处理，并推导出另一个解。这样，通过不断迭代，直到得到最好的解。

具体来说假设从第 i 次迭代结果 ${}_i\boldsymbol{r}$ 开始，可以得到量测矢量与矩阵 $\boldsymbol{H}$，则量测方程变为以下形式：

$$\Delta \boldsymbol{P}({}_i\boldsymbol{r}) = \boldsymbol{H}({}_i\boldsymbol{r}) \begin{bmatrix} \Delta \boldsymbol{r} \\ b \end{bmatrix} + \boldsymbol{V} \tag{4.23}$$

对上述方程求解，得到

$$\begin{bmatrix} \Delta \hat{\boldsymbol{r}} \\ \hat{b} \end{bmatrix} = (\boldsymbol{H}({}_i\boldsymbol{r})^{\mathrm{T}}\boldsymbol{H}({}_i\boldsymbol{r}))^{-1}\boldsymbol{H}({}_i\boldsymbol{r})^{\mathrm{T}}\Delta \boldsymbol{P}({}_i\boldsymbol{r}) = \boldsymbol{H}({}_i\boldsymbol{r})^{+}\Delta \boldsymbol{P}({}_i\boldsymbol{r}) \tag{4.24}$$

并且

$$\hat{\boldsymbol{r}} = {}_i\boldsymbol{r} + \Delta\hat{\boldsymbol{r}} = {}_{i+1}\boldsymbol{r} \tag{4.25}$$

假设来自不同节点的量测噪声不相关且具有相同的标准差：

$$\sigma(v_k) = \sigma, \quad k = 1,2,\cdots,n$$

收敛后（当线性化误差可以被忽略时），估计误差的方差可写为

$$\sigma^2\left(\begin{bmatrix} \hat{\boldsymbol{r}} \\ \hat{b} \end{bmatrix} - \begin{bmatrix} \boldsymbol{r} \\ b \end{bmatrix}\right) = (\boldsymbol{H}^{\mathrm{T}}\boldsymbol{H})^{-1}\sigma^2 \tag{4.26}$$

如果各量测噪声方差不同，可以用标准差对每个方程进行缩放，线性化后方程就变为

$$\Delta \overline{\boldsymbol{P}}({}_i\boldsymbol{r}) = \overline{\boldsymbol{H}}({}_i\boldsymbol{r})\Delta \boldsymbol{r} + \overline{\boldsymbol{V}} \tag{4.27}$$

其中

$$\Delta\overline{\boldsymbol{P}}=\begin{bmatrix}\dfrac{1}{\sigma_1}\Delta\rho_1\\ \dfrac{1}{\sigma_2}\Delta\rho_2\\ \vdots\\ \dfrac{1}{\sigma_n}\Delta\rho_n\end{bmatrix},\quad \overline{\boldsymbol{H}}=\begin{bmatrix}-\dfrac{1}{\sigma_1}(\boldsymbol{u}_{\mathrm{LOS}1}({}_0\boldsymbol{r})_1)^{\mathrm{T}}\ \dfrac{1}{\sigma_1}\\ -\dfrac{1}{\sigma_2}(\boldsymbol{u}_{\mathrm{LOS}2}({}_0\boldsymbol{r})_2)^{\mathrm{T}}\ \dfrac{1}{\sigma_2}\\ \vdots\\ -\dfrac{1}{\sigma_n}(\boldsymbol{u}_{\mathrm{LOS}n}({}_0\boldsymbol{r})_n)^{\mathrm{T}}\ \dfrac{1}{\sigma_n}\end{bmatrix},\quad \overline{\boldsymbol{V}}=\begin{bmatrix}\dfrac{1}{\sigma_1}v_1\\ \dfrac{1}{\sigma_2}v_2\\ \vdots\\ \dfrac{1}{\sigma_n}v_n\end{bmatrix} \tag{4.28}$$

则有

$$\begin{bmatrix}\Delta\hat{\boldsymbol{r}}\\ \hat{b}\end{bmatrix}=(\overline{\boldsymbol{H}}({}_i\boldsymbol{r})^{\mathrm{T}}\overline{\boldsymbol{H}}({}_i\boldsymbol{r}))^{-1}\overline{\boldsymbol{H}}({}_i\boldsymbol{r})^{\mathrm{T}}\Delta\overline{\boldsymbol{P}}({}_i\boldsymbol{r})=\overline{\boldsymbol{H}}({}_i\boldsymbol{r})^{+}\Delta\overline{\boldsymbol{P}}({}_i\boldsymbol{r}) \tag{4.29}$$

并且

$$\sigma^2\left(\begin{bmatrix}\hat{\boldsymbol{r}}\\ \hat{b}\end{bmatrix}-\begin{bmatrix}\boldsymbol{r}\\ b\end{bmatrix}\right)=(\boldsymbol{H}^{\mathrm{T}}\boldsymbol{H})^{-1} \tag{4.30}$$

除了计算位置与时钟偏移量以外，还可以用类似的方式从伪距率测量中得到速度估计值与时钟偏移量估算值。

4.3.2 异步单向测距(伪距)与 PNT

对于精心设计与规划的人造 PNT 基础设施，如 GPS、格洛纳斯、伽利略与北斗，这些系统是在精确全系统主时钟的基础上设计的，能确保所有广播信号都是同步的，误差非常小。

一般来说，使用 SOOP 作为测距源是不正确的(如无线电台、电视台、手机信号塔和通信卫星)。这些系统通常不属于同一组织机构，信号源之间难以同步。

因此，开发一种能够使用异步源伪距的方法十分重要。解决方案的关键是使用导航接收机和已知量测位置的参考接收机之间的伪距偏差来抵消源节点时钟的影响。

假设 n 个已知位置的信号源表示为

$$\boldsymbol{r}_k=\begin{bmatrix}x_k\\ y_k\\ z_k\end{bmatrix},\quad k=1,2,\cdots,n$$

待定义导航仪的位置表示为

$$\boldsymbol{r}=\begin{bmatrix}x\\ y\\ z\end{bmatrix}$$

已知位置的参考接收机位置信息表示为

$$\boldsymbol{r}_{\mathrm{r}}=\begin{bmatrix}x_{\mathrm{r}}\\y_{\mathrm{r}}\\z_{\mathrm{r}}\end{bmatrix}$$

导航仪对源节点的伪距测量结果由下式给出：

$$\begin{aligned}\rho_{\mathrm{u}k}&=\|\boldsymbol{r}_k-\boldsymbol{r}\|+b_{\mathrm{u}}+b_k+v_k\\&=\sqrt{(x-x_k)^2+(y-y_k)^2+(z-z_k)^2}+b_{\mathrm{u}}+b_k+v_{\mathrm{u}k}\end{aligned}\tag{4.31}$$

式中：b_{u} 为以距离为单位(如 m)测量的用户接收机时钟偏差；b_k 为以距离为单位(如 m)测量的源节点 k 时钟偏差；$v_{\mathrm{u}k}$ 为用户伪距量测误差。

参考接收机到源节点的伪距测量结果,可以表示为

$$\begin{aligned}\rho_{\mathrm{r}k}&=\|\boldsymbol{r}_k-\boldsymbol{r}_{\mathrm{r}}\|+b_{\mathrm{r}}+b_k+v_{\mathrm{r}k}\\&=\sqrt{(x_{\mathrm{r}}-x_k)^2+(y_{\mathrm{r}}-y_k)^2+(z_{\mathrm{r}}-z_k)^2}+b_{\mathrm{r}}+b_k+v_{\mathrm{r}k}\end{aligned}\tag{4.32}$$

式中：b_{r} 为以距离为单位(如 m)测量的参考接收机的时钟偏差；$v_{\mathrm{r}k}$ 为参考伪距量测误差。

如果计算用户伪距与参考伪距的差值,则有

$$\mathrm{SD}_{\mathrm{ur}k}=\rho_{\mathrm{u}k}-\rho_{\mathrm{r}k}=\|\boldsymbol{r}_k-\boldsymbol{r}\|-\|\boldsymbol{r}_k-\boldsymbol{r}_{\mathrm{r}}\|+(b_{\mathrm{u}}-b_{\mathrm{r}})+(v_{\mathrm{u}k}-v_{\mathrm{r}k})\tag{4.33}$$

令

$$\xi_k=\mathrm{SD}_{\mathrm{ur}k}+\|\boldsymbol{r}_{\mathrm{r}}-\boldsymbol{r}_k\|$$

得到了与标准同步伪距定位问题相同的方程形式

$$\xi_k=\|\boldsymbol{r}_k-\boldsymbol{r}\|+b_{\mathrm{ur}}+v_{\mathrm{ur}k}\tag{4.34}$$

式中：$b_{\mathrm{ur}}=v_{\mathrm{u}}-b_{\mathrm{r}}$ 为用户接收机与参考接收机之间的相对时钟偏移；$v_{\mathrm{ur}k}=v_{\mathrm{u}k}-v_{rk}$ 为伪距测量误差之差。

上述方程的含义在于：

(1) 特定来源的时钟偏差被抵消了。

(2) 量测方程与同步伪距定位问题的形式相同。这意味着所有关于求解方法和误差分析方法的方程都可以重复使用,这里不再赘述。

(3) 该方案解决的时钟偏差为用户接收机与参考接收机之间的相对时钟偏差。换句话说,实现了在参考接收机与用户接收机之间的时间同步和时间传递。

(4) 单一差分方程中的伪距误差是用户接收机与参考接收机的误差之差,有两层含义：

① 差分后的噪声通常具有高频特性且可滤除,但由于两个随机变量进行了差分运算,其强度会升高；

② 典型的低频信号传播误差(如电离层延迟与对流层延迟)被部分抵消。

从根本上说,使用参考节点或接收机有助于实现两个目标:

(1) 解决时间同步问题。

(2) 产生类似于差分 GPS 的效果,抵消共模误差,从而得到更好的性能。

意识到以上两点有助于做出更恰当的系统结构设计与系统工程决策。例如,如果使用精确的时钟在很长一段时间内保持良好的时间精度,对于用户、参考节点和信息源来说,如果能在这段时间内完成定位,就不需要参考节点来辅助解决时间同步的问题。

同样如果能对信号传播延迟进行建模,并不时地对其进行修正,也可以在没有参考节点的情况下保持良好的性能。

4.4 基于角度测量的位置与姿态确定

4.4.1 简介

角度测量的目的是测量光学、射频或其他信号的方向,下面罗列了部分角度测量示例。

(1) 可通过相机或星跟踪器等设备观测到恒星、行星、卫星及其他天体。在这种情况下,角度测量结果是通过空间物体在相机视场(field of view, FOV)中的位置获得的,测量结果可以转换为两个角度或单位矢量。

(2) 可以通过与通信节点通信的激光或射频终端测量的 LOS 完成角度测量。在这种情况下,通过平台角度或利用激光或射频相位信息得到的精确角度提供角度测量结果。

当发射信号的物体距离观察者很远(如一颗星)时,可以认为它处于无限远处,其方向与接收设备的位置无关。从根本上讲,位于无限远处的物体角度测量只包含姿态信息。

当角度测量的是与观察者距离有限的物体角度(方向)将随着信号接收器的移动而改变。当接收器的姿态改变时,角度也会改变。从根本上讲,对有限距离物体的角度测量包含了姿态与位置两种信息。

4.4.2 节将重点讨论如何利用无限远和有限距离物体的角度测量来确定姿态[5-13],4.4.3 节将讨论以及如何利用有限距离物体的角度测量来确定姿态和位置。

4.4.2 基于角度测量的姿态确定

姿态可以通过无限远和有限距离物体的角度测量来确定。在本节中,当使用有限距离的物体时,假设用户的位置完全已知。在 4.4.3 节中,将讨论位置不完全已知的情况下使用角度测量结果来确定位置和姿态。

4.4.2.1　两对单位矢量(方向)确定姿态

已知载体坐标系 B 与参考坐标系 R,载体坐标系相对于参考坐标系的姿态可以用四元数、方向余弦矩阵(directional cosine matrix, DCM)、欧拉角或其他数学表示法来表示,这在第 2 章已经讨论过。

假设从用户指向物体的单位矢量已知,包括在载体坐标系下(例如,星跟踪器测量结果)和在参考坐标系下(例如,来自星表或根据节点位置解算结果),那么可以利用这两对不平行的单位矢量确定姿态。

令 ${}^{\mathrm{B}}\boldsymbol{u}_1$、${}^{\mathrm{B}}\boldsymbol{u}_2$ 表示坐标系 B 的单位矢量 $\boldsymbol{u}_1$、$\boldsymbol{u}_2$, ${}^{\mathrm{R}}\boldsymbol{u}_1$、${}^{\mathrm{R}}\boldsymbol{u}_2$ 表示坐标系 R 的坐标矢量 $\boldsymbol{u}_1$、$\boldsymbol{u}_2$。根据定义,有

$$
{}^{\mathrm{B}}\boldsymbol{u}_1 = \boldsymbol{C}_{\mathrm{R}}^{\mathrm{B}}\,{}^{\mathrm{R}}\boldsymbol{u}_1
$$

$$
{}^{\mathrm{B}}\boldsymbol{u}_2 = \boldsymbol{C}_{\mathrm{R}}^{\mathrm{B}}\,{}^{\mathrm{R}}\boldsymbol{u}_2
$$

双矢量定姿(the thee-axis attitude determination, TRIAD)算法[5-13]可以简单得到上述方程中的 DCM$\boldsymbol{C}_{\mathrm{R}}^{\mathrm{B}}$ 。

构建与两个单位矢量的正交矢量 $\boldsymbol{w}_1$,在坐标系 B 与坐标系 R 中做同样处理,有

$$
\begin{aligned}
{}^{\mathrm{B}}\boldsymbol{w}_1 &= \frac{{}^{\mathrm{B}}\boldsymbol{u}_1 \times {}^{\mathrm{B}}\boldsymbol{u}_1}{\|{}^{\mathrm{B}}\boldsymbol{u}_1 \times {}^{\mathrm{B}}\boldsymbol{u}_1\|} \\
{}^{\mathrm{R}}\boldsymbol{w}_1 &= \frac{{}^{\mathrm{R}}\boldsymbol{u}_1 \times {}^{\mathrm{R}}\boldsymbol{u}_1}{\|{}^{\mathrm{R}}\boldsymbol{u}_1 \times {}^{\mathrm{R}}\boldsymbol{u}_1\|}
\end{aligned}
\tag{4.35}
$$

而且,易知:

$$
{}^{\mathrm{B}}\boldsymbol{w}_1 = \boldsymbol{C}_{\mathrm{R}}^{\mathrm{B}}\,{}^{\mathrm{R}}\boldsymbol{w}_1
$$

构建另一个与单位矢量 $\boldsymbol{u}_1$ 和 $\boldsymbol{w}_1$ 正交的矢量 $\boldsymbol{w}_2$,在两个坐标系中做同样的处理,有

$$
\begin{aligned}
{}^{\mathrm{B}}\boldsymbol{w}_2 &= \frac{{}^{\mathrm{B}}\boldsymbol{u}_1 \times {}^{\mathrm{B}}\boldsymbol{w}_1}{\|{}^{\mathrm{B}}\boldsymbol{u}_1 \times {}^{\mathrm{B}}\boldsymbol{w}_1\|} \\
{}^{\mathrm{R}}\boldsymbol{w}_2 &= \frac{{}^{\mathrm{R}}\boldsymbol{u}_1 \times {}^{\mathrm{R}}\boldsymbol{w}_1}{\|{}^{\mathrm{R}}\boldsymbol{u}_1 \times {}^{\mathrm{R}}\boldsymbol{w}_1\|}
\end{aligned}
\tag{4.36}
$$

同理,得

$$
{}^{\mathrm{B}}\boldsymbol{w}_2 = \boldsymbol{C}_{\mathrm{R}}^{\mathrm{B}}\,{}^{\mathrm{R}}\boldsymbol{w}_2
$$

将三个单位矢量写到一个矩阵中,有

$$
[{}^{\mathrm{B}}\boldsymbol{u}_1 \quad {}^{\mathrm{B}}\boldsymbol{w}_1 \quad {}^{\mathrm{B}}\boldsymbol{w}_2] = \boldsymbol{C}_{\mathrm{R}}^{\mathrm{B}}[{}^{\mathrm{R}}\boldsymbol{u}_1 \quad {}^{\mathrm{R}}\boldsymbol{w}_1 \quad {}^{\mathrm{R}}\boldsymbol{w}_2]
$$

因为矢量之间是正交的,所以两个矩阵也是正交矩阵,有

$$C_R^B = \left[{}^B u_1 \quad {}^B w_1 \quad {}^B w_2\right]\left[{}^R u_1 \quad {}^R w_1 \quad {}^B w_2\right]^T \tag{4.37}$$

图 4.2 对上述矢量的构建过程进行了说明。

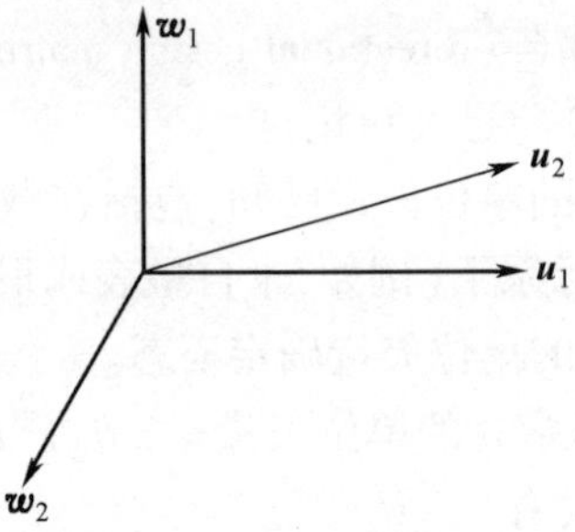

图 4.2　双矢量定姿中矢量的构建

4.4.2.2　量测误差方程

给定真实姿态的 DCM C_B^R 及其估计值 $\hat{C}_B^R$（符号定义与方程可参考 3.4.4 节），有

$$\hat{C}_B^R = C_R^{\hat{R}} C_B^R = (I - [\theta_R^{\hat{R}} \times]) C_B^R = (I - [\delta^R \theta_B^R \times]) C_B^R$$

并且

$$\hat{C}_R^B = C_R^B (I + [\delta^R \theta_B^R \times])$$

式中：$\delta^R \theta_B^R = \theta_R^{\hat{R}}$ 为沿坐标系 R 的姿态误差（坐标系 R 相对于坐标系 B）。用符号 $\delta^R \theta_B^R$ 比用 $\theta_R^{\hat{R}}$ 表达更明确，因为其能表示出坐标系之间的关系。

同样，可以把两个 DCM 之间的差值视为载体坐标系的误差：

$$\hat{C}_B^R = C_B^R C_{\hat{B}}^B = C_B^R (I - [\theta_{\hat{B}}^B \times]) = C_B^R (I + [\theta_B^{\hat{B}} \times]) = C_B^R (I + [\delta^B \theta_R^B \times])$$

并且

$$\hat{C}_R^B = (I - [\delta^B \theta_R^B \times]) C_R^B$$

式中：$\delta^B \theta_R^B = \theta_B^{\hat{B}} = -\delta^B \theta_B^R$ 为沿坐标系 B 的姿态误差（坐标系 B 相对于坐标系 R）。

在下面的分析中，采用坐标系 B 的误差定义形式。

由于单位矢量在坐标系 B 和坐标系 R 之间的转换关系为

$${}^B u_k = C_R^B \, {}^R u_k$$

并且有

$${}^B \hat{u}_k = \hat{C}_R^B \, {}^R u_k$$

则单位矢量在坐标系 B 下的估计量可写为

$$^{B}\hat{\boldsymbol{u}}_k = \hat{\boldsymbol{C}}_R^{B\,R}\boldsymbol{u}_k = (\boldsymbol{I} - [\delta^{B}\boldsymbol{\theta}_R^{B} \times])\boldsymbol{C}_R^{B\,B}\boldsymbol{u}_k = (\boldsymbol{I} - [\delta^{B}\boldsymbol{\theta}_R^{B} \times])^{B}\boldsymbol{u}_k$$

则有

$$\delta^{B}\boldsymbol{u}_k = {}^{B}\hat{\boldsymbol{u}}_k - {}^{B}\boldsymbol{u}_k = -[\delta^{B}\boldsymbol{\theta}_R^{B} \times]^{B}\boldsymbol{u}_k = [{}^{B}\boldsymbol{u}_k \times]\delta^{B}\boldsymbol{\theta}_R^{B} \tag{4.38}$$

需要注意的是,上述方程中的符号可以表示成两种不同的形式,表达形式不同,应用场景也不同。

当将一个非线性方程线性化时,需要注意的是:

偏差=真实值-线性化围绕的点

多数情况下,线性化所围绕的点可以是估计值。换言之,有

偏差=真实值-估计值

进行误差分析时,惯例为

误差=估计值-真实值

这样会导致符号混乱。

重要的是,只要等式两边使用相同的解释(两边都是误差或两边都是偏差),等式就保持不变。

基于上述情况,现阐述上述方程的重要性:

(1) 可用于线性化量测方程;

(2) 可用于线性化误差分析方程,将单位矢量误差与姿态误差联系起来。

例 4.1　利用两对单位矢量分析姿态误差。

通常选择载体坐标系,使两个单位矢量在 y/z 平面上,而 z 轴在两个矢量的中间,则有

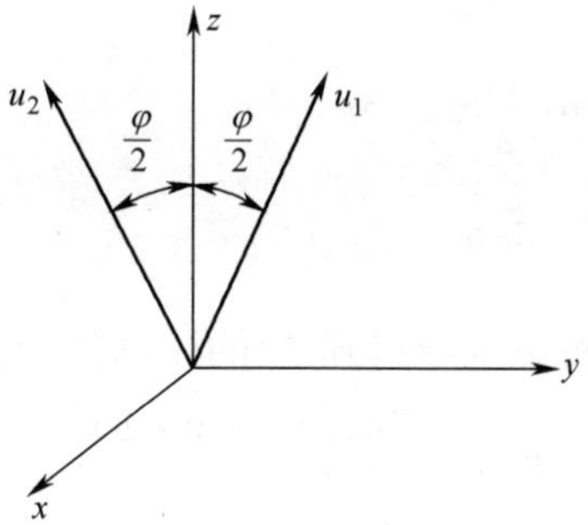

图 4.3　TRIAD 误差分析选择的坐标系

$$^{B}\boldsymbol{u}_1 \approx \begin{bmatrix} 0 \\ \sin\dfrac{\varphi}{2} \\ \cos\dfrac{\varphi}{2} \end{bmatrix}, \quad [{}^{B}\boldsymbol{u}_1 \times] = \begin{bmatrix} 0 & -\cos\dfrac{\varphi}{2} & \sin\dfrac{\varphi}{2} \\ \cos\dfrac{\varphi}{2} & 0 & 0 \\ -\sin\dfrac{\varphi}{2} & 0 & 0 \end{bmatrix}$$

$$
{}^{\mathrm{B}}\boldsymbol{u}_2 \approx \begin{bmatrix} 0 \\ -\sin\dfrac{\varphi}{2} \\ \cos\dfrac{\varphi}{2} \end{bmatrix}, \quad [{}^{\mathrm{B}}\boldsymbol{u}_2 \times] = \begin{bmatrix} 0 & -\cos\dfrac{\varphi}{2} & -\sin\dfrac{\varphi}{2} \\ \cos\dfrac{\varphi}{2} & 0 & 0 \\ \sin\dfrac{\varphi}{2} & 0 & 0 \end{bmatrix}
$$

可以形成两个线性化方程(误差形式):

$$
\delta^{\mathrm{B}}\boldsymbol{u}_1 = [{}^{\mathrm{B}}\boldsymbol{u}_1 \times]\delta^{\mathrm{B}}\boldsymbol{\theta}_{\mathrm{R}}^{\mathrm{B}}
$$

$$
\delta^{\mathrm{B}}\boldsymbol{u}_2 = [{}^{\mathrm{B}}\boldsymbol{u}_2 \times]\delta^{\mathrm{B}}\boldsymbol{\theta}_{\mathrm{R}}^{\mathrm{B}}
$$

对上述方程展开并简化,有

$$
\delta^{\mathrm{B}}\boldsymbol{\theta}_{\mathrm{R}}^{\mathrm{B}} = [\theta_x \quad \theta_y \quad \theta_z]^{\mathrm{T}}
$$

得到以下展开方程:

$$
-\cos\frac{\varphi}{2}\theta_y + \sin\frac{\varphi}{2}\theta_z = \delta\boldsymbol{u}_1(1)
$$

$$
\cos\frac{\varphi}{2}\theta_x = \delta\boldsymbol{u}_1(2)
$$

$$
-\sin\frac{\varphi}{2}\theta_x = \delta\boldsymbol{u}_1(3)
$$

且

$$
\begin{cases} -\cos\dfrac{\varphi}{2}\theta_y - \sin\dfrac{\varphi}{2}\theta_z = \delta\boldsymbol{u}_2(1) \\ \cos\dfrac{\varphi}{2}\theta_x = \delta\boldsymbol{u}_2(2) \\ \sin\dfrac{\varphi}{2}\theta_x = \delta\boldsymbol{u}_2(3) \end{cases}
$$

根据上面三个公式,可以推导得到 θ_y 的计算公式:

$$
\theta_y = -\frac{\delta\boldsymbol{u}_1(1) + \delta\boldsymbol{u}_2(1)}{2\cos\dfrac{\varphi}{2}} \tag{4.39}
$$

以及 θ_z 的计算公式:

$$
\theta_z = -\frac{\delta\boldsymbol{u}_1(1) - \delta\boldsymbol{u}_2(1)}{2\sin\dfrac{\varphi}{2}} \tag{4.40}
$$

对于 θ_x(x 轴与两个单位矢量正交),得到两个冗余方程式:

$$
\theta_x = \delta\boldsymbol{u}_1(2)\cos\frac{\varphi}{2} - \delta\boldsymbol{u}_1(3)\sin\frac{\varphi}{2} \tag{4.41}
$$

$$\theta_x = \delta \boldsymbol{u}_2(2)\cos\frac{\varphi}{2} + \delta \boldsymbol{u}_2(3)\sin\frac{\varphi}{2} \tag{4.42}$$

我们可以得到以下两个重要结论：

(1) 对于由两个单位矢量张成的平面上的两个轴，姿态误差被放大了 $1/[2\cos(\varphi/2)]$ 和 $1/[2\sin(\varphi/2)]$。

(2) 对于与两个单位矢量张成的平面正交的一个轴，姿态可以通过测量任意一个或两个单位矢量来求解。误差的衰减因子为 1（当只使用两个方程中的一个时）或 $1/\sqrt{2}$（当使用两个方程时）。

显然，为了实现三个轴的最佳性能，选择分离角为 90°，使得 $1/[2\cos(\varphi/2)]$ 和 $1/[2\sin(\varphi/2)]$ 达到最小。

4.4.2.3 基于两对以上单位矢量（方向）的姿态确定

在实际应用中，例如使用星跟踪器进行姿态测量时，通常要处理的单位矢量远不止两对。根据之前讨论的内容，可知单位矢量多于两对有以下好处：

(1) 能够获得更好的几何形状，产生更小的精度衰减因子；

(2) 使量测噪声与误差平均化。

上述两方面都可以产生更优越的性能。

历史上，这个问题被称为 Wabba 问题[6-13]，吸引了许多研究人员的注意，也因此创造了诸如四元数估计器（quaternion estimator, QUEST）等算法。实际上，这个问题有一个简单的两步解决方案。对于所有实际应用而言，除了这个实用的解决方案外，没有必要采用其他花哨的解决方案。

(1) 步骤 1 选取一对单位矢量，用前面讨论的 TRIAD 算法得到一个初始解。

(2) 步骤 2 使用该初始解将量测方程线性化，求解线性最小二乘问题。如果初始解中的误差仍然会引起明显的非线性项，可以通过迭代这一步解决。

假设已经实现了步骤 1，接下来将单位矢量量测方程线性化，结果为

$$\delta^{\mathrm{B}}\boldsymbol{u}_k = [{}^{\mathrm{B}}\boldsymbol{u}_k \times]\delta^{\mathrm{B}}\boldsymbol{\theta}_{\mathrm{R}}^{\mathrm{B}}$$

式中，δ 定义为对应量的偏差，而非误差。

通常情况下，如果将上述方程转换到传感器轴向坐标系，结果会更简单。

$$\boldsymbol{C}_{\mathrm{B}}^{\mathrm{S}}\delta^{\mathrm{B}}\boldsymbol{u}_k = \boldsymbol{C}_{\mathrm{B}}^{\mathrm{S}}[{}^{\mathrm{B}}\boldsymbol{u}_k \times]\delta^{\mathrm{B}}\boldsymbol{\theta}_{\mathrm{R}}^{\mathrm{B}} = \boldsymbol{C}_{\mathrm{B}}^{\mathrm{S}}[{}^{\mathrm{B}}\boldsymbol{u}_k \times]\boldsymbol{C}_{\mathrm{B}}^{\mathrm{S}}\boldsymbol{C}_{\mathrm{B}}^{\mathrm{S}}\delta^{\mathrm{B}}\boldsymbol{\theta}_{\mathrm{R}}^{\mathrm{B}}$$

其中

$$\boldsymbol{C}_{\mathrm{B}}^{\mathrm{S}}[{}^{\mathrm{B}}\boldsymbol{u}_k \times]\boldsymbol{C}_{\mathrm{S}}^{\mathrm{B}} = [(\boldsymbol{C}_{\mathrm{S}}^{\mathrm{B}}\boldsymbol{u}_k)\times]$$

得到的最终结果为

$$\delta^{\mathrm{S}}\boldsymbol{u}_k = [{}^{\mathrm{S}}\boldsymbol{u}_k \times]\boldsymbol{C}_{\mathrm{B}}^{\mathrm{S}}\delta^{\mathrm{B}}\boldsymbol{\theta}_{\mathrm{R}}^{\mathrm{B}}$$

当每一个量测单位矢量的传感器坐标系不同时，只需要单独使用特定的 DCM。换句话说，有以下公式：

$$\delta^{S_k}\boldsymbol{u}_k = [{}^{S_k}\boldsymbol{u}k\times]\boldsymbol{C}_{B}^{S_k}\delta^{B}\boldsymbol{\theta}_{R}^{B} = \boldsymbol{G} \tag{4.43}$$

式中：S_k 为第 k 个单位矢量的传感器坐标系。

令

$$\delta^{S_k}\boldsymbol{u}_k[{}^{S_k}\boldsymbol{u}_k\times]\boldsymbol{C}_{B}^{S_k}\delta^{B}\boldsymbol{\theta}_{R}^{B} = \boldsymbol{G}_k\delta^{B}\boldsymbol{\theta}_{k}^{B}$$

对于大多数单位矢量测量传感器，选择传感器的准线轴为 z 轴，姿态偏差通常通过正弦反映在前两个元素上，通过余弦反映在第三个元素上。因此，忽略第三个元素是有效果的，则有

$$\delta^{S_k}\boldsymbol{u}_k(1:2) = \boldsymbol{G}_k(1:2,:)\delta^{B}\boldsymbol{\theta}_{R}^{B} = \boldsymbol{H}_{1k}\delta^{B}\boldsymbol{\theta}_{R}^{B}$$

包含传感器的量测噪声在内，有以下量测方程：

$$\boldsymbol{y}_k = \boldsymbol{H}_{1k}\delta^{B}\boldsymbol{\theta}_{R}^{B} + \boldsymbol{v}_k$$

那么，平均加权最小二乘解为

$$\delta\hat{\boldsymbol{\theta}}_{R}^{B} = \left(\sum_k \boldsymbol{H}_{1k}^{T}\boldsymbol{H}_{1k}\right)^{-1}\left(\sum_k \boldsymbol{H}_{1k}^{T}\boldsymbol{H}_{1k}\right) \tag{4.44}$$

假设

$$\mathrm{cov}(v_k, v_j) = \sigma^2\delta_{kj}$$

然后，有

$$\mathrm{E}(\delta\boldsymbol{\theta}\delta\boldsymbol{\theta}^{T}) = \sigma^2\left([\cdots\quad \boldsymbol{H}_{1k}^{T}\quad \cdots]\begin{bmatrix}\vdots\\ \boldsymbol{H}_{1k}\\ \vdots\end{bmatrix}\right)^{-1} = \sigma^2\left(\sum_k \boldsymbol{H}_{1k}^{T}\boldsymbol{H}_{1k}\right)^{-1}$$

可以将上述内容写为

$$E(\delta\boldsymbol{\theta}\delta\boldsymbol{\theta}^{T}) = \frac{\sigma^2}{n}\left(\frac{1}{n}\sum_k \boldsymbol{H}_{1k}^{T}\boldsymbol{H}_{1k}\right)^{-1} = \frac{\sigma^2}{n}Z \tag{4.45}$$

上式说明了使用多对单位矢量的影响，即

(1) 平均影响从 σ^2 减小到 σ^2/n；

(2) 通过平均矩阵得到的几何衰减效应为 $\boldsymbol{Z} = [(1/n)\sum_k \boldsymbol{H}_{1k}^{T}\boldsymbol{H}_{1k}]^{-1}$。

4.4.2.4 用于单星跟踪器姿态确定性能评估的 R.(Ken)Li 公式

应用过程中，可以使用上述方法推导出一个简便的近似公式，用来评估基于单星跟踪器姿态确定的性能。

在星跟踪器(star-tracker,ST)坐标系下给出 N 个恒星单位矢量：

$${}^{ST}\boldsymbol{U}_k = [x_k\quad y_k\quad z_k]^{T},\quad k = 1,2,\cdots,N$$

有

$$\boldsymbol{H}_{1k} = [{}^{ST}\boldsymbol{U}_k\times](1:2,:) = \begin{bmatrix}0 & -z_k & y_k\\ z_k & 0 & -x_k\end{bmatrix}$$

$$\boldsymbol{H}_{1k}^{\mathrm{T}}\boldsymbol{H}_{1k}=\begin{bmatrix}0 & z_k\\ -z_k & 0\\ y_k & -x_k\end{bmatrix}\begin{bmatrix}0 & -z_k & y_k\\ z_k & 0 & -x_k\end{bmatrix}=\begin{bmatrix}z_k^2 & 0 & -z_kx_k\\ 0 & z_k^2 & -z_ky_k\\ -z_kx_k & -z_ky_k & x_k^2+y_k^2\end{bmatrix}$$

并且

$$\sum_k \boldsymbol{H}_{1k}^{\mathrm{T}}\boldsymbol{H}_{1k}=\begin{bmatrix}\sum_k z_k^2 & 0 & -\sum_k z_kx_k\\ 0 & \sum_k z_k^2 & -\sum_k z_ky_k\\ -\sum_k z_kx_k & -\sum_k z_ky_k & \sum_k x_k^2+y_k^2\end{bmatrix}$$

$$=N\begin{bmatrix}\frac{1}{N}\sum_k z_k^2 & 0 & -\frac{1}{N}\sum_k z_kx_k\\ 0 & \frac{1}{N}\sum_k z_k^2 & -\frac{1}{N}\sum_k z_ky_k\\ -\frac{1}{N}\sum_k z_kx_k & -\frac{1}{N}\sum_k z_ky_k & \frac{1}{N}\sum_k x_k^2+y_k^2\end{bmatrix}$$

当有许多恒星时,上述方程可以近似表示为

$$\sum_k \boldsymbol{H}_{1k}^{\mathrm{T}}\boldsymbol{H}_{1k}=N\begin{bmatrix}\frac{1}{N}\sum_k z_k^2 & 0 & -\frac{1}{N}\sum_k z_kx_k\\ 0 & \frac{1}{N}\sum_k z_k^2 & -\frac{1}{N}\sum_k z_ky_k\\ -\frac{1}{N}\sum_k z_kx_k & -\frac{1}{N}\sum_k z_ky_k & \frac{1}{N}\sum_k x_k^2+y_k^2\end{bmatrix}$$

$$\approx N\begin{bmatrix}E(Z^2) & 0 & -E(ZX)\\ 0 & E(Z^2) & -E(ZY)\\ -E(ZX) & -E(ZY) & E(X^2+Y^2)\end{bmatrix}$$

假设恒星均匀地分布在星跟踪器的 FOV 中,则有

$$\sum_k \boldsymbol{H}_{1k}^{\mathrm{T}}\boldsymbol{H}_{1k}\approx N\begin{bmatrix}E(Z^2) & 0 & -E(ZX)\\ 0 & E(Z^2) & -E(ZY)\\ -E(ZX) & -E(ZY) & E(X^2+Y^2)\end{bmatrix}$$

$$\approx N\begin{bmatrix}1 & 0 & 0\\ 0 & 1 & 0\\ 0 & 0 & \frac{2\mathrm{FOV}^2}{12}\end{bmatrix}=N\begin{bmatrix}1 & 0 & 0\\ 0 & 1 & 0\\ 0 & 0 & \frac{\mathrm{FOV}^2}{6}\end{bmatrix}$$

这里假设星跟踪器有一个正方形的 FOV,正方形的边长为 FOV 的弧度长。

因此，姿态协方差矩阵可以写为

$$P \approx \frac{\sigma^2}{N}\begin{bmatrix}1 & 0 & 0\\ 0 & 1 & 0\\ 0 & 0 & 1\Big/\dfrac{\mathrm{FOV}^2}{6}\end{bmatrix},\quad P^{1/2} \approx \frac{\sigma}{\sqrt{N}}\begin{bmatrix}1 & 0 & 0\\ 0 & 1 & 0\\ 0 & 0 & 1\Big/\dfrac{\mathrm{FOV}}{\sqrt{6}}\end{bmatrix} \tag{4.46}$$

这就是 R. (Ken) Li 公式，其本质为：

(1) 恒星平均影响的数值为 $1/\sqrt{N}$。

(2) 几何稀释效应描述如下：对于垂直于准线轴的两个轴，影响是 1 : 1，误差没有因几何效应而放大而缩小。对于准线轴向的姿态，误差被放大了 $1/(\mathrm{FOV}/\sqrt{6})$。

4.4.3 基于角度测量的位置与姿态确定

如前所述，相对于一个有限距离物体（finite distance object，FDO）的角度测量包含位置与姿态信息。从根本上说，天体导航与视觉导航都属于这种角度测量方式[14-33]。

导航仪在地心固连（earth-centered earth-fixed, ECEF）坐标系中的位置用 ${}^{\mathrm{E}}\boldsymbol{r}$ 表示，有限距离物体的位置 FDO j 由 ${}^{\mathrm{E}}\boldsymbol{r}_j$ 表示。从导航仪到 FDO 的 LOS 矢量可以通过下式计算：

$${}^{\mathrm{E}}\boldsymbol{u}_j = \frac{1}{\|{}^{\mathrm{E}}\boldsymbol{r}_j - {}^{\mathrm{E}}\boldsymbol{r}\|}({}^{\mathrm{E}}\boldsymbol{r}_j - {}^{\mathrm{E}}\boldsymbol{r}) = \frac{1}{\rho_j}({}^{\mathrm{E}}\boldsymbol{r}_j - {}^{\mathrm{E}}\boldsymbol{r}) \tag{4.47}$$

式中，ρ_j 表示导航仪到 FDO 的测距。

${}^{\mathrm{E}}\boldsymbol{u}_j$ 可以通过以下公式转换到传感器坐标系（S）：

$${}^{\mathrm{S}}\boldsymbol{u}_j = \boldsymbol{C}_{\mathrm{B}}^{\mathrm{S}}\boldsymbol{C}_{\mathrm{E}}^{\mathrm{B}}\,{}^{\mathrm{E}}\boldsymbol{u}_j \tag{4.48}$$

其中，$\boldsymbol{C}_{\mathrm{E}}^{\mathrm{B}}$ 表示矢量从 ECEF 坐标系到载体坐标系的 DCM。换句话说，$\boldsymbol{C}_{\mathrm{E}}^{\mathrm{B}}$ 表示导航仪的姿态。$\boldsymbol{C}_{\mathrm{B}}^{\mathrm{S}}$ 表示矢量从载体坐标系到传感器坐标系（如星际跟踪器）的 DCM。

被测单位矢量可以建模为

$$m^{\mathrm{S}}\boldsymbol{u}_j = \boldsymbol{C}_{\mathrm{B}}^{\mathrm{S}}\boldsymbol{C}_{\mathrm{E}}^{\mathrm{B}}\,{}^{\mathrm{E}}\boldsymbol{u}_j + \boldsymbol{v} \tag{4.49}$$

式中：$\boldsymbol{v}$ 为量测噪声。

下面对几个场景进行讨论：

(1) 利用相对于 ECEF 坐标系的姿态（单位矢量在 ECEF 坐标系中已知）与已知测距解算位置。在这种情况下，对单个物体的测量可以用来估算导航仪的位置，计算公式如下：

$${}^{\mathrm{E}}\boldsymbol{r} = {}^{\mathrm{E}}\boldsymbol{r}_j - \rho_j\,{}^{\mathrm{E}}\boldsymbol{u}_j$$

(2) 利用已知的姿态确定位置。在这种情况下，对两个物体的测量结果可以确定导航仪的位置。从几何角度看对于每个物体,可以从物体沿着单位矢量 ${}^{E}\boldsymbol{u}_j$ 的方向画一条直线,导航仪一定在这条线的某个位置上。如果有两个这样的物体与两个单位矢量,就可以画出两条线,两条线的交点就是导航仪的位置。从代数角度看,每个单位矢量方程可以提供两个独立的约束条件,那么两个单位矢量方程就提供了四个约束条件,足以约束非奇异条件下的位置解(3 个未知数)。如果两个单位矢量是平行的,则会出现奇异性,相当于一个单位矢量。

(3) 当位置和姿态都未知时,有 6 个自由度,则至少需要 3 个物体才能得到导航仪的位置和姿态。

下面将重点讨论可用于通过迭代过程来解决问题的线性化量测模型。

单位矢量的测量残差可以写为

$$\begin{aligned}\Delta\boldsymbol{u} &= m^{S}\boldsymbol{u}_j - {}^{S}\hat{\boldsymbol{u}}_j = \boldsymbol{C}_{B}^{S}\boldsymbol{C}_{E}^{B\,E}\boldsymbol{u}_j - \hat{\boldsymbol{C}}_{B}^{S}\hat{\boldsymbol{C}}_{E}^{B\,E}\hat{\boldsymbol{u}}_j + \boldsymbol{v}\\ &= (\boldsymbol{C}_{B}^{S}\boldsymbol{C}_{E}^{BE}\boldsymbol{u}_j - \hat{\boldsymbol{C}}_{B}^{S}\boldsymbol{C}_{E}^{BE}\boldsymbol{u}_j) + (\hat{\boldsymbol{C}}_{B}^{S}\boldsymbol{C}_{E}^{BE}\boldsymbol{u}_j - \hat{\boldsymbol{C}}_{B}^{S}\hat{\boldsymbol{C}}_{E}^{BE}\boldsymbol{u}_j) + (\hat{\boldsymbol{C}}_{B}^{S}\hat{\boldsymbol{C}}_{E}^{BE}\boldsymbol{u}_j - \hat{\boldsymbol{C}}_{B}^{S}\hat{\boldsymbol{C}}_{E}^{BE}\hat{\boldsymbol{u}}_j) + \boldsymbol{v}\\ &= (\boldsymbol{C}_{B}^{S} - \hat{\boldsymbol{C}}_{B}^{S})\boldsymbol{C}_{E}^{B\,E}\boldsymbol{u}_j + \hat{\boldsymbol{C}}_{B}^{S}(\boldsymbol{C}_{E}^{B} - \hat{\boldsymbol{C}}_{E}^{B})\,{}^{E}\boldsymbol{u}_j + \hat{\boldsymbol{C}}_{B}^{S}\hat{\boldsymbol{C}}_{E}^{B}({}^{E}\boldsymbol{u}_j - {}^{E}\hat{\boldsymbol{u}}_j) + \boldsymbol{v}\end{aligned}$$

上述方程的第一项描述了传感器安装偏差的影响,有

$$\boldsymbol{C}_{B}^{S} = \boldsymbol{C}_{\hat{S}}^{S}\boldsymbol{C}_{B}^{\hat{S}} = (\boldsymbol{I} + [\boldsymbol{\theta}_{\hat{S}}^{S}\times])\boldsymbol{C}_{B}^{\hat{S}}$$

并且有

$$(\boldsymbol{C}_{B}^{S} - \boldsymbol{C}_{B}^{\hat{S}})\boldsymbol{C}_{E}^{B\,E}\boldsymbol{u}_j \approx -[\boldsymbol{\theta}_{\hat{S}}^{S}\times]\boldsymbol{C}_{B}^{\hat{S}}\boldsymbol{C}_{E}^{B\,E}\boldsymbol{u}_j \approx -[\boldsymbol{\theta}_{\hat{S}}^{S}\times]\,{}^{\hat{S}}\hat{\boldsymbol{u}}_j = [{}^{\hat{S}}\hat{\boldsymbol{u}}_j\times]\boldsymbol{\theta}_{\hat{S}}^{S}$$

其中,$\boldsymbol{\theta}_{\hat{S}}^{S} = \delta\boldsymbol{\theta}_{sma}$ 表示传感器 DCM 与前次估算结果的偏差,用三个沿传感器坐标系的小角度表示。

第二项表示导航仪姿态误差的影响,有

$$\boldsymbol{C}_{B}^{E} = \boldsymbol{C}_{\hat{E}}^{E}\boldsymbol{C}_{B}^{\hat{E}} = (\boldsymbol{I} - [\boldsymbol{\theta}_{\hat{E}}^{E}\times])\boldsymbol{C}_{B}^{\hat{E}},\quad \boldsymbol{C}_{E}^{B} = \hat{\boldsymbol{C}}_{E}^{B}(\boldsymbol{I} + [\boldsymbol{\theta}_{\hat{E}}^{E}\times])$$

并且有

$$\begin{aligned}\hat{\boldsymbol{C}}_{B}^{S}(\boldsymbol{C}_{E}^{B} - \hat{\boldsymbol{C}}_{E}^{B})\,{}^{E}\boldsymbol{u}_j &= \hat{\boldsymbol{C}}_{B}^{S}\hat{\boldsymbol{C}}_{E}^{B}[\boldsymbol{\theta}_{\hat{E}}^{E}\times]\,{}^{E}\boldsymbol{u}_j = -\hat{\boldsymbol{C}}_{B}^{S}\hat{\boldsymbol{C}}_{E}^{B}[{}^{E}\boldsymbol{u}_j\times]\boldsymbol{\theta}_{\hat{E}}^{E}\\ &\approx -\hat{\boldsymbol{C}}_{E}^{S}[{}^{E}\hat{\boldsymbol{u}}_j\times]\boldsymbol{\theta}_{\hat{E}}^{E} = -[{}^{S}\hat{\boldsymbol{u}}_j\times]\hat{\boldsymbol{C}}_{E}^{S}\boldsymbol{\theta}_{\hat{E}}^{E} = -[{}^{S}\hat{\boldsymbol{u}}_j\times]\hat{\boldsymbol{C}}_{E}^{S}\delta^{E}\boldsymbol{\theta}_{B}^{E}\end{aligned}$$

其中,$\delta^{E}\boldsymbol{\theta}_{B}^{E} = \boldsymbol{\theta}_{\hat{E}}^{E}$ 表示姿态与前次估算结果的偏差,用三个沿传感器坐标系的小角度表示。

第三项表示导航仪位置误差与 FDO 位置误差的影响,有

$$\hat{\boldsymbol{C}}_{B}^{S}\hat{\boldsymbol{C}}_{E}^{B\,E}\boldsymbol{u}_j - \hat{\boldsymbol{C}}_{B}^{S}\hat{\boldsymbol{C}}_{E}^{B\,E}\hat{\boldsymbol{u}}_j = \hat{\boldsymbol{C}}_{B}^{S}\hat{\boldsymbol{C}}_{E}^{B}({}^{E}\boldsymbol{u}_j - {}^{E}\hat{\boldsymbol{u}}_j) = \hat{\boldsymbol{C}}_{B}^{S}\hat{\boldsymbol{C}}_{E}^{B}(\delta^{E}\boldsymbol{u}_j)$$

其中

$$\delta^{E}\boldsymbol{u}_j = {}^{E}\boldsymbol{u}_j - {}^{E}\hat{\boldsymbol{u}}_j,\quad {}^{E}\boldsymbol{u}_j = \frac{1}{l_j}({}^{E}\boldsymbol{r}_j - {}^{E}r),\quad {}^{E}\boldsymbol{u}_j = \frac{1}{\hat{l}_j}({}^{E}\hat{\boldsymbol{r}}_j - {}^{E}\hat{\boldsymbol{r}})$$

忽略 $1/\hat{\rho}_j$ 与 $1/\rho_j$ 之间的不同,有

$$\hat{\boldsymbol{C}}_{\mathrm{B}}^{\mathrm{S}}\hat{\boldsymbol{C}}_{\mathrm{E}}^{\mathrm{BE}}\boldsymbol{u}_j - \hat{\boldsymbol{C}}_{\mathrm{B}}^{\mathrm{S}}\hat{\boldsymbol{C}}_{\mathrm{E}}^{\mathrm{BE}}\hat{\boldsymbol{u}}_j = \hat{\boldsymbol{C}}_{\mathrm{B}}^{\mathrm{S}}\hat{\boldsymbol{C}}_{\mathrm{E}}^{\mathrm{B}}(\delta^{\mathrm{E}}\boldsymbol{u}_j) = \frac{1}{\hat{\rho}}\hat{\boldsymbol{C}}_{\mathrm{B}}^{\mathrm{S}}\hat{\boldsymbol{C}}_{\mathrm{E}}^{\mathrm{B}}(\delta^{\mathrm{E}}\boldsymbol{r}_j - \delta^{\mathrm{E}}\boldsymbol{r})$$

其中，$\delta^{\mathrm{E}}\boldsymbol{r} = {}^{\mathrm{E}}\boldsymbol{r} - {}^{\mathrm{E}}\hat{\boldsymbol{r}}$，$\delta^{\mathrm{E}}\boldsymbol{r}_j = {}^{\mathrm{E}}\boldsymbol{r}_j - {}^{\mathrm{E}}\hat{\boldsymbol{r}}_j$。

最后，有

$$\Delta\boldsymbol{u}_j = m^{\mathrm{S}}\boldsymbol{u}_j - {}^{\mathrm{S}}\hat{\boldsymbol{u}}_j = [{}^{\mathrm{S}}\hat{\boldsymbol{u}}_j \times]\delta\boldsymbol{\theta}_{\mathrm{sma}} - [{}^{\mathrm{S}}\hat{\boldsymbol{u}}_j \times]\hat{\boldsymbol{C}}_{\mathrm{E}}^{\mathrm{S}}\delta^{\mathrm{E}}\boldsymbol{\theta}_{\mathrm{B}}^{\mathrm{E}} + \frac{1}{\hat{\rho}}\hat{\boldsymbol{C}}_{\mathrm{B}}^{\mathrm{S}}\hat{\boldsymbol{C}}_{\mathrm{E}}^{\mathrm{B}}\delta^{\mathrm{E}}\boldsymbol{r}_j - \frac{1}{\hat{\rho}}\hat{\boldsymbol{C}}_{\mathrm{B}}^{\mathrm{S}}\hat{\boldsymbol{C}}_{\mathrm{E}}^{\mathrm{B}}\delta^{\mathrm{E}}\boldsymbol{r} + \boldsymbol{v} \tag{4.50}$$

为了使未知量更明显，上述线性化方程也可以写成以下形式：

$$\Delta\boldsymbol{u}_j = m^{\mathrm{S}}\boldsymbol{u}_j - {}^{\mathrm{S}}\hat{\boldsymbol{u}}_j = \begin{bmatrix}[{}^{\mathrm{S}}\hat{\boldsymbol{u}}_j \times] & -[{}^{\mathrm{S}}\hat{\boldsymbol{u}}_j \times]\hat{\boldsymbol{C}}_{\mathrm{E}}^{\mathrm{S}} & \frac{1}{\hat{\rho}}\hat{\boldsymbol{C}}_{\mathrm{B}}^{\mathrm{S}}\hat{\boldsymbol{C}}_{\mathrm{E}}^{\mathrm{B}} & -\frac{1}{\hat{\rho}}\hat{\boldsymbol{C}}_{\mathrm{B}}^{\mathrm{S}}\hat{\boldsymbol{C}}_{\mathrm{E}}^{\mathrm{B}}\end{bmatrix}\begin{bmatrix}\delta\boldsymbol{\theta}_{\mathrm{sma}} \\ \delta^{\mathrm{E}}\boldsymbol{\theta}_{\mathrm{B}}^{\mathrm{E}} \\ \delta^{\mathrm{E}}\boldsymbol{r}_j \\ \delta^{\mathrm{E}}\boldsymbol{r}\end{bmatrix}\delta^{\mathrm{E}}\boldsymbol{r} + \boldsymbol{v} \tag{4.51}$$

如果准确知道每一个物体的位置，即 $\delta^{\mathrm{E}}\boldsymbol{r}_j = 0$，则上述方程可以简化为

$$\Delta\boldsymbol{u}_j = m^{\mathrm{S}}\boldsymbol{u}_j - {}^{\mathrm{S}}\hat{\boldsymbol{u}}_j = \begin{bmatrix}[{}^{\mathrm{S}}\hat{\boldsymbol{u}}_j \times] & -[{}^{\mathrm{S}}\hat{\boldsymbol{u}}_j \times]\hat{\boldsymbol{C}}_{\mathrm{E}}^{\mathrm{S}} & \frac{1}{\hat{\rho}}\hat{\boldsymbol{C}}_{\mathrm{B}}^{\mathrm{S}}\hat{\boldsymbol{C}}_{\mathrm{E}}^{\mathrm{B}}\end{bmatrix}\begin{bmatrix}\delta\boldsymbol{\theta}_{\mathrm{sma}} \\ \delta^{\mathrm{E}}\boldsymbol{\theta}_{\mathrm{B}}^{\mathrm{E}} \\ \delta^{\mathrm{E}}\boldsymbol{r}\end{bmatrix} + \boldsymbol{v} \tag{4.52}$$

该线性化量测方程可以用于下面几种情况：

(1) 如果有足够数量的可用物体，可以将所有的 FDO 方程“叠加”在一起，使问题变成最小二乘问题。

(2) 可用于卡尔曼滤波器的设计中。

前面已经多次演示了如何用最小二乘解来求解各种类型的位置和姿态确定问题，读者可以很容易地使用上述方程重复这一过程。

4.5 通用地形参考

4.5.1 简单示例：理想平台上的传感器

地球上有许多与位置有关的物理量，可以用来提供导航信息[34-42]。以下是关于通用地形参考（generic terrain reference，GTR）的几个例子。

(1) 地形约束三维位置转化为地球表面的二维位置。

(2) 标准的地球重力场在地球表面不同位置的方向改变，是当地垂直参考的常用信息源。

(3) 地球重力场随着位置的变化而变化，导致重力异常。

① 单轴重力异常测量将三维位置约束为二维位置。

② 如果能避免歧义,三轴重力异常有可能直接映射得到位置。

③ 重力梯度异常可以提供更多约束。重力梯度可以形成一个对称零迹(对角线元素之和为 0)的 3×3 的矩阵。换句话说,有 9-3-1=5 个独立变量与重力梯度有关。

④ 地球磁场可用于导航,方式与地球重力场相似。

GTR 导航方法的使用细节将在后续章节中讨论。本节主要讨论部分通用的数学问题。假设有办法使传感器在 ECEF 坐标系内完全对准,或者传感器的测量完全不受姿态和对准误差的影响(例如,用标量磁强计测量整个磁场)。此时可以不考虑后续简化过程中姿态与传感器的对准问题。

下面用一个方程对位置敏感变量建模,该变量通常来自数据库:

$$^{\mathrm{E}}\boldsymbol{\gamma} = g(^{\mathrm{E}}\boldsymbol{r}) \tag{4.53}$$

上述方程可以是地球重力异常模型、磁场模型或地形模型,输出量通常为场矢量。这里,采用另一个方程来对传感器的量测量建模,该方程通常是一个 $\boldsymbol{\gamma}$ 函数,则有

$$\boldsymbol{z} = h(^{\mathrm{E}}\boldsymbol{\gamma}) + \boldsymbol{v} \tag{4.54}$$

将上述两个方程结合起来,得到

$$\boldsymbol{z} = h(g(^{\mathrm{E}}\boldsymbol{r})) + \boldsymbol{v} \tag{4.55}$$

通常上述方程仅提供位置 $^{\mathrm{E}}\boldsymbol{r}$ 的部分信息,当采用惯性导航方式时必须实现轨迹的全部可观测性。

在极少数情况下,能够从单个样本获得足够的信息,并且已知初始位置估计值,那么可以对量测方程做线性化处理:

$$\delta \boldsymbol{z} = \left[\frac{\partial h}{\partial g}\frac{\partial g}{\partial ^{\mathrm{E}}\boldsymbol{r}}\right]\delta ^{\mathrm{E}}\boldsymbol{r} + \boldsymbol{v} \tag{4.56}$$

并且可以通过以下方程得到位置测量结果:

$$\delta ^{\mathrm{E}}\boldsymbol{r} = \left[\frac{\partial h}{\partial g}\frac{\partial g}{\partial ^{\mathrm{E}}\boldsymbol{r}}\right]^{-1}(\delta \boldsymbol{z} - \boldsymbol{v}) \tag{4.57}$$

梯度矩阵 $[(\partial h/\partial g)(\partial g/\partial ^{\mathrm{E}}\boldsymbol{r})]$ 表征了量测值随着位置的变化而变化的灵敏度。从式(4.57)可以看出,梯度矩阵对导航性能起着重要作用。

下面用一个简单的二维示例来说明与 GTR 导航相关的部分重要问题。

图 4.4 表示一个二维地形,x 轴为水平位置、z 轴为垂直位置。地形剖面为该坐标系中的一条曲线,梯度是这条曲线的斜率。在这种情况下,地形参考导航意味着从垂直测量中推测水平位置。

上述简单示例的结论是,将垂直位置映射到水平位置反函数的数值不唯一(也就是说,一个垂直位置将映射得到几个水平位置)。由于这个特性,地形参考更新只能在局部使用,即每次只能使用曲线的一部分来评估当前位置信息与当前最大误差。每段曲线必须是单调的。

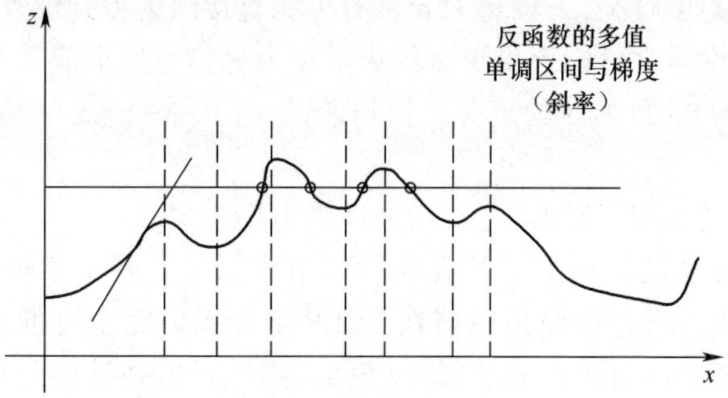

图 4.4　二维地形参考导航

因此，一个关键性问题是 GTR 模型的精细程度（无论是以数据库、分析方程的形式还是两者的组合形式表示）。可以想象，如果把地形的所有组成部分都建模到厘米级，就会有很多起伏，单调的部分会很少。如果导航问题中不关心这种精细的组成部分，就可以使用一个忽略上述细节的地形参考模型。

实际上，更好的方法是对模型进行平均或者平滑处理，也就是使单调段的大小与位置的不确定性相匹配。当位置的不确定性较大时，使用较低分辨率的地形模型，该模型是高分辨率模型的平均化版本。当位置的不确定性较小时，可以使用高分辨率的地形模型。图 4.5 对上述过程进行了说明。

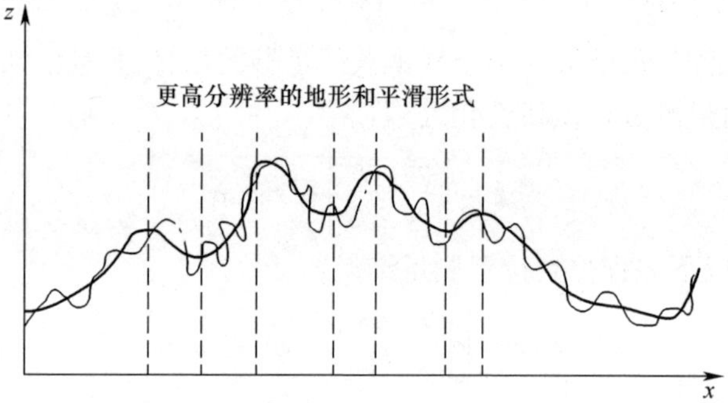

图 4.5　地球参考分辨率动态调整

虽然使用了简单示例来说明上述讨论的内容，但所有结论都是普遍适用的下面对其进行总结。

(1) 使用 GTR 模型从量测结果到位置的映射通常是多值的。因此，基于 GTR 的定位需要足够的位置先验知识，以便 GTR 模型在具有不确定性的当前位置点附近是单调的。

(2) 为了满足局部单调的要求，可以选择 GTR 模型的分辨率来匹配期望的位置不确定性。此外，GTR 模型可以根据当前位置不确定性的水平来动态平均或平滑处理以满足不同的分辨率需求。

(3) 量测模型和 GTR 模型相结合的梯度是指从位置变化到量测变化的敏感性,是影响性能的重要的因素之一。

4.5.2 捷联式传感器:地球重力异常与地球磁场

使用与平台示例相同的重力异常与磁场模型:

$$^{\mathrm{E}}\boldsymbol{\gamma}=g(^{\mathrm{E}}\boldsymbol{r})$$

式中:$^{\mathrm{E}}\boldsymbol{\gamma}$ 为沿 ECEF 坐标系的与磁场相关的矢量。

上述方程可以是地球重力异常模型、磁场模型或地形模型,其输出通常为场矢量。为了进一步说明,假设场矢量是三维的,当输出场矢量不是三维时,可以将其处理成三维(处理过程稍复杂)。

为了便于在捷联式传感器模型中使用,三维场矢量可以转换到传感器坐标系中:

$$^{\mathrm{S}}\boldsymbol{\gamma}=\boldsymbol{C}_{\mathrm{B}}^{\mathrm{S}}\boldsymbol{C}_{\mathrm{E}}^{\mathrm{B}}{}^{\mathrm{E}}\boldsymbol{\gamma} \tag{4.58}$$

采用另一个方程对传感器量测值建模,通常表示为 $^{\mathrm{S}}\boldsymbol{\gamma}$ 的函数:

$$z=h(^{\mathrm{S}}\boldsymbol{\gamma})+\boldsymbol{v} \tag{4.59}$$

上述模型的线性化形式为

$$\delta z=\frac{\partial h}{\partial^{\mathrm{S}}\boldsymbol{\gamma}}\partial^{\mathrm{S}}\boldsymbol{\gamma}+\boldsymbol{v}$$

$$\delta^{\mathrm{S}}\boldsymbol{\gamma}=\delta\boldsymbol{C}_{\mathrm{B}}^{\mathrm{S}}(\boldsymbol{C}_{\mathrm{E}}^{\mathrm{B}}{}^{\mathrm{E}}\boldsymbol{\gamma})+\boldsymbol{C}_{\mathrm{B}}^{\mathrm{S}}(\delta\boldsymbol{C}_{\mathrm{E}}^{\mathrm{B}}){}^{\mathrm{E}}\boldsymbol{\gamma}+(\boldsymbol{C}_{\mathrm{B}}^{\mathrm{S}}\boldsymbol{C}_{\mathrm{E}}^{\mathrm{B}})\delta{}^{\mathrm{E}}\boldsymbol{\gamma}$$

利用与 4.4 节相似的处理方法,有

$$\begin{aligned}\delta^{\mathrm{S}}\boldsymbol{\gamma}&=\delta\boldsymbol{C}_{\mathrm{B}}^{\mathrm{S}}(\boldsymbol{C}_{\mathrm{E}}^{\mathrm{B}}{}^{\mathrm{E}}\boldsymbol{\gamma})+\boldsymbol{C}_{\mathrm{B}}^{\mathrm{S}}(\delta\boldsymbol{C}_{\mathrm{E}}^{\mathrm{B}}){}^{\mathrm{E}}\boldsymbol{\gamma}+(\boldsymbol{C}_{\mathrm{B}}^{\mathrm{S}}\boldsymbol{C}_{\mathrm{E}}^{\mathrm{B}})\delta{}^{\mathrm{E}}\boldsymbol{\gamma}\\&=[^{\mathrm{S}}\boldsymbol{\gamma}\times]\delta\boldsymbol{\theta}_{\mathrm{sma}}-[^{\mathrm{S}}\boldsymbol{\gamma}\times]\boldsymbol{C}_{\mathrm{E}}^{\mathrm{S}}\delta{}^{\mathrm{E}}\boldsymbol{\theta}_{\mathrm{B}}^{\mathrm{E}}+\boldsymbol{C}_{\mathrm{E}}^{\mathrm{S}}\delta{}^{\mathrm{E}}\boldsymbol{\gamma}\end{aligned}$$

并且

$$\delta^{\mathrm{E}}\boldsymbol{\gamma}=\frac{\partial g}{\partial^{\mathrm{E}}\boldsymbol{r}}\delta{}^{\mathrm{E}}\boldsymbol{r}$$

结合上述方程,得到下述线性化方程:

$$\delta z=\left[\frac{\partial h}{\partial^{\mathrm{S}}\boldsymbol{\gamma}}\right][^{\mathrm{S}}\boldsymbol{\gamma}\times]\delta\boldsymbol{\theta}_{\mathrm{sma}}-\left[\frac{\partial h}{\partial^{\mathrm{S}}\boldsymbol{\gamma}}\right][^{\mathrm{S}}\boldsymbol{\gamma}\times]\boldsymbol{C}_{\mathrm{E}}^{\mathrm{S}}\delta{}^{\mathrm{E}}\boldsymbol{\theta}_{\mathrm{B}}^{\mathrm{E}}+\left[\frac{\partial h}{\partial^{\mathrm{S}}\boldsymbol{\gamma}}\right]\boldsymbol{C}_{\mathrm{E}}^{\mathrm{S}}\left[\frac{\partial g}{\partial^{\mathrm{E}}\boldsymbol{r}}\right]\delta{}^{\mathrm{E}}\boldsymbol{r}+\boldsymbol{v} \tag{4.60}$$

也可以写成以下形式:

$$\delta z=\left\{\left[\frac{\partial h}{\partial^{\mathrm{S}}\boldsymbol{\gamma}}\right][^{\mathrm{S}}\boldsymbol{\gamma}\times]-\left[\frac{\partial h}{\partial^{\mathrm{S}}\boldsymbol{\gamma}}\right][^{\mathrm{S}}\boldsymbol{\gamma}\times]\boldsymbol{C}_{\mathrm{E}}^{\mathrm{S}}+\left[\frac{\partial h}{\partial^{\mathrm{S}}\boldsymbol{\gamma}}\right]\boldsymbol{C}_{\mathrm{E}}^{\mathrm{S}}\left[\frac{\partial g}{\partial^{\mathrm{E}}\boldsymbol{r}}\right]\right\}\begin{bmatrix}\delta\boldsymbol{\theta}_{\mathrm{sma}}\\\delta{}^{\mathrm{E}}\boldsymbol{\theta}_{\mathrm{B}}^{\mathrm{E}}\\\boldsymbol{\delta}{}^{\mathrm{E}}\boldsymbol{r}\end{bmatrix}+\boldsymbol{v} \tag{4.61}$$

同样,上述方程可以应用于以下两种情况:

(1) 作为迭代最小二乘解的基础;

(2) 用于卡尔曼滤波器的设计。

需要指出的是,上述示例主要是对方法进行说明。对于实际应用来说,捷联重力异常参考导航(gravity anomaly referenced navigation, GARN)存在许多基本问题,标量磁强计基本不依赖姿态与对准(少数例外)。后续章节将详细讨论这些问题。

4.5.3 捷联式传感器:斜距传感器

相比于典型 GARN 和磁异常参考导航(magnetic anomaly referenced navigation, MARN),捷联式测距传感器与应用更广泛的斜距传感器使问题变得更复杂,因此将单独处理该问题。图 4.6 说明了在这种场景下需要确定穿地点。

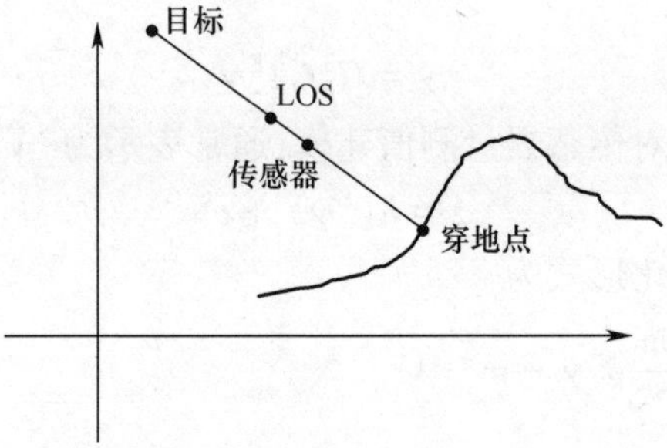

图 4.6 斜距传感器测距时要确定 LOS 矢量的穿地点

已知传感器在地球坐标系内的 LOS 矢量:

$$ {}^{E}\boldsymbol{u}_{S} = \boldsymbol{C}_{B}^{E}\,{}^{B}\boldsymbol{u}_{S} $$

式中:${}^{B}\boldsymbol{u}_{S}$ 为沿载体坐标系的传感器准线轴矢量(sensor boresight vector)。

穿地点的位置矢量可以表示为

$$ {}^{E}\boldsymbol{R}_{pp} = {}^{E}\boldsymbol{R} + d\,{}^{E}\boldsymbol{u}_{S} \tag{4.62} $$

式中:${}^{E}\boldsymbol{R}$ 为导航仪的位置;d 为描述载体到穿地点距离的未知标量。

穿地点满足以下地形约束方程:

$$ g({}^{E}\boldsymbol{R}_{pp}) = 0 \tag{4.63} $$

首先,研究忽略地形剖面并使用简化的球形地球模型来约束穿地点的情况。在这种情况下,有

$$ g({}^{E}\boldsymbol{R}_{pp}) = \|{}^{E}\boldsymbol{R}_{pp}\|^{2} - (r_{e} + h)^{2} = 0 $$

式中:r_e 为以地心为中心的地球半径;h 为高度。

展开上述方程,得到

$$ \|{}^{E}\boldsymbol{R}_{pp}\|^{2} = {}^{E}\boldsymbol{R}_{pp}^{T}\,{}^{E}\boldsymbol{R}_{pp} = ({}^{E}\boldsymbol{R} + d\,{}^{E}\boldsymbol{u}_{S})^{T}({}^{E}\boldsymbol{R} + d\,{}^{E}\boldsymbol{u}_{S}) = (\boldsymbol{r}_{e} + h)^{2} $$

上述方程可以写为 d 的二次方程:

$$d^2+2(({}^{\mathrm{E}}\boldsymbol{u}_{\mathrm{S}})^{\mathrm{T}}({}^{\mathrm{E}}\boldsymbol{R}))d+(\|{}^{\mathrm{E}}\boldsymbol{R}\|^2)-(\boldsymbol{r}_{\mathrm{e}}+h)^2=0 \tag{4.64}$$

对上式求解,可以得到穿地点:

$${}^{\mathrm{E}}\boldsymbol{R}_{\mathrm{pp}}={}^{\mathrm{E}}\boldsymbol{R}+d\,{}^{\mathrm{E}}\boldsymbol{u}_{\mathrm{S}} \tag{4.65}$$

对于一般的地形约束,过程相对复杂。通常从估计的初始值开始,然后使用迭代方式求解非线性方程。例如,上面的简化解可以作为初始估计值。

假设初始估计值为 $\bar{d}$ 与 ${}^{\mathrm{E}}\bar{\boldsymbol{R}}_{\mathrm{pp}}$。将之前讨论的两个方程线性化:

$${}^{\mathrm{E}}\bar{\boldsymbol{R}}_{\mathrm{pp}}+\delta{}^{\mathrm{E}}\boldsymbol{R}_{\mathrm{pp}}={}^{\mathrm{E}}\boldsymbol{R}+(\bar{d}+\delta d){}^{\mathrm{E}}\boldsymbol{u}_{\mathrm{S}}$$
$$g({}^{\mathrm{E}}\bar{\boldsymbol{R}}_{\mathrm{pp}})+g_{\mathrm{R}}({}^{E}\boldsymbol{R}_{\mathrm{pp}})\delta{}^{\mathrm{E}}\bar{\boldsymbol{R}}_{\mathrm{pp}}=0$$

其中

$$g_{\mathrm{R}}({}^{\mathrm{E}}\boldsymbol{R}_{\mathrm{pp}})=\frac{\partial g_{\mathrm{R}}({}^{\mathrm{E}}\boldsymbol{R}_{\mathrm{pp}})}{\partial{}^{\mathrm{E}}\boldsymbol{R}_{\mathrm{pp}}} \tag{4.66}$$

然后,得到以下含有 4 个未知数的线性方程:

$$\begin{bmatrix}\boldsymbol{I} & -{}^{\mathrm{E}}\boldsymbol{u}_{\mathrm{S}}\\ g_{\mathrm{R}}({}^{\mathrm{E}}\boldsymbol{R}_{\mathrm{pp}}) & 0\end{bmatrix}\begin{bmatrix}\delta{}^{\mathrm{E}}\boldsymbol{R}_{\mathrm{pp}}\\ \delta d\end{bmatrix}=\begin{bmatrix}{}^{\mathrm{E}}R+\bar{d}{}^{\mathrm{E}}\boldsymbol{u}_{\mathrm{S}}-{}^{\mathrm{E}}\bar{\boldsymbol{R}}_{\mathrm{pp}}\\ -g({}^{\mathrm{E}}\bar{\boldsymbol{R}}_{\mathrm{pp}})\end{bmatrix} \tag{4.67}$$

方程的解可写为以下形式:

$$\begin{bmatrix}\delta{}^{\mathrm{E}}\boldsymbol{R}_{\mathrm{pp}}\\ \delta d\end{bmatrix}=\begin{bmatrix}I & -{}^{\mathrm{E}}\boldsymbol{u}_{\mathrm{S}}\\ g_{\mathrm{R}}({}^{\mathrm{E}}\boldsymbol{R}_{\mathrm{pp}}) & 0\end{bmatrix}^{-1}\begin{bmatrix}{}^{\mathrm{E}}\boldsymbol{R}+\bar{d}{}^{\mathrm{E}}\boldsymbol{u}_{\mathrm{S}}-{}^{\mathrm{E}}\bar{\boldsymbol{R}}_{\mathrm{pp}}\\ -g({}^{\mathrm{E}}\bar{\boldsymbol{R}}_{\mathrm{pp}})\end{bmatrix} \tag{4.68}$$

为了求最小二乘解或构造卡尔曼滤波,需要获得测距对导航仪位置与 LOS 单位矢量的敏感性(即姿态与传感器失准角的进一步作用,在前面已经描述了如何处理该问题)。

令

$$\boldsymbol{G}=\boldsymbol{G}(1:4,1:4)=\begin{bmatrix}\boldsymbol{I} & -{}^{\mathrm{E}}\boldsymbol{u}_{\mathrm{S}}\\ g_{\mathrm{R}}({}^{\mathrm{E}}\boldsymbol{R}_{\mathrm{pp}}) & 0\end{bmatrix}^{-1} \tag{4.69}$$

式(4.68)中的 δd 可以写为

$$\delta d=\boldsymbol{G}(4,1:3)({}^{\mathrm{E}}\boldsymbol{R}+\bar{d}{}^{\mathrm{E}}\boldsymbol{u}_{\mathrm{S}}-{}^{\mathrm{E}}\bar{\boldsymbol{R}}_{\mathrm{pp}})-\boldsymbol{G}(4,4)g({}^{\mathrm{E}}\bar{\boldsymbol{R}}_{\mathrm{pp}})$$

对 ${}^{\mathrm{E}}\boldsymbol{R}$ 求偏导,有

$$\frac{\partial d}{\partial{}^{\mathrm{E}}\boldsymbol{R}}=\frac{\partial\delta d}{\partial{}^{\mathrm{E}}\boldsymbol{R}}=\boldsymbol{G}(4,1:3)\cdot\boldsymbol{I}+\boldsymbol{G}(4,4)\cdot 0=\boldsymbol{G}(4,1:3)$$

对 ${}^{\mathrm{E}}\boldsymbol{u}$ 求偏导稍有难度:

$$\frac{\partial d}{\partial{}^{\mathrm{E}}{}^{\mathrm{E}}\boldsymbol{u}_{\mathrm{S}}}=\frac{\partial\delta d}{\partial{}^{\mathrm{E}}\boldsymbol{u}_{\mathrm{S}}}=\boldsymbol{G}(4,1:3)\bar{d}\cdot I+\frac{\partial\boldsymbol{G}(4,1:3)}{\partial{}^{\mathrm{E}}\boldsymbol{u}_{\mathrm{S}}}({}^{\mathrm{E}}\boldsymbol{R}+\bar{d}{}^{\mathrm{E}}\boldsymbol{u}_{\mathrm{S}}-{}^{\mathrm{E}}\bar{\boldsymbol{R}}_{\mathrm{pp}})-\frac{\partial\boldsymbol{G}(4,4)x}{\partial{}^{\mathrm{E}}\boldsymbol{u}_{\mathrm{S}}}g({}^{\mathrm{E}}\bar{\boldsymbol{R}}_{\mathrm{pp}})$$

由于 ${}^{\mathrm{E}}\boldsymbol{R}+\bar{d}{}^{\mathrm{E}}\boldsymbol{u}_{\mathrm{S}}-{}^{\mathrm{E}}\bar{\boldsymbol{R}}_{\mathrm{pp}}$ 与 $g({}^{\mathrm{E}}\bar{\boldsymbol{R}}_{\mathrm{pp}})$ 都是较小值(当解收敛时,应该完全为

0),因此,可以避免对矩阵 $\boldsymbol{G}$ 求偏导,并得出以下简单方程式:

$$\frac{\partial d}{\partial^{\mathrm{EE}}\boldsymbol{u}_{\mathrm{S}}}=\frac{\partial \delta d}{\partial^{\mathrm{E}}\boldsymbol{u}_{\mathrm{S}}}=\boldsymbol{G}(4,1:3)\bar{d}$$

综上所述,有

$$\boldsymbol{G}=\boldsymbol{G}(1:4,1:4)=\begin{bmatrix}\boldsymbol{I} & -{}^{\mathrm{E}}\boldsymbol{u}_{\mathrm{S}}\\ g_{\mathrm{R}}({}^{\mathrm{E}}\boldsymbol{R}_{\mathrm{pp}}) & 0\end{bmatrix}^{-1}$$

并且

$$\delta d=\boldsymbol{G}(4,1:3)\delta^{\mathrm{E}}\boldsymbol{R}_{E}^{B}-\boldsymbol{G}(4,1:3)d\delta^{\mathrm{E}}\boldsymbol{u}_{\mathrm{s}} \tag{4.70}$$

还可以写为

$$\delta d=[\boldsymbol{G}(4,1:3)\ \ -\boldsymbol{G}(4,1:3)d]\begin{bmatrix}\delta^{\mathrm{E}}\boldsymbol{R}_{\mathrm{E}}^{\mathrm{B}}\\ \delta^{\mathrm{E}}\boldsymbol{u}_{\mathrm{S}}\end{bmatrix} \tag{4.71}$$

4.6 基于地理参考的图像导航:量测方程

4.6.1 作为图像锚点集合的地理参考图像

尽管图像细节或视觉导航是后续章节的内容,但在本节中,会讨论一些最基本的概念与数学方程。当通过将相机图像与数据库图像相匹配进行导航时,就是把从图像中获得的信息集中到一个或多个单位向量上,这些单位向量是指从导航仪指向地球上某点的矢量。

例如,图像的中心可以作为一个锚点。利用当前的位置、姿态与相机对准信息,可以计算出与图像中心对应的穿地点预测值。然后,检索穿地点周围的地球图像数据库,并将数据库图像投影到传感器坐标系。当参考图像与传感器图像相关联时,可以确定实际相机图像相对于预测图像的差值,该差值就是图像中心的偏移量。

通常,图像可以被划分为块或区域,每一块或区域都可以作为一个独立的图像,子图像的中心点与上述整个图像中心点的使用方式一致。因此,最终会得到与每个子图像相关的许多子图像中心点。

把相机 FOV 上的这些子图像中心点称为图像锚点。每个锚点在地球表面上都有相应的穿地点,这些穿地点位于与每个图像锚点相关联的 LOS 矢量指向的位置。方便起见,将锚点与相应的穿地点都称为锚点,因为其在不同的坐标系(相机坐标系与地球坐标系)中基本上是同一个点。

由上可知一旦能够计算出穿地点的预测值,就能够得到 ECEF 坐标系中单位矢量的预测值。再加上相机坐标系中测得的单位矢量,就得到了与前面的相同的问题:从相对于有限距离物体的角度测量中确定姿态与位置。此处的 FDO

指的是与图像锚点相关的穿地点。换句话说，已经具备了所有需要用于量测量建模的方程。

以下步骤为众多利用图像完成导航的方法中的一种：

(1) 将图像分解为若干个子图像。这一步可以用来消除图像中由于天气、建筑或其他原因导致的预测值与数据库不匹配的部分；可以用来选择子图像，以优化精度衰减因子。

(2) 对于被认定为有用的子图像，子图像的中心将作为相机坐标系中的已知锚点，利用已知的当前位置、姿态与相机对准矩阵采用4.4节中的方程来解算相应的穿地点，也称为地球坐标系中的锚点。

(3) 从数据库中检索锚点周围的参考图像。

(4) 使用当前位置、姿态与相机对准矩阵信息，将参考图像转换到相机坐标系中。

(5) 将相机坐标系下的参考图像与每个子图像的相机图像相关联；关联后得到相机子图像与参考子图像之间的偏移量，该偏移量可以作为测量残差。

(6) 测量残差可以在卡尔曼滤波器中修正导航参数和传感器校准参数。

4.6.2　图像锚点量测模型

设导航仪在ECEF坐标系中的位置用 ${}^{\mathrm{E}}\boldsymbol{r}$ 表示，图像锚点 j 的位置由 ${}^{\mathrm{E}}\boldsymbol{r}_j$ 表示(4.5节提供了解算锚点方程的方法)。

从导航仪到锚点的LOS矢量的计算公式如下：

$$
{}^{\mathrm{E}}\boldsymbol{u}_j=\frac{1}{\|{}^{\mathrm{E}}\boldsymbol{r}_j-{}^{\mathrm{E}}\boldsymbol{r}\|}({}^{\mathrm{E}}\boldsymbol{r}_j-{}^{\mathrm{E}}r)=\frac{1}{\rho_j}({}^{\mathrm{E}}\boldsymbol{r}_j-{}^{\mathrm{E}}\boldsymbol{r})
$$

式中，$\rho_j=\|{}^{\mathrm{E}}\boldsymbol{r}_j-{}^{\mathrm{E}}\boldsymbol{r}\|$ 表示导航仪到锚点的测距。

${}^{\mathrm{E}}\boldsymbol{u}_j$ 可以利用下面的方程转换到传感器坐标系(相机坐标系)：

$$
{}^{\mathrm{S}}\boldsymbol{u}_j=\boldsymbol{C}_{\mathrm{B}}^{\mathrm{S}}\boldsymbol{C}_{\mathrm{E}}^{\mathrm{B}}\,{}^{\mathrm{E}}\boldsymbol{u}_j
$$

式中，$\boldsymbol{C}_{\mathrm{E}}^{\mathrm{B}}$ 表示从ECEF坐标系转换到载体坐标系的DCM，即 $\boldsymbol{C}_{\mathrm{E}}^{\mathrm{B}}$ 表示导航仪的姿态；$\boldsymbol{C}_{\mathrm{B}}^{\mathrm{S}}$ 表示从沿载体坐标系转换到传感器(相机)坐标系的DCM。

量测单位矢量可以建模为

$$
m\,{}^{\mathrm{S}}\boldsymbol{u}_j=\boldsymbol{C}_{\mathrm{B}}^{\mathrm{S}}\boldsymbol{C}_{\mathrm{E}}^{\mathrm{B}}\,{}^{\mathrm{E}}\boldsymbol{u}_j+\boldsymbol{v}
$$

式中：$\boldsymbol{v}$ 为量测噪声。

上述方程与4.4节中的FDO方程相同。因此，采用相同的线性化方程：

$$
\Delta\boldsymbol{u}=m\,{}^{\mathrm{S}}\boldsymbol{u}_j-{}^{\mathrm{S}}\hat{\boldsymbol{u}}_j=[{}^{\mathrm{S}}\hat{\boldsymbol{u}}_j\times]\delta\boldsymbol{\theta}_{\mathrm{sma}}-[{}^{\mathrm{S}}\hat{\boldsymbol{u}}_j\times]\hat{\boldsymbol{C}}_{\mathrm{E}}^{\mathrm{S}}\delta^{\mathrm{E}}\boldsymbol{\theta}_{\mathrm{B}}^{\mathrm{E}}+\frac{1}{\hat{\rho}}\hat{\boldsymbol{C}}_{\mathrm{B}}^{\mathrm{S}}\hat{\boldsymbol{C}}_{\mathrm{E}}^{\mathrm{B}}\delta^{\mathrm{E}}\boldsymbol{r}_j-\frac{1}{\hat{\rho}}\hat{\boldsymbol{C}}_{\mathrm{B}}^{\mathrm{S}}\hat{\boldsymbol{C}}_{\mathrm{E}}^{\mathrm{B}}\delta^{\mathrm{E}}\boldsymbol{r}+\boldsymbol{v}
\tag{4.72}
$$

也可以写成以下形式：

$$\Delta \boldsymbol{u} = m^{\mathrm{S}}\boldsymbol{u}_j - {}^{\mathrm{S}}\hat{\boldsymbol{u}}_j = \left[[{}^{\mathrm{S}}\hat{\boldsymbol{u}}_j \times] - [{}^{\mathrm{S}}\hat{\boldsymbol{u}}_j \times]\hat{\boldsymbol{C}}_{\mathrm{E}}^{\mathrm{S}} - \frac{1}{\hat{\rho}}\hat{\boldsymbol{C}}_{\mathrm{B}}^{\mathrm{S}}\hat{\boldsymbol{C}}_{\mathrm{E}}^{\mathrm{B}} \right] \begin{bmatrix} \delta\boldsymbol{\theta}_{\mathrm{sma}} \\ \delta^{\mathrm{E}}\boldsymbol{\theta}_{\mathrm{B}}^{\mathrm{E}} \\ \delta^{\mathrm{E}}\boldsymbol{r} \end{bmatrix} + \frac{1}{\hat{\rho}}\hat{\boldsymbol{C}}_{\mathrm{B}}^{\mathrm{S}}\hat{\boldsymbol{C}}_{\mathrm{E}}^{\mathrm{B}}\delta^{\mathrm{E}}\boldsymbol{r}_j + \boldsymbol{v} \tag{4.73}$$

式中：$\delta\boldsymbol{\theta}_{\mathrm{sma}}$ 为沿传感器（相机）坐标系表示的传感器（相机）非对准误差。

上述线性化测量方程可以用在以下几方面：

（1）如果可用锚点数量足够多，可以将所有的锚点方程叠加在一起，形成一个最小二乘解问题。

（2）可用于卡尔曼滤波器的设计。

参考文献

[1] Markley, F., and U. Naval, "Autonomous Navigation Using Landmark and Intersatellite Data," *AIAA/AAS Astrodynamics Conference*, Seattle, WA, 1984.

[2] Li, R., H. Qiu, and K. Xiong, "Autonomous Navigation for Constellation Based on Inter-Satellite Ranging and Directions," *IECON* 2017—43*rd Annual Conference of the IEEE Industrial Electronics Society*, Beijing, China, November 2017, pp. 2985-2990.

[3] Whelan, D., G. Gutt, and P. Enge, "Boeing Timing & Location: An Indoor Capable Time Transfer and Geolocation System," *Proc. of 5th Stanford University, Symposium on Position, Navigation, and Timing*, Menlo Park, CA, 2011.

[4] Tan, Z., et al., "New Method for Positioning Using IRIDIUM Satellite Signals of Opportunity," *IEEE Access*, Vol. 7, June 24, 2019, pp. 83412-83423.

[5] Black, H., "A Passive System for Determining the Attitude of a Satellite," *AIAA Journal*, Vol. 2 No. 7, July 1964, pp. 1350-1351.

[6] Wertz, J. R., *Spacecraft Attitude Determination and Control*, Boston, MA: D. Reidel Publishing, 1986.

[7] Shuster, M. D., "A Survey of Attitude Representations," *The Astronautical Science*, Vol. 41, 1993, pp. 439-517.

[8] Mekky, T., "A Comparative Study of Spacecraft Attitude Determination and Estimation Algorithms(A Cost-Benefit Approach)," *Aerospace Science and Technology*, Vol. 26, No. 1, April-May 2013, pp. 211-215.

[9] Mohd Zamri, H., et al., "Review on Attitude Estimation Algorithm of Attitude Determination System," *ARPN Journal of Engineering and Applied Sciences*, Vol. 11, 2016, pp. 4455-4460.

[10] Sidi, M. I., *Spacecraft Dynamics and Control*, Cambridge, U. K.: Cambridge University Press, 1997.

[11] Shuster, M. D., and S. D. Oh, "Three Axis Attitude Determination from Vector Observations," *Guid. Control*, Vol. 4, 1981, pp. 70-77.

[12] Simon, D., *Optimal State Estimation*, New York: John Wiley & Sons, 2006.

[13] Bar-Itzhack, Y., and R. R. Harman, "Optimized Triad Algorithm for Attitude Determination," *Guidance Control and Dynamics*, pp. 208-211.

[14] Chowdhary, G., et al., "GPS-Denied Indoor and Outdoor Monocular Vision Aided Navigation and Control of Unmanned Aircraft," *Journal of Field Robotics*, Vol. 30, No. 3, pp. 415-438.

[15] Won, D. H., et al., "Integration of Limited GNSS Signals with Monocular Vision Based Navigation," *12th International Conference on Control, Automation and Systems (ICCAS)*, 2012, pp. 1364-1367.

[16] Li, M., B. Xu, and L. Zhang, "Orbit Determination for Remote-Sensing Satellites Using Only Optical Imagery," International Journal of Remote Sensing, Vol. 38, No. 5, 2017, pp. 1350-1364.

[17] Li, M., and B. Xu, "Autonomous Orbit and Attitude Determination for Earth Satellites Using Images of Regular-Shaped Ground Objects," Aerospace Science and Technology, Vol. 80, 2018, pp. 192-202.

[18] George, M., and S. Sukkarieh, "Camera Aided Inertial Navigation in Poor GPS Environments," 2007 IEEE Aerospace Conference, 2007, pp. 1-12.

[19] Giebner, M. G., "Tightly-Coupled Image-Aided Inertial Navigation System via a Kalman Filter," M. S. thesis, AFIT/GE/ENG/03-10, Graduate School of Engineering and Management, Air Force Institute of Technology (AU), Wright-Patterson AFB OH, March 2003 (ADA415246).

[20] Kauffman, K., et al., "Simulation Study of UWB-OFDM SAR for Navigation with INS Integration," Proc. of 2011 International Technical Meeting of the Institute of Navigation, 2011.

[21] Veth, M. J., "Fusion of Imaging and Inertial Sensors for Navigation," Ph. D. dissertation, Air Force Institute of Technology (AU), Wright-Patterson AFB OH, September 2006 (ADA468382).

[22] Chiu, H. -P., et al., "Precise Vision-Aided Aerial Navigation," IEEE/RSJ International Conference on Intelligent Robots and Systems (IROS), 2014.

[23] Chiu, H. -P., et al., "Constrained Optimal Selection for Multi-Sensor Robot Navigation Using Plug-and-Play Factor Graphs," IEEE International Conference on Robotics and Automation (ICRA), 2014.

[24] Patterson, T., et al., "Utilizing Geographic Information System Data for Unmanned Aerial Vehicle Position Estimation," Proc. of Canadian Conf. on Computer and Robot Vision, 2011.

[25] Sim, D., et al., "Integrated Position Estimation Using Aerial Image Sequences," IEEE Transactions on Pattern Analysis and Machine Intelligence, Vol. 24, No. 1, 2002.

[26] Conte, G., and P. Doherty, "Vision-Based Unmanned Aerial Vehicle Navigation Using Geo-Referenced Information," EURASIP Journal of Advances in Signal Processing, 2009.

[27] Mourikis, A., et al., "Vision-Aided Inertial Navigation for Spacecraft Entry, Descent, and Landing," IEEE Transactions on Robotics, Vol. 25, No. 2, April 2009.

[28] Chiu, H., et al., "Robust Vision-Aided Navigation Using Sliding-Window Factor Graphs," Proc. IEEE Intl. Conf. on Robotics and Automation (ICRA), 2013.

[29] Kumar, R., et al., "Registration of Video to Geo-Referenced Imagery," Proc. IEEE Intl. Conf. on Pattern Recognition (ICPR), 1998.

[30] Mourikis, A., and S. Roumeliotis, "A Multi-State Constraint Kalman Filter for Vision-Aided Inertial Navigation," Proc. IEEE Intl. Conf. on Robotics and Automation (ICRA), 2007.

[31] Han, K., et al., "UAV Vision: Feature Based Accurate Ground Target Localization Through Propagated Initializations and Interframe Homographies," Proc. IEEE Intl. Conf. on Robotics and Automation (ICRA), 2012.

[32] Kumar, R., et al., "Registration of Highly-Oblique and Zoomed in Aerial Video to Reference Imagery," Proc. IEEE Intl Conf. on Pattern Recognition (ICPR), 2000.

[33] Kumar, R., et al., "Aerial Video Surveillance and Exploitation," Proc. of the IEEE, Vol. 89, No. 10, October 2001.

[34] Hollowell, J., "Heli/SITAN: A Terrain Referenced Navigation Algorithm for Helicopters," IEEE Symposium on Position Location and Navigation. A Decade of Excellence in the Navigation Sciences, March 1990.

[35] McGuffin, J. T., "Terrain Referenced Navigation Electromagnetic-Gravitational Correlation," U. S. 5272639A, 1992(2019-11-14 Application status is Expired—Lifetime).

[36] Fellerhoff, J. R., "SITAN Implementation in the Saint System," IEEE Journal, 1986, pp. 89-95.

[37] Baird, C. A., and M. R. Abramson, "A Comparison of Several Digital Map-Aided Navigation Techniques," IEEE Journal, 1984, pp. 286-293.

[38] Hostetler, L. D., and R. D. Andreas, "Nonlinear Kalman Filtering Techniques for Terrain Aided Navigation," IEEE Transactions on Automatic Control, Vol. AC-28, No. 3, March 1983, pp. 315-323.

[39] Priestley, N., "Terrain Referenced Navigation," IEEE Symposium on Position Location and Navigation. A Decade of Excellence in the Navigation Sciences, March 20, 1990.

[40] Henley, A. J., "Terrain Aided Navigation: Current Status, Techniques for Flat Terrain and Reference Data Requirements," IEEE Symposium on Position Location and Navigation. A Decade of Excellence in the Navigation Sciences, March 20, 1990.

[41] Jalving, B., et al., "Terrain Referenced Navigation of AUVs and Submarines Using Multi Beam Echo Sounders," Norwegian Defense Research, 2004, http://citeseerx. ist. psu. edu/viewdoc/download? doi = 10. 1. 1. 459. 3521&rep = rep1&type = pdf.

[42] Metzger, J., et al., "Sigma-Point Filter for Terrain Referenced Navigation," AIAA Guidance, Navigation, and Control Conference and Exhibit, San Francisco, CA, August 15-18, 2005.

第 5 章

全源 PNT 解决方案:卡尔曼滤波组合

5.1 引　　言

在第 2~4 章理论的基础上,很容易将各类(定位、导航与授时(positioning, navigation, and timing, PNT)传感器信息融合到全源 PNT 的解算方案中。也就是说,将第 3 章的传播方案与第 4 章的量测方案引入第 2 章的扩展卡尔曼滤波器(extended Kalman filer, EKF)与无迹卡尔曼滤波器(unscented Kalman filer, UKF)结构设计中。值得注意的是,各政府机构[1-4]、工业界与学术界[5-21]采用的方法都与上述方法基本 一致。

5.2 卡尔曼滤波与全源 PNT 算法结构

正如第 2 章所述,第 3 章讨论的传播方案与第 4 章讨论的量测与更新方案在卡尔曼滤波中是十分有用的。

通常以 EKF 为例讨论基本结构。类似的讨论方式与结构设计也可用于其他卡尔曼滤波器的变形设计中(如 UKF 和粒子滤波器)。

图 5.1 描述了 EKF 的基本结构。在这个结构中,有几个关键因素:

(1) 非线性状态传播模型。在一个全源 PNT 系统中,该模型通常包括以下几方面:

① 惯性测量单元(inertial measurement unit, IMU)硬件、固件、软件、IMU 接口硬件和软件以及惯性导航软件;

② 时钟传播的硬件、固件和软件;

③ 如第 3 章所述,通常被建模为常值的传感器参数及其他参数;

④ 需要对一些卡尔曼滤波协方差传播模型有用的变量和对量测模型有用的变量进行传播或积分。

(2) 非线性量测预测模块。在一个全源 PNT 系统中,会有很多传感器或信

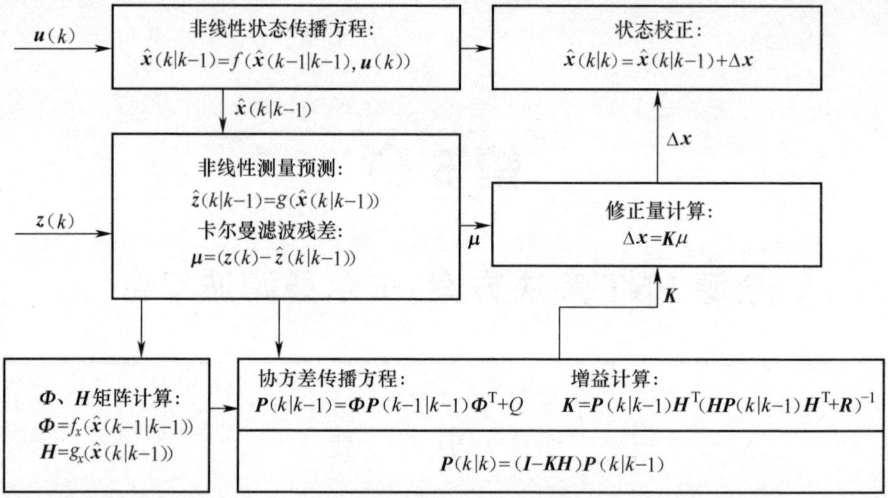

图 5.1　EKF 基本结构

息源用于更新或校正传播方案,对于每一类传感器都会有相应的算法。该算法通常由软件实现,根据非线性状态传播模块提供当前状态的估计结果,从而预测传感器输出。

(3) 残差、测量灵敏度矩阵(**H** 矩阵)和量测方差计算模块:

① 通过计算量测值与预测值之间的差值,产生卡尔曼滤波中最重要的变量——卡尔曼滤波残差;

② **H** 矩阵可以根据第 4 章中讨论的解析线性化模型计算得到,也可以通过对量测模型的数值微分完成数值计算;

③ **R** 矩阵是量测噪声的协方差矩阵,该矩阵通常与传感器性能相关的参数有关。

(4) 协方差传播、增益计算与协方差更新模块。在全源 PNT 软件中,该部分通常被称为狭义卡尔曼滤波模块。在该模块中,对每一种类型的信号源进行协方差传播、增益计算与协方差更新,以"三联体"(残差、**H** 矩阵与 **R** 矩阵)的形式表示。

(5) 校正计算与应用模块。增益矩阵与残差矢量的乘积为校正矢量。随后,校正矢量用于传播过程和传感器数据处理模块。

此外,有部分内容不在标准卡尔曼滤波的结构中,但在全源 PNT 架构中有所涉及。这是因为不同的信息源通常以异步的方式出现,具体来说,主要体现在以下三方面:

(1) 使用时间匹配缓冲器来存储当前时间前后传播状态的简短"历史"记录;

(2) 对于所有相对于同一时间参考量测量,要求使用一个时间标签,以及在

多个信息源之间执行时间同步或时间传播机制;

(3) **H** 矩阵部分元素需要完成适当计算,其中,量测值是在其可用时刻的前一段时间内完成计算的。

基于上述考虑,图 5.2 描述了一个自然衍生(naturally derived)的全源 PNT 算法结构。

如图 5.2 所示,惯性导航与时钟传播通常都是基于传播解决方案的。基于传播解决方案的方法有很多变化形式。例如,在某些应用中,惯性导航系统可以被载体动力学与运动学模型的解算方案替代。

随后,将传播解决方案结果保存到一个时间匹配缓冲器中,如文献[19]中描述的时间匹配缓冲器,以允许将估计状态的简短“历史记录”存储在循环缓冲器或任何能够达到类似目的的模块中。

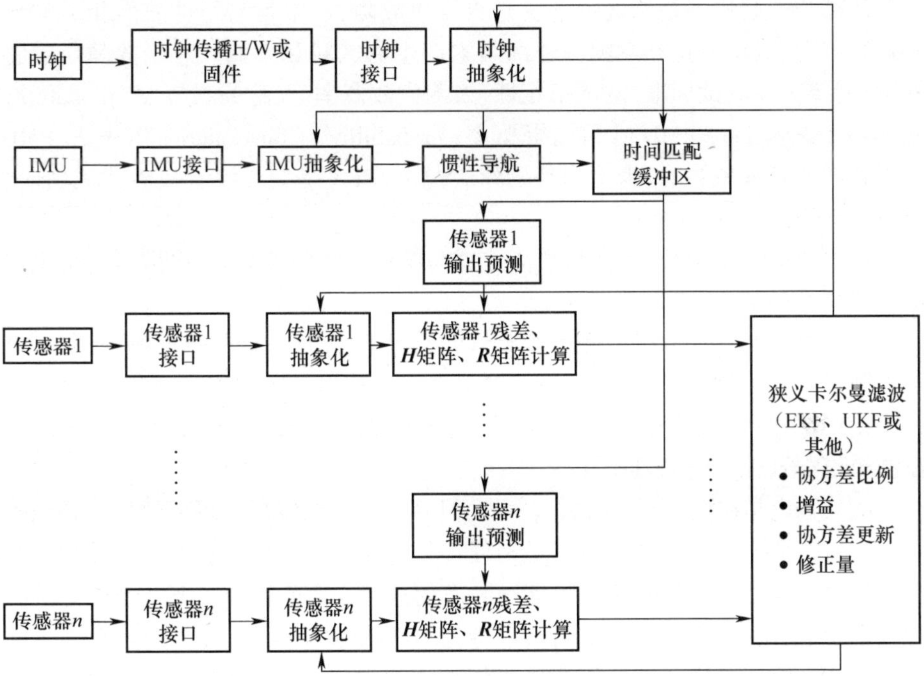

图 5.2 全源 PNT 架构

对于各传感器更新过程,有一个基本的三模块设计模式:

(1) 传感器抽象化模块,将特定类型传感器的细节抽象为传感器的通用数学模型,该模型能够预测某些量测量并产生故障检测结果;

(2) 传感器输出预测模块,根据当前状态的估计,预测抽象化的输出;

(3) 残差、**H** 矩阵与 **R** 矩阵(residual,H-matrix and R-matrix, RHR)计算模块,为通用的狭义卡尔曼滤波器提供必要的输入,以计算增益与修正量,并更新协方差矩阵。

最后，将狭义卡尔曼滤波器作为信息融合中心，使用所有传感器更新结果，并更新系统协方差矩阵、计算增益和修正量。

5.3 故障与威胁管理结构

在上一节中没有讨论系统故障与威胁管理的内容，它涉及系统的可用性、访问性、完整性与性能等。设计全源 PNT 系统的目的是利用来自多个传感器和信息源的冗余信息，提供有保障且满足性能要求的系统。因此，对系统故障与威胁管理的讨论就显得尤为重要。

故障与威胁管理包括故障与威胁的检测、防范、隔离和响应(fault detection containment isolation and response，FDCIR)。

故障与威胁检测是指确定系统是否发生故障，通常是与组件故障相关的异常运行状况，或由干扰和欺骗等外部因素产生的威胁和影响。对于故障与威胁检测，需要关注测试标准、测试稳定性、检测失败概率(又称漏检概率(probability of missed detection， PMD))和虚警概率(probability of false alarm，PFA)。PMD 是指存在故障或威胁时，未检测到故障的概率；PFA 是指在没有故障或威胁时，检测到故障的概率。

在本节的其余部分，通常将故障或威胁统称为故障，因为大多数讨论结果都适用于这两种情况。

故障防范是指在故障检测尚未确认的情况下，立即采取的局部操作，防止潜在故障进一步传播。例如，如果测量的单个样本超出了预期范围，则防范措施就是不使用该样本。单个样本损坏并不一定会引起故障检测，但防范措施可以帮助减少引起其他问题的可能性。

故障隔离是在检测到故障后进行的，但并不一定能实现。隔离的目的是识别引起故障的系统部件，以便在适合的时候将其从解决方案中删除、修复或维修。

故障响应是对已检测到的可能被隔离的故障采取的措施。典型措施是重新配置系统，使用不同的传感器组合，以避免引起故障的部分。如果有多个并行解决方案那么响应可能只意味着选择不依赖引起故障部分的解决方案。例如，如果有多个由不同传感器组合产生的解决方案，而某个特定传感器被隔离为有故障的传感器，那么将选择不使用存在该特定传感器的组合作为解决方案。

所有这些检测、防范、隔离与响应的操作都可以采用多层级的方式进行(最好是这样做)。具体来说，对于一个全源 PNT 系统，FDCIR 可以在 4 个层级上完成：

(1) 网络级：收集与分析信息，并根据 PNT 基础结构的可用性与完整性做出决策，如各种全球卫星导航系统(global navigation satellite systems， GNSS)星座、干扰与欺骗、机会信息的增强以及和信号的协作机会。

(2) 平台内多个并行导航器级。

(3) 单个导航器级:单个传感器与总导航仪(其他传感器的综合体)的一致性。

(4) 局部传感器级:没有使用其他传感器信息的传感器层面的FDCIR。

将上述4个层级组合,可以实现最佳性能。图5.3对多层级的FDCIR结构进行了说明。表5.1总结了FDCIR各层级可以进行的典型操作。

下面将对故障与威胁检测、防范、隔离与响应(fault or threat detection containment isolation and response, F/TDCIR)方法进行更详细的阐述。关于检测理论的一般背景知识,请读者参考文献[22-24]。

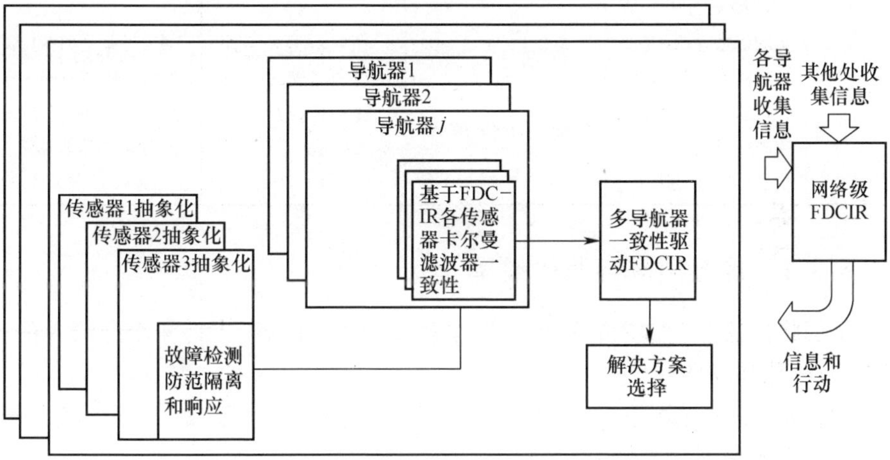

图5.3 通用4级层级故障管理结构

表5.1 4个层级上的典型故障检测、防范、隔离和响应活动

	典型检测活动	典型防范活动	典型隔离活动	典型响应活动
局部传感器级	传感器内置测试;输出合理性检测;输出一致性检测;突跳试验;测试结果稳定性	低质量采集样本数据剔除;预测样本取代低质量样本	通常不需要低于传感器级别;如果故障检测被确认,则故障被隔离到该传感器	声明传感器无效,禁止在全源PNT解决方案中使用该传感器
单个导航器级	检查各传感器测量的卡尔曼滤波残差	如果残留超出预期范围,将跳过使用残差的卡尔曼滤波器更新过程	当这种情况持续发生在一个传感器上时,这意味着该传感器与其他传感器不一致,因此可以声明检测结果;同样,由于只想隔离到传感器级别,在这种情况下,检测就意味着隔离	声明传感器无效,禁止在全源PNT解决方案中使用该传感器

续表

	典型检测活动	典型防范活动	典型隔离活动	典型响应活动
多个并行导航器级	使用不同的传感器组合并行运行；多导航器解决方案被表决和一致性检测	剔除不一致输出	当单个解决方案与其他解决方案的行为不一致时，隔离是很容易的；当同时有多个故障时，隔离可能是不可行的，但这种情况发生概率非常低	禁止使用被“污染”的信息
网络级	网络运行中心收集的信息包括：GNSS运行状态、增强系统运行状态、干扰或欺骗威胁、机会信号与信号协作等信息	在确定检测之前，将某些PNT资源确定为可疑资源	假定隔离由较低的级别完成，但可以通过跨网络的检查完成确认	声明某些PNT资源不可用或无效；命令PNT资源配置操作，如部署增强服务

5.3.1 虚警概率与漏检概率

下面将描述一个常用的故障检测方案，该方案可用于支持4个层级上的所有检测、防范和隔离。

设 X 是在两种情况下表现不同的随机变量，H_0 表示一切正常，H_1 表示有故障。

设条件概率密度函数为：

$$\begin{aligned} p(x \mid H_0) &= p_0(x) \\ p(x \mid H_1) &= p_1(x) \end{aligned} \tag{5.1}$$

通常假设当故障发生时，随机变量 X 倾向于取更高的值，密度函数如图5.4所示。

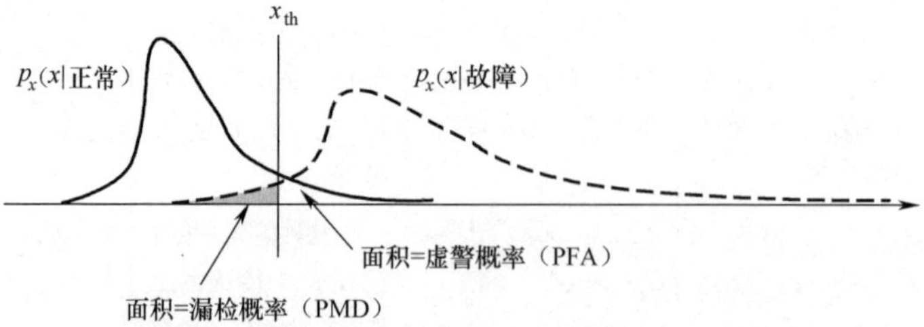

图5.4　随机变量 X 的密度函数、PFA与PMD

假设使用一个阈值 x_{th} 来确定 x 是来自 $p_0(x)$ 还是来自 $p_1(x)$，可以定义

$$P_{fa} = P(x > x_{th} \mid H_0) = \int_{x_{th}}^{\infty} p(x \mid H_0)\,dx = \int_{x_{th}}^{\infty} p_0(x)\,dx \tag{5.2}$$

作为虚警概率。PFA是指当系统中没有故障时，检测出有故障的概率。

也可以定义

$$P_{\mathrm{md}} = P(x < x_{\mathrm{tb}} | H_1) = \int_{-\infty}^{x_{\mathrm{tb}}} p(x | H_1)\,\mathrm{d}x = \int_{-\infty}^{x_{\mathrm{tb}}} p_1(x)\,\mathrm{d}x \tag{5.3}$$

作为漏检概率，即当未检测到故障时但实际上存在故障的概率。

显然，这两个重要概率的数值大小是由阈值的选择决定，更重要的是由两个概率分布函数决定。

如果提高阈值，将在减小 PFA 的，同时增加 PMD。换句话说，在概率分布固定的情况下，不能同时减少 PFA 与 PMD，一个数值减小，另一个数值必然增大。

显然，希望同时将 PFA 与 PMD 最小化。虽然可以通过调整阈值来平衡 PFA 与 PMD，但能调整的范围是有限的。为了使 PFA 与 PMD 都能有较小的值，必须直接改变概率分布或改变测试方法，从根本上说，改变测试方法就相当于改变概率分布。

例如，可以给定一个新的随机变量，它是所取样本的平均值。假设每个样本相互独立，假设的两种新随机变量概率密度函数与图 5.4 所示相似，概率密度函数将随着用于取平均值的样本数量的增加而变得更窄。因此，PFA 与 PMD 都将减小。

下面介绍的内容中，不需要设定一个具有更好概率分布的新随机变量，只是简单地改变测试方法，即对独立抽取的多个样本进行重复测试。只有当相同的结果被持续维持 n 次时，才会做出决定。其中，n 表示持续计数的阈值。

5.3.2　通过持续性测试同时降低 PFA 与 PMD

假设不存在故障，n 次测试报告为故障的概率为

$$P_{\mathrm{fa}} = (P(x > x_{\mathrm{tb}} | H_0))^n = \left(\int_{x_{\mathrm{tb}}}^{\infty} p_0(x)\,\mathrm{d}x\right)^n \tag{5.4}$$

随着 n 的增加，PFA 会很快减小到很小的值。

假设存在一个故障，n 次测试报告为正常的概率可简写为

$$P_{\mathrm{md}} = (P(x \leqslant x_{\mathrm{tb}} | H_1))^n = (\int_{x_{\mathrm{tb}}}^{\infty} p_1(x)\,\mathrm{d}x)^n \tag{5.5}$$

同样，随着 n 的增加，PMD 将很快减小到很小的值。由于 PFA 与 PMD 都会随着 n 的增加而呈指数级减小，因此，持久性测试方法是很有用的，它极大地提高了故障检测算法的性能。

一个显而易见的问题是，这中间发生了什么？换句话说，如果在 n 个样本上进行 n 次独立测试，并且测试触发 $m(<n)$ 次，在这段时间内应该发生什么？这种情况就故障检测而言，无法做出任何决定。这正是需要在检测或声明故障之前防范潜在故障的原因。只有在检测到故障后，才能启动故障响应。

5.3.3　防范与响应

之所以引入防范的概念，主要是因为持续性测试可能是提高故障检测性能最常用的方法之一。根据持续性的要求，当测试仅被触发一次时，无法确定检测

结果。同时,如果故障确实发生了,但是没有报告故障这一事实,这意味着有潜在的低质量数据进入了系统,从而造成后续的连带影响。为了避免这种情况,即使还没有准备好报告故障,也需要以某种方式处理该问题。这就是防范的作用。

例如,如果一个传感器的故障测试被触发,但没有足够数据说明故障测试正在持续被触发,那么不希望声明该特定传感器发生故障,并切换到备用传感器或替代传感器组合。相反,会通过数据替换或数据忽略来简单地控制问题(阻止问题传播到系统的其他部分)。替换数据可以从前序样本中推导出来,或者从传感器模型的状态中推导出来。通常情况下,如果传感器被用来形成传播解决方案,那么必须提供一个备用方案。如果传感器数据用于形成更新解决方案,那么可以简单地直接忽略该样本。

如果故障数据只是由短暂异常值造成的,那么防范措施将替换数据或短暂地忽略数据,随后一切都会恢复正常,不会检测到任何故障。如果持续触发测试环节,那么会导致检测到故障,然后必须要有响应,响应可能是删除该传感器,并使用备份或其他传感器替换。

总之,防范是对尚未被可靠地报告为故障的触发测试的响应,以阻止潜在的故障在系统中传播。故障响应是持续触发测试并检测到故障后系统所采取的行动。

5.3.4 4个层级中各层故障的检测、防范、隔离与响应

一般的故障检测与持续性测试适用于4个层级。在传感器级,可以使用各种组合的测试方式,适当选择持久性测试,可以检测并报告故障。通常情况下,只希望能够将故障隔离在某个特定的传感器内。在传感器级上,检测到故障也意味着故障已经被隔离了。

在持续性标准得到满足之前,触发测试意味着需要控制问题。对于像IMU这样的传播传感器来说,防范是至关重要的,因为传感器输出的每个样本值对于解算方案都很重要。当测试被触发时,需要通过外延与插值或使用模型等方式来提供替换数据。然而,对于更新传感器,遗漏了一个样本也是可以接受的。防范只是意味着跳过一个样本。

对于单一导航器级,可以通过卡尔曼滤波的残差与其他变量来检测。同样,在低PFA与低PMD情况下,需要通过持续性测试来可靠地检测故障。在这种情况下,防范可以只跳过由特定传感器产生特定测量值的卡尔曼滤波器更新过程。重要的是,这种防范方式可能不是绝对合理的处理方式,因为它假定传播解算方案(通常是基于IMU数据的惯性导航解算方案)未出现故障。

对于单一导航器级,故障检测可能会直接导致故障隔离措施,也可能不会。这是因为PNT系统可以使用多个更新数据源,并且每一个数据更新源都可能会导致故障。

以上就是隔离需要在多导航器级上进行的原因，在该层级上，具有不同传感器组合的多个解决方案并行运行，并且可以通过多个解决方案之间的“投票”来隔离故障。

在网络级，故障检测与持续性测试可以用于检测故障或威胁，例如与 GNSS 卫星群有关的故障或威胁。这些检测导致将信息分发给个别解决方案，以消除用其他方法无法检测到的传感器数据源。

5.4　全源 PNT 系统建立步骤

本节将讨论关于“应该如何着手建立一个全源 PNT 系统”的通用准则。一般来讲，当开发一个全源 PNT 系统时，通常有 11 个步骤，具体如下：

(1) 系统概念开发；

(2) 需求与设计目标建立；

(3) 顶层硬件与软件结构定义；

(4) 详细算法开发；

(5) 建立数学模型；

(6) 模拟与分析；

(7) 系统硬件与软件建立；

(8) 硬件测试；

(9) 软件测试；

(10) 系统集成；

(11) 系统测试。

下面简要讨论每一个步骤。

步骤(1)：概念开发。

这个阶段，要在概念层面上确定：

(1) 传播方案是什么。

(2) 更新源是什么。

(3) 所有传感器如何在可用性、完整性、可靠性与性能等方面共同协作，从而帮助确定整体解决方案。

(4) 故障与威胁可能是什么，如何管理它们。

步骤(2)：需求与设计目标建立。

一旦开发了系统概念，就可以着手分析系统的用例并获取质量属性。需要注意的是：

(1) 需求与目标不仅涉及性能、可用性、完整性以及操作环境与场景，还涉及再开发成本、生产成本、维护、服务与支持成本以及质量。

(2) 为了充分掌握需求与设计目标，通常有必要组织用例研讨会与质量属性研讨会来详细阐述和确定需求。

步骤(3):顶层硬件与软件体系结构设计。

通过使用本书讨论的结构设计模式,开发和定义顶层的硬件结构与顶层的软件结构并不困难,具体如下:

(1) 确定所有传感器的硬件、硬件接口、软件接口、时间标签与时间同步机制。

(2) 了解各来源传感器的性能与误差特征、故障与故障场景。

(3) 确定计算资源,如带有电子接口的嵌入式计算机,它可以使用特定的软件和通信协议,通过硬件接口与每个传感器源通信。

(4) 需要确定类似于图 5.2 中的软件体系结构,在以下方面进一步详细说明:

① 操作系统是什么;

② 处理传感器接口的设备驱动程序是什么;

③ 如何将传感器抽象成模块或层,使 PNT 应用软件其他部分独立于特定硬件;

④ 软件模块是如何相互连接的、调度的;

⑤ 是否需要多线程或多进程,如果需要,线程间与进程间的通信是如何进行的;

⑥ 需要采用上一节提到的 4 个层级方法设计故障检测结构,并决定故障检测结构如何与正常结构结合。

步骤(4):详细算法开发。

一旦定义了结构,就可以开始开发并定义详细算法,具体如下:

(1) 需要为各传感器与数据源定义时间同步算法。下面是几个比较常用的时间同步机制的示例。

① 使用现有的时间同步方案。例如,使用网络定时协议(network time protocol, NTP)或其他更精确的方式精确计时协议(precision timing protocol, PTP)。NTP 与 PTP 的优点是它们在许多操作系统环境中均可使用成熟的设计方式。

② 使用硬件定时脉冲(如每秒 1 个脉冲(1 pulse per second, 1PPS))。这通常需要能保存系统时间的特定硬件,例如,定时脉冲的上升沿。这是大多数 GNSS 接收机与接收机客户系统同步时间的方案。

③ 使用软件时间重置方案。在这种情况下,例如,PNT 计算机将向传感器发送一个信息,而传感器在收到信息后将其时钟设置为一个已知变量。假设从命令到实际复位的时间延迟可以被模拟到一定的精度,那么就允许传感器在该精度内与 PNT 计算机时间同步。

(2) 确定所有状态变量并定义所有的非线性传播算法。

(3) 推导出传播算法的线性化形式,用来支持卡尔曼滤波的协方差传播。

(4) 定义所有非线性传感器输出的预测算法。

(5) 推导出输出预测算法的线性化形式,用来计算 $\boldsymbol{H}$ 矩阵

(6) 详细阐述的各传感器和其他可能发生故障、无法使用的组件故障检测、防范、隔离与响应的设计细节。

步骤(5):建立数学模型。

为了实现和分析详细的算法设计,必须首先建立数学模型,具体如下:

(1) 确定轨迹模型、操作方案与操作参数。

(2) 建立所有传感器模型,包括传感器噪声与误差模型。

(3) 确定如何对非白噪声进行建模。

(4) 确定传播噪声与 $\boldsymbol{Q}$ 矩阵。

(5) 确定量测噪声与 $\boldsymbol{R}$ 矩阵。

(6) 建立全源 PNT 硬件与软件仿真模型。

步骤(6):模拟与分析。

建立数学模型后,可以进行模拟与分析,目的是验证与核实以下设计:

(1) 系统结构设计。

(2) 系统算法设计。

(3) 标准情况下的系统性能。

(4) 存在故障或挑战情况下的系统性能。

(5) 可用性。

(6) 完整性。

(7) 可靠性。

(8) 其他设计属性。

步骤(7):系统硬件与软件建立。

这一步对于系统性质来说是非常具体的。如何完成这一步在很大程度上取决于该系统需要遵守的流程与质量标准。如建造一个玩具的 PNT 系统与建造一个关于人类生命安全的 PNT 系统之间存在巨大差异。

步骤(8):硬件测试。

这一步同样取决于系统的性质与质量标准。确保硬件满足要求和设计目标的典型测试包括传感器单元测试、传感器接口测试、硬件集成测试。硬件集成测试通常会对传感器、传感器接口、计算机硬件与设备驱动程序进行综合测试。

步骤(9):软件测试。

通常情况下,单元测试既可以作为一种调试机制,又可以作为综合测试来全面覆盖软件实现的细节。此外,要将软件集成到仿真环境中,并进行软件在环(software-in-the-loop, SITL)测试与处理器在环(processor-in-the-loop, PITL)测试,以降低硬件与软件集成的风险。

步骤(10):系统集成。

根据具体系统要求,有时把实时计算系统、软件与模拟传感器集成在一起作为受控环境中测试集成系统的第一步;第二步是进一步进行传感器、实时计算机与软件的集成。有时,也可以直接进行第二步。

步骤(11):系统测试。

根据需求与设计目标,系统级测试将根据流程要求,非正式地与正式地测试集成系统是否符合系统需求。

显然,在本书范围内,无法完整演示上述 11 个步骤及其子步骤,但是在后续章节中,将通过一些示例来说明步骤(1)~步骤(5)的部分内容。

参 考 文 献

[1] DARPA, "Brad Agency Announcement: All-Source Positioning and Navigation (ASPN)," Strategic Technology Office, DARPA-BAA-11-14, 2010.

[2] https://www.transportation.gov/pnt/national-positioning-navigation-and-timing-pnt-architecture.

[3] https://www.darpa.mil/program/adaptable-navigation-systems.

[4] Owano, N., "DARPA Seeks New Positioning, Navigation, Timing Solutions," *TechXplore*, March 28, 2015, https://techxplore.com/news/2015-03-darpa-positioning-solutions.html.

[5] Groves, P. D., "The Complexity Problem in Future Multi-Sensor Navigation and Positioning Systems: A Modular Solution," *The Journal of Navigation*, Vol. 67, 2014, pp. 311-326.

[6] Si, S., et al., "A New Underwater All Source Positioning and Navigation (ASPN) Algorithm Based on Factor Graph," *2019 Chinese Control and Decision Conference (CCDC)*, 2019, https://ieeexplore.ieee.org/document/8832700.

[7] Groves, P. D., *Principles of GNSS, Inertial, and Multisensor Integrated Navigation Systems*, Second Edition, Norwood, MA: Artech House, 2013.

[8] Penn, T. R., "All Source Sensor Integration Using an Extended Kalman Filter," Air Force Institute of Technology, Master's thesis, March 2012.

[9] Pullen, S., T. Walter, and P. Enge, "Integrity for Non-Aviation Users: Moving Away from Specific Risk," *GPS World*, July 2011, pp. 28-36.

[10] Thomas, M., et al., "Global Navigation Space Systems: Reliance and Vulnerabilities," Royal Academy of Engineering, March 2011.

[11] Wang, L., and S. Li, "Enhanced Multi-Sensor Data Fusion Methodology Based on Multiple Model Estimation for Integrated Navigation System," *Int. J. Control Autom. Syst.*, Vol. 16, 2018, pp. 295-305.

[12] Gong, X., J. Zhang, and J. Fang, "A Modified Nonlinear Two-Filter Smoothing for High-Precision Airborne Integrated GPS and Inertial Navigation," *IEEE Transactions on Instrumentation and Measurement*, Vol. 64, 2015, pp. 3315-3322.

[13] Gao, W., Y. Zhang, and J. Wang, "A Strapdown Interial Navigation System/Beidou/ Doppler Velocity Log Integrated Navigation Algorithm Based on a Cubature Kalman Filter," *Sensors*, Vol. 14, 2014, pp. 1511-1527.

[14] Abdolkarimi, E. S., G. Abaei, and M. R. Mosavi, "A Wavelet-Extreme Learning Machine for Low-Cost INS/GPS Navigation System in High-Speed Applications," *GPS Solutions*, Vol. 22, No. 15, 2018.

[15] Chang, L., K. Li, and B. Hu, "Huber's M-Estimation-Based Process Uncertainty Robust Filter for Integrated INS/GPS," *IEEE Sens.* J., Vol. 15, 2015, pp. 3367-3374.

[16] Gelb, M., *Applied Optimal Estimation*, Cambridge, MA: MIT Press, 1974.

[17] Brown, R. G., and P. Hwang, *Introduction to Random Signals and Applied Kalman Filtering*, New York: John Wiley & Sons, 1996.

[18] Li, R., and A. Wu, "Kalman Filtering & Applications," *UCLA Lecture Notes*, 2005-2019.

[19] Li, R., et al., "Spacecraft Attitude Determination System and Method," U.S. Patent 6,285,927, May 1999.

[20] Julier, S. J., J. K. Uhlmann, and H. Durrant-Whyte, "A New Approach for Filtering Nonlinear System," *Proc. of the American Control Conference*, 1995, pp. 1628-1632.

[21] Julier, S. J., and J. K. Uhlmann, "General Method for Approximating Nonlinear Transformation of Probability Distributions," Technical report RRG Department of Engineering Science, University of Oxford, November 1996.

[22] Izadi, I., et al., "A Framework for Optimal Design of Alarm Systems," *Proc. of 7th IFAC Symposium on Fault Detection, Supervision and Safety of Technical Processes*, Barcelona, Spain, June 30-July 3, 2009.

[23] https://en.wikipedia.org/wiki/Detection_theory.

[24] Wickens, T. D., *Elementary Signal Detection Theory*, New York: Oxford University Press, 2002.

第6章 集成时钟

6.1 引言

精确计时在许多实际应用中都至关重要,特别是在定位、导航与授时(positioning, navigation, and timing, PNT)系统中起核心作用。作为集成PNT系统的简单示例,集成时钟至少包括两类集成方案:传播方案与更新方案。传播方案通常是基于振荡器完成的。实际上,大多数传播方案是由硬件完成的,其中,时钟相位可供软件读取。

下面列出了部分更新方案:

(1) 传播方案通常可以用一个稳定但噪声大的振荡器更新。该方案也是常用方案之一,因为大多数晶体振荡器(crystal oscillator,CXO)具有很好的短期噪声,但长期稳定性较差。原子钟,如铷原子钟和铯原子钟,在具有更好的短期噪声同时长期稳定性要好得多。因此,大多数原子钟使用CXO和原子钟的组合来实现性能优化。

(2) 传播方案可以由另一个时间源更新,如全球卫星导航系统(global navigation satellite systems, GNSS)接收机。

(3) 传播方案可以通过时间传播机制更新,该机制可产生一个用来校正时间的时钟偏移估计量。

6.2 基本结构

图6.1为一个集成时钟结构图。在这个通用结构中,振荡器与整合机制通常是集成的,可以包含很多不同元素。下面列举了部分示例:

(1) 地球自转运动;

(2) 月球围绕地球旋转;

(3) 地球围绕太阳旋转;

（4）机械钟摆；
（5）其他类型的机械振荡器；
（6）CXO；
（7）原子振荡器。

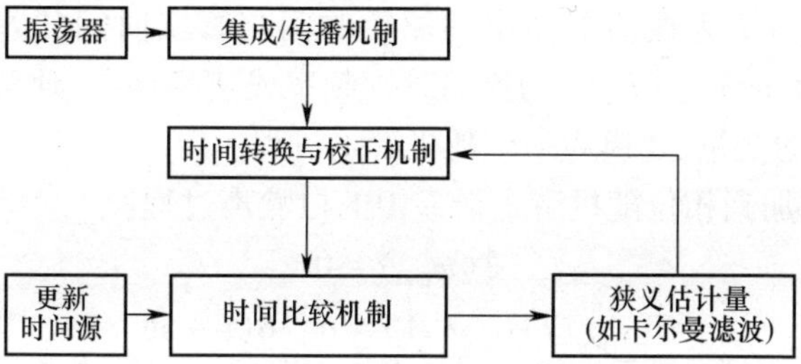

图6.1 集成时钟结构

上述示例中的集成与传播机制可以是自然运动、模拟或数字机械系统、模拟或数字电子系统。

重要的是要认识到，为了实现精确的时间传播与时间读取，大多数结构是由硬件完成的。狭义的卡尔曼滤波可由软件（或硬件）来实现。由于时间匹配是由硬件完成的，所以通常不再需要基于软件的时间匹配。

因为时间匹配是由硬件完成的，所以每个更新传感器都需要使用当前的时间（硬件传播器时间）输出来驱动硬件，以允许更新传感器或采用接口电子设备直接测量时钟之间的时间差。

例如，由振荡器驱动的数字计数器或寄存器可能是现代时钟中最常见的振荡器或积分器之一。类似地，由外部时钟触发，对当前时间寄存器内的副本进行缓冲，将缓冲的时间作为外部时钟的时间标记。然后，将同一个事件中的外部时钟与该时间标记进行比较，来计算差值。以目前的技术能力，这些机制很容易由现场可编程门阵列（field programmable gate array，FPGA）或特定应用集成电路（application specific integrated circuit，ASIC）实现。

6.3 传播方案与线性化误差模型

如前所述，传播方案主要由硬件完成。因此，重要的是对“传播行为”建模，或者更有用的是对误差建模。

本节将展示传播误差模型的3个示例。感兴趣的读者可以参考文献[1-4]中类似的示例。

例6.1 用时间误差与时间速率误差对时钟误差建模。

$$\frac{\mathrm{d}x}{\mathrm{d}t}=b+w_{\mathrm{prw}} \tag{6.1}$$

$$\frac{\mathrm{d}b}{\mathrm{d}t}=w_{\mathrm{rrw}} \tag{6.2}$$

$$x_{\mathrm{out}}=x+w_{\mathrm{pwn}} \tag{6.3}$$

式中：$x(t)=t_{\mathrm{raw}}-t$ 为振荡器输出的原始时间与真实时间的差值，是未知量；$x(t)$ 为原始时间的误差；$b(t)$ 为原始时钟频率或速率误差，通常是一个缓慢变换的、几乎恒定的变量，建模为一个随机游走过程。

w_{prw} 表示添加到相位随机游走误差中的白噪声过程：

$$E(w_{\mathrm{prw}})=0 \tag{6.4}$$

$$E(w_{\mathrm{prw}}(t)w_{\mathrm{prw}}(s))=\sigma_{\mathrm{prw}}^2\delta(t-s) \tag{6.5}$$

w_{rrw} 表示添加到速率随机游走中的白噪声过程，即时钟速率偏差 $b(t)$ 的随机游走：

$$E(w_{\mathrm{rrw}})=0 \tag{6.6}$$

$$E(w_{\mathrm{rrw}}(t)w_{\mathrm{rrw}}(s))=\sigma_{\mathrm{rrw}}^2\delta(t-s) \tag{6.7}$$

w_{pwn} 表示添加到相位输出的白噪声过程：

$$E(w_{\mathrm{pwn}})=0 \tag{6.8}$$

$$E(w_{\mathrm{pwn}}(t)w_{\mathrm{pwn}}(s))=\sigma_{\mathrm{pwn}}^2\delta(t-s) \tag{6.9}$$

式(6.3)以矩阵形式表示，有

$$\frac{\mathrm{d}}{\mathrm{d}t}\begin{bmatrix}x\\b\end{bmatrix}=\begin{bmatrix}0&1\\0&0\end{bmatrix}\begin{bmatrix}x\\b\end{bmatrix}b+\begin{bmatrix}w_{\mathrm{prw}}\\w_{\mathrm{rrw}}\end{bmatrix} \tag{6.10}$$

$$x_{\mathrm{out}}=x+w_{\mathrm{pwn}}=[1\quad 0]\begin{bmatrix}x\\b\end{bmatrix}+w_{\mathrm{pwn}} \tag{6.11}$$

最后一个方程就是对 x 输出的建模。

使用例 6.1 实现卡尔曼滤波器实际上并不简单。它意味着需要用 $x(t)$ 的估计结果来修正原始时间，并用 $b(t)$ 的估计结果来修正振荡器频率或时钟速率。可以想象，当时钟传播与集成用硬件来实现时，修正这两个量是难以实现的。

例 6.2 在第二个示例中，将保留基于振荡器的原始时间，并使用带有预定义校正公式的原始时间，通过软件创建一个校正后的输出值。此外，将利用外部时间源估计校正方程的各项参数。

例如，可以利用以下公式将原始时间修正，得到校正后的时间：

$$t_{\mathrm{c}}=b_0+b_1(t_{\mathrm{raw}}-t_0)+\frac{1}{2}b_2(t_{\mathrm{raw}}-t_0)^2 \tag{6.12}$$

式中：t_0 为选择的时间起始点；b_0、b_1、b_2 分别为原始时钟相对外部时钟的时间偏差、速率偏差与加速度误差。

对上述参数建模,形式如下:

$$\frac{\mathrm{d}}{\mathrm{d}t}\begin{bmatrix} b_0 \\ b_1 \\ b_2 \end{bmatrix} = \begin{bmatrix} 0 & 1 & 0 \\ 0 & 0 & 1 \\ 0 & 0 & 0 \end{bmatrix}\begin{bmatrix} b_0 \\ b_1 \\ b_2 \end{bmatrix} + \begin{bmatrix} w_{\mathrm{prw}} \\ w_{\mathrm{rrw}} \\ w_{\mathrm{arw}} \end{bmatrix} \tag{6.13}$$

修正时间的输出量可以建模为

$$t_{\mathrm{c\_read\_out}} = b_0 + b_1(t_{\mathrm{raw}} - t_0) + \frac{1}{2}b_2(t_{\mathrm{raw}} - t_0)^2 + w_{\mathrm{pwn}} \tag{6.14}$$

例 6.3　与例 6.2 思路相同,修正公式可以进一步扩展,使修正公式中包括根据物理学或测试结果而确定存在的其他参数项。例如,可能包括多个已知频率的正弦项:

$$t_{\mathrm{c\_read\_out}} = b_0 + b_1(t_{\mathrm{raw}} - t_0) + \frac{1}{2}b_2(t_{\mathrm{raw}} - t_0)^2 + \sum_{i=1}^{n} c_i\cos[\omega_i(t - t_0)] + s_i\sin[\omega_i(t - t_0)] + w_{\mathrm{wpn}} \tag{6.15}$$

在这种情况下,传播误差模型中包括额外的 $2n$ 项。因此,参数状态模型为

$$\frac{\mathrm{d}}{\mathrm{d}t}\begin{bmatrix} b_0 \\ b_1 \\ b_2 \\ c_1 \\ s_1 \\ c_2 \\ s_2 \\ \vdots \\ c_n \\ s_n \end{bmatrix} = \begin{bmatrix} 0 & 1 & 0 & 0 & 0 & 0 & 0 & \cdots & 0 & 0 \\ 0 & 0 & 1 & 0 & 0 & 0 & 0 & \cdots & 0 & 0 \\ 0 & 0 & 0 & 0 & 0 & 0 & 0 & \cdots & 0 & 0 \\ 0 & 0 & 0 & 0 & 0 & 0 & 0 & \cdots & 0 & 0 \\ 0 & 0 & 0 & 0 & 0 & 0 & 0 & \cdots & 0 & 0 \\ 0 & 0 & 0 & 0 & 0 & 0 & 0 & \cdots & 0 & 0 \\ 0 & 0 & 0 & 0 & 0 & 0 & 0 & \cdots & 0 & 0 \\ \vdots & \vdots & \vdots & \vdots & \vdots & \vdots & \vdots & \ddots & \vdots & \vdots \\ 0 & 0 & 0 & 0 & 0 & 0 & 0 & \cdots & 0 & 0 \\ 0 & 0 & 0 & 0 & 0 & 0 & 0 & \cdots & 0 & 0 \end{bmatrix}\begin{bmatrix} b_0 \\ b_1 \\ b_2 \\ c_1 \\ s_1 \\ c_2 \\ s_2 \\ \vdots \\ c_n \\ s_n \end{bmatrix} + \begin{bmatrix} w_{\mathrm{prw}} \\ w_{\mathrm{rrw}} \\ w_{\mathrm{arw}} \\ c_1 rw \\ s_1 rw \\ c_2 rw \\ s_2 rw \\ \vdots \\ c_n rw \\ s_n rw \end{bmatrix} \tag{6.16}$$

其中,系数 s_i 与 c_i $(i=1,2,\cdots,n)$ 建模为随机游走过程;$s_i rw$ 与 $c_i rw$ $(i=1,2,\cdots,n)$ 为添加到随机游走过程中的白噪声过程。

对于上述 3 个示例,高质量模型已经是线性的,不需要将模型线性化。

6.4　集成时钟更新

第一种用来校正传播方案的外部时钟可能是一个时间源,该时间源以某些高精度时间参考为基准,如全球定位系统(global positing systems, GPS)接收机

或其他运载器的时钟。

第二种类型的外部时钟可能只是另一种基于传播器的解决方案,该方案使用了更好的振荡器,如原子钟。在这种情况下,集成时钟将同时利用 CXO 的短期优良性能与原子钟的长期稳定性。

从根本上说,这两种类型的外部更新源之间没有区别。除了短期(高频)噪声外,将把外部时钟视为长期运行的理想时钟。因此,集成时钟依赖外部时钟更新的长期性能。

通常使用精密硬件来测量与外部时间源的时间偏差,其测量结果就是时间误差。测量结果是时间误差而不是时间的好处是误差本身是变化缓慢,不需要担心用于时间校正的精度时间匹配。

第 4 章讨论了双向时间传输方法与测量相对时钟误差的过程。这是计算相对时间误差的众多方法之一,当外部时间基准与传播时钟不匹配时,就必须考虑信号传输的时间。目前广泛使用的网络定时协议(network time protocol, NTP)与精确计时协议(precision timing protocol, PTP)协议[5]就是基这个原理实现的。

当两个时间源共存时,产生相对时间误差测量的机制通常依赖电子硬件获取精确测量结果。

此处,主要讨论两种机制:

(1) 脉冲到达时间(time of arrival, TOA)的精确测量(如 1 脉冲每秒(1 pulse per second, 1PPS));

(2) 通过信号的相关性(可以是载波、编码或编码表示的数据)来精确测量时间差。

这两种机制在本质上是相同的。第一种方法使用单一记号作为时间标记;第二种机制使用一系列离散或连续的记号作为时间标记。可以想象,对于第二种机制,有机会在多个时间标记上平均时间同步误差,因此,有可能实现非常高的精度。基于此,可知每秒 1 个脉冲方式实际上是极其简单的,不是用于高精度时间同步任务的最佳机制。

图 6.2 说明了用 1PPS 方法得出相对时间差的测量过程。

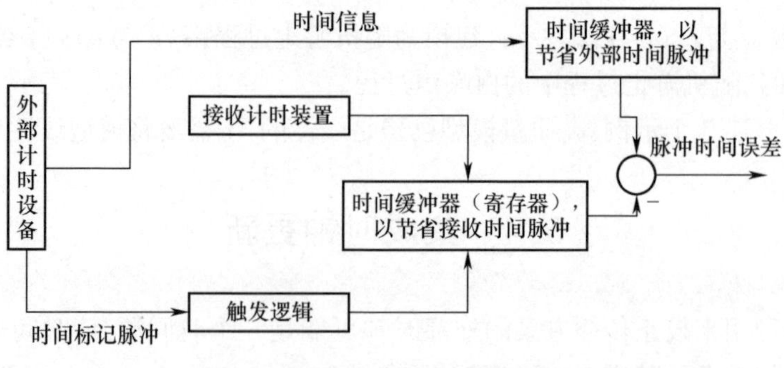

图 6.2　1PPS 时间差测量方案

该方案依赖 3 个关键设计：

(1) 外部时钟向另一设备(接收机)提供脉冲(如常用的 1PPS)的能力；

(2) 外部时钟提供信息的能力，该信息包含使用外部设备的时钟在脉冲处传输的实际时间；

(3) 接收脉冲时保存接收设备时钟时间的机制。

有了上述 3 个关键设计，相对时间误差就是外部时钟的脉冲时间与接收时钟的脉冲时间之差。

图 6.3 为时间差测量的相关方法。在这种情况下，将讨论载波、编码或数据调制信号，并通过信号的相关性对其进行比较。

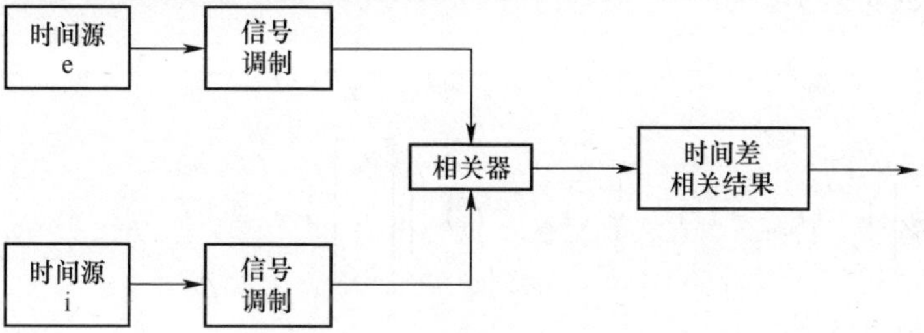

图 6.3　基于相关性的时间误差测量方案

例如，假设外部时钟基准为正弦波的形式：

$$z = A_e \sin(\omega t_e) + v_e \tag{6.17}$$

式中：v_e 为信号上的噪声。

接收设备的时间也可以用正弦波的相位表示：

$$y = A_i \sin(\omega t_i) + v_i \tag{6.18}$$

式中：v_i 为信号上的噪声。

在这种简单的情况下，信号相关器可以采用经典的乘法加低通滤波机制，输出结果可以表示为

$$\begin{aligned} c &= \mathrm{LPF}(y(t)z(t)) \\ &= \frac{A_e A_i}{2}\sin(\omega(t_e - t_i)) + \mathrm{LSF}(v_i A_e \sin(\omega t_e) + v_e A_i \sin(\omega t_i)) \\ &= \frac{A_e A_i}{2}\sin(\omega(t_e - t_i)) + v_{ei} \end{aligned} \tag{6.19}$$

其中，LPF 表示低通滤波算子：

$$v_{ei} = \mathrm{LSF}(v_i A_e \sin(\omega t_e) + v_e A_i \sin(\omega t_i)) \tag{6.20}$$

表示经过相关处理后的残余噪声。

基于上述推导，可以写出：

$$t_e - t_i = \frac{1}{\omega}\arcsin\left(\frac{2c}{A_e A_i} - \frac{2v_{ei}}{A_e A_i}\right) \tag{6.21}$$

当误差较小时,式(6.21)可以近似为

$$t_e - t_i = \frac{2}{\omega A_e A_i} c + v_t \tag{6.22}$$

式中:$v_t = -(2/\omega A_e A_i) v_{ei}$ 为时间差测量的残余噪声。

至此,可以写出卡尔曼滤波器的量测方程。

就例 6.1 而言,量测模型可以写为

$$z = t_{raw} - mt = x + w_{pwn} - v = \begin{bmatrix} 1 & 0 \end{bmatrix} \begin{bmatrix} x \\ b \end{bmatrix} + v_t \tag{6.23}$$

式中:$v_t = w_{pwn} - v$ 为利用传播方案时钟的相位白噪声与外部时钟量测噪声的组合。

对于例 6.2,有

$$\begin{aligned} z &= t_{c\_read\_out} - mt = b_0 + b_1(t_{raw} - t_0) + \frac{1}{2} b_2 (t_{raw} - t_0)^2 + w_{pwn} - v \\ &= \begin{bmatrix} 1 & (t_{raw} - t_0) & \frac{1}{2}(t_{raw} - t_0)^2 \end{bmatrix} \begin{bmatrix} b_0 \\ b_1 \\ b_2 \end{bmatrix} + v_t \end{aligned} \tag{6.24}$$

对于例 6.3,有

$$\begin{aligned} z &= t_{c\_read\_out} - mt \\ &= b_0 + b_1(t_{raw} - t_0) + \frac{1}{2} b_2 (t_{raw} - t_0)^2 + \sum_{i=1}^{n} c_i \cos[\omega_i (t - t_0)] + \\ &\quad s_i \sin[\omega_i (t - t_0)] + w_{wpn} - v \end{aligned} \tag{6.25}$$

可写为

$$z = \begin{bmatrix} 1 & t_{raw} - t_0 & \frac{1}{2}(t_{raw} - t_0)^2 & \cos[\omega_1(t_{raw} - t_0)] \\ \sin[\omega_1(t_{raw} - t_0)] & \cos[\omega_2(t_{raw} - t_0)] & \sin[\omega_2(t_{raw} - t_0)] & \cdots \cos[\omega_n(t_{raw} - t_0)] \quad \sin[\omega_n(t_{raw} - t_0)] \end{bmatrix} \times \begin{bmatrix} b_0 \\ b_1 \\ b_2 \\ c_1 \\ s_1 \\ c_2 \\ s_2 \\ \vdots \\ c_n \\ s_n \end{bmatrix} + v_t \tag{6.26}$$

式中：$v_t = w_{pwn} - v$ 为传播方案时钟的相位白噪声与正在使用外部时钟量测噪声的组合。

6.5　集成时钟仿真实例

本节中给出了一个带有较大误差的集成时钟的仿真结果，来说明例 6.1 经典的双态集成时钟卡尔曼滤波器。若想了解更多示例，可参考文献[1-4, 6-8]。

图 6.4 为原始时钟曲线。图 6.4 中的第一条曲线为随时间缓慢变化的时钟速率误差，第二条曲线为未采用任何修正值时的原始时间误差。图 6.5 为模拟的更新量测误差。图 6.6 为集成时钟的时间误差与时间速率误差，以及从卡尔曼滤波协方差阵计算出来的+/−3σ 上下限。图 6.7 为速率误差估计值收敛到真实速率误差的过程。

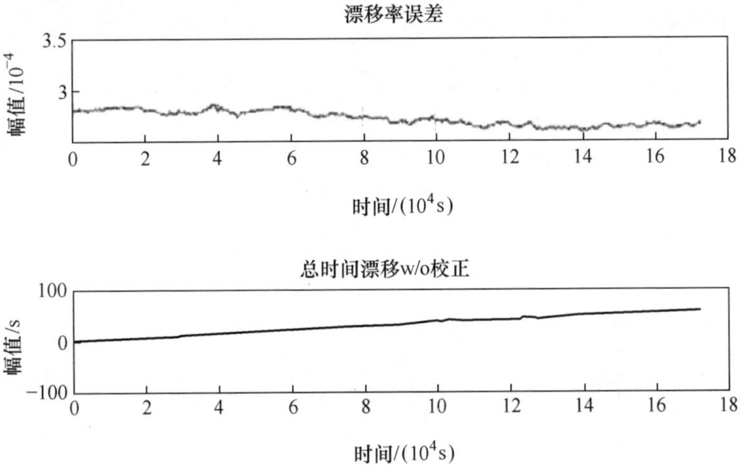

图 6.4　原始时钟曲线

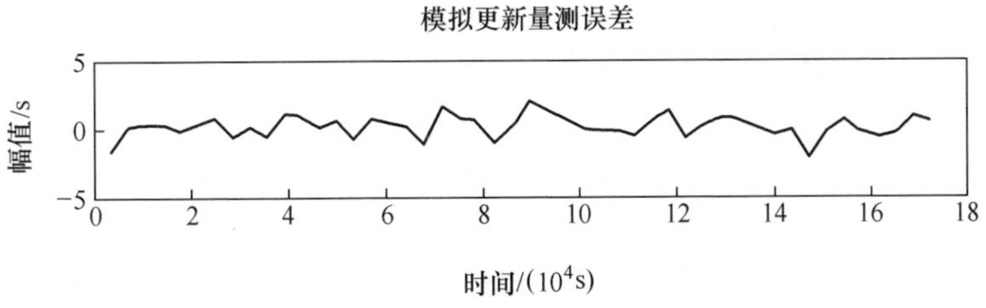

图 6.5　外部时钟更新量测误差

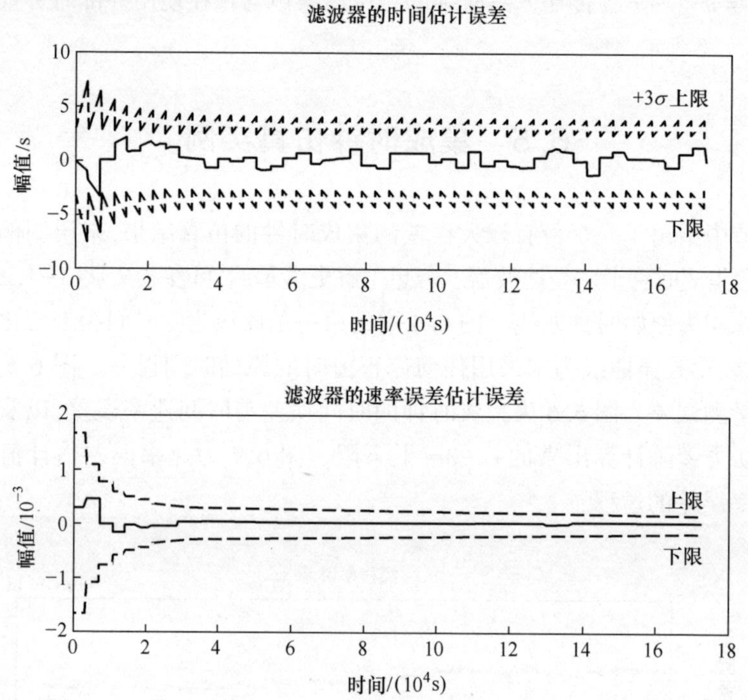

图 6.6 集成时钟的模拟性能

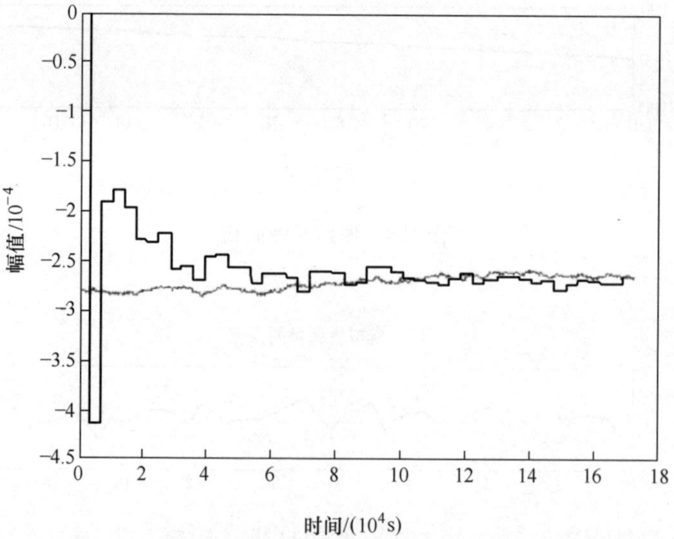

图 6.7 速率误差估计值收敛到真实速率误差的过程

参考文献

[1] Giorgi, G., and C. Narduzzi, "Performance Analysis of Kalman-Filter-Based Clock Synchronization in IEEE 1588 Networks," *IEEE Transactions on Instrumentation and Measurement*, Vol. 60, No. 8, August 2011.

[2] Stein, S. R., and R. L. Filler, "Kalman Filter Analysis for Real Time Applications of Clocks and Oscillators," *Proc. of 42nd Annual Frequency Control Symposium*, 1988.

[3] Kim, H., et al., "Tracking Low-Precision Clocks with Time-Varying Drifts Using Kalman Filtering," *Journal IEEE/ACM Transactions on Networking(TON)*, Vol. 20, No. 1, February 2012, pp. 257-270.

[4] Wang, B., J. Chen, and B. Wang, "Kalman Filter Simulation and Characterization of BDS Satellite Clock," *2018 European Frequency and Time Forum(EFTF)*, April 10-12, 2018.

[5] https://en.wikipedia.org/wiki/Precision_Time_Protocol.

[6] Gelb, M., *Applied Optimal Estimation*, Cambridge, MA: MIT Press, 1974.

[7] Brown, R. G., and P. Hwang, *Introduction to Random Signals and Applied Kalman Filtering*, New York: John Wiley & Sons, 1996.

[8] Li, R., and A. Wu, "Kalman Filtering & Applications," *UCLA Lecture Notes*, 2005-2019.

第7章

航天器姿态确定

7.1 引　　言

从第6章开始,本书开始用具体的示例进一步阐述第3章~第5章介绍的内容。由于航天器的姿态确定相对简单,因此,将航天器姿态确定作为早期讨论课题之一。虽然是以航天器为例,但当只需要确定姿态时,大多数算法、方程与设计原则均适用于其他载体。姿态确定是文献中广泛涉及的话题,文献[1-10]描述了常用的姿态确定方法,文献[11-15]描述了卡尔曼滤波在姿态确定与导航等领域的应用。对于航天器来说,恒星惯性姿态确定(stellar inertial attitude determination,SIAD)[16-64]是当下最常用的姿态确定方法。姿态确定是大多数航天器系统都需要的关键能力之一,主要包括以下3个用途:

(1) 使航天器及其有效载荷能够精确地指向某个方向,从而提供预期服务[27,31,41]。例如,大多数地球卫星是通信服务卫星或传感卫星。对于地球轨道航天器所提供的这两种服务来说,航天器的精确姿态确定与精确指向至关重要。

(2) 航天器为自身"生存"而准确定位。具体而言:

① 适当调整航天器相对于太阳的方向,使其具有动力安全[28];

② 适当调整航天器相对于太阳的方向,使其具有热安全[28];

③ 适当确定航天器相对于地球地面站的方向,使其具有通信安全。

(3) 允许航天器指向其他方向,以支持航天器与有效载荷校准、航天器控位或轨道控制等操作[22,27,33]。

图7.1描述了航天器姿态控制系统的顶层结构以及姿态确定传感器和算法的作用。在这个结构中,有几个关键组件与模块,在此加以说明:

(1) 姿态转向算法。该模块决定了航天器应如何定向来实现操作目标。该子系统的输出通常为操作模式的一个函数,包含算法所需的姿态四元数、姿态角速度矢量与姿态角加速度矢量。输出通常称为转向指令。

(2) 姿态确定传感器与算法。该模块确定了航天器的当前方位(航天器当前姿态、当前姿态角速度与当前角加速度)。该过程称为状态估计。

（3）姿态控制原则与执行器。该模块计算转向命令与当前状态之间的差异，然后利用该差异，通过控制原则产生执行操作，以消除该差异。

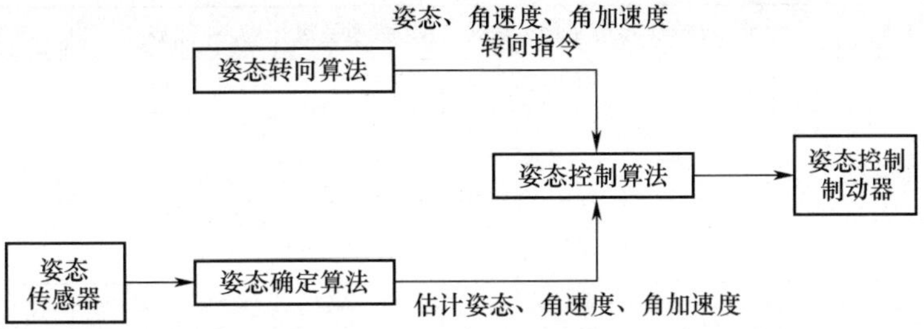

图 7.1　姿态测量的作用

如前所述，定位、导航与授时（positioning，navigation，and timing，PNT）系统有两种类型的传感器与信息源。姿态确定作为 PNT 系统的一种也不例外。下面列出了用于航天器姿态确定的传播传感器与信息源的典型示例。

（1）用来测量角速度的三轴陀螺仪，可用于积分求姿态；

（2）航天器动力学模型，用于施加到航天器力矩的角加速度计算，然后积分得到角速度与姿态。

下面列出航天器姿态确定的典型传感器和信息源更新。

（1）星跟踪器是目前最常用的航天器姿态确定传感器。

（2）为了满足动力和热安全的要求，需要确定航天器相对于太阳的姿态；此外，因为太阳敏感器因其价格低廉受到广泛的欢迎。

（3）地球敏感器能够确定地球中心的视距无线传输（line-of-sight，LOS）方向。15~30 年前，地球敏感器在地球卫星系统中广泛使用，这是因为大多数卫星需要指向地球中心（指向最低点）。目前，地球传感器基本上被恒星跟踪器所取代，这是为了降低成本、减少尺寸、重量和功率（size，weight，and power，SWAP）、提高性能以及简化操作。

（4）射频信标传感器，测量地球上射频发射器的 LOS 方向。当有效载荷到航天器总线的热变形和未对准偏差给有效载荷指向带来过多的未补偿误差时，现代航天器则使用信标传感器。信标天线与航天器（S/C）有效载荷天线可以并列配置，甚至可以是同一根天线。

（5）局部磁场矢量测量磁强计。与其他传感器相比，三轴磁强计通常更便宜，但精度要低很多，这不是传感器造成的，而是因为磁场很容易被电子、机械系统干扰或影响。

（6）具有多个天线的全球定位系统（global positioning systems，GPS）接收机在一个参考坐标系内测量两个或多个基线矢量，也可以用来确定姿态。然而，由于多径效应和使用长基线的限制，GPS 接收机姿态测量精度有限。

表 7.1 是对上述传感器进行比较后的汇总。

表 7.1　姿态确定传感器的比较

补 1		典型性能(参考量级)	常规费用(参考量级)	优势	缺点
传播姿态测量类传感器					
1.1	三轴陀螺仪(惯性参考单元)	10^{-3}~10(°)/h	1000~100 万美元	全时段工作,高刷新率	误差随时间增大
1.2	航天器动态模型	运动的 0.1%~10%	0	无成本	误差增大,精度低,需要扭矩与力的测量
更新类传感器					
2.1	星跟踪器	0.0001°~0.01°(星位误差)	5 万~100 万美元	精度高	存在太阳、月球或行星的干扰问题;由于热变形存在,精度无法转移到有效载荷上
2.2	太阳敏感器	0.1°~10°	100~10 万美元	低成本,低 SWAP	低精度,日食状态下无效
2.3	地球敏感器	0.01°~1°	10 万~100 万美元		价格高,低精度,已过时
2.4	射频信标传感器	0.001°~0.01°	1000~100 万美元(通常是有效载荷的一部分,可能免费)	精度高,与有效载荷同位	需要地面站(通常易实现,因为任何情况下都需要地面站提供服务)
2.5	三轴磁强计	0.1°~10°	1000~10 万美元	低成本,低 SWAP	由于航天器其他部分造成现场失真,精度有限
2.6	多天线 GPS 接收机	0.1°~1°	1 万~100 万美元	如果在任何情况下都有 GPS 接收机,成本较低	精度低

7.2　恒星惯性姿态确定

7.2.1　系统概念

本节大致遵循第 5 章中论述的步骤，描述 SIAD 的设计过程，以此作为全源 PNT 系统最简单的示例之一。

SIAD 是两类姿态解算方案的协同集成：惯性参考单元（inertial reference unit, IRU）传播解决方案与星跟踪器更新解决方案。

利用三轴陀螺仪提供转速信息，对转速积分得到姿态，这就是 SIAD 系统的基本传播解算方案。其中，需要对 IRU 误差建模，并将其考虑到卡尔曼滤波的设计中[39]。

如前所述，传播解算方案有两个问题：需要初始值和误差随时间积累。因此，星跟踪器提供多颗恒星的 LOS 测量，并用测量结果补偿 IRU。这些恒星需要与星表中的恒星相匹配，用来确定姿态信息。

当没有任何姿态信息时，即当处于太空迷失（lost in space, LIS）的状态时，必须使用恒星姿态采集（stellar attitude acquisition, SAA）算法[32, 44]，将解算结果与星表匹配。SAA 算法可以得到初始姿态信息，用于初始化、重新初始化或姿态传感器重置等。

在正常运行的大部分时间内，姿态传播器会保持良好的姿态信息输出，可以用来预测以下内容：

（1）可观测到的恒星是什么？

（2）视场（field of view, FOV）中观测到恒星的位置是什么？

上述信息有两种用途：

（1）引导或帮助星跟踪器追踪或预测观测到的恒星；

（2）通过将预测的恒星位置与实际测量的恒星位置相匹配来直接识别恒星，并计算测量残差。卡尔曼滤波器将使用这些残差生成状态量的修正量。

卡尔曼滤波器对各误差参数建模，包括 IRU 误差参数、星跟踪器误差参数、姿态误差参数，并能够正确地将恒星残差归为不同的校正参数。

7.2.2　恒星惯性姿态确定架构

7.2.1 节讨论的系统概念可以通过一个结构关系来描述。图 7.2 为根据第 5 章描述的全源 PNT 通用体系结构图中衍生出的体系结构图。

在该结构中，希望传感器（IRU 与星际跟踪器，为独立的硬件、固件或软件实体）可以被集成到系统中。IRU 与星跟踪器的接口包括硬件接口与软件接口。结构中的其余部分是在计算机中运行的应用程序软件。

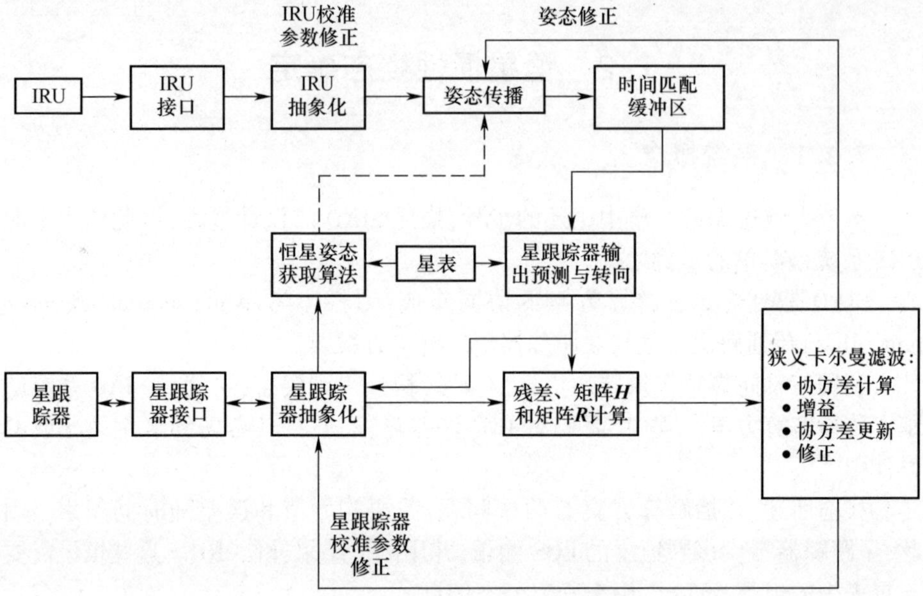

图 7.2　恒星惯性姿态测量结构

7.2.3　传播算法与误差模型

第 3 章已经详细讨论了姿态传播算法，这里简要介绍三阶算法。

在航天器应用中，通常使用地心惯性（earth－centered inertial，ECI）坐标系（I 坐标系）作为参考坐标系，微分方程为

$$\dot{\boldsymbol{q}}_{\mathrm{B}}^{\mathrm{I}}=\frac{1}{2}\boldsymbol{q}_{\mathrm{B}}^{\mathrm{I}}\otimes{}^{\mathrm{B}}\boldsymbol{\omega}_{\mathrm{I}}^{\mathrm{B}}=\frac{1}{2}\boldsymbol{q}_{\mathrm{B}}^{\mathrm{IB}}\boldsymbol{\omega}_{\mathrm{I}}^{\mathrm{B}} \tag{7.1}$$

三阶数学积分算法可以总结为

$$\boldsymbol{q}_{\mathrm{B}}^{\mathrm{I}}(t)=\boldsymbol{q}_{\mathrm{B}}^{\mathrm{I}}(t-\Delta t)\begin{pmatrix}\left(1-\frac{1}{6}\delta_0^2\right)\delta_1-\frac{1}{6}(\delta_2\delta_3^{\mathrm{p}}-\delta_3\delta_2^{\mathrm{p}})\\ \left(1-\frac{1}{6}\delta_0^2\right)\delta_2-\frac{1}{6}(\delta_3\delta_1^{\mathrm{p}}-\delta_1\delta_3^{\mathrm{p}})\\ \left(1-\frac{1}{6}\delta_0^2\right)\delta_3-\frac{1}{6}(\delta_1\delta_2^{\mathrm{p}}-\delta_2\delta_1^{\mathrm{p}})\\ 1-\frac{1}{2}\delta_0^2\end{pmatrix} \tag{7.2}$$

其中

$$\boldsymbol{\delta}=\begin{bmatrix}\delta_1\\\delta_2\\\delta_3\end{bmatrix}=\frac{1}{2}{}^{\mathrm{B}}\boldsymbol{\omega}_{\mathrm{I}}^{\mathrm{B}}(t)\Delta t,\quad \boldsymbol{\delta}^{\mathrm{P}}=\begin{bmatrix}\delta_1^{\mathrm{P}}\\\delta_2^{\mathrm{P}}\\\delta_3^{\mathrm{P}}\end{bmatrix}=\frac{1}{2}{}^{\mathrm{B}}\boldsymbol{\omega}_{\mathrm{I}}^{\mathrm{B}}(t-\Delta t)\Delta t \tag{7.3}$$

$$\delta_0^2=\delta_1^2+\delta_2^2+\delta_3^2$$

姿态误差运动学方程为

$$\boldsymbol{\delta}^{\mathrm{I}}\dot{\boldsymbol{\theta}}_{\mathrm{B}}^{\mathrm{I}}=-\boldsymbol{C}_{\mathrm{B}}^{\mathrm{I}}\boldsymbol{\delta}^{\mathrm{B}}\boldsymbol{\omega}_{\mathrm{I}}^{\mathrm{B}} \tag{7.4}$$

对 IRU 建立误差模型：

$$\begin{aligned}\boldsymbol{\delta}^{\mathrm{B}}\boldsymbol{\omega}_{\mathrm{I}}^{\mathrm{B}}&=m^{\mathrm{B}}\boldsymbol{\omega}_{\mathrm{I}}^{\mathrm{B}}-{}^{\mathrm{B}}\boldsymbol{\omega}_{\mathrm{I}}^{\mathrm{B}}\\&=\boldsymbol{C}_{\mathrm{G}}^{\mathrm{B}}\mathrm{diag}({}^{\mathrm{G}}\boldsymbol{s}){}^{\mathrm{G}}\boldsymbol{\omega}_{\mathrm{I}}^{\mathrm{B}}+[[{}^{\mathrm{B}}\boldsymbol{\theta}\times]+L({}^{\mathrm{B}}\boldsymbol{\beta})]{}^{\mathrm{B}}\boldsymbol{\omega}_{\mathrm{I}}^{\mathrm{B}}+{}^{\mathrm{B}}\boldsymbol{b}+\boldsymbol{C}_{\mathrm{G}}^{\mathrm{B}}\mathbf{ARW}\end{aligned} \tag{7.5}$$

此处定义陀螺仪传感器坐标系(G 坐标系)，该坐标系各轴与陀螺仪各敏感轴对齐。刻度系数误差与角度随机游走(angle random walk，ARW)都是与传感器坐标系有关的术语。

$$\mathrm{diag}({}^{\mathrm{G}}\boldsymbol{s})=\begin{bmatrix}s_x&0&0\\0&s_y&0\\0&0&s_z\end{bmatrix}$$

表示沿传感器坐标系的刻度系数误差，其中

$${}^{\mathrm{G}}\boldsymbol{s}=[s_x\quad s_y\quad s_z]^{\mathrm{T}}$$

DCM $\boldsymbol{C}_{\mathrm{G}}^{\mathrm{B}}$ 不一定是一个标准正交矩阵，因为 3 个陀螺仪轴不一定相互正交。$\boldsymbol{C}_{\mathrm{G}}^{\mathrm{B}}$ 表示从陀螺仪传感器坐标系到载体坐标系的转换矩阵。

${}^{\mathrm{B}}\boldsymbol{b}$ 表示由传感器坐标系转换到载体坐标系的陀螺零偏矢量。换句话说，该零偏矢量是各轴陀螺零偏的线性组合。在 3 个陀螺仪表现性能不同的情况下，选择使用

$${}^{\mathrm{B}}\boldsymbol{b}=\boldsymbol{C}_{\mathrm{G}}^{\mathrm{B}}{}^{\mathrm{G}}\boldsymbol{b}$$

的方式直接在陀螺仪传感器坐标系中建立零偏模型。

错位矩阵(与载体坐标系直接相关)分解为两个转换矩阵：

$$\boldsymbol{M}=(1+\delta\boldsymbol{M})=\begin{bmatrix}1&-\theta_z&\theta_y\\\beta_z+\theta_z&1&-\theta_x\\-(\beta_y+\theta_y)&\beta_x+\theta_x&1\end{bmatrix}$$

$$\approx\begin{bmatrix}1&0&0\\\beta_z&1&0\\-\beta_x&\beta_y&1\end{bmatrix}\begin{bmatrix}1&-\theta_z&\theta_y\\\theta_z&1&-\theta_x\\-\theta_y&\theta_x&1\end{bmatrix}$$

也可以写为

$$\boldsymbol{M}=(1+\delta\boldsymbol{M})=\begin{bmatrix}1 & -\theta_z & \theta_y\\ \beta_z+\theta_z & 1 & -\theta_x\\ -(\beta_y+\theta_y) & \beta_x+\theta_x & 1\end{bmatrix}$$

$$=\boldsymbol{I}+\begin{bmatrix}0 & -\theta_z & \theta_y\\ \theta_z & 0 & -\theta_x\\ -\theta_y & \theta_x & 0\end{bmatrix}+\begin{bmatrix}0 & 0 & 0\\ \beta_z & 0 & 0\\ -\beta_x & \beta_y & 0\end{bmatrix} \tag{7.6}$$

令

$$[{}^{\mathrm{B}}\boldsymbol{\theta}\times]=\begin{bmatrix}0 & -\theta_z & \theta_y\\ \theta_z & 0 & -\theta_x\\ -\theta_y & \theta_x & 0\end{bmatrix},\quad L({}^{\mathrm{B}}\boldsymbol{\beta})=\begin{bmatrix}0 & 0 & 0\\ \beta_z & 0 & 0\\ -\beta_x & \beta_y & 0\end{bmatrix} \tag{7.7}$$

其中

$${}^{\mathrm{B}}\boldsymbol{\theta}=[\theta_x\quad\theta_y\quad\theta_z]^{\mathrm{T}},\quad {}^{\mathrm{B}}\boldsymbol{\beta}=[\beta_x\quad\beta_y\quad\beta_z]^{\mathrm{T}}$$

因此,有

$$\delta\boldsymbol{M}=[{}^{\mathrm{B}}\boldsymbol{\theta}\times]+L({}^{\mathrm{B}}\boldsymbol{\beta}) \tag{7.8}$$

重要的是,$[\boldsymbol{\theta}\times]$ 表示三个旋转未对准误差模型,$L(\boldsymbol{\beta})$ 表示 3 个非正交未对准误差模型。正如第 3 章所述,由旋转未对准引起的姿态误差不会随着姿态机动而累积。但由非正交未对准引起的姿态误差会随着姿态机动而累积,特别是该误差会在多轴锥形运动中累积增大。

在 SIAD 系统中,旋转未对准通常由 3 个部分组成,包括由校准残差和热变形引起的 IRU 旋转错位、由校准残差与热变形引起的 IRU 与星跟踪器之间的旋转错位、由校准残差与热变形引起的星跟踪器旋转未对准。当 IRU 与星跟踪器被安装在一个相对较大的基线上时,由于热变形引起的旋转未对准可能很严重。但幸运的是,该误差引起的姿态误差不会累积。

非正交错位只发生在 3 个陀螺仪之间。初始误差可以被校正,此外,由于 3 个陀螺仪被紧密地安装在一起,热变形通常较小。

综上所述,由错位误差引起的转速误差,可以表示为以下形式:

$$\delta\boldsymbol{M}\omega=[\boldsymbol{\theta}\times]\boldsymbol{\omega}+L(\boldsymbol{\beta})\boldsymbol{\omega}=-[\boldsymbol{\omega}\times]\boldsymbol{\theta}+\begin{bmatrix}0 & 0 & 0\\ 0 & 0 & \omega_x\\ \omega_y & -\omega_x & 0\end{bmatrix}$$

$$\boldsymbol{\beta}=-[\boldsymbol{\omega}\times]\boldsymbol{\theta}+\boldsymbol{J}(\boldsymbol{\omega})\boldsymbol{\beta} \tag{7.9}$$

其中

$$\boldsymbol{J}(\boldsymbol{\omega})=\begin{bmatrix}0 & 0 & 0\\ 0 & 0 & \omega_x\\ \omega_y & -\omega_x & 0\end{bmatrix} \tag{7.10}$$

该误差方程可以写成用于卡尔曼滤波器设计的形式：

$$\boldsymbol{\delta}^{\mathrm{B}}\boldsymbol{\omega}_{\mathrm{I}}^{\mathrm{B}} = \boldsymbol{C}_{\mathrm{G}}^{\mathrm{B}}\mathrm{diag}({}^{\mathrm{G}}\boldsymbol{\omega}_{\mathrm{I}}^{\mathrm{B}})^{\mathrm{S}}\boldsymbol{s} - [{}^{\mathrm{B}}\boldsymbol{\omega}_{\mathrm{I}}^{\mathrm{B}}\times]^{\mathrm{B}}\boldsymbol{\theta} + \boldsymbol{J}({}^{\mathrm{B}}\boldsymbol{\omega}_{\mathrm{I}}^{\mathrm{B}})^{\mathrm{B}}\boldsymbol{\beta} + {}^{\mathrm{B}}\boldsymbol{b} + \boldsymbol{C}_{\mathrm{G}}^{\mathrm{B}}\mathbf{ARW} \tag{7.11}$$

将上述内容与误差运动学方程结合起来，得到下面的最终形式：

$$\begin{aligned}{}^{\mathrm{I}}\dot{\boldsymbol{\theta}}_{\mathrm{B}}^{\mathrm{I}} &= -\boldsymbol{C}_{\mathrm{B}}^{\mathrm{I}}\boldsymbol{\delta}^{\mathrm{B}}\boldsymbol{\omega}_{\mathrm{I}}^{\mathrm{B}} \\ &= -\boldsymbol{C}_{\mathrm{G}}^{\mathrm{I}}\mathrm{diag}({}^{\mathrm{G}}\boldsymbol{\omega}_{\mathrm{I}}^{\mathrm{B}})\begin{bmatrix} s_1 \\ s_2 \\ s_3 \end{bmatrix} - \boldsymbol{C}_{\mathrm{B}}^{\mathrm{I}}\boldsymbol{J}({}^{\mathrm{B}}\boldsymbol{\omega}_{\mathrm{I}}^{\mathrm{B}})\begin{bmatrix} \beta_1 \\ \beta_2 \\ \beta_3 \end{bmatrix} + \\ &\quad \boldsymbol{C}_{\mathrm{B}}^{\mathrm{I}}[{}^{\mathrm{B}}\boldsymbol{\omega}_{\mathrm{I}}^{\mathrm{B}}\times]\begin{bmatrix} \theta_1 \\ \theta_2 \\ \theta_3 \end{bmatrix} - \boldsymbol{C}_{\mathrm{B}}^{\mathrm{I}}\begin{bmatrix} b_1 \\ b_2 \\ b_3 \end{bmatrix} - \boldsymbol{C}_{\mathrm{G}}^{\mathrm{I}}\mathbf{ARW}\end{aligned} \tag{7.12}$$

如果将每一个 IRU 误差建模为随机游走过程，可以定义状态矢量与系统过程噪声矢量：

$$\begin{aligned}\boldsymbol{X}^{\mathrm{T}} &= [{}^{\mathrm{I}}\boldsymbol{\theta}_{\mathrm{B}}^{\mathrm{I}} \quad {}^{\mathrm{B}}\boldsymbol{b}^{\mathrm{T}} \quad {}^{\mathrm{S}}\boldsymbol{s}^{\mathrm{T}} \quad {}^{\mathrm{B}}\boldsymbol{\beta}^{\mathrm{T}} \quad {}^{\mathrm{B}}\boldsymbol{\theta}^{\mathrm{T}}] \\ \boldsymbol{W}^{\mathrm{T}} &= [-(\boldsymbol{C}_{\mathrm{G}}^{\mathrm{I}}\mathbf{ARW})^{\mathrm{T}} \quad \mathbf{RRW}^{\mathrm{T}} \quad \mathbf{SRW}^{\mathrm{T}} \quad \boldsymbol{\beta}\mathbf{RW}^{\mathrm{T}} \quad \boldsymbol{\theta}\mathbf{RW}^{\mathrm{T}}]\end{aligned} \tag{7.13}$$

式中：**SRW** 为产生刻度系数随机游走的 3×1 白噪声过程矢量；$\boldsymbol{\beta}$**RW** 为产生非正交错位随机游走的 3×1 白噪声过程矢量；$\boldsymbol{\theta}$**RW** 为产生旋转错位随机游走的 3×1 白噪声过程矢量。

然后，可以得到如下微分方程，作为线性化误差传播模型：

$$\dot{\boldsymbol{X}} = \boldsymbol{A}\boldsymbol{X} + \boldsymbol{W}$$

$$\boldsymbol{A} = \begin{bmatrix} \mathbf{0}_{3\times3} & -\boldsymbol{C}_{\mathrm{B}}^{\mathrm{I}} & -\boldsymbol{C}_{\mathrm{G}}^{\mathrm{I}}\mathrm{diag}({}^{\mathrm{G}}\boldsymbol{\omega}_{\mathrm{I}}^{\mathrm{B}}) & -\boldsymbol{C}_{\mathrm{B}}^{\mathrm{I}}\boldsymbol{J}({}^{\mathrm{B}}\boldsymbol{\omega}_{\mathrm{I}}^{\mathrm{B}}) & \boldsymbol{C}_{\mathrm{B}}^{\mathrm{I}}[{}^{\mathrm{B}}\boldsymbol{\omega}_{\mathrm{I}}^{\mathrm{B}}\times] \\ \mathbf{0}_{3\times3} & \mathbf{0}_{3\times3} & \mathbf{0}_{3\times3} & \mathbf{0}_{3x3} & \mathbf{0}_{3\times3} \\ \mathbf{0}_{3\times3} & \mathbf{0}_{3\times3} & \mathbf{0}_{3\times3} & \mathbf{0}_{3\times3} & \mathbf{0}_{3\times3} \\ \mathbf{0}_{3\times3} & \mathbf{0}_{3\times3} & \mathbf{0}_{3\times3} & \mathbf{0}_{3\times3} & \mathbf{0}_{3\times3} \\ \mathbf{0}_{3\times3} & \mathbf{0}_{3\times3} & \mathbf{0}_{3\times3} & \mathbf{0}_{3\times3} & \mathbf{0}_{3\times3} \end{bmatrix} \tag{7.14}$$

7.2.4 量测方程与误差模型

星跟踪器的测量结果通常在星跟踪器坐标系中表示为星体位置坐标(h,v)，它与星跟踪器传感器坐标系内单位矢量的关系如下：

$${}^{\mathrm{S}}\boldsymbol{u} = \frac{1}{\sqrt{1+h^2+v^2}}\begin{bmatrix} h \\ v \\ 1 \end{bmatrix} \tag{7.15}$$

且有

$$\begin{bmatrix} h \\ v \end{bmatrix} = \begin{bmatrix} \dfrac{{}^{S}\boldsymbol{u}(1)}{\boldsymbol{u}(3)} \\ \dfrac{{}^{S}\boldsymbol{u}(2)}{\boldsymbol{u}(3)} \end{bmatrix} \tag{7.16}$$

可以用以下方式将单位矢量的误差或偏差映射到 (h,v) 的误差或偏差：

$$\begin{bmatrix} \delta h \\ \delta v \end{bmatrix} = \begin{bmatrix} \dfrac{\delta {}^{S}\boldsymbol{u}(1)}{{}^{S}\boldsymbol{u}(3)} - \dfrac{{}^{S}\boldsymbol{u}(1)\delta {}^{S}\boldsymbol{u}(3)}{{}^{S}\boldsymbol{u}^2(3)} \\ \dfrac{\delta {}^{S}\boldsymbol{u}(2)}{{}^{S}\boldsymbol{u}(3)} - \dfrac{{}^{S}\boldsymbol{u}(2)\delta {}^{S}\boldsymbol{u}(3)}{{}^{S}\boldsymbol{u}^2(3)} \end{bmatrix} = \begin{bmatrix} \dfrac{1}{{}^{S}\boldsymbol{u}(3)} & 0 & -\dfrac{{}^{S}\boldsymbol{u}(1)}{{}^{S}\boldsymbol{u}^2(3)} \\ 0 & \dfrac{1}{{}^{S}\boldsymbol{u}(3)} & -\dfrac{{}^{S}\boldsymbol{u}(2)}{{}^{S}\boldsymbol{u}^2(3)} \end{bmatrix} \delta {}^{S}\boldsymbol{u}$$

或者，上式可以改写为

$$\begin{bmatrix} \delta h \\ \delta v \end{bmatrix} = \frac{1}{\sqrt{1+h^2+v^2}} \begin{bmatrix} 1 & 0 & -h \\ 0 & 1 & -v \end{bmatrix} \delta {}^{S}\boldsymbol{u} \tag{7.17}$$

对于 ECI 坐标系中的恒星单位矢量(可以从星表中检索到)，对应的星跟踪器坐标系单位矢量可以写为

$${}^{S}\boldsymbol{u} = \boldsymbol{C}_{B}^{S} \boldsymbol{C}_{I}^{BI} \boldsymbol{u}$$

根据第 4 章内容可知：

$$\delta {}^{S}\boldsymbol{u} = [{}^{S}\boldsymbol{u}\times]\delta {}^{S}\boldsymbol{\theta}_{I}^{S} = [{}^{S}\boldsymbol{u}\times]\boldsymbol{C}_{B}^{S}\delta {}^{B}\boldsymbol{\theta}_{I}^{B} = [{}^{S}\boldsymbol{u}\times]\boldsymbol{C}_{I}^{S}\delta {}^{I}\boldsymbol{\theta}_{I}^{B} = -[{}^{S}\boldsymbol{u}\times]C_{I}^{S}\delta {}^{I}\boldsymbol{\theta}_{B}^{I}$$

综合上所述，有

$$\begin{bmatrix} \delta h \\ \delta v \end{bmatrix} = \frac{1}{\sqrt{1+h^2+v^2}} \begin{bmatrix} -1 & 0 & h \\ 0 & -1 & v \end{bmatrix} [{}^{S}\boldsymbol{u}\times]\boldsymbol{C}_{I}^{S}\delta {}^{I}\boldsymbol{\theta}_{B}^{I} = \boldsymbol{H}_1 \delta {}^{I}\boldsymbol{\theta}_{B}^{I} \tag{7.18}$$

其中

$$\boldsymbol{H}_1 = \frac{1}{\sqrt{1+h^2+v^2}} \begin{bmatrix} -1 & 0 & h \\ 0 & -1 & v \end{bmatrix} [{}^{S}\boldsymbol{u}\times]\boldsymbol{C}_{I}^{S} \tag{7.19}$$

式(7.19)表示恒星位置的方程。

式(7.18)将 ECI 坐标系中的姿态误差投影转换到星跟踪器传感器坐标系的恒星位置误差。

此外，式(7.18)假设恒星位置无误差。现实中，恒星位置通常包含低空间频率(low spatial frequency, LSF)、高空间频率(high spatial frequency, HSF)、时间性噪声(temporal noise, TN)3 种类型的误差：

$$\begin{bmatrix} mh \\ mv \end{bmatrix} = \begin{bmatrix} h \\ v \end{bmatrix} + \begin{bmatrix} h_{LSF} + h_{HSF} + h_{TN} \\ v_{LSF} + v_{HSF} + v_{TN} \end{bmatrix} \tag{7.20}$$

LSF 误差称为固定模式误差，它在星跟踪器的 FOV 上变化缓慢。当恒星在 FOV 上移动时，误差在时域上显示为变化的噪声。如果恒星移动得快，LSF 误差变化快；如果恒星移动缓慢，LSF 误差变化缓慢。造成 LSF 误差的主要原因如

下(但不限于):

(1) 由于镜头或光学系统的其他相关部分的老化、热变形而导致的有效焦距偏移。

(2) 星跟踪器焦平面响应的不均匀性。

(3) 对于基于电荷耦合器件(charge-coupled device, CCD)的焦平面阵列,电荷转移效率(charge transfer efficiency,CTE)会导致 LSF 误差,特别是在 CCD 阵列长期暴露在辐射下时。基于有源像素矩阵的焦平面阵列在读取过程中不需要将电荷从一个像素转移到另一个像素,因此不存在该问题。

(4) 校准残差。

部门 LSF 误差可以重复建模为星体位置 (h,v) 的函数。有时,将模型参数作为卡尔曼滤波器状态量的一部分是有效的,因此,允许系统连续校准星跟踪器的 LSF 误差[43]。

HSF 误差是在 FOV 上快速变化的误差,通常与像素级的频率信息有关。HSF 误差的一个示例是基于图像的有限分辨率而产生的向心误差该向心误差在每个像素的一个周期内会产生一个 S 曲线(正弦波状曲线)[29]。HSF 误差的另一个来源是焦平面阵列像素间响应的不均匀性。

TN 是随时间和恒星位置变化的随机电子噪声。这种噪声的典型来源包括焦平面阵列噪声(如射击噪声)与读数的噪声。

总之,对于 FOV 中的每颗恒星,非线性量测模型由以下 3 个方程给出:

$$
\begin{gathered}
{}^{\mathrm{S}}\boldsymbol{u} = \boldsymbol{C}_{\mathrm{B}}^{\mathrm{S}}\boldsymbol{C}_{\mathrm{I}}^{\mathrm{B}}{}^{\mathrm{I}}\boldsymbol{u} \\
\begin{bmatrix} h \\ v \end{bmatrix} = \begin{bmatrix} \dfrac{{}^{\mathrm{S}}\boldsymbol{u}(1)}{\boldsymbol{u}(3)} \\ \dfrac{{}^{\mathrm{S}}\boldsymbol{u}(2)}{\boldsymbol{u}(3)} \end{bmatrix} \\
\begin{bmatrix} mh \\ mv \end{bmatrix} = \begin{bmatrix} h \\ v \end{bmatrix} + \begin{bmatrix} h_{\mathrm{LSF}} + h_{\mathrm{HSF}} + h_{\mathrm{TN}} \\ v_{\mathrm{LSF}} + v_{\mathrm{HSF}} + v_{\mathrm{TN}} \end{bmatrix}
\end{gathered}
\tag{7.21}
$$

线性量测模型由下式给出:

$$
\begin{bmatrix} \delta mh \\ \delta mv \end{bmatrix} = \boldsymbol{H}_1 \delta{}^{\mathrm{I}}\boldsymbol{\theta}_{\mathrm{B}}^{\mathrm{I}} + \begin{bmatrix} h_{\mathrm{LSF}} + h_{\mathrm{HSF}} + h_{\mathrm{TN}} \\ v_{\mathrm{LSF}} + v_{\mathrm{HSF}} + v_{\mathrm{TN}} \end{bmatrix} \tag{7.22}
$$

其中

$$
\boldsymbol{H}_1 = \frac{1}{\sqrt{1 + h^2 + v^2}} \begin{bmatrix} -1 & 0 & h \\ 0 & -1 & v \end{bmatrix} [{}^{\mathrm{S}}\boldsymbol{u} \times] \boldsymbol{C}_{\mathrm{I}}^{\mathrm{S}}
$$

非线性模型与线性模型都用于构建卡尔曼滤波器。非线性模型用于对恒星位置的预测。线性模型用于提供卡尔曼滤波器协方差更新与增益计算所必需的 **H** 矩阵和量测噪声模型。

7.2.5 恒星直接识别与星表近邻准则

通常可以使用当前姿态信息预测在星跟踪器 FOV 中应该看到的恒星。具体步骤如下：

(1) 利用当前姿态四元数 $\boldsymbol{q}_{\mathrm{I}}^{\mathrm{B}}$，计算姿态方向余弦矩阵 $\boldsymbol{C}_{\mathrm{I}}^{\mathrm{B}}$。

(2) 将星跟踪器的准向轴矢量投影转换到 ECI 坐标系中，即

$$
{}^{\mathrm{I}}\boldsymbol{u}_{\mathrm{BS}} = \boldsymbol{C}_{\mathrm{B}}^{\mathrm{I}}\boldsymbol{C}_{\mathrm{S}}^{\mathrm{B}}\begin{bmatrix}0\\0\\1\end{bmatrix} = \boldsymbol{C}_{\mathrm{B}}^{\mathrm{I}}\boldsymbol{C}_{\mathrm{S}}^{\mathrm{B}}(:,3)
$$

(3) 利用该单位矢量，可以找到包围正方形或矩形 FOV（如果 FOV 是正方形或矩形）的圆形 FOV 中的所有恒星。

(4) 通过下式计算各颗恒星的 (h,v)：

$$
{}^{\mathrm{S}}\boldsymbol{u} = \boldsymbol{C}_{\mathrm{B}}^{\mathrm{S}}\boldsymbol{C}_{\mathrm{I}}^{\mathrm{B}}{}^{\mathrm{I}}\boldsymbol{u}
$$

$$
\begin{bmatrix}h\\v\end{bmatrix} = \begin{bmatrix}\dfrac{{}^{\mathrm{S}}\boldsymbol{u}(1)}{\boldsymbol{u}(3)}\\[2ex]\dfrac{{}^{\mathrm{S}}\boldsymbol{u}(2)}{\boldsymbol{u}(3)}\end{bmatrix}
$$

(5) 利用上述计算的 (h,v) 来检测这颗恒星是否确实在 FOV 中。

(6) 所有通过测试的恒星都被保存在一个子星表中，其中包含此刻应该在 FOV 中观测到的恒星。

需要指出的是，姿态 DCM 必须时刻包含星跟踪器测量时间标签的对应时间。

有了子星表中预测的恒星位置，现在可以通过计算 FOV 中每一颗观测恒星与子星表中的恒星距离的平方来匹配恒星：

$$
d_k^2 = (mh - \hat{h}_k)^2 + (mv - \hat{v}_k)^2
$$

式中：(mh,mv) 表示一颗观测恒星的测量位置；$(\hat{h}_k,\hat{v}_k)$ 表示当前子星表中恒星的预测位置。

用于匹配恒星的标准为

$$
d_k^2 = (mh - \hat{h}_k)^2 + (mv - \hat{v}_k)^2 < (\mathrm{minsep})^2 \tag{7.23}
$$

其中，参数 minsep 表示建立星表时使用的最小近邻分离角度。换句话说，如果星跟踪器能观测到的两颗恒星的分离角度小于 minsep，那么这些恒星都会从星表中剔除。

通常情况下，minsep 数值的选取要远大于姿态误差与恒星测量误差之和，并且要足够小，以便近邻准则不会使过多的恒星从星表中被删除。minsep 可设定为 0.2°，该数值可以满足大多数上述应用标准。

显然，星表的近邻准则对于保证恒星的唯一正确匹配是至关重要的，前

提是:

(1) 姿态信息误差明显小于 minsep;

(2) 恒星位置误差明显小于 minsep。

如果由于任何原因,导致姿态信息误差过大,以至于违反了上述第一条原则,那么极有可能将测量的恒星与星表中错误的恒星相匹配,导致姿态解算方案错误。在设计 SIAD 系统时,这一点十分重要。

综上所述,直接匹配的准则就变得非常简单。如果子星表中的预测恒星与测量恒星相匹配,那么有

$$d_k^2 = (mh - \hat{h}_k)^2 + (mv - \hat{v}_k)^2 < (\mathrm{minsep})^2$$

则被测量恒星就确定为子星表中的恒星。

利用上述约束条件和近邻准则,可以保证匹配的唯一性和正确性。

一旦恒星被识别出来,相应的残差就可以用来修正卡尔曼滤波器。

7.2.6 畸变误差校正

必须指出的是,星跟踪器的量测值中包含一个重要误差,在卡尔曼滤波器残差计算时必须加以校正。这就是由于飞行器在惯性空间中的速度造成的恒星畸变误差。该速度中最重要的部分是地球以约 107000km/h 的速度绕太阳公转,这会引起约 20″的恒星位置误差。

恒星畸变误差很小,在恒星被识别之前可以忽略不计,但在将残差送入卡尔曼滤波器之前必须进行校正,因为大多数恒星跟踪器的精度远远超过 20″。

畸变误差方程可以用简单的经典理论来推导,尽管没有包括相对论效应的论证并不完全正确。但对于大多数应用来说,其结果的精度可以满足应用需求。

给定一个恒星单位矢量 $\boldsymbol{u}_{\mathrm{star}}$ 与一个以速度 $\boldsymbol{v}$ 运动的恒星观察者,假设恒星光到达观察者需要的时间为 δt ,则到恒星的距离矢量为

$$\boldsymbol{r}_{\mathrm{star}} = (c\delta t)\boldsymbol{u}_{\mathrm{star}}$$

观察者在此期间走过的距离矢量为 $\boldsymbol{v}\delta t$, 因此,观察者观察到的视距矢量为

$$\boldsymbol{r}_{\mathrm{star\_observed}} = (c\delta t)\boldsymbol{u}_{\mathrm{star}} - \boldsymbol{v}\delta t$$

观察到的单位矢量为

$$\boldsymbol{u}_{\mathrm{star\_observed}} = \frac{(c\delta t)\boldsymbol{u}_{\mathrm{star}} - \boldsymbol{v}\delta t}{\|(c\delta t)\boldsymbol{u}_{\mathrm{star}} - \boldsymbol{v}\delta t\|}$$

一阶近似值为

$$\boldsymbol{u}_{\mathrm{star\_observed}} = \frac{(c\delta t)\boldsymbol{u}_{\mathrm{star}} - \boldsymbol{v}\delta t}{\|(c\delta t)\boldsymbol{u}_{\mathrm{star}} - \boldsymbol{v}\delta t\|} \approx \frac{(c\delta t)\boldsymbol{u}_{\mathrm{star}} - \boldsymbol{v}\delta t}{\|(c\delta t)\boldsymbol{u}_{\mathrm{star}}\|} = \frac{(c\delta t)\boldsymbol{u}_{\mathrm{star}} - \boldsymbol{v}\delta t}{c\delta t} = \boldsymbol{u}_{\mathrm{star}} - \frac{1}{c}\boldsymbol{v} \tag{7.24}$$

这种一阶近似对于大多数应用来说精度是足够的。这种修正可以应用于星表中的恒星位置,也可以应用于测量的恒星位置。因为在子星表中,测量的恒星

数量总是少于候选恒星的数量，所以从计算角度来说，校正测量的恒星位置更有效。

被测量单位矢量的作用与上述讨论中观察到的单位矢量作用相同。因此，修正公式为

$$m\boldsymbol{u}_{\text{star\_observed}}=m\boldsymbol{u}_{\text{star}}+\frac{1}{c}\boldsymbol{C}_{\mathrm{B}}^{\mathrm{S}}\boldsymbol{C}_{\mathrm{I}}^{\mathrm{BI}}\boldsymbol{v} \tag{7.25}$$

其中，测量到的受畸变污染的恒星单位矢量恢复到原来的单位矢量。航天器速度从 ECI 坐标系转换到星跟踪器坐标系。

已知

$$\begin{bmatrix}\delta h\\ \delta v\end{bmatrix}=\frac{1}{\sqrt{1+h^2+v^2}}\begin{bmatrix}1&0&-h\\0&1&-v\end{bmatrix}\delta^{\mathrm{S}}\boldsymbol{u}$$

在 (h,v) 域的畸变校正可以写为

$$\begin{aligned}\begin{bmatrix}mh\\ mv\end{bmatrix}_{\text{star\_observed}}&=\begin{bmatrix}mh\\ mv\end{bmatrix}_{\text{star}}+\frac{1}{c}\frac{1}{\sqrt{1+h^2+v^2}}\begin{bmatrix}1&0&-h\\0&1&-v\end{bmatrix}\begin{bmatrix}{}^{\mathrm{S}}\boldsymbol{v}(1)\\ {}^{\mathrm{S}}\boldsymbol{v}(2)\\ {}^{\mathrm{S}}\boldsymbol{v}(3)\end{bmatrix}\\&=\begin{bmatrix}mh\\ mv\end{bmatrix}_{\text{star}}+\frac{1}{\sqrt{1+h^2+v^2}}\left(\frac{1}{c}\begin{bmatrix}{}^{\mathrm{S}}\boldsymbol{v}(1)-h{}^{\mathrm{S}}\boldsymbol{v}(3)\\ {}^{\mathrm{S}}\boldsymbol{v}(2)-v{}^{\mathrm{S}}\boldsymbol{v}(3)\end{bmatrix}\right)\end{aligned} \tag{7.26}$$

由于校正量很小，大多数情况下，采用以下公式就足够了：

$$\begin{bmatrix}mh\\ mv\end{bmatrix}_{\text{star\_observed}}=\begin{bmatrix}mh\\ mv\end{bmatrix}_{\text{star}}+\frac{1}{c}\begin{bmatrix}{}^{\mathrm{S}}\boldsymbol{v}(1)-h{}^{\mathrm{S}}\boldsymbol{v}(3)\\ {}^{\mathrm{S}}\boldsymbol{v}(2)-v{}^{\mathrm{S}}\boldsymbol{v}(3)\end{bmatrix} \tag{7.27}$$

7.2.7 恒星姿态采集算法：示例

如前所述，如果已知高精度姿态信息，可以通过直接匹配来识别恒星。但当处于太空迷失状态时，上述操作无法完成。在这种情况下，将使用 SAA 算法来确定姿态，以便能够对姿态传播器完成初始化。

SAA 算法的基本原理是利用星图来确定姿态。对此，已经开发了许多由不同星表支持的算法。本节将描述一个示例算法——基于匹配的 SAA 算法[32,44,50,56]。

成对匹配的 SAA 算法支持两种类型的星表。

(1) 常规星表。包括单位矢量或赤经和赤纬，以及星跟踪器可见恒星等。这里应用了许多准则，以确保星表中包含的每一颗星都满足这些准则。通常一个星表包含几千颗恒星信息。实际大小是由星跟踪器的 FOV 大小与其他因素共同决定的。对于大多数应用来说，希望在 FOV 中有 4~10 颗星。对于大型 FOV 星跟踪器，可以通过使用更少的恒星数量来实现；对于小型 FOV 星跟踪器，需要更深入地观察星空，以保持 FOV 中恒星的平均数量不变。因此，需要使用

更大的星表。

(2) 成对子星表。该目录包含恒星对。由于详细的恒星信息已经包含在常规星表中，故此表只包含每对恒星的编号，因此这些星对是根据星对中两颗星的分离角度来排序的。星表中包含的恒星对数量可以非常大，星目录一般有 $N(N-1)/2$ 对。应用时只关心星跟踪器 FOV 中分离角受最大分离距离限制的星对。此外，也不关心恒星之间距离太近的星对。这些限制极大减少了星对的数量，使得即使使用非常老式的计算机，也可以存储上述星表。

成对匹配 LIS SAA 算法描述如下：

(1) 从 FOV 恒星中选择一对恒星，通常情况下，希望：

① 恒星足够亮(这样就可以减少配对)；

② 恒星之间的分离角大，以便从这对恒星确定的姿态有更好的精度(可参考第 4 章)。

(2) 尝试将星对与星对表进行匹配。由于恒星位置测量的不确定度通常很小，因此，不会找到过多的候选匹配星对。

(3) 尝试匹配每一对候选配对，并确定哪一个是正确的匹配。回顾第 4 章，可以根据两个坐标系中的一对矢量确定姿态。在这种情况下，星跟踪器坐标系用于测量，ECI 坐标系用于星表。通过使用三元定姿(tri-axial attitude determination, TRIAD)算法，对各候选星对确定一个姿态。

(4) 通过使用该姿态来预测星跟踪器 FOV 中其他恒星的位置，验证该姿态是否正确。如果对另外两颗恒星有很好的匹配，即测量到的恒星和预测到的恒星在位置和星等上都匹配，那么包括这个恒星对在内总共有 4 颗恒星匹配正确。可以看出，在姿态错误的情况下，4 颗恒星匹配的概率是非常小的。在实际应用中，这个概率可以近似认为是 0。

(5) 如果匹配成功，就完成了姿态确定。现在就可以使用确定的姿态来初始化或重置姿态传播器，并开始常规操作。

(6) 如果匹配没有成功，则尝试下一组候选恒星对，以此类推，直到有一个匹配成功或用完所有候选星对为止。

(7) 在用完所有的候选恒星对后没有匹配成功的恒星对的情况时有发生。这是因为为参与匹配的恒星对选择的一颗或 2 颗恒星都不在星表中，这种情况下，可以在 FOV 中选择另外 2 颗星作为恒星对，并重复上述所有操作。

7.2.8 星表

7.2.8.1 恒星的视星等

当用一个定义星等 m_{ref} 的“物体”作为参考时，星等表示从地球上以每单位面积的功率 I_{ref} 为单位测量的功率强度，可以由下式计算得到具有给定功率强度

I 的物体的星等：

$$m = m_{\mathrm{ref}} - 2.5\lg\left(\frac{I}{I_{\mathrm{ref}}}\right) \tag{7.28}$$

上述定义需要注意两件事：

(1) 恒星越亮，星等越低（由于2.5前面是减号）；

(2) 如果一颗恒星的亮度提高10倍（以功率计算），那么星等就会减小2.5倍。

7.2.8.2 恒星计数

可以通过下式预测比可见星等 m 更亮的可见恒星数量的近似值[65]：

$$N(m) = \text{比星等}\ m\ \text{更亮的恒星数量} = 41253 \times 10^{-0.003m^3+0.0019m^2+0.484m-3.82} \tag{7.29}$$

表7.2列出了亮于-1~7.5星等的恒星数量，并提供了两种业内常用的星跟踪器FOV尺寸内平均恒星数量估计结果。

表7.2 不同截断星等下FOV内典型恒星数

星等	比星等更亮的实际恒星数	公式预测结果	8°×8° FOV平均数	14°×14° FOV平均数
-1	2	2	0.0	0.0
0.5	8	11	0.0	0.0
1.5	22	33	0.0	0.1
2.5	93	103	0.1	0.4
3.5	283	316	0.4	1.3
4.5	893	965	1.4	4.2
5.5	2822	2918	4.4	13.4
6.5	8768	8696	13.6	41.7
7.5	26533	25455	41.2	126.1

可以看出，对于8°×8°的FOV来说，要使用5.5~6.5星等之间的恒星，星表中包含的恒星数量为2800~8800；对于14°×14° FOV来说，要使用4.5~5.5星等之间的恒星，星表中包含的恒星数量为900~2800。

7.2.8.3 星表建立步骤[19, 21, 36, 46]

1）输入数据

如果为一个特定的应用建立星表，通常从两个信息开始：

(1) 主星表。例如，经典《NASA官方天穹2000历元主星表》包括来自欧洲依巴谷任务的数据，该任务已经将大部分恒星的位置误差减小到毫角秒级别。

（2）多项式曲线拟合模型。该模型能够将视星等转换为仪器星等（由星跟踪器感应的星等）。

2）处理过程

通常采取以下步骤：

（1）根据星跟踪器对恒星可见性的考虑，以主星表中的一个子集为例。如果星跟踪器在使用之初被设计成可以观测到 6.0 等以上的恒星，可能希望在主星表中选取一个比 8.0 或 9.0 更亮的恒星子集，因为有些恒星在星跟踪器中看来可能比人眼看到的更亮。

（2）计算每颗星的仪器星等。

（3）检索或计算质量属性，剔除坏星。例如：

① 剔除位置误差大于 max_star_poe_err 的恒星，例如，1″。

② 固有运动大于 max_proper_motion 的恒星，例如，0.5(″)/年。

③ 近邻准则 1：剔除在 maxsep_close_mag（如 0.2°）范围内星等差小于 mag_close（如 1 等）的恒星。

④ 近邻准则 2：剔除在 maxsep_far_mag（如 0.1°）范围内星等差小于 mag_far（如 2 等）的恒星。

（4）仪器星等子集确定。重要的是，该步骤在应用临近准则之后完成；否则，由于附近有一颗较暗的恒星，一些本应被淘汰的恒星就不会被淘汰。

（5）差距分析与密度分析：

① 当天空中恒星数量较多，消除部分恒星（例如，该地区一些较暗的恒星）可能是明智的做法（有时也可能不是，这取决于操作策略）。

② 当天空中恒星数量过少时，如果可能的话，尽量用一些较暗的恒星填补空缺。因为星跟踪器可以看到较暗的恒星，所以这种操作通常只在航天器早期使用阶段有帮助。

3）建立恒星对子星表[19,21,36,46]

由于恒星对星表所需的所有信息都可以从常规星表中得到，因此从常规星表中生成恒星对星表是一个好主意。例如，在飞行软件的启动阶段生成星表。动态生成恒星对星表，而不是作为构建软件和数据的一部分来生成，有如下好处：

（1）如果恒星对星表是在计算机启动时生成的，这意味着恒星对星表不必占用价格贵容量小的可编程只读存储器（programmable read only memory，PROM）空间。相反，只有较小的常规星表必须存储在 PROM 中。有效的操作是，系统在开始工作时将 PROM 内容复制到（随机存取存储器）（random access memory，RAM）中以提高吞吐量。那么在这种情况下，将有两份常规星表副本，一份在 ROM 中，另一份在 RAM 中。恒星对星表的生成意味着通常占用存储空间较大的恒星对星表只需要存储在 RAM 中，从而节省大量的 PROM 空间。

(2) 保证恒星对星表与常规星表一致,因为恒星对星表是用常规星表生成的。实际生成恒星对星表的算法也非常简单,可以总结为以下几点:

① 按照分离角范围构建恒星对星表,并按分离角排序。

② 对于每一颗恒星,从常规星表中找到分离角范围内的所有其他恒星;第一颗恒星与找到的每一颗恒星与其形成恒星对,每一对恒星都被添加到恒星对星表数据结构的相应插槽中。

③ 由于恒星对索引 (i,j) 与恒星对索引(j,i) 是表示同一个恒星对,因此只需要创建并计算第二个索引比第一个索引大的恒星对。

如果常规星表中有 N 颗星,理论上就有 $N(N-1)/2$ 恒星对。由于只关注分离角在 $0.5°\sim8\sqrt{2}°$之间的恒星对,所以星表中恒星对数量急剧减少。根据常规星表的组织结构,在对每个候选恒星对进行详细评估之前,通常很容易快速消除超出最大分离角的恒星对。例如,如果常规星表是按赤纬带组织的,那么很容易确定不考虑位于赤纬带中的恒星,因为这些恒星的分离角肯定大于最大分离角。同样,如果按照赤经角对带内的恒星排序,也很容易消除范围外的恒星。

7.2.9 星跟踪器的方向与配置注意事项

7.2.9.1 多个跟踪器支持正常运行

通常情况下,无论采用何种冗余策略,必须做出的第一个决策是确定在正常工作期间需要使用多少个星跟踪器。从成本和操作便利的角度来看,在正常工作期间只使用一个星跟踪器非常可取的(不管需要多少个星跟踪器为故障提供备份)。选择多个星跟踪器来支持正常运行,主要是由于以下原因:

(1) 星跟踪器 FOV 过小,无法支持围绕星跟踪器准向的合理姿态精度需求。当使用两个星跟踪器时,两个星跟踪器之间的大分离角将能够提供更好的精度稀释因子。

(2) 在部分操作过程中,星跟踪器可能会受到明亮物体干扰,如太阳或月亮。除了有两个或多个朝向不同的星跟踪器,并在需要执行任务期间至少有一个星跟踪器不受明亮物体干扰外,没有其他简单的解决方案。

对两个星跟踪器预测姿态确定误差的简单方法:将 FOV 中所有恒星平均为每个跟踪器的平均恒星,进而创建一个虚拟恒星,并使用这两个平均恒星来确定姿态。在第 4 章中,已经推导了两个矢量分离角对三轴姿态误差的影响。分离角可以用两个星跟踪器的准向分离角来近似。更具体地说,可以定义由两个平均恒星单位矢量张成的平面上的矢量,且在分离角中间的矢量为 z 轴,选择 x 轴垂直于平面,而 y 轴则使 x、y、z 轴遵循右手定则。利用第 4 章的方程,得到姿态误差与单位矢量误差关系的函数,具体如下:

$$\theta_y = -\frac{\delta \boldsymbol{u}_1(1) + \delta \boldsymbol{u}_2(1)}{2\cos\frac{\varphi}{2}}$$

$$\theta_z = -\frac{\delta \boldsymbol{u}_1(1) - \delta \boldsymbol{u}_2(1)}{2\sin\frac{\varphi}{2}}$$

对于 θ_x (x 轴与这两个平均恒星单位矢量都是正交的)，有如下两个方程：

$$\theta_x = \delta \boldsymbol{u}_1(1)\cos\frac{\varphi}{2} - \delta \boldsymbol{u}_1(3)\sin\frac{\varphi}{2}$$

$$\theta_x = \delta \boldsymbol{u}_2(1)\cos\frac{\varphi}{2} + \delta \boldsymbol{u}_2(3)\sin\frac{\varphi}{2}$$

假设近似有

$$\sigma(\delta \boldsymbol{u}_1(1)) = \sigma(\delta \boldsymbol{u}_1(2)) = \frac{\sigma_{\text{star\_pos}}}{\sqrt{N_{\text{star}}}}$$

$$\sigma(\delta \boldsymbol{u}_2(1)) = \sigma(\delta \boldsymbol{u}_2(2)) = \frac{\sigma_{\text{star\_pos}}}{\sqrt{N_{\text{star}}}}$$

简单起见，假设每个星跟踪器都有相同数量的恒星，并且有相同的各轴恒星位置误差，那么有

$$\sigma(\theta_y) = \frac{\sigma_{\text{star\_pos}}}{\sqrt{2N_{\text{star}}}\cos\frac{\varphi}{2}}$$

$$\sigma(\theta_z) = \frac{\sigma_{\text{star\_pos}}}{\sqrt{2N_{\text{star}}}\sin\frac{\varphi}{2}}$$

对于 x 轴，假设 $\boldsymbol{u}_2(3)$ 近似为 1，其偏差为二阶项(小角度余弦)可以被忽略。两种解的标准差均为

$$\sigma(\theta_x) = \frac{\sigma_{\text{star\_pos}}}{\sqrt{N_{\text{star}}}}\cos\frac{\varphi}{2}$$

将两个解平均，可以得到一个更好的估计结果，误差减少$\frac{1}{\sqrt{2}}$，即

$$\sigma(\theta_x) = \frac{\sigma_{\text{star\_pos}}}{\sqrt{2N_{\text{star}}}}\cos\frac{\varphi}{2}$$

上述过程可以归纳为双星跟踪器姿态测量性能的李荣生(Rongsheng(Ken)

Li)公式：

$$\sigma(\theta_y)=\frac{\sigma_{\text{star\_pos}}}{(\sqrt{2N_{\text{star}}})\cos\dfrac{\varphi}{2}},\quad \sigma(\theta_z)=\frac{\sigma_{\text{star\_pos}}}{(\sqrt{2N_{\text{star}}})\sin\dfrac{\varphi}{2}},$$

$$\sigma(\theta_x)=\frac{\sigma_{\text{star\_pos}}}{\sqrt{2N_{\text{star}}}}\cos\frac{\varphi}{2} \tag{7.30}$$

结合第4章中讨论的单星跟踪器公式，可以快速估计性能，做出星跟踪器的配置决定。

7.2.9.2　星跟踪器方向

在决定星跟踪器方向时，通常需要考虑以下几点：

(1) 需要姿态信息，确定各轴的姿态测量性能。

(2) 明亮物体(如太阳、月亮与行星等)的干扰。

(3) 载体上其他设备对 FOV 的干扰、阻挡、反射与闪烁。

(4) 靠近有效载荷和相对热变形的注意事项。

(5) 靠近 IRU。因为需要星跟踪器与 IRU 集成来提供 SIAD 解决方案，要考虑两个传感器之间的相对热变形。

一个有趣的例子是地球同步卫星的星跟踪器方向。已知太阳、月球和其他行星的最大仰角在地球同步轨道(geosynchronous orbit, GEO)上方 23.5°。假设最大倾角为 0.5°、太阳高度角为 30°、边缘角为 1°，如果星跟踪器的准向仰角为(23.5+0.5+30+1)= 55°，那么就能保证星跟踪器在正常运行期间不会受到太阳、月亮或行星的干扰。很明显，-55°也可以做到这一点。

星跟踪器准向的方位角也可以用于处理其他问题，主要与飞行器上其他设备的间隙有关。

围绕准线轴的旋转也可以用来优化性能。当星跟踪器的 h 轴和 v 轴相对于轨道速度方向旋转大约 45°，航天器绕地球轨道旋转时，恒星的 h 轴与 v 轴都会发生变化。这将导致 HSF 误差在时域内表现为变化误差，并通过滤波技术抑制误差。

对于低地球轨道(low earth orbit, LEO)、中地球轨道(medium earth orbit, MEO)、高椭圆轨道(highly elliptical orbit, HEO)卫星，则没有那么幸运。在星跟踪器方向选择中，航天器姿态转向法将发挥作用。例如，一个常用的转向方法——太阳最低点转向法，确保 S/C 的 z 轴指向最低点，太阳能机翼获得最大的功率，并且总是有一个永远不会看到太阳的黑暗面($-x$ 轴方向)。为了避免太阳的干扰，通常把星跟踪器放在黑暗的一面。

一般来说，在 FOV 中很难避开月球。这就是一些现代星跟踪器被设计成即使月球在 FOV 中也能继续跟踪恒星的原因。当互补金属氧化物半导体(complementary metal-oxide-semiconductor,CMOS)有源像素阵列代替 CCD 阵列作为焦平面阵列器件时,这种设计成为可能。在没有星跟踪器更新可用的时候,月球干扰会影响 IRU 保持姿态准确性的精度。

7.3　基于太阳敏感器的姿态确定

7.3.1　基本概念

太阳敏感器的测量过程可以简单看作单星测量。如果时间已知,可以利用太阳星历精确计算出太阳敏感器在地心固连(earth-centered earth-fixed,ECEF)或 ECI 坐标系中的单位矢量。

以这种方式使用太阳敏感器可以得到满足精度需求的测量结果,特别是当星跟踪器不时受明亮物体干扰时。可以想象,使用前面章节中介绍的 SIAD 姿态解算方法,把太阳当作另一颗恒星,可以完成计算过程。通常情况下,如果以上述方式使用太阳敏感器,需要具有宽视场的数字太阳敏感器。

然而,在许多应用中,使用太阳敏感器主要是为了帮助航天器找到太阳(太阳捕获),然后保持太阳指向,以保持航天器的动力安全与热安全。

在这种情况下,并不关心太阳敏感器的绝对姿态,也不关心围绕太阳敏感器准向的姿态。当必须进行太阳捕获时,不一定有精确的时间来计算 ECI 或 ECEF 坐标系下精确的太阳单位矢量。若以寻找太阳和保持太阳指向为目的,则不需要上述信息。这就引出了基于太阳敏感器姿态确定的第二个用途:太阳敏感器准向参考姿态确定。

通常情况下,当太阳丢失时,航天器将通过一系列机动动作试图找到太阳。其中一种方法是试图在太阳敏感器 FOV 中找到太阳。一旦太阳进入太阳敏感器的 FOV 中,可以在太阳敏感器坐标系下得到太阳单位矢量的测量结果。如果选择太阳的参考矢量为 ${}^{\mathrm{R}}\boldsymbol{u}_{\mathrm{sun}}=[0,0,1]^{\mathrm{T}}$,则太阳敏感器相对于参考坐标系的姿态为 $\boldsymbol{q}_{\mathrm{R}}^{\mathrm{S}}=[0,0,0,1]^{\mathrm{T}}$,或者当太阳处于太阳敏感器视距范围内时,在 DCM 中表示为 $\boldsymbol{C}_{\mathrm{R}}^{\mathrm{S}}=\boldsymbol{I}$(单位矩阵)。此时,参考坐标系的太阳单位矢量与太阳敏感器坐标系的太阳单位矢量都是 $[0,0,1]^{\mathrm{T}}$。

为了做到这一点,在太阳进入 FOV 的第一时刻,可以通过使用一对矢量来计算太阳敏感器坐标系相对于太阳敏感器准向轴的姿态,该结果用来重置姿态四元数。

航天器试图消除当前姿态与目标姿态 $\boldsymbol{q}_{\mathrm{R}}^{\mathrm{S}}=[0,0,0,1]^{\mathrm{T}}$ 之间的差值,最终航天器的准向轴将指向太阳。

7.3.2　太阳敏感器作为正常姿态确定的附加传感器

如前所述,太阳敏感器的量测值可以用于增强现有的姿态确定系统,如

SIAD 系统。因此,可以简单地使用现有 SIAD 结构,把太阳当作一颗恒星(它确实是)。

ECI 坐标系中的太阳单位矢量可以根据时间和太阳星历计算得到,即

$$ {}^{\mathrm{I}}\boldsymbol{u}_{\mathrm{sun}} = \mathrm{sun\_eph}(t) $$

太阳敏感器坐标系中的太阳矢量与太阳在 FOV 中的位置可以用下式预测:

$$ {}^{\mathrm{SS}}\boldsymbol{u}_{\mathrm{sun}} = \boldsymbol{C}_{\mathrm{B}}^{\mathrm{SS}}\boldsymbol{C}_{\mathrm{I}}^{\mathrm{B}}\boldsymbol{u}_{\mathrm{sun}} $$

$$ \begin{bmatrix} h_{\mathrm{sun}} \\ v_{\mathrm{sun}} \end{bmatrix} = \begin{bmatrix} \dfrac{{}^{\mathrm{SS}}\boldsymbol{u}_{\mathrm{sun}}(1)}{\boldsymbol{u}_{\mathrm{sun}}(3)} \\ \dfrac{{}^{\mathrm{SS}}\boldsymbol{u}_{\mathrm{sun}}(2)}{\boldsymbol{u}_{\mathrm{sun}}(3)} \end{bmatrix} $$

式中:SS 表示太阳敏感器坐标系;$\begin{bmatrix} h_{\mathrm{sun}} \\ v_{\mathrm{sun}} \end{bmatrix}$ 表示在太阳敏感器 FOV 中的位置。

太阳敏感器量测模型为以下形式:

$$ \begin{bmatrix} mh_{\mathrm{sun}} \\ mv_{\mathrm{sun}} \end{bmatrix} = \begin{bmatrix} h_{\mathrm{sun}} \\ v_{\mathrm{sun}} \end{bmatrix} + \begin{bmatrix} v_{\mathrm{ssh}} \\ v_{\mathrm{ssv}} \end{bmatrix} + \begin{bmatrix} b_{\mathrm{ssh}} \\ b_{\mathrm{ssv}} \end{bmatrix} $$

式中:$\begin{bmatrix} v_{\mathrm{ssh}} \\ v_{\mathrm{ssv}} \end{bmatrix}$ 为太阳敏感器量测噪声;$\begin{bmatrix} b_{\mathrm{ssh}} \\ b_{\mathrm{ssv}} \end{bmatrix}$ 为太阳敏感器准线轴偏移误差。

只有当太阳敏感器与其他传感器(如星跟踪器)一起使用时,准线轴偏移误差才重要。如果使用星跟踪器作为参考,那么由于星跟踪器与太阳敏感器之间的相对对准信息而产生的对准误差将由准线轴偏移表示。这个变量可以作为额外状态量加入卡尔曼滤波,当基于星跟踪器姿态精度较高时,可以估计出偏差值。当星跟踪器无法使用时,将使用这些估计结果,太阳敏感器也将持续提供基于相同参考坐标系的姿态修正量。

线性化量测模型由下式给出:

$$ \begin{bmatrix} \delta mh_{\mathrm{sun}} \\ \delta mv_{\mathrm{sun}} \end{bmatrix} = \boldsymbol{H}_1 \delta {}^{\mathrm{I}}\boldsymbol{\theta}_{\mathrm{B}}^{\mathrm{I}} + \begin{bmatrix} b_{\mathrm{ssh}} \\ b_{\mathrm{ssv}} \end{bmatrix} + \begin{bmatrix} v_{\mathrm{ssh}} \\ v_{\mathrm{ssv}} \end{bmatrix} $$

其中

$$ \boldsymbol{H}_1 = \frac{1}{\sqrt{1+h^2+v^2}} \begin{bmatrix} -1 & 0 & h \\ 0 & -1 & v \end{bmatrix} [{}^{\mathrm{S}}\boldsymbol{u}_{\mathbf{sun}} \times] \boldsymbol{C}_{\mathrm{I}}^{\mathrm{S}} $$

增加 SIAD 状态矢量,包括太阳敏感器准线轴偏移矢量:

$$\boldsymbol{b}_{ss} = \begin{bmatrix} b_{ssh} \\ b_{ssv} \end{bmatrix}$$

$$\boldsymbol{X}^{T} = [\,{}^{I}\dot{\boldsymbol{\theta}}_{B}^{I},\quad {}^{B}\boldsymbol{b}^{T},\quad {}^{S}\boldsymbol{s}^{T},\quad {}^{B}\boldsymbol{\beta}^{T},\quad {}^{B}\boldsymbol{\theta}^{T},\quad \boldsymbol{b}_{ss}\,]$$

$$\boldsymbol{W}^{T} = [\,-(\boldsymbol{C}_{G}^{I}\mathbf{ARW})^{T},\quad \mathbf{RRW}^{T},\quad \mathbf{SRW}^{T},\quad \boldsymbol{\beta}\mathbf{RW}^{T}\quad \boldsymbol{\theta}\mathbf{RW}^{T}\quad \boldsymbol{b}_{ss}\mathbf{RW}^{T}\,]$$

式中：$\boldsymbol{b}_{ss}\mathbf{RW}$ 为产生随机游走过程的白噪声过程，为太阳敏感器的准线轴偏移矢量模型。

下面的线性微分方程为线性化的误差传播模型

$$\dot{\boldsymbol{X}} = \boldsymbol{A}\boldsymbol{X} + \boldsymbol{W}$$

$$\boldsymbol{A} = \begin{bmatrix} \mathbf{0}_{3\times3} & -\boldsymbol{C}_{B}^{I} & -\boldsymbol{C}_{G}^{I}\mathrm{diag}({}^{G}\boldsymbol{\omega}_{I}^{B}) & -\boldsymbol{C}_{B}^{I}\boldsymbol{J}({}^{B}\boldsymbol{\omega}_{I}^{B}) & \boldsymbol{C}_{B}^{I}[{}^{B}\boldsymbol{\omega}_{I}^{B}\times] & \mathbf{0}_{3\times2} \\ \mathbf{0}_{3\times3} & \mathbf{0}_{3\times3} & \mathbf{0}_{3\times3} & \mathbf{0}_{3\times3} & \mathbf{0}_{3\times3} & \mathbf{0}_{3\times2} \\ \mathbf{0}_{3\times3} & \mathbf{0}_{3\times3} & \mathbf{0}_{3\times3} & \mathbf{0}_{3\times3} & \mathbf{0}_{3\times3} & \mathbf{0}_{3\times2} \\ \mathbf{0}_{3\times3} & \mathbf{0}_{3\times3} & \mathbf{0}_{3\times3} & \mathbf{0}_{3\times3} & \mathbf{0}_{3\times3} & \mathbf{0}_{3\times2} \\ \mathbf{0}_{3\times3} & \mathbf{0}_{3\times3} & \mathbf{0}_{3\times3} & \mathbf{0}_{3\times3} & \mathbf{0}_{3\times3} & \mathbf{0}_{3\times2} \\ \mathbf{0}_{2\times3} & \mathbf{0}_{2\times3} & \mathbf{0}_{2\times3} & \mathbf{0}_{2\times3} & \mathbf{0}_{2\times3} & \mathbf{0}_{3\times2} \end{bmatrix}$$

至此，已经有足够的信息来建立卡尔曼滤波器。

7.3.3 用于支持太阳指向与太阳捕获的太阳传感器姿态确定

精度通常不是太阳捕获与太阳指向的主要问题。在这种情况下，优化性能保持设计的简洁性相较于使用能优化性能的花哨设计更重要。出于这种考虑，将使用固定增益滤波器来提供姿态更新，而不是使用其他姿态确定方案应用的卡尔曼滤波器。

基本思路比较简单。首先使用第4章中讨论的TRIAD算法来确定姿态，然后使用确定的姿态作为观测量，为姿态状态量提供校正信息。

为了便于计算，在陀螺仪误差模型中只保留陀螺零偏与陀螺仪ARW两项。

使用7.2.2节描述的姿态传播算法与相应的三阶数值积分算法：

$$\dot{\boldsymbol{q}}_{SS}^{I} = \frac{1}{2}\boldsymbol{q}_{SS}^{I} \otimes {}^{SS}\boldsymbol{\omega}_{I}^{SS} = \frac{1}{2}\boldsymbol{q}_{SS}^{I}\,{}^{SS}\boldsymbol{\omega}_{I}^{SS}$$

为了实现固定增益滤波器，应用在太阳敏感器坐标系中使用式(3.116)表示的姿态误差运动学方程：

$$\delta\,{}^{SS}\dot{\boldsymbol{\theta}}_{I}^{SS} = -[\,{}^{SS}\boldsymbol{\omega}_{I}^{SS}\times]\,\delta\,{}^{B}\boldsymbol{\theta}_{I}^{SS} + \delta\,{}^{SS}\boldsymbol{\omega}_{I}^{SS} \tag{7.31}$$

采用IRU误差模型形式如下：

$$\delta\,{}^{SS}\boldsymbol{\omega}_{I}^{SS} = m\,{}^{SS}\boldsymbol{\omega}_{I}^{SS} - {}^{SS}\boldsymbol{\omega}_{I}^{SS} = {}^{SS}\boldsymbol{b}_{g} + \boldsymbol{C}_{G}^{SS}\mathbf{ARW}$$

姿态确定线性化误差模型可表示为

$$X = \begin{bmatrix} {}^{SS}\boldsymbol{\theta}_{I}^{SS} \\ {}^{SS}\boldsymbol{b}_{G} \end{bmatrix}, \quad \boldsymbol{W} = \begin{bmatrix} \boldsymbol{C}_{G}^{B}\mathbf{ARW} \\ \mathbf{RRW} \end{bmatrix}$$

$$\dot{X} = AX + W, \quad A = \begin{bmatrix} -[{}^{SS}\boldsymbol{\omega}_{I}^{SS} \times] & \boldsymbol{I}_{3\times3} \\ \mathbf{0}_{3\times3} & \mathbf{0}_{3\times3} \end{bmatrix} \tag{7.32}$$

量测方程为

$$m\boldsymbol{q}_{SS}^{I} = \boldsymbol{q}_{SS}^{I} + \boldsymbol{v}$$

线性化模型为

$$m\delta\,{}^{SS}\boldsymbol{\theta}_{I}^{SS} = \delta\,{}^{SS}\boldsymbol{\theta}_{I}^{SS} + \boldsymbol{v}$$

可以设计一个固定增益滤波器来更新状态量,具体形式如下:

$$\frac{d}{dt}\hat{X} = A\hat{X} + K(m\delta\,{}^{SS}\boldsymbol{\theta}_{I}^{SS} - \delta\,{}^{SS}\hat{\boldsymbol{\theta}}_{I}^{SS}) = A\hat{X} + K(\Delta\delta\,{}^{SS}\boldsymbol{\theta}_{I}^{SS})$$

设计增益矩阵 $\boldsymbol{K}$ 的一种方法是使用卡尔曼滤波器稳态解增益,其中 $m\delta\,{}^{SS}\boldsymbol{\theta}_{I}^{SS}$ 计算如下:

$$\begin{aligned} m\Delta\boldsymbol{q} &= m\boldsymbol{q}_{I}^{SS} \otimes (\hat{\boldsymbol{q}}_{I}^{SS}) \\ m\delta\,{}^{SS}\boldsymbol{\theta}_{I}^{SS} &= 2m\Delta\boldsymbol{q}(1:3) \end{aligned} \tag{7.33}$$

并且 $m\boldsymbol{q}_{I}^{SS}$ 是利用 TRIAD 算法得到的姿态四元数。

注意,传感器测量的太阳单位矢量与准线轴参考单位矢量只能构成一对单位矢量。为了使用 TRIAD 算法,需要构造第二对单位矢量。

该问题的实质是,太阳单位矢量的测量只约束了围绕一个轴的姿态。即可以自由围绕太阳单位矢量旋转,同时仍然指向太阳。为了不增加额外约束,将创建一对与当前的姿态估计结果一致的参考单位矢量和一个测量单位矢量。

由于太阳敏感器在参考坐标系中的单位矢量已经被定义为

$${}^{I}\boldsymbol{u}_{sun} = [0, \quad 0, \quad 1]^{T}$$

式中:I 为太阳敏感器的准线轴参考坐标系(视为惯性坐标系)。

然后,选择一个虚拟传感器:

$${}^{I}\boldsymbol{u}_{f} = [0, \quad 1, \quad 0]^{T}$$

两个矢量的叉乘为

$${}^{I}\boldsymbol{u}_{f} \times {}^{I}\boldsymbol{u}_{sun} = [1, \quad 0, \quad 0]^{T}$$

由于不希望对虚构矢量施加任何新的约束。因此,SS 坐标系单位矢量可以由当前的姿态信息转换得到:

$${}^{SS}\boldsymbol{u}_{f} = \boldsymbol{C}_{I}^{SS}\begin{bmatrix} 0 \\ 1 \\ 0 \end{bmatrix} = \boldsymbol{C}_{I}^{SS}(:,2)$$

利用 TRIAD 方法计算得到新的姿态 DCM 为

$$m\boldsymbol{C}_{\mathrm{I}}^{\mathrm{SS}} = \left[\frac{{}^{\mathrm{SS}}\boldsymbol{u}_{\mathrm{f}} \times {}^{\mathrm{SS}}\boldsymbol{u}_{\mathrm{sun}}}{\| {}^{\mathrm{SS}}\boldsymbol{u}_{\mathrm{f}} \times {}^{\mathrm{SS}}\boldsymbol{u}_{\mathrm{sun}} \|},\quad {}^{\mathrm{SS}}\boldsymbol{u}_{\mathrm{f}},\quad {}^{\mathrm{SS}}\boldsymbol{u}_{\mathrm{sun}}\right]\left[\begin{bmatrix}1\\0\\0\end{bmatrix},\ \begin{bmatrix}0\\1\\0\end{bmatrix},\ \begin{bmatrix}0\\0\\1\end{bmatrix}\right]^{-1}$$

$$= \left[\frac{{}^{\mathrm{SS}}\boldsymbol{u}_{\mathrm{f}} \times {}^{\mathrm{SS}}\boldsymbol{u}_{\mathrm{sun}}}{\| {}^{\mathrm{SS}}\boldsymbol{u}_{\mathrm{f}} \times {}^{\mathrm{SS}}\boldsymbol{u}_{\mathrm{sun}} \|},\quad {}^{\mathrm{SS}}\boldsymbol{u}_{\mathrm{f}},\quad {}^{\mathrm{SS}}\boldsymbol{u}_{\mathrm{sun}}\right]$$

由于参考矢量的巧妙选取，DCM 的计算会被大大简化。

可以使用第 2 章中讨论的算法，将 DCM 转化为四元数：

$$m\boldsymbol{q}_{\mathrm{I}}^{\mathrm{SS}} = \mathrm{dcm2quaterion}(\boldsymbol{C}_{\mathrm{I}}^{\mathrm{SS}})$$

式中，dcm2quaterion 表示方向余弦矩阵转换成四元数。

7.4　基于 GPS 载波相位的姿态确定

7.4.1　简介

自 20 世纪 90 年代以来，基于 GPS 载波相位的姿态确定方法已经被开发并使用，并且部分方法已经商业化。其中，比较著名的是阿什泰克（麦哲伦）三维定向（three dimensional direction finding）接收器与 Trimble 导航的 TANS 矢量接收器。该方法已经被多个航天器系统用作粗略姿态确定的方法。

基于以往的实践经验，载波相位多径是误差的主要来源。由于多径误差的存在，其性能通常比产品宣称的性能的要差很多倍。

总的来说，基于 GPS 载波相位的姿态确定方法并不能在性能、成本与 SWAP 之间提供最佳的平衡，而且也不如本章前面讨论的其他方法，如 SIAD。这里讨论该主题并不是因为该项技术的实用性，而是因为部分思路和方法很有趣且有教学意义。

基于 GPS 载波相位的姿态确定基本原理如图 7.3 所示。

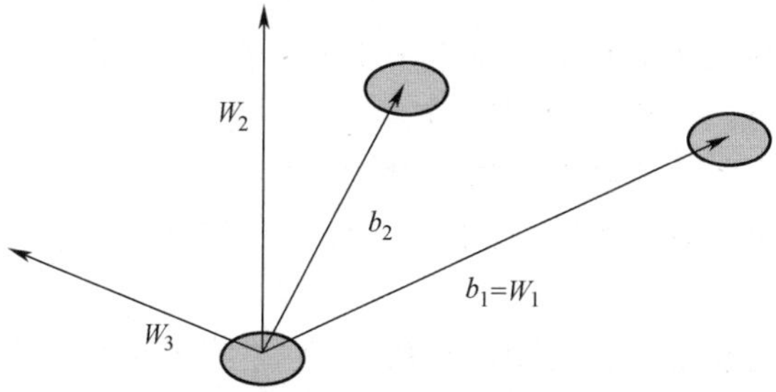

图 7.3　3 根 GPS 天线定义一个平面与一个坐标系

3 根 GPS 天线定义了一个平面，同时也定义了一个坐标系。在载体坐标系内连接任何两根天线的矢量即为载体坐标系内的已知矢量(例如,可以用尺子测量)。同样,矢量也可以在 ECEF 坐标系或 ECI 坐标系中用 GPS 载波相位测量。

已知载体坐标系与参考坐标系(如 ECEF 或 ECI 坐标系)中的两对矢量,载体坐标系相对于参考坐标系的姿态可以用第 4 章讨论的 TRIAD 算法来确定。

综上所述,使用 GPS 载波相位解算姿态本质上等同于精确的相对位置确定。然而,与典型的基于载波相位差分 GPS 相对定位相比,该方法最大的不同之处是精确时矢量长度已知,所以使这种相对定位问题要容易得多。这是一个严格的约束条件,使模糊度解析问题变得容易很多[13,45]。

影响性能误差的主要原因如下:

(1) 接收机噪声。通常不是主要问题,可以通过平均或滤波来降低。

(2) 多径效应。这是一个难以平均消除的性能驱动因素,通常与时间相关。多径效应也很难建模与估计。其典型数值为 2~20mm。

(3) 天线相位中心稳定性。

(4) 天线之间的热变形。

(5) 天线之间的结构振动。

(6) 基线距离。

到目前为止,多径效应与基线距离是最重要的两个误差因素,下面的公式可以为基于 GPS 载波相位姿态确定的误差提供一个很好的粗略估计结果:

$$\sigma_{\text{att\_err}} = \frac{\sigma_{\text{multi-path}}}{L} \tag{7.34}$$

式中:L 为基线长度。

例如,如果基线距离是 1m,多径误差是 5mm,姿态误差将在 5mrad 量级上;如果多径误差是 20mm,姿态误差将变为 20mrad,也就是大于 1°。这就是基于 GPS 载波相位的姿态确定方法不适用于高精度需求应用的原因。

7.4.2 基本架构

图 7.4 为 GPS 载波相位姿态确定用于辅助惯性姿态确定系统的架构示例。在该架构中,将三种姿态确定方案融合在一起:

(1) 基于 IRU 的惯性姿态传播(传播方案)。

(2) 通过卡尔曼滤波器(常规更新方案)与载波相位模糊保持的 GPS 载波相位更新。

(3) 初始姿态确定(姿态获取)与初始载波相位整数模糊度解算。

通常情况下,初始姿态确定与初始模糊度解算只需要做一次,而且应该能够在周跳与 GPS 中断的情况下维持良好的性能,这是因为可以使用陀螺仪数据较好地维护姿态精度 。

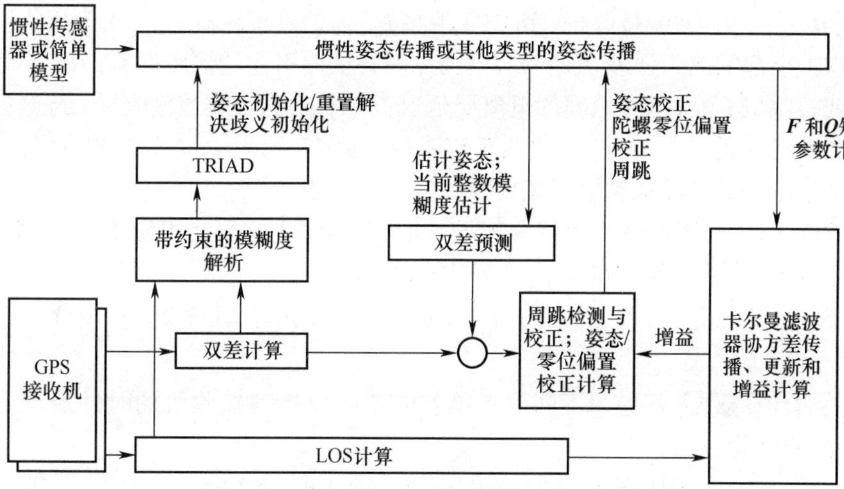

图7.4 惯性与GPS载波相位组合姿态确定系统架构

7.4.3 姿态初始化和初始模糊度解算

首先介绍如何利用天线相位中心之间的基线矢量来确定姿态。该方法要求至少要有3根天线,才可以构造两个以上在载体坐标系内的已知矢量 ${}^{B}\boldsymbol{b}_1$、${}^{B}\boldsymbol{b}_2$。

用GPS载波相位相对定位方法来测量这两个矢量在参考坐标系(ECEF或ECI坐标系)下的矢量为 ${}^{R}\boldsymbol{b}_1$、${}^{R}\boldsymbol{b}_2$。

根据定义,有

$$\boldsymbol{C}_{B}^{R}\,{}^{B}\boldsymbol{b}_1={}^{R}\boldsymbol{b}_1,\quad \boldsymbol{C}_{B}^{R}\,{}^{B}\boldsymbol{b}_2={}^{R}\boldsymbol{b}_2$$

然后,可以使用TRIAD算法构建姿态DCM $\boldsymbol{C}_{R}^{B}$,则有

$${}^{B}\boldsymbol{w}_1={}^{B}\boldsymbol{b}_1,\quad {}^{R}\boldsymbol{w}_1={}^{R}\boldsymbol{b}_1,\quad {}^{B}\boldsymbol{w}_2=\frac{{}^{B}\boldsymbol{b}_1\times{}^{B}\boldsymbol{b}_2}{\|{}^{B}\boldsymbol{b}_1\times{}^{B}\boldsymbol{b}_2\|},\quad {}^{R}\boldsymbol{w}_2=\frac{{}^{R}\boldsymbol{b}_1\times{}^{R}\boldsymbol{b}_2}{\|{}^{R}\boldsymbol{b}_1\times{}^{R}\boldsymbol{b}_2\|}$$

并且

$${}^{B}\boldsymbol{w}_3=\frac{{}^{B}\boldsymbol{w}_1\times{}^{B}\boldsymbol{w}_2}{\|{}^{B}\boldsymbol{w}_1\times{}^{B}\boldsymbol{w}_2\|},\quad {}^{R}\boldsymbol{w}_2=\frac{{}^{P}\boldsymbol{w}_1\times{}^{R}\boldsymbol{w}_2}{\|{}^{R}\boldsymbol{w}_1\times{}^{R}\boldsymbol{w}_2\|}$$

构成矩阵:

$${}^{B}\boldsymbol{W}=[{}^{B}\boldsymbol{w}_1,\ {}^{B}\boldsymbol{w}_2,\ {}^{B}\boldsymbol{w}_3],\quad {}^{R}\boldsymbol{W}=[{}^{R}\boldsymbol{w}_1,\ {}^{R}\boldsymbol{w}_2,\ {}^{R}\boldsymbol{w}_3]$$

然后,可以计算得到姿态DCM:

$$\boldsymbol{C}_{B}^{R}=({}^{R}\boldsymbol{W})\,({}^{B}\boldsymbol{W})^{T}$$

因此,姿态解算问题变成了相对位置矢量的解算问题。

卫星 k 与天线 j 的载波相位测量为

$$\begin{aligned}\varphi(i,j)=&R(i,j)+ct_r(i)+ct_s(j)-I(i,j)+T(i,j)+\\&v(i,j)+m(i,j)+\lambda n(i,j)\end{aligned}\tag{7.35}$$

式中：$R(i,j)$ 为天线/接收机 i 到 GPS 卫星 j 之间的真实距离；$ct_r(i)$ 为接收机 i 时钟误差引起的测距误差；$ct_s(j)$ 为卫星 j 时钟误差引起的测距误差；$I(i,j)$ 为天线或接收机 i 与卫星 j 之间的电离层延迟；$T(i,j)$ 为天线或接收机 i 与卫星 j 之间的对流层延迟；$v(i,j)$ 为接收机载波相位噪声；$m(i,j)$ 为载波相位多径误差；$n(i,j)$ 为载波相位整数模糊度。

这样，可以计算同一个卫星与不同接收机（天线）的载波相位单差，以抵消电离层延迟、对流层延迟和 GPS 卫星时钟误差：

$$SD_{\varphi} = \Delta\varphi(i_1, i_2, j) = R(i_1, j) - R(i_2, j) + \Delta ct_r + \Delta v + \Delta m + \Delta N\lambda \tag{7.36}$$

然后计算双差（双差为不同卫星单差的差），以抵消接收机的时钟误差（简单起见，省略指数项）：

$$DD_{\varphi} = \delta\Delta\varphi = \delta\Delta R + \delta\Delta v + \delta\Delta m + \delta\Delta N\lambda \tag{7.37}$$

利用第 4 章讨论的技术，可以很容易得到单差与双差的线性化方程：

$$SD_i = -\boldsymbol{l}_i^{\mathrm{T}} b + \Delta v + \Delta m + \Delta N\lambda + ct_r \tag{7.38}$$

$$DD_{i,j} = -(\boldsymbol{l}_i^{\mathrm{T}} - \boldsymbol{l}_j^{\mathrm{T}}) b + \delta\Delta v + \delta\Delta m + \delta\Delta N\lambda \tag{7.39}$$

式(7.38)和式(7.39)的几何意义如图 7.5 所示。

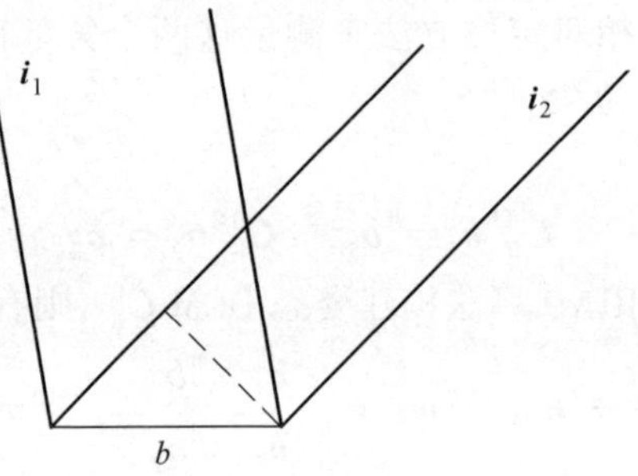

图 7.5　单差与双差方程的几何意义

可以使用如下标准矢量方程形式：

$$\boldsymbol{DD} = \boldsymbol{L}b + \boldsymbol{V} + \boldsymbol{M} + \boldsymbol{N}\lambda \tag{7.40}$$

式中：$\boldsymbol{DD}$ 为将双差叠加在一起构成的矢量；$\boldsymbol{L}$ 为由差分 LOS 矢量叠加在一起构成的矢量；$\boldsymbol{N}$ 为未知双差值整数模糊度矢量；$\boldsymbol{V}+\boldsymbol{M}$ 为通过叠加双差分接收机噪声与多径误差构成的矢量。

上述方程构成了用搜索+最小二乘法求解基线矢量的基础。搜索算法描述如下：

(1) 利用当前已知的基线矢量信息，确定整数模糊度的范围。

(2) 对于各整数模糊度候选参数：

① 用最小二乘法解方程 $(\boldsymbol{DD}-\boldsymbol{N}_*\boldsymbol{\lambda})=\boldsymbol{L}b$，得到 $\hat{\boldsymbol{b}}=(\boldsymbol{L}^{\mathrm{T}}\boldsymbol{L})^{-1}\boldsymbol{L}(\boldsymbol{DD}-\boldsymbol{N}_*\boldsymbol{\lambda})$，其中 $\boldsymbol{N}_*$ 表示候选整数模糊度矢量。

② 如果满足以下两个条件,则认为候选整数矢量已得到初步验证:

a. 已知的矢量长度约束满足误差足够小的条件,与当前最小二乘问题的精度因子一致;

b. 残差表明所有双差测量方程均是的,即方程所有解都相同。

③ 通常希望继续尝试其他候选参数,获得更多的初步验证解决方案。

(3) 对几个历时的 GPS 数据进行同样处理,来确保初步验证的整数解能够经受住几个历时的检查,并选择误差最小的方案。

通过利用已知的矢量长度约束,整数模糊度解算过程通常比一般的相对定位问题快。

当姿态部分信息已知时,上述观点尤其正确。例如,对于大多数地面导航问题,可以利用加速度计数据通过粗水平对准过程确定横摇和俯仰角。在这种情况下,真正需要确定的是航向。

1996 年,作者针对该问题发表了论文[65]。这篇文章针对姿态确定的一种特殊情况,即航向确定,提供了一种快速的模糊度解算方案。下面将在本节余下篇幅中描述这篇论文的关键性成果。

给定两个 GPS 天线,使用横跨两个天线的矢量确定航向。在当地水平导航坐标系中,矢量可以表示为当地水平导航坐标系大俯仰角和航向角的函数:

$$
\begin{aligned}
{}^{\mathrm{N}}\boldsymbol{b} &= [\,b\cos\theta\sin\psi \quad b\cos\theta\cos\psi \quad b\sin\theta\,]^{\mathrm{T}} \\
b &= \|{}^{\mathrm{B}}\boldsymbol{b}\| = \|{}^{\mathrm{N}}\boldsymbol{b}\|
\end{aligned}
\tag{7.41}
$$

如果可以确定在导航坐标系下的矢量 $\boldsymbol{b}$，则可以同时确定航向角和俯仰角(图 7.6)。如果俯仰角和航向角都未知,那么矢量 $\boldsymbol{b}$ 在球面上是受约束的。如果俯仰角是已知的,矢量 $\boldsymbol{b}$ 被约束在球面上的一个小圆上(相对于大圆)。

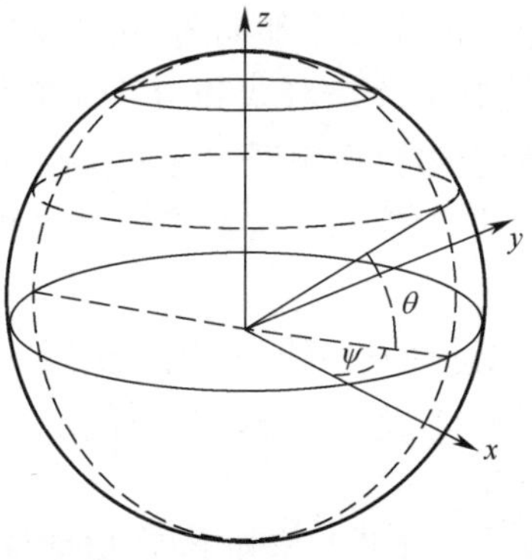

图 7.6 航向确定问题

假设在一段时间内,当地水平导航坐标系下的基线矢量不发生变化(例如在初始对准的时间段内)。

将双差分方程叠加在一起,有

$$\boldsymbol{DD} = \boldsymbol{Lb} + \boldsymbol{V} + \boldsymbol{ZN}\lambda \tag{7.42}$$

式中,$\boldsymbol{Z}=\boldsymbol{I}$ 表示单一历时,$\boldsymbol{Z}=[\boldsymbol{I},\boldsymbol{I},\cdots,\boldsymbol{I}]^{\mathrm{T}}$ 表示多个历时。使用矩阵 $\boldsymbol{Z}$ 是为了确保整数模糊度在各个历时中保持不变。

令 $\boldsymbol{Z}^{+}=(\boldsymbol{Z}^{\mathrm{T}}\boldsymbol{Z})^{-1}\boldsymbol{Z}^{\mathrm{T}}$,$\boldsymbol{Z}^{+}$ 表示平均算子,即对多个历时数据进行简单平均。基本双差方程,可以写为

$$\boldsymbol{Z}^{+}\boldsymbol{DD} = \boldsymbol{Z}^{+}\boldsymbol{L}^{\mathrm{N}}\boldsymbol{b} + \boldsymbol{Z}^{+}\boldsymbol{V} + \boldsymbol{N}\lambda \tag{7.43}$$

利用

$$^{\mathrm{N}}\boldsymbol{b} = [\,b\cos\theta\sin\psi \quad b\cos\theta\cos\psi \quad b\sin\theta\,]^{\mathrm{T}}$$

易得到展形方程:

$$\begin{aligned}(\boldsymbol{Z}^{+}\boldsymbol{DD})(k) - \lambda\boldsymbol{N}(k) = {} & b(\boldsymbol{Z}^{+}\boldsymbol{L}^{\mathrm{N}})(k,1)\cos\theta\sin\psi + \\ & b(\boldsymbol{Z}^{+}\boldsymbol{L}^{\mathrm{N}})(k,2)\cos\theta\cos\psi + b(\boldsymbol{Z}^{+}\boldsymbol{L}^{\mathrm{N}})(k,3)\sin\theta + \boldsymbol{Z}^{+}\boldsymbol{V}\end{aligned}$$

将 $\sin\psi$ 与 $\cos\psi$ 合并为一项,有

$$\begin{aligned}(\boldsymbol{Z}^{+}\boldsymbol{DD})(k) - \lambda\boldsymbol{N}(k) = {} & b\boldsymbol{L}_{12}(k)\cos\theta\sin(\psi + \psi_0(k)) \\ & + b(\boldsymbol{Z}^{+}\boldsymbol{L}^{\mathrm{N}})(k,3)\sin\theta + \boldsymbol{Z}^{+}\boldsymbol{V}\end{aligned} \tag{7.44}$$

其中

$$\boldsymbol{L}_{12}(k) = \sqrt{[\,(\boldsymbol{Z}^{+}\boldsymbol{L}^{\mathrm{N}})(k,1)\,]^2 + [\,(\boldsymbol{Z}^{+}\boldsymbol{L}^{\mathrm{N}})(k,2)\,]^2} \tag{7.45}$$

$$\psi_0 = \arctan[\,(\boldsymbol{Z}^{+}\boldsymbol{L}^{N})(k,2)(\boldsymbol{Z}^{+}\boldsymbol{L}^{N})(k,1)\,]$$

因此,有

$$\sin[\psi + \psi_0(k)] = \frac{(\boldsymbol{Z}^{+}\boldsymbol{DD})(k) - \lambda\boldsymbol{N}(k) - b(\boldsymbol{Z}^{+}\boldsymbol{L}^{\mathrm{N}})(k,3)\sin\theta}{b\boldsymbol{L}_{12}(k)\cos\theta} \tag{7.46}$$

如果整数已知,并且矢量 $\boldsymbol{Z}^{+}\boldsymbol{L}^{\mathrm{N}}(k)$ 不与本地垂直轴对齐,则可以通过单对 GPS 卫星形成的双差来确定航向。

基本方程有 $M+1$ 个未知数、1 个航向角、M 个整数模糊度。如果只猜测其中 1 个整数模糊度,那么就有 M 个方程式和 M 个未知数。即可以求解航向角和其余整数模糊度。然后,检查整数模糊度的解是否接近整数:如果没有解符合要求,那么整数模糊度的猜测是无效的。这就需要一个解算速度非常快的一维搜索算法。

因为有 M 个整数,可以选择其中的一个作为搜索目标。可以从众多整数中选择一个使航向角可观测性最好的整数。根据式(7.46),就是选择 k 使 $|\boldsymbol{L}_{12}(k)\cos\theta|$ 达到最大值。

下面推导了一个整数模糊度的上界和下界,以便确定搜索范围。

根据上文,有

$$(\boldsymbol{Z}^{+}\boldsymbol{DD})(k) - \lambda \boldsymbol{N}(k) = b\boldsymbol{L}_{12}(k)\cos\theta\sin[\psi + \psi_0(k)] + b(\boldsymbol{Z}^{+}\boldsymbol{L}^{\mathrm{N}})(k,3)\sin\theta + \boldsymbol{Z}^{+}\boldsymbol{V}$$

求整数模糊度,有

$$\lambda \boldsymbol{N}(k) = (\boldsymbol{Z}^{+}\boldsymbol{DD})(k) - b\boldsymbol{L}_{12}(k)\cos\theta\sin[\psi + \psi_0(k)] - b(\boldsymbol{Z}^{+}\boldsymbol{L}^{\mathrm{N}})(k,3)\sin\theta + \boldsymbol{Z}^{+}\boldsymbol{V}$$

容易确定上下限:

$$\boldsymbol{N}(k) < \frac{1}{\lambda}\{(\boldsymbol{Z}^{+}\boldsymbol{DD})(k) - b(\boldsymbol{Z}^{+}\boldsymbol{L}^{\mathrm{N}})(k,3)\sin\theta + |b\boldsymbol{L}_{12}(k)\cos\theta| + \max\boldsymbol{Z}^{+}\boldsymbol{V}\} = \max\boldsymbol{N}(k)$$

$$\boldsymbol{N}(k) > \frac{1}{\lambda}\{(\boldsymbol{Z}^{+}\boldsymbol{DD})(k) - b(\boldsymbol{Z}^{+}\boldsymbol{L}^{\mathrm{N}})(k,3)\sin\theta - |b\boldsymbol{L}_{12}(k)\cos\theta| + \min\boldsymbol{Z}^{+}\boldsymbol{V}\} = \min\boldsymbol{N}(k) \tag{7.47}$$

总结一维整数模糊度搜索算法如下:

(1) 选择 k。

(2) 对于搜索范围 $[\min\boldsymbol{N}(k), \max\boldsymbol{N}(k)]$ 中的每个整数 $\boldsymbol{N}(k)$:

① 通过以下方程求出 ψ 的两个解:

$$\sin[\psi + \psi_0(k)] = \frac{(\boldsymbol{Z}^{+}\boldsymbol{DD})(k) - \lambda\boldsymbol{N}(k) - b(\boldsymbol{Z}^{+}\boldsymbol{L}^{\mathrm{N}})(k,3)\sin\theta}{b\boldsymbol{L}_{12}(k)\cos\theta}$$

② 对于每一个 ψ,计算矢量 $\boldsymbol{b}$ 为

$$^{\mathrm{N}}\boldsymbol{b} = [b\cos\theta\sin\psi \quad b\cos\theta\cos\psi \quad b\sin\theta]^{\mathrm{T}}$$

③ 由于除了未猜测的整数外其余项都已知,所以要求解未猜测的整数模糊度矢量估计值:

$$f\boldsymbol{N} = \frac{1}{\lambda}\boldsymbol{Z}^{+}(\boldsymbol{DD} - \boldsymbol{L}^{\mathrm{N}}b)$$

④ 然后使用假设检验来检测每个整数估计是否足够接近整数。如果不是,则舍弃该候选整数 $N(k)$(关于如何做到这一点,具体可参阅文献[45])。

(3) 对新的 GPS 数据继续进行上述操作,直到只剩下一个 $N(k)$。

应该指出的是,在提出这种方法之前,大多数算法都是使用多维搜索的算法。因此,搜索空间非常大。一个典型的搜索算法需要 $20^4 = 160000$ 次搜索的。而通常情况下,一维搜索只需要搜索 20 次,搜索速度快了 8000 倍。

7.4.4 作为更新和模糊度维护的 GPS 载波相位测量

一旦有了第一个整数解,并且解决了初始模糊度,就不需要再进行整数模糊度搜索。相反,只需要维护它们即可。

此外,不再需要使用 TRIAD 算法显式的求解姿态;而是可以简单地将双差作为测量值,并将其作为卡尔曼滤波器的更新值。

使用相同的姿态传播算法、IRU 模型与线性化传播方程来建立卡尔曼滤波器。在本节中,只讨论量测方程及其线性化。

给定当前姿态信息 $\hat{\boldsymbol{C}}_{\mathrm{B}}^{\mathrm{R}}$ 与沿载体坐标系的基线矢量,参考坐标系中的两个基线矢量可以预测为 $\hat{\boldsymbol{C}}_{\mathrm{B}}^{\mathrm{R}}{}^{\mathrm{B}}\boldsymbol{b}_1$、$\hat{\boldsymbol{C}}_{\mathrm{B}}^{\mathrm{R}}{}^{\mathrm{B}}\boldsymbol{b}_2$。

用最后解算的模糊度矢量 $\boldsymbol{N}_1$ 与 $\boldsymbol{N}_2$,预测双差测量值:

$$\begin{aligned}{}^{\mathrm{R}}\hat{\boldsymbol{DD}}_1 &= \boldsymbol{L}_1\hat{\boldsymbol{C}}_{\mathrm{B}}^{\mathrm{R}}{}^{\mathrm{B}}\boldsymbol{b}_1 + \boldsymbol{N}_1\lambda \\ {}^{\mathrm{R}}\hat{\boldsymbol{DD}}_2 &= \boldsymbol{L}_2\hat{\boldsymbol{C}}_{\mathrm{B}}^{\mathrm{R}}{}^{\mathrm{B}}\boldsymbol{b}_2 + \boldsymbol{N}_2\lambda\end{aligned} \tag{7.48}$$

实际量测模型为

$$\begin{aligned}m^{\mathrm{R}}\boldsymbol{DD}_1 &= \boldsymbol{L}_1\boldsymbol{C}_{\mathrm{B}}^{\mathrm{R}}{}^{\mathrm{B}}\boldsymbol{b}_1 + \boldsymbol{N}_1 + N_{1\mathrm{cycle\_slip}}\boldsymbol{\lambda} + \boldsymbol{V}_1 \\ m^{\mathrm{R}}\boldsymbol{DD}_2 &= \boldsymbol{L}_2\hat{\boldsymbol{C}}_{\mathrm{B}}^{\mathrm{R}}{}^{\mathrm{B}}\boldsymbol{b}_2 + \boldsymbol{N}_2 + N_{2\mathrm{cycle\_slip}}\boldsymbol{\lambda} + \boldsymbol{V}_2\end{aligned} \tag{7.49}$$

式中:$N_{1\mathrm{cycle\_slip}}$、$N_{2\mathrm{cycle\_slip}}$ 为载波跟踪环路可能出现的滑动周期数。

双差残差模型为

$$\delta^{\mathrm{R}}\boldsymbol{DD}_i = m^{\mathrm{R}}\boldsymbol{DD}_i - {}^{\mathrm{R}}\hat{\boldsymbol{DD}}_2 = \boldsymbol{L}_i(\delta^{\mathrm{R}}\boldsymbol{\theta}_{\mathrm{B}}^{\mathrm{R}}\times)^b\boldsymbol{b}_i + N_{i\mathrm{cycle\_slip}}\boldsymbol{\lambda} + \boldsymbol{V}_i \tag{7.50}$$

可写为

$$\delta^{\mathrm{R}}\boldsymbol{DD}_i = -\boldsymbol{L}_i[{}^{\mathrm{R}}\boldsymbol{b}_i\times]\delta^{\mathrm{R}}\boldsymbol{\theta}_{\mathrm{B}}^{\mathrm{R}} + N_{i\mathrm{cycle\_slip}}\boldsymbol{\lambda} + \boldsymbol{V}_i \tag{7.51}$$

姿态初始化后,姿态误差对测量的影响变为 $\boldsymbol{L}_i(\delta^{\mathrm{R}}\boldsymbol{\theta}_{\mathrm{B}}^{\mathrm{R}}\times)^b\boldsymbol{b}_i$。由于姿态信息是通过 IRU 数据从一个坐标系到另一个坐标系的转换矩阵得到的,假设 IRU 引入的误差远小于 1 个波长(几乎总是成立),载波相位误差 V 通常比波长的一个周期小得多,因此周跳可以很容易得到检测与校正。

检测是通过简单地判断 $\delta^{\mathrm{R}}\boldsymbol{DD}_i$ 数值来完成的。如果数值远小于 $\boldsymbol{\lambda}$,就没有发生周跳;反之,将找到一个整数 $N_{i\mathrm{cycle\_slip}}$,使 $\delta^{\mathrm{R}}\boldsymbol{DD}_i$ 数值最小(检测与校正周跳)。

周跳被校正后,残差方程为

$$\delta^{\mathrm{R}}\boldsymbol{DD}_i = -\boldsymbol{L}_i[{}^{\mathrm{R}}\boldsymbol{b}_i\times]\delta^{\mathrm{R}}\boldsymbol{\theta}_{\mathrm{B}}^{\mathrm{R}} + \boldsymbol{V}_i \tag{7.52}$$

该结果可用于卡尔曼滤波的更新过程。

参考文献

[1] Wertz, J. R., *Spacecraft Attitude Determination and Control*, Boston, MA: D. Reidel Publishing, 1986.

[2] Shuster, M. D., "A Survey of Attitude Representations," *The Astronautically Science*, Vol. 41, 1993, pp. 439-517.

[3] Mekky, T. A. H., "A Comparative Study of Spacecraft Attitude Determination and Estimation Algorithms (A Cost-Benefit Approach)," *Aerospace Science and Technology*, Vol. 26, No. 1, April-May 2013, pp. 211-215.

[4] Mohd, Z. H., et al., "Review on Attitude Estimation Algorithm of Attitude Determination System," *ARPN Journal of Engineering and Applied Sciences*, Vol. 11, 2016, pp. 4455-4460.

[5] Sidi, M. I. , *Spacecraft Dynamics and Control*, Cambridge, U. K. : Cambridge University Press, 1997.

[6] Shuster, M. D. , and S. D. Oh, "Three Axis Attitude Determination from Vector Observations," *Guid. Control*, Vol. 4, 1981, pp. 70-77.

[7] Simon, D. , *Optimal State Estimation*, New York: John Wiley & Sons, 2006.

[8] Bar-Itzhack, I. Y. , and R. R. Harman, "Optimized Triad Algorithm for Attitude Determination," *Guidance Control and Dynamics*, May 23, 2012, pp. 208-211.

[9] Savage, P. G. , "Strapdown Inertial Navigation Integration Algorithm Design Part 1: Attitude Algorithms," *Journal of Guidance, Control, and Dynamics*, Vol. 21, No. 1, 1998, pp. 19-28.

[10] Savage, P. G. , "Strapdown Inertial Navigation Integration Algorithm Design Part 2: Velocity and Position Algorithms," *Journal of Guidance, Control, and Dynamics*, Vol. 21, No. 2, March-April 1998.

[11] Gelb, M. , *Applied Optimal Estimation*, Cambridge, MA: MIT Press, 1974.

[12] Brown, R. G. , and P. Hwang, *Introduction to Random Signals and Applied Kalman Filtering*, New York: John Wiley & Sons, 1996.

[13] Li, R. , and A. Wu, "Kalman Filtering & Applications," *UCLA Lecture Notes*, 2005-2019.

[14] Julier, S. J. , J. K. Uhlmann, and H. Durrant-Whyte, "A New Approach For Filtering Nonlinear System," *Proc. of the American Control Conference*, 1995, pp. 1628-1632.

[15] Julier, S. J. , and J. K. Uhlmann, *General Method for Approximating Nonlinear Transformation of Probability Distributions*, Technical Report RRG, Department of Engineering Science, University of Oxford, November 1996.

[16] Li, R. , et al. , "Modified Kalman Filter for Generation of Attitude Error Corrections," U. S. Patent 8, 543,266, October 2011.

[17] Li, R. , et al. , "Real-Time Refinement Method of Spacecraft Star-Tracker Alignment Estimates," U. S. Patent 8,019,544, January 2005.

[18] Li, R. , et al. , "Method for Compensating Star Motion Induced Error in a Stellar Inertial Attitude Determination System," U. S. Patent 7,487,016, September 2005.

[19] Li, R. , et al. , "Fast Access, Low Memory, Pair Catalog," U. S. Patent 7,310,578, June 2004.

[20] Li, R. , et al. , "Spacecraft Gyro Calibration System," U. S. Patent 7,185,858, November 2003.

[21] Li, R. , et al. , "Method and Apparatus for On-Board Autonomous Pair Catalog Generation," U. S. Patent 7,136,752, June 2004.

[22] Li, R. , et al. , "Relative Attitude Estimator for Multi-Payload Attitude Determination," U. S. Patent 7, 124,001, June 2004.

[23] Li, R. , et al. , "Refinement of Spacecraft Angular Velocity and Attitude Estimates Using Star Data," U. S. Patent 7,062,363, September 2004.

[24] Li, R. , et al. , "Attitude-Acquisition Methods and Systems for Controlled Spacecraft Attitude," U. S. Patent 6,766,227, November 2002.

[25] Li, R. , et al. , "System and Method for Calibrating Inter-Star-Tracker Misalignments in a Stellar Inertial Attitude Determination System," U. S. Patent 6,691,033, July 2000.

[26] Li, R. , et al. , "Attitude Determination System and Method with Outer-Loop Gyro Scale Factor Non-Linearity Calibration," U. S. Patent 6,615,117, November 2001.

[27] Li, R. , et al. , "Attitude Control Methods and Systems for Multiple-Payload Spacecraft," U. S. Patent 6, 595,469, October 2001.

[28] Li, R. , et al. , "Spacecraft Methods and Structures for Acquiring and Determining Power Safe Attitudes" U. S. Patent 6,588,708, January 2001.

[29] Li, R., et al., "System and Method for Autonomous Correction of Star-Tracker High Spatial Frequency (HSF) Error," U.S. Patent 6,566,640, September 2001.

[30] Li, R., et al., "Lost-in-Space Stellar Attitude Acquisition Using Multiple Star Trackers," U.S. Patent 6,512,979, June 2002.

[31] Li, R., et al., "Method and Apparatus for Spacecraft Antenna Beam Pointing Correction," U.S. Patent 6,504,502, January 2000.

[32] Li, R., et al., "Lost-in-Space Stellar Attitude Acquisition Using Multiple Star Trackers," U.S. Patent 6,470,270, November 2001.

[33] Li, R., et al., "Method and Apparatus for Spacecraft Payload Pointing Registration," U.S. Patent 6,441,776, January 2000.

[34] Li, R., et al., "System for Stellar Inertial Attitude Determination," U.S. Patent 6,362,464, February 2000.

[35] Li, R., et al., "Stellar Attitude-Control Systems and Methods with Weighted Measurement Noise Covariance Matrices," U.S. Patent 6,356,815, August 2000.

[36] Li, R., et al., "System for Star Catalog Equalization to Enhance Attitude Determination," U.S. Patent 6,330,988, July 2000.

[37] Li, R., et al., "Stable and Verifiable State Estimation Methods and Systems with Spacecraft Applications," U.S. Patent 6,317,662, July 2000.

[38] Li, R., et al., "Spacecraft Attitude Control Systems with Dynamic Methods and Structures for Processing Star-Tracker Signals," U.S. Patent 6,304,822, August 2000.

[39] Li, R., et al., "Autonomous Gyro Scale Factor and Misalignment Calibration," U.S. Patent6,298,288, December 1998.

[40] Li, R., et al., "Attitude Determination System and Method," U.S. Patent 6,289,268, March 2000.

[41] Li, R., et al., "Beacon-Assisted Spacecraft Attitude Control Systems and Methods," U.S. Patent 6,288,671, April 2000.

[42] Li, R., et al., "Spacecraft Attitude Determination System and Method," U.S. Patent 6,285,927, May 1999.

[43] Li, R., et al., "System and Method for Correcting Star-Tracker Low Spatial Frequency Error in Stellar-Inertial Attitude Determination Systems," U.S. Patent 6,272,432, May 1999.

[44] Li, R., et al., "Autonomous Attitude Acquisition for a Stellar Inertial Attitude Determination System," U.S. Patent 6,108,594, May 1998.

[45] Kudva, P., and A. Throckmorton, "Preliminary Star Catalog Development for the Earth Observation Systems AMI(EOS-AMI) Mission," *AIAA Journal of Guidance, Control and Dynamics*, Vol. 19, No. 6, 1996, pp. 1332-1336.

[46] Bone, J. W., "On-Orbit Star Processing Using Multi-Star Star-Trackers," *SPIE*, Vol. 2221, April 5-8, 1994, pp. 6-14.

[47] Wicenec, A. J., and M. Albrecht, "Methods for Structuring and Searching Very Large Catalogs," *Astronomical Society of the Pacific*, 1998, pp. 512-515.

[48] Barrett, P., "Application of the Linear Quadtree to Astronomical Databases," *Astronomical Data Analysis Software and Systems IV, ASP Conference Series*, Vol. 77, 1995, pp. 1-4.

[49] Strikwerda, T. E., and J. L. Junkins, "Star Pattern Recognition and Spacecraft Attitude Determination," U.S. Army ETL, May 1981.

[50] Ju, G., and S. K. Lee, "Attitude Determination for Kompsat-2 Using Star Identification Technique,"

AAS 02-100, pp. 1–17, March 2002.

[51] Heide, E. J. v. d., et al., "Development and Validation of a Fast and Reliable Star Sensor Algorithm with Reduced Data Base," IAF-98. A. 6. 05, pp. 1–13, October 1998.

[52] Potteck, S., "A Star Recognition Algorithm Based on Star Groups and Associated Means," AAS 99-011, pp. 87–94, November 1999.

[53] Mortari, D., J. L. Junkins, and M. A. Samaan, "Lost-in-Space Pyramid Algorithm for Robust Star Pattern Recognition," AAS 01–004, pp. 1–20, January 2001.

[54] Mortari, D., "Search-Less Algorithm for Star Pattern Recognition," pp. 179 – 194. Journal of the Astronautical Sciences 45(2) · April 1997.

[55] Mortari, D., "A Fast On-Board Autonomous Attitude Determination System Based on a New Star-ID Technique for a Wide FOV Star-Tracker," AAS 96-158, pp. 893–903. January 1996.

[56] Schmidt, U., C. Elstner, and K. Michel, "ASTRO 15 Star-Tracker Flight Experience and Further Improvements Towards the ASTRO APS Star-Tracker," *AIAA Guidance, Navigation and Control Conference and Exhibit*, Honolulu, HI, August 18–21, 2008.

[57] Baldini, D., et al., "Star-Configuration Searching for Satellite Attitude Computation," *IEEE Transactions on Aerospace and Electronic Systems*, Vol. 31, No. 2, April 1995, pp. 768–777.

[58] Udomkesmalee, S., J. W. Alexander, and A. F. Tolivar, "Stochastic Star Identification," *Journal of Guidance, Control, and Dynamics*, Vol. 17, No. 6, November-December 1994.

[59] Ju, G., et al., "Lost-in-Space: A Star Pattern Recognition and Attitude Estimation Approach for the Case of No Prior Attitude Information," AAS-00-004, February 2–6, 2000, pp. 1–16.

[60] Samaan, M. A., D. Mortari, and J. L. Junkins, "Recursive Mode Star Identification Algorithms," AAS-01-149, February 2001, pp. 1–18.

[61] Shucker, B., and E. D. Fasse, "A Ground-Based Prototype of a CMOS Navigational Star Camera for Small Satellite Applications," 15*th AIAA/USU Conference on Small Satellites*, April 2001.

[62] Ju, G., et al., "Digistar: A Low Cost Micro Star-Tracker," *AIAA Space Technology Conference & Exposition*, September 1999.

[63] https://spacemath. gsfc. nasa. gov/stars/6Page103. pdf.

[64] http://www. stargazing. net/david/constel/howmanystars. html.

[65] Li, R., "A Super-Fast Integer Ambiguity Resolution Approach to GPS Interferometer Heading Determination for the Application in a Low Cost Integrated GPS Inertial Navigation System," *Proc. of ION NTM*-96, 1996, pp. 83–88.

第8章

轨道确定

8.1 引　言

自1801年高斯解决了小行星谷神星的轨道确定问题以来,天体的轨道确定一直是人类的研究目标。自人类开始向地球轨道发射人造卫星和执行深空任务以来,该领域在迄今为止的60年里极速发展。如今,轨道确定已经成为是一个非常成熟的领域,有大量出版物、软件工具,及已经被实施和验证的基于地面和航天器的解决方案。

如前所述,定位、导航与授时(positioning, navigation, and timing, PNT)系统有两种类型的传感器与信息源。作为PNT系统的轨道确定也不例外。下面列出了用于航天器轨道确定的传播传感器和信息源的典型示例:

(1) 基于重力模型与其他力学模型的轨道传播是目前最流行的轨道传播法。在这种情况下,信息源不是一个传感器,而是重力模型和其他作用在航天器上的力学模型。

(2) 加速度计。当航天器在轨道上运行时,重力和航天器的加速度平衡,加速度计输出为零。然而,当航天器发射推进和进行轨道调整时,加速度计仍然有用。使用传统的化学推进器时尤其如此,这种推进器通常在航天器上产生较大的力和加速度。通常情况下,电推进器产生的力和加速度更小,这些加速度可能非常小,接近或低于典型加速度计的分辨率,在这种情况下,通常不值得使用加速度计测量推进器产生的加速度;相反,带有校准的数学模型的效果更好,而且通常成本为零。

有许多类型的更新传感器可以用来支持轨道确定。其中,有些传感器是基于地面的,有些是基于航天器的。下面列出了用于航天器轨道确定的典型更新传感器和信息源[1-21]。

(1) 目前,地面双向测距仍然是用于航天器轨道确定的最常用测量方法,通常有三种类型:

① 基于单一地面站的距离和多普勒测量;

② 基于单一地面站的距离、多普勒测量，以及视距无线传输（line-of-sight, LOS）（仰角和方位角，通常不是很精确）；

③ 基于多个地面站的距离和多普勒测量，通常情况下，两个地面站可比单个地面站提供更好的性能。

（2）航天器上的全球定位系统（global positioning systems, GPS）接收机可能是目前较为常用方法。

（3）卫星间交联向另一个具有已知星历的航天器提供测距信息。

（4）地面望远镜，只提供角度测量用于轨道确定。同样，可以选择使用单一地面望远镜或多个位于地球不同位置的多个望远镜，用于提供更好的几何形状。这些望远镜同时观测航天器与恒星，以便在测量航天器 LOS 单位矢量的同时，精确地确定其相对于地心惯性（earth centered inertial, ECI）坐标系的姿态。

（5）光学传感器，如相机或星跟踪器，用于跟踪有限距离的物体，如另一颗具有已知星历的卫星、行星与其他天体。同样，星跟踪器同时观测航天器与背景中的恒星，来消除与星跟踪器方向相关的信息误差。

（6）机载成像设备，如可见光、红外或雷达成像设备，可以查看地球地标或普通地球图像。

在上述内容中，第（6）项属于视觉或图像导航，将在第 11 章详细讨论。

如前所述，在轨道确定领域有大量可用的软件工具。同时，这些软件中有很多高质量开源软件。下面列出了部分示例：

（1）NASA 开源轨道确定工具箱（orbit determination tool box, ODTBX）；

（2）NASA 通用任务分析工具（general mission analysis tool, GMAT）；

（3）NASA 的 Java 航天动力学工具箱（Java astrodynamics toolkit, JAT）；

（4）开源可扩展航天器仿真与环境建模软件架构（open-source, extensible spacecraft simulation and modeling environment, Open-SESSAME）；

（5）轨道重构仿真与分析软件（orbit reconstruction, simulation, and analysis, ORSA）；

（6）NASA 公开飞行操作系统。

历史上大多数轨道确定系统都是基于地面站的，而且大多数轨道确定任务都不是实时完成的，而是通过事后处理来完成的。利用轨道传感器、重力模型与其他力学模型，可以将过去确定的轨道向前传递到未来。机载轨道确定通常是实时完成的，测量结果可以用于支持航天器的自主操作。

由于基于地面站的轨道确定的非实时性，通常有两种类型的算法：

（1）基于批处理最小二乘估计器的批量处理算法；

（2）基于扩展卡尔曼滤波（extended Kalman filer, EKF）的序列处理算法。

批处理算法使用轨道（弧线）的一段测量数据，并使用轨道传播方程与力学模型来模拟沿弧线的所有测量值，作为初始状态（或另一选定时间的状态）和力学模型参数的函数。因此,初始状态与力学模型参数可以采用批处理最小二乘来估算。

使用批处理算法有几个优点。首先,解算方案可以通过多次迭代来提高精度。通过使用先前的迭代解作为先验知识来对方程线性化,再进行另一次迭代提高精度。其次,批处理算法使用与想要估计状态相关的所有数据,包括过去的与未来的,通常会得到更好的结果。许多比较常用的后处理轨道确定工具(包括开源的、私营企业拥有的、政府拥有的)都提供了基于批处理的轨道确定功能。

序列处理算法可以在非实时和实时两种情况下进行,而且对实时性要求很高。序列处理算法适用于标准的全源 PNT 架构。在本章的其余部分,将重点讨论序列处理算法。

8.2 轨道确定架构

图 8.1 为一个典型的轨道确定通用架构。在该架构中,传播解决方案与更新解决方案通过卡尔曼滤波集成。

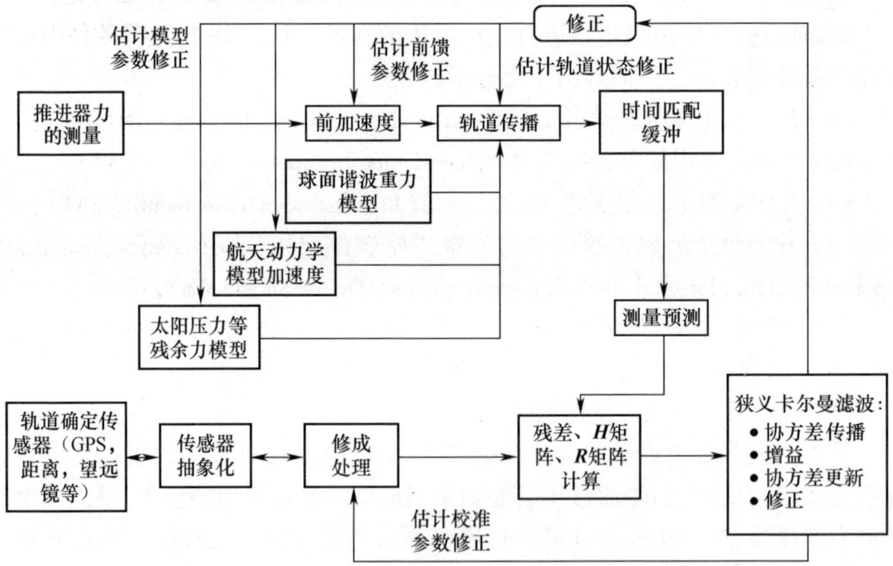

图 8.1 轨道确定通用架构

传播解算方案使用重力模型与其他力学模型。力学模型中,可能包含需要通过卡尔曼滤波器校准或估计的参数。更新传感器可以是前面讨论内容中的一种或几种。处理与校正算法可以用一种比卡尔曼滤波更方便的算法来处理信息。例如,将全球卫星导航系统(global navigation satellite systems, GNSS)伪距与载波相位测量相结合的算法，以消除测量中的电离层延迟。此外，可能还有其他参数用来对量测量进行修正，这些参数也可以由卡尔曼滤波器估计。

8.3 传播算法与误差模型

轨道基本状态量有6个自由度，它们可以是简单的位置和速度矢量，或是6个开普勒轨道元素。有了位置、速度和所有已知的外部加速度，微分方程可以用于将状态量传播到未来。

根据使用的力学模型与其他传感器和信息源的模型，采用额外的参数来增加状态矢量。这样，状态传播方程可以写为

$$
\begin{aligned}
&\frac{\mathrm{d}}{\mathrm{d}t}{}^{\mathrm{I}}\boldsymbol{R}_{\mathrm{I}}^{\mathrm{B}}={}^{\mathrm{I}}\boldsymbol{V}_{\mathrm{I}}^{\mathrm{B}}\\
&\frac{\mathrm{d}}{\mathrm{d}t}{}^{\mathrm{I}}\boldsymbol{V}_{\mathrm{I}}^{\mathrm{B}}={}^{\mathrm{I}}\boldsymbol{a}_{\mathrm{I}}^{\mathrm{B}}={}^{\mathrm{I}}g_0({}^{\mathrm{I}}\boldsymbol{R}_{\mathrm{I}}^{\mathrm{B}})+f_{\mathrm{g}}({}^{\mathrm{I}}\boldsymbol{R}_{\mathrm{I}}^{\mathrm{B}})+f_{\mathrm{ngI}}(\boldsymbol{p}_{\mathrm{I}})+\boldsymbol{C}_{\mathrm{B}}^{\mathrm{I}}\,{}^{\mathrm{B}}\boldsymbol{f}_{\mathrm{T}}+\boldsymbol{C}_{\mathrm{B}}^{\mathrm{I}}f_{\mathrm{ngB}}(\boldsymbol{p}_{\mathrm{B}})\\
&\frac{\mathrm{d}}{\mathrm{d}t}\boldsymbol{p}_{\mathrm{B}}=-\frac{1}{\tau_{\mathrm{B}}}\boldsymbol{p}_{\mathrm{B}}+w_{\mathrm{pB}}\\
&\frac{\mathrm{d}}{\mathrm{d}t}\boldsymbol{p}_{\mathrm{I}}=-\frac{1}{\tau_{\mathrm{B}}}\boldsymbol{p}_{\mathrm{I}}+w_{\mathrm{pI}}
\end{aligned}
\tag{8.1}
$$

式中：${}^{\mathrm{I}}g_0({}^{\mathrm{I}}\boldsymbol{R}_{\mathrm{I}}^{\mathrm{B}})=-(\mu/\|{}^{\mathrm{I}}\boldsymbol{R}_{\mathrm{I}}^{\mathrm{B}}\|^3)\boldsymbol{R}_{\mathrm{I}}^{\mathrm{B}}$ 为重力模型的质点部分；$f_{\mathrm{g}}({}^{\mathrm{I}}\boldsymbol{R}_{\mathrm{I}}^{\mathrm{B}})$ 为重力加速度的其余部分，包括球面谐波重力模型的高阶部分（包括太阳和月球效应）、地球潮汐模型以及由行星引起的加速度；$f_{\mathrm{ngI}}(\boldsymbol{p}_{\mathrm{I}})$ 为参数矢量 $\boldsymbol{p}_{\mathrm{I}}$ 的非重力加速度模型，假设该项在惯性坐标系内缓慢变化，太阳压力引起的加速度也包含在这一项中；$f_{\mathrm{ngB}}(\boldsymbol{p}_{\mathrm{B}})$ 为参数矢量 $\boldsymbol{p}_{\mathrm{B}}$ 的非重力加速度模型，假设该项在载体坐标系中缓慢变化，射频辐射压力、热辐射压力与空气动力都可以包含在该项中；${}^{\mathrm{B}}\boldsymbol{f}_{\mathrm{T}}=\boldsymbol{C}_{\mathrm{T}}^{\mathrm{B}}\begin{bmatrix}(1+s)f_{\mathrm{t}}\\ \alpha f_{\mathrm{t}}\\ \beta f_{\mathrm{t}}\end{bmatrix}$ 为推进器推力模型，包括刻度系数与不对准误差，当推进器不发射时，$f_{\mathrm{t}}=0$。

这个非线性传播模型的状态量总数：

$n_{\mathrm{stats}}=6$（位置和速度）$+3$（推进刻度系数、不对准误差）$+n_{\mathrm{ngI}}$（非重力项，在惯性坐标系中的慢变）$+n_{\mathrm{ngB}}$（非重力项，在载体坐标系中的慢变）

偏差和误差的线性化模型可以写为

$$
\frac{\mathrm{d}}{\mathrm{d}t}\delta^{\mathrm{I}}\boldsymbol{R}_{\mathrm{I}}^{\mathrm{B}}=\delta^{\mathrm{I}}\boldsymbol{V}_{\mathrm{I}}^{\mathrm{B}}
$$

$$
\frac{\mathrm{d}}{\mathrm{d}t}\delta^{\mathrm{I}}\boldsymbol{V}_{\mathrm{I}}^{\mathrm{B}}=\delta^{\mathrm{I}}\boldsymbol{a}_{\mathrm{I}}^{\mathrm{B}}=\frac{\partial^{\mathrm{E}}g_0({}^{\mathrm{I}}\boldsymbol{R}_{\mathrm{I}}^{\mathrm{B}})}{\partial^{\mathrm{I}}R_{\mathrm{I}}^{\mathrm{B}}}\partial^{\mathrm{I}}\boldsymbol{R}_{\mathrm{I}}^{\mathrm{B}}+\frac{\partial f_{\mathrm{ngI}}(\boldsymbol{p}_{\mathrm{I}})}{\partial\boldsymbol{p}_{\mathrm{I}}}\partial\boldsymbol{p}_{\mathrm{I}}+
$$

$$\boldsymbol{C}_{\mathrm{B}}^{\mathrm{I}}\boldsymbol{C}_{\mathrm{T}}^{\mathrm{B}}\begin{bmatrix}\delta s_{\mathrm{t}}\\ \delta\alpha_{\mathrm{t}}\\ \delta\beta_{\mathrm{t}}\end{bmatrix}\boldsymbol{f}_{\mathrm{t}}+\boldsymbol{C}_{\mathrm{B}}^{\mathrm{I}}\frac{\partial \boldsymbol{f}_{\mathrm{ngB}}(\boldsymbol{p}_{\mathrm{B}})}{\partial \boldsymbol{p}_{\mathrm{B}}}\delta\boldsymbol{p}_{\mathrm{B}}$$

$$\frac{\mathrm{d}}{\mathrm{d}t}\delta\boldsymbol{p}_{\mathrm{B}}=-\frac{1}{\tau_{\mathrm{B}}}\delta\boldsymbol{p}_{\mathrm{B}}+w_{\mathrm{pB}}$$

$$\frac{\mathrm{d}}{\mathrm{d}t}\delta\boldsymbol{p}_{\mathrm{I}}=-\frac{1}{\tau_{\mathrm{B}}}\delta\boldsymbol{p}_{\mathrm{I}}+w_{\mathrm{pI}}$$

令 $\boldsymbol{\gamma}=\begin{bmatrix}s_{\mathrm{t}}\\ \alpha_{\mathrm{t}}\\ \beta_{\mathrm{t}}\end{bmatrix}$ 为推进器刻度系数和不对准误差的三维矢量。其可以被建模为一阶马尔可夫过程:

$$\frac{\mathrm{d}}{\mathrm{d}t}\delta\boldsymbol{\gamma}=-\frac{1}{\tau_{\gamma}}\delta\boldsymbol{\gamma}+w_{\gamma}$$

状态与过程噪声为

$$\delta\boldsymbol{X}=\begin{bmatrix}\delta^{\mathrm{I}}\boldsymbol{R}_{\mathrm{I}}^{\mathrm{B}}\\ \delta^{\mathrm{I}}\boldsymbol{V}_{\mathrm{I}}^{\mathrm{B}}\\ \delta\boldsymbol{\gamma}\\ \delta\boldsymbol{p}_{\mathrm{B}}\\ \delta\boldsymbol{p}_{\mathrm{I}}\end{bmatrix},\quad \boldsymbol{W}=\begin{bmatrix}0\\ 0\\ w_{\gamma}\\ w_{p\mathrm{B}}\\ w_{p\mathrm{I}}\end{bmatrix}\tag{8.2}$$

传播模型为

$$\frac{\mathrm{d}\delta\boldsymbol{X}}{\mathrm{d}t}=\boldsymbol{A}\delta\boldsymbol{X}+\boldsymbol{W}=\begin{bmatrix}0 & \boldsymbol{I} & 0 & 0 & 0\\ 0 & \frac{\partial^{\mathrm{E}}g_0({}^{\mathrm{I}}\boldsymbol{R}_{\mathrm{I}}^{\mathrm{B}})}{\partial^{\mathrm{I}}\boldsymbol{R}_{\mathrm{I}}^{\mathrm{B}}} & \boldsymbol{C}_{\mathrm{B}}^{\mathrm{I}}\boldsymbol{C}_{\mathrm{T}}^{\mathrm{B}}\boldsymbol{f} & \boldsymbol{C}_{\mathrm{B}}^{\mathrm{I}}\frac{\partial f_{\mathrm{ngB}}(\boldsymbol{p}_{\mathrm{B}})}{\partial \boldsymbol{p}_{\mathrm{B}}} & \frac{\partial f_{\mathrm{ngI}}(\boldsymbol{p}_{\mathrm{I}})}{\partial \boldsymbol{p}_{\mathrm{I}}}\\ 0 & 0 & -\left(\frac{1}{\tau_{\gamma}}\right)\boldsymbol{I} & 0 & 0\\ 0 & 0 & 0 & -\left(\frac{1}{\tau_{p\mathrm{B}}}\right)\boldsymbol{I} & 0\\ 0 & 0 & 0 & 0 & -\left(\frac{1}{\tau_{p\mathrm{I}}}\right)\boldsymbol{I}\end{bmatrix}\delta X+W\tag{8.3}$$

其中

$$\begin{aligned}\frac{\partial^{\mathrm{I}}g_0({}^{\mathrm{I}}\boldsymbol{R}_{\mathrm{I}}^{\mathrm{B}})}{\partial^{\mathrm{I}}\boldsymbol{R}_{\mathrm{I}}^{\mathrm{B}}}&={}^{\mathrm{I}}\boldsymbol{R}_{\mathrm{I}}^{\mathrm{B}}\frac{3\mu}{\|{}^{\mathrm{I}}\boldsymbol{R}_{\mathrm{I}}^{\mathrm{B}}\|^3}\left(\frac{1}{\|{}^{\mathrm{I}}\boldsymbol{R}_{\mathrm{I}}^{\mathrm{B}}\|^2}{}^{\mathrm{I}}\boldsymbol{R}_{\mathrm{I}}^{\mathrm{B}}\right)^{\mathrm{T}}-\frac{\mu}{\|{}^{\mathrm{I}}\boldsymbol{R}_{\mathrm{I}}^{\mathrm{B}}\|^3}\boldsymbol{I}\\&=g_0\left(\frac{3}{\|{}^{\mathrm{I}}\boldsymbol{R}_{\mathrm{I}}^{\mathrm{B}}\|^2}{}^{\mathrm{I}}\boldsymbol{R}_{\mathrm{I}}^{\mathrm{B}}\right)^{\mathrm{T}}-\frac{\mu}{\|{}^{\mathrm{I}}\boldsymbol{R}_{\mathrm{I}}^{\mathrm{B}}\|^3}\boldsymbol{I}\end{aligned}\tag{8.4}$$

8.4 量测方程与误差模型

8.4.1 基于地面或太空物体的测距

航天器的位置由下式给出：

$$ {}^{\mathrm{I}}\boldsymbol{R}_{\mathrm{I}}^{\mathrm{B}}(t)=\begin{bmatrix}x(t)\\ y(t)\\ z(t)\end{bmatrix} $$

地面站的位置由下式给出：

$$ {}^{\mathrm{I}}\boldsymbol{R}_{k}(t)=\begin{bmatrix}{}^{\mathrm{I}}x_{k}(t)\\ {}^{\mathrm{I}}y_{k}(t)\\ {}^{\mathrm{I}}z_{k}(t)\end{bmatrix}={}^{\mathrm{I}}\boldsymbol{R}_{\mathrm{E}}^{G_k}(t)=\boldsymbol{C}_{\mathrm{E}}^{\mathrm{I}}(t)\,{}^{\mathrm{E}}\boldsymbol{R}_{\mathrm{E}}^{G_k}=\boldsymbol{C}_{\mathrm{E}}^{\mathrm{I}}(t)\begin{bmatrix}{}^{\mathrm{E}}x_{k}\\ {}^{\mathrm{E}}y_{k}\\ {}^{\mathrm{E}}z_{k}\end{bmatrix} $$

对于空间物体，${}^{\mathrm{I}}\boldsymbol{R}_{k}(t)$ 表示由星历表计算出的太空物体位置：

$$ {}^{\mathrm{I}}\boldsymbol{R}_{k}(t)=\begin{bmatrix}{}^{\mathrm{I}}x_{k}(t)\\ {}^{\mathrm{I}}y_{k}(t)\\ {}^{\mathrm{I}}z_{k}(t)\end{bmatrix}={}^{\mathrm{I}}\boldsymbol{R}_{\mathrm{I}}^{\mathrm{S}_k}(t) $$

这两种情况下，测距模型为

$$ d_k=\|{}^{\mathrm{I}}\boldsymbol{R}_{\mathrm{I}}^{\mathrm{B}}(t)-{}^{\mathrm{I}}\boldsymbol{R}_{k}(t)\|+v_k=\sqrt{(x-x_k)^2+(y-y_k)^2+(z-z_k)^2}+v_k \tag{8.5} $$

式中：v_k 为测距误差。

线性化模型为

$$ \Delta d_k=-\hat{u}_{\mathrm{losk}}^{\mathrm{T}}\delta\,{}^{\mathrm{I}}\boldsymbol{R}_{\mathrm{I}}^{\mathrm{B}}(t)+v_k \tag{8.6} $$

其中

$$ \hat{\boldsymbol{u}}_{\mathrm{losk}}^{\mathrm{T}}=\frac{{}^{\mathrm{I}}R_{k}(t)-{}^{\mathrm{I}}\hat{\boldsymbol{R}}_{\mathrm{I}}^{\mathrm{B}}(t)}{\|{}^{\mathrm{I}}\boldsymbol{R}_{k}(t)-{}^{\mathrm{I}}\hat{\boldsymbol{R}}_{\mathrm{I}}^{\mathrm{B}}(t)\|} \tag{8.7} $$

可用于 EKF 的 $\boldsymbol{H}$ 矩阵。

8.4.2 基于地面望远镜或空间相机的角度测量

与 8.4.1 节相似，假设航天器的位置为

$$ {}^{\mathrm{I}}\boldsymbol{R}_{\mathrm{I}}^{\mathrm{B}}(t)=\begin{bmatrix}x(t)\\ y(t)\\ z(t)\end{bmatrix} $$

地面站的位置由下式给出：

$$
{}^{\mathrm{I}}\boldsymbol{R}_k(t)=\begin{bmatrix}{}^{\mathrm{I}}x_k(t)\\{}^{\mathrm{I}}y_k(t)\\{}^{\mathrm{I}}z_k(t)\end{bmatrix}={}^{\mathrm{I}}\boldsymbol{R}_{\mathrm{E}}^{G_k}(t)=\boldsymbol{C}_{\mathrm{E}}^{\mathrm{I}}(t)\,{}^{\mathrm{E}}\boldsymbol{R}_{\mathrm{E}}^{G_k}=\boldsymbol{C}_{\mathrm{E}}^{\mathrm{I}}(t)\begin{bmatrix}{}^{\mathrm{E}}x_k\\{}^{\mathrm{E}}y_k\\{}^{\mathrm{E}}z_k\end{bmatrix}
$$

对于空间物体，${}^{\mathrm{I}}\boldsymbol{R}_k(t)$ 表示由星历表计算出的空间物体的大致位置：

$$
{}^{\mathrm{I}}\boldsymbol{R}_k(t)=\begin{bmatrix}{}^{\mathrm{I}}x_k(t)\\{}^{\mathrm{I}}y_k(t)\\{}^{\mathrm{I}}z_k(t)\end{bmatrix}={}^{\mathrm{I}}\boldsymbol{R}_I^{S_k}(t)
$$

从航天器到地面站或空间物体的 LOS 矢量由下式给出：

$$
{}^{\mathrm{I}}\boldsymbol{u}_j=\frac{1}{\|{}^{\mathrm{I}}\boldsymbol{R}_j-{}^{\mathrm{E}}\boldsymbol{R}\|}({}^{\mathrm{I}}\boldsymbol{R}_j-{}^{\mathrm{I}}\boldsymbol{R}_{\mathrm{I}}^{\mathrm{B}})=\frac{1}{\rho_j}({}^{\mathrm{I}}\boldsymbol{R}_j-{}^{\mathrm{I}}\boldsymbol{R}_{\mathrm{I}}^{\mathrm{B}}) \tag{8.8}
$$

式中：$\rho_j=\|{}^{\mathrm{I}}\boldsymbol{R}_j-{}^{\mathrm{E}}\boldsymbol{R}\|$ 为到空间物体的距离。

对于空间相机，${}^{\mathrm{I}}\boldsymbol{u}_j$ 可以利用下式转换到传感器坐标系（坐标系 S）：

$$
{}^{\mathrm{S}}\boldsymbol{u}_j=\boldsymbol{C}_{\mathrm{B}}^{\mathrm{S}}\boldsymbol{C}_{\mathrm{I}}^{\mathrm{BI}}\boldsymbol{u}_j=\boldsymbol{C}_{\mathrm{I}}^{\mathrm{S}}{}^{\mathrm{I}}\boldsymbol{u}_j \tag{8.9}
$$

对于地面望远镜，有

$$
{}^{\mathrm{S}}\boldsymbol{u}_j=\boldsymbol{C}_{\mathrm{E}}^{\mathrm{S}}\boldsymbol{C}_{\mathrm{I}}^{\mathrm{EI}}\boldsymbol{u}_j=\boldsymbol{C}_{\mathrm{I}}^{\mathrm{S}}{}^{\mathrm{I}}\boldsymbol{u}_j \tag{8.10}
$$

测量的单位矢量，建模为

$$
m^{\mathrm{S}}\boldsymbol{u}_j=\boldsymbol{C}_{\mathrm{I}}^{\mathrm{S}}{}^{\mathrm{I}}\boldsymbol{u}_j+\boldsymbol{v} \tag{8.11}
$$

对于航天器来说，姿态确定与轨道确定是解耦的。在本章中，假设 $\boldsymbol{C}_{\mathrm{I}}^{\mathrm{S}}$ 在两种情况下都是已知的。一种消除传感器不对准误差的方法是，在测量其他有限距离物体时，使用望远镜或相机视场（field of view, FOV）中的恒星来确定姿态。

下面为卡尔曼滤波 $\boldsymbol{H}$ 矩阵推导线性化方程。单位矢量的测量残差可以写为

$$
\delta m^{\mathrm{S}}\boldsymbol{u}_j=\boldsymbol{C}_{\mathrm{I}}^{\mathrm{S}}\delta{}^{\mathrm{I}}\boldsymbol{u}_j+\boldsymbol{v}
$$

$$
\delta{}^{\mathrm{I}}\boldsymbol{u}_j=-\frac{1}{\hat{\rho}}\delta{}^{\mathrm{I}}\boldsymbol{R}_{\mathrm{I}}^{\mathrm{B}}
$$

其中，忽略了归一化的影响。结合上述两个方程，有

$$
\delta m^{\mathrm{S}}\boldsymbol{u}_j=-\boldsymbol{C}_{\mathrm{I}}^{\mathrm{S}}\frac{1}{\hat{\rho}}\delta^{I}\boldsymbol{R}_{\mathrm{I}}^{\mathrm{B}}+\boldsymbol{v} \tag{8.12}
$$

8.4.3 基于 GPS 的轨道确定

虽然 GPS 主要是为地球上的用户设计的，但 GPS 信号也可以在太空中使用。GPS 信号可用的空间称为 GPS 空间服务空域（space service volume，SSV），如图 8.2 所示。

对于低地球轨道（low earth orbit，LEO），服务可用性与地面应用相似，但由

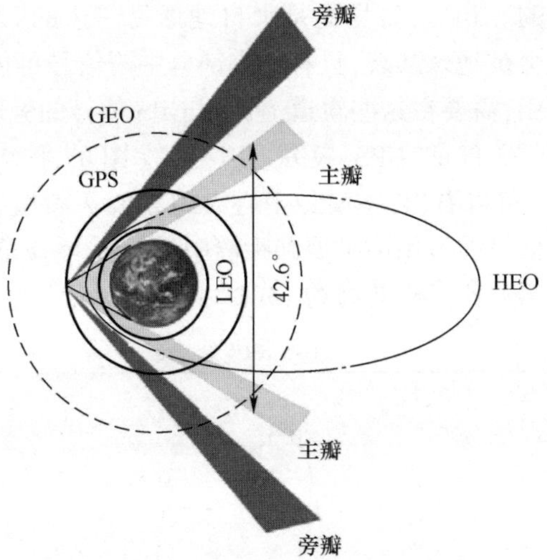

图 8.2　GPS SSV

于高度升高，一些 GPS 卫星可见性略有下降。

对于 GPS 轨道以下的中地球轨道（medium earth orbit, MEO），当 GPS 卫星可见时，靠近 GPS 轨道，通常会收到非常强的信号。然而，由于 MEO 离 GPS 轨道很近，从地球上或 LEO 上看到的很多 GPS 卫星相同天线，在 MEO 上不能再被看到。因此，即使是 MEO 卫星，也经常需要利用 GPS 旁瓣的功率来扩大 GPS 卫星的可见数量。

从图 8.3 可以看出，随着轨道越来越接近 GPS 轨道，同一天线 FOV 下的可见卫星数量会减少。

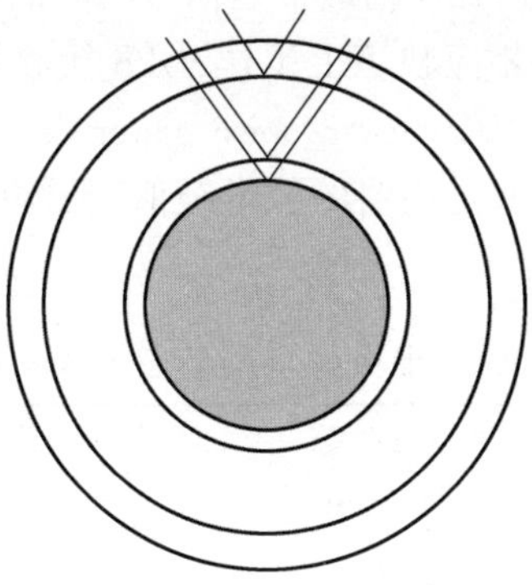

图 8.3　随着高度增加，GPS 可见卫星数量减少

地球同步轨道（geostationary earth orbit, GEO）和高椭圆轨道（highly elliptical orbit, HEO），包括月球转移轨道，总是或大部分在 GPS 轨道之上。因此，在 GEO 和 HEO 正下方的 GPS 卫星是不可见的，因为 GPS 卫星的天线是偏

向地球而不是太空的。相反,可见的是来自地球另一边的 GPS 卫星。然而,主瓣信号最强的部分会被地球屏蔽,只有一小部分主瓣信号可供更高的轨道使用。由于地球的屏蔽作用,需要在这些轨道上使用 GPS 信号的旁瓣。

图 8.4 是公开发布的 GPS 模块 IIR 天线图的平均值,可以在网址 www.gps.gov 查阅。可以看出,主瓣距中心大约 21°,天线增益范围为 0~15dB。第一个旁瓣可以将信号的可用性扩展到距离中心 40°,增益范围为-5~1dB。主瓣中心附近的平均增益比旁瓣的高约 15dB。

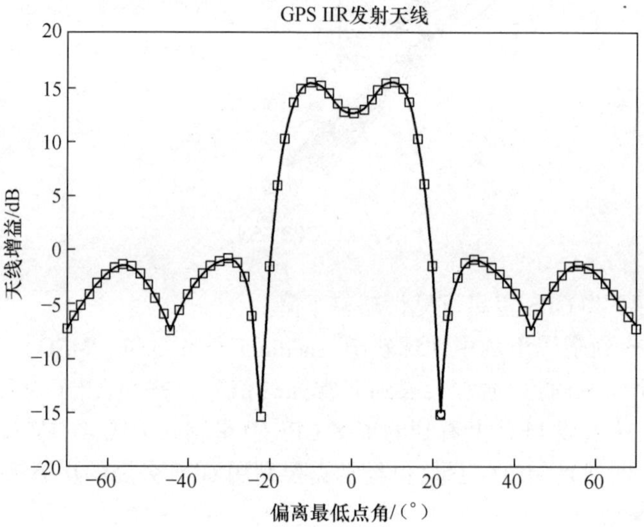

图 8.4　GPS 模块 IIR 天线均值

另一个会影响 GEO 与 HEO 的因素是信号功率的自由空间损失。

表 8.1 列出了为了在相应轨道上工作,GPS 接收器能够捕获和跟踪的典型最小载波噪声密度比(载噪比/carrier/noise power density(C/N0)),以及可以观测到的典型最佳(注意,这些是粗略的数量级值,具体应用的实际值取决于天线特性和轨道特性)。

表 8.1　不同轨道上捕获和跟踪的最小 C/N0 与最佳 C/N0

轨　道	捕获和跟踪 最小 C/N0/(dB · Hz)	常见最佳 C/N0 /(dB · Hz)	评价
LEO	40	50	主瓣
MEO	26	50	主瓣和旁瓣
GEO 与典型地球服务 HEO	23	40	主瓣和旁瓣
月球转移 HEO	10	28	主瓣和旁瓣

由于低 C/N0,接收机经常需要与传播解决方案紧耦合,使用自身位置、速

度、时钟偏差和时钟偏差率估计来预测伪距、多普勒测量,甚至同相正交(in-phase/quadrature, I/Q)信号,以允许接收机在较长一段时间内对连贯的 I/Q 相干积分。特别是在 MEO、GEO 与大多数 HEO 的应用中,需要高达 20mm 的相干积分。对于月球转移轨道,可能需要 1s 以上的相干积分,以捕获和跟踪低至 10dB · Hz 的 C/N0 信号。

由于经典 GPS 信号在编码顶部调制了 50bit/s 的导航数据信息,因此,必须谨慎管理 20ms 相干积分以处理数据位边界问题。这对信号采集来说尤其重要。对于超过 20ms 的时间,必须使用数据清除方案进行相干积分。换句话说,需要使用来自其他源的导航数据电文的内容来预测数据是什么,并在预测的 I/Q 信号中包含导航数据电文调制。这种方法在相干积分前有效消除了 I/Q 信号中的数据,相干积分时间可以扩展到超过 20ms 以上。由于 GPS 不是本书的重点,读者可以参考相关文献,来进一步讨论低 C/N0 的捕获与跟踪问题。

假设目标轨道 GPS 捕获与跟踪问题已经解决,可以得到以下类型的量测值:

(1) 单频伪距;

(2) 单频载波相位;

(3) 双频伪距;

(4) 双频载波相位。

对于大多数空间飞行器来说,其运行轨道足够高,因此对流层延迟误差不重要。然而,电离层延迟误差可能是大多数航天器轨道的一个误差源,包括地球同步轨道。这是因为从 GPS 航天器到 GEO 接收机的 GPS 信号路径仍然需要通过靠近地球的空间。

当双频数据可用时,将数据合并成无电离层误差伪距和载波相位测量有很大用处。

当只有单频数据可用时,将编码相位与载波相位合并到群相电离层校正(group and phase ionosphere correction,GRAPHIC)中也有很大用处,可以利用电离层延迟误差在编码相位与载波相位的相反符号抵消。

特别的,精确 LEO 确定已被许多学者研究[1-5],并且达到较高精度。表 8.2 总结了部分学者的研究成果。

表 8.2　文献中报道的精确 LEO 确定工作

序号	测量方法	性能提高主要措施	定位精度	参考文献
1	双频载波相位和编码相位测量	仅广播星历表	0.3~0.5m	[1]
2	双频载波相位和编码相位测量	来自国际 GNSS 服务组织(International GNSS Service, IGS)(国际 GNSS 服务组织网址 http://www.igs.org/)的精密星历与时钟数据	20~30mm	[2,4]

续表

序号	测量方法	性能提高主要措施	定位精度	参考文献
3	双频载波相位和编码相位测量	欧洲轨道测量中心(center for orbit determination in Europe, CODE)提供的精确轨道与时钟信息、天线相位中心变化的建模、超精密任务专用重力场模型	<10mm	[5]
4	单频编码和载波相位	仅广播星历表	0.4~0.7m	[3]
5	单频编码和载波相位	仅广播星历表	0.7~1m	[3]

载波相位的整数模糊性通常可以采用浮点数字作为卡尔曼滤波状态量,随着越来越多的数据被用于更新状态,这些状态量将被估计出来。

令卫星 k 的伪距与载波相位测量结果为

$$
\begin{aligned}
\mathrm{PR}_j(t) &= \|\boldsymbol{R}(t) - \boldsymbol{R}_j(t)\| + \mathrm{ct}_{\mathrm{r}}(t) + \mathrm{ct}_{\mathrm{s}j}(t) + I_j(t) + V_j(t) \\
C_j(t) &= \|\boldsymbol{R}(t) - \boldsymbol{R}_j(t)\| + \mathrm{ct}_{\mathrm{r}}(t) + \mathrm{ct}_{\mathrm{s}j}(t) - I_j(t) + v_j(t) + \lambda N_j
\end{aligned}
\tag{8.13}
$$

式中:R_j 为根据星历计算的 GPS SV 卫星的位置;ct_{r} 为接收机时钟偏差引起的测距误差;$\mathrm{ct}_{\mathrm{s}j}$ 为卫星 j 时钟造成的测距误差;I_j 为电离层延迟误差;v_j 为接收机载波相位噪声与多径误差;V_j 为接收机编码相位噪声与多径误差;N_j 为载波相位的整数模糊度。

对于双频接收机,来自 GPS 测量的主要误差是接收机噪声、多径误差以及 GPS 卫星星历误差和时钟误差。

如果使用电离层延迟来校正伪距,通常只需将时钟偏差与时钟速率偏差添加到卡尔曼滤波器的状态量中。如果同时使用伪距和载波相位,则需要添加整数模糊度作为卡尔曼滤波器的状态量。

对于单频接收机,可以把每个卫星的电离层延迟作为卡尔曼滤波器的状态量。如果想使用载波相位测量,则也要将整数模糊度作为卡尔曼滤波器的状态量。

如前所述,对于单频接收机,还可以形成 GRAPHIC 测量:

$$
\begin{aligned}
L_j(t) = \frac{\mathrm{PR}_j(t) + C_j(t)}{2} &= \|\boldsymbol{R}(t) - \boldsymbol{R}_j(t)\| + \mathrm{ct}_{\mathrm{r}}(t) + \mathrm{ct}_{\mathrm{s}j}(t) \\
&\quad \frac{V_j(t) + v_j(t)}{2} + \frac{\lambda}{2} N_j
\end{aligned}
\tag{8.14}
$$

在这种情况下,由于电离层延迟被抵消了,没有必要将电离层延迟误差作为卡尔曼滤波状态量的一部分。

在下文中,将以单频编码与基于载波相位的方法为例,写出状态量、状态传播方程、量测方程与线性化量测方程。

回顾一下,有以下状态量:

$$X = \begin{bmatrix} {}^{\mathrm{I}}\boldsymbol{R}_{\mathrm{I}}^{\mathrm{B}} \\ {}^{\mathrm{I}}\boldsymbol{V}_{\mathrm{I}}^{\mathrm{B}} \\ \boldsymbol{\gamma} \\ \boldsymbol{p}_{\mathrm{B}} \\ \boldsymbol{p}_{\mathrm{I}} \end{bmatrix}$$

下面将在状态量中添加以下额外元素：

（1）GPS 接收机的时钟偏差与时钟速率偏差（两个附加状态量）；

（2）GPS 卫星电离层延迟 $\boldsymbol{I} = [I_1 \quad I_2 \quad \cdots \quad I_M]^{\mathrm{T}}$；

（3）GPS 卫星整数模糊度 $\boldsymbol{N} = [N_1 \quad N_2 \quad \cdots \quad N_M]^{\mathrm{T}}$，其中，$M$ 表示目前使用的 GPS 卫星数量。

目前的状态量矢量形式如下：

$$X = \begin{bmatrix} {}^{\mathrm{I}}\boldsymbol{R}_{\mathrm{I}}^{\mathrm{B}} \\ {}^{\mathrm{I}}\boldsymbol{V}_{\mathrm{I}}^{\mathrm{B}} \\ \boldsymbol{\gamma} \\ \boldsymbol{p}_{\mathrm{B}} \\ \boldsymbol{p}_{\mathrm{I}} \\ b_{\mathrm{r}} \\ d_{\mathrm{r}} \\ \boldsymbol{I} \\ \boldsymbol{N} \end{bmatrix}$$

式中：b_{r}、d_{r} 分别为接收机的时钟偏差与时钟速率偏差。

状态量的总数为 $3+3+3+\mathrm{Mb}+\mathrm{Mi}+2+2M=11+\mathrm{Mb}+\mathrm{Mi}+2M$。当使用新的 GPS 卫星时，电离层延迟状态与整数模糊状态都需要重新初始化。因此，非线性状态传播方程为

$$\frac{\mathrm{d}}{\mathrm{d}t}\,{}^{\mathrm{I}}\boldsymbol{R}_{\mathrm{I}}^{\mathrm{B}} = {}^{\mathrm{I}}\boldsymbol{V}_{\mathrm{I}}^{\mathrm{B}}$$

$$\frac{\mathrm{d}}{\mathrm{d}t}\,{}^{\mathrm{I}}\boldsymbol{V}_{\mathrm{I}}^{\mathrm{B}} = {}^{\mathrm{I}}\boldsymbol{a}_{\mathrm{I}}^{\mathrm{B}} = {}^{\mathrm{E}}g_0({}^{\mathrm{I}}\boldsymbol{R}_{\mathrm{I}}^{\mathrm{B}}) + f_{\mathrm{g}}({}^{\mathrm{I}}\boldsymbol{R}_{\mathrm{I}}^{\mathrm{B}}) + f_{\mathrm{ngI}}(\boldsymbol{p}_{\mathrm{I}}) + \boldsymbol{C}_{\mathrm{B}}^{\mathrm{I}}\,{}^{\mathrm{B}}\boldsymbol{f}_{\mathrm{T}} + \boldsymbol{C}_{\mathrm{B}}^{\mathrm{I}} f_{\mathrm{ngB}}(\boldsymbol{p}_{\mathrm{B}})$$

$$\frac{\mathrm{d}}{\mathrm{d}t}\boldsymbol{\gamma} = -\frac{1}{\boldsymbol{\tau}_{\gamma}}\boldsymbol{\gamma} + w_{\gamma}$$

$$\frac{\mathrm{d}}{\mathrm{d}t}\boldsymbol{p}_{\mathrm{B}} = -\frac{1}{\boldsymbol{\tau}_{\mathrm{B}}}\boldsymbol{p}_{\mathrm{B}} + w_{\mathrm{pB}}$$

$$\frac{\mathrm{d}}{\mathrm{d}t}\boldsymbol{p}_{\mathrm{I}} = -\frac{1}{\tau_{\mathrm{B}}}\boldsymbol{p}_{\mathrm{I}} + w_{\mathrm{pI}}$$

$$\frac{\mathrm{d}}{\mathrm{d}t}b_{\mathrm{r}} = d_{\mathrm{r}} + w_{\mathrm{br}}$$

$$\frac{\mathrm{d}}{\mathrm{d}t}d_{\mathrm{r}} = w_{\mathrm{dr}}$$

$$\frac{\mathrm{d}}{\mathrm{d}t}\boldsymbol{I} = -\frac{1}{\tau_{\mathrm{I}}}\boldsymbol{I} + w_{\mathrm{I}}$$

$$\frac{\mathrm{d}}{\mathrm{d}t}\boldsymbol{N} = w_{\mathrm{N}} \tag{8.15}$$

线性化传播方程可以写为

$$\delta\boldsymbol{X} = \begin{bmatrix} \delta^{\mathrm{I}}\boldsymbol{R}_{\mathrm{I}}^{\mathrm{B}} \\ \delta^{\mathrm{I}}\boldsymbol{V}_{\mathrm{I}}^{\mathrm{B}} \\ \delta\boldsymbol{\gamma} \\ \delta\boldsymbol{p}_{\mathrm{B}} \\ \delta\boldsymbol{p}_{\mathrm{I}} \\ \delta b_{\mathrm{r}} \\ \delta d_{\mathrm{r}} \\ \delta\boldsymbol{I} \\ \delta\boldsymbol{N} \end{bmatrix}, \quad \boldsymbol{W} = \begin{bmatrix} 0 \\ 0 \\ w_{\mathrm{r}} \\ w_{\mathrm{pB}} \\ w_{\mathrm{pI}} \\ w_{\mathrm{br}} \\ w_{\mathrm{dr}} \\ w_{\mathrm{I}} \\ w_{\mathrm{N}} \end{bmatrix} \tag{8.16}$$

$$\frac{\mathrm{d}\delta\boldsymbol{X}}{\mathrm{d}t} = \boldsymbol{A}\delta\boldsymbol{X} + \boldsymbol{W} = \frac{\mathrm{d}}{\mathrm{d}t}\begin{bmatrix} \delta^{\mathrm{I}}R_{\mathrm{I}}^{\mathrm{B}} \\ \delta^{\mathrm{I}}\boldsymbol{V}_{\mathrm{I}}^{\mathrm{B}} \\ \delta\boldsymbol{\gamma} \\ \delta\boldsymbol{p}_{\mathrm{B}} \\ \delta\boldsymbol{p}_{\mathrm{I}} \\ \delta b_{\mathrm{r}} \\ \delta d_{\mathrm{r}} \\ \delta\boldsymbol{I} \\ \delta\boldsymbol{N} \end{bmatrix} =$$

$$\begin{bmatrix} 0 & \boldsymbol{I} & 0 & 0 & 0 & 0 & 0 & 0 & 0 \\ 0 & \dfrac{\partial^{\mathrm{E}} g_0({}^{\mathrm{I}}\boldsymbol{R}_{\mathrm{I}}^{\mathrm{B}})}{\partial^{\mathrm{I}}\boldsymbol{R}_{\mathrm{I}}^{\mathrm{B}}} & \boldsymbol{C}_{\mathrm{B}}^{\mathrm{I}}\boldsymbol{C}_{\mathrm{T}}^{\mathrm{B}}\boldsymbol{f} & \boldsymbol{C}_{\mathrm{B}}^{\mathrm{I}}\dfrac{\partial f_{\mathrm{ngB}}(\boldsymbol{p}_{\mathrm{B}})}{\partial \boldsymbol{p}_{\mathrm{B}}} & \dfrac{\partial f_{\mathrm{ngI}}(\boldsymbol{p}_{\mathrm{I}})}{\partial \boldsymbol{p}_{\mathrm{I}}} & 0 & 0 & 0 & 0 \\ 0 & 0 & -\left(\dfrac{1}{\tau_{\gamma}}\right)\boldsymbol{I} & 0 & 0 & 0 & 0 & 0 & 0 \\ 0 & 0 & 0 & -\left(\dfrac{1}{\tau_{\mathrm{pB}}}\right)\boldsymbol{I} & 0 & 0 & 0 & 0 & 0 \\ 0 & 0 & 0 & 0 & -\left(\dfrac{1}{\tau_{\mathrm{pI}}}\right)\boldsymbol{I} & 0 & 0 & 0 & 0 \\ 0 & 0 & 0 & 0 & 0 & 0 & 1 & 0 & 0 \\ 0 & 0 & 0 & 0 & 0 & 0 & 0 & 0 & 0 \\ 0 & 0 & 0 & 0 & 0 & 0 & 0 & -\left(\dfrac{1}{\tau_{\mathrm{I}}}\right)\boldsymbol{I} & 0 \\ 0 & 0 & 0 & 0 & 0 & 0 & 0 & 0 & 0 \end{bmatrix} \times$$

$$\begin{bmatrix} \delta^{\mathrm{I}}\boldsymbol{R}_{\mathrm{I}}^{\mathrm{B}} \\ \delta^{\mathrm{I}}\boldsymbol{V}_{\mathrm{I}}^{\mathrm{B}} \\ \delta\boldsymbol{\gamma} \\ \delta\boldsymbol{p}_{\mathrm{B}} \\ \delta\boldsymbol{p}_{\mathrm{I}} \\ \delta b_{\mathrm{r}} \\ \delta d_{\mathrm{r}} \\ \delta\boldsymbol{I} \\ \delta\boldsymbol{N} \end{bmatrix} + \begin{bmatrix} 0 \\ 0 \\ w_{\mathrm{r}} \\ w_{\mathrm{pB}} \\ w_{\mathrm{pI}} \\ w_{\mathrm{br}} \\ w_{\mathrm{br}} \\ w_{\mathrm{I}} \\ w_{\mathrm{N}} \end{bmatrix} \tag{8.17}$$

从每个 GNSS 空间飞行器获得了两次测量数据。非线性测量方程为

$$\begin{aligned} \mathrm{PR}_j(t) &= \| {}^{\mathrm{I}}\boldsymbol{R}_{\mathrm{I}}^{\mathrm{B}}(t) - \boldsymbol{R}_j(t) \| + \mathrm{ct}_{\mathrm{r}}(t) + \mathrm{ct}_{\mathrm{s}j}(t) + I_j(t) + V_j(t) \\ C_j(t) &= \| {}^{\mathrm{I}}\boldsymbol{R}_{\mathrm{I}}^{\mathrm{B}}(t) - \boldsymbol{R}_j(t) \| + \mathrm{ct}_{\mathrm{r}}(t) + \mathrm{ct}_{\mathrm{s}j}(t) - I_j(t) + v_j(t) + \lambda N_j \end{aligned} \tag{8.18}$$

线性化方程可以写为

$$\delta \mathrm{PR}_j(t) = -(\boldsymbol{u}_{\mathrm{los}j})^{\mathrm{T}} \delta^{\mathrm{I}} \boldsymbol{R}_{\mathrm{I}}^{\mathrm{B}} + \delta \mathrm{ct}_{\mathrm{r}}(t) + \delta I_j(t) + \delta \mathrm{ct}_{\mathrm{s}j}(t) + V_j(t)$$

$$\delta C_j(t) = -(\boldsymbol{u}_{\mathrm{los}j})^{\mathrm{T}} \delta^{\mathrm{I}} \boldsymbol{R}_{\mathrm{I}}^{\mathrm{B}} + \delta \mathrm{ct}_{\mathrm{r}}(t) + \delta \mathrm{ct}_{\mathrm{s}j}(t) - \delta I_j(t) + \lambda \delta N_j + \delta \mathrm{ct}_{\mathrm{s}j}(t) + v_j(t) \tag{8.19}$$

将线性化方程叠加在一起，有

$$\boldsymbol{Y} = \begin{bmatrix} \delta \mathbf{PR} \\ \delta \boldsymbol{C} \end{bmatrix} = \begin{bmatrix} \boldsymbol{U}_{\mathrm{los}} & 0 & 0 & 0 & 0 & c & 0 & \boldsymbol{I} & 0 \\ \boldsymbol{U}_{\mathrm{los}} & 0 & 0 & 0 & 0 & c & 0 & -\boldsymbol{I} & \lambda \boldsymbol{I} \end{bmatrix} \delta \boldsymbol{X} + \begin{bmatrix} \delta \mathrm{ct}_{\mathrm{s}} + V \\ \delta \mathrm{ct}_{\mathrm{s}} + v \end{bmatrix} \tag{8.20}$$

其中

$$\boldsymbol{U}_{\mathrm{los}} = \begin{bmatrix} (\boldsymbol{U}_{\mathrm{los1}})^{\mathrm{T}} \\ (\boldsymbol{U}_{\mathrm{los2}})^{\mathrm{T}} \\ \vdots \\ (\boldsymbol{U}_{\mathrm{los}m})^{\mathrm{T}} \end{bmatrix} \tag{8.21}$$

基于上述内容，就可以构建用于轨道确定的卡尔曼滤波器。

参 考 文 献

[1] Montenbruck, O., and P. Ramos-Bosch, "Precision Real-Time Navigation of LEO Satellites Using Global Positioning System Measurements," *GPS Solutions*, October 2009, https://www.dlr.de/rb/portaldata/38/resources/dokumente/gsoc_dokumente/rb-rft/gps_sol_0707.pdf.

[2] Cerri, L., et al., "Precision Orbit Determination Standards for the Jason Series of Altimeter Missions," *Marine Geodesy*, Vol. 33, December 2010, pp. 379-418.

[3] Gong, X., et al., "Precise Onboard Real-Time Orbit Determination with a Low-Cost Single-Frequency GPS/BDS Receiver," *Remote Sensing*, June 2018.

[4] Li, M., B. Xu, and J. Sun, "Autonomous Orbit Determination for a Hybrid Constellation," *International Journal of Aerospace Engineering*, Vol. 2018, Article ID 4843061, 2018.

[5] Zehentner, N., and T. Mayer-Gürr, "Precise Orbit Determination Based on Raw GPS Measurements," *J. Geod.*, Vol. 90, 2016, pp. 275-286.

[6] Lemoine, F. G., et al., "Precise Orbit Determination for Geosat Follow-On Using Satellite Laser Ranging Data and Intermission Altimeter Crossovers," 2001 *Flight Mechanics Symposium*, Greenbelt, MD, 2001.

[7] Markley, F., and U. Naval, "Autonomous Navigation Using Landmark and Intersatellite Data," *AIAA/AAS Astrodynamics Conference*, Seattle, WA, 1984.

[8] Li, R., H. Qiu, and K. Xiong, "Autonomous Navigation for Constellation Based on Inter-Satellite Ranging and Directions," *IECON* 2017—43*rd Annual Conference of The IEEE Industrial Electronics Society*, Beijing, China, November 2017, pp. 2985-2990.

[9] Li, M., B. Xu, and L. Zhang, "Orbit Determination for Remote-Sensing Satellites Using Only Optical Imagery," *International Journal of Remote Sensing*, Vol. 38, No. 5, 2017, pp. 1350-1364.

[10] Li, M., and B. Xu, "Autonomous Orbit and Attitude Determination for Earth Satellites Using Images of Regular-Shaped Ground Objects," *Aerospace Science and Technology*, Vol. 80, 2018, pp. 192-202.

[11] Li, X., et al., "LEO Precise Orbit Determination with Inter-Satellite Links," *Remote Sensing*, Vol. 11, No. 18, 2019, p. 2117.

[12] Yoon, J. -C., et al., "Spacecraft Orbit Determination Using GPS Navigation Solutions," *Aerosp. Sci. Technol.*, Vol. 4, 2000, pp. 215-221.

[13] Rim, H. J., and B. E. Schutz, "Precision Orbit Determination," University of Texas Austin, Report, 2002.

[14] Montenbruck, O., and E. Gill, *Satellite Orbits*, New York: Springer, 2001.

[15] Bock, H., et al., "GRAS/Metop: Precise Orbit Determination Study Phase II," Terma Technical Note, 2001.

[16] Bock, H., et al., "Efficient Precise Orbit Determination of LEO Satellites Using GPS," *Advances in Space Research*, Vol. 30, No. 2, 2002, p. 295.

[17] Svehla, D., and M. Rothacher, "Kinematic Orbit Determination of LEOs Based on Zero- or Double-Difference Algorithms Using Simulated and Real SST GPS Data," *IAG Scientific Assembly*, Budapest, Hungary, 2001.

[18] Bisnath, S. B., and R. B. Langely, "Precise A Posteriori Geometric Tracking of Low Earth Orbiters with GPS," *Canadian Aeronautics and Space Journal*, Vol. 45, No. 3, 1999, p. 245.

[19] Bury, G., et al., "Multi-GNSS Orbit Determination Using Satellite Laser Ranging," *Journal of Geodesy*, pp 1-17.

[20] Paula, A., et al., "Onboard and Real-Time Artificial Satellite Orbit Determination Using GPS," *Mathematical Problems in Engineering*, Vol. 2013, Article ID 530516, 2013, http://dx.doi.org/10.1155/2013/530516.

[21] Gong, B., et al., "Angles-Only Initial Relative Orbit Determination Algorithm for NonCooperative Spacecraft Proximity Operations," *Astrodynamics*, Vol. 2, No. 3, September 2018, pp. 217-231.

第9章

地形参考导航

9.1 引　言

地球的地形随着地理位置的变化而变化,因此可以选择地形剖面作为地理定位参考,这样就有了地形参考导航(terrain referenced navigation TRN)。自20世纪50年代以来,TRN思想与基于TRN的衍生系统已经被开发、实施并使用。在这段时间里,这一思想的实践与实施技术发生了巨大变化,但基本思想基本没有变化[1-10]。其中,地形轮廓匹配(terrain contour matching, TERCOM)技术是在20世纪60年代发展起来的。特别是,桑迪亚实验室开发的桑迪亚惯性地形辅助导航(Sandia inertial terrain aided navigation, SITAN),它将地形匹配误差传播给卡尔曼滤波器,为惯性导航提供修正信息,这也是最接近本章要描述的内容。

当全球定位系统(global positioning systems, GPS)和全球卫星导航系统(global navigation satellite systems, GNSS)成为定位、导航与授时(positioning, navigation, and timing, PNT)的最佳标准时,TRN的发展停滞了大约10年。当军事与商业部门都意识到需要解决由于GNSS信号屏蔽、干扰、欺骗或不可用而造成的GNSS脆弱性时,又燃起了对TRN的兴趣。TRN现在已经成为可以被包含在全源PNT系统中的关键技术之一,为PNT系统提供了GNSS被干扰或无法使用时的解决方案。

TRN系统具有不依赖任何人造基础设施的全自主优点,然而,它依赖的地形数据库需要创建与维护。经典高度计TRN的一个主要缺点是,如果没有地形变化,系统将无法工作,当飞行器飞过平坦的陆地和海洋时就会发生这种情况。这就是广义TRN(如磁场异常参考导航(magnetic anomaly reference navigation, MARN)和重力异常参考导航(gravity anomaly reference navigation, GARN))可能更具有吸引力的原因。

广义TRN包括以下几种变化。

(1) 最基本的TRN使用雷达高度计和气压高度计的差值作为地形高度测量结果,并使用该高度和地形数据库匹配来推算水平位置信息。

(2) 通常雷达高度计可以被一个或多个斜距传感器取代,它可以测量飞行器到地面上一个点或多个点的距离。这种变化有几个优点:第一,对于在沿海地区水面上飞行的飞行器来说,斜距传感器可以指向海岸线沿线的地形,即使是在平坦的水面上飞行,飞行器也可以使用 TRN 进行导航;第二,当使用多个斜距传感器时,几何形状与可用性都得到改善,从而获得更好的性能、可用性与完整性;第三,由于视距无线传输(line-of-sight, LOS)方向不必向下,因此,该技术可能适用于地面运载器与海洋/潜艇运载器。

(3) 测量结果实际上是通过合成孔径雷达(synthetic aperture radar, SAR)、激光雷达或相机获得的地形二维图像。

(4) 传感器测量的是其他与地理位置有关的变量,如重力异常与磁力异常[11-19]。

本章将重点介绍前两种 TRN 技术,第 3 项内容将在第 11 章讨论,第 4 项内容将在第 12 章讨论。

如前所述,PNT 系统有两种类型的传感器或信息源。TRN 作为 PNT 系统中的一种,也不例外。这里列出了传播传感器和信息源的典型应用示例。

(1) 惯性导航是最常用的传播方案。如果 TRN 和其他更新方式长时间不可用,则需要使用高精度惯性测量单元(inertial measurement unit, IMU)。如果更新传感器的组合提供了足够的可用性和完整性,则可以使用低成本、低精度 IMU。

(2) 对于一些超低成本的系统,传播解算方案可使用运载器动力学模型。由于输入的不确定性和模型不确定性,基于运载器动力学模型的传播方案通常不能在很长一段时间内保持良好的精度。因此,如果使用运载器动力学模型作为传播解算方案,则希望更新解算方案是连续可用的。

用于地形参考导航的更新传感器通常是测距设备,如雷达、声呐或激光雷达。其中,部分传感器使用大波束,并具有寻找最短距离的能力,从而在地形中估计高度。换句话说,就是有了一个高度计。在这种情况下,高度计的更新与运载器姿态无关。其中,部分设备采用的波束非常窄,可提供沿传感器孔径方向的测距。在这种情况下,测距受运载器位置和运载器姿态的共同影响,我们称这种类型的设备为斜距传感器。虽然不是绝对必要,但大多数 TRN 系统也会使用气压高度计来提供相对于海平面的高度测量。

值得一提的是,2000 年的航天飞机雷达地形测绘任务(shuttle radar topography mission, SRTM)与其处理和公布的数据,是全球数字化地形测绘的重大突破。公开的高分辨率、高精度的 SRTM 数据库使 TRN 变得更加容易,特别是对于非军事应用[10]。

9.2 TRN 架构

图 9.1 描述了典型通用 TRN 架构。在该架构中,惯性导航解决方案与各种基于

高度计/斜距传感器的更新解决方案通过卡尔曼滤波器集成。各种类型的传感器都是可选的,可以有 0~n 个传感器,需要根据需求与运载器上可用的传感器来决定。

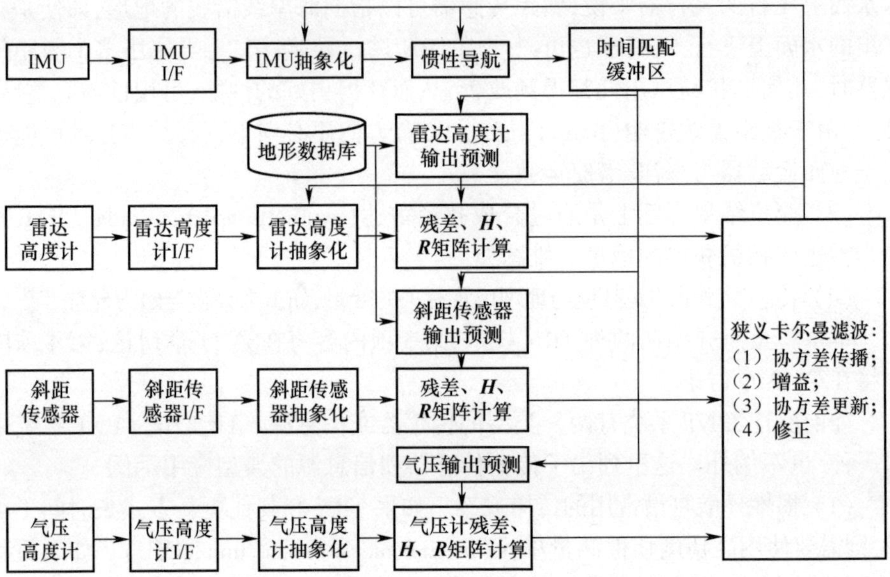

图 9.1　TRN 架构

需要指出的是,对于上述架构,假设初始导航解决方案是在 GNSS 可用时利用 GNSS 更新,或采用位置已知情况下的初始化与对准阶段解算方案,后者具有合理的性能。这里合理的性能是指具有位置不确定性的地形参考模型在当前位置周围保持模型单调区域。当位置不确定性过大时,地形模型的反函数是多值的,如果不使用其他信息,将无法确定自身位置。

同样,还需要认识到,在经典基于高度计的 TRN 中,高度是一个一维变量,而得出的水平位置是一个二维变量。为了从高度测量中得出水平位置的两个轴,运载器必须沿多个水平方向经历地形变化以提高可观测性。在这些方向变化之间,惯性导航起着重要的作用,使这些由轨迹的不同部分产生的可观测性能够衔接在一起。

9.3　传播算法与误差模型

第 3 章讨论了惯性导航算法,根据编写方程描述变量所在坐标系的不同,有几种不同的算法形式。为了满足本章的需求,使用地心固连(earth centered earth fixed, ECEF)坐标系下的惯性导航系统(inertial navigation system, INS)算法,总结如下。

(1) 四元数形式的姿态传播方程为

$$\dot{\boldsymbol{q}}_{B}^{E}=\frac{1}{2}\left(\boldsymbol{q}_{B}^{E}\otimes{}^{B}\boldsymbol{\omega}_{I}^{B}-{}^{E}\boldsymbol{\omega}_{I}^{E}\otimes\boldsymbol{q}_{B}^{E}\right) \tag{9.1}$$

(2) 从四元数中得到 DCM:

$$\boldsymbol{C}_{\mathrm{B}}^{\mathrm{E}}=\mathrm{q2DCM}(\boldsymbol{q}_{\mathrm{B}}^{\mathrm{E}}) \tag{9.2}$$

(3) 速度传播方程由下式给出:

$$\begin{aligned}\frac{\mathrm{d}}{\mathrm{d}t}{}^{\mathrm{E}}\boldsymbol{v}_{\mathrm{E}}^{\mathrm{B}}&=\boldsymbol{C}_{\mathrm{B}}^{\mathrm{E}}{}^{\mathrm{B}}\boldsymbol{f}_{\mathrm{I}}^{\mathrm{B}}+{}^{\mathrm{E}}\boldsymbol{g}-2{}^{\mathrm{E}}\boldsymbol{\omega}_{\mathrm{I}}^{\mathrm{E}}\times{}^{\mathrm{E}}\boldsymbol{v}_{\mathrm{E}}^{\mathrm{B}}-[{}^{\mathrm{E}}\boldsymbol{\omega}_{\mathrm{I}}^{\mathrm{E}}\times][{}^{\mathrm{E}}\boldsymbol{\omega}_{\mathrm{I}}^{\mathrm{E}}\times]{}^{\mathrm{E}}\boldsymbol{r}_{\mathrm{E}}^{\mathrm{B}}\\&=\boldsymbol{C}_{\mathrm{B}}^{\mathrm{E}}{}^{\mathrm{B}}\boldsymbol{f}_{\mathrm{I}}^{\mathrm{B}}+{}^{\mathrm{E}}\boldsymbol{g}_{c}-2{}^{\mathrm{E}}\boldsymbol{\omega}_{\mathrm{I}}^{\mathrm{E}}\times{}^{\mathrm{E}}\boldsymbol{v}_{\mathrm{E}}^{\mathrm{B}}\end{aligned} \tag{9.3}$$

式中, ${}^{\mathrm{E}}\boldsymbol{g}_{c}={}^{\mathrm{E}}\boldsymbol{g}-[{}^{\mathrm{E}}\boldsymbol{\omega}_{\mathrm{I}}^{\mathrm{E}}\times][{}^{\mathrm{E}}\boldsymbol{\omega}_{\mathrm{I}}^{\mathrm{E}}\times]{}^{\mathrm{E}}\boldsymbol{r}_{\mathrm{E}}^{\mathrm{B}}$。

(4) 位置传播方程为

$$\frac{\mathrm{d}}{\mathrm{d}t}{}^{\mathrm{E}}\boldsymbol{r}_{\mathrm{E}}^{\mathrm{B}}={}^{\mathrm{E}}\boldsymbol{v}_{\mathrm{E}}^{\mathrm{B}} \tag{9.4}$$

对于卡尔曼滤波器的协方差传播方程,需要通过姿态、速度和位置的线性化误差模型得到,这里重复第3章的结论。

(1) 姿态误差传播:

$$\delta{}^{\mathrm{E}}\dot{\boldsymbol{\theta}}_{\mathbf{B}}^{\mathbf{E}}=-[{}^{\mathrm{E}}\boldsymbol{\omega}_{\mathrm{I}}^{\mathrm{E}}\times]\delta{}^{\mathrm{E}}\boldsymbol{\theta}_{\mathrm{B}}^{\mathrm{E}}-\boldsymbol{C}_{\mathrm{B}}^{\mathrm{E}}\delta{}^{\mathrm{B}}\boldsymbol{\omega}_{\mathrm{I}}^{\mathrm{B}} \tag{9.5}$$

(2) 速度误差传播:

$$\frac{\mathrm{d}}{\mathrm{d}t}\delta{}^{\mathrm{E}}\boldsymbol{v}_{\mathrm{E}}^{\mathrm{B}}=[(\boldsymbol{C}_{\mathrm{B}}^{\mathrm{E}}m{}^{\mathrm{B}}\boldsymbol{f}_{\mathrm{I}}^{\mathrm{B}})\times]\delta{}^{\mathrm{E}}\boldsymbol{\theta}_{\mathrm{B}}^{\mathrm{E}}+\boldsymbol{C}_{\mathrm{B}}^{\mathrm{E}}\delta{}^{\mathrm{B}}\boldsymbol{f}_{\mathrm{I}}^{\mathrm{B}}+\left[\frac{\partial{}^{\mathrm{E}}\boldsymbol{g}}{\partial{}^{\mathrm{E}}\boldsymbol{r}_{\mathrm{E}}^{\mathrm{B}}}\right]\delta{}^{\mathrm{E}}\boldsymbol{v}_{\mathrm{E}}^{\mathrm{B}}-2[{}^{\mathrm{E}}\boldsymbol{\omega}_{\mathrm{I}}^{\mathrm{E}}\times]\delta{}^{\mathrm{E}}\boldsymbol{v}_{\mathrm{E}}^{\mathrm{B}} \tag{9.6}$$

(3) 位置误差传播:

$$\frac{\mathrm{d}}{\mathrm{d}t}\delta{}^{\mathrm{E}}\boldsymbol{r}_{\mathrm{E}}^{\mathrm{B}}=\delta{}^{\mathrm{E}}\boldsymbol{v}_{\mathrm{E}}^{\mathrm{B}} \tag{9.7}$$

将使用以下陀螺仪误差模型:

$$\begin{aligned}\delta{}^{\mathrm{B}}\boldsymbol{\omega}_{\mathrm{I}}^{\mathrm{B}}=m{}^{\mathrm{B}}\boldsymbol{\omega}_{\mathrm{I}}^{\mathrm{B}}-{}^{\mathrm{B}}\boldsymbol{\omega}_{\mathrm{I}}^{\mathrm{B}}=\boldsymbol{C}_{\mathrm{G}}^{\mathrm{B}}\mathrm{diag}({}^{\mathrm{G}}\boldsymbol{s}){}^{\mathrm{G}}\boldsymbol{\omega}_{\mathrm{I}}^{\mathrm{B}}+\\([{}^{\mathrm{B}}\boldsymbol{\theta}_{\mathrm{G}}\times]+L({}^{\mathrm{B}}\boldsymbol{\beta}_{\mathrm{G}})){}^{\mathrm{B}}\boldsymbol{\omega}_{\mathrm{I}}^{\mathrm{B}}+{}^{\mathrm{B}}\boldsymbol{b}_{\mathrm{G}}+\boldsymbol{C}_{\mathrm{G}}^{\mathrm{B}}\mathbf{ARW}\end{aligned} \tag{9.8}$$

其中

$$[{}^{\mathrm{B}}\boldsymbol{\theta}\times]=\begin{bmatrix}0&-\theta_z&\theta_y\\\theta_z&0&-\theta_x\\-\theta_y&\theta_x&0\end{bmatrix},\quad L({}^{\mathrm{B}}\boldsymbol{\beta})=\begin{bmatrix}0&0&0\\\beta_z&0&0\\-\beta_x&\beta_y&0\end{bmatrix} \tag{9.9}$$

也可以写成更适合卡尔曼滤波的表达式:

$$\delta{}^{\mathrm{B}}\boldsymbol{\omega}_{\mathrm{I}}^{\mathrm{B}}=\boldsymbol{C}_{\mathrm{G}}^{\mathrm{B}}\mathrm{diag}({}^{\mathrm{G}}\boldsymbol{\omega}_{\mathrm{I}}^{\mathrm{B}}){}^{\mathrm{G}}\boldsymbol{s}-[{}^{\mathrm{B}}\boldsymbol{\omega}_{\mathrm{I}}^{\mathrm{B}}\times]{}^{\mathrm{B}}\boldsymbol{\theta}_{\mathrm{G}}+J({}^{\mathrm{B}}\boldsymbol{\omega}_{\mathrm{I}}^{\mathrm{B}}){}^{\mathrm{B}}\boldsymbol{\beta}_{\mathrm{G}}+{}^{\mathrm{B}}\boldsymbol{b}_{\mathrm{G}}+\boldsymbol{C}_{\mathrm{G}}^{\mathrm{B}}\mathbf{ARW} \tag{9.10}$$

其中

$$J(\boldsymbol{\omega})=\begin{bmatrix}0&0&0\\0&0&\omega_x\\\omega_y&-\omega_x&0\end{bmatrix} \tag{9.11}$$

对于加速度计,由于以加速度计为参考形成 IMU 坐标系,因此加速度计没有任何旋转对准误差,只有非正交对准误差:

$$\delta^{\mathrm{B}}\boldsymbol{f}_{\mathrm{I}}^{\mathrm{B}} = m^{\mathrm{B}}\boldsymbol{f}_{\mathrm{I}}^{\mathrm{B}} - {}^{\mathrm{B}}\boldsymbol{f}_{\mathrm{I}}^{\mathrm{B}} = \boldsymbol{C}_{\mathrm{A}}^{\mathrm{B}}\mathrm{diag}({}^{\mathrm{A}}\boldsymbol{s})\,{}^{\mathrm{A}}\boldsymbol{f}_{\mathrm{I}}^{\mathrm{B}} + L({}^{\mathrm{B}}\boldsymbol{\beta}_{\mathrm{A}})\,{}^{\mathrm{B}}\boldsymbol{f}_{\mathrm{I}}^{\mathrm{B}} + {}^{\mathrm{B}}\boldsymbol{b}_{\mathrm{A}} + \boldsymbol{C}_{\mathrm{A}}^{\mathrm{B}}\mathbf{VRW} \tag{9.12}$$

这样,可以写成更适合卡尔曼滤波的表达式:

$$\delta^{\mathrm{B}}\boldsymbol{f}_{\mathrm{I}}^{\mathrm{B}} = \boldsymbol{C}_{\mathrm{A}}^{\mathrm{B}}\mathrm{diag}({}^{\mathrm{A}}\boldsymbol{f}_{\mathrm{I}}^{\mathrm{B}})\,{}^{\mathrm{A}}\boldsymbol{s} + J({}^{\mathrm{B}}\boldsymbol{f}_{\mathrm{I}}^{\mathrm{B}})\,{}^{\mathrm{B}}\boldsymbol{\beta}_{\mathrm{A}} + {}^{\mathrm{B}}\boldsymbol{b}_{\mathrm{A}} + \boldsymbol{C}_{\mathrm{A}}^{\mathrm{B}}\mathbf{VRW} \tag{9.13}$$

其中

$$J({}^{\mathrm{B}}\boldsymbol{f}_{\mathrm{I}}^{\mathrm{B}}) = \begin{bmatrix} 0 & 0 & 0 \\ 0 & 0 & {}^{\mathrm{B}}f_{\mathrm{I}_x}^{\mathrm{B}} \\ {}^{\mathrm{B}}f_{\mathrm{I}_y}^{\mathrm{B}} & -{}^{\mathrm{B}}f_{\mathrm{I}_x}^{\mathrm{B}} & 0 \end{bmatrix} \tag{9.14}$$

式中:$\boldsymbol{VRW}$ 为加速度计的速度随机游走;${}^{\mathrm{A}}\boldsymbol{s}$ 为加速度计传感器坐标系中的刻度系数误差;${}^{\mathrm{B}}\boldsymbol{\beta}_{\mathrm{A}}$ 为加速度计非正交错位;${}^{\mathrm{B}}\boldsymbol{b}_{\mathrm{A}}$ 为加速度计沿载体坐标系的零偏。

如果将每一个 IMU 误差参数建模为一个随机游走过程,并令

$$\delta\boldsymbol{X}_{\mathrm{I}}^{\mathrm{T}} = [\delta^{\mathrm{E}}\dot{\boldsymbol{\theta}}_{\mathrm{B}}^{\mathrm{E}}, \delta^{\mathrm{B}}\boldsymbol{b}_{\mathrm{G}}^{\mathrm{T}}, \delta^{\mathrm{G}}\boldsymbol{s}^{\mathrm{T}}, \delta^{\mathrm{B}}\boldsymbol{\beta}_{\mathrm{G}}^{\mathrm{T}}, \delta^{\mathrm{B}}\boldsymbol{\theta}_{\mathrm{G}}^{\mathrm{T}}, (\delta^{\mathrm{E}}\boldsymbol{v}_{\mathrm{E}}^{\mathrm{B}})^{\mathrm{T}}, \delta^{\mathrm{B}}\boldsymbol{b}_{\mathrm{A}}^{\mathrm{T}}, \delta^{\mathrm{A}}\boldsymbol{s}^{\mathrm{T}}, \delta^{\mathrm{B}}\boldsymbol{\beta}_{\mathrm{A}}^{\mathrm{T}}, (\delta^{\mathrm{E}}\boldsymbol{r}_{\mathrm{E}}^{\mathrm{B}})^{\mathrm{T}}]$$

$$\begin{aligned}\boldsymbol{W}_{\mathrm{I}}^{\mathrm{T}} = [&-(\boldsymbol{C}_{\mathrm{G}}^{\mathrm{E}}\mathbf{ARW})^{\mathrm{T}}, \mathbf{RRW}^{\mathrm{T}}, \mathbf{SRW}_{\mathrm{G}}^{\mathrm{T}}, \boldsymbol{\beta}\mathbf{RW}_{\mathrm{G}}^{\mathrm{T}}, \boldsymbol{\theta}\mathbf{RE}_{\mathrm{G}}^{\mathrm{T}}, (\boldsymbol{C}_{\mathrm{A}}^{\mathrm{E}}\mathbf{VRW})^{\mathrm{T}}, \\ &\mathbf{ABRW}^{\mathrm{T}}, \mathbf{SRW}_{\mathrm{A}}^{\mathrm{T}}, \boldsymbol{\beta}\mathbf{RW}_{\mathrm{A}}^{\mathrm{T}}, 0]\end{aligned} \tag{9.15}$$

则有

$$\delta\dot{\boldsymbol{X}}_{\mathrm{II}} = \boldsymbol{A}_{\mathrm{II}}\delta\boldsymbol{X}_{\mathrm{I}} + \boldsymbol{X}_{\mathrm{I}}$$

$$\boldsymbol{A}_{\mathrm{II}} =$$

$$\begin{bmatrix}
-[{}^{\mathrm{E}}\boldsymbol{\omega}_{\mathrm{I}}^{\mathrm{E}}\times] & -\boldsymbol{C}_{\mathrm{B}}^{\mathrm{E}} & -\boldsymbol{C}_{\mathrm{G}}^{\mathrm{E}}\mathrm{diag}({}^{\mathrm{G}}\boldsymbol{\omega}_{\mathrm{I}}^{\mathrm{B}}) & -\boldsymbol{C}_{\mathrm{B}}^{\mathrm{E}}J({}^{\mathrm{B}}\boldsymbol{\omega}_{\mathrm{I}}^{\mathrm{B}}) & \boldsymbol{C}_{\mathrm{B}}^{\mathrm{E}}[{}^{\mathrm{B}}\boldsymbol{\omega}_{\mathrm{I}}^{\mathrm{B}}\times] & \mathbf{0}_{3\times3} & \mathbf{0}_{3\times3} & \mathbf{0}_{3\times3} & \mathbf{0}_{3\times3} & \mathbf{0}_{3\times3} \\
\mathbf{0}_{3\times3} & \mathbf{0}_{3\times3} & \mathbf{0}_{3\times3} & \mathbf{0}_{3\times3} & \mathbf{0}_{3\times3} & \mathbf{0}_{3\times3} & \mathbf{0}_{3\times3} & \mathbf{0}_{3\times3} & \mathbf{0}_{3\times3} & \mathbf{0}_{3\times3} \\
\mathbf{0}_{3\times3} & \mathbf{0}_{3\times3} & \mathbf{0}_{3\times3} & \mathbf{0}_{3\times3} & \mathbf{0}_{3\times3} & \mathbf{0}_{3\times3} & \mathbf{0}_{3\times3} & \mathbf{0}_{3\times3} & \mathbf{0}_{3\times3} & \mathbf{0}_{3\times3} \\
\mathbf{0}_{3\times3} & \mathbf{0}_{3\times3} & \mathbf{0}_{3\times3} & \mathbf{0}_{3\times3} & \mathbf{0}_{3\times3} & \mathbf{0}_{3\times3} & \mathbf{0}_{3\times3} & \mathbf{0}_{3\times3} & \mathbf{0}_{3\times3} & \mathbf{0}_{3\times3} \\
\mathbf{0}_{3\times3} & \mathbf{0}_{3\times3} & \mathbf{0}_{3\times3} & \mathbf{0}_{3\times3} & \mathbf{0}_{3\times3} & \mathbf{0}_{3\times3} & \mathbf{0}_{3\times3} & \mathbf{0}_{3\times3} & \mathbf{0}_{3\times3} & \mathbf{0}_{3\times3} \\
[(\boldsymbol{C}_{\mathrm{B}}^{\mathrm{E}}m^{\mathrm{B}}\boldsymbol{f}_{\mathrm{I}}^{\mathrm{B}})\times] & \mathbf{0}_{3\times3} & \mathbf{0}_{3\times3} & \mathbf{0}_{3\times3} & \mathbf{0}_{3\times3} & -2[{}^{\mathrm{E}}\boldsymbol{\omega}_{\mathrm{I}}^{\mathrm{E}}\times] & \boldsymbol{C}_{\mathrm{B}}^{\mathrm{E}} & \boldsymbol{C}_{\mathrm{A}}^{\mathrm{E}}\mathrm{diag}({}^{\mathrm{A}}f_{\mathrm{I}}^{\mathrm{B}}) & \boldsymbol{C}_{\mathrm{B}}^{\mathrm{E}}J({}^{\mathrm{B}}f_{\mathrm{I}}^{\mathrm{B}}) & \dfrac{\partial^{\mathrm{E}}\boldsymbol{g}}{\partial^{\mathrm{E}}\boldsymbol{r}_{\mathrm{E}}^{\mathrm{B}}} \\
\mathbf{0}_{3\times3} & \mathbf{0}_{3\times3} & \mathbf{0}_{3\times3} & \mathbf{0}_{3\times3} & \mathbf{0}_{3\times3} & \mathbf{0}_{3\times3} & \mathbf{0}_{3\times3} & \mathbf{0}_{3\times3} & \mathbf{0}_{3\times3} & \mathbf{0}_{3\times3} \\
\mathbf{0}_{3\times3} & \mathbf{0}_{3\times3} & \mathbf{0}_{3\times3} & \mathbf{0}_{3\times3} & \mathbf{0}_{3\times3} & \mathbf{0}_{3\times3} & \mathbf{0}_{3\times3} & \mathbf{0}_{3\times3} & \mathbf{0}_{3\times3} & \mathbf{0}_{3\times3} \\
\mathbf{0}_{3\times3} & \mathbf{0}_{3\times3} & \mathbf{0}_{3\times3} & \mathbf{0}_{3\times3} & \mathbf{0}_{3\times3} & \mathbf{0}_{3\times3} & \mathbf{0}_{3\times3} & \mathbf{0}_{3\times3} & \mathbf{0}_{3\times3} & \mathbf{0}_{3\times3} \\
\mathbf{0}_{3\times3} & \mathbf{0}_{3\times3} & \mathbf{0}_{3\times3} & \mathbf{0}_{3\times3} & \mathbf{0}_{3\times3} & \boldsymbol{I}_{3\times3} & \mathbf{0}_{3\times3} & \mathbf{0}_{3\times3} & \mathbf{0}_{3\times3} & \mathbf{0}_{3\times3}
\end{bmatrix} \tag{9.16}$$

9.4 量测方程与误差模型

9.4.1 气压高度计更新

气压高度计测量的是气压高度,通常使用以下模型来模拟气压高度计的测量结果:

$$mh_{\mathrm{baro}} = h_{\mathrm{e}}({}^{\mathrm{E}}\boldsymbol{r}_{\mathrm{I}}^{\mathrm{E}}) + \delta h({}^{\mathrm{E}}\boldsymbol{r}_{\mathrm{I}}^{\mathrm{E}}) + b_{\mathrm{b}} + v_{\mathrm{b}} \tag{9.17}$$

式中: h_{e} 为沿 ECEF 坐标系位置转换为椭圆体高度的函数(见第 2 章); $\delta h({}^{\mathrm{E}}r_{\mathrm{I}}^{\mathrm{E}})$ 为球谐函数模型,用于模拟 WGS84 椭圆体与大地水平面高度之间的差异; b_{b} 为传感器零偏,模拟传感器误差的缓慢变化部分; v_{b} 为量测噪声,它是传感器噪声与传感器周围压力波动引起测量变化的组合。

需要指出的是,传感器零偏与传感器噪声之间的差异在实践中变得很模糊,因为零偏不太可能是一个纯常数,而量测噪声不太可能是一个纯白噪声,可能需要一些更复杂的数学模型来建模这些变量。

这里, v_{b} 被建模为一个白噪声过程。在实践中,可以利用第 2 章叙述的方法来处理噪声可能不是白噪声的情况:

$$E(v_{\mathrm{b}}(t)) = 0$$

$$E(v_{\mathrm{b}}(t)v_{\mathrm{b}}(s)) = \sigma_{\mathrm{b}}^2\delta(t-s)$$

预测的方法很简单,即

$$\hat{h}_{\mathrm{baro}} = h_{\mathrm{e}}({}^{\mathrm{E}}\hat{\boldsymbol{r}}_{\mathrm{I}}^{\mathrm{E}}) + \delta h({}^{\mathrm{E}}\hat{\boldsymbol{r}}_{\mathrm{I}}^{\mathrm{E}}) + \hat{b}_{\mathrm{b}} \tag{9.18}$$

该模型线性化为

$$\delta mh_{\mathrm{baro}} = \frac{\partial h_{\mathrm{e}}({}^{\mathrm{E}}\boldsymbol{r}_{\mathrm{I}}^{\mathrm{E}})}{\partial {}^{\mathrm{E}}\boldsymbol{r}_{\mathrm{I}}^{\mathrm{E}}}\delta {}^{\mathrm{E}}\boldsymbol{r}_{\mathrm{I}}^{\mathrm{E}} + \delta b_{\mathrm{b}} + v_{\mathrm{b}} \tag{9.19}$$

这里忽略了椭圆体对大地水准面校正的敏感性。

上述方程可以形成卡尔曼滤波器的 $\boldsymbol{H}$ 矩阵。

9.4.2 雷达高度计更新

测量的地形高度可以建模为

$$mh_{\mathrm{p}} = h_{\mathrm{e}}({}^{\mathrm{E}}\boldsymbol{r}_{\mathrm{E}}^{\mathrm{B}}) - \eta(\mathrm{lat},\mathrm{lon}) + b_{\mathrm{r}} + v_{\mathrm{r}} \tag{9.20}$$

式中: $\eta(\mathrm{lat},\mathrm{lon})$ 表示 WGS84 椭圆体上的地形高度,作为经纬度的函数(通常由地形数据库提供); b_{r} 为传感器零偏; v_{r} 为雷达高度计量测噪声,建模为白噪声过程。

实际应用中,可以利用第 2 章描述的技术来处理噪声可能不是白噪声的情况:

$$E(v_{r}(t))=0$$
$$E(v_{r}(t)v_{r}(s))=\sigma_{r}^{2}\delta(t-s)$$

为了预测量测值,首先将 ECEF 坐标系下的位置转换为(经度、纬度和高度)(见第 2 章):

$$\mathbf{L\hat{L}A}=\begin{bmatrix}\hat{\text{lat}}\\ \hat{\text{lon}}\\ \hat{h}\end{bmatrix}=\text{ecef2lla}({}^{\text{E}}\hat{\boldsymbol{r}}_{\text{E}}^{\text{B}})$$

然后,计算得到

$$m\hat{h}_{\text{p}}=h_{\text{e}}({}^{\text{E}}\hat{\boldsymbol{r}}_{\text{E}}^{\text{B}})-\eta(\hat{\text{lat}},\hat{\text{lon}})+\hat{b}_{\text{r}} \tag{9.21}$$

推导用于卡尔曼滤波 $\boldsymbol{H}$ 矩阵的线性化量测模型:

$$\begin{aligned}\delta mh_{\text{p}}&=\frac{\partial h_{\text{e}}({}^{\text{E}}\boldsymbol{r}_{\text{E}}^{\text{B}})}{\partial^{\text{E}}r_{\text{E}}^{\text{B}}}\delta^{\text{E}}\boldsymbol{r}_{\text{E}}^{\text{B}}-\frac{\partial\eta(\text{lat},\text{lon})}{\partial\text{lat}}\frac{\partial\text{lat}}{\partial^{\text{E}}r_{\text{E}}^{\text{B}}}\delta^{\text{E}}\boldsymbol{r}_{\text{E}}^{\text{B}}-\frac{\partial\eta(\text{lat},\text{lon})}{\partial\text{lon}}\frac{\partial\text{lon}}{\partial^{\text{E}}\boldsymbol{r}_{\text{E}}^{\text{B}}}\delta^{\text{E}}\boldsymbol{r}_{\text{E}}^{\text{B}}+\delta b_{\text{r}}+v_{\text{r}}\\&=\left(\frac{\partial h_{\text{e}}({}^{\text{E}}\boldsymbol{r}_{\text{E}}^{\text{B}})}{\partial^{\text{E}}\boldsymbol{r}_{\text{E}}^{\text{B}}}-\frac{\partial\eta(\text{lat},\text{lon})}{\partial\text{lat}}\frac{\partial\text{lat}}{\partial^{\text{E}}\boldsymbol{r}_{\text{E}}^{\text{B}}}-\frac{\partial\eta(\text{lat},\text{lon})}{\partial\text{lon}}\frac{\partial\text{lon}}{\partial^{\text{E}}\boldsymbol{r}_{\text{E}}^{\text{B}}}\right)\delta^{\text{E}}\boldsymbol{r}_{\text{E}}^{\text{B}}+\delta b_{\text{r}}+v_{\text{r}}\end{aligned}$$

作为公开地形数据库 $\eta(\text{lat},\text{lon})$ 的一个示例,NASA 的航天飞机 SRTM 为全球 80%以上的地区提供了 3″(约 90m)分辨率的数字海拔高度数据。SRTM 数据库的可用性是世界数字制图的重大突破。该数据由美国地质调查局(United States Geological Survey,USGS)免费公开,并可以从国家地图无缝数据分发系统下载[10]。

9.4.3 斜距更新

如前所述,雷达高度计测量从当地地球表面到携带高度计的运载器沿当地垂线方向的距离。为了做到这一点,雷达高度计必须使用较宽的波束来寻找最短的距离,或者使用允许窄雷达波束沿着当地垂线方向指向的平台。

雷达高度计的一个变体是窄波束斜距传感器,测量从传感器到地球表面穿透点的距离,多个斜距传感器可通过几何增强和噪声平均来提高可观测性。

为了避免复杂的符号表达,将使用

$$g(\boldsymbol{r})=h_{\text{e}}(\boldsymbol{r})-\eta(\text{lat}(\boldsymbol{r}),\text{lon}(\boldsymbol{r}))=0 \tag{9.22}$$

来表示地球地形剖面的约束,其中 $\boldsymbol{r}$ 为地球表面一点的三维 ECEF 位置矢量,$(\text{lat},\text{lon},h)$ 为同一点对应的纬度、经度和高度。$g(\cdot)$ 是一维函数,它将位置限制在二维地球地形表面。

与第 4 章类似,定义 ${}^{\text{B}}\boldsymbol{u}_{\text{s}}$ 为沿载体坐标系的传感器视轴,转换到沿 ECEF 坐标系下的传感器视轴过程为

$${}^{\text{E}}\boldsymbol{u}_{\text{s}}=\boldsymbol{C}_{\text{B}}^{\text{EB}}\boldsymbol{u}_{\text{s}}$$

给定运载器位置与传感器视轴,对地球表面穿透点的初始猜测可以是前一

帧的解。当没可用的前一帧解时,可以通过使用球形地球模型来计算第一个初始猜测值。在这种情况下,到穿透点的范围 d 是下面二次方程的解:

$$d^2 + 2[({}^{\mathrm{E}}\boldsymbol{u}_{\mathrm{s}})^{\mathrm{T}}({}^{\mathrm{E}}\boldsymbol{R})]d + (\|{}^{\mathrm{E}}\boldsymbol{R}\|^2) - (r_{\mathrm{e}} + b)^2 = 0 \tag{9.23}$$

实际穿透点的计算方式为

$${}^{\mathrm{E}}\overline{\boldsymbol{R}}_{\mathrm{pp}} = {}^{\mathrm{E}}R + (\bar{d})\,{}^{\mathrm{E}}\boldsymbol{u}_{\mathrm{s}} \tag{9.24}$$

一旦有了第一个猜测值,就可以通过迭代来计算范围与拼接点:

$$\begin{gathered}\begin{bmatrix}\delta^{\mathrm{E}}\boldsymbol{R}_{\mathrm{pp}}\\ \delta d\end{bmatrix} = \begin{bmatrix}\boldsymbol{I} & -{}^{\mathrm{E}}\boldsymbol{u}_{\mathrm{s}}\\ g_{\mathrm{R}}({}^{\mathrm{E}}\overline{\boldsymbol{R}}_{\mathrm{pp}}) & 0\end{bmatrix}^{-1}\begin{bmatrix}{}^{\mathrm{E}}\boldsymbol{R} + \bar{d}\,{}^{\mathrm{E}}\boldsymbol{u}_{\mathrm{s}} - {}^{\mathrm{E}}\overline{\boldsymbol{R}}_{\mathrm{pp}}\\ -g({}^{\mathrm{E}}\overline{\boldsymbol{R}}_{\mathrm{pp}})\end{bmatrix}\\ \begin{bmatrix}{}^{\mathrm{E}}R_{\mathrm{pp}}\\ d\end{bmatrix} = \begin{bmatrix}{}^{\mathrm{E}}\overline{\boldsymbol{R}}_{\mathrm{pp}}\\ \bar{d}\end{bmatrix} + \begin{bmatrix}\delta^{\mathrm{E}}R_{\mathrm{pp}}\\ \delta d\end{bmatrix}\end{gathered} \tag{9.25}$$

其中

$$g_{\mathrm{R}}({}^{\mathrm{E}}\boldsymbol{R}_{\mathrm{pp}}) = \frac{\partial g_{\mathrm{R}}({}^{\mathrm{E}}\boldsymbol{R}_{\mathrm{pp}})}{\partial^{\mathrm{E}}\boldsymbol{R}_{\mathrm{pp}}} \tag{9.26}$$

表示地形约束函数的梯度。

距离偏差的线性化模型为

$$\begin{gathered}\boldsymbol{G} = \boldsymbol{G}(1:4,1:4) = \begin{bmatrix}I & -{}^{\mathrm{E}}\boldsymbol{u}_{\mathrm{s}}\\ g_{\mathrm{R}}({}^{\mathrm{E}}\boldsymbol{R}_{\mathrm{pp}}) & 0\end{bmatrix}^{-1}\\ \delta d = \boldsymbol{G}(4,1:3)\delta^{\mathrm{E}}\boldsymbol{R}_{\mathrm{E}}^{\mathrm{B}} - \boldsymbol{G}(4,1:3)d\delta^{\mathrm{E}}\boldsymbol{u}_{\mathrm{s}}\end{gathered} \tag{9.27}$$

因此,非线性传感器模型由下式给出 δ:

$$d = d({}^{\mathrm{E}}\boldsymbol{R}_{\mathrm{E}}^{\mathrm{B}}, {}^{\mathrm{E}}\boldsymbol{u}_{\mathrm{s}}) + b_{\mathrm{s}} + v_{\mathrm{s}} \tag{9.28}$$

其中,非线性函数 d 表示上述初始化和迭代算法,b_{s} 表示斜距传感器偏差,v_{s} 表示斜距传感器的量测噪声,建模为白噪声过程。实践中,可以利用第 2 章描述的技术来处理噪声可能不是白噪声的问题:

$$E(v_{\mathrm{s}}(t)) = 0$$

$$E(v_{\mathrm{s}}(t)v_{\mathrm{s}}(s)) = \sigma_{\mathrm{s}}^2\delta(t-s)$$

线性化模型为

$$\delta md = \boldsymbol{G}(4,1:3)\delta^{\mathrm{E}}\boldsymbol{R}_{\mathrm{E}}^{\mathrm{B}} - \boldsymbol{G}(4,1:3)d\delta^{\mathrm{E}}\boldsymbol{u}_{\mathrm{s}} + \delta b_{\mathrm{s}} + v_{\mathrm{s}} \tag{9.29}$$

根据第 4 章,已知

$$\delta^{\mathrm{E}}\boldsymbol{u}_{\mathrm{s}} = [{}^{\mathrm{E}}\boldsymbol{u}_{\mathrm{s}}\times]\delta^{\mathrm{E}}\boldsymbol{\theta}_{\mathrm{E}}^{\mathrm{B}} \tag{9.30}$$

线性化量测方程可以写为

$$\delta md = \boldsymbol{G}(4,1:3)\delta^{\mathrm{E}}\boldsymbol{R}_{\mathrm{E}}^{\mathrm{B}} - \boldsymbol{G}(4,1:3)d[{}^{\mathrm{E}}\boldsymbol{u}_{\mathrm{s}}\times]\delta^{\mathrm{E}}\boldsymbol{\theta}_{\mathrm{E}}^{\mathrm{B}} + \delta b_{\mathrm{s}} + v_{\mathrm{s}} \tag{9.31}$$

尽管在现实中,由各种传感器组合用于实现具有各种限制的系统特定目的,下面简单展示了用上述三类传感器中的每一种构造的卡尔曼滤波器。

首先,将增强卡尔曼滤波器的状态矢量(包括各传感器零偏),简单地建模为一个随机游走过程:

$$\begin{aligned} \boldsymbol{X}^{\mathrm{T}} &= [\boldsymbol{X}_{\mathrm{I}}^{\mathrm{T}},\quad b_{\mathrm{b}},\quad b_{\mathrm{r}},\quad b_{\mathrm{s}}] \\ \delta\boldsymbol{X}^{\mathrm{T}} &= [\boldsymbol{X}_{\mathrm{I}}^{\mathrm{T}},\quad \delta b_{\mathrm{b}},\quad \delta b_{\mathrm{r}},\quad \delta b_{\mathrm{s}}] \end{aligned} \tag{9.32}$$

然后,给出了线性化传播误差模型:

$$\frac{\mathrm{d}}{\mathrm{d}t}(\delta\boldsymbol{X}) = \begin{bmatrix} \boldsymbol{A}_{\mathrm{II}} & \boldsymbol{0}_{30\times1} & \boldsymbol{0}_{30\times1} & \boldsymbol{0}_{30\times1} \\ \boldsymbol{0}_{1\times30} & 0 & 0 & 0 \\ \boldsymbol{0}_{1\times30} & 0 & 0 & 0 \\ \boldsymbol{0}_{1\times30} & 0 & 0 & 0 \end{bmatrix} \delta\boldsymbol{X} + \begin{bmatrix} \boldsymbol{W}_{\mathrm{I}} \\ \mathbf{bbrw} \\ \mathbf{brrw} \\ \mathbf{bsrw} \end{bmatrix} \tag{9.33}$$

式中:**bbrw**、**brrw** 和 **bsrw** 分别为产生随机游走过程 b_{b}、b_{r} 与 b_{s} 的白噪声过程。

具体来说,这意味着 b_{b}、b_{r} 与 b_{s} 都被建模为随机游走过程,从而有

$$\begin{aligned} &\frac{\mathrm{d}}{\mathrm{d}t}b_i = \mathrm{birw} \\ &E(\mathrm{birw}(t)) = 0 \\ &E(\mathrm{birw}(t)\mathrm{birw}(s)) = (\sigma_{\mathrm{birw}})^2\delta(t-s) \\ &i = b, r, s \end{aligned} \tag{9.34}$$

然后,$\boldsymbol{Q}$ 矩阵由下式给出:

$$\boldsymbol{Q} = \begin{bmatrix} Q_{\mathrm{I}} & 0 & 0 & 0 \\ 0 & (\sigma_{\mathrm{bbrw}})^2 & 0 & 0 \\ 0 & 0 & (\sigma_{\mathrm{brrw}})^2 & 0 \\ 0 & 0 & 0 & (\sigma_{\mathrm{bsrw}})^2 \end{bmatrix} \tag{9.35}$$

线性化量测方程可以写为

$$\begin{bmatrix} \delta mh_{\mathrm{b}} \\ \delta mh_{\mathrm{r}} \\ \delta md_{\mathrm{s}} \end{bmatrix} = \begin{bmatrix} \boldsymbol{H}_{\mathrm{b}} & 1 & 0 & 0 \\ \boldsymbol{H}_{\mathrm{r}} & 0 & 1 & 0 \\ \boldsymbol{H}_{\mathrm{s}} & 0 & 0 & 1 \end{bmatrix} \delta\boldsymbol{X} + \begin{bmatrix} v_{\mathrm{b}} \\ v_{\mathrm{r}} \\ v_{\mathrm{s}} \end{bmatrix} \tag{9.36}$$

其中

$$\boldsymbol{H}_{\mathrm{b}} = \left[0,\quad 0,\quad \cdots,\quad 0,\quad \frac{\partial h_{\mathrm{e}}}{\partial^{\mathrm{E}}\boldsymbol{r}_{\mathrm{E}}^{\mathrm{B}}}\right] \tag{9.37}$$

$$\boldsymbol{H}_{\mathrm{r}} = \left[0,\quad 0,\quad \cdots,\quad 0,\quad \left(\frac{\partial h_{\mathrm{e}}({}^{\mathrm{E}}\boldsymbol{r}_{\mathrm{E}}^{\mathrm{B}})}{\partial^{\mathrm{E}}\boldsymbol{r}_{\mathrm{E}}^{\mathrm{B}}} - \frac{\partial\eta(\mathrm{lat},\mathrm{lon})}{\partial\mathrm{lat}}\frac{\partial\mathrm{lat}}{\partial^{\mathrm{E}}\boldsymbol{r}_{\mathrm{E}}^{\mathrm{B}}} - \frac{\partial\eta(\mathrm{lat},\mathrm{lon})}{\partial\mathrm{lon}}\frac{\partial\mathrm{lon}}{\partial^{\mathrm{E}}\boldsymbol{r}_{\mathrm{E}}^{\mathrm{B}}}\right)\right] \tag{9.38}$$

$$H_s = [-G(4:,1:3)d({}^E u_s \times),\quad 0,\quad \cdots,\quad 0,\quad G(4:,1:3)] \tag{9.39}$$

$\boldsymbol{R}$ 矩阵由下式给出：

$$\boldsymbol{R} = \begin{bmatrix} (\sigma_b)^2 & 0 & 0 \\ 0 & (\sigma_r)^2 & 0 \\ 0 & 0 & (\sigma_s)^2 \end{bmatrix} \tag{9.40}$$

值得一提的是，在实际应用中，不一定想在同一个方程中同时使用所有三种量测量，以及如上所示的矩阵 $\boldsymbol{R}$。通常情况下，独立应用各类测量是有益的，根据各传感器的实际情况，应使用不同的更新率和不同的方法来处理非白测量噪声。

9.5 仿真示例

图9.2为该简单示例的轨迹与地形。仿真中使用了SRTM地形数据库。图9.2中的阴影显示了高度变化，图中的方框是仿真中使用的简单轨迹。

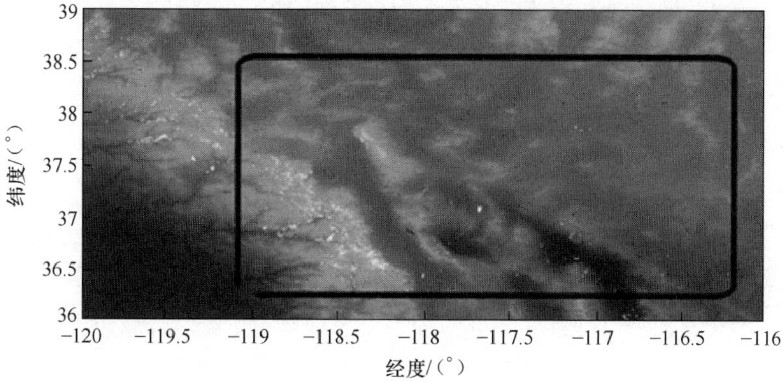

图9.2　地形与轨迹的简单示例

例9.1　雷达高度计

图9.3为基于雷达高度计的经典TRN仿真结果。上界和下界是根据卡尔曼滤波器协方差矩阵的对角线元素计算出的 3σ 界限。上下界曲线中间的误差曲线是蒙特卡罗仿真运行的单个实例结果。

例9.2　单斜距传感器45°向前

图9.4为使用窄波束斜距传感器的TRN仿真结果，上界和下界是根据卡尔曼滤波器协方差矩阵的对角线元素计算出的 3σ 界限。上下界曲线中间的误差曲线是蒙特卡罗仿真运行的单个实例结果。

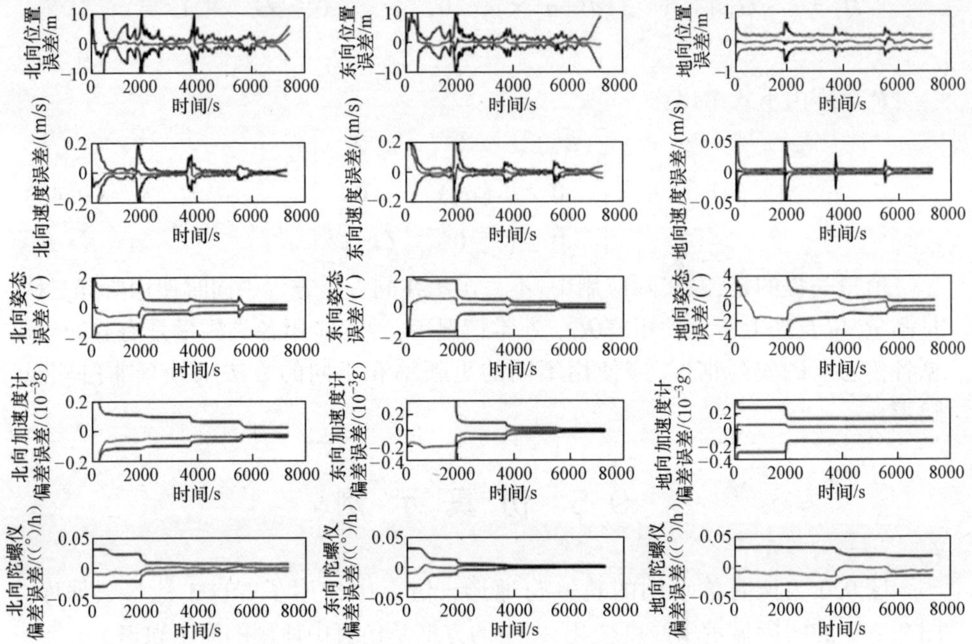

图 9.3 基于雷达高度计的经典 TRN 仿真结果

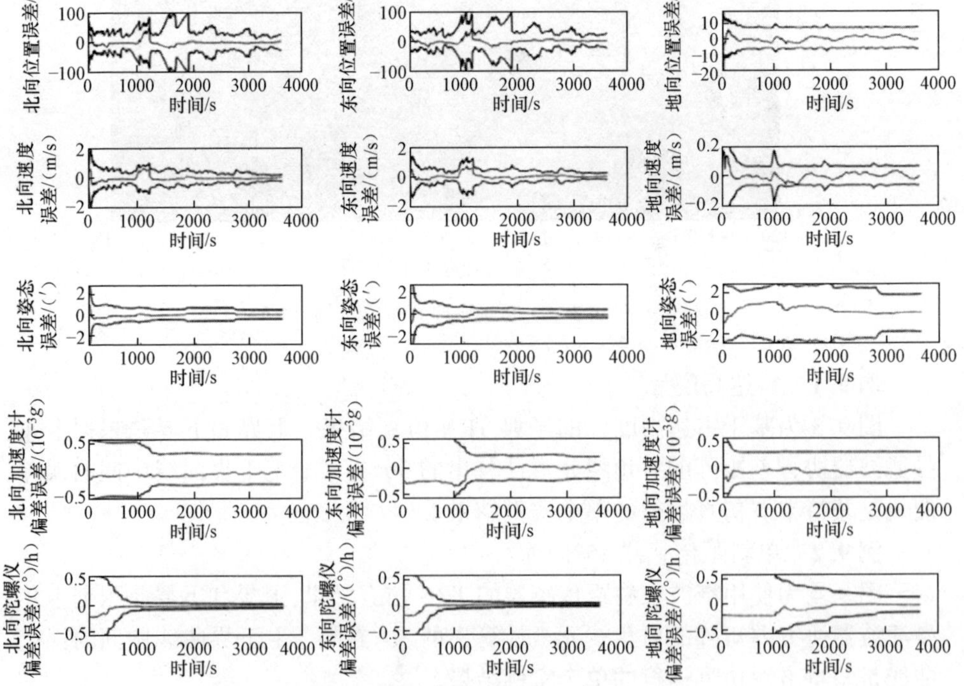

图 9.4 基于窄波束斜距传感器的 TRN 仿真结果

参 考 文 献

[1] Hollowell, J., "Heli/SITAN: A Terrain Referenced Navigation Algorithm for Helicopters," *IEEE Symposium on Position Location and Navigation. A Decade of Excellence in the Navigation Sciences*, March 1990.

[2] McGuffin, J. T., "Terrain Referenced Navigation Electromagnetic-Gravitational Correlation," U. S. Patent 5272639A, 1992(2019-11-14 Application status is Expired—Lifetime).

[3] Fellerhoff, J. R., "SITAN Implementation in the Saint System," *IEEE Journal*, 1986, pp. 89-95.

[4] Baird, C. A., and M. R. Abramson, "A Comparison of Several Digital Map-Aided Navigation Techniques," *IEEE Journal*, 1984, pp. 286-293.

[5] Hostetler, L. D., and R. D. Andreas, "Nonlinear Kalman Filtering Techniques for Terrain Aided Navigation," *IEEE Transactions on Automatic Control*, Vol. AC-28, No. 3, March 1983, pp. 315-323.

[6] Priestley, N., "Terrain Referenced Navigation," IEEE Symposium on Position Location and Navigation, *A Decade of Excellence in the Navigation Sciences*, March 20, 1990.

[7] Henley, A. J., "Terrain Aided Navigation: Current Status, Techniques for Flat Terrain and Reference Data Requirements," *IEEE Symposium on Position Location and Navigation. A Decade of Excellence in the Navigation Sciences*, March 20, 1990.

[8] Jalving, B., et al., "Terrain Referenced Navigation of AUVs and Submarines Using Multi Beam Echo Sounders," Norwegian Defense Research, 2004, http://citeseerx. ist. psu. edu/ viewdoc/download? doi = 10. 1. 1. 459. 3521&rep = rep1&type = pdf.

[9] Metzger, J., et al., "Sigma-Point Filter for Terrain Referenced Navigation," *AIAA Guidance, Navigation, and Control Conference and Exhibit*, San Francisco, CA, August 15-18, 2005.

[10] https://cgiarcsi. community/data/srtm-90m-digital-elevation-database-v4-1/.

[11] Richeson, J. A., "Gravity Gradiometer Aided Inertial Navigation Within Non-GNSS Environments," Ph. D. Dissertation, University of Maryland, College Park, MD, 2008.

[12] Rogers, M. M., "An Investigation into the Feasibility of Using a Modern Gravity Gradient Instrument for Passive Aircraft Navigation and Terrain Avoidance," Master's Thesis, Air Force Institute of Technology, 2009.

[13] Wu, X., "Gravity Gradient Survey with a Mobile Atom Interferometer," Ph. D. Dissertation, Stanford University, 2009.

[14] Metzger, E. H., and A. Jircitano, "Inertial Navigation Performance Improvement Using Gravity Gradient Matching Techniques," *J. Spacecraft*, June 1976.

[15] Moryl, J., H. Rice, and S. Shinners, "The Universal Gravity Module for Enhanced Submarine Navigation," *IEEE* 1998 *Position Location and Navigation Symposium*, Palm Springs, CA, 1998.

[16] Wu, L., et al., "Performance Evaluation and Analysis for Gravity Matching Aided Navigation," Sensors, April 2017.

[17] Wang, H., et al., "Location Accuracy of INS/Gravity-Integrated Navigation System on the Basis of Ocean Experiment and Simulation," *Sensors*, December 2017.

[18] Wang, B., et al., "A Particle Filter-Based Matching Algorithm with Gravity Sample Vector for Underwater Gravity Aided Navigation," *IEEE/ASME Transactions on Mechatronics*, Vol. 21, No. 3, June 2016.

[19] Morales, G., "Magnetometer Aided Navigation Filters for Improved Observability and Estimation on Ground Vehicles," Master's Thesis, Auburn University, 2016.

第10章

现代天文导航

10.1 引　　言

天文导航是利用天体(如恒星、太阳、月球、行星、卫星或常驻空间物体(resident space objects, RSO))的角度测量来确定姿态、位置和时间的导航方法。天体导航是一种既经典又现代的导航方法,也是人类最早的定位、导航与授时(positioning, navigation, and timing, PNT)方法之一。该方法至少可以追溯到公元前1000年,当时人类开始通过观测太阳、月亮、星星的角度和观测地平线来确定位置和当地时间。

天文导航已被广泛应用于海洋导航、飞机和导弹导航。20世纪90年代初至2013年左右,当全球定位系统(global positioning systems, GPS)作为一种低成本、高精度、高可用性的导航方法全面投入使用后,它经历了一个(非常短的)低需求期。今天,人们一方面担心GPS在没有太空或星系场景的支持下无法使用,另一方面担心GPS易受干扰和欺骗而变得不可用。因此,天文导航再次受到关注。

值得一提的是,航天器姿态确定经历了一条略有不同的道路。光学传感器定姿一直是航天器姿态确定的主要手段。部分早期航天器使用太阳敏感器和地球敏感器来确定姿态。自20世纪90年代以来,基于星跟踪器定姿方法成为大多数航天器的选择,因为它具有高精度和星跟踪器相对成本低的优点。自20世纪90年代末以来,几个欧洲供应商开发了多条低成本、高性能、有竞争力、太空可用的星跟踪器产品线。GPS位置和速度(或伪距和三角测距)的测量不能帮助确定一个在轨航天器的姿态,因为在地面捷联惯性导航系统中,姿态误差与速度和位置误差的耦合,已不再适用于轨道导航。基于多天线载波相位差分GPS的定姿方法一直不是航天器的最佳解算方案。这主要是由于多径效应引起的误差较大,并且难以找到GPS天线面向地球的视场(field of view, FOV)间隙。

将1990年以前的天文导航技术称为经典天文导航,目前正在发展的技术称为现代天文导航。表10.1总结了现代天文导航和经典天文导航方法之间的主要区别。

表 10.1　现代天文导航与经典天文导航的比较

实现条件	现　　代	经　　典
星跟踪技术	宽 FOV 短波红外(short-ware infrared, SWIR)日间星跟踪器[1-2]	非常窄的 FOV 可见光星跟踪器(也可在白天使用)
平台	大多是捷联式、平台式或其他可用于实现更大有效 FOV 的机械结构	起到稳定作用的万向节平台结构
参考物体	恒星和卫星,或一般的 RSO	恒星居多,偶尔是太阳或月亮
成本	成本低	通常很高

10.2　天文导航基本原理及相关应用

从根本上说,天文导航的基本原则如下。

(1) 姿态确定。

① 单个恒星的视距无线传输(line-of-sight, LOS)量测值(一个单位矢量、两个角度或星跟踪器 FOV 中恒星的 h 和 v 坐标)提供了在惯性坐标系(如地心惯性(earth-centered inertial, ECI)坐标系)中约束观测者姿态的二自由度信息;

② 相对惯性坐标系的姿态可以用两个或更多的恒星来确定(见图 10.1)。

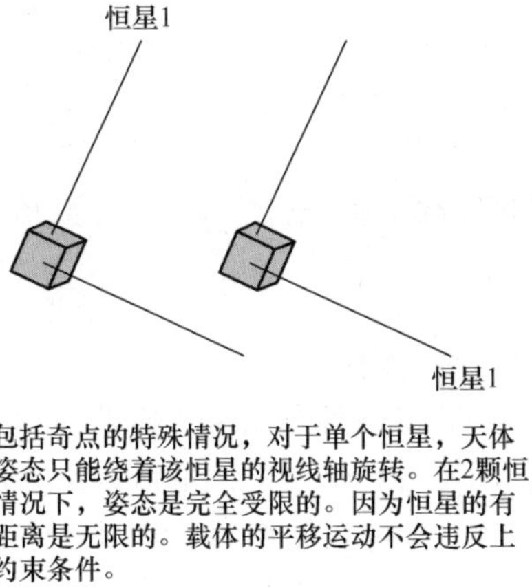

图 10.1　利用恒星确定姿态

(2) 姿态和位置确定。

① 单个有限距离物体(finite distance object, FDO)(如太阳、月球、行星、卫星与 RSO)的 LOS 测量提供了二自由度测量结果,这是观测者的位置和姿态的函数。

② 因此,将 3~4 个或更多来源的恒星和 FDO 与至少一个 FDO 的测量结果相结合,可以确定观测者的位置和姿态(图 10.2)。

③ 对于地球导航,地平线或当地垂线测量结果提供了相对于地球的二自由度测量结果(理解这点的一种方式是将当地垂线测量值视为指向天体地球中心的 LOS 矢量)。高度计的测量结果约束着另一个自由度。

④ 结合恒星测量、当地垂线测量和高度计可以确定位置和姿态(图 10.3)。

⑤ 地球上的舒勒调谐惯性导航隐含着关于当地垂线方向的信息,即位置误差将转化为相对于当地垂线方向的姿态误差,然后转化为惯性导航重力投影误差,最后集成到速度和位置误差中(因此称为舒勒调谐惯性导航)。

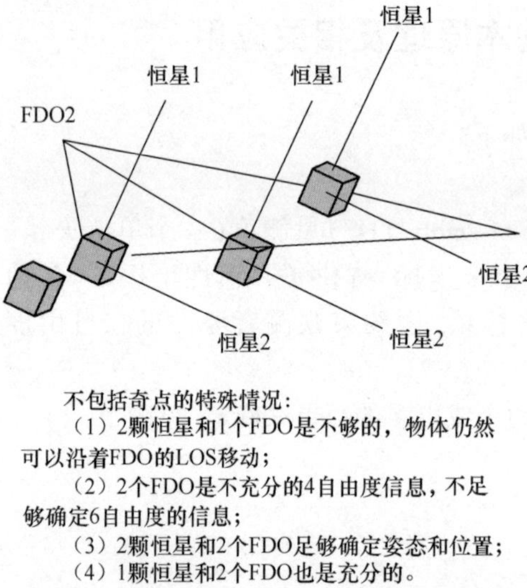

图 10.2 利用恒星与 FDO 的导航

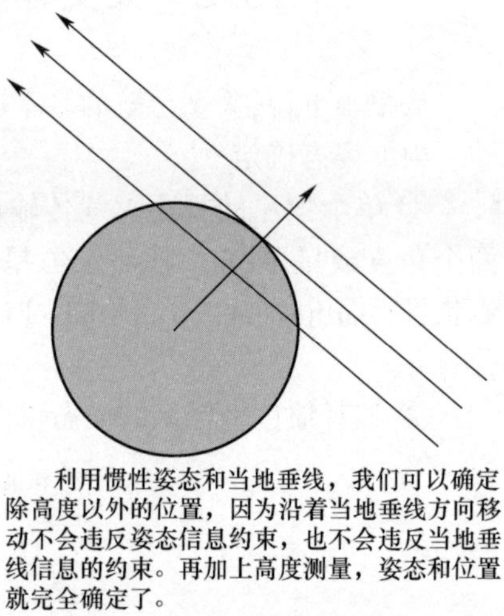

图 10.3 利用恒星、当地垂线和高度计进行导航

(3) 时间的重要性与时间确定。

① 对于地球导航,要确定惯性坐标系(如 ECI)与地球坐标系(如地心固连(earth centered earth fixed, ECEF))之间的区别。

② ECI 坐标系与 ECEF 坐标系的相对方向用格林尼治时角(Greenwich hour angle, GHA)、地球岁差角和章动角进行准确建模,并利用绝对时间对它们进行准确预测。

③ 此外,如果使用 RSO,还需要准确时间,才能达到利用 RSO 星历计算特定时间点 RSO 位置的目的。

④ 相反地,如果同时拥有天体测量与其他位置信息来源(如基于视觉的导航),将有能力校准时间误差。重要的是,1s 的时间误差在 ECEF 坐标系和 ECI 坐标系相对方向预测时会引起 15″的误差。基于其他信息源的姿态或位置误

差,很难达到较高的时间精度。

(4) 姿态和位置传播解算,以及恒星和 FDO 随时间变化的测量过程。

① 根据模型(如基于重力模型的轨道传播器)或陀螺仪与加速度计(如惯性导航系统)所提供的转速和加速度信息,可以将某个时刻的姿态和位置信息传递到另一个时刻。

② 有了这样的机制,恒星和 FDO 组合的要求就可以放宽,这样就得到了随时间变化的量测组合,而不是在单个时间点进行组合。例如,地球在不同时刻的 LOS 量测值在不同的惯性方向上,因此,当使用陀螺数据获得姿态时,地球 LOS 随时间的量测值就足以确定航天器的姿态。

利用上述原理,可以定义和构建多种不同类型的姿态量测和导航系统。下面是一些示例。

指仅用星跟踪器确定航天器姿态。

例 10.1　仅使用星跟踪器确定航天器姿态。

两颗或两颗以上的恒星可以用来确定航天器的惯性姿态。在第 7 章讨论的恒星惯性姿态确定主题,在该领域也有很多文献[3-60]。值得注意的是,第 7 章的大部分内容,如星跟踪器误差模型、星表建立、恒星姿态采集算法等,对于天文导航仍然很重要,本章不再赘述。

例 10.2　仅使用惯性导航系统(inertial navigation system, INS)、高度计与恒星测量的捷联式地球导航。

在这种情况下,来自恒星测量的姿态信息将姿态误差限制在非常小的范围内(因此,在这种应用中,不再需要精度非常高的陀螺仪)。速度和位置误差将是舒勒调谐且有界。这样,INS 主要用来提供当地垂线参考,这使得整个系统能够提供误差有界的完整姿态、速度和位置信息,要求高度计沿当地垂线轴来约束误差漂移。

例 10.3　使用 INS、恒星或 RSO 测量的捷联式地球导航。

RSO 量测量的加入将在基于恒星的解算方案的基础上大大改善位置和速度性能[61-64]。

例 10.2 与例 10.3 的细节是本章讨论的重点。

例 10.4　航天器深空光学导航。

通过观测带有恒星背景的行星、月球或太阳等 FDO,能够确定它们的姿态和位置。

10.3　恒星观测与 RSO:难点与解决方案

虽然现代天文导航提供了独立于 GPS 的导航解决方案,但为了在操作上可行,还必须解决一些问题。本节将讨论一些最重要的问题和相应的解决方案。

10.3.1 云层与云层规避

云层是天文导航面临的最大挑战之一。幸运的是,在高海拔地区看到云的概率会低得多,大多数军用飞机和商用喷气客机将在几乎没有云层覆盖的高度飞行。

在海上导航与地面导航方面,就没有那么幸运了。如表 10.2 所列,在地面上时,只有 50%的概率看到晴朗的天空。

表 10.2 晴空概率与海拔高度关系

海拔高度	晴天概率
地球表面	50%
2000m	60%
7000m	70%
13000m	95%

因此,低空天文导航必须考虑云层对测量可用性的影响。由于天空中有大量的恒星,其中一种解决方案是使用 FOV 可控星跟踪器,为了在操作过程中避开云层,或者将星跟踪器安装在万向节平台上,或者使用光束指向器。

一个简单的避开云层的策略是使用一个价格便宜的全天空相机来实时绘制云层,并引导星跟踪器的 FOV 朝向天空中没有云的部分。

10.3.2 日间恒星观测/日间恒星跟踪器

天文导航的另一个挑战是白天的天空辐射。这就是人类的眼睛在白天看不到任何恒星或卫星的原因。为了使恒星跟踪器在白天能够可靠地看到恒星和卫星,可采用若干技术来减少天空辐射的影响。

(1) 使用近红外或红外波段。蓝色的天空中主要含有波长较短的蓝色可见光。随着波长的增加,大气明亮背景变得非常暗淡。但近红外波段和红外波段的恒星比可见光波段的恒星多。此外,卫星在近红外和红外波段通常保持明亮状态。因此,使用近红外或红外波段探测器使测量变得更容易。SWIR 波段探测器似乎是日间恒星跟踪器的首选技术。

(2) 简单地限制 FOV。大气明亮的背景就像一个全向光源的连续体。在恒星周围焦平面上的一小块区域,有来自恒星(或卫星或其他关注的物体)发出的光能量总和,以及天空中所有光的总和。后者将随着 FOV 的减小而按比例减少。换句话说,足够小的 FOV 可以让这颗恒星“脱颖而出”。这实际上是上一代天文导航星跟踪器使用的技术,即使用可见光探测器,并具有非常窄的 FOV,使恒星在白天可见。

(3) 使用精心设计的长遮光罩。使用精心设计的长遮光罩可以防止来自不同光源的杂散光照射到探测器阵列上。

(4) 随时间的连贯性整合。明亮背景有两个组成部分:不变的部分和时变的部分。不变部分不是真正的问题,因为恒星加上不变背景会使星图的像素更亮。然而,时变的部分会导致背景波动,导致恒星被掩埋(想象白色相纸上有一个浅色的点,尽管背景很亮,但还是很容易发现那个点。如果纸上有很多类似的彩色点,那就很难发现了)。随着时间的推移,通过光线整合,可以降低噪声水平。如果恒星或卫星在 FOV 中没有移动,这很容易做到。当恒星运动时,需要对图像进行变换来剔除运动的影响,并将运动补偿后的图像叠加在一起,实现图像的融合。这项技术被称为运动补偿集成(motion-compensated integration, MCI)技术。

(5) 使用干涉测量法。恒星光是相干光。天空背景光是不相干的,采用干涉仪方法可以消除或减少固有背景光的影响。

上述技术的不同组合会产生不同级别的性能,成熟度,尺寸、重量和功率(size, weight, and power, SWAP)以及成本。不同应用场景的最佳决策程序可能是不同的。有理由相信,未来的日间星跟踪器将以 SWIR 探测器为基础,FOV 不会太小,从而允许使用更多的恒星和 RSO,并且允许在 FOV 一定范围内移动时,为 FOV 内的恒星或 RSO 留出空间。

10.3.3　LEO RSO 观测:稀缺性与午夜间隙

如前所述,RSO 的测量提供了姿态和位置的可观测性,并有可能大大提高天文导航系统设计的精度。然而,星跟踪器很难看到 RSO,原因如下。

(1) 除了低地球轨道(low earth orbit, LEO),大多数 RSO 都非常暗淡,且没有那么多明亮的 LEO RSO,很难追踪。因此,基于目前技术,只使用 LEO 的 RSO 是一个不错的选择。例如,通常每 2min 就会有一个星等 5 级及以上的 RSO 穿过天空。

(2) 对于 LEO RSO 的地面观测者来说,由于 LEO 卫星的高度较低,地面观测者只能看到轨道的一小部分(约 0.58%)。本节的其余部分将对此进行进一步阐述。

(3) 与恒星不同,RSO 不是光源,它们只反射阳光。事实证明,在 LEO 卫星没有被太阳照亮的午夜时间大约有 6h,因此在该段时间内,当地地面观测者观测不到 RSO。

基于上述原因,一个小型 FOV 星跟踪器,甚至是若干个小型 FOV 星跟踪器,几乎不可能在任何时候以较高的概率找到一颗卫星。因此,如果想要使用 RSO 测量,将不得不使用一个万向节的星跟踪器或一个带波束指向器的星跟踪器。这样,实际上可以将星跟踪器的 FOV 置于 LEO 天空中可以看到的很小一部分的任何地方。

现在进一步解释为什么只能看到 LEO 很小的一部分。θ_s 是天空覆盖角,表示观测者能看到 LEO 天空的大小。θ_f 是星跟踪器有效 FOV 角,它是星跟踪器的 FOV 角,或者是通过允许星跟踪器 FOV 被操纵而获得的有效 FOV 角。由于恒星实际上处于无限远的距离,所以恒星的星跟踪器有效 FOV 和天空覆盖角度是相同的。然而,对于 LEO 天空,天空覆盖角远小于星跟踪器的有效 FOV 角。

可以证明:

$$\frac{\theta_s}{2}=\frac{\theta_f}{2}-\arcsin\left[\sin\left(\frac{\theta_f}{2}\right)\frac{r_e}{r_e+h_o}\right] \tag{10.1}$$

式中:r_e 为地球半径;h_o 为轨道高度。

表 10.3 提供了部分数值实例,说明地面观测者在典型的 LEO 高度只能看到 LEO 天空的 0.58%。

表 10.3 天空中恒星数量不同时,在不同 FOV 大小下所能看到的平均恒星数

r_e /m	6370						
h_o /m	700						
$r_e/(r_e+h_o)$	0.90						
有效 FOV 角 /(°)	天空覆盖角 /(°)	立体角	天空覆盖率/%	FOV 内 ROS 平均数 (空中 200 个)	FOV 内 ROS 平均数 (空中 500 个)	FOV 内 ROS 平均数 (空中 1000 个)	FOV 内 ROS 平均数 (空中 2000 个)
120	17.428	0.072523	0.5771	1.1542	2.886	5.771	11.542
8	0.793	0.000151	0.0012	0.0024	0.006	0.012	0.024

对于高度为 h_o 的卫星,θ_s 要小得多。采用正弦定律,有

$$\frac{\sin\left(\frac{\theta_s}{2}\right)}{s}=\frac{\sin\left(\pi-\frac{\theta_f}{2}\right)}{r_e+h_o}\Rightarrow\sin\left(\frac{\theta_s}{2}\right)=\sin\left(\frac{\theta_f}{2}\right)\frac{s}{r_e+h_o}$$

此外,还有

$$r_e+s\cos\left(\frac{\theta_f}{2}\right)=(r_e+h_o)\cos\left(\frac{\theta_s}{2}\right)\Rightarrow s=\frac{(r_e+h_o)\cos\left(\frac{\theta_s}{2}\right)-r_e}{\cos\left(\frac{\theta_f}{2}\right)}$$

综合上述两个基本方程,得到

$$\sin\left(\frac{\theta_s}{2}\right)=\sin\left(\frac{\theta_f}{2}\right)\frac{1}{r_e+h_o}\frac{(r_e+h_o)\cos\left(\frac{\theta_s}{2}\right)-r_e}{\cos\left(\frac{\theta_f}{2}\right)}=\tan\left(\frac{\theta_f}{2}\right)\left[\cos\left(\frac{\theta_s}{2}\right)-\frac{r_e}{r_e+h_o}\right]$$

注意：

$$\tan\left(\frac{\theta_f}{2}\right)=\frac{\sin\left(\frac{\theta_f}{2}\right)}{\cos\left(\frac{\theta_f}{2}\right)}$$

有

$$\sin\left(\frac{\theta_s}{2}\right)\cos\left(\frac{\theta_f}{2}\right)=\sin\left(\frac{\theta_f}{2}\right)\cos\left(\frac{\theta_s}{2}\right)-\sin\left(\frac{\theta_f}{2}\right)\frac{r_e}{r_e+h_o}$$

或

$$\sin\left(\frac{\theta_f}{2}\right)\cos\left(\frac{\theta_s}{2}\right)-\sin\left(\frac{\theta_s}{2}\right)\cos\left(\frac{\theta_f}{2}\right)=\sin\left(\frac{\theta_f}{2}\right)\frac{r_e}{r_e+h_o}$$

使用正弦差分公式，上式可以改写为

$$\sin\left(\frac{\theta_f-\theta_s}{2}\right)=\sin\left(\frac{\theta_f}{2}\right)\frac{r_e}{r_e+h_o}\Rightarrow\frac{\theta_f-\theta_s}{2}=\arcsin\left[\sin\left(\frac{\theta_f}{2}\right)\frac{r_e}{r_e+h_o}\right]$$

然后，得出结论：

$$\frac{\theta_s}{2}=\frac{\theta_f}{2}-\arcsin\left[\sin\left(\frac{\theta_f}{2}\right)\frac{r_e}{r_e+h_o}\right]$$

当角度较小时，上式可以近似为

$$\frac{\theta_s}{2}\approx\frac{\theta_f}{2}-\frac{\theta_f}{2}\frac{r_e}{r_e+h_o}=\frac{\theta_f}{2}\frac{h_o}{r_e+h_o}$$

虽然上述近似不够准确，不足以支持工程分析，但它确实提供了一个直观上有用的结论。FOV 角大致按 $h_o/(r_e+h_o)$ 的倍数缩小。当轨道高度非常高时，这个比值会收敛到 1。然而，对于 LEO 来说，这个因素只占 10%左右。更糟糕的是，可以找到的 ROS 数量与 FOV 面积成正比，而 FOV 面积又与有效 FOV 角的平方成正比。如果该角度是星跟踪器 FOV 角的 10%，那么该区域将是星跟踪器 FOV 面积的 1%左右。

10.4 配置示例与通用架构

10.4.1 设计示例和技术选择

基于前几节的讨论，本节描述几个天文导航设计的配置示例。

例 10.5 仅使用恒星的高空机载天文导航系统。

对于这个应用，可以使用固定式 SWIR 星跟踪器与惯性测量单元(inertial measurement unit, IMU)集成，IMU 具有高精度加速度计和低成本陀螺仪。高度计用来限制垂线轴漂移。

高海拔意味着不需要担心云层，只有恒星意味着不需要担心寻找 RSO。基于这两个条件，就可以使用固定式星跟踪器。

选择 SWIR 星跟踪器是为了提供白天恒星的可用性。由于恒星的高可用性，不需要使用高精度陀螺来保持姿态性能。由于只有恒星的更新将导致位置和速度被舒勒调谐，所以使用高精度加速度计来保持良好的位置和速度性能。

例 10.6 使用恒星和 RSO 的高空机载天文导航系统

在这种情况下，即使不需要考虑云层规避，也需要一个可操纵的 FOV，或者通过波束指向器，或者使用一个万向节平台为星跟踪器提供能够移动找到 RSO 的方向的能力。

基于 RSO 更新可以实现更好的性能，然而高精度加速度计对于处理午夜间隙情况仍然很重要。

例 10.7 使用恒星和 RSO 的低空地面天文导航系统

这是最苛刻的应用场景。需要使用一个波束指向器或一个万向节平台，为星跟踪器提供一个可操纵 FOV。此外，还必须提供具有 MCI 技术能力的星跟踪器，并且需要一个 SWIR 星跟踪器，它可以在几帧上进行相干积分。

此外，还希望使用全天空相机来帮助确定云的分布。同样，低成本的陀螺精度足以满足需求，高精度加速度计用来在午夜间隙情况下保持性能。

10.4.2 通用架构

下面描述一个典型的恒星或惯性天文导航系统。图 10.4 是一个通用架构图。

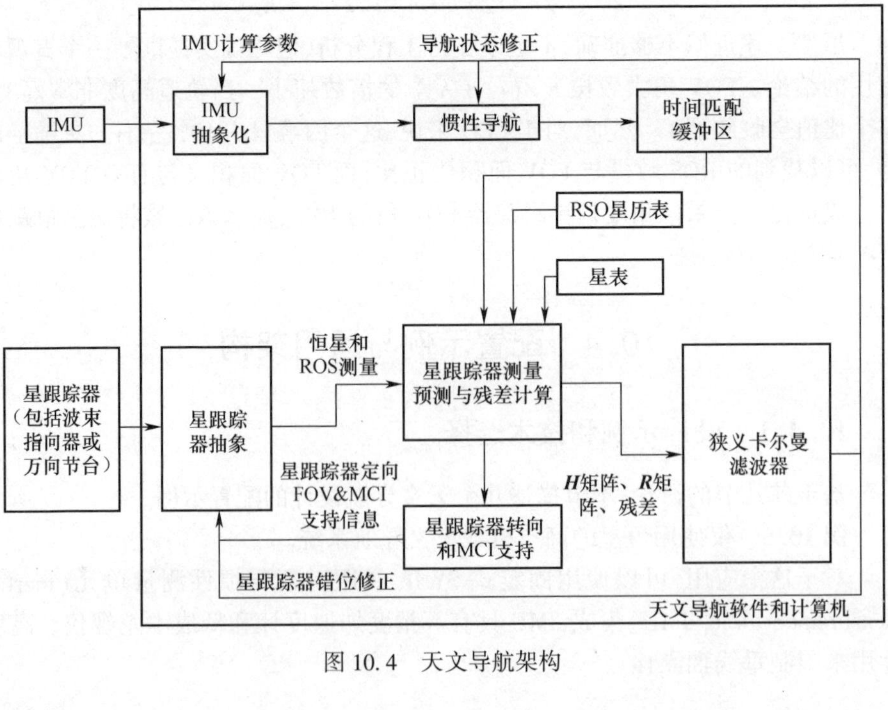

图 10.4 天文导航架构

系统中包括以下几个关键组成部件:

(1) 惯性测量单元;

(2) 星跟踪器;

(3) 在计算机上实时运行的天文导航软件。

天文导航软件还包括以下软件组成部分:

(1) IMU 和星跟踪器抽象化。将特定的硬件设备抽象为 IMU 和星跟踪器的通用软件抽象化,这样天文导航软件的其余部分不需要随着特定传感器硬件的变化而变化。

(2) 惯性导航组件。

(3) 时间匹配缓冲组件,允许使用不同时间标签的恒星或 RSO 测量和 IMU 测量来计算时间匹配的卡尔曼滤波残差。

(4) 支持软件组件的恒星或 RSO 测量处理、识别、转向和 MCI。

(5) 支持上述处理的星表和 RSO 星历表。

(6) 狭义卡尔曼滤波器,使用恒星或 RSO 测量修正 IMU、惯性导航和星跟踪器估计。

IMU 和惯性导航软件持续提供基线导航解决方案。

时间匹配缓冲组件中的循环缓冲器存储了临近一段时间内惯性导航输出的简短历史数据。

星跟踪器产生恒星或 RSO 测量结果,然后对星跟踪器的对准误差进行校正。

星跟踪器测量的时间标签用于检索时间匹配的惯性导航状态,这些状态用于星表和 RSO 星历表生成星跟踪器的预测输出。

恒星和 RSO 的识别处理将恒星和 RSO 量测值与预测的恒星和 RSO 量测值进行匹配。量测值和预测值之间的差值就是卡尔曼滤波残差。此外,还利用预测的恒星和 RSO 信息计算了 $\boldsymbol{H}$ 矩阵。

星跟踪器转向和 MCI 支持模块有以下几个职责。

(1) 规划和计算星跟踪器的 LOS 指向方向,用于云层规避和 RSO 定位和跟踪。

(2) 计算星跟踪器的定向 FOV 信息,以便在每个恒星和 RSO 周围的一小部分 FOV 中找到恒星和 RSO。

(3) 计算运动补偿信息,以支持星跟踪器的运动补偿积分计算。

狭义卡尔曼滤波组件使用残差和 $\boldsymbol{H}$ 矩阵来计算修正和更新协方差矩阵。修正量被发送到 IMU 抽象模型、星跟踪器抽象模型和惯性导航输出信息中修正状态估计量。

10.5 传播算法与误差模型

惯性导航算法在第 3 章中进行了讨论,方程在不同坐标系中编写的算法形式不同。为了完成天文导航,使用 ECEF 坐标系下的 INS 算法,总结如下。

(1) 四元数形式的姿态传播方程简写为

$$\dot{\boldsymbol{q}}_{\mathrm{B}}^{\mathrm{E}}=\frac{1}{2}(\boldsymbol{q}_{\mathrm{B}}^{\mathrm{E}}\otimes{}^{\mathrm{B}}\boldsymbol{\omega}_{\mathrm{I}}^{\mathrm{B}}-{}^{\mathrm{E}}\boldsymbol{\omega}_{\mathrm{I}}^{\mathrm{E}}\otimes\boldsymbol{q}_{\mathrm{B}}^{\mathrm{E}}) \tag{10.2}$$

(2) 从四元数中得到方向余弦矩阵(directional cosine matrix, DCM):

$$\boldsymbol{C}_{\mathrm{B}}^{\mathrm{E}}=\mathrm{q2DCM}(\boldsymbol{q}_{\mathrm{B}}^{\mathrm{E}}) \tag{10.3}$$

(3) 速度传播方程为

$$\begin{aligned}\frac{\mathrm{d}}{\mathrm{d}t}{}^{\mathrm{E}}\boldsymbol{v}_{\mathrm{E}}^{\mathrm{B}}&=\boldsymbol{C}_{\mathrm{B}}^{\mathrm{E}}{}^{\mathrm{B}}\boldsymbol{f}_{\mathrm{I}}^{\mathrm{B}}+{}^{\mathrm{E}}\boldsymbol{g}-2{}^{\mathrm{E}}\boldsymbol{\omega}_{\mathrm{I}}^{\mathrm{E}}\times{}^{\mathrm{E}}\boldsymbol{v}_{\mathrm{E}}^{\mathrm{B}}-[{}^{\mathrm{E}}\boldsymbol{\omega}_{\mathrm{I}}^{\mathrm{E}}\times][{}^{\mathrm{E}}\boldsymbol{\omega}_{\mathrm{I}}^{\mathrm{E}}\times]{}^{\mathrm{E}}\boldsymbol{r}_{\mathrm{E}}^{\mathrm{B}}\\&=\boldsymbol{C}_{\mathrm{B}}^{\mathrm{E}}{}^{\mathrm{B}}\boldsymbol{f}_{\mathrm{I}}^{\mathrm{B}}+{}^{\mathrm{E}}g_{\mathrm{c}}-2{}^{\mathrm{E}}\boldsymbol{\omega}_{\mathrm{I}}^{\mathrm{E}}\times{}^{\mathrm{E}}\boldsymbol{v}_{\mathrm{E}}^{\mathrm{B}}\end{aligned} \tag{10.4}$$

其中

$${}^{\mathrm{E}}\boldsymbol{g}_{\mathrm{c}}={}^{\mathrm{E}}\boldsymbol{g}-[{}^{\mathrm{E}}\boldsymbol{\omega}_{\mathrm{I}}^{\mathrm{E}}\times][{}^{\mathrm{E}}\boldsymbol{\omega}_{\mathrm{I}}^{\mathrm{E}}\times]{}^{\mathrm{E}}\boldsymbol{r}_{\mathrm{E}}^{\mathrm{B}}$$

(4) 位置传播方程为

$$\frac{\mathrm{d}}{\mathrm{d}t}{}^{\mathrm{E}}\boldsymbol{r}_{\mathrm{E}}^{\mathrm{B}}={}^{\mathrm{E}}\boldsymbol{v}_{\mathrm{E}}^{\mathrm{B}} \tag{10.5}$$

对于卡尔曼滤波器的协方差矩阵传播,重复列出第 3 章中姿态、速度和位置的线性化误差模型。

(1) 姿态误差传播模型:

$$\delta{}^{\mathrm{E}}\dot{\boldsymbol{\theta}}_{\mathrm{B}}^{\mathrm{E}}=-[{}^{\mathrm{E}}\boldsymbol{\omega}_{\mathrm{I}}^{\mathrm{E}}\times]\delta{}^{\mathrm{E}}\boldsymbol{\theta}_{\mathrm{B}}^{\mathrm{E}}-\boldsymbol{C}_{\mathrm{B}}^{\mathrm{E}}\delta{}^{\mathrm{B}}\boldsymbol{\omega}_{\mathrm{I}}^{\mathrm{B}} \tag{10.6}$$

(2) 速度误差传播模型:

$$\frac{\mathrm{d}}{\mathrm{d}t}\delta{}^{\mathrm{E}}\boldsymbol{v}_{\mathrm{E}}^{\mathrm{B}}=[(\boldsymbol{C}_{\mathrm{B}}^{\mathrm{E}}m{}^{\mathrm{B}}\boldsymbol{f}_{\mathrm{I}}^{\mathrm{B}})\times]\delta{}^{\mathrm{E}}\boldsymbol{\theta}_{\mathrm{B}}^{\mathrm{E}}+\boldsymbol{C}_{\mathrm{B}}^{\mathrm{E}}\delta{}^{\mathrm{B}}\boldsymbol{f}_{\mathrm{I}}^{\mathrm{B}}+\left[\frac{\partial{}^{\mathrm{E}}\boldsymbol{g}}{\partial{}^{\mathrm{E}}\boldsymbol{r}_{\mathrm{E}}^{\mathrm{B}}}\right]\delta{}^{\mathrm{E}}\boldsymbol{v}_{\mathrm{I}}^{\mathrm{B}}-2[({}^{\mathrm{E}}\boldsymbol{\omega}_{\mathrm{I}}^{\mathrm{E}}\times)]\delta{}^{\mathrm{E}}\boldsymbol{v}_{\mathrm{E}}^{\mathrm{B}} \tag{10.7}$$

(3) 位置误差传播模型:

$$\frac{\mathrm{d}}{\mathrm{d}t}\delta{}^{\mathrm{E}}\boldsymbol{r}_{\mathrm{E}}^{\mathrm{B}}=\delta{}^{\mathrm{E}}\boldsymbol{v}_{\mathrm{E}}^{\mathrm{B}} \tag{10.8}$$

采用以下陀螺仪误差模型:

$$\begin{aligned}\delta{}^{\mathrm{B}}\boldsymbol{\omega}_{\mathrm{I}}^{\mathrm{B}}=m{}^{\mathrm{B}}\boldsymbol{\omega}_{\mathrm{I}}^{\mathrm{B}}-{}^{\mathrm{B}}\boldsymbol{\omega}_{\mathrm{I}}^{\mathrm{B}}=\boldsymbol{C}_{\mathrm{G}}^{\mathrm{B}}\mathrm{diag}({}^{\mathrm{G}}\boldsymbol{s}){}^{\mathrm{G}}\boldsymbol{\omega}_{\mathrm{I}}^{\mathrm{B}}+([{}^{\mathrm{G}}\boldsymbol{\theta}_{\mathrm{G}}\times]+\\L({}^{\mathrm{B}}\boldsymbol{\beta}_{\mathrm{G}})){}^{\mathrm{B}}\boldsymbol{\omega}_{\mathrm{I}}^{\mathrm{B}}+{}^{\mathrm{B}}\boldsymbol{b}_{\mathrm{G}}+\boldsymbol{C}_{\mathrm{G}}^{\mathrm{B}}\mathbf{ARW}\end{aligned} \tag{10.9}$$

其中

$$[{}^{\mathrm{B}}\boldsymbol{\theta}\times]=\begin{bmatrix}0&-\theta_z&\theta_y\\\theta_z&0&-\theta_x\\-\theta_y&\theta_x&0\end{bmatrix},\quad L({}^{\mathrm{B}}\boldsymbol{\beta})=\begin{bmatrix}0&0&0\\\beta_z&0&0\\-\beta_x&\beta_y&0\end{bmatrix} \tag{10.10}$$

也可以写成一种更适合卡尔曼滤波的形式：

$$\delta^{B}\boldsymbol{\omega}_{I}^{B}=\boldsymbol{C}_{G}^{B}\mathrm{diag}({}^{G}\boldsymbol{\omega}_{I}^{B}){}^{G}\boldsymbol{s}-[{}^{B}\boldsymbol{\omega}_{I}^{B}\times]{}^{B}\boldsymbol{\theta}_{G}+J({}^{B}\boldsymbol{\omega}_{I}^{B}){}^{B}\boldsymbol{\beta}_{G}+{}^{B}\boldsymbol{b}_{G}+\boldsymbol{C}_{G}^{B}\mathbf{ARW} \tag{10.11}$$

其中

$$J(\boldsymbol{\omega})=\begin{bmatrix}0 & 0 & 0\\ 0 & 0 & \omega_{x}\\ \omega_{y} & -\omega_{x} & 0\end{bmatrix} \tag{10.12}$$

下面为加速度计模型：

$$\delta^{B}\boldsymbol{f}_{I}^{B}=m^{B}\boldsymbol{f}_{I}^{B}-{}^{B}\boldsymbol{f}_{I}^{B}=\boldsymbol{C}_{A}^{B}\mathrm{diag}({}^{A}s){}^{A}\boldsymbol{f}_{I}^{B}+L({}^{B}\boldsymbol{\beta}_{A}){}^{B}\boldsymbol{f}_{I}^{B}+{}^{B}\boldsymbol{b}_{A}+\boldsymbol{C}_{A}^{B}\mathbf{VRW} \tag{10.13}$$

也可以写成一种更适合卡尔曼滤波的形式：

$$\delta^{B}\boldsymbol{f}_{I}^{B}=\boldsymbol{C}_{A}^{B}\mathrm{diag}({}^{A}\boldsymbol{f}_{I}^{B}){}^{A}\boldsymbol{s}+J({}^{B}\boldsymbol{f}_{I}^{B}){}^{B}\boldsymbol{\beta}_{A}+{}^{B}\boldsymbol{b}_{A}+\boldsymbol{C}_{A}^{B}\mathbf{VRW} \tag{10.14}$$

其中

$$J({}^{B}\boldsymbol{f}_{I}^{B})=\begin{bmatrix}0 & 0 & 0\\ 0 & 0 & {}^{B}f_{I\,x}^{B}\\ {}^{B}f_{I\,y}^{B} & -{}^{B}f_{I\,x}^{B} & 0\end{bmatrix} \tag{10.15}$$

如果将每一个 IMU 误差参数建模为一个随机游走过程，并令

$$\begin{aligned}\delta\boldsymbol{X}_{I}^{T}&=[\delta^{E}\dot{\boldsymbol{\theta}}_{B}^{E},\delta^{B}b_{G}^{T},\delta^{G}\boldsymbol{s}^{T},\delta^{B}\boldsymbol{\beta}_{G}^{T},\delta^{B}\boldsymbol{\theta}_{G}^{T},(\delta^{E}\boldsymbol{v}_{E}^{B})^{T},\delta^{B}\boldsymbol{b}_{A}^{T},\delta^{A}\boldsymbol{s}^{T},\delta^{B}\boldsymbol{\beta}_{A}^{T},(\delta^{E}\boldsymbol{r}_{E}^{B})^{T}]\\ \boldsymbol{W}_{I}^{T}&=[-(\boldsymbol{C}_{G}^{E}\mathbf{ARW})^{T},\mathbf{RRW}^{T},\mathbf{SRW}_{G}^{T},\boldsymbol{\beta}\mathbf{RW}_{G}^{T},\boldsymbol{\theta}\widehat{\mathbf{RW}}_{G}^{T},\\ &\quad(\boldsymbol{C}_{A}^{E}\mathbf{VRW})^{T},\mathbf{ABRW}^{T},\mathbf{SRW}_{A}^{T},\boldsymbol{\beta}\mathbf{RW}_{A}^{T},\mathbf{0}]\end{aligned} \tag{10.16}$$

则有

$$\delta\dot{\boldsymbol{X}}_{II}=\boldsymbol{A}_{II}\boldsymbol{\delta X}_{I}+\boldsymbol{X}_{I}$$

$$\boldsymbol{A}_{II}=$$

$$\begin{bmatrix}
-[{}^{E}\boldsymbol{\omega}_{I}^{E}\times] & -C_{B}^{E} & -C_{G}^{E}\mathrm{diag}({}^{G}\boldsymbol{\omega}_{I}^{B}) & -C_{B}^{E}J({}^{B}\boldsymbol{\omega}_{I}^{B}) & C_{B}^{E}[{}^{B}\boldsymbol{\omega}_{I}^{B}\times] & \mathbf{0}_{3\times3} & \mathbf{0}_{3\times3} & \mathbf{0}_{3\times3} & \mathbf{0}_{3\times3} & \mathbf{0}_{3\times3}\\
\mathbf{0}_{3\times3} & \mathbf{0}_{3\times3} & \mathbf{0}_{3\times3} & \mathbf{0}_{3\times3} & \mathbf{0}_{3\times3} & \mathbf{0}_{3\times3} & \mathbf{0}_{3\times3} & \mathbf{0}_{3\times3} & \mathbf{0}_{3\times3} & \mathbf{0}_{3\times3}\\
\mathbf{0}_{3\times3} & \mathbf{0}_{3\times3} & \mathbf{0}_{3\times3} & \mathbf{0}_{3\times3} & \mathbf{0}_{3\times3} & \mathbf{0}_{3\times3} & \mathbf{0}_{3\times3} & \mathbf{0}_{3\times3} & \mathbf{0}_{3\times3} & \mathbf{0}_{3\times3}\\
\mathbf{0}_{3\times3} & \mathbf{0}_{3\times3} & \mathbf{0}_{3\times3} & \mathbf{0}_{3\times3} & \mathbf{0}_{3\times3} & \mathbf{0}_{3\times3} & \mathbf{0}_{3\times3} & \mathbf{0}_{3\times3} & \mathbf{0}_{3\times3} & \mathbf{0}_{3\times3}\\
\mathbf{0}_{3\times3} & \mathbf{0}_{3\times3} & \mathbf{0}_{3\times3} & \mathbf{0}_{3\times3} & \mathbf{0}_{3\times3} & \mathbf{0}_{3\times3} & \mathbf{0}_{3\times3} & \mathbf{0}_{3\times3} & \mathbf{0}_{3\times3} & \mathbf{0}_{3\times3}\\
[(C_{B}^{E}m^{B}\boldsymbol{f}_{I}^{B})\times] & \mathbf{0}_{3\times3} & \mathbf{0}_{3\times3} & \mathbf{0}_{3\times3} & \mathbf{0}_{3\times3} & -2[{}^{E}\boldsymbol{\omega}_{I}^{E}\times] & C_{B}^{E} & C_{A}^{E}\mathrm{diag}({}^{A}\boldsymbol{f}_{I}^{B}) & C_{B}^{E}J({}^{B}\boldsymbol{f}_{I}^{B}) & \dfrac{\partial^{E}\boldsymbol{g}}{\partial^{E}\boldsymbol{r}_{E}^{B}}\\
\mathbf{0}_{3\times3} & \mathbf{0}_{3\times3} & \mathbf{0}_{3\times3} & \mathbf{0}_{3\times3} & \mathbf{0}_{3\times3} & \mathbf{0}_{3\times3} & \mathbf{0}_{3\times3} & \mathbf{0}_{3\times3} & \mathbf{0}_{3\times3} & \mathbf{0}_{3\times3}\\
\mathbf{0}_{3\times3} & \mathbf{0}_{3\times3} & \mathbf{0}_{3\times3} & \mathbf{0}_{3\times3} & \mathbf{0}_{3\times3} & \mathbf{0}_{3\times3} & \mathbf{0}_{3\times3} & \mathbf{0}_{3\times3} & \mathbf{0}_{3\times3} & \mathbf{0}_{3\times3}\\
\mathbf{0}_{3\times3} & \mathbf{0}_{3\times3} & \mathbf{0}_{3\times3} & \mathbf{0}_{3\times3} & \mathbf{0}_{3\times3} & \mathbf{0}_{3\times3} & \mathbf{0}_{3\times3} & \mathbf{0}_{3\times3} & \mathbf{0}_{3\times3} & \mathbf{0}_{3\times3}\\
\mathbf{0}_{3\times3} & \mathbf{0}_{3\times3} & \mathbf{0}_{3\times3} & \mathbf{0}_{3\times3} & \mathbf{0}_{3\times3} & \boldsymbol{I}_{3\times3} & \mathbf{0}_{3\times3} & \mathbf{0}_{3\times3} & \mathbf{0}_{3\times3} & \mathbf{0}_{3\times3}
\end{bmatrix} \tag{10.17}$$

10.6 量测方程与误差模型

如前所述,每一种辅助传感器的特殊之处在于它的量测模型,天文导航也是如此。本节的目的是描述和讨论量测模型的非线性和线性化形式。

将从 FDO(如 RSO)的量测模型开始,然后通过让 RSO 的距离扩大到无穷大,可以简化恒星量测模型。

下面将介绍多种数学方程,为了使这些方程和推导更容易理解,把它分解为几个步骤。

(1) 考虑当量测量是 LOS 单位矢量时的量测模型。

(2) 描述展示如何将单位矢量转换为标准星跟踪器 h 和 v 量测值。

(3) 结合步骤(1)和步骤(2)的结果,推导非线性和线性化的量测方程。后者给出了卡尔曼滤波器的 $\boldsymbol{H}$ 矩阵。

(4) 讨论 RSO 星历误差的建模。

(5) 把所有的 RSO 方程放在一起。

(6) 通过把物体距离扩大到无穷大,将恒星作为 RSO 一个特例。

步骤 1:单位矢量与单位矢量误差模型。

令运载器星跟踪器沿 ECEF 坐标系的位置用 ${}^{\mathrm{E}}\boldsymbol{r}$ 表示,RSO(RSO j)位置用 ${}^{\mathrm{E}}\boldsymbol{r}_j$ 表示。

从运载器 RSO 到 LOS 的矢量可以用下式计算:

$$ {}^{\mathrm{E}}\boldsymbol{u}_j = \frac{1}{\|{}^{\mathrm{E}}\boldsymbol{r}_j - {}^{\mathrm{E}}\boldsymbol{r}\|}({}^{\mathrm{E}}\boldsymbol{r}_j - {}^{\mathrm{E}}\boldsymbol{r}) = \frac{1}{\rho_j}({}^{\mathrm{E}}\boldsymbol{r}_j - {}^{\mathrm{E}}\boldsymbol{r}) \tag{10.18} $$

其中,$\rho_j = \|{}^{\mathrm{E}}\boldsymbol{r}_j - {}^{\mathrm{E}}\boldsymbol{r}\|$ 表示星跟踪器到 RSO 的距离。

${}^{\mathrm{E}}\boldsymbol{u}_j$ 可以通过下式转换到星跟踪器(star-tracker,ST) 坐标系:

$$ {}^{\mathrm{ST}}\boldsymbol{u}_j = \boldsymbol{C}_{\mathrm{B}}^{\mathrm{ST}}\boldsymbol{C}_{\mathrm{E}}^{\mathrm{B}}{}^{\mathrm{E}}\boldsymbol{u}_j \tag{10.19} $$

式中:$\boldsymbol{C}_{\mathrm{E}}^{\mathrm{B}}$ 为矢量从 ECEF 坐标系到载体坐标系的 DCM,换句话说,$\boldsymbol{C}_{\mathrm{E}}^{\mathrm{B}}$ 表示运载器的姿态;$\boldsymbol{C}_{\mathrm{B}}^{\mathrm{ST}}$ 为矢量从载体坐标系到星际跟踪器坐标系的 DCM。

量测单位矢量可以建模为

$$ m^{\mathrm{ST}}\boldsymbol{u}_j = \boldsymbol{C}_{\mathrm{B}}^{\mathrm{ST}}\boldsymbol{C}_{\mathrm{E}}^{\mathrm{B}}{}^{\mathrm{E}}\boldsymbol{u}_j + \boldsymbol{v} \tag{10.20} $$

式中:$\boldsymbol{v}$ 为量测噪声。

单位矢量的量测残差可以写为

$$ \begin{aligned} \Delta\boldsymbol{u} &= m^{\mathrm{ST}}\boldsymbol{u}_j - {}^{\mathrm{ST}}\hat{\boldsymbol{u}}_j = \boldsymbol{C}_{\mathrm{B}}^{\mathrm{ST}}\boldsymbol{C}_{\mathrm{E}}^{\mathrm{B}}{}^{\mathrm{E}}\boldsymbol{u}_j - \hat{\boldsymbol{C}}_{\mathrm{B}}^{\mathrm{ST}}\hat{\boldsymbol{C}}_{\mathrm{E}}^{\mathrm{B}}{}^{\mathrm{E}}\hat{\boldsymbol{u}}_j + \boldsymbol{v} \\ &= (\boldsymbol{C}_{\mathrm{B}}^{\mathrm{ST}}\boldsymbol{C}_{\mathrm{E}}^{\mathrm{B}}{}^{\mathrm{E}}\boldsymbol{u}_j - \hat{\boldsymbol{C}}_{\mathrm{B}}^{\mathrm{ST}}\boldsymbol{C}_{\mathrm{E}}^{\mathrm{B}}{}^{\mathrm{E}}\boldsymbol{u}_j) + (\hat{\boldsymbol{C}}_{\mathrm{B}}^{\mathrm{ST}}\boldsymbol{C}_{\mathrm{E}}^{\mathrm{B}}{}^{\mathrm{E}}\boldsymbol{u}_j - \hat{\boldsymbol{C}}_{\mathrm{B}}^{\mathrm{ST}}\hat{\boldsymbol{C}}_{\mathrm{E}}^{\mathrm{B}}{}^{\mathrm{E}}\boldsymbol{u}_j) + \\ &\quad (\hat{\boldsymbol{C}}_{\mathrm{B}}^{\mathrm{ST}}\hat{\boldsymbol{C}}_{\mathrm{E}}^{\mathrm{B}}{}^{\mathrm{E}}\boldsymbol{u}_j - \hat{\boldsymbol{C}}_{\mathrm{B}}^{\mathrm{ST}}\hat{\boldsymbol{C}}_{\mathrm{E}}^{\mathrm{B}}{}^{\mathrm{E}}\hat{\boldsymbol{u}}_j) + \boldsymbol{v} \\ &= (\boldsymbol{C}_{\mathrm{B}}^{\mathrm{ST}} - \hat{\boldsymbol{C}}_{\mathrm{B}}^{\mathrm{ST}})\boldsymbol{C}_{\mathrm{E}}^{\mathrm{B}}{}^{\mathrm{E}}\boldsymbol{u}_j + \hat{\boldsymbol{C}}_{\mathrm{B}}^{\mathrm{ST}}(\boldsymbol{C}_{\mathrm{E}}^{\mathrm{B}} - \hat{\boldsymbol{C}}_{\mathrm{E}}^{\mathrm{B}}){}^{\mathrm{E}}\boldsymbol{u}_j + \hat{\boldsymbol{C}}_{\mathrm{B}}^{\mathrm{ST}}\hat{\boldsymbol{C}}_{\mathrm{E}}^{\mathrm{B}}({}^{\mathrm{E}}\boldsymbol{u}_j - {}^{\mathrm{E}}\hat{\boldsymbol{u}}_j) + \boldsymbol{v} \end{aligned} $$

上述方程的第一项描述了星跟踪器对准误差的影响。注意：

$$\boldsymbol{C}_{\mathrm{B}}^{\mathrm{ST}} = \boldsymbol{C}_{\mathrm{S\hat{T}}}^{\mathrm{ST}}\boldsymbol{C}_{\mathrm{B}}^{\mathrm{S\hat{T}}} = (\boldsymbol{I} - [\boldsymbol{\theta}_{\mathrm{S\hat{T}}}^{\mathrm{ST}} \times])\boldsymbol{C}_{\mathrm{B}}^{\mathrm{S\hat{T}}}$$

有

$$(\boldsymbol{C}_{\mathrm{B}}^{\mathrm{ST}} - \hat{\boldsymbol{C}}_{\mathrm{B}}^{\mathrm{ST}})\boldsymbol{C}_{\mathrm{E}}^{\mathrm{B}}{}^{\mathrm{E}}\boldsymbol{u}_j \approx -[\boldsymbol{\theta}_{\mathrm{S\hat{T}}}^{\mathrm{ST}} \times]\hat{\boldsymbol{C}}_{\mathrm{B}}^{\mathrm{S\hat{T}}}\boldsymbol{C}_{\mathrm{E}}^{\mathrm{B}}{}^{\mathrm{E}}\boldsymbol{u}_j \approx -[\boldsymbol{\theta}_{\mathrm{S\hat{T}}}^{\mathrm{C}} \times]{}^{\mathrm{S\hat{T}}}\hat{\boldsymbol{u}}_j = [{}^{\mathrm{S\hat{T}}}\hat{\boldsymbol{u}}_j \times]\boldsymbol{\theta}_{\mathrm{S\hat{T}}}^{\mathrm{ST}}$$

式中：$\boldsymbol{\theta}_{\mathrm{S\hat{T}}}^{\mathrm{ST}} = \delta\boldsymbol{\theta}_{\mathrm{stma}}$ 为 DCM 信息与前序估计结果之间的偏差，用星跟踪器坐标系下三个小角度表示。

方程第二项表示运载器姿态误差的影响。

注意：

$$\boldsymbol{C}_{\mathrm{B}}^{\mathrm{E}} = \boldsymbol{C}_{\mathrm{\hat{E}}}^{\mathrm{E}}\boldsymbol{C}_{\mathrm{B}}^{\mathrm{\hat{E}}} = (\boldsymbol{I} - [\boldsymbol{\theta}_{\mathrm{\hat{E}}}^{\mathrm{E}} \times])\boldsymbol{C}_{\mathrm{B}}^{\mathrm{\hat{E}}}, \quad \boldsymbol{C}_{\mathrm{E}}^{\mathrm{B}} = \hat{\boldsymbol{C}}_{\mathrm{E}}^{\mathrm{B}}(\boldsymbol{I} + [\boldsymbol{\theta}_{\mathrm{\hat{E}}}^{\mathrm{E}} \times])$$

有

$$\begin{aligned}\hat{\boldsymbol{C}}_{\mathrm{B}}^{\mathrm{ST}}(\boldsymbol{C}_{\mathrm{E}}^{\mathrm{B}} - \hat{\boldsymbol{C}}_{\mathrm{E}}^{\mathrm{B}}){}^{\mathrm{E}}\boldsymbol{u}_j &= \hat{\boldsymbol{C}}_{\mathrm{B}}^{\mathrm{ST}}\hat{\boldsymbol{C}}_{\mathrm{E}}^{\mathrm{B}}[\boldsymbol{\theta}_{\mathrm{\hat{E}}}^{\mathrm{E}} \times]{}^{\mathrm{E}}\boldsymbol{u}_j = -\hat{\boldsymbol{C}}_{\mathrm{B}}^{\mathrm{ST}}\hat{\boldsymbol{C}}_{\mathrm{E}}^{\mathrm{B}}[{}^{\mathrm{E}}\boldsymbol{u}_j \times]\boldsymbol{\theta}_{\mathrm{\hat{E}}}^{\mathrm{E}} \\ &\approx -\hat{\boldsymbol{C}}_{\mathrm{E}}^{\mathrm{ST}}[{}^{\mathrm{E}}\hat{\boldsymbol{u}}_j \times]\boldsymbol{\theta}_{\mathrm{\hat{E}}}^{\mathrm{E}} = -[{}^{\mathrm{ST}}\hat{\boldsymbol{u}}_j \times]\hat{\boldsymbol{C}}_{\mathrm{E}}^{\mathrm{ST}}\boldsymbol{\theta}_{\mathrm{\hat{E}}}^{\mathrm{E}} = -[{}^{\mathrm{ST}}\hat{\boldsymbol{u}}_j \times]\hat{\boldsymbol{C}}_{\mathrm{E}}^{\mathrm{ST}}\delta{}^{\mathrm{E}}\boldsymbol{\theta}_{\mathrm{B}}^{\mathrm{E}}\end{aligned}$$

式中：$\delta{}^{\mathrm{E}}\boldsymbol{\theta}_{\mathrm{B}}^{\mathrm{E}} = \boldsymbol{\theta}_{\mathrm{\hat{E}}}^{\mathrm{E}}$ 为与前序时刻估算结果的偏差，用 ECEF 坐标系下的三个小角度表示。

方程第三项考虑了运载器位置信息误差和 RSO 位置误差（RSO 星历误差）的影响，有

$$(\hat{\boldsymbol{C}}_{\mathrm{B}}^{\mathrm{ST}}\hat{\boldsymbol{C}}_{\mathrm{E}}^{\mathrm{B}}{}^{\mathrm{E}}\boldsymbol{u}_j - \hat{\boldsymbol{C}}_{\mathrm{B}}^{\mathrm{ST}}\hat{\boldsymbol{C}}_{\mathrm{E}}^{\mathrm{B}}{}^{\mathrm{E}}\hat{\boldsymbol{u}}_j) = \hat{\boldsymbol{C}}_{\mathrm{B}}^{\mathrm{ST}}\hat{\boldsymbol{C}}_{\mathrm{E}}^{\mathrm{B}}({}^{\mathrm{E}}\boldsymbol{u}_j - {}^{\mathrm{E}}\hat{\boldsymbol{u}}_j) = \hat{\boldsymbol{C}}_{\mathrm{B}}^{\mathrm{ST}}\hat{\boldsymbol{C}}_{\mathrm{E}}^{\mathrm{B}}\delta{}^{\mathrm{E}}\boldsymbol{u}_j$$

其中

$$\delta{}^{\mathrm{E}}\boldsymbol{u}_j = {}^{\mathrm{E}}\boldsymbol{u}_j - {}^{\mathrm{E}}\hat{\boldsymbol{u}}_j, \quad {}^{\mathrm{E}}\boldsymbol{u}_j = \frac{1}{l_j}({}^{\mathrm{E}}\boldsymbol{r}_j - {}^{\mathrm{E}}\boldsymbol{r}), \quad {}^{\mathrm{E}}\boldsymbol{u}_j = \frac{1}{\hat{l}_j}({}^{\mathrm{E}}\hat{\boldsymbol{r}}_j - {}^{\mathrm{E}}\hat{\boldsymbol{r}})$$

式中，$l_j = \| {}^{\mathrm{E}}\boldsymbol{r}_j - {}^{\mathrm{E}}\boldsymbol{r} \|$，$\hat{l}_j = \| {}^{\mathrm{E}}\hat{\boldsymbol{r}}_j - {}^{\mathrm{E}}\hat{\boldsymbol{r}} \|$。

忽略 $1/l_j$ 与 $1/\hat{l}_j$ 之间的不同，有

$$(\hat{\boldsymbol{C}}_{\mathrm{B}}^{\mathrm{ST}}\hat{\boldsymbol{C}}_{\mathrm{E}}^{\mathrm{B}}{}^{\mathrm{E}}\boldsymbol{u}_j - \hat{\boldsymbol{C}}_{\mathrm{B}}^{\mathrm{ST}}\hat{\boldsymbol{C}}_{\mathrm{E}}^{\mathrm{B}}{}^{\mathrm{E}}\hat{\boldsymbol{u}}_j) = \hat{\boldsymbol{C}}_{\mathrm{B}}^{\mathrm{ST}}\hat{\boldsymbol{C}}_{\mathrm{E}}^{\mathrm{B}}(\delta{}^{\mathrm{E}}u_j) = \frac{1}{\hat{l}_j}\hat{\boldsymbol{C}}_{\mathrm{B}}^{\mathrm{ST}}\hat{\boldsymbol{C}}_{\mathrm{E}}^{\mathrm{B}}(\delta{}^{\mathrm{E}}\boldsymbol{r}_j - \delta{}^{\mathrm{E}}\boldsymbol{r})$$

式中，$\delta{}^{\mathrm{E}}\boldsymbol{r} = {}^{\mathrm{E}}\boldsymbol{r} - {}^{\mathrm{E}}\hat{\boldsymbol{r}}$，$\delta{}^{\mathrm{E}}\boldsymbol{r}_j = {}^{\mathrm{E}}\boldsymbol{r} - {}^{\mathrm{E}}\hat{\boldsymbol{r}}_j$。

最后，有

$$\begin{aligned}\Delta\boldsymbol{u} = m^{\mathrm{ST}}\boldsymbol{u}_j - {}^{\mathrm{ST}}\hat{\boldsymbol{u}}_j = [{}^{\mathrm{ST}}\hat{\boldsymbol{u}}_j \times]\delta\boldsymbol{\theta}_{\mathrm{stma}} - [{}^{\mathrm{ST}}\hat{\boldsymbol{u}}_j \times]\hat{\boldsymbol{C}}_{\mathrm{E}}^{\mathrm{ST}}\delta{}^{\mathrm{E}}\boldsymbol{\theta}_{\mathrm{B}}^{\mathrm{E}} + \\ \frac{1}{\hat{l}_j}\hat{\boldsymbol{C}}_{\mathrm{B}}^{\mathrm{ST}}\hat{\boldsymbol{C}}_{\mathrm{E}}^{\mathrm{B}}\delta{}^{\mathrm{E}}\boldsymbol{r}_j - \frac{1}{\hat{l}_j}\hat{\boldsymbol{C}}_{\mathrm{B}}^{\mathrm{ST}}\hat{\boldsymbol{C}}_{\mathrm{E}}^{\mathrm{B}}\delta{}^{\mathrm{E}}\boldsymbol{r} + \boldsymbol{v}\end{aligned} \tag{10.21}$$

步骤 2：将单位矢量与星跟踪器的 h 和 v 联系起来。

虽然在步骤 1 中得到的基于单位矢量的方程是清晰的。但事实上，LOS 测量是一个 2 自由度（degree-of-freedom，DOF）测量，用星跟踪器 h 和 v 测量表示更方便，它们是星跟踪器 FOV 中的角度化星体位置坐标。图 10.5 说明了 h 和 v 的定义。

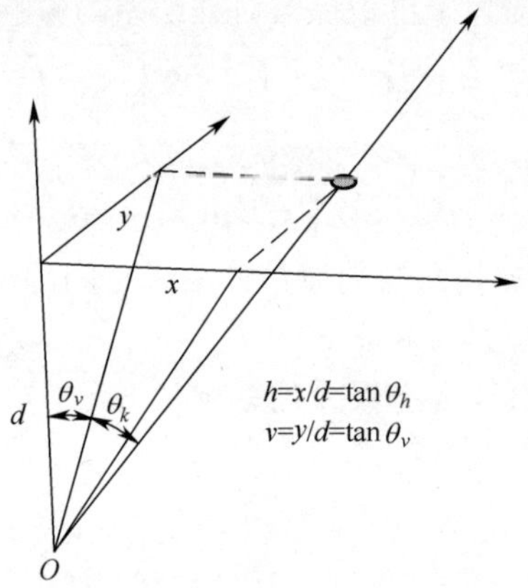

图 10.5 星跟踪器测量 h 和 v 的定义

在图 10.5 中,恒星在星跟踪器焦平面内的坐标由 x 和 y 表示,焦距由 d 表示,有以下关系:

$$\begin{cases} h = \dfrac{x}{d} = \tan\theta_h \\ v = \dfrac{y}{d} = \tan\theta_v \end{cases}$$

因此,LOS 单位矢量可以表示为

$$^{\mathrm{ST}}\boldsymbol{u} = \frac{1}{\sqrt{x^2+y^2+d^2}}\begin{bmatrix} x \\ y \\ d \end{bmatrix} = \frac{1}{\sqrt{1^2+h^2+v^2}}\begin{bmatrix} h \\ v \\ 1 \end{bmatrix}$$

恒星在星跟踪器 FOV 中位置坐标 h 和 v 可以用下式计算:

$$h = \frac{^{\mathrm{ST}}\boldsymbol{u}(1)}{^{\mathrm{ST}}\boldsymbol{u}(3)}, \quad v = \frac{^{\mathrm{ST}}\boldsymbol{u}(2)}{^{\mathrm{ST}}\boldsymbol{u}(3)}$$

反过来,也可以从 h 和 v 中计算出单位矢量:

$$^{\mathrm{ST}}\boldsymbol{u}(1) = \frac{h}{\sqrt{1+h^2+v^2}}, \quad ^{\mathrm{ST}}\boldsymbol{u}(2) = \frac{v}{\sqrt{1+h^2+v^2}}, \quad ^{\mathrm{ST}}\boldsymbol{u}(3) = \frac{1}{\sqrt{1+h^2+v^2}}$$

将使用上述非线性方程作为量测预测方程。为了推导卡尔曼滤波器 $\boldsymbol{H}$ 矩阵,需要将上述方程线性化:

$$\delta h = \frac{\delta\, ^{\mathrm{ST}}\boldsymbol{u}(1)}{^{\mathrm{ST}}\boldsymbol{u}(3)} - \frac{^{\mathrm{ST}}\boldsymbol{u}(1)}{^{\mathrm{ST}}\boldsymbol{u}^2(3)}\delta\, ^{\mathrm{ST}}\boldsymbol{u}(3) = \left(\frac{1}{^{\mathrm{ST}}\boldsymbol{u}(3)}\right)(\delta\, ^{\mathrm{ST}}\boldsymbol{u}(1) - h\delta\, ^{\mathrm{ST}}\boldsymbol{u}(3))$$

$$\delta v = \frac{\delta\, ^{\mathrm{ST}}\boldsymbol{u}(2)}{^{\mathrm{ST}}\boldsymbol{u}(3)} - \frac{^{\mathrm{ST}}\boldsymbol{u}(2)}{^{\mathrm{ST}}\boldsymbol{u}^2(3)}\delta\, ^{\mathrm{ST}}\boldsymbol{u}(3) = \left(\frac{1}{^{\mathrm{ST}}\boldsymbol{u}(3)}\right)(\delta\, ^{\mathrm{ST}}\boldsymbol{u}(2) - v\delta\, ^{\mathrm{ST}}\boldsymbol{u}(3))$$

可以写为

$$\begin{bmatrix}\delta h\\ \delta v\end{bmatrix}=\frac{1}{{}^{C}\boldsymbol{u}(3)}\begin{bmatrix}1&0&-h\\0&1&-v\end{bmatrix}\delta^{C}\boldsymbol{u}=\frac{1}{\sqrt{1+h^2+v^2}}\begin{bmatrix}1&0&-h\\0&1&-v\end{bmatrix}\delta^{ST}\boldsymbol{u} \tag{10.22}$$

需要注意的是,为了使上述方程成立,h 和 v 不需要特别小。

步骤 3:结合步骤 1 和步骤 2 的非线性方程、线性方程或 $\boldsymbol{H}$ 子矩阵方程。

非线性方程很简单,把各方程放在一起即可。将式(10.21)与式(10.22)相结合有

$$\begin{aligned}\begin{bmatrix}\delta h\\ \delta v\end{bmatrix}&=\frac{1}{\sqrt{1+h^2+v^2}}\begin{bmatrix}1&0&-h\\0&1&-v\end{bmatrix}\delta^{ST}\boldsymbol{u}\\&=\boldsymbol{H}_{stma}\delta\boldsymbol{\theta}_{stma}+\boldsymbol{H}_{att}\delta^{E}\boldsymbol{\theta}_{B}^{E}+\boldsymbol{H}_{pos}\delta^{E}\boldsymbol{r}+\boldsymbol{H}_{ppe}\delta^{E}\boldsymbol{r}_j+v\end{aligned} \tag{10.23}$$

每个 $\boldsymbol{H}$ 子矩阵的计算过程如下。

对于星跟踪器坐标系的对准误差,有

$$\begin{aligned}\boldsymbol{H}_{stma}&=\frac{1}{{}^{ST}\boldsymbol{u}(3)}\begin{bmatrix}1&0&-h\\0&1&-v\end{bmatrix}[{}^{ST}\hat{\boldsymbol{u}}_j\times]\\&=\frac{1}{{}^{ST}\boldsymbol{u}(3)}\begin{bmatrix}1&0&-h\\0&1&-v\end{bmatrix}\begin{bmatrix}0&-{}^{ST}\boldsymbol{u}_j(3)&{}^{ST}\boldsymbol{u}_j(2)\\{}^{ST}\boldsymbol{u}_j(3)&0&-{}^{ST}\boldsymbol{u}_j(1)\\-{}^{ST}\boldsymbol{u}_j(2)&{}^{ST}\boldsymbol{u}_j(1)&0\end{bmatrix}\\&=\begin{bmatrix}1&0&-h\\0&1&-v\end{bmatrix}\begin{bmatrix}0&-1&v\\1&0&-h\\-v&h&0\end{bmatrix}=\begin{bmatrix}hv&-(1+h^2)&v\\1+v^2&-hv&-h\end{bmatrix}\end{aligned}$$

综上所述,有

$$\boldsymbol{H}_{stma}=\begin{bmatrix}hv&-(1+h^2)&v\\1+v^2&-hv&-h\end{bmatrix} \tag{10.24}$$

类似地,有 ECEF 坐标系下姿态误差的 $\boldsymbol{H}$ 子矩阵,即

$$\boldsymbol{H}_{att}=\frac{-1}{{}^{C}\boldsymbol{u}(3)}\begin{bmatrix}1&0&-h\\0&1&-v\end{bmatrix}[{}^{ST}\hat{\boldsymbol{u}}_j\times]\hat{\boldsymbol{C}}_{E}^{ST}=-\begin{bmatrix}hv&-(1+h^2)&v\\1+v^2&-hv&-h\end{bmatrix}\hat{\boldsymbol{C}}_{E}^{ST} \tag{10.25}$$

对于在 ECEF 坐标系下的位置状态,有

$$\boldsymbol{H}_{pos}=-\frac{1}{{}^{ST}\boldsymbol{u}(3)}\begin{bmatrix}1&0&-h\\0&1&-v\end{bmatrix}\frac{1}{\hat{\rho}}\hat{\boldsymbol{C}}_{E}^{ST}\hat{\boldsymbol{C}}_{E}^{B}=\frac{-1}{\hat{\rho}\sqrt{1+h^2+v^2}}\begin{bmatrix}1&0&-h\\0&1&-v\end{bmatrix}\hat{\boldsymbol{C}}_{E}^{ST} \tag{10.26}$$

对于在 ECEF 坐标系下的 RSO 位置误差(星历误差),有

$$\boldsymbol{H}_{\text{rppe}}=\frac{1}{{}^{\text{ST}}\boldsymbol{u}(3)}\begin{bmatrix}1&0&h\\0&1&-v\end{bmatrix}\frac{1}{\hat{\rho}}\hat{\boldsymbol{C}}_{\text{B}}^{\text{ST}}\hat{\boldsymbol{C}}_{\text{E}}^{\text{B}}=\frac{1}{\hat{\rho}\sqrt{1+h^2+v^2}}\begin{bmatrix}1&0&-h\\0&1&-v\end{bmatrix}\hat{\boldsymbol{C}}_{\text{E}}^{\text{ST}}$$

$$\boldsymbol{H}_{\text{rppe}}=-\boldsymbol{H}_{\text{pos}}\tag{10.27}$$

步骤 4:RSO 星历表误差建模。

如前所述,在 RSO_j 的轨道坐标系中查看星历表误差通常要容易得多(注意,RSO 的轨道和轨道坐标系是不同的),然后可以将误差转换到 ECEF 坐标系中:

$$\delta^{\text{E}}\boldsymbol{r}_j=\boldsymbol{C}_{\text{O}j}^{\text{E}}\delta^{\text{O}j}\boldsymbol{r}_j$$

那么,轨道坐标系下星历表误差的 $\boldsymbol{H}$ 子矩阵为

$$\boldsymbol{H}_{\text{rppo}}=\frac{1}{\hat{\rho}\sqrt{1+h^2+v^2}}\begin{bmatrix}1&0&-h\\0&1&-v\end{bmatrix}\hat{\boldsymbol{C}}_{\text{E}}^{\text{ST}}\boldsymbol{C}_{\text{O}j}^{\text{E}}=-\boldsymbol{H}_{\text{pos}}\boldsymbol{C}_{\text{O}j}^{\text{E}}\tag{10.28}$$

步骤 5:为 RSO 把所有元素整合在一起。

(1)非线性量测预测模型:

$$\begin{cases}{}^{\text{E}}\boldsymbol{u}_j=\dfrac{1}{\|{}^{\text{E}}\boldsymbol{r}_j-{}^{\text{E}}\boldsymbol{r}\|}({}^{\text{E}}\boldsymbol{r}_j-{}^{\text{E}}\boldsymbol{r})=\dfrac{1}{\boldsymbol{\rho}_j}({}^{\text{E}}\boldsymbol{r}_j-{}^{\text{E}}\boldsymbol{r})\\{}^{\text{ST}}\boldsymbol{u}_j=\boldsymbol{C}_{\text{B}}^{\text{ST}}\boldsymbol{C}_{\text{E}}^{\text{B}}\,{}^{\text{E}}\boldsymbol{u}_j\\h=\dfrac{{}^{\text{ST}}\boldsymbol{u}(1)}{{}^{\text{ST}}\boldsymbol{u}(3)},\quad v=\dfrac{{}^{\text{ST}}\boldsymbol{u}(2)}{{}^{\text{ST}}\boldsymbol{u}(3)}\end{cases}\tag{10.29}$$

(2) 线性化模型与卡尔曼滤波 $\boldsymbol{H}$ 子矩阵(灵敏度矩阵)

星跟踪器坐标系对准灵敏度矩阵为

$$\boldsymbol{H}_{\text{stma}}=\begin{bmatrix}hv&-(1+h^2)&v\\1+v^2&-hv&-h\end{bmatrix}\tag{10.30}$$

姿态灵敏度矩阵为

$$\boldsymbol{H}_{\text{att}}=-\begin{bmatrix}hv&-(1+h^2)&v\\1+v^2&-hv&-h\end{bmatrix}\hat{\boldsymbol{C}}_{\text{E}}^{\text{ST}}=-\boldsymbol{H}_{\text{stma}}\hat{\boldsymbol{C}}_{\text{E}}^{\text{ST}}\tag{10.31}$$

位置灵敏度矩阵为

$$\boldsymbol{H}_{\text{pos}}=\frac{-1}{\hat{\rho}\sqrt{1+h^2+v^2}}\begin{bmatrix}1&0&-h\\0&1&-v\end{bmatrix}\hat{\boldsymbol{C}}_{\text{E}}^{\text{ST}}\tag{10.32}$$

RSO 星历表误差灵敏度矩阵为

$$\boldsymbol{H}_{\text{rppo}}=\frac{1}{\hat{\rho}\sqrt{1+h^2+v^2}}\begin{bmatrix}1&0&-h\\0&1&-v\end{bmatrix}\hat{\boldsymbol{C}}_{\text{E}}^{\text{ST}}\boldsymbol{C}_{\text{O}j}^{\text{E}}=-\boldsymbol{H}_{\text{pos}}\boldsymbol{C}_{\text{O}j}^{\text{E}}\tag{10.33}$$

步骤 6:恒星的极限情况。

RSO 距离趋于无穷大,得出恒星方程式。

1）非线性量测预测模型

$$
\begin{aligned}
&{}^{\mathrm{E}}\boldsymbol{u}_j = \frac{1}{\rho_j}\,{}^{\mathrm{E}}\boldsymbol{r}_j = \boldsymbol{C}_{\mathrm{ECI}}^{\mathrm{E}}\,{}^{\mathrm{ECI}}\boldsymbol{u}_j(\,{}^{\mathrm{ECI}}\boldsymbol{u}_j\ \text{取自星表})\\
&{}^{\mathrm{ST}}\boldsymbol{u}_j = \boldsymbol{C}_{\mathrm{B}}^{\mathrm{ST}}\boldsymbol{C}_{\mathrm{E}}^{\mathrm{B}}\,{}^{\mathrm{E}}\boldsymbol{u}_j \\
&h = \frac{{}^{\mathrm{ST}}\boldsymbol{u}(1)}{{}^{\mathrm{ST}}\boldsymbol{u}(3)},\quad v = \frac{{}^{\mathrm{ST}}\boldsymbol{u}(2)}{{}^{\mathrm{ST}}\boldsymbol{u}(3)}
\end{aligned}
\tag{10.34}
$$

2）线性化模型与卡尔曼滤波 $\boldsymbol{H}$ 子矩阵(灵敏度矩阵)

将位置与星历相关项趋于零。星跟踪器对准和姿态项将保持不变,即

$$
\begin{cases}
\boldsymbol{H}_{\mathrm{stma}} = \begin{bmatrix} hv & -(1+h^2) & v \\ 1+v^2 & -hv & -h \end{bmatrix}\\
\boldsymbol{H}_{\mathrm{att}} = -\begin{bmatrix} hv & -(1+h^2) & v \\ 1+v^2 & -hv & -h \end{bmatrix}\hat{\boldsymbol{C}}_{\mathrm{E}}^{\mathrm{ST}} = \boldsymbol{H}_{\mathrm{stma}}\hat{\boldsymbol{C}}_{\mathrm{E}}^{\mathrm{ST}}
\end{cases}
\tag{10.35}
$$

3）状态量的增广

现实中有各种不同的传感器组合用于实现具有各种限制的系统的特定目的,下面简单展示包含一个星跟踪器的卡尔曼滤波器。

需要增加卡尔曼状态向量,使其包括目前使用的 RSO 轨道坐标系中的星跟踪器对准误差状态和 RSO 星历表误差状态。如果同时使用一个以上的 RSO,每个 RSO 需要有三个额外的状态量。下面只展示一个典型 RSO:

$$
\begin{cases}
\boldsymbol{X}^{\mathrm{T}} = [\boldsymbol{X}_{\mathrm{I}}^{\mathrm{T}},\ (\delta\boldsymbol{\theta}_{\mathrm{stma}})^{\mathrm{T}},\ (\delta\,{}^{0j}\boldsymbol{r}_j)^{\mathrm{T}}]\\
\delta\boldsymbol{X}^{\mathrm{T}} = [\delta\boldsymbol{X}_{\mathrm{I}}^{\mathrm{T}},\quad (\delta\delta\boldsymbol{\theta}_{\mathrm{stma}})^{\mathrm{T}},\quad (\delta\delta\,{}^{0j}\boldsymbol{r}_j)^{\mathrm{T}}]
\end{cases}
\tag{10.36}
$$

线性化传播误差模型为

$$
\frac{\mathrm{d}}{\mathrm{d}t}(\delta\boldsymbol{X}) = \begin{bmatrix} \boldsymbol{A}_{\mathrm{II}} & \boldsymbol{0}_{30\times 3} & \boldsymbol{0}_{30\times 3} \\ \boldsymbol{0}_{3\times 30} & 0 & 0 \\ \boldsymbol{0}_{3\times 30} & 0 & 0 \end{bmatrix}\delta\boldsymbol{X} + \begin{bmatrix} \boldsymbol{W}_{\mathrm{I}} \\ \mathbf{stmarw} \\ \mathbf{rsooerw} \end{bmatrix}
\tag{10.37}
$$

式中:**stmarw** 与 **rsooerw** 表示积分后星跟踪器对准误差随机游走和 RSO 轨道误差随机游走的白噪声过程。

10.7　仿真示例结果

为了说明上述分析内容,这里展示了一个天文导航系统的部分典型仿真结果。仿真运行 12h,中间 6h 是在午夜间隙。在图 10.6、图 10.7 和图 10.8 中,上界和下界曲线是由卡尔曼滤波协方差矩阵的对角线元素导出的 $+3\sigma$ 和 -3σ 误差界的图。两者之间的误差曲线是蒙特卡罗仿真结果的一个实例。图 10.6 为位置和速度估计误差。图 10.7 为姿态和加速度计零偏估计误差。图 10.8 为陀螺零偏和 RSO 星历表估计误差。

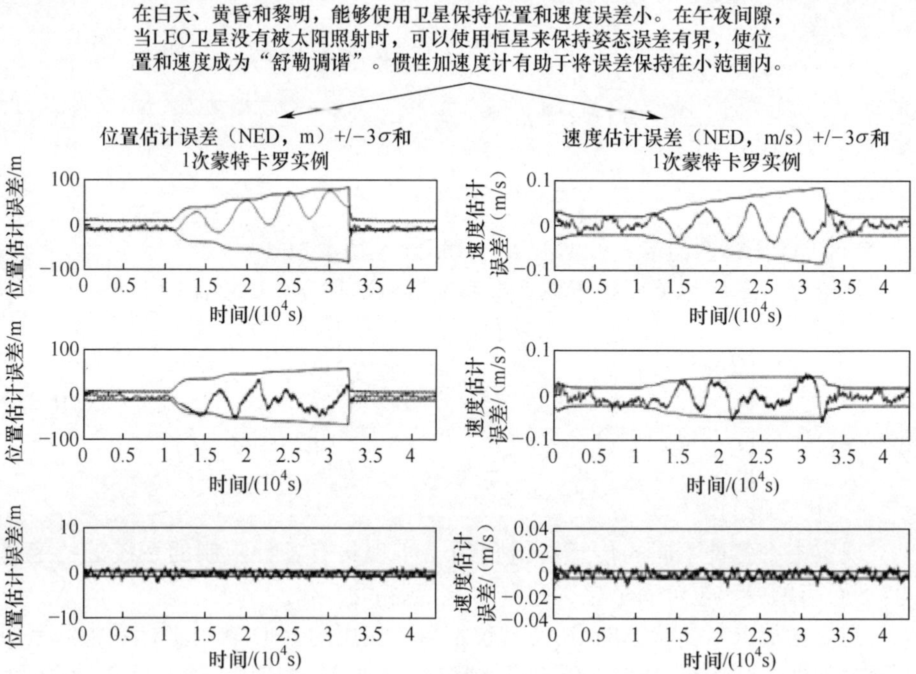

图 10.6　位置和速度估计误差

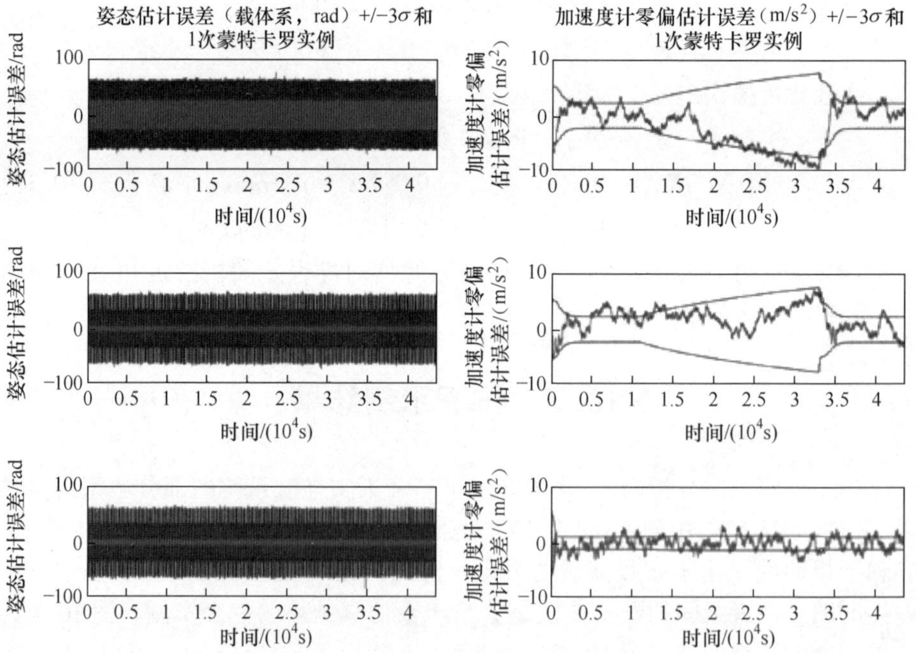

图 10.7　姿态和加速度计零偏估计误差

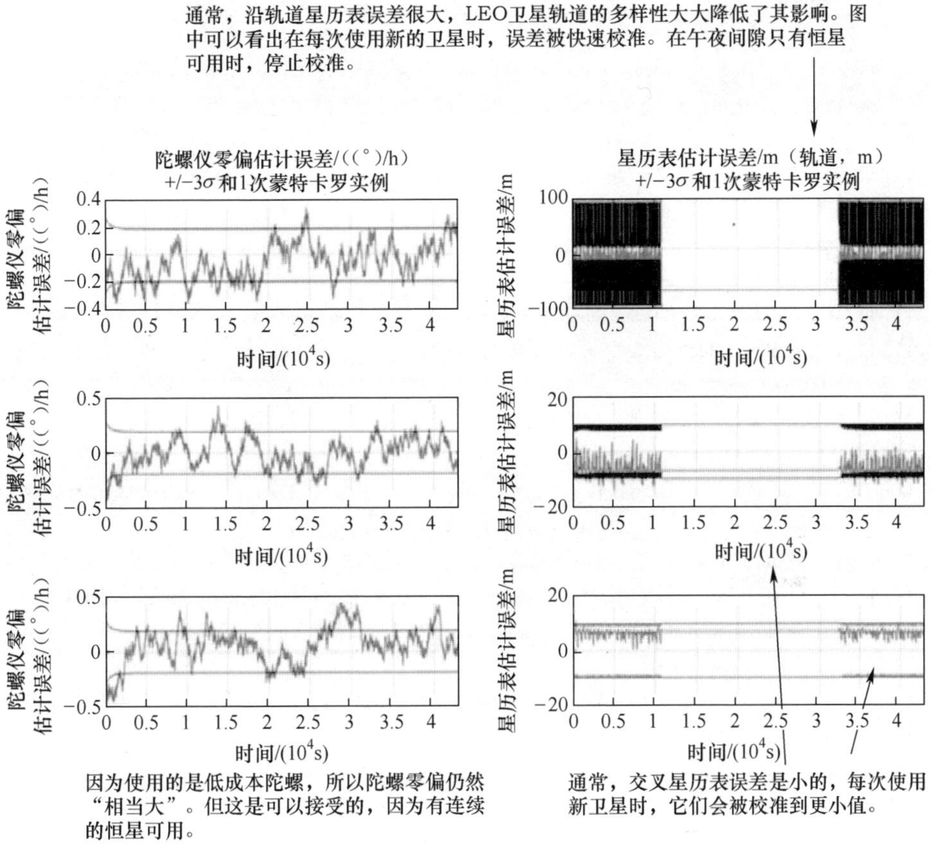

图 10.8 陀螺仪零偏与 RSO 星历表估计误差

参 考 文 献

[1] Hansen, M. P., and D. S. Malchow, "Overview of SWIR Detectors, Cameras, and Applications," *Proc. of SPIE Defense and Security Symposium*, Orlando, FL, March 16-20, 2008.

[2] Truesdale, N. A., et al., "DayStar: Modeling and Test Results of a Balloon-Borne Daytime Star Tracker," *Proc. of* 2013 *IEEE Aerospace Conference*, Big Sky, MT, March 2-9, 2013, pp. 1-12.

[3] Liebe, C. C., "Accuracy Performance of Star Trackers-A Tutorial," *Aerosp. Electron. Syst.*, Vol. 38, February 2001, pp. 587-599.

[4] Vedder, J. D., "Star Trackers, Star Catalogs, and Attitude Determination-Probabilistic Aspects of System Design," *J. Guidance Control Dyn.*, Vol. 16, 1003, pp. 498-504.

[5] Wertz, J. R., *Spacecraft Attitude Determination and Control*, Boston, MA: D. Reidel Publishing, 1986.

[6] Shuster, M. D., "A Survey of Attitude Representations," *Astronautical Science*, Vol. 41, 1993, pp 439-517.

[7] Mekky, T. A. H., "A Comparative Study of Spacecraft Attitude Determination and Estimation Algorithms

(A Cost-Benefit Approach)," *Aerospace Science and Technology*, Vol. 26, No. 1, April-May 2013, pp. 211-215.

[8] Mohd, Z. H., et al., "Review on Attitude Estimation Algorithm of Attitude Determination System," *ARPN Journal of Engineering and Applied Sciences*, Vol. 11, 2016, pp. 4455-4460.

[9] Sidi, M. I., *Spacecraft Dynamics and Control*, Cambridge, U. K.: Cambridge University Press, 1997.

[10] Shuster, M. D., and S. D. Oh, "Three Axis Attitude Determination from Vector Observations," *Guid. Control*, Vol. 4, 1981, pp. 70-77.

[11] Bar-Itzhack, Y., and R. R. Harman, "Optimized Triad Algorithm for Attitude Determination," *Guidance Control and Dynamics*, pp. 208-211.

[12] Li, R., and A. Wu, "Kalman Filtering & Applications," *UCLA Lecture Notes*, 2005-2019.

[13] Li, R., et al., "Modified Kalman Filter for Generation of Attitude Error Corrections," U. S. Patent 8,543,266, October 2011.

[14] Li, R., et al., "Real-Time Refinement Method of Spacecraft Star Tracker Alignment Estimates," U. S. Patent 8,019,544, September 2001.

[15] Li, R., et al., "Method for Compensating Star Motion Induced Error in a Stellar Inertial Attitude Determination System," U. S. Patent 7,487,016, September 2005.

[16] Li, R., et al., "Fast Access, Low Memory, Pair Catalog," U. S. Patent 7,310,578, June 2004.

[17] Li, R., et al., "Spacecraft Gyro Calibration System," U. S. Patent 7,185,858, November 2003.

[18] Li, R., et al., "Method and Apparatus for On-Board Autonomous Pair Catalog Generation," U. S. Patent 7,136,752, November 2003.

[19] Li, R., et al., "Relative Attitude Estimator for Multi-Payload Attitude Determination," U. S. Patent 7,124,001, June 2004.

[20] Li, R., et al., "Refinement of Spacecraft Angular Velocity and Attitude Estimates Using Star Data," U. S. Patent 7,062,363, September 2004.

[21] Li, R., et al., "Attitude-Acquisition Methods and Systems for Controlled Spacecraft Attitude," U. S. Patent 6,766,227, November 2002.

[22] Li, R., et al., "System and Method for Calibrating Inter-Star-Tracker Misalignments in a Stellar Inertial Attitude Determination System," U. S. Patent 6,691,033, July 2000.

[23] Li, R., et al., "Attitude Determination System and Method with Outer-Loop Gyro Scale Factor Non-Linearity Calibration," U. S. Patent 6,615,117, November 2001.

[24] Li, R., et al., "Attitude Control Methods and Systems for Multiple-Payload Spacecraft," U. S. Patent 6,595,469, October 2001.

[25] Li, R., et al., "Spacecraft Methods and Structures for Acquiring and Determining Power Safe Attitudes," U. S. Patent 6,588,708, January 2011.

[26] Li, R., et al., "System and Method for Autonomous Correction of Star Tracker High Spatial Frequency (HSF) Error," U. S. Patent 6,566,640, September 2001.

[27] Li, R., et al., "Lost-in-Space Stellar Attitude Acquisition Using Multiple Star Trackers," U. S. Patent 6,512,979, June 2002.

[28] Li, R., et al., "Method and Apparatus for Spacecraft Antenna Beam Pointing Correction," U. S. Patent 6,504,502, January 2000.

[29] Li, R., et al., "Lost-in-Space Stellar Attitude Acquisition Using Multiple Star Trackers," U. S. Patent 6,470,270, November 2001.

[30] Li, R., et al., "Method and Apparatus for Spacecraft Payload Pointing Registration," U. S. Patent 6,

441,776, January 2000.

[31] Li, R. , et al. , "System for Stellar Inertial Attitude Determination," U. S. Patent 6, 362, 464, February 2000.

[32] Li, R. , et al. , "Stellar Attitude-Control Systems and Methods with Weighted MeasurementNoise Covariance Matrices," U. S. Patent 6,356,815, August 2000.

[33] Li, R. , et al. , "System for Star Catalog Equalization to Enhance Attitude Determination," U. S. Patent 6,330,988, July 2000.

[34] Li, R. , et al. , "Stable and Verifiable State Estimation Methods and Systems with Spacecraft Applications," U. S. Patent 6,317,662, July 2000.

[35] Li, R. , et al. , "Spacecraft Attitude Control Systems with Dynamic Methods and Structures for Processing Star Tracker Signals," U. S. Patent 6,304,822, August 2000.

[36] Li, R. , et al. , "Autonomous Gyro Scale Factor and Misalignment Calibration," U. S. Patent 6,298,288, December 1998.

[37] Li, R. , et al. , "Attitude Determination System and Method," U. S. Patent 6,289,268, March 2000.

[38] Li, R. , et al. , "Beacon-Assisted Spacecraft Attitude Control Systems and Methods," U. S. Patent 6,288, 671, April 2000.

[39] Li, R. , et al. , "Spacecraft Attitude Determination System and Method," U. S. Patent 6,285,927, May 1999.

[40] Li, R. , et al. , "System and Method for Correcting Star Tracker Low Spatial Frequency Error inStellar-Inertial Attitude Determination Systems," U. S. Patent 6,272,432, May 1999.

[41] Li, R. , et al. , "Autonomous Attitude Acquisition for a Stellar Inertial Attitude Determination System," U. S. Patent 6,108,594, May 1998.

[42] Kudva, P. , and A. Throckmorton, "Preliminary Star Catalog Development for the Earth Observation Systems AMI(EOS-AMI) Mission," *AIAA Journal of Guidance, Control and Dynamics*, Vol. 19, No. 6, 1996, pp. 1332-1336.

[43] Bone, J. W. , "On-Orbit Star Processing Using Multi-Star Star Trackers," *SPIE*, Vol. 2221, April 5-8, 1994, pp. 6-14.

[44] Wicenec, A. J. , and M. Albrecht, "Methods for Structuring and Searching Very Large Catalogs," *Astronomical Society of the Pacific*, 1998, pp. 512-515.

[45] Barrett, P. , "Application of the Linear Quadtree to Astronomical Databases," *Astronomical Data Analysis Software and Systems IV*, *ASP Conference Series*, Vol. 77, 1995, pp. 1-4.

[46] Strikwerda, T. E. , and J. L. Junkins, "Star Pattern Recognition and Spacecraft Attitude Determination," U. S. Army ETL, May 1981.

[47] Ju, G. , and S. K. Lee, "Attitude Determination for Kompsat-2 Using Star Identification Technique," AAS 02-100, pp. 1-17. March 2002.

[48] Heide, E. J. , et al. , "Development and Validation of a Fast and Reliable Star Sensor Algorithm with Reduced Data Base," IAF-98. A. 6. 05, pp. 1-13. October 1998.

[49] Potteck, S. , "A Star Recognition Algorithm Based on Star Groups and Associated Means," AAS 99-011, pp. 87-94. November 1999.

[50] Mortari, D. , J. L. Junkins, and M. A. Samaan, "Lost-In-Space Pyramid Algorithm for Robust Star Pattern Recognition," AAS 01-004, pp. 1-20. January 2001.

[51] Mortari, D. , "Search-Less Algorithm for Star Pattern Recognition," pp. 179-194. Journal of the Astronautical Sciences 45(2), April 1997.

[52] Mortari, D., "A Fast On-Board Autonomous Attitude Determination System Based on a New Star-ID Technique for a Wide FOV Star Tracker," AAS 96-158, pp. 893-903. January 1996.

[53] Elstner, C., and D. Wunder, "Autonomous Attitude Determination," ESA Workshop, ESTEC, Noordwijk, October 1992

[54] Baldini, D., et al., "Star-Configuration Searching for Satellite Attitude Computation," IEEE Transactions on Aerospace & Electronics Systems, Vol. 31, No. 2, April 1995, pp 768-777,

[55] Udomkesmalee, S., J. W. Alexander, and A. F. Tolivar, "Stochastic Star Identification," J of Guidance, Control & Dynamics, Vol. 17, NO 6, November-December 1994

[56] Ju, G., et al., "Lost-in-Space: A Star Pattern Recognition and Attitude Estimation Approach for the Case of No Prior Attitude Information," AAS-00-004, February 2-6, 2000, pp. 1-16.

[57] Samaan, M. A., D. Mortari, and J. L. Junkins, "Recursive Mode Star Identification Algorithms," AAS-01-149, February 2001, pp. 1-18.

[58] Shucker, B., and E. D. Fasse, "A Ground-Based Prototype of a CMOS Navigational Star Camera for Small Satellite Applications," *15th AIAA/USU Conference on Small Satellites*, April 2001.

[59] Ju, G., et al., "Digistar: A Low Cost Micro Star Tracker," *AIAA Space Technology Conference & Exposition*, September 1999.

[60] Kim, H., J. L. Junkins, and D. Mortari, "A New Star Pair Pattern Recognition Method: Star Pair Axis and Image Template Matrix Method," Texas A & M University Internal Presentation, 2001.

[61] Rad, A. M., J. H. Nobari, and A. A. Nikkhah, "Optimal Attitude and Position Determination by Integration of INS, Star Tracker, and Horizon Sensor," *IEEE Aerosp. Electron. Syst. Mag.*, Vol. 29, 2014, pp. 20-33.

[62] Garvin, M., "Future of Celestial Navigation and the Ocean-Going Military Navigator" *OTS Master's Level Projects & Papers*, Vol. 41, 2010, https://digitalcommons.odu.edu/ots_masters_projects/41.

[63] Alshahin, R., "Effect of the Use of Celestial Navigation Technology in Marine Navigation," *The International Journal of Engineering and Science (IJES)*, Vol. 6, No. 4, 2017, pp. 63-73.

[64] Qiuying, W., et al., "Integrated Navigation Method Using Marine Inertial Navigation System and Star Sensor Based on Model Predictive Filtering," *Proc. of* 2018 *IEEE/ION Position, Location and Navigation Symposium (PLANS)*, Monterey, CA, April 23-26, 2018, pp. 850-857.

第11章

图像与视觉导航

11.1 引　　言

自20世纪80年代以来,图像与视觉导航一直是一个比较活跃的研究和发展领域,取得了大量的公开研究结果。然而,大多数图像与视觉导航开发并没有解决飞机、舰船和地面载体的定位、导航与授时(positioning, navigation, and timing, PNT)问题(这些需求推动了PNT技术的发展)。相反,大多数图像与视觉导航开发是由机器人和计算机视觉的研究人员完成的。它是在全球定位系统(global positioning systems, GPS)成为人类社会最流行和最廉价PNT手段后完成的视觉导航发展成果。公平地讲,能够在机器人技术中利用视觉导航发展成果是非常幸运的,现在政府和行业都意识到图像与视觉导航满足PNT系统在GPS、GNSS被干扰和失效情况下的重要需求。

机器人研究人员用于positioning(定位)的术语是localization(定位)。建议读者注意,positioning等同于localization,两个术语可以互换使用。另一个在机器人技术中很流行的术语是pose,意思是相对的姿态和相对的位置。

在计算机视觉和机器人文献中至少可以找到4个主要的导航方法,包括图像处理、计算机视觉以及图像与视觉导航等方法,并将其用于视觉导航:

(1) 图像预处理、校正和增强方法[1-10],这些方法是在任何基于图像与视觉算法执行前的必要处理步骤。

(2) 使用预先建立的地理数据库进行的图像与视觉导航(即基于地图的定位(map-based localization, MBL),通过从图像中派生或提取的特征或地标,直接或间接地将相机图像与地理数据库图像进行匹配)。根据数据库的组织方式与使用的匹配或配准算法,上述方法有多种变形和子类别[11-35]。

(3) 基于即时定位与地图构建(simultaneous localization and mapping, SLAM)的图像与视觉导航方法[36-40],是指地标被发现时进行估计解算并添加到数据库中。这是一个在机器人技术中倍受大量关注的方法,这种方法有许多衍生方法。可以想象,SLAM是非常难的。然而,在一个全源PNT操作场景中,当系统试图发现和建立地图时,可以利用其他 PNT 传感器源来实现更好的性能。

(4) 基于视觉里程计的图像与视觉导航方法[41-58],其中相机图像不用于解算绝对导航信息,而用于解算姿态和位置信息的变化量。这种方法至少存在两种主要变形方法:①通过比较从一系列图像,并从中提取特征得到位置和姿态的变化信息;②光流法,即直接比较图像序列,而不进行特征提取。

需要注意的是,本书中会交替使用“特征”和“地标”这两个术语。地标不一定是传统意义上的地标,如旧金山的金门大桥或纽约的帝国大厦。它们只是具有一致地理位置的实体,可以通过特征提取图像处理算法进行描述和识别。例如,地标或特征可以是建筑物的一个角落或路边的一块石头。另一个例子是在第 10 章介绍的天文导航,它可以视为一种使用地标或特征的视觉导航的特殊情况,其中,地标仅是恒星和常驻空间物体(resident space objects, RSO)。在这种情况下,星跟踪器图像处理算法是专门的特征提取算法,即提取恒星和 RSO 的简单特征。如果说这两个术语有什么区别的话,那就是当关注现实世界时,倾向于使用“地标”,而关注现实世界的图像时,倾向于使用“特征”。对于视觉导航,由于总是有现实世界和现实世界的图像,所以倾向于交替使用“地标”和“特征”。

重要的是要意识到,目前在机器人和计算机视觉领域已经有大量研究成果是视觉导航的成果,至少需要一整本书来总结在文献中公开的重要研究成果。更不用说这仍是一个很活跃的研究领域,每天都有新的研究成果被发表。本章展示了与本书其他章节的方法论相一致的内容,并将这些内容作为该领域进一步研究和发展的基础。

11.2 图像与视觉导航架构

图 11.1 为使用地图数据库时的图像与视觉导航的典型通用架构。当使用地图时,希望导航性能具有有界性。这种情况下,导航误差不会随着导航时间或距离的增长而变大。

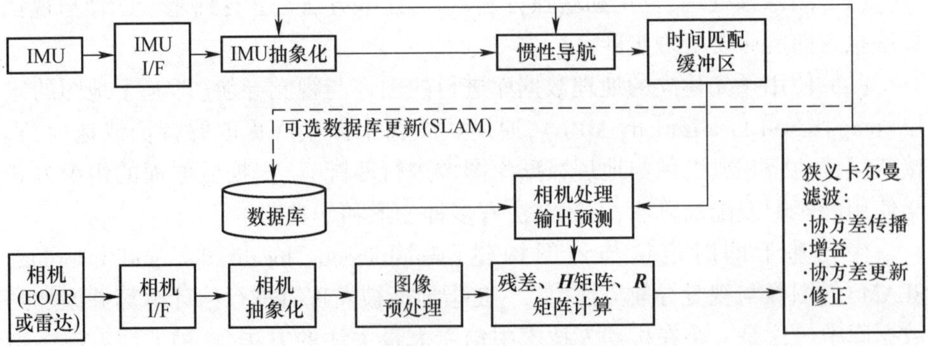

图 11.1 MBL 与 SLAM 架构

在该架构中,传播解算方案和更新解算方案通过卡尔曼滤波器集成。其中,传播解算方案由惯性导航系统提供,相机为更新传感器。图 11.1 中隐含而未显示的是,在全源 PNT 系统中,会有其他更新传感器以及与这些传感器相关的算法和软件。特别是,当图像与视觉导航器在 SLAM 模式下工作时,其他传感器就变得非常重要。

导航器的 MBL 和 SLAM 模式在架构图中合并显示。在这两种情况下,都会有一个数据库来存储图像(大型数据库)或关于地标与特征的信息(小型数据库);从数据库中提取的信息以及当前的位置和姿态信息,将用于预测相机将会看到的对象,无论是图像还是地标或特征。

相机图像是有时间标签的。时间标签用于检索并对准与时间相匹配的导航解算结果(位置、速度和姿态)与摄像机图像,以支持上述输出预测算法。

相机图像通常会通过以下几种或全部方式进行预处理:

(1) 基于标定参数的校正;

(2) 直方图均衡化(histogram equalization,HE)或自动增益控制(automatic gain control,AGC);

(3) 提取特征或地标,并计算其相应的视距无线传输(line-of-sight, LOS)量测值。

预处理输出结果与预测输出结果相匹配,用来确定一个或几个 LOS 测量误差。然后,卡尔曼滤波器可以利用这些误差来估计导航输出修正值和传感器误差参数。

在图像级匹配情况下,将预测图像和相机图像做关联性操作,以确定偏移量。常用的方法是将图像划分为多个图像块,并对每个图像块做关联性操作。这是因为姿态和位置引起的变化会使图像的不同部分产生不同的偏移量。

此外,可以在地标或特征级进行匹配。在这种情况下,通常有几个(有时是很多个)由预测算法预测的地标或特征点。预处理算法通过在图像的预测区域周围执行特征或地标提取算法来生成匹配的特征,然后将从相机图像中提取的地标或特征与预测的地标或特征进行比较,以确定相机坐标系的偏移量。这些偏移量将成为卡尔曼滤波所使用的 LOS 测量残差。

在 SLAM 中,通常会将地标和特征位置作为卡尔曼滤波状态量和数据库元素。当这些变量可被观测时,卡尔曼滤波器可以提供地标和特征位置的更新信息。

图 11.2 和图 11.3 为不需要地图的视觉里程计导航方法多种架构中的两种。相反地,视觉里程计通过比较一段时间内的图像序列,可得到姿态变化量和位置变化量,并随着时间对变化量积分,从而得到相对某参考坐标系的姿态和位置。显然,基于视觉里程计的导航误差是随着运动距离的增加而增长的函数。

将视觉里程计信息与惯性输出信息相结合的方法有很多,方法不同导致架构有也不同。图 11.2 中为一种可能的架构。其中,视觉解算姿态和位置变化量

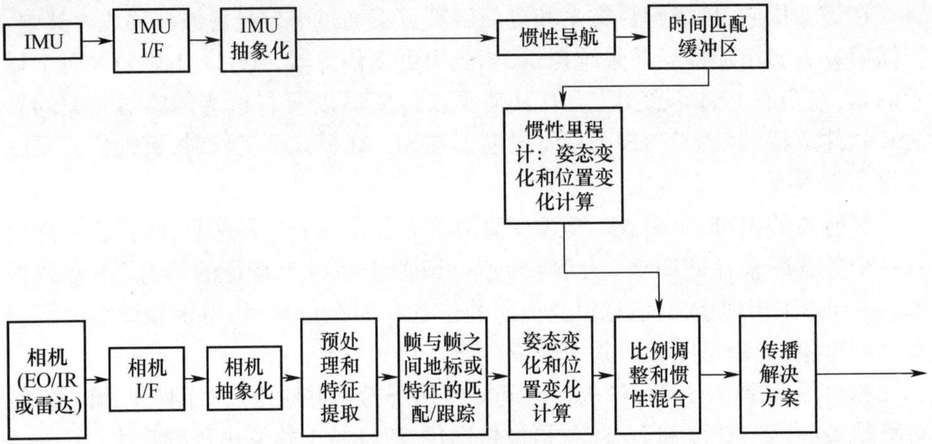

图 11.2　候选架构 1：视觉里程计

用于传播导航解算方案。在这个架构中，惯性解决方案的目的有两个：

（1）在用其他方法都无法获得绝对比例信息时，用于提供绝对比例信息；

（2）当视觉数据不可用时，用来填补空白。

图 11.3 为另一种可能的架构。其中，惯性解算姿态和位置变化量被视为主要解，在小型卡尔曼滤波器辅助下，视觉解算信息作为更新信息。卡尔曼滤波器能够估算出基于惯性解算的里程计修正信息，也能够估算出惯性测量单元（inertial measurement unit，IMU）的修正参数。

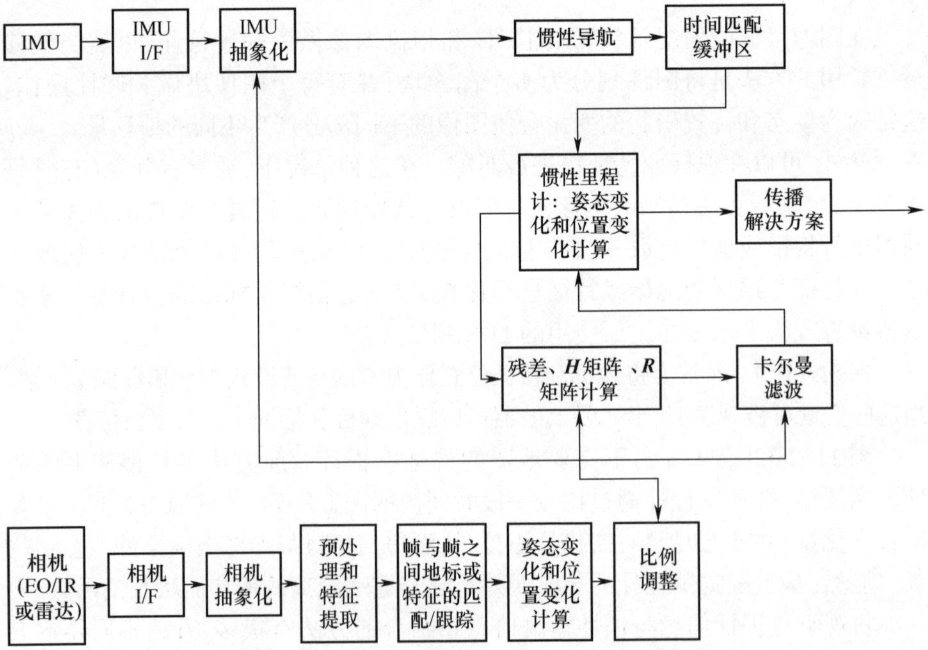

图 11.3　候选架构 2：视觉里程计辅助惯性导航

11.3　相机图像预处理算法

11.3.1　概述

通常情况下,在对图像使用运算量大而复杂的算法时,在完成图像导航之前,有必要执行一些基本处理,以便后续的处理更加有效。我们称这种类型的处理为预处理。最常见的预处理分为两类:

(1) 图像强度动态范围调整与均衡;

(2) 利用标定参数对图像进行几何畸变校正。

为了支持第(2)类,还需要处理校准参数估计算法或简单的校准算法。

11.3.2　图像强度动态范围调整和均衡

目前,最常用的图像强度动态范围调整和均衡算法是 AGC 和 HE 算法。

AGC 算法只是简单地去掉最大和最小两个极值,将动态范围线性地映射到一个新的全尺度动态范围上。在 AGC 转换过程中可能会发生两件事:

(1) 可以更改每个像素所需的存储空间,通常是从大到小(如从 16 位整数到 8 位整数);

(2) 最大限度地利用输出图像存储的动态范围。

除了消除亮部和暗部的异常值之外,AGC 算法并不改变直方图的形状或像素强度水平的分布,它只会被移位和缩放。

当原始图像存储支持较大的动态范围,而实际图像只使用较小的动态范围时,AGC 算法是非常有效的。AGC 算法在不降低图像质量的前提下,可以将图像存储在更小的内存中,从而减少了存储浪费。

HE 算法是通过使用累积分布函数对强度分布进行归一化,从而得到强度均匀分布的图像。HE 算法通常在主要强度范围内增加对比度,但可能会增加噪声水平,并可能在图像强度几乎相同的区域忽略掉一些细节。

基本 HE 算法的变形有很多种,包括:

(1) 稳定 HE(plateau histogram equalization, PHE)算法,通过抑制稳定阈值对均匀区域的增强来改善结果;

(2) 自适应 HE(adaptive histogram equalization, AHE)算法,通过自适应地对局部区域采用不同的处理方式来提高性能;

(3) 更先进的方法有限制对比度 AHE(contrast limited HE, CLAHE)算法、平衡 CLAHE 和对比度增强(balanced CLAHE and contrast enhancement, BCCE)算法、双边滤波和动态范围划分(bilateral filter and dynamic range partitioning, BF&DRP)算法。

由于常规图像处理方法不是本书的重点介绍的内容,读者可以参考文献[1-7]更深入地了解相关内容。下面将介绍基本 AGC 算法和标准 HE 算法,并以此作为本书进一步探讨的基础。

首先,描述一般随机变量 X 的 AGC 和 HE 算法,其概率密度分布函数由 $p_X(x)$ 表示。通常,假设 X 的取值范围为 $[0,x_{\max}]$,$X < A$ 与 $X > B$ 的概率很小,则有

$$\int_0^A p_X(x)\,\mathrm{d}x < \frac{\varepsilon}{2} \text{ 与 } \int_B^{x_{\max}} p_X(x)\,\mathrm{d}x < \frac{\varepsilon}{2} \tag{11.1}$$

AGC 算法通过以下转换方式简单地将变量平移和缩放到新的动态范围 $[0,y_{\max}]$,即

$$Y = \begin{cases} 0, & \text{若 } X \leqslant A \\ \dfrac{X-A}{(B-A)}y_{\max}, & \text{若 } A < X < B \\ 0, & \text{若 } X \geqslant B \end{cases} \tag{11.2}$$

图 11.4 为 AGC 算法如何通过平移和缩放来节省未使用的动态范围,以及如何有效地使用新的动态范围。因此,在减少用于存储数值字长的同时,可以不损失分辨率(例如,从 16 位整数转换为 8 位整数)。可以很容易看出,上面讨论的处理方法不只适用于图像,也适用于所有类型的物理变量。

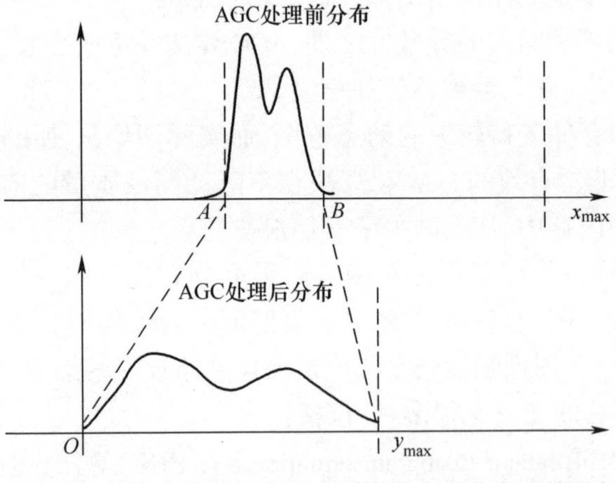

图 11.4　AGC 算法在不改变形状的情况下对概率密度分布函数进行平移和缩放

直方图是离散情况下概率密度分布函数的另一个表达方式。HE 算法的目的只是对随机变量进行转换,使得到的随机变量均匀分布。均匀分布的优点是变量动态范围内的每个值都有相同的机会在新的输出中表示。对于图像,它意味着每个强度级别在输出图像中都有相同的机会被看到,通常情况下,会产生更好的对比度。

对于前面提到的同一个随机变量 X，累积概率分布函数定义为

$$F(x) = \int_0^x p_X(x)\,\mathrm{d}x = P(X \leqslant x) \tag{11.3}$$

定义一个新的随机变量：

$$Y = y_{\max} F(X) \tag{11.4}$$

由于 $p_X(x) \geqslant 0$，因此 $F(x)$ 是单调递增的（或者更严格地说，是非递减的）。令 $F(x)$ 的反函数用 $F^{-1}(y)$ 表示，然后，随机变量 Y 的累积概率分布函数可写为

$$\begin{aligned} G(y) &= P(Y \leqslant y) = P\left(y_{\max} F(X) \leqslant y\right) = P\left(F(X) \leqslant \frac{y}{y_{\max}}\right) \\ &= P\left(X \leqslant F^{-1}\left(\frac{y}{y_{\max}}\right)\right) = F\left(F^{-1}\left(\frac{y}{y_{\max}}\right)\right) = \frac{y}{y_{\max}} \end{aligned}$$

那么，Y 的概率密度函数由下式给出：

$$g(y) = \frac{1}{y_{\max}} \tag{11.5}$$

即均匀分布在区间 $[0, y_{\max}]$ 上。换句话说，刚刚描述了利用 $Y = y_{\max} F(X)$ 变换，将一个随机变量变换为一个新随机变量，这个新随机变量均匀分布在 $[0, y_{\max}]$ 区间上。图 11.5 说明了这个过程。

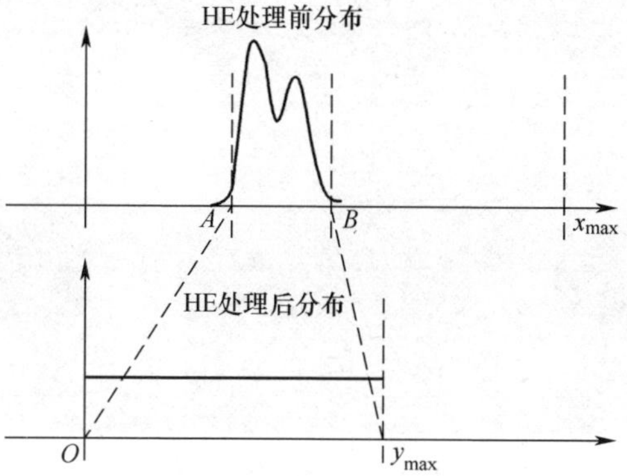

图 11.5　HE 算法将任何分布的随机变量转换为均匀分布的随机变量

现在具体看一下是如何对图像进行这种处理的。假设图像像素强度为 $[0, N-1]$ 区间内的整数值，为了简化讨论，在不改变动态范围的情况下进行均衡。也就是说，输出图像的强度具有相同的动态范围 $[0, N-1]$。因此，有

$$x_{\max} = y_{\max} = N - 1$$

概率分布由归一化直方图表示为

$$p_k = \frac{\text{强度为 } k \text{ 的像素个数}}{\text{像素总数}}, \quad k = 0, 1, 2, \cdots, N-1 \tag{11.6}$$

累积分布概率函数为

$$F(x) = \sum_{0}^{x} p_n, \quad x \in [0,1,2,\cdots,N-1] \tag{11.7}$$

对源图像进行变换：

$$X = [x_{i,j}], \quad x_{i,j} \in [0,1,2,\cdots,N-1]$$

得到直方图均衡化输出图像：

$$Y = [y_{i,j}], \quad y_{i,j} \in [0,1,2,\cdots,N-1]$$

然后,对下式进行变换：

$$y = y_{\max} F(x)$$

其中

$$y_{\max} = N - 1$$

式中, $F(x)$ 由式(11.7)给出。

因此,变换像素强度的算法为

$$y_{i,j} = (N-1)\left(\sum_{n=0}^{x_{i,j}} p_n\right) \tag{11.8}$$

注意,上面的转换是逐个像素进行的。一旦生成直方图,就进行变换,每次改变一个像素的图像强度。图 11.6 描述了 HE 算法的有效性。

图 11.6　HE 算法示例

11.3.3　相机标定与基于标定参数的图像校正

本节重点关注图像几何畸变,具体来说,主要关心的是像素位置被扭曲而导致的图像出现扭曲的现象。

更具体地说,重点关注以下三个方面的问题：

(1) 如何在数学模型中对畸变参数化；

(2) 如何通过标定流程对参数进行标定或估计；

(3) 如何利用畸变模型来校正图像。

11.3.3.1 问题的参数化

畸变图像与未畸变图像为 $I(x_d, y_d)$ 与 $I(x_u, y_u)$。在各种类型的图像畸变中,径向畸变最为常见。Fitzgibbon 等[8-10]提出的分割模型是最有效的径向畸变模型之一。

$$\begin{cases} x_u = \dfrac{x_d}{1 + \lambda_1 r_d^2 + \lambda_2 r_d^4 + \cdots} \\ y_u = \dfrac{y_d}{1 + \lambda_1 r_d^2 + \lambda_2 r_d^4 + \cdots} \end{cases} \tag{11.9}$$

其中

$$r_d^2 = (x - x_0)^2 + (y - y_0)^2 \tag{11.10}$$

并且 (x_0, y_0) 为畸变中心。

即使是单参数模型,也很有效:

$$\begin{cases} x_u = \dfrac{x_d}{1 + \lambda_1 r_d^2} \\ y_u = \dfrac{y_d}{1 + \lambda_1 r_d^2} \end{cases} \tag{11.11}$$

一般来说,为了对其他类型的畸变建模,可以使用下面的双变量多项式模型或通过简单地查表找到校正参数:

$$\begin{cases} x_u = \sum\limits_{k,j} a_{k,j} x_d^k y_d^j \\ y_u = \sum\limits_{k,j} b_{k,j} x_d^k y_d^j \end{cases} \tag{11.12}$$

多数情况下,可以为每种类型的畸变选择一个特定的函数类型,最后得到

$$\begin{cases} x_u = \sum\limits_{k} a_k f_k(x_d, y_d) \\ y_u = \sum\limits_{k,j} b_k g_k(x_d, y_d) \end{cases} \tag{11.13}$$

很容易看出,实际上,最后一种类型是足够通用的,可以包括对其他所有类型的参数建模。

11.3.3.2 模型参数的标定或估计

使用具有已知关键特征点坐标的图像通常是一个不错的选择,通过确定畸变图像特征点的位置就可以估计模型参数的数据。

棋盘图案是一个典型示例,可以确定网格点的坐标。

另一个示例是使用星形图案(即在图像的不同部分有许多网点的图像)。星形图的好处在于,图像处理中确定畸变图像中星形图中心位置的方法是质心

算法,它计算了星形图质量的加权中心。图 11.7 对棋盘图案和星形图案进行了说明。

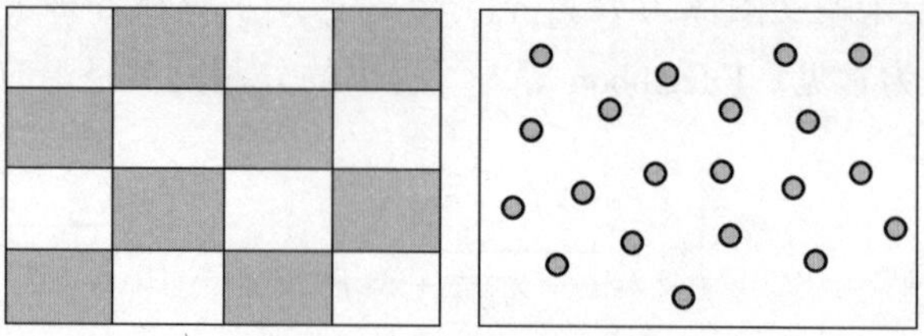

图 11.7　相机标定的典型图像模式

一旦有了期望的、理想的或未畸变的坐标和畸变的坐标,使用式(11.13)中提供的通用化参数,则有

$$\begin{bmatrix} x_{u1} \\ x_{u2} \\ \vdots \\ x_{um} \end{bmatrix} = \begin{bmatrix} f_1(x_{d1},y_{d1}) & f_2(x_{d1},y_{d1}) & \cdots & f_n(x_{d1},y_{d1}) \\ f_1(x_{d2},y_{d2}) & f_2(x_{d2},y_{d2}) & \cdots & f_n(x_{d2},y_{d2}) \\ \vdots & \vdots & \vdots & \vdots \\ f_1(x_{dm},y_{dm}) & f_2(x_{dm},y_{dm}) & \cdots & f_n(x_{dm},y_{dm}) \end{bmatrix} \begin{bmatrix} a_1 \\ a_2 \\ \vdots \\ a_n \end{bmatrix} \tag{11.14}$$

$$\begin{bmatrix} y_{u1} \\ y_{u2} \\ \vdots \\ y_{um} \end{bmatrix} = \begin{bmatrix} g_1(x_{d1},y_{d1}) & g_2(x_{d1},y_{d1}) & \cdots & g_n(x_{d1},y_{d1}) \\ g_1(x_{d2},y_{d2}) & g_2(x_{d2},y_{d2}) & \cdots & g_n(x_{d2},y_{d2}) \\ \vdots & \vdots & \vdots & \vdots \\ g_1(x_{dm},y_{dm}) & g_2(x_{dm},y_{dm}) & \cdots & g_n(x_{dm},y_{dm}) \end{bmatrix} \begin{bmatrix} b_1 \\ b_2 \\ \vdots \\ b_n \end{bmatrix} \tag{11.15}$$

通过求解上述两个最小二乘问题,得到标定参数的估计结果 a_k、b_k。

需要注意的是,这里所描述的只是一个通用示例。对于具体的应用,鼓励读者对问题进行适当的建模和转换,找到最有效的参数化模型和解决方案。

以双参数径向畸变为例,划分模型为

$$\begin{cases} 1 + \lambda_1 r_d^2 + \lambda_2 r_d^4 = \dfrac{x_d}{x_u} \\ 1 + \lambda_1 r_d^2 + \lambda_2 r_d^4 = \dfrac{y_d}{y_u} \end{cases} \tag{11.16}$$

如果简单地求解两个方程的平均值,可以写出以下方程:

$$\lambda_1 r_d^2 + \lambda_2 r_d^4 = \frac{1}{2}\left(\frac{x_d}{x_u} + \frac{y_d}{y_u}\right) - 1 \tag{11.17}$$

有了两个点或成对的点,通过求解线性最小二乘问题,可以很容易地估计这两个参数。

11.3.3.3　图像校正

设畸变与未畸变的图像为

$$\{I(x_u,y_u)\} \text{ 与 } \{I(x_d,y_d)\}$$

如果 (x_d,y_d) 落在预选的网格点上,那么 (x_u,y_u) 就一般不会落在该点上。假设有一个非线性校正函数,可以将 (x_d,y_d) 映射到 (x_u,y_u),使得

$$(x_u,y_u) = (f_x(x_d,y_d), f_y(x_d,y_d)) \tag{11.18}$$

为了从畸变的图像中生成校正的图像,对图像母集进行处理是很重要的。换句话说,需要处理一个图像,它是被关注图像区域的母集。

为了在预先选定的网格上构建一个新图像,需要使用插值法。在许多可能性中,双线性插值是最流行的方法之一。

假设图像有足够的分辨率,使得在每个像素的邻域内,强度看起来是一个双线性曲面,可以建模为

$$I(x,y) = I_0 + \alpha x + \beta y + \lambda xy \tag{11.19}$$

对于一个给定的网格点 (x_k,y_k),将找到使用校正函数计算的四个或更多的最近未畸变像素位置,假设为 (x_{kn1},y_{kn1})、(x_{kn2},y_{kn2})、(x_{kn3},y_{kn3})、(x_{kn4},y_{kn4}),则有

$$\begin{aligned}
I_{kn1} &= I(x_{kn1},y_{kn1}) = I_0 + \alpha x_{kn1} + \beta y_{kn1} + \gamma x_{kn1}y_{kn1}\\
I_{kn2} &= I(x_{kn2},y_{kn2}) = I_0 + \alpha x_{kn2} + \beta y_{kn2} + \gamma x_{kn2}y_{kn2}\\
I_{kn3} &= I(x_{kn3},y_{kn3}) = I_0 + \alpha x_{kn3} + \beta y_{kn3} + \gamma x_{kn3}y_{kn3}\\
I_{kn4} &= I(x_{kn4},y_{kn4}) = I_0 + \alpha x_{kn4} + \beta y_{kn4} + \gamma x_{kn4}y_{kn4}
\end{aligned}$$

或

$$\begin{bmatrix} I_{kn1}\\ I_{kn2}\\ I_{kn3}\\ I_{kn4} \end{bmatrix} = \begin{bmatrix} 1 & x_{kn1} & y_{kn1} & x_{kn1}y_{kn1}\\ 1 & x_{kn2} & y_{kn2} & x_{kn2}y_{kn2}\\ 1 & x_{kn3} & y_{kn3} & x_{kn3}y_{kn3}\\ 1 & x_{kn4} & y_{kn4} & x_{kn4}y_{kn4} \end{bmatrix} \begin{bmatrix} I_0\\ \alpha\\ \beta\\ \gamma \end{bmatrix} \tag{11.20}$$

这样就可以求解 $(I_0,\alpha,\beta,\gamma)$,然后,利用 $I(x,y) = I_0 + \alpha x + \beta y + \lambda xy$ 计算每个网格点的图像强度。

显然,上述方法可能有很多变形方法。例如,可以使用更多的点来拟合双线性平面模型,解决系数的最小二乘问题,并对更多的网格点使用相同的模型。这样,不仅可以减少计算负担,同时还会减少噪声的影响。也可以用一个高阶非线性模型,并使用该模型覆盖更大的区域。

11.4 地图图像与视觉导航

11.4.1 架构变化

如前所述,至少有两类方法可以用来进行图像的配准或匹配:像素级的直接

图像匹配和通过地标或特征匹配的间接图像匹配。

图 11.8 说明了两种类型的处理过程。这两种方法都符合图 11.1 架构。不同之处在于使用的算法和数据库不同。

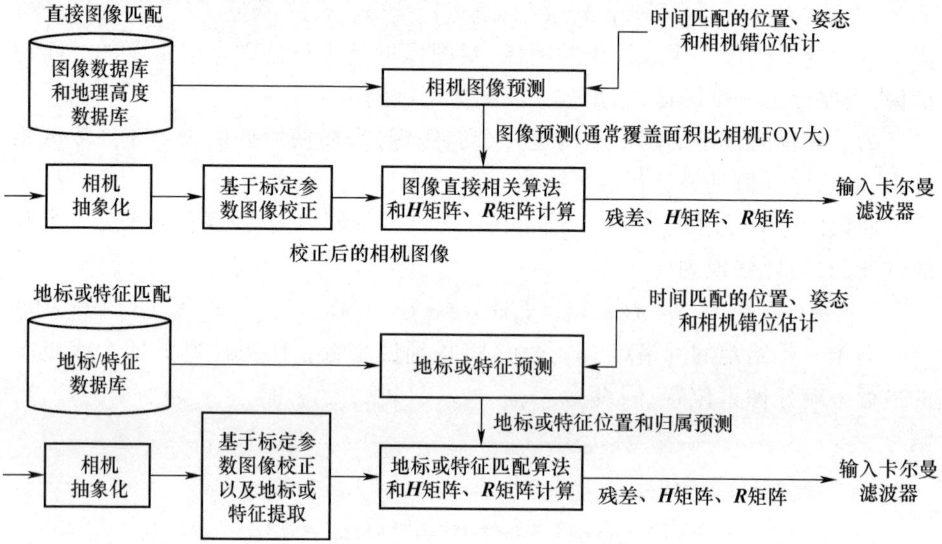

图 11.8　直接图像匹配与地标或特征匹配

当采用直接图像匹配方法时,该架构具有以下特点。

(1) 数据库包含地理“注册”图像,通常数据库非常大。图像压缩则是一个重要需求。

(2) 此外,还需要一个地形数据库,用来计算从相机到地面 LOS 矢量穿透点,以便将地球坐标系图像投影到相机坐标系。

(3) 图像预测算法通常会生成一个比相机图像大的预测图像(如 2×2 倍),以便相关算法完成过程搜索。

(4) 图像预处理算法通常非常简单。通常只包括 HE 算法和已知标定参数的校正,如镜头变形和焦距偏移校正。

(5) 图像相关算法将直接对图像进行匹配。通常情况下,这意味着将相机图像滑动到较大的预测图像上,并评估相关性分数。相关计算过程产生的偏移量将用于测量图像 LOS 矢量和预测图像 LOS 矢量之间的残差。

(6) 由于位置和姿态误差给图像带来的影响不仅仅是偏移量,因此经常将图像分成几块,并在逐个图像块的基础上进行相关性处理,这个过程会引起多个 LOS 残差量测量。

当使用地标或特征匹配方法时,架构具有以下特点。

(1) 数据库中包含的地标和特征通常包含以下信息:

① 地心固连(earth centered earth fixed, ECEF)坐标系或大地坐标系中的地

标或特征位置,例如,带有角点特征的角点位置;

② 特征的类型(有助于确定特征提取和特征定位算法);

③ 有助于识别或处理地标或特征的其他参数。

(2) 通常情况下,由于数据库不需要原始影像,因此数据库要小得多。

(3) 通常情况下,地标或特征预测算法会生成一个预测地标或特征及其参数列表,如特征的位置和类型。

(4) 预测的地标或特征用于指导图像预处理算法在预测的地标或特征的邻域内进行图像处理,进而确定特征的位置和其他参数。然后,将提取特征与预测特征比较,得到地标或特征残差。

(5) 将残差输入卡尔曼滤波器,产生修正量。

至此,应该意识到第 10 章讨论的天文导航算法实际上是基于图像和视觉导航的特殊情形。其中,地标(特征)是恒星和 RSO。在这种情况下,特征数据库只是星表和 RSO 星历表数据库的组合。

更重要的是,要意识到,在产生以下输出结果时,两种类型的匹配算法最终产生的结果是相同的。

(1) 地标或特征点在 ECEF 或大地坐标系中的位置,或穿过“被关注的图像块”中心的 LOS 矢量的地球穿透点位置。注意,在地标或特征匹配情况下,这些信息可以直接从数据库中获得。在直接匹配情况下,该信息是通过将相机坐标系内图像块的中心点映射到地面来获得的(需要求解第 9 章中讨论的非线性方程)。

(2) 与地标或特征点和图像块中心相对应的残差。

根据上述内容,两种方法的其余处理方程是相同的。

11.4.2　输出预测、匹配配准及相关算法

11.4.2.1　图像预测算法

为了减少数据处理负担,通常先在相机坐标系内创建网格。然后,计算出相机坐标系中穿过网格点的 LOS 单位矢量,LOS 矢量可以被转换到 ECEF 坐标系中,转换结果用于求解地球上的穿透点。

通过使用内插法,可以得到图像中每个像素在地球上的穿透点。一个网格点 k 的坐标为 $\begin{bmatrix} h_k \\ v_k \end{bmatrix}$,可以计算得到相机坐标系中的单位矢量:

$$ {}^{\mathrm{C}}\boldsymbol{u}_k = \frac{1}{\sqrt{1 + h_k^2 + v_k^2}} \begin{bmatrix} h_k \\ v_k \\ 1 \end{bmatrix} \tag{11.21} $$

该矢量可以先转换到载体坐标系,然后再转换到 ECEF 坐标系:

$$ {}^{\mathrm{E}}\boldsymbol{u}_k = \boldsymbol{C}_{\mathrm{B}}^{\mathrm{E}}\boldsymbol{C}_{\mathrm{C}}^{\mathrm{B}}\,{}^{\mathrm{C}}\boldsymbol{u}_k \tag{11.22} $$

然后,用它来求解以下两个方程(如第 9 章所述):

$$ \begin{aligned} {}^{\mathrm{E}}\boldsymbol{R}_{\mathrm{pp},k} &= {}^{\mathrm{E}}\boldsymbol{R} + d\,{}^{\mathrm{E}}\boldsymbol{u}_k \\ g({}^{\mathrm{E}}\boldsymbol{R}_{\mathrm{pp},k}) &= 0 \end{aligned} \tag{11.23} $$

式中:${}^{\mathrm{E}}\boldsymbol{R}_{\mathrm{pp},k}$ 为 ECEF 坐标系中地球穿透点的位置;${}^{\mathrm{E}}\boldsymbol{R}$ 为 ECEF 坐标系中相机的位置;d 为相机到地面穿透点的距离;$g({}^{\mathrm{E}}\boldsymbol{R}_{\mathrm{pp},k})=0$ 为定义地形表面的地形约束函数。

图像预测算法总结如下。

(1) 对于被关注的图像块(通常大于相机的实际图像块,以便搜索),在相机坐标系中创建网格点。

(2) 对于每个网格点,使用式(11.22)和式(11.23)以及第 9 章的算法求解对应的地球穿透点。

(3) 对于相机坐标系内的每个像素,利用线性插值来计算该像素对应的近似地球穿透点。

(4) 使用地球穿透点从数据库中检索相应像素的亮度值(灰度时)或 RGB 值(彩色时)。由于地球穿透点不完全在数据库的网格点上,因此将使用附近点数据库值进行插值。

11.4.2.2 地标或特征预测算法

一般来说,地标或特征点的预测比图像预测更容易,它包含以下四个步骤。

(1) 根据位置和姿态的不确定性,确定一个比相机视场(field of view, FOV)更大的 FOV。

(2) 计算 FOV 中角点在 ECEF 中对应的地球穿透点。

(3) 使用角点来检索所有特征点或地标及其 ECEF 位置。

(4) 将 ECEF 位置转换到相机坐标系,并使用下式计算坐标 h 和 v:

$$ \begin{cases} {}^{\mathrm{E}}\boldsymbol{u}_k = \dfrac{{}^{\mathrm{E}}\boldsymbol{R}_{\mathrm{pp},k} - {}^{\mathrm{E}}\boldsymbol{R}}{\left\| {}^{\mathrm{E}}\boldsymbol{R}_{\mathrm{pp},k} - {}^{\mathrm{E}}\boldsymbol{R} \right\|} \\ {}^{\mathrm{C}}\boldsymbol{u}_k = \boldsymbol{C}_{\mathrm{B}}^{\mathrm{C}}\boldsymbol{C}_{\mathrm{E}}^{\mathrm{B}}\,{}^{\mathrm{E}}\boldsymbol{u}_k \\ \begin{bmatrix} h_k \\ v_k \end{bmatrix} = \dfrac{1}{{}^{\mathrm{C}}\boldsymbol{u}_k(3)} \begin{bmatrix} {}^{\mathrm{C}}\boldsymbol{u}_k(1) \\ {}^{\mathrm{C}}\boldsymbol{u}_k(2) \end{bmatrix} \end{cases} \tag{11.24} $$

11.4.2.3 基于归一化互相关的直接匹配

有两种图像处理算法,比较通用的是直接图像配准及其相关方法,包括基于归一化互相关(normalized cross - correlation, NCC)算法和互信息(mutual information, MI)算法。

给定以 (u_1,v_1)、(u_2,v_2) 为中心的两个图像：

$$I_1(i+u_1,\ j+v_1)\quad (i=-n,\cdots,n,\ j=-n,\cdots,n)$$

$$I_2(i+u_2,\ j+v_2)\quad (i=-n,\cdots,n,\ j=-n,\cdots,n)$$

可以利用下式计算 NCC：

$$\mathrm{NCC}(u_1,v_1,u_2,v_2)=\frac{\sum_{i=-n}^{n}\sum_{j=-n}^{n}I_1(i+u_1,\ j+v_1)I_2(i+u_2,\ j+v_2)}{\sqrt{\left[\sum_{i=-n}^{n}\sum_{j=-n}^{n}I_1^2(i+u_1,\ j+v_1)\right]\left[\sum_{i=-n}^{n}\sum_{j=-n}^{n}I_2^2(i+u_2,\ j+v_2)\right]}}\tag{11.25}$$

NCC 是两幅图片之间相关性评分。NCC 值越高,说明两幅图越相似。假设 $I_1(i+u_1,\ j+v_1)$ 是相机图像(或相机图像的一部分),$I_2(i+u_2,\ j+v_2)$ 是预测的相机图像,要做的是扫描 (u_2,v_2) 的值并计算每个值的 NCC。该处理过程的结果是得到一个 NCC 分数矩阵,$(u_2,v_2)=(\bar{u}_2,\bar{v}_2)$,图像中心达到最大 NCC 分数,被认为是导致两个图像匹配的预测图像中心。

如果把 (u_1,v_1) 视为图像的测量中心,那么预测图像中心是 $(u_2,v_2)=(\bar{u}_2,\bar{v}_2)$,两者之间的差值可以视为残差,即

$$(\delta u,\delta v)=(u_1-\bar{u}_2,u_2-\bar{v}_2)\tag{11.26}$$

11.4.2.4 基于 MI 的直接匹配

互信息是信息理论中的一种统计量。给定两个随机变量 A 和 B,两个随机变量的 MI 被定义为

$$\mathrm{MI}(A,B)=\sum_{a,b}p_{A,B}(a,b)\ln\frac{p_{A,B}(a,b)}{p_A(a)p_A(b)}\tag{11.27}$$

式中：$p_{A,B}(a,b)$ 为 A 和 B 的联合概率密度；$p_A(a)$ 和 $p_A(b)$ 分别为 A 和 B 的边缘概率密度。

上述方程也可以用随机变量 A 和 B 的边缘熵和联合熵来描述：

$$\mathrm{MI}(A,B)=H(A)+H(B)-H(AB)\tag{11.28}$$

其中

$$\begin{cases}H(A,B)=-\sum_{a,b}p_{A,B}(a,b)\ln p_{A,B}(a,b)\\ H(A)=-\sum_{a}p_A(a)\ln p_A(a)\end{cases}\tag{11.29}$$

当尝试匹配两幅图像时,每幅图像都被视为一个随机变量,并使用归一化后

的一维和二维直方图作为概率密度函数的近似值。

由于 MI 方法更注重分布而不是单个像素的强度，因此在匹配不同模态图像时，MI 方法通常更实用。例如，将红外光谱图像与可见光图像数据库匹配时，MI 方法匹配实用性更好。

为了说明 MI 是如何计算的，下面给出一个简单数值举例。

有两个相同的图像，每个图像都有 3×5=15 个像素：

$$\boldsymbol{A}=\boldsymbol{B}=\begin{bmatrix}0&0&1&0&0\\0&1&2&1&0\\0&0&1&0&0\end{bmatrix}$$

图像中的像素矩阵中只有三个灰度等级(0、1、2)。

一维直方图为

$$\text{hist}(\boldsymbol{A})=\text{hist}(\boldsymbol{B})=[10\quad 4\quad 1]$$

那么，相应的边缘密度函数为

$$p(\boldsymbol{A})=p(\boldsymbol{B})=\frac{1}{15}[10\quad 4\quad 1]$$

二维互直方图是一个 3×3 的矩阵：

$$\text{hist}(\boldsymbol{A},\boldsymbol{B})=\begin{bmatrix}10&0&0\\0&4&0\\0&0&1\end{bmatrix}$$

相应的互密度函数为

$$p(\boldsymbol{A},\boldsymbol{B})=\frac{1}{15}\begin{bmatrix}10&0&0\\0&4&0\\0&0&1\end{bmatrix}$$

最终分数为

$$\text{MI}(\boldsymbol{A},\boldsymbol{B})=10\ln\frac{\frac{10}{15}}{\frac{10}{15}\times\frac{10}{15}}+4\ln\frac{\frac{4}{15}}{\frac{4}{15}\times\frac{4}{15}}+1\ln\frac{\frac{1}{15}}{\frac{1}{15}\times\frac{1}{15}}=12.0497$$

如前所述，MI 的优势在于能够匹配不同模式的图像。以下示例详细说明这一点。

例 11.1 强度偏移与噪声不敏感。

相机图像为 64 像素×64 像素图像，图像中间有一个 10 像素×10 像素的正方形特征，噪声水平为 50%。如图 11.9 所示，预测图像的强度发生了偏移。含有大量噪声的相机图像如图 11.10 所示。相关结果显示图像的正确匹配，如图 11.11所示。

例 11.2 反转图像

在这个例子中，相机图像与预测图像是相互反转的，从结果可以看出，仍然可以获得一个高质量相关性结果。

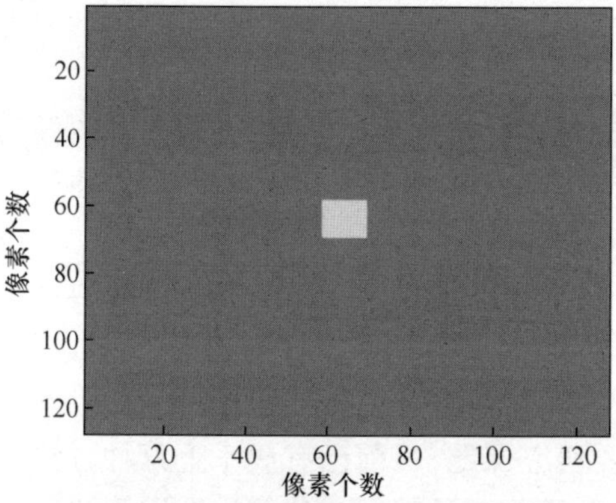

图 11.9 具有强度偏移的预测图像

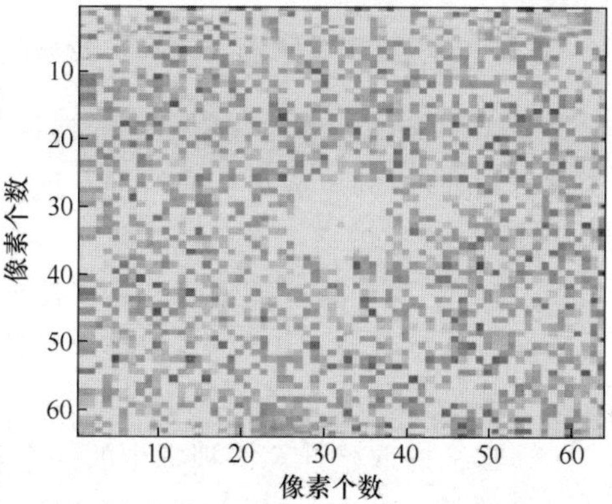

图 11.10 含有大量噪声的相机图像

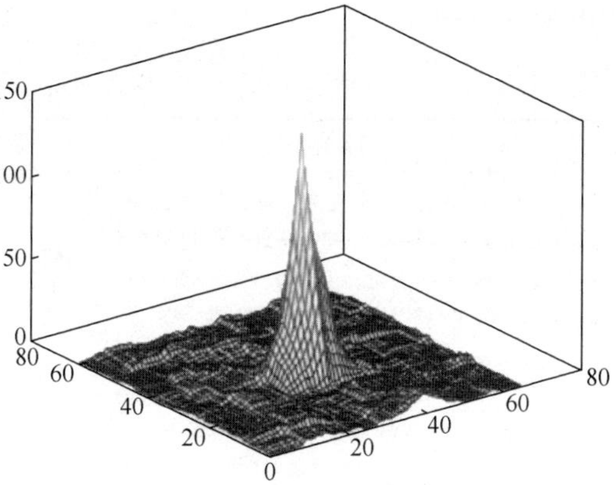

图 11.11 高质量的相关性结果

预测图像与图 11.9 相同,这里不再显示。反转相机图像如图 11.12 所示,与反转图像质量的相关性结果如图 11.13 所示。

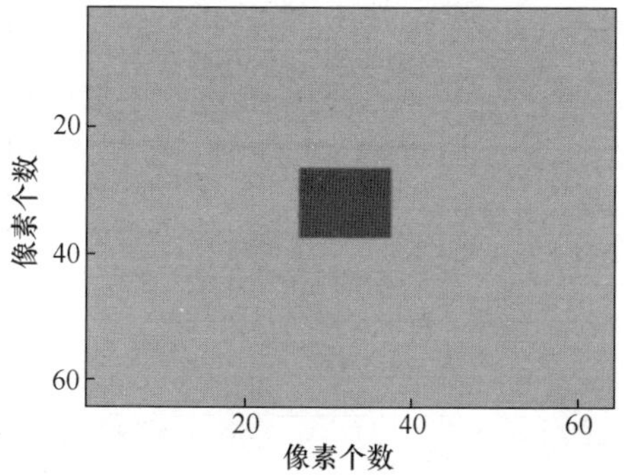

图 11.12 反转相机图像

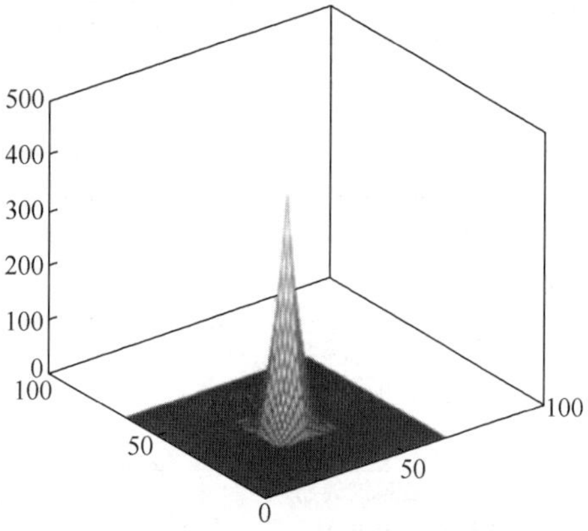

图 11.13 与反转图像质量的相关性结果

11.4.2.5 地标或特征匹配

为了将相机感知到的地标或特征与预测地标或特征相匹配,必须先对图像进行预处理,并生成地标或特征。这意味着要首先检测特征并描述特征,以便稍后匹配。

显然,为了匹配数据库和相机图像之间的特征,必须使用相同的特征提取算法和特征描述符。因此,可以根据特征的性质,使用相同或不同的技术生成数据库中的每个特征。

特征提取是计算机视觉中的一个重要研究课题,目前已有成千上万种方法可供选择。表 11.1 列出了部分流行算法及其相应的特征描述符。特定算法和描述符的选择取决于具体应用场景。希望读者通过仔细研究特征检测器或描述符来决定面向应用的最佳选择。

表 11.1 特征描述符或算法及其属性示例

	算法类型	关键理念	优势	劣势
1	SIFT 描述符与检测器(D. G. Lowe, 2004)	尺度不变特征变换(scale invariant feature transform, SIFT)是目前最稳健的特征提取算法之一;SIFT 检测一个斑点;SIFT 检测器基于高斯差分(difference-of-Gaussians, DoG)算子;在不同尺度的图像上,使用 DoG 搜索局部极大值来检测特征点	SIFT 特征不受旋转、尺度、光照和视角变化的影响仿射变换的有限不变性	计算成本高
2	SURF 描述符与检测器(H. Bay, 2008)	加速稳健特征(speeded - up robust features, SURF)部分是由 SIFT 激发的,发明者宣称该方法具有更强的稳健性和更低的计算成本;SURF 检测器基于 Hessian 矩阵行列式方法,利用积分图像提高速度	与 SIFT 相似,可能更稳健、计算成本更低	有些人认为 SIFT 更稳健
3	KAZE 描述符与检测器(P. F. Alcantarilla, 2012)	加速度非线性扩散特性(keypoints from accelerated zero - crossing in the nonlinear diffusion extened framework, KAZE)检测器基于在多个尺度层面上计算的 Hessian 矩阵尺度归一化行列式;选择检测器响应的最大值为移动窗口的特征点	KAZE 和加速度非线性扩散特性(accelerated keypoints from accelerated zero - crossing in the nonlinear diffusion extened frame - work, AKAZE)特征具有旋转和尺度不变性和有限的仿射变换不变性	计算成本高,可能是 SIFT 的两倍甚至更多
4	AKAZE 描述符与检测器(P. F. Alcanta-rilla, 2013)	加速 KAZE		计算效率高于 KAZE、SIFT、SURF

续表

	算法类型	关键理念	优势	劣势
5	ORB 描述符与检测器(E. Rublee 等, 2011)	定向加速段测试特征(features from accelerated segment test,FAST)和旋转二进制的鲁棒独立基本特征(binary robust independent elementary features, BRIEF)(oriented FAST and rotated BRIEF, ORB)是由改进的 FAST BRIEF 描述方法衍生而来;在尺度金字塔的每一层中检测 FAST 角点,并利用 Harris 角点评分对检测结果进行评价,得到高质量的点;改进后的 BRIEF 描述符被用于提高其旋转稳定性	ORB 特征是角点,具有缩放、旋转不变性和有限仿射变化不变性;ORB 计算效率高;文献[45] 将此方法视为成本最低的方法	—
6	BRISK 描述符与检测器(S. Leutenegger 等, 2011)	二进制鲁棒不变可扩展关键(binary robust invariant scalable key, BRISK)点采用自适应通用型加速度段测试(adaptive and generic accelerated segment test,AGAST)算法检测角点,用 FAST 角点分数对其进行滤波,并在尺度空间金字塔中搜索最大值;BRISK 识别每个特征的特征方向,实现旋转不变性	BRISK 特征具有比例、旋转不变性和有限的仿射变化不变性;计算效率高,比 ORB 略差	

为了在已知数据库中使用基于特征或地标的图像处理方法,必须执行以下步骤。

(1) 建立地标或特征数据库。

① 通常从地理参考图像数据库开始,使用一些方法来检测和描述特征,包括与这些特征相关的地理位置。

② 这些候选特征将根据天气稳定性、季节稳定性、云层覆盖稳定性,以及标准尺度和旋转不变性进行评估,然后选择并加入数据库。

(2) 实时特征检测与描述。

① 使用所选算法对相机图像进行处理,生成地标和特征。

② 该过程可以完全在开环中完成,不需要使用先验知识。

③ 也可以通过使用数据库特征和当前的位置、姿态和相机对准信息来完成预测步骤,预测找到什么特征以及在哪里找到这些特征。

(3) 与数据库特征进行特征匹配。

(4) 异常值剔除。每一个匹配特征会生成一个用于 PNT 解算方案的量测值。但是在使用前,需要检查每一个量测值,常用检测方法是根据协方差矩阵检查卡尔曼滤波残差。

11.4.3 传播算法与误差模型

第3章讨论了惯性导航算法,根据编写方程导航坐标系选择不同,算法也有所不同。在本章中,使用ECEF坐标系下惯性导航系统(inertial navigation system, INS)算法,总结如下。

(1)四元数形式的姿态传播方程为

$$\dot{\boldsymbol{q}}_{\mathrm{B}}^{\mathrm{E}} = \frac{1}{2}(\boldsymbol{q}_{\mathrm{B}}^{\mathrm{E}} \otimes {}^{\mathrm{B}}\boldsymbol{\omega}_{\mathrm{I}}^{\mathrm{B}} - {}^{\mathrm{E}}\boldsymbol{\omega}_{\mathrm{I}}^{\mathrm{E}} \otimes \boldsymbol{q}_{\mathrm{B}}^{\mathrm{E}}) \tag{11.30}$$

(2)利用四元数解算方向余弦矩阵(directional cosine matrix, DCM):

$$\boldsymbol{C}_{\mathrm{B}}^{\mathrm{E}} = \mathrm{q2DCM}(\boldsymbol{q}_{\mathrm{B}}^{\mathrm{E}}) \tag{11.31}$$

(3)速度传播方程由下式给出:

$$\begin{aligned}\frac{\mathrm{d}}{\mathrm{d}t}{}^{\mathrm{E}}\boldsymbol{v}_{\mathrm{E}}^{\mathrm{B}} &= \boldsymbol{C}_{\mathrm{B}}^{\mathrm{E}}{}^{\mathrm{B}}\boldsymbol{f}_{\mathrm{I}}^{\mathrm{B}} + {}^{\mathrm{E}}\boldsymbol{g} - 2{}^{\mathrm{E}}\boldsymbol{\omega}_{\mathrm{I}}^{\mathrm{E}} \times {}^{\mathrm{E}}\boldsymbol{v}_{\mathrm{E}}^{\mathrm{B}} - [{}^{\mathrm{E}}\boldsymbol{\omega}_{\mathrm{I}}^{\mathrm{E}} \times][{}^{\mathrm{E}}\boldsymbol{\omega}_{\mathrm{I}}^{\mathrm{E}} \times]{}^{\mathrm{E}}\boldsymbol{r}_{\mathrm{E}}^{\mathrm{B}} \\ &= \boldsymbol{C}_{\mathrm{B}}^{\mathrm{E}}{}^{\mathrm{B}}\boldsymbol{f}_{\mathrm{I}}^{\mathrm{B}} + {}^{\mathrm{E}}\boldsymbol{g}_{\mathrm{c}} - 2{}^{\mathrm{E}}\boldsymbol{\omega}_{\mathrm{I}}^{\mathrm{E}} \times {}^{\mathrm{E}}\boldsymbol{v}_{\mathrm{E}}^{\mathrm{B}}\end{aligned} \tag{11.32}$$

其中

$${}^{\mathrm{E}}\boldsymbol{g}_{\mathrm{c}} = {}^{\mathrm{E}}\boldsymbol{g} - [{}^{\mathrm{E}}\boldsymbol{\omega}_{\mathrm{I}}^{\mathrm{E}} \times][{}^{\mathrm{E}}\boldsymbol{\omega}_{\mathrm{I}}^{\mathrm{E}} \times]{}^{\mathrm{E}}\boldsymbol{r}_{\mathrm{E}}^{\mathrm{B}}$$

(4)位置传播方程为

$$\frac{\mathrm{d}}{\mathrm{d}t}{}^{\mathrm{E}}\boldsymbol{r}_{\mathrm{E}}^{\mathrm{B}} = {}^{\mathrm{E}}\boldsymbol{v}_{\mathrm{E}}^{\mathrm{B}} \tag{11.33}$$

对于卡尔曼滤波器的协方差传播计算,需要使用第3章中的姿态、速度、位置线性化误差模型。

(1)姿态误差传播:

$$\delta^{\mathrm{E}}\dot{\boldsymbol{\theta}}_{\mathrm{B}}^{\mathrm{E}} = -[{}^{\mathrm{E}}\boldsymbol{\omega}_{\mathrm{I}}^{\mathrm{E}} \times]\delta^{\mathrm{E}}\boldsymbol{\theta}_{\mathrm{B}}^{\mathrm{E}} - \boldsymbol{C}_{\mathrm{B}}^{\mathrm{E}}\delta^{\mathrm{B}}\boldsymbol{\omega}_{\mathrm{I}}^{\mathrm{B}} \tag{11.34}$$

(2)速度误差传播:

$$\frac{\mathrm{d}}{\mathrm{d}t}\delta^{\mathrm{E}}\boldsymbol{v}_{\mathrm{E}}^{\mathrm{B}} = [(\boldsymbol{C}_{\mathrm{B}}^{\mathrm{E}}m^{\mathrm{B}}\boldsymbol{f}_{\mathrm{I}}^{\mathrm{B}}) \times]\delta^{\mathrm{E}}\boldsymbol{\theta}_{\mathrm{B}}^{\mathrm{E}} + \boldsymbol{C}_{\mathrm{B}}^{\mathrm{E}}\delta^{\mathrm{B}}\boldsymbol{f}_{\mathrm{I}}^{\mathrm{B}} + \left[\frac{\partial^{\mathrm{E}}\boldsymbol{g}}{\partial^{\mathrm{E}}\boldsymbol{r}_{\mathrm{E}}^{\mathrm{B}}}\right]\delta^{\mathrm{E}}\boldsymbol{r}_{\mathrm{E}}^{\mathrm{B}} - 2[({}^{\mathrm{E}}\boldsymbol{\omega}_{I}^{\mathrm{E}}) \times]\delta^{\mathrm{E}}\boldsymbol{v}_{\mathrm{E}}^{\mathrm{B}} \tag{11.35}$$

(3)位置误差传播:

$$\frac{\mathrm{d}}{\mathrm{d}t}\delta^{\mathrm{E}}\boldsymbol{r}_{\mathrm{E}}^{\mathrm{B}} = \delta^{\mathrm{E}}\boldsymbol{v}_{\mathrm{E}}^{\mathrm{B}} \tag{11.36}$$

这里采用以下陀螺误差模型：

$$\delta^{B}\boldsymbol{\omega}_{I}^{B}=m^{B}\boldsymbol{\omega}_{I}^{B}-{}^{B}\boldsymbol{\omega}_{I}^{B}=\boldsymbol{C}_{G}^{B}\mathrm{diag}({}^{G}\boldsymbol{s}){}^{G}\boldsymbol{\omega}_{I}^{B}+ \\ [[{}^{B}\boldsymbol{\theta}_{G}\times]+L({}^{B}\boldsymbol{\beta}_{G})]{}^{B}\boldsymbol{\omega}_{I}^{B}+{}^{B}\boldsymbol{b}_{G}+\boldsymbol{C}_{G}^{B}\mathbf{ARW} \tag{11.37}$$

其中

$$[{}^{B}\boldsymbol{\theta}\times]=\begin{bmatrix}0 & -\theta_{z} & \theta_{y}\\ \theta_{z} & 0 & -\theta_{x}\\ -\theta_{y} & \theta_{x} & 0\end{bmatrix},\ L({}^{B}\boldsymbol{\beta})=\begin{bmatrix}0 & 0 & 0\\ \beta_{z} & 0 & 0\\ -\beta_{x} & \beta_{y} & 0\end{bmatrix} \tag{11.38}$$

式(11.37)可以写成更适合卡尔曼滤波的形式：

$$\delta^{B}\boldsymbol{\omega}_{I}^{B}=\boldsymbol{C}_{G}^{B}\mathrm{diag}({}^{G}\boldsymbol{\omega}_{I}^{B}){}^{G}\boldsymbol{s}-[{}^{B}\boldsymbol{\omega}_{I}^{B}\times]{}^{B}\boldsymbol{\theta}_{G}+J({}^{B}\boldsymbol{\omega}_{I}^{B}){}^{B}\boldsymbol{\beta}_{G}+{}^{B}\boldsymbol{b}_{G}+\boldsymbol{C}_{G}^{B}\mathbf{ARW} \tag{11.39}$$

其中

$$J(\boldsymbol{\omega})=\begin{bmatrix}0 & 0 & 0\\ 0 & 0 & \omega_{x}\\ \omega_{y} & -\omega_{x} & 0\end{bmatrix} \tag{11.40}$$

这里采用以下加速度计误差模型：

$$\delta^{B}\boldsymbol{f}_{I}^{B}=m^{B}\boldsymbol{f}_{I}^{B}-{}^{B}\boldsymbol{f}_{I}^{B}=\boldsymbol{C}_{A}^{B}\mathrm{diag}({}^{A}\boldsymbol{s}){}^{A}\boldsymbol{f}_{I}^{B}+L({}^{B}\boldsymbol{\beta}_{A}){}^{B}\boldsymbol{f}_{I}^{B}+{}^{B}\boldsymbol{b}_{A}+\boldsymbol{C}_{A}^{B}\mathbf{VRW} \tag{11.41}$$

式(11.41)可以写成更适合卡尔曼滤波的形式：

$$\delta^{B}\boldsymbol{f}_{I}^{B}=\boldsymbol{C}_{A}^{B}\mathrm{diag}({}^{A}\boldsymbol{f}_{I}^{B}){}^{A}\boldsymbol{s}+J({}^{B}\boldsymbol{f}_{I}^{B}){}^{B}\boldsymbol{\beta}_{A}+{}^{B}\boldsymbol{b}_{A}+\boldsymbol{C}_{A}^{B}\mathbf{VRW} \tag{11.42}$$

并且

$$J({}^{B}\boldsymbol{f}_{I}^{B})=\begin{bmatrix}0 & 0 & 0\\ 0 & 0 & {}^{B}f_{Ix}^{B}\\ {}^{B}f_{Iy}^{B} & -{}^{B}f_{Ix}^{B} & 0\end{bmatrix} \tag{11.43}$$

式中：**VRW** 为加速度计速度随机游走；${}^{A}\boldsymbol{s}$ 为沿加速度计坐标系中的刻度系数误差；${}^{B}\boldsymbol{\beta}_{A}$ 为加速度计非正交错位；${}^{B}\boldsymbol{b}_{A}$ 为沿载体坐标系的加速度计零偏矢量。

如果将每一个 IMU 误差参数建模为一个随机游走过程，并令

$$\delta\boldsymbol{X}_{I}^{T}=[\delta^{E}\dot{\boldsymbol{\theta}}_{B}^{E},\delta^{B}\boldsymbol{b}_{G}^{T},\delta^{G}\boldsymbol{s}^{T},\delta^{B}\boldsymbol{\beta}_{G}^{T},\delta^{B}\boldsymbol{\theta}_{G}^{T},(\delta^{E}\boldsymbol{v}_{E}^{B})^{T},\delta^{B}\boldsymbol{b}_{A}^{T},\delta^{A}\boldsymbol{s}^{T},\delta^{B}\boldsymbol{\beta}_{A}^{T},(\delta^{E}\boldsymbol{r}_{E}^{B})^{T}]$$

$$\boldsymbol{W}_{I}^{T}=[-(\boldsymbol{C}_{G}^{E}\mathbf{ARW})^{T},\mathbf{RRW}^{T},\mathbf{SRW}_{G}^{T},\boldsymbol{\beta}\mathbf{RW}_{G}^{T},\boldsymbol{\theta}\mathbf{RW}_{G}^{T}, \\ (\boldsymbol{C}_{A}^{E}\mathbf{VRW})^{T},\mathbf{ABRW}^{T},\mathbf{SRW}_{A}^{T},\boldsymbol{\beta}\mathbf{RW}_{A}^{T},\mathbf{0}] \tag{11.44}$$

则有

$$\delta\dot{\boldsymbol{X}}_{\mathrm{II}}=\boldsymbol{A}_{\mathrm{II}}\delta\boldsymbol{X}_{\mathrm{I}}+\boldsymbol{W}_{\mathrm{I}}$$

$$
\boldsymbol{A}_{\mathrm{II}} = \begin{bmatrix}
-[{}^{\mathrm{E}}\boldsymbol{\omega}_{\mathrm{I}}^{\mathrm{E}}\times] & -\boldsymbol{C}_{\mathrm{B}}^{\mathrm{E}} & -\boldsymbol{C}_{\mathrm{G}}^{\mathrm{E}}\mathrm{diag}({}^{\mathrm{G}}\boldsymbol{\omega}_{\mathrm{I}}^{\mathrm{B}}) & -\boldsymbol{C}_{\mathrm{B}}^{\mathrm{E}}\boldsymbol{J}({}^{\mathrm{B}}\boldsymbol{\omega}_{\mathrm{I}}^{\mathrm{B}}) & \boldsymbol{C}_{\mathrm{B}}^{\mathrm{E}}[{}^{\mathrm{B}}\boldsymbol{\omega}_{\mathrm{I}}^{\mathrm{B}}\times] & \mathbf{0}_{3\times3} & \mathbf{0}_{3\times3} & \mathbf{0}_{3\times3} & \mathbf{0}_{3\times3} & \mathbf{0}_{3\times3} \\
\mathbf{0}_{3\times3} & \mathbf{0}_{3\times3} & \mathbf{0}_{3\times3} & \mathbf{0}_{3\times3} & \mathbf{0}_{3\times3} & \mathbf{0}_{3\times3} & \mathbf{0}_{3\times3} & \mathbf{0}_{3\times3} & \mathbf{0}_{3\times3} & \mathbf{0}_{3\times3} \\
\mathbf{0}_{3\times3} & \mathbf{0}_{3\times3} & \mathbf{0}_{3\times3} & \mathbf{0}_{3\times3} & \mathbf{0}_{3\times3} & \mathbf{0}_{3\times3} & \mathbf{0}_{3\times3} & \mathbf{0}_{3\times3} & \mathbf{0}_{3\times3} & \mathbf{0}_{3\times3} \\
\mathbf{0}_{3\times3} & \mathbf{0}_{3\times3} & \mathbf{0}_{3\times3} & \mathbf{0}_{3\times3} & \mathbf{0}_{3\times3} & \mathbf{0}_{3\times3} & \mathbf{0}_{3\times3} & \mathbf{0}_{3\times3} & \mathbf{0}_{3\times3} & \mathbf{0}_{3\times3} \\
\mathbf{0}_{3\times3} & \mathbf{0}_{3\times3} & \mathbf{0}_{3\times3} & \mathbf{0}_{3\times3} & \mathbf{0}_{3\times3} & \mathbf{0}_{3\times3} & \mathbf{0}_{3\times3} & \mathbf{0}_{3\times3} & \mathbf{0}_{3\times3} & \mathbf{0}_{3\times3} \\
[(\boldsymbol{C}_{\mathrm{B}}^{\mathrm{E}} m\, {}^{\mathrm{B}}\boldsymbol{f}_{\mathrm{I}}^{\mathrm{B}})\times] & \mathbf{0}_{3\times3} & \mathbf{0}_{3\times3} & \mathbf{0}_{3\times3} & \mathbf{0}_{3\times3} & -2[{}^{\mathrm{E}}\boldsymbol{\omega}_{\mathrm{I}}^{\mathrm{E}}\times] & \boldsymbol{C}_{\mathrm{B}}^{\mathrm{E}} & \boldsymbol{C}_{\mathrm{A}}^{\mathrm{E}}\mathrm{diag}({}^{\mathrm{A}}\boldsymbol{f}_{\mathrm{I}}^{\mathrm{B}}) & \boldsymbol{C}_{\mathrm{B}}^{\mathrm{E}}\boldsymbol{J}({}^{\mathrm{B}}\boldsymbol{f}_{\mathrm{I}}^{\mathrm{B}}) & \dfrac{\partial\, {}^{\mathrm{E}}\boldsymbol{g}}{\partial\, {}^{\mathrm{E}}\boldsymbol{r}_{\mathrm{E}}^{\mathrm{B}}} \\
\mathbf{0}_{3\times3} & \mathbf{0}_{3\times3} & \mathbf{0}_{3\times3} & \mathbf{0}_{3\times3} & \mathbf{0}_{3\times3} & \mathbf{0}_{3\times3} & \mathbf{0}_{3\times3} & \mathbf{0}_{3\times3} & \mathbf{0}_{3\times3} & \mathbf{0}_{3\times3} \\
\mathbf{0}_{3\times3} & \mathbf{0}_{3\times3} & \mathbf{0}_{3\times3} & \mathbf{0}_{3\times3} & \mathbf{0}_{3\times3} & \mathbf{0}_{3\times3} & \mathbf{0}_{3\times3} & \mathbf{0}_{3\times3} & \mathbf{0}_{3\times3} & \mathbf{0}_{3\times3} \\
\mathbf{0}_{3\times3} & \mathbf{0}_{3\times3} & \mathbf{0}_{3\times3} & \mathbf{0}_{3\times3} & \mathbf{0}_{3\times3} & \mathbf{0}_{3\times3} & \mathbf{0}_{3\times3} & \mathbf{0}_{3\times3} & \mathbf{0}_{3\times3} & \mathbf{0}_{3\times3} \\
\mathbf{0}_{3\times3} & \mathbf{0}_{3\times3} & \mathbf{0}_{3\times3} & \mathbf{0}_{3\times3} & \mathbf{0}_{3\times3} & \boldsymbol{I}_{3\times3} & \mathbf{0}_{3\times3} & \mathbf{0}_{3\times3} & \mathbf{0}_{3\times3} & \mathbf{0}_{3\times3}
\end{bmatrix} \tag{11.45}
$$

11.4.4 量测方程与误差模型

当匹配图像块时,可以最终确定与图像块中心对应的地球穿透点,以及相机坐标系中的测量点(图像块中心)与预测图像中预测匹配点之间的差值。这个差值实际上是卡尔曼滤波的残差。

当对地标或特征点进行匹配时,数据库中的地球穿透点是已知量,相机坐标系中的预测点和实际量测点都是可用的。量测特征点与预测特征点的差值即为卡尔曼滤波的残差。

换句话说,虽然对上述两种不同方式使用了不同方法,但是最终得到的数学变量相同,并可以用这些变量对测量和误差建模。

按照第 4 章提到的概念,把地标或特征点和图像块中心及其相应的地球穿透点称为图像锚点。

令导航仪在 ECEF 坐标系中的位置由 ${}^{\mathrm{E}}\boldsymbol{r}$ 表示,图像锚点 j 在 ECEF 坐标系中的位置由 ${}^{\mathrm{E}}\boldsymbol{r}_j$ 表示。

从导航仪到图像锚点的 LOS 矢量计算为

$$
{}^{\mathrm{E}}\boldsymbol{u}_j = \frac{1}{\|{}^{\mathrm{E}}\boldsymbol{r}_j - {}^{\mathrm{E}}\boldsymbol{r}\|}({}^{\mathrm{E}}\boldsymbol{r}_j - {}^{\mathrm{E}}\boldsymbol{r}) = \frac{1}{\rho_j}({}^{\mathrm{E}}\boldsymbol{r}_j - {}^{\mathrm{E}}\boldsymbol{r})
$$

式中:$\rho_j = \|{}^{\mathrm{E}}\boldsymbol{r}_j - {}^{\mathrm{E}}\boldsymbol{r}\|$ 导航仪位置到图像锚点的距离。

${}^{\mathrm{E}}\boldsymbol{u}_j$ 可以利用下式转换到传感器坐标系(相机坐标系):

$$
{}^{\mathrm{C}}\boldsymbol{u}_j = \boldsymbol{C}_{\mathrm{B}}^{\mathrm{C}}\boldsymbol{C}_{\mathrm{E}}^{\mathrm{B}}\,{}^{\mathrm{E}}\boldsymbol{u}_j
$$

式中:$\boldsymbol{C}_{\mathrm{E}}^{\mathrm{B}}$ 为沿 ECEF 坐标系的矢量坐标转换到载体坐标系的 DCM,换句话说,$\boldsymbol{C}_{\mathrm{E}}^{\mathrm{B}}$ 表示航行器的姿态;$\boldsymbol{C}_{\mathrm{B}}^{\mathrm{C}}$ 为沿载体坐标系的矢量坐标转换到传感器坐标系(相

机坐标系)的 DCM,换句话说,$\boldsymbol{C}_{\mathrm{B}}^{\mathrm{C}}$ 表示相机对准矩阵。

量测单位矢量可以建模为

$$m^{\mathrm{C}}\boldsymbol{u}_j = \boldsymbol{C}_{\mathrm{B}}^{\mathrm{C}}\boldsymbol{C}_{\mathrm{E}}^{\mathrm{B}}{}^{\mathrm{E}}\boldsymbol{u}_j + \boldsymbol{v}$$

式中:$\boldsymbol{v}$ 为量测噪声。

根据第4章所述的基本原理,可以得到单位矢量的量测残差:

$$\Delta\boldsymbol{u} = m^{\mathrm{C}}\boldsymbol{u}_j - {}^{\mathrm{C}}\hat{\boldsymbol{u}}_j = [{}^{\mathrm{S}}\hat{\boldsymbol{u}}_j \times]\delta\theta_{\mathrm{sma}} - [{}^{\mathrm{C}}\hat{\boldsymbol{u}}_j \times]\hat{\boldsymbol{C}}_{\mathrm{E}}^{\mathrm{C}}\delta^{\mathrm{E}}\boldsymbol{\theta}_{\mathrm{B}}^{\mathrm{E}} + \frac{1}{\hat{\rho}}\hat{\boldsymbol{C}}_{\mathrm{B}}^{\mathrm{C}}\hat{\boldsymbol{C}}_{\mathrm{E}}^{\mathrm{B}}\delta^{\mathrm{E}}\boldsymbol{r}_j - \frac{1}{\hat{\rho}}\hat{\boldsymbol{C}}_{\mathrm{B}}^{\mathrm{C}}\hat{\boldsymbol{C}}_{\mathrm{E}}^{\mathrm{B}}\delta^{\mathrm{E}}\boldsymbol{r} + \boldsymbol{v} \tag{11.46}$$

也可以写为以下形式:

$$\Delta\boldsymbol{u} = m^{\mathrm{C}}\boldsymbol{u}_j - {}^{\mathrm{C}}\hat{\boldsymbol{u}}_j = \left[[{}^{\mathrm{C}}\hat{\boldsymbol{u}}_j \times] \quad -[{}^{\mathrm{C}}\hat{\boldsymbol{u}}_j \times]\hat{\boldsymbol{C}}_{\mathrm{E}}^{\mathrm{C}} \quad -\frac{1}{\hat{\rho}}\hat{\boldsymbol{C}}_{\mathrm{B}}^{\mathrm{C}}\hat{\boldsymbol{C}}_{\mathrm{E}}^{\mathrm{B}}\right]\begin{bmatrix}\delta\boldsymbol{\theta}_{\mathrm{sma}} \\ \delta^{\mathrm{E}}\boldsymbol{\theta}_{\mathrm{B}}^{\mathrm{E}} \\ \delta^{\mathrm{E}}\boldsymbol{r}\end{bmatrix} + \frac{1}{\hat{\rho}}\hat{\boldsymbol{C}}_{\mathrm{B}}^{\mathrm{C}}\hat{\boldsymbol{C}}_{\mathrm{E}}^{\mathrm{B}}\delta^{\mathrm{E}}\boldsymbol{r}_j + \boldsymbol{v} \tag{11.47}$$

式中:$\delta\boldsymbol{\theta}_{\mathrm{sma}}$ 为沿相机坐标系的传感器(相机)对准误差。

虽然上面得到的基于单位矢量的方程是清晰的,但事实上,LOS 测量值是一个二自由度的量测量,它由相机坐标系的 h 和 v 量测量来表示更方便,它们是相机 FOV 中角度化图像锚点的位置坐标:

$$h = \frac{x}{d} = \tan\theta_h$$

$$v = \frac{y}{d} = \tan\theta_v$$

因此,LOS 单位矢量由下式给出:

$${}^{\mathrm{C}}\boldsymbol{u} = \frac{1}{\sqrt{x^2 + y^2 + d^2}}\begin{bmatrix} x \\ y \\ d \end{bmatrix} = \frac{1}{\sqrt{h^2 + v^2 + 1^2}}\begin{bmatrix} h \\ v \\ 1 \end{bmatrix}$$

星跟踪器 FOV 中的恒星位置 h 和 v 可以由以下方法计算出来:

$$h = \frac{{}^{\mathrm{C}}\boldsymbol{u}(1)}{{}^{\mathrm{C}}\boldsymbol{u}(3)}, \quad v = \frac{{}^{\mathrm{C}}\boldsymbol{u}(2)}{{}^{\mathrm{C}}\boldsymbol{u}(3)}$$

反过来说,也可以用 h 和 v 计算出单位矢量:

$${}^{\mathrm{C}}\boldsymbol{u}(1) = \frac{h}{\sqrt{1 + h^2 + v^2}}, \quad {}^{\mathrm{C}}\boldsymbol{u}(2) = \frac{v}{\sqrt{1 + h^2 + v^2}}, \quad {}^{\mathrm{C}}\boldsymbol{u}(3) = \frac{1}{\sqrt{1 + h^2 + v^2}},$$

使用上述非线性方程作为量测预测方程。为了推导卡尔曼滤波器的 $\boldsymbol{H}$ 矩阵,需要将上述方程线性化:

$$\delta h = \frac{\delta^{\mathrm{C}}\boldsymbol{u}(1)}{{}^{\mathrm{C}}\boldsymbol{u}(3)} - \frac{{}^{\mathrm{C}}\boldsymbol{u}(1)}{{}^{\mathrm{C}}\boldsymbol{u}^2(3)}\delta^{\mathrm{C}}\boldsymbol{u}(3) = \frac{1}{{}^{\mathrm{C}}\boldsymbol{u}(3)}(\delta^{\mathrm{C}}\boldsymbol{u}(1) - h\delta^{\mathrm{C}}\boldsymbol{u}(3))$$

$$\delta v = \frac{\delta^{\mathrm{C}}\boldsymbol{u}(2)}{{}^{\mathrm{C}}\boldsymbol{u}(3)} - \frac{{}^{\mathrm{C}}\boldsymbol{u}(2)}{{}^{\mathrm{C}}\boldsymbol{u}^2(3)}\delta^{\mathrm{C}}\boldsymbol{u}(3) = \frac{1}{{}^{\mathrm{C}}\boldsymbol{u}(3)}(\delta^{\mathrm{C}}\boldsymbol{u}(2) - v\delta^{\mathrm{C}}\boldsymbol{u}(3))$$

上式可以写为

$$\begin{bmatrix}\delta h\\ \delta v\end{bmatrix}=\frac{1}{{}^{\mathrm{C}}\boldsymbol{u}(3)}\begin{bmatrix}1 & 0 & -h\\ 0 & 1 & -v\end{bmatrix}\delta^{\mathrm{C}}\boldsymbol{u}=\frac{1}{\sqrt{1+h^2+v^2}}\begin{bmatrix}1 & 0 & -h\\ 0 & 1 & -v\end{bmatrix}\delta^{\mathrm{C}}\boldsymbol{u} \tag{11.48}$$

需要注意的是，要使上述方程成立，h 和 v 不需要很小。综合上述结果，则有

$$\begin{aligned}\begin{bmatrix}\delta h\\ \delta v\end{bmatrix}&=\frac{1}{\sqrt{1+h^2+v^2}}\begin{bmatrix}1 & 0 & -h\\ 0 & 1 & -v\end{bmatrix}\delta^{\mathrm{C}}\boldsymbol{u}_j\\ &=\boldsymbol{H}_{\mathrm{sma}}\delta\boldsymbol{\theta}_{\mathrm{sma}}+\boldsymbol{H}_{\mathrm{att}}\boldsymbol{\theta}_{\hat{\mathrm{E}}}^{\mathrm{E}}+\boldsymbol{H}_{\mathrm{pos}}\delta^{\mathrm{E}}\boldsymbol{r}+\boldsymbol{H}_{\mathrm{ppe}}\delta^{\mathrm{E}}\boldsymbol{r}_j+\boldsymbol{v}\end{aligned} \tag{11.49}$$

每一个 $\boldsymbol{H}$ 子矩阵的计算方法如下。

对于相机坐标系对准误差，有

$$\boldsymbol{H}_{\mathrm{sma}}=\frac{1}{{}^{\mathrm{C}}\hat{\boldsymbol{u}}_j(3)}\begin{bmatrix}1 & 0 & -h\\ 0 & 1 & -v\end{bmatrix}[{}^{\mathrm{C}}\hat{\boldsymbol{u}}_j\times]$$

或

$$\begin{aligned}\boldsymbol{H}_{\mathrm{sma}}&=\frac{1}{{}^{\mathrm{C}}\hat{\boldsymbol{u}}_j(3)}\begin{bmatrix}1 & 0 & -h\\ 0 & 1 & -v\end{bmatrix}[{}^{\mathrm{C}}\hat{\boldsymbol{u}}_j\times]\\ &=\frac{1}{{}^{\mathrm{C}}\hat{\boldsymbol{u}}_j(3)}\begin{bmatrix}1 & 0 & -h\\ 0 & 1 & -v\end{bmatrix}\begin{bmatrix}0 & -{}^{\mathrm{C}}\boldsymbol{u}_j(3) & {}^{\mathrm{C}}\boldsymbol{u}_j(2)\\ {}^{\mathrm{C}}\boldsymbol{u}_j(3) & 0 & -{}^{\mathrm{C}}\boldsymbol{u}_j(1)\\ -{}^{\mathrm{C}}\boldsymbol{u}_j(2) & {}^{\mathrm{C}}\boldsymbol{u}_j(1) & 0\end{bmatrix}\\ &=\begin{bmatrix}1 & 0 & -h\\ 0 & 1 & -v\end{bmatrix}\begin{bmatrix}0 & -1 & v\\ 1 & 0 & -h\\ -v & h & 0\end{bmatrix}=\begin{bmatrix}hv & -(1+h^2) & v\\ 1+v^2 & -hv & -h\end{bmatrix}\end{aligned}$$

则有

$$\boldsymbol{H}_{\mathrm{sma}}=\begin{bmatrix}hv & -(1+h^2) & v\\ 1+v^2 & -hv & -h\end{bmatrix} \tag{11.50}$$

同理，可以得到 ECEF 坐标系下姿态误差状态量的 $\boldsymbol{H}$ 子矩阵：

$$\boldsymbol{H}_{\mathrm{att}}=\frac{-1}{{}^{\mathrm{C}}\hat{\boldsymbol{u}}_j(3)}\begin{bmatrix}1 & 0 & -h\\ 0 & 1 & -v\end{bmatrix}[{}^{\mathrm{C}}\hat{\boldsymbol{u}}_j\times]\hat{\boldsymbol{C}}_{\mathrm{E}}^{\mathrm{C}}=-\begin{bmatrix}hv & -(1+h^2) & v\\ 1+v^2 & -hv & -h\end{bmatrix}\hat{\boldsymbol{C}}_{\mathrm{E}}^{\mathrm{C}} \tag{11.51}$$

对于 ECEF 坐标系中位置状态量，有

$$\boldsymbol{H}_{\mathrm{pos}}=\frac{-1}{{}^{\mathrm{C}}\hat{\boldsymbol{u}}_j(3)}\begin{bmatrix}1 & 0 & -h\\ 0 & 1 & -v\end{bmatrix}\frac{1}{\hat{\rho}}\hat{\boldsymbol{C}}_{\mathrm{B}}^{\mathrm{C}}\hat{\boldsymbol{C}}_{\mathrm{E}}^{\mathrm{B}}=\frac{-1}{\hat{\rho}\sqrt{1+h^2+v^2}}\begin{bmatrix}1 & 0 & -h\\ 0 & 1 & -v\end{bmatrix}\hat{\boldsymbol{C}}_{\mathrm{E}}^{\mathrm{C}} \tag{11.52}$$

对于 ECEF 坐标系中锚点信息误差（数据库误差或地球穿透点误差），有

$$\begin{cases} \boldsymbol{H}_{\text{ppe}} = \dfrac{1}{{}^{\text{C}}\hat{\boldsymbol{u}}_j(3)} \begin{bmatrix} 1 & 0 & -h \\ 0 & 1 & -v \end{bmatrix} \dfrac{1}{\hat{\rho}} \hat{\boldsymbol{C}}_{\text{B}}^{\text{C}} \hat{\boldsymbol{C}}_{\text{E}}^{\text{B}} = \dfrac{1}{\hat{\rho}\sqrt{1+h^2+v^2}} \begin{bmatrix} 1 & 0 & -h \\ 0 & 1 & -v \end{bmatrix} \hat{\boldsymbol{C}}_{\text{E}}^{\text{C}} \\ \boldsymbol{H}_{\text{ppe}} = -\boldsymbol{H}_{\text{pos}} \end{cases} \tag{11.53}$$

在实际应用中是通过不同的传感器组合来实现特定目的各种约束系统的，下面将简单描述包含相机图像信息的卡尔曼滤波器构建。

建立包括相机对准误差的卡尔曼状态矢量：

$$\begin{cases} \boldsymbol{X}^{\text{T}} = [\boldsymbol{X}_{\text{I}}^{\text{T}}, (\delta\boldsymbol{\theta}_{\text{sma}})^{\text{T}}] \\ \delta\boldsymbol{X}^{\text{T}} = [\delta\boldsymbol{X}_{\text{I}}^{\text{T}}, (\delta\delta\boldsymbol{\theta}_{\text{sma}})^{\text{T}}] \end{cases} \tag{11.54}$$

线性传播误差模型由下式给出：

$$\frac{\text{d}}{\text{d}t}(\delta\boldsymbol{X}) = \begin{bmatrix} \boldsymbol{A}_{\text{II}} & \boldsymbol{0}_{30\times 3} \\ \boldsymbol{0}_{3\times 30} & 0 \end{bmatrix} \delta\boldsymbol{X} + \begin{bmatrix} \boldsymbol{W}_{\text{I}} \\ \textbf{smarw} \end{bmatrix} \tag{11.55}$$

式中：**smarw** 表示积分后随机游走的白噪声过程，是对相机对准误差的建模。

11.5　基于 SLAM 的图像与视觉导航

11.5.1　概念

SLAM 是 20 世纪 80 年代在机器人领域发展起来的一项技术。它试图建造地图并同时执行定位。特别地，由 Smith 和 Cheeseman[37] 开发的 SLAM 方法使用了扩展卡尔曼滤波器（extended Kalman filter，EKF），这也是传统 PNT 系统开发人员使用的方法。

EKF-SLAM 的理念实际上很简单，简单地添加地标位置（即地图状态）作为卡尔曼滤波状态量的一部分，并使用卡尔曼滤波协方差矩阵跟踪地图信息和导航状态信息的不确定性。因此，当新量测量可用时，整个状态向量（包括导航状态和地图状态）的不确定性将随着事物可观测而降低。

地标位置能够被观测到的根本原因是，从两个不同的位置或方向对同一个地标进行两次（或两次以上）角度 LOS 测量，可以对地标位置进行三角测量。在没有误差的理想情况下，地标的位置只是两个 LOS 矢量的交点，如图 11.14 所示。

显然，为了使用三角测量法，需要已知摄像机在两个位置的位置和姿态。实际情况是，位置、姿态和地标位置作为卡尔曼滤波器状态矢量的一部分，需要通过协方差矩阵跟踪其不确定性。随着运载器位置和姿态的不同，以及当传感器测量结果（IMU、GNSS、相机和其他传感器）变得可用时，随着时间的推移使得状态变得可观测。

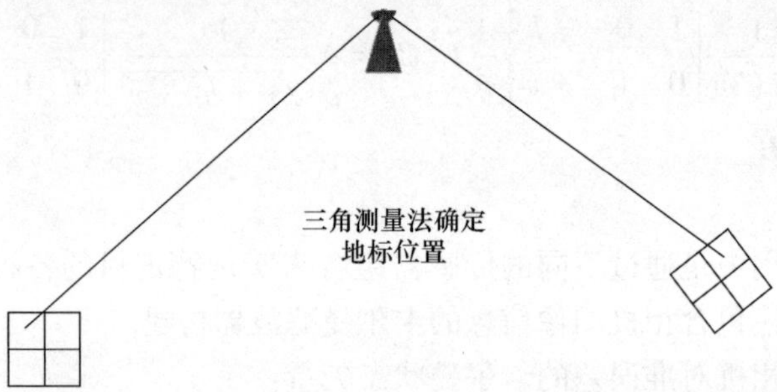

图 11.14 通过两个不同已知位置(已知姿态)进行 LOS 测量确定地标位置

11.5.2 EKF-SLAM

令地标位置为

$$\boldsymbol{L}_i, \quad i = 1,2,\cdots,n_1 \tag{11.56}$$

实际构建系统时,希望通过仔细选择地标状态来反映约束信息,并最小化状态量的数量。具体来说,每个地标位置变量可以选定为一个二维矢量,因为每个地标都被限制在地球表面上,而且通常通过高精度的地形模型将二维坐标转换为三维位置矢量(注意,这个假设并没有什么根本性意义;如果地标在某些应用中没有受到约束,那么地标的三维位置包括在状态量中)。

为了更明确地说明这一点,假设将二维地标状态转换为地标三维 ECEF 坐标系中位置矢量的函数为

$$^{\mathrm{E}}\boldsymbol{r}_j = g(\boldsymbol{L}_i), \quad i = 1,2,\cdots,n_1 \tag{11.57}$$

除了 IMU,假设还有两种其他类型的传感器可用。第一种类型传感器的量测量是独立于地标位置和姿态的传感器。这类传感器的作用在于,当它们可用时,提供的位置和姿态信息可以降低不确定性。GNSS 接收机是一个具体实例,当 GNSS 可用且具有完整性时,希望尽可能多地使用 GNSS 接收机提供的信息。

第二种类型的传感器是视觉导航传感器,特别是相机。在这种情况下,相机能够观察到地标,并产生测量结果,最终可以测量出从相机看到地标的 LOS。显然,地标的 LOS 测量结果将产生地标位置和导航仪位置的可观测性。当导航仪运动时,导航仪位置和地标位置可观测性都会提高。

通常,假设只有一个单独的相机与上文提到的另一个 1 型传感器可用,则系统的状态量为

$$\boldsymbol{X} = \begin{bmatrix} \boldsymbol{X}_{\mathrm{I}} \\ \delta\boldsymbol{\theta}_{\mathrm{sma}} \\ \boldsymbol{L}_1 \\ \boldsymbol{L}_2 \\ \vdots \\ \boldsymbol{L}_{n_1} \end{bmatrix} \tag{11.58}$$

式中：$\boldsymbol{X}_{\mathrm{I}}$ 为与 INS 有关的状态量。

假设 1 型传感器非线性量测模型为

$$y_1 = h(\boldsymbol{X}_{\mathrm{I}}) + v_1 \tag{11.59}$$

线性化模型为

$$\delta y_1 = \frac{\partial h(\boldsymbol{X}_{\mathrm{I}})}{\partial \boldsymbol{X}_{\mathrm{I}}}\delta \boldsymbol{X}_{\mathrm{I}} + v_1 \tag{11.60}$$

相机地标 LOS 测量的非线性量测模型可以用下列方程来描述。

步骤 1：将二维地标转换为三维地标。

$${}^{\mathrm{E}}\boldsymbol{r}_j = g(\boldsymbol{L}_i),\quad i = 1,2,\cdots,n_1 \tag{11.61}$$

步骤 2：计算从相机到地标的 LOS 单位矢量。

$${}^{\mathrm{E}}\boldsymbol{u}_j = \frac{1}{\|{}^{\mathrm{E}}\boldsymbol{r}_j - {}^{\mathrm{E}}\boldsymbol{r}\|}({}^{\mathrm{E}}\boldsymbol{r}_j - {}^{\mathrm{E}}\boldsymbol{r}) = \frac{1}{\boldsymbol{\rho}_j}({}^{\mathrm{E}}\boldsymbol{r}_j - {}^{\mathrm{E}}\boldsymbol{r}) \tag{11.62}$$

步骤 3：利用姿态信息与相机对准信息，将 ECEF 坐标系的 LOS 单位矢量转换到相机坐标系。

$${}^{\mathrm{C}}\boldsymbol{u}_j = \boldsymbol{C}_{\mathrm{B}}^{\mathrm{C}}\boldsymbol{C}_{\mathrm{E}}^{\mathrm{B}\,\mathrm{E}}\boldsymbol{u}_j \tag{11.63}$$

步骤 4：将单位矢量转换为 (h,v)。

$$h = \frac{{}^{\mathrm{C}}\boldsymbol{u}(1)}{{}^{\mathrm{C}}\boldsymbol{u}(3)},\quad v = \frac{{}^{\mathrm{C}}\boldsymbol{u}(2)}{{}^{\mathrm{C}}\boldsymbol{u}(3)} \tag{11.64}$$

相机输出被建模为

$$\begin{bmatrix} mh \\ mv \end{bmatrix} = \begin{bmatrix} h \\ v \end{bmatrix} + \begin{bmatrix} v_h \\ v_v \end{bmatrix}$$

式中：$\begin{bmatrix} v_h \\ v_v \end{bmatrix}$ 为量测噪声。

线性化量测模型可以写为

$$\begin{aligned}\begin{bmatrix} \delta h \\ \delta v \end{bmatrix} &= \frac{1}{\sqrt{1 + h^2 + v^2}}\begin{bmatrix} 1 & 0 & -h \\ 0 & 1 & -v \end{bmatrix}\delta\,{}^{\mathrm{C}}\boldsymbol{u} \\ &= \boldsymbol{H}_{\mathrm{sma}}\delta\boldsymbol{\theta}_{\mathrm{sma}} + \boldsymbol{H}_{\mathrm{att}}\delta\,{}^{\mathrm{E}}\boldsymbol{\theta}_{\mathrm{B}}^{\mathrm{E}} + \boldsymbol{H}_{\mathrm{pos}}\delta\,{}^{\mathrm{E}}\boldsymbol{r} + \boldsymbol{H}_{\mathrm{ppe}}\frac{\partial \boldsymbol{g}}{\partial \boldsymbol{L}_j}\delta \boldsymbol{L}_j + \begin{bmatrix} v_h \\ v_v \end{bmatrix}\end{aligned} \tag{11.65}$$

式中，$\boldsymbol{H}$ 子矩阵与 11.4 节中的矩阵形式相同。

由于地标产生的参数项被视为状态矢量的一部分而不是量测误差，以上信息足以构建如下意义的卡尔曼滤波器。

(1) 状态量传播。

① 利用惯导方程实现惯性导航状态量的非线性传播。

② 将 IMU 误差参数作为随机游走或一阶马尔可夫过程来传播。

③ 将地标状态作为常数项传播。

(2) 1 型和 2 型传感器的输出预测方程在前文中有所描述。

(3) 协方差传播。标准协方差传播方程的输入如下：

① 整个系统的 $\boldsymbol{A}$ 矩阵由下式给出：

$$\boldsymbol{A}=\begin{bmatrix}\boldsymbol{A}_{\mathrm{II}} & \boldsymbol{0}_{30\times 3} & \boldsymbol{0}_{30\times 2N_L}\\ \boldsymbol{0}_{3\times 30} & \boldsymbol{0}_{3\times 3} & \boldsymbol{0}_{3\times 2N_L}\\ \boldsymbol{0}_{2N_L\times 30} & \boldsymbol{0}_{2N_L\times 3} & \boldsymbol{0}_{2N_L\times 2N_L}\end{bmatrix} \tag{11.66}$$

② 整个系统的 $\boldsymbol{Q}$ 矩阵由下式给出：

$$\boldsymbol{Q}=\begin{bmatrix}\boldsymbol{Q}_{\mathrm{II}} & \boldsymbol{0}_{30\times 3} & \boldsymbol{0}_{30\times 2N_L}\\ \boldsymbol{0}_{3\times 30} & \mathrm{diag}(\boldsymbol{\sigma}^2_{\mathrm{sma}-x},\boldsymbol{\sigma}^2_{\mathrm{sma}-y},\boldsymbol{\sigma}^2_{\mathrm{sma}-z}) & \boldsymbol{0}_{3\times 2N_L}\\ \boldsymbol{0}_{2N_L\times 30} & \boldsymbol{0}_{2N_L\times 3} & \boldsymbol{0}_{2N_L\times 2N_L}\end{bmatrix} \tag{11.67}$$

(4) 增益计算与协方差更新。标准方程的输入如下：

① 传感器的 $\boldsymbol{H}$ 矩阵为

$$\boldsymbol{H}=\begin{bmatrix}\dfrac{\partial h(x_{\mathrm{I}})}{\partial x_{\mathrm{I}}} & \boldsymbol{0}_{m\times 3} & \boldsymbol{0}_{m\times(2n_1)}\end{bmatrix} \tag{11.68}$$

② 与地标 j 相关的 LOS 测量相机 $\boldsymbol{H}$ 矩阵为

$$\boldsymbol{H}_j=[\boldsymbol{H}_{\mathrm{att}} \leftarrow 0 \rightarrow \boldsymbol{H}_{\mathrm{pos}}\boldsymbol{H}_{\mathrm{sma}} \leftarrow 0 \rightarrow \boldsymbol{H}_{\mathrm{ppe}}\frac{\partial \boldsymbol{g}}{\partial \boldsymbol{L}_j} \leftarrow 0 \rightarrow] \tag{11.69}$$

重要的是要意识到，把成千上万甚至更多的地标作为卡尔曼滤波状态量的一部分是不切实际的。在实际应用中，需要类似于以下列表的方式完成设计工作。

(1) 维护一个可以动态添加新地标的地标数据库。

(2) 使用与数据库关联的高效搜索或检索算法来检索，可能会短暂使用的地标。该算法会周期性被使用。

(3) 检索到被使用一段时间的地标，并将地标作为当前使用卡尔曼滤波状态量的一部分。

(4) 如果发现新地标，并且认为它是有用地标，那么与新地标相关的状态量将被添加到当前使用的状态量中。

(5) 随着地标状态量的观测和更新，地标位置、位置误差的相关方差和其他相关信息将被更新并保存到数据库中。

(6) 保存与地标相关的整个协方差矩阵是不切实际的，因此，只保存每个地标的方差是不得不做的一个妥协，并且忽略地标之间的互相关、地标和其他状态量之间的互相关。如果将方差保存到数据库中并在将来使用对这些方差应用保守因子是可取的。实际上，这一点也是能够实现的。

(7) 对于当前使用的地标,采用卡尔曼滤波器对方差和协方差矩阵进行适当维护。只有当方差被保存到数据库中以备将来使用时,才会考虑忽略互相关和添加保守因子这一折中方法。当这种情况发生时,将从当前使用的地标中删除部分地标,并从数据库中检索要使用的新地标。

(8) 一种可以极大简化设计的做法是将具有小位置误差的地标视为收敛的。因此,当这些地标再次有用时,它们将不再需要作为卡尔曼滤波状态量的一部分。这将同时减少将大量地标集合作为部分卡尔曼滤波状态量的可能性。

11.6　视觉里程计

11.6.1　概念

如前所述,SLAM 需要精心设计和利用复杂软件来管理数据库中的地标和当前使用的地标,这些地标被作为卡尔曼滤波器状态量的一部分。在很多情况下,人们可能会认为在以下情况下 SLAM 的性价比低。

(1) 视觉里程计不可能再去同一个地方的情况。

(2) 以性能损失为代价简化软件设计的情况。

在这些情况下,视觉里程计变得更加实用。如 11.2 节所述,视觉里程计试图通过比较连续帧的图像来确定姿态变化量和位置变化量,然后将这些变化量在时间上进行积分作为导航解决方案。

根本上,视觉里程计输出的量是相对量。但是,如果解决方案是相对于绝对参照物初始化的,基于视觉里程计的解决方案也可以输出绝对测量结果。

由于视觉里程计输出姿态和位置解决方案都是通过累积计算得到的结果,因此,计算误差是与行进距离有关的函数。

如 11.2 节所述,通常情况下,可以使用视觉里程计与惯性解算方案组合。从根本上说,视觉里程计从连续帧的图像中获得运动信息的解算方法有两种:①直接处理连续帧原始图像的光流法,从而获得运动信息;②基于地标或特征的方法,试图在多个图像帧上匹配地标或特征,并从中获得运动信息。下面将主要关注基于地标或特征的图像解算方法。

11.6.2　从连续帧测量的地标中获取运动信息

下面将试图理解和解决的问题用分解的方式来陈述,这样就可以清楚地知道,在什么约束下使用什么信息来解决什么问题。

(1) 要确定姿态变化和相机位置变化。

(2) 唯一可以使用的是相机坐标系中第一个位置和第二个位置测量的 LOS 矢量(基本上是二维信息)。

(3) 这些地标的三维位置信息不可用。

在介绍解决上述问题的数学方程之前,首先看一些简单的场景,用来理解问题的本质和这类问题可以被解决的根本原因。

11.6.2.1 简化情况1:无姿态变化,平移位置变化未知

图11.15展示了一个简单的情况,当相机只做平移移动时,确定两个观测点之间的距离矢量。

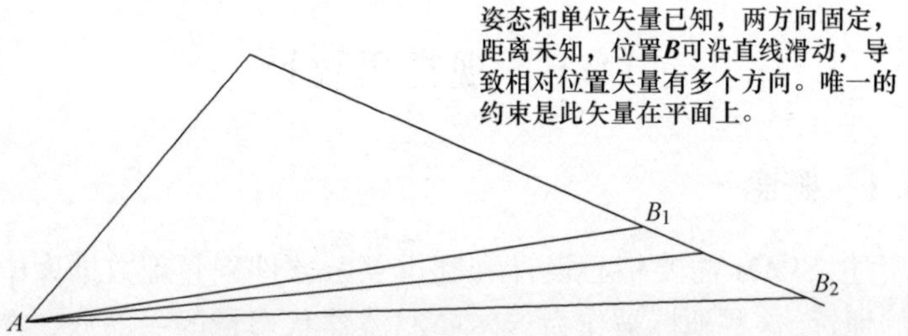

图11.15 已知姿态、单一地标:相对位置矢量仅约束于平面上

首先,在两个LOS矢量已经确定的情况下,两个单位矢量的交点就是地标的位置。但是,可以允许相机在第一个和第二个位置点沿着两个LOS矢量滑动,而不违反相机从这两个方向观察地标的要求。

换句话说,即使姿态变化是已知的(或根本没有变化),对于一个位置未知的地标,单对LOS矢量不足以确定两个观测位置之间的相对位置。唯一可以确定的是,相对距离矢量位于两个单位矢量张成的平面上。

但是,如果引入从两个位置观测到的两个地标,则有两对单位矢量可用,并且相机的位置必须在这两个地标的两个LOS矢量交叉点上。这对两个位置都适用。

在这种情况下,尺度、相对距离矢量是确定的,如图11.16所示。可以很容易看出,两个地标(在角度上)分开得越好,位置确定精度越高;分离角越小,几何精度因子越大。

简化情况1结论如下。

(1) 当姿态已知时,需要从两个相机位置测量两个地标,以确定相对距离矢量的方向。

(2) 无法利用角度信息确定比例尺度。

(3) 在这种情况下,两个地标的位置也可以确定(可达到可变的比例尺度)。

(4)一对单位矢量约束一个自由度,两对单位矢量约束两个自由度。距离矢量的方向有三个自由度。相对距离的自由度尺度没有被定义。

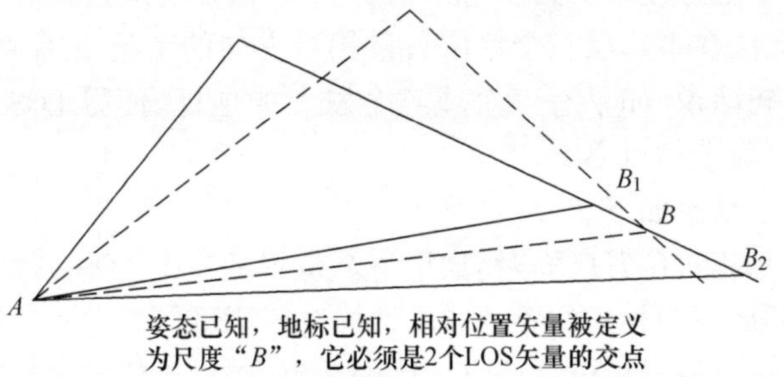

图 11.16　已知姿态、两个未知地标:相对位置矢量被限制在一个固定方向上,仅比例可以改变

11.6.2.2　简化情况 2:平移运动已知,姿态变化未知

图 11.17 说明了平移运动已知而姿态不确定的简化情况。因为讨论的是相对姿态,所以可以假设第一个位置的坐标系是固定的,这样就将重点关注如何定义第二个位置的坐标系。

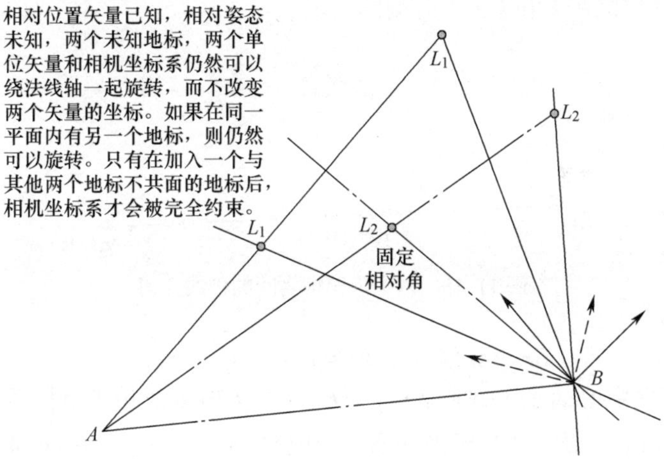

图 11.17　相对位置矢量已知,相对姿态未知

下面从两个位置未知的地标开始,为了保持相机坐标系中两个单位矢量的坐标不变,相机和两个单位矢量仍然可以围绕两个矢量张成平面的法线轴一起旋转。换句话说,相机坐标系的姿态还没有被完全约束。

如果第三个地标在前两个 LOS 矢量张成的平面上,那么在这种情况下,仍然可以围绕垂直于该平面的轴移动相机坐标系,而不违反三个单位矢量与预定义的相对角度在同一平面上的要求。

如果第三个地标使得 LOS 矢量不在前两个 LOS 矢量张成的平面上,那么在这种情况下,无法在不违反三个单位矢量相对方向的情况下围绕任意轴旋转相机坐标系。换句话说,如果有三个或三个以上的地标,使得 LOS 矢量不在同一平面上,则可以确定相对姿态。

简化情况 2 结论如下。

(1) 当平移相对位置已知时,如果每个位置的三个 LOS 矢量不落在同一个平面上,则需要从两个相机位置的三个地标进行测量以确定相对姿态。

(2) 每对单位矢量提供一个自由度的约束,三对单位矢量约束三个自由度。相对方向是一个三自由度运动,可以用三对单位矢量来约束。

将这两种情况结合在一起,至少需要五对单位矢量来确定相对位置(相对于同一尺度)和相对姿态。在这五对中,至少有三对不能共面,没有一对共线。

11.6.2.3 极线几何与本质矩阵

在理解了简化情况后,现在可以讨论一般的极线几何和与同一地标的每一对单位矢量量测相关的方程。

图 11.18 展示了基本极线几何图形,其中 $\boldsymbol{l}$ 是地标的三维位置, $\boldsymbol{r}(k)$ 和 $\boldsymbol{r}(k+1)$ 是相机在 k 和 $k+1$ 时刻的位置。

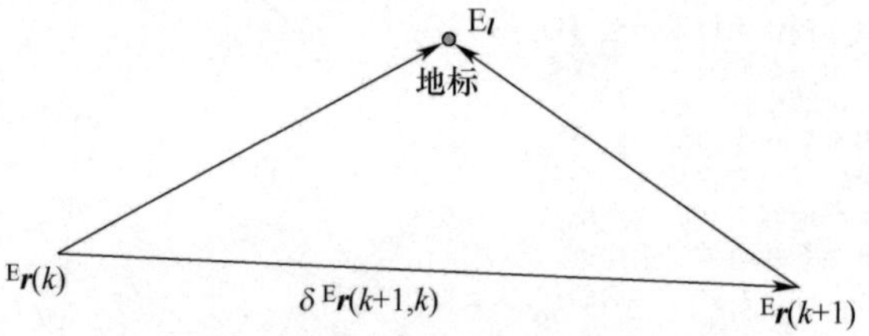

图 11.18 两个连续帧之间的极线几何

$$\delta\boldsymbol{r} = \delta\boldsymbol{r}(k+1,k) = \boldsymbol{r}(k+1) - \boldsymbol{r}(k)$$

假设下文中 E 表示 ECEF 坐标系, C_k 表示 k 时刻的相机坐标系。

$C_k^{k+1} \triangleq C_{C_k}^{C_{k+1}}$ 表示从相机坐标系 C_k 到相机坐标系 C_{k+1} 的 DCM。

也可以用符号 $\boldsymbol{C}(k) \triangleq \boldsymbol{C}_{\mathrm{E}}^{C_k}$ 表示在 k 时刻从地球坐标系到相机坐标系的绝对姿态DCM。需要注意的是, $\boldsymbol{C}(k)$ 是 DCM,不应该与 C_k 混淆,后者是一个坐标系。

定义从 k 时刻到 $k+1$ 时刻地标的 LOS 单位向量为

$$\boldsymbol{u}(k) = \frac{\boldsymbol{l} - \boldsymbol{r}(k)}{\|\boldsymbol{l} - \boldsymbol{r}(k)\|}, \quad \boldsymbol{u}(k+1) = \frac{\boldsymbol{l} - \boldsymbol{r}(k+1)}{\|\boldsymbol{l} - \boldsymbol{r}(k+1)\|}$$

下面利用向量 $\boldsymbol{u}(k)$、$\boldsymbol{u}(k+1)$、$\delta\boldsymbol{r}(k+1,k)$ 在同一平面的事实来推导基本方程。

因为任意两个向量的叉积是法向量,这个向量垂直于这两个向量张成的平面,所以剩下的第三个向量必须是向量叉积的法向量。这就形成了基本方程:

$$\langle \boldsymbol{u}(k+1), \delta \boldsymbol{r}(k+1,k) \times \boldsymbol{u}(k) \rangle = 0$$

沿 C_{k+1} 坐标系改写上面的方程:

$$({}^{C_{k+1}}\boldsymbol{u}(k+1))^{\mathrm{T}}(\delta^{C_{k+1}}\boldsymbol{r}(k+1,k)) \times (\boldsymbol{C}_k^{k+1}\,{}^{C_k}\boldsymbol{u}(k)) = 0 \qquad (11.70)$$

使用简化符号,以及向量叉积可以写成由第一个向量叉乘第二个向量得到的斜对称矩阵有

$$({}^{C_{k+1}}\boldsymbol{u}(k+1))^{\mathrm{T}}([(\delta^{C_{k+1}}\boldsymbol{r})\times]\boldsymbol{C}_k^{k+1})\,{}^{C_k}\boldsymbol{u}(k) = 0$$

定义矩阵 $\boldsymbol{E}$,也就是所谓的本质矩阵,则有

$$\boldsymbol{E} = [(\delta^{C_{k+1}}\boldsymbol{r})\times]\boldsymbol{C}_k^{k+1} \qquad (11.71)$$

基本方程可以写为

$$({}^{C_{k+1}}\boldsymbol{u}(k+1))^{\mathrm{T}}\boldsymbol{E}\,{}^{C_k}\boldsymbol{u}(k) = 0 \qquad (11.72)$$

本质矩阵是秩为 2 的斜对称矩阵与一个满秩旋转矩阵的乘积,所得矩阵的秩也一定为 2。

本质矩阵 E 基本包含五个自由度:由 $\boldsymbol{C}_k^{k+1}$ 描述旋转矩阵的三个姿态自由度、平移运动的两个自由度(3 个自由度减去 1 个不可观测尺度得到)。

每一对匹配的地标可以形成一个极线几何约束方程,并解出一个一维标量约束。从理论上讲,需要五个这样的方程来求解。这与前面简化示例的结论一致。

Nister[57] 在其 2003 年的文章中提出了一种算法,描述了如何用五对单位矢量来求解本质矩阵。然而,可以想象,算法必须是非线性的,因为它需要非线性化参数来描述三个自由度的 DCM。

当有八对或八对以上的单位矢量可用时,可以不使用任何非线性化参数来求解 3×3 本质矩阵。下面详细描述这个算法。

令

$$\boldsymbol{u}_1 = {}^{C_k}\boldsymbol{u}(k) = \begin{bmatrix} x_1 \\ y_1 \\ z_1 \end{bmatrix}$$

$$\boldsymbol{u}_2 = {}^{C_{k+1}}\boldsymbol{u}(k+1) = \begin{bmatrix} x_2 \\ y_2 \\ z_2 \end{bmatrix}$$

并且有

$$\boldsymbol{u}_2^{\mathrm{T}}\boldsymbol{E}\boldsymbol{u}_1 = 0$$

上式也可以写为

$$
\begin{bmatrix} x_1x_2 & y_1x_2 & z_1x_2 & x_1y_2 & y_1y_2 & z_1y_2 & x_1z_2 & y_1z_2 & z_1z_2 \end{bmatrix} \begin{bmatrix} e_{11} \\ e_{12} \\ e_{13} \\ e_{21} \\ e_{22} \\ e_{23} \\ e_{31} \\ e_{32} \\ e_{33} \end{bmatrix} = \boldsymbol{w}^{\mathrm{T}}\mathrm{vec}(\boldsymbol{E}) = 0 \tag{11.73}
$$

把由 m 对单位矢量组成的方程叠加在一起,有

$$
\begin{bmatrix} \boldsymbol{w}_1^{\mathrm{T}} \\ \boldsymbol{w}_2^{\mathrm{T}} \\ \vdots \\ \boldsymbol{w}_m^{\mathrm{T}} \end{bmatrix} \mathrm{vec}(\boldsymbol{E}) = 0
$$

上式可以写为

$$
\boldsymbol{W} = \begin{bmatrix} \boldsymbol{w}_1^{\mathrm{T}} \\ \boldsymbol{w}_2^{\mathrm{T}} \\ \vdots \\ \boldsymbol{w}_m^{\mathrm{T}} \end{bmatrix} \in \boldsymbol{R}^{m\times 9}, \quad \boldsymbol{e}_v = \mathrm{vec}(\boldsymbol{E}) \in \boldsymbol{R}^{9\times 1} \tag{11.74}
$$

$$
\boldsymbol{W}\boldsymbol{e}_v = 0
$$

这是一个 $m\times 9$ 维的线性齐次方程组。显然,一个简单的解为 $\boldsymbol{e}_v = 0$。例如,想求解一个具有范数的非平凡解,且在通常情况下,约束为 1。

11.6.2.4 初步解决方案

令 $\boldsymbol{W} = \boldsymbol{U}\boldsymbol{D}\boldsymbol{V}^{\mathrm{T}}$ 表示矩阵 $\boldsymbol{W}$ 的奇异值分解(singular value decomposition, SVD),其中,$\boldsymbol{U} \in \boldsymbol{R}^{m\times 9}$ 表示 $m\times 9$ 维标准正交矩阵,$\boldsymbol{V} \in \boldsymbol{R}^{9\times 9}$ 表示 9×9 维标准正交矩阵,$\boldsymbol{D} = \mathrm{diag}([d_1, d_2, \cdots, d_9])$,并且 $d_1 \geqslant d_2 \geqslant \cdots \geqslant d_9 \geqslant 0$。

要求解 $\boldsymbol{e}_v = \boldsymbol{X}$,使得

$$
\|\boldsymbol{e}_v\| = \|\boldsymbol{X}\| = 1
$$

并且 $\|\boldsymbol{W}\boldsymbol{e}_v\| = \|\boldsymbol{W}\boldsymbol{X}\|$ 是最小化的。

注意,当可用方程超过八个时,并且有量测噪声和数值误差时,不能保证 $\boldsymbol{W}\boldsymbol{e}_v = \boldsymbol{W}\boldsymbol{X} = 0$,取而代之的是,可以最小化 $\|\boldsymbol{W}\boldsymbol{e}_v\| = \|\boldsymbol{W}\boldsymbol{X}\|$。

因为 U 是一个标准正交矩阵,必须有

$$\|WX\| = \|UDV^{T}X\| = \|DV^{T}X\| = \|DY\|$$

其中

$$Y = V^{T}X$$

并且

$$\|Y\| = \|V^{T}X\| = \|X\|$$

因为 D 是正对角线矩阵,且元素从大到小排序,所以满足约束条件 $\|Y\| = \|V^{T}X\| = \|X\| = 1$,并最小化 $\|WX\| = \|DY\|$,为

$$Y = \begin{bmatrix} 0 \\ \vdots \\ 0 \\ 1 \end{bmatrix}$$

也就是说

$$e_v = X = VY = V(:,9) \tag{11.75}$$

换句话说,解就是矩阵 V 的最后一列,可以写出本质矩阵的解为

$$E = \mathrm{mat}(e_v) = \mathrm{mat}(V(:,9)) \tag{11.76}$$

11.6.2.5 本质矩阵的引入

由于有量测噪声和数值误差,上述得到的 3×3 矩阵的秩不一定是 2,因此,需要计算 3×3 矩阵的 SVD,并找到最接近的解(根据弗罗比尼乌斯(Frobenius)范数中两矩阵之间距离),该解可以写作一个本质矩阵。这可以通过执行(另一个)SVD 来实现:

$$E = USV^{T} \tag{11.77}$$

一个秩为 2 的解,可以构建为

$$E = U\begin{bmatrix} 1 & 0 & 0 \\ 0 & 1 & 0 \\ 0 & 0 & 0 \end{bmatrix}V^{T} \tag{11.78}$$

11.6.2.6 因式分解成斜对称矩阵和旋转矩阵的乘积

对矩阵 E 因式分解的方式有四种,具体描述如下。

令

$$Q = \begin{bmatrix} 0 & \pm 1 & 0 \\ \mp 1 & 0 & 0 \\ 0 & 0 & 1 \end{bmatrix} \tag{11.79}$$

有

$$C = U(\pm Q^{T})V^{T} \tag{11.80}$$

并且

$$[\delta \boldsymbol{r}\times]=\boldsymbol{U}(\pm\boldsymbol{Q})\begin{bmatrix}1&0&0\\0&1&0\\0&0&0\end{bmatrix}\boldsymbol{U}^{\mathrm{T}} \tag{11.81}$$

本节所述理论可以很容易通过直接将上述矩阵相乘来验证，即

$$\boldsymbol{E}=\boldsymbol{U}\begin{bmatrix}1&0&0\\0&1&0\\0&0&0\end{bmatrix}\boldsymbol{V}^{\mathrm{T}}=[\delta \boldsymbol{r}\times]\boldsymbol{C} \tag{11.82}$$

在四个候选方案中，可通过直接检查解与先前解的一致性或与地标位置的一致性来选择正确的解。

11.6.2.7 相对距离矢量缩放

如前所述，仅仅根据两帧图片没有办法确定绝对尺度。因此，具体策略如下。

(1) 在获得其他可用信息后确定绝对尺度。

(2) 当绝对尺度不可用时，将尝试在图像序列中保持相同的相对尺度。

在几种情况下，其他有用信息有助于确定绝对尺度。其中，由惯性系统确定的相对姿态变化和相对平移运动可以作为一个有用信息。这样，通过匹配惯性导航确定的平移运动和由视觉里程计确定的相同解就可以确定合适的绝对尺度。这里的其他信息可以是已知地标或地标的已知范围。

当没有其他信息可用时，应尽量保持各帧的尺度相同。可以通过以下方式实现。

(1) 每次使用选定(任意)尺度的本质矩阵解来求解姿态变化和位置变化时，可以立即得出地标的三维位置。

(2) 通过选择两个或多个分隔较好的地标作为参考点，计算出它们的相对距离。

(3) 如果连续跟踪了至少三帧相同的地标，那么可以计算出第二帧和第三帧的距离。然后，使用第二帧和第三帧的比例来调整所使用的尺度，以这样的方式在帧与帧之间使用相同的比例。

(4) 如果使用惯性系统或其他信息来确定绝对尺度，那么上述相对尺度方法将有助于保持尺度相同。

11.6.3 基于视觉里程计的姿态与位置传播

假设初始姿态与位置信息为

$$\begin{aligned}\boldsymbol{C}(0)&=\boldsymbol{C}_{\mathrm{E}}^{C_0}\\ \boldsymbol{r}(0)&={}^{C_0}\boldsymbol{r}(0)\end{aligned} \tag{11.83}$$

其中,坐标系 E 是地球坐标系中的一种,它可以是一个绝对坐标系,如 ECEF 坐标系或者任意的地球固定坐标系。

对于某些应用,有一个任意参考坐标系 E 就足够了。对于许多其他应用包括基于地理参考数据库的视觉导航,E 实际上是在 GPS 或其他传感器可用时系统一直使用的坐标系。

假设已经实现了

$$\begin{cases} \boldsymbol{C}(k) = \boldsymbol{C}_{\mathrm{E}}^{C_k} \\ \boldsymbol{r}(k) = {}^{C_k}\boldsymbol{r}(k) \end{cases} \tag{11.84}$$

使用 11.6.2 节中的讨论方法,可以确定

$$\boldsymbol{C}(k+1,k) = \boldsymbol{C}_k^{C_{k+1}}, \quad \delta\boldsymbol{r}(k) = {}^{C_{k+1}}\delta\boldsymbol{r}(k) \tag{11.85}$$

可以用下式完成前向传播:

$$\begin{aligned} &\boldsymbol{C}(k+1) = \boldsymbol{C}_{\mathrm{E}}^{C_{k+1}} = \boldsymbol{C}_{C_k}^{C_{k+1}}\boldsymbol{C}_{\mathrm{E}}^{C_k} = \boldsymbol{C}(k+1,k)\boldsymbol{C}(k), \\ &\boldsymbol{r}(k+1) = {}^{C_{k+1}}\boldsymbol{r}(k+1) = \boldsymbol{C}_{C_k}^{C_{k+1}}\,{}^{C_k}\boldsymbol{r}(k) + {}^{C_{k+1}}\delta\boldsymbol{r}(k) = \boldsymbol{C}(k+1,k)\boldsymbol{r}(k) + \delta\boldsymbol{r}(k) \end{aligned} \tag{11.86}$$

正如 11.2 节所述,通过视觉里程计计算的姿态变化量和位置变化量信息可以直接用于上述姿态和位置前向传播,也可用于修正从惯性导航得到的姿态变化和位置变化的量测值。一个小型卡尔曼滤波器可用于计算增益,使视觉里程计量测值能够更新基于惯性里程计解决方案并校准 IMU。

参考文献

[1] Zuo, C., et al., "Display and Detail Enhancement for High-Dynamic-Range Infrared Images," *Opt. Eng.*, Vol. 50, No. 12, December 2011, p. 127401.

[2] https://en.wikipedia.org/wiki/Histogram_equalization.

[3] https://www.flir.com/globalassets/imported-assets/document/boson-camera-adjustments-appnote.pdf (FLIR Camera Adjustments).

[4] Pizer, S. M., et al., "Adaptive Histogram Equalization and Its Variations," *Comput. Vis. Graph. Image Process*, Vol. 39, No. 3, 1987, pp. 355-368.

[5] Zuiderveld, K., "Contrast Limited Adaptive Histogram Equalization," in *Graphics Gems IV*, SanDiego, CA: Academic Press, 1994, pp. 474-485.

[6] Vickers, V. E., "Plateau Equalization Algorithm for Real-Time Display of High-Quality Infrared Imagery," *Opt. Eng.*, Vol. 35, 1996, p. 1921.

[7] Branchitta, M., et al., "Dynamic-Range Compression and Contrast Enhancement in Infrared Imaging Systems," *Opt. Eng.*, Vol. 47, No. 7, 2008, p. 076401.

[8] Fitzgibbon, A. W., "Simultaneous Linear Estimation of Multiple View Geometry and Lens Distortion," *Proc. of the* 2001 *IEEE Computer Society Conf. on Computer Vision and Pattern Recognition* (*CVPR'*01), 2001, pp. 125-132.

[9] Claus, D., and A. W. Fitzgibbon, "A Rational Function Lens Distortion Model for General Cameras," *IEEE Computer Society Conf. on Computer Vision and Pattern Recognition (CVPR'05)*, 2005, pp. 213-219.

[10] Wu, F., et al., "Correction of Image Radial Distortion Based on Division Model," Opt. Eng., Vol. 56, No. 1, 2017, p. 013108.

[11] Chowdhary, G., et al., "GPS-Denied Indoor and Outdoor Monocular Vision Aided Navigation and Control of Unmanned Aircraft," *Journal of Field Robotics*, Vol. 30, No. 3, pp. 415-438.

[12] Won, D. H., et al., "Integration of Limited GNSS Signals with Monocular Vision Based Navigation," 12*th International Conference on Control, Automation and Systems (ICCAS)*, pp. 1364-1367. October 2012.

[13] George, M., and S. Sukkarieh, "Camera Aided Inertial Navigation in Poor GPS Environments," *IEEE Aerospace Conference*, 2007, pp. 1-12.

[14] Giebner, M. G., "Tightly-Coupled Image-Aided Inertial Navigation System via a Kalman Filter," M. S. thesis, AFIT/GE/ENG/03-10, Graduate School of Engineering and Management, Air Force Institute of Technology (AU), Wright-Patterson AFB OH, ADA415246, March 2003.

[15] Kauffman, K., et al., "Simulation Study of UWB-OFDM SAR for Navigation with INS Integration," *Proc. of the* 2011 *International Technical Meeting of the Institute of Navigation*, 2011.

[16] Veth, M. J., "Fusion of Imaging and Inertial Sensors for Navigation," Ph. D. dissertation, Air Force Institute of Technology (AU), Wright-Patterson AFB OH, ADA468382, September 2006.

[17] Chiu, H. -P., et al., "Precise Vision-Aided Aerial Navigation," *IEEE/RSJ International Conference on Intelligent Robots and Systems (IROS)*, 2014.

[18] Chiu, H. -P., et al., "Constrained Optimal Selection for Multi-Sensor Robot Navigation Using Plug-and-Play Factor Graphs," *IEEE International Conference on Robotics and Automation (ICRA)*, 2014.

[19] Chiu, H. -P., et al., "Robust Vision-Aided Navigation Using Sliding-Window Factor Graphs," *IEEE International Conference on Robotics and Automation (ICRA)*, 2013.

[20] Kaess, M., et al., "iSAM2: Incremental Smoothing and Mapping Using the Bayes Tree," *Intl. J. of Robotics Research*, Vol. 31, February 2012, pp. 217-236.

[21] Lindsten, F., et al., "Geo-Referencing for UAV Navigation Using Environment Classification," *Proc. IEEE Intl. Conf. on Robotics and Automation (ICRA)*, 2010.

[22] Patterson, T., et al., "Utilizing Geographic Information System Data for Unmanned Aerial Vehicle Position Estimation," *Proc. of Canadian Conf. on Computer and Robot Vision*, 2011.

[23] Sim, D., et al., "Integrated Position Estimation Using Aerial Image Sequences," *IEEE Transactions on Pattern Analysis and Machine Intelligence*, Vol. 24, No. 1, 2002.

[24] Conte, G., and P. Doherty, "Vision-Based Unmanned Aerial Vehicle Navigation Using Geo-Referenced Information," *EURASIP Journal of Advances in Signal Processing*, 2009.

[25] Kschischang, F., et al., "Factor Graphs and the Sum Product Algorithm," *IEEE Transactions on Information Theory*, Vol. 47, No. 2, February 2001.

[26] Mourikis, A., et al., "Vision-Aided Inertial Navigation for Spacecraft Entry, Descent, and Landing," *IEEE Transactions on Robotics*, Vol. 25, No. 2, April 2009.

[27] Chiu, H., et al., "Robust Vision-Aided Navigation Using Sliding-Window Factor Graphs," *Proc. IEEE Intl. Conf. on Robotics and Automation (ICRA)*, 2013.

[28] Kumar, R., et al., "Registration of Video to Geo-Referenced Imagery," *Proc. IEEE Intl. Conf. on Pattern Recognition (ICPR)*, 1998.

[29] Mourikis, A., and S. Roumeliotis, "A Multi-State Constraint Kalman Filter for Vision-Aided Inertial Navigation," *Proc. IEEE Intl. Conf. on Robotics and Automation (ICRA)*, 2007.

[30] Cranos, W., "Rigid-Body Image Registration Using Mutual Information," https://pdfs.semanticscholar.org/4aa2/8f76699a59ea924858c2fb461193202af288.pdf.

[31] Pluim, J. P., et al., "Mutual Information Matching and Interpolation Artifacts," *Proc. of SPIE Medical Imaging: Image Processing*, 1999, Vol. 3, p. 661.

[32] Viola, P. and W. M. Wells III, "Alignment by Maximization of Mutual Information," *International Conference on Computer Vision*, 1995.

[33] Pluim, J. P., et al., "Image Registration by Maximization of Combined Mutual Information and Gradient Information," *IEEE Transactions on Medical Imaging*, Vol. 19, No. 8, 2000, pp. 809-814.

[34] Chen, H., and P. K. Varshney, "Registration of Multimodal Brain Images: Some Experimental Results," *Proc. of SPIE Conference on Sensor Fusion: Architectures, Algorithms, and Applications VI*, Orlando, FL, 2002.

[35] Freire, L., and F. Godinho, "Registration by Maximization of Mutual Information—A Cross Validation Study," *IEEE International Symposium on Bio-Informatics and Biomedical Engineering*, 2000, pp. 322-329.

[36] Roussillon, C., et al., "RT-SLAM: A Generic and Real-Time Visual SLAM Implementation," *Int. Conf. on Computer Vision Systems (ICVS)*, Sophia Antipolis, France, September 2011.

[37] Smith, R., and P. Cheeseman, "On the Representation and Estimation of Spatial Uncertainty," *Int. Journal of Robotics Research*, Vol. 5, No. 4, 1987, pp. 56-68.

[38] Sola, J., "Impact of Landmark Parameterization on Monocular EKF-SLAM with Points and Lines," *Int. Journal of Computer Vision*, Vol. 97, No. 3, September 2012, pp. 339-368.

[39] Leutenegger, S., et al., "Key Frame-Based Visual-Inertial SLAM Using Nonlinear Optimization," *Int. J. Robot. Research*, 2015.

[40] Mur-Artal, R., et al., "ORB-SLAM: A Versatile and Accurate Monocular SLAM System," *IEEE Transactions on Robotics*, Vol. 31, No. 5, 2015, pp. 1147-1163.

[41] Forster, C., et al., "On-Manifold Preintegration for Real-Time Visual-Inertial Odometry," *IEEE Transactions on Robotics*, Vol. 33, No. 1, 2017, pp. 1-21.

[42] Lupton, L., and S. Sukkarieh, "Visual-Inertial-Aided Navigation for High Dynamic Motion in Built Environments Without Initial Conditions," *IEEE Transactions on Robotics*, 2012.

[43] Hartley, R., and A. Zisserman, *Multiple View Geometry in Computer Vision*, 2nd ed., New York: Cambridge University Press.

[44] Amado, A., "Pre-Integrated Dynamics Factors and a Dynamical Agile Visual-Inertial Dataset for UAV Perception," Master's thesis, Massachusetts Institute of Technology, 2018.

[45] Koliraov, M., et al., "Differential Dynamic Programming for Optimal Estimation," *IEEE Int. Conf. Robot. Autom (ICRA)*, 2015.

[46] Zhang, Z., and D. Scaramuzza, "A Tutorial on Quantitative Trajectory Evaluation for Visual-Inertial Odometry," *IEEE/RSJ Int. Conf. Intell. Robot. Syst. (IROS)*, 2018.

[47] Hesch, J. A., et al., "Camera-IMU-Based Localization: Observability Analysis and Consistency Improvement," *Int. J. Robot. Research*, Vol. 33, No. 1, 2014, pp. 182-201.

[48] Burri, M., et al., "The EuRoC Micro Aerial Vehicle Datasets," *Int. J. Robot. Research*, Vol. 35, 2015, pp. 1157-1163.

[49] Nyul, L. G., and Udupa J. K., "Incorporating a Measure of Local Scale in Voxel-Based 3-D Image Registration," *IEEE Transactions on Medical Imaging*, Vol. 22, No. 2, 2003, pp. 228-237.

[50] Khalid, Y., et al., "An Overview to Visual Odometry and Visual SLAM: Applications to Mobile Robotics,"

Intell. Ind. Syst., Vol. 1, 2015, pp. 289–311.

[51] Shaharyar, A., and T. Khan, "A Comparative Analysis of SIFT, SURF, KAZE, AKAZE, ORB, and BRISK," *2018 International Conference on Computing, Mathematics and Engineering Technologies (iCoMET 20)*, 2018.

[52] Scaramuzza D., and F. Fraundorfer, "Visual Odometry: Part I—The First 30 Years and Fundamentals," *IEEE Robotics and Automation Magazine*, Vol. 18, No. 4, 2011.

[53] Fraundorfer, D., and D. Scaramuzza, "Visual Odometry: Part II—Matching, Robustness, Optimization, and Applications," *IEEE Robotics and Automation Magazine*, Vol. 19, No. 2, 2012.

[54] Scaramuzza, D., "1-Point-RANSAC Structure from Motion for Vehicle-Mounted Cameras by Exploiting Non-Holonomic Constraints," *International Journal of Computer Vision*, Vol. 95, No. 1, 2011.

[55] Kneip, L., D. Scaramuzza, and R. Siegwart, "A Novel Parameterization of the Perspective-Three-Point Problem for a Direct Computation of Absolute Camera Position and Orientation," *IEEE Conference on Computer Vision and Pattern Recognition (CVPR)*, Colorado Springs, CO, 2011.

[56] Fraundorfer, F., D. Scaramuzza, and M. Pollefeys, "A Constricted Bundle Adjustment Parameterization for Relative Scale Estimation in Visual Odometry," *IEEE International Conference on Robotics and Automation (ICRA* 2010), Anchorage, AK, May 2010.

[57] Nister, D., "An Efficient Solution to the Five-Point Relative Pose Problem," *Proc. Computer Vision and Pattern Recognition (CVPR'03)*, 2003, pp. II: 195–202.

[58] Forster, C., et al., "SVO: Semi-Direct Visual Odometry for Monocular and Multi-Camera Systems," *IEEE Transactions on Robotics*, Vol. 33, No. 2, 2017, pp. 249–265

第12章

重力异常与磁力异常参考导航

12.1 引　　言

重力异常参考导航(gravity anomaly referenced navigation,GARN)与磁力异常参考导航(magnetic anomaly referenced navigation, MARN)可以看作是第9章(地形参考导航)内容的广义 TRN(wide-sense TRN, WSTRN)的扩展或相似形式[1-37]。

与经典 TRN 相比,GARN 和 MARN 有很多优点。

(1) 重力异常和磁力异常是自给自足的,即不需要任何人工基础设施(如 GPS)。这种说法的一个例外是,GARN 和 MARN 都需要高质量的地球重力异常和磁力异常模型、地图或数据库。

(2) 地球重力场和磁场无处不在,实际上异常变化也无处不在。因此,该方法适用于飞行器、地面载体、海面船和水下潜器。类比于视觉导航,就像相机拍摄没有特征的水域时,会因缺乏参考基准受到影响一样,经典 TRN 在平坦的海洋或陆地上不起作用。这种情况不会发生在重力或磁力异常参考导航中。

(3) 该方法只需要无源传感器。重力传感器和磁场传感器都不会产生任何辐射或可被检测到的信号。

(4) 难以欺骗和干扰。重力场的改变需要很大的质量变化,相对于场源,重力场和磁力场的减小比例符合以下规律: $1/r^2$(重力)、$1/r^3$(重力梯度)和 $1/r^5$(磁场)。因此,干扰或欺骗地球重力或磁场即使可行,也要付出很大的代价。

与磁异常测量方法相比,重力异常测量方法的主要优点是载体质量引起的重力扭曲非常小,常被忽略。但是,载体上的其他设备容易产生巨大磁场,其数量级可能比地球磁场异常大得多。

然而,与 GARN 相比,MARN 有以下优点。

(1) 传感器价格低且尺寸、重量和功率(size, weight, and power, SWAP)小。精度高、成本合理、SWAP 小的磁强计,目前已足够支持磁场参考导航,如光泵标量磁强计。然而,重力异常和重力梯度异常的传感器性能不足以满足导航需求。

(2) 与重力传感器不同,磁强计的测量不受载体运动影响。

目前,GARN 和 MARN,都缺乏高质量的地球重力和磁场模型、地图或数据库。

本章主要讨论各种类型 GARN 和 MARN 系统的变型系统。

捷联式重力梯度异常参考导航(gravity gradient anomaly referenced navigation, GGARN)是利用重力梯度仪(gravity gradient instrument, GGI)输出辅助惯性测量单元(inertial measurement unit, IMU)的导航方式。IMU 和 GGI 都被固定在载体上,捷联惯性导航作为主要解算方案,GGI 输出用来与基于重力梯度图或数据库、当前位置信息、当前姿态信息和其他信息共同预测的 GGI 输出进行匹配。这些差异用来修正导航解算和传感器参数。重力梯度形成一个 3×3 矩阵,叫作重力梯度张量。由于对称性和其他约束条件,矩阵中五个变量是独立的。在捷联系统中,GGI 必须能够提供所有五个变量的最小量测值,从而提供可以转换到各坐标系的量测值来支持导航方程。

例如,当 GGI 被放置在一个当地水平平台上,而不是固定安装在载体上时,就有机会使用单轴 GGI,通常采用当地垂线轴。这是因为不再需要用数学方法将完整的重力梯度张量矩阵从载体坐标系转换到当地水平坐标系。依据特定技术,单轴 GGI 可以显著降低成本且需要的 SWAP 更少。

重力梯度异常的测量通常采用带有精密运动调制的高精度差分加速度计,以消除各种误差源。测量过程中被抵消的由于载体运动产生的加速度以及地球引力的标称(额定)部分是最重要的误差源之一。正因如此,重力梯度参考导航系统在仅使用重力异常而非重力梯度异常进行导航时,不存在以下两个缺点。

(1) 重力异常与载体运动引起的加速度难以区分。运动引起的加速度可能比重力异常引起的加速度大几个数量级。

(2) 由于姿态误差和对准误差引起的重力投影误差比重力异常引起的重力投影误差大几个数量级。

因此,对于 GARN,当不使用重力梯度时,建议如下。

(1) 为了平均或滤除载体运动的影响,需要对重力测量进行长期平均和滤波。

(2) 这种类型的导航适用于不具有高动态运动的载体。因此,只有低动态的海洋船和潜艇载体是搭载这种导航系统的适用平台。

(3) 即使是很小的姿态误差和对准误差也能带来重力投影误差,因此,捷联式重力仪意义不大。

(4) 对于平台式重力仪,三轴重力仪的优势不比依靠当地垂线轴的单轴重力仪的大。这是因为当地水平轴会受到同样的平台控制和对准误差的影响,其误差往往比当地水平轴重力异常的误差大得多。这对当地垂线轴来说不是问题,因为姿态误差是通过余弦效应影响的。

因此,唯一有意义的重力仪参考导航系统是安装在本地水平平台上的单轴重力计。由于本地垂直轴姿态和对准误差的二阶影响,本地水平平台不需要非常精确。

对于 MARN 系统,由于可采用高精度、低 SWAP 的标量磁强计,因此,捷联式标量传感器系统最为经济。矢量磁强计(如基于磁通门的磁强计)可用性较差,原因如下。

(1) 矢量磁强计(如磁通门磁强计)精度是标量磁强计的$\frac{1}{10}\sim\frac{1}{100}$。

(2) 将矢量场测量结果从传感器坐标系转换到地球坐标系时,即使是很小的姿态转换误差,也会产生很大的投影误差(这也是三轴重力仪不可用的主要原因)。这些误差通常会掩盖磁场异常。

(3) 矢量地球磁场异常图或数据库的可用性远低于标量磁场异常图或数据库。

如前所述,与 GGI 不同,最先进的高精度磁强计已经可以作为磁场异常参考导航的主要传感器。其性能满足需求,且 SWAP 低、成本合理。目前的难点在于能否获得高质量的地球磁场参考地图,以及是否能够校准由载体上其他设备产生的磁场。在多数情况下,该磁场的异常比地球磁场的异常大得多。

综上所述,表 12.1 将 GARN 和 MARN 与经典 TRN 进行了比较,并列出了本节中讨论的一些要点。

表 12.1　广义 TRN 方法比较

类型	优势	劣势	技术现状与问题
TRN	精度高	在平坦陆地或水面无法工作;是有源信号、可被检测到	技术成熟;可获得更好的性能、更低的成本和更低的 SWAP
GARN	无源;难以干扰或欺骗;随处可见	需要长期平均,来移除真实运动,低性能	缺乏低成本传感器;缺乏高质量的地图或数据库;三轴系统作用不大;单轴低精度平台最有意义
GGARN	无源;难以干扰或欺骗;随处可见;不受运动影响	需要高精度、高成本传感器来实现合理性能	缺乏低成本、高精度的传感器是首要问题;缺乏高质量的数据库也是一个问题;需要所有轴捷联安装(至少需要五个传感器形成 GG(重力梯度)张量);也许能减少使用数量(如远见卓识下平台上的单轴系统)
MARN	无源;难以干扰或欺骗;随处可见;不受运动影响;目前已有质量好、成本低、SWAP 低的传感器	需要高质量数据库,以实现良好性能;需要校准载体上其他设备引起的磁场	最大的问题是现有地图或数据库不足以支持良好的性能;载体环境中的高质量建模和校准磁场也是挑战;基于标量传感器的方法最有意义;矢量测量和梯度测量的可行性要低得多

12.2 通用 TRN 技术:基本性能

本节主要讨论通用 TRN 技术,包括经典的基于雷达或激光高度计的 TRN、GARN、GGARN 和 MARN。

尽管在建立数学模型后,通过仿真很容易预测导航系统的性能,但直观理解影响性能的重要驱动因素,以及明确驱动因素如何影响导航系统的性能也很重要。下面将从概念上讨论系统性能,这样有助于理解基本问题,并且希望这些概念能够帮助读者将自己的设计引导向正确方向。

广义地形模型由下式给出:

$$y = f(x) + v \tag{12.1}$$

式中:x 表示位置;y 表示广义地形变量,如海拔、磁场、重力或重力梯度;v 为量测噪声和模型误差的组合,包括数据库误差。

围绕一个已知点将上述模型线性化:

$$y_0 = f(x_0) \tag{12.2}$$

线性化方程由下式给出:

$$\begin{aligned} y - y_0 &= f(x) - f(x_0) + v \\ &\approx \left(\left.\frac{\partial f(x)}{\partial x}\right|_{x=x_0}\right)(x - x_0) + v = (\mathrm{grad}(f(x_0)))^{\mathrm{T}}(x - x_0) + v \end{aligned} \tag{12.3}$$

为了提供三维位置可观测性,需要在沿不同方向梯度上的多个位置生成量测值。此外,通常只需要留出时间对量测噪声进行平均。在这些不同位置生成量测值期间或在平均量测噪声期间,则要依靠惯性导航来解决导航问题。

令

$$x_j = x + \delta x_j + w_j \tag{12.4}$$

式中:δx_j 为由惯性导航预测的位置变化;w_j 为惯性导航解算误差。

然后,有

$$\bar{y}_j - y_0 = (\mathrm{grad}(f(x_0 + \delta x_j)))^{\mathrm{T}}(x + \delta x_j + w_j - x_0) + \bar{v} \tag{12.5}$$

将上述方程叠加,有

$$\begin{bmatrix} \bar{y}_1 - y_0 \\ \vdots \\ \bar{y}_m - y_0 \end{bmatrix} = \begin{bmatrix} (\mathrm{grad}(f(x_0 + \delta x_1)))^{\mathrm{T}} \\ \vdots \\ (\mathrm{grad}(f(x_0 + \delta x_m)))^{\mathrm{T}} \end{bmatrix}(x - x_0) + \begin{bmatrix} (\mathrm{grad}(f(x_0 + \delta x_1)))^{\mathrm{T}}(\delta x_1 + w_1) \\ \vdots \\ (\mathrm{grad}(f(x_0 + \delta x_m)))^{\mathrm{T}}(\delta x_m + w_m) \end{bmatrix} + \bar{v} \tag{12.6}$$

式(12.6)也可以写为

$$\delta \boldsymbol{Y} = \boldsymbol{G}(x - x_0) + \delta y(\delta x_1, \delta x_2, \cdots, \delta x_m) + \delta y(w_1, w_2, \cdots, w_m) + \boldsymbol{V} \tag{12.7}$$

求解 x,得到以下方程:

$$x = x_0 + \mathrm{pinv}(\boldsymbol{G})(\delta \boldsymbol{Y} - \delta y(\delta x_1, \delta x_2, \cdots, \delta x_m) - \delta y(w_1, w_2, \cdots, w_m)) + \mathrm{pinv}(\boldsymbol{G})(\boldsymbol{V}) \tag{12.8}$$

式中:pinv(·)表示矩阵的伪逆。

因此,对位置的估计结果为

$$\hat{x} = x_0 + \mathrm{pinv}(\boldsymbol{G})(\delta \boldsymbol{Y} - \delta y(\delta x_1, \delta x_2, \cdots, \delta x_m)) \tag{12.9}$$

可以看到三个主要影响因素:

(1)量测噪声(数据库和传感器误差的组合)$\boldsymbol{V}$;

(2)惯性导航误差$(w_1, w_2, \cdots, w_m)$;

(3)精度的降低,也就是梯度矩阵的逆会产生影响。

为了更直观的理解,下面介绍一个一维导航问题。在这种情况下,有以下简化的标量方程:

$$\begin{aligned} x + \delta x_j + w_j &= x_0 + (\mathrm{grad}(f(x_0 + \delta x_j)))^{-1}(\bar{y} - y_0 - \bar{v}) \\ \hat{x} &= x_0 - \delta x_j + (\mathrm{grad}(f(x_0)))^{-1}(\bar{y} - y_0) \end{aligned} \tag{12.10}$$

并且

$$\sigma^2(\hat{x}) = \sigma^2(w_j) + (\mathrm{grad}(f(x_0)))^{-2}\sigma^2(\bar{v}) \tag{12.11}$$

也就是说:

(1)在寻求可观测性时,惯性导航误差没有被放大或缩小;

(2)在寻找可观测性过程中,量测误差是平均值;

(3)量测误差被梯度的逆放大。

多数情况下,下式中各参数项都是主要影响因素:

$$(\mathrm{grad}(f(x_0)))^{-1}\sigma(\bar{v}) = \frac{\sigma(\bar{v})}{\mathrm{grad}(f(x_0))} \tag{12.12}$$

换句话说,系统性能主要由平均后的传感器或数据库误差除以地形参考信号的梯度决定。传感器或数据库误差的平均程度取决于惯性导航传感器的性能。

表 12.2 列举了部分典型地形相关测量传感器、地形梯度和导航性能的示例。

为了理解梯度上的平均噪声是主导项的原因,可参照误差源分配表(表 12.3)。表中包括惯性导航和重力辅助系统(假设加速度影响为理想状态)。

在简单导航系统中,使用低精度 IMU 惯性导航,并采用重力仪辅助。假定还需要相同的时间完成噪声平均以提高可观测性,并包括充足的量测变化值。

重要的是要认识到,即使是一个低精度的 IMU,在寻找可观测性和平均时间期间,惯性导航误差通常比传感器平均下降值或地图误差除以梯度计算出的误差小得多。

表 12.2　地形传感器误差、地形梯度和导航性能的粗略量级估算值

地形参考导航类型	传感器类型	平均后广义地形传感器和数据库误差(粗略量级估算)	广义地形变量单位	示例梯度值(广义地形变量)/km	示例导航性能/(m/梯度)(平均后的传感器和数据库误差)	主要挑战
传统 TRN	雷达高度计	5	m	100(由于中间有惯性,不是一直需要)	50	射频信号可以被检测到;地形变化不是随处有效
GARN	重力计	2	mGal $1\times10^{-5}\text{m/s}^2=1\mu\text{G}$	5(由于中间有惯性,不是一直需要)	400	需要通过长期平均来分离重力和运动;传感器成本高
重力梯度参考导航	GGI	0.1(100 s 内 $1\text{Eo}/\sqrt{\text{Hz}}$ 平均结果)	$\text{Eo}=1\times10^{-9}\text{s}^{-2}=1\times10^{-4}\text{mGal/m}$	0.1(平坦地势)	500(假设4轴均值)	传感器成本高、数据库精度低
重力梯度参考导航	GGI	0.1(100s 内 $1\text{Eo}/\sqrt{\text{Hz}}$ 平均结果)	$\text{Eo}=1\times10^{-9}\text{s}^{-2}=1\times10^{-4}\text{mGal/m}$	5(地形崎岖,不是一直需要)	10(假设4轴均值)	传感器成本高、数据库精度低
磁场参考导航	磁力计	30(目前典型的数据质量)	nT	10(海拔越高,梯度越小)	3000	数据库或模型精度低;受附近磁场干扰
磁场参考导航	磁力计	2(专门为某一地区建立数据库)	nT	20(海拔越低,梯度越大)	100	数据库误差和环境的校准残差通常比传感器误差大得多

表 12.3　粗略量级估算误差源分配表

影响项	数值	单位
平均后传感器噪声	2	mGal
平均后数据库误差	2	mGal
GGI 和 INS 组合	2.83	mGal
梯度	5	mGal

续表

影响项	数值	单位
更新后误差	566	m
引起足够变化的距离	0. 566	km
速度	20	km/h
引起足够重力变化的时间	305. 5	s
INS 速度残差	0. 1	m/s
INS 稳态陀螺零偏校正残差	0. 1	(°)/h
INS 姿态误差与加速度计零偏残差	0. 3	mg
INS 陀螺零偏引起的漂移	22. 6	m
INS 姿态和加速度计引起的漂移	137. 2	m
INS 速度误差引起的漂移	30. 5	m
更新前导航性能	583	m

12. 3 重力计、重力梯度仪和磁力计

本节简要讨论与 GARN 和 MARN 相关的传感器。读者可以参考其他全面介绍传感器的文献。

12. 3. 1 重力计

重力计和加速度计没有本质上的区别。换句话说,重力计就是一个高精度的加速度计。为了测量地球重力异常水平的重力,需要精确到毫伽、微伽、亚毫伽或亚微伽级水平。经典的导航级加速度计通过对误差的精准建模和校准,也可以接近这个精度。目前的新兴技术,如基于原子干涉的重力计,可以达到微伽或纳米级的性能水平,这类精度的传感器足以支持 GARN 系统。

如前所述,GARN 最大的挑战是从测量结果中消除真实运动的影响。因此,GARN 只适用于长距离稳定或低动态航行的平台,如潜艇和低动态海洋载体。

重要的是,使用三轴重力计通常不是很有益。这是因为在当地垂线轴重力投影到其他轴上时,一个很小的姿态误差会引入一个比重力异常大很多的误差。例如,1mrad 姿态误差会在当地水平坐标系中引入 1000μG 的误差。为了达到 1μG的精度,姿态误差需要精确到 1μrad。但是,受热变形和许多其他误差源的影响,达到 1μrad 精度是非常困难的。但由于小角度余弦函数的二阶性质,小姿态误差对局部纵轴的影响不大。例如,1mrad 的姿态误差只会产生当地垂线轴重力测量误差 0. 5μG。

因此,重力计的意义如下:

(1) 单轴当地垂线重力计是实用性设计的较好选择；

(2) 保持本地姿态稳定的平台不需要非常精确，对于大多数应用，姿态误差大于 1mrad 都是可以接受的。

12.3.2 重力梯度仪

GGI 用于测量重力梯度。推导梯度的过程消除了重力计的一些关键误差因素：

(1) 消除了载体线性加速度；

(2) 消除了数值较大的重力值。

如果使用捷联式 GGI，必须已知所有轴（至少 5 个轴的测量结果），以便能够计算完整的 3×3 重力梯度张量矩阵，将矩阵转换到其他坐标系。

在过去 50 年左右的时间里，已经有了许多 GGI 开发项目，并建造原理样机。此处不描述每一项开发工作，感兴趣的读者可以参考文献[1-2]获得这段历史更全面的报道。本书使用表 12.4 来介绍部分对未来很重要的开发工作。在表 12.4 包含了三类技术。

表 12.4 重要的 GGI 开发项目

<table>
<tr><th>开发者</th><th>目前状态</th><th>技术</th><th>噪声（粗略数量级）</th></tr>
<tr><td>贝尔航空航天公司、德事隆公司、洛克希德马丁公司</td><td>自 20 世纪 60 年代以来设计了多代原理样机</td><td>旋转加速度计</td><td>$\mathrm{Eo}/\sqrt{\mathrm{Hz}}$</td></tr>
<tr><td>马里兰大学</td><td>研发中，成熟度低</td><td rowspan="2">超导量子干涉装置和线放电加工</td><td>$0.02 \sim 1\mathrm{Eo}/\sqrt{\mathrm{Hz}}$</td></tr>
<tr><td>欧洲航天局静电重力梯度仪（electrostatic gravity gradiometer，EGG）</td><td>研发中，科研任务</td><td>$3\times10^{-3}\mathrm{Eo}/\sqrt{\mathrm{Hz}}$</td></tr>
<tr><td>AOSense 公司；冷原子重力梯度仪</td><td>研发中，成熟度低</td><td>原子干涉</td><td>未公开</td></tr>
</table>

贝尔航空航天公司的设计已经被用作其他几个研究发展的起点。设计中将典型通用加速度计安装在一个旋转磁盘上。加速度计的分离使得加速度随距离的变化能够被测量，从而得到梯度。旋转将典型通用加速度计的一些恒定或缓慢变化的误差调制为高频、零均值误差，使得加速度计不在旋转磁盘上时达到不可能达到的性能水平。

马里兰大学和欧洲航天局通过使用超导量子干涉装置（superconducting quantum interference device，SQID）和线放电加工（electric discharge machining，EDM）技术来达到非常高的性能水平。

AOSense 和其他一些公司使用原子干涉测量法实现了高性能陀螺和加速度计。

由于 GGI 与 INS 进行了集成，因此有必要指出，表 12.4 提到的噪声可以在使用INS保持导航精度时,通过平均化显著减小这些噪声。从这个意义上讲,虽然表中出现较高的噪声值,但其影响可能并不像这些数值所显示的那样糟糕。然而,由于缺乏公开信息,表中没有列出更重要的性能参数,这些参数是无法通过平均来抑制误差,比如未知且缓慢变化的传感器偏差。有些传感器,如加速度计转盘,可以将加速度计的偏差调制成正弦信号,从而消除传感器偏差。在这种情况下,噪声确实是性能的驱动因素。

12.3.3 磁强计

目前的磁强计技术可能已经超过了地球磁场参考导航的需求。因此,磁场参考导航的主要误差来源是磁场地图或数据库误差,以及附近环境(通常是铁器、电源和其他电子设备)引入的畸变校准残差。

同样,本节不打算对磁强计进行全面论述,读者如有兴趣,请参考文献[38-43]。本节简要讨论以下两种最实用的磁强计:①光泵标量磁强计(optically pumped scalar magnetometers, OPM);②磁通门矢量磁强计。

12.3.3.1 OPM

OPM测量的是绝对磁场强度,输出是测量磁场的幅值,而不是磁场的矢量,是实际应用中用于磁场测量的标准传感器。

OPM属于核共振磁强计中的一大类,基本原理是利用气体的原子特性来测量磁场。在这一大类别中,包括质子进动磁强计、碱蒸气光泵磁强计、欧弗豪泽(Overhauser)效应磁强计。

OPM是一项成熟技术,具有灵敏度高、采样率高、SWAP低的特点。典型性能水平为0.01%或更好。对于高达10000nT的动态应用范围,上述测量精度意味着传感器误差在1nT水平。鉴于以上优势,OPM是MARN的自然选择。

OPM是一个标量磁强计,它测量的是磁场大小,与磁场方向无关。然而,它确实存在测量盲区。更确切地说,视场有限,即只能在磁场矢量落入传感器视场时提供输出。因此,为了避免盲区,通常需要两个传感器。

虽然OPM是标量传感器,但是也有姿态相关误差(称为航向误差),在使用OPM进行导航时需要对其进行适当建模。

OPM是使用碱金属制造的,如铯和钾,因此,当含有气态金属的电池被暴露在特定波长的光下极化时,光将通过泵将电子送到一个更高的能级来减少气体中一个电子能级。这些电子会自发地衰变到两个能级。最后,一个较低的能级会被完全填充。

当较低波长的射频能量可以被应用到电池时,电池将通过将较低能级的电子移回它们原来的位置而去极化。

事实证明,恢复原始能级所需的能量是环境磁场的函数,遵循塞曼效应。因此,测量去极化射频功率的频率意味着也在测量磁场。

塞曼效应的强度取决于环境磁场相对于施加光的方向和射频功率的方向。当相对方向不在合适的范围内时,信号就会丢失,从而导致前面提到的盲区。幸运的是,这种效果有很高的耐受性,当磁场矢量在传感器方向的 10°~80°范围内时,传感器将保持工作状态。

12.3.3.2 磁通门磁强计

经典磁通门磁强计与 OPM 有两个重要的区别:

(1) 磁通门磁强计是相对传感器,需要根据参考场进行校准。

(2) 磁通门磁强计测量场矢量在灵敏度传感器轴上的投影。因此,可以使用 3 个或 3 个以上的传感器来测量磁场矢量。

大多数磁通门磁强计的性能范围为 0.1%~1%。对于 10000nT 的动态范围,0.1%意味着 10nT,1%意味着 100nT。换句话说,磁通门的精度是 OPM 精度的$\frac{1}{10}$~$\frac{1}{100}$。

传感器技术的进步使系统性能不断提高。已有公开报告称,OPM 精度可以达到 pT 级或更低,也有文献报道称磁通门磁强计准确度可达 0.01%。由于人类测量和建立精确地磁地图或数据库的能力有限,超高精度的传感器没有可用性,这是因为地图或数据库中的误差将占主导地位。然而,0.01%的磁通门性能意味着也可以使用磁通门磁强计作为 MARN 的主要传感器。

因此,MARN 可以通过多种不同的方式来实现,选择方式取决于所使用的传感器测量类型。

(1) 标量磁强度测量(1 个轴);

(2) 一个矢量场的部分或全部分量的测量(1~3 个轴);

(3) 梯度张量矩阵(1~6 个轴)(3×3 矩阵)。

在实际应用中,标量测量方法所需的磁场异常数据量最少,但在实际中应用的可能性最大。目前的技术状态是,基于矢量场测量方法或梯度张量矩阵方法的地图或数据库支持还远远不够。

矢量测量除了存在与磁场异常图或数据库相关的问题外,还存在与重力异常测量相同的问题。也就是说,计算过程中磁场必须被投影转换,在将磁场矢量从一个坐标系投射到另一个坐标系时,一个很小的姿态误差会引入一个大到足以显著破坏异常测量的误差。

与重力梯度张量类似,磁场梯度张量会消除上述大值转换误差问题,使情况得到改善。然而,高精度地图或数据库的缺乏仍然是一个很大的问题。

12.4　地球重力异常和磁场异常模型与数据库

12.4.1　地球重力场与重力梯度

在位置 $\boldsymbol{r}$ 处,体积为 V 的质量块产生的重力势定义为

$$V_g(\boldsymbol{r}) = G\iiint\limits_V \frac{\rho(\boldsymbol{\eta})}{\|\boldsymbol{r}-\boldsymbol{\eta}\|}\mathrm{d}V \tag{12.13}$$

式中:$\rho(\boldsymbol{\eta})$ 为 $\boldsymbol{\eta}$ 处质量密度;G 为牛顿引力常数,数值为 $6.6742\times10^{-11}\dfrac{\mathrm{m}^3}{\mathrm{kg}\cdot\mathrm{s}^2}$。

位置矢量 $\boldsymbol{r}$ 的一阶导数或梯度就是重力加速度,即

$$g = \frac{\partial V_{\mathrm{g}}(\boldsymbol{r})}{\partial \boldsymbol{r}} = \nabla V_{\mathrm{g}}(\boldsymbol{r}) \tag{12.14}$$

二阶导数是重力梯度矩阵或重力梯度张量:

$$\boldsymbol{\Gamma} = \frac{\partial V_{\mathrm{g}}(\boldsymbol{r})}{\partial \boldsymbol{r}\partial \boldsymbol{r}^{\mathrm{T}}} = \nabla\nabla^{\mathrm{T}} V_{\mathrm{g}}(\boldsymbol{r}) = \begin{bmatrix} \Gamma_{xx} & \Gamma_{xx} & \Gamma_{xz} \\ \Gamma_{xy} & \Gamma_{yy} & \Gamma_{yz} \\ \Gamma_{xz} & \Gamma_{yz} & \Gamma_{zz} \end{bmatrix} \tag{12.15}$$

该矩阵为对称阵。此外,矩阵的迹满足以下傅里叶方程:

$$\nabla V_{\mathrm{g}} = \mathrm{trace}(\boldsymbol{\Gamma}) = \Gamma_{xx} + \Gamma_{yy} + \Gamma_{zz} = -4\pi G\rho(\boldsymbol{r}) \tag{12.16}$$

如果忽略自由空气的重力势,则有拉普拉斯方程:

$$\nabla V_{\mathrm{g}} = \mathrm{trace}(\boldsymbol{\Gamma}) = \Gamma_{xx} + \Gamma_{yy} + \Gamma_{zz} = 0 \tag{12.17}$$

不管是拉普拉斯方程还是傅里叶方程,由于迹的对称性和约束,3×3 矩阵只有 9-3-1=5 个自变量。

利用球面谐波模拟地球的重力势。标量引力势 V_{g} 是地心固连(earth centered earth fixed, ECEF)坐标系中位置的函数,模型为

$$V_{\mathrm{g}}({}^{E}\boldsymbol{R}_{\mathrm{E}}^{\mathrm{B}}) = -\frac{\mu}{\boldsymbol{r}}\left\{1 + \sum_{n=2}^{\infty}\left(\frac{a}{\boldsymbol{r}}\right)^n \sum_{m=0}^{n} P_{n,m}(\sin\lambda)\left[C_{n.m}\cos(m\phi) + S_{n.m}\sin(m\phi)\right]\right\} \tag{12.18}$$

其中,ECEF 位置矢量利用到地心距离 r、地心纬度 λ 和经度 φ 转换为地心(不是大地)球坐标,并满足下式:

$${}^{\mathrm{E}}\boldsymbol{R}_{\mathrm{E}}^{\mathrm{B}} = \begin{bmatrix} r\cos\lambda\cos\phi \\ r\cos\lambda\sin\phi \\ r\sin\lambda \end{bmatrix} \tag{12.19}$$

式中:a 为地球半长轴,用于将系数归一化为无单位形式;$P_{n,0}$ 为勒让德(Legendre)多项式;$P_{n,m}$ $(1\leqslant m\leqslant n)$为可以由 $P_{n,0}$ 递归导出的相关勒让德函数。

地球引力模型 96(earth gravitational model 96, EGM96)的系数为 130317,

$n=360$。

EGM2008 模型代表了地球引力模型的综合发展现状，其完整程度达到了球面谐波程度且阶次为 2159 次（$n=m=2159$），并包含了延伸到 2190 次和 2159 次的附加系数。与 EGM96 相比，EGM2008 的分辨率提高了 6 倍，精度提高了 3~6 倍。

一个特定模型的分辨率通常用 $\pi r/n$ 来计算，其中 r 为地球的平均半径，n 为模型的谐波程度。利用 $r=6371\text{km}$ 计算出 EGM96 模型的空间分辨率约为 56km。换句话说，EGM96 只捕捉到长波效应。

对于 EGM2008，分辨率为 9.3km（大约提高了 6 倍），它可以捕捉到重力变化的更多细节。

EGM96 和 EGM2008 都没有捕捉测量到详细的地形效应。因此，为了导航，重力模型需要结合 EGM 模型和地形效应模型。后者可以从地球地形剖面近似得到。

受质量块的影响，重力下降了（$1/r^2$）、重力梯度下降了（$1/r^3$），地形对重力梯度的所模拟的影响随着高度的增加而迅速下降。但在低空，地形效应导致的重力梯度比 EGM 模型大得多。随着高度的增加，地形对重力梯度的影响越来越小，最终将由 EGM 模型所模拟的重力梯度主导。

为了利用重力异常和重力梯度异常获得高性能，地形效应数据最终必须通过航空测量来生成。在此之前，Parker[6]、Jekeli 和 Zhu[7] 展示了如何从地形数据中合理准确地计算重力势和重力梯度。

12.4.2 地球磁场

地球磁场由以下几个关键组成部分：

(1) 由地核（地心场）产生的地球主磁场；

(2) 由地壳引起的地磁场（地壳场）；

(3) 由外场引起的感应磁场；

(4) 外磁场。

由地心引起的地球主磁场占磁场的 95% 以上，其强度范围为 3×10^4 ~ 7×10^4nT。地心磁场呈现长期变化，因此，每 5 年重新建模一次。

与地心场有关的波长很长，它被球面谐波模型的第 1~13 号波捕获。最短的波长约为 40000km。换句话说，地心场对基于磁场异常的导航不是很有用（尽管它对于磁场的传统使用，如航向和姿态，确定是有用的）。

地壳场占总磁场的 1%~5%，量级在数百 nT。地壳场的变化缓慢，存在着与地壳场有关的波长短至 1km。海拔越高，距离变化越小。地壳场是真正有助于导航的组成部分。

感应场是由外场感应生成的磁场。外部源将在地球的导电地幔中诱发电流,这些电流会产生自己的磁场。感应磁场通常是时变的,外磁场主要是电离层和磁层产生的场。

地磁场模型有很多种,其中,国际地磁参考场(international geomagnetic reference field,IGRF)模型和世界磁场模型(world magnetic model,WMM)是应用最广泛的。WMM 是一类仅用于预测模型的技术,适用于当下(2020—2025 年)。IGRF 是根据历史数据更新的 IGRF 和 WMM 都每 5 年更新一次。全球各种地磁场模型的综合比较请参阅文献[5]。

所有这些模型都是基于球面谐波函数的。具体来讲,V_m 表示标量磁势,它是 ECEF 坐标系中位置的函数:

$$V_{\mathrm{m}} = V_{\mathrm{m}}({}^{\mathrm{E}}\boldsymbol{R}_{\mathrm{E}}^{\mathrm{B}}) \tag{12.20}$$

地球磁场 $\boldsymbol{B}$ 是磁势函数的梯度:

$${}^{\mathrm{E}}\boldsymbol{B} = -\frac{\partial V_m({}^{\mathrm{E}}\boldsymbol{R}_{\mathrm{E}}^{\mathrm{B}})}{\partial {}^{\mathrm{E}}\boldsymbol{R}_{\mathrm{E}}^{\mathrm{B}}} = -\nabla V_{\mathrm{m}}({}^{\mathrm{E}}\boldsymbol{R}_{\mathrm{E}}^{\mathrm{B}}) \tag{12.21}$$

V_m 通过球面谐波函数建模为

$$V_{\mathrm{m}}({}^{\mathrm{E}}\boldsymbol{R}_{\mathrm{E}}^{\mathrm{B}}) = a\left\{\sum_{n=1}^{\infty}\left(\frac{a}{r}\right)^{n+1}\sum_{m=0}^{n}P_{n,m}(\sin\lambda)\left[g_{n,m}\cos(m\phi) + h_{n,m}\sin(m\phi)\right]\right\} \tag{12.22}$$

其中,ECEF 位置矢量利用地心距离 r、地心纬度 λ 和经度 φ 转换为地心球坐标。

式中:a 为地球半长轴,用于将系数归一化为无单位的量; $P_{n,0}$ 为勒让德多项式; $P_{n,m}$ $(1 \leqslant m \leqslant n)$ 为勒让德函数,与重力模型中用到的相同。

1~12 号波主要来自地核,13~15 号波来自地核和地壳,16 号以上的波来自地壳。

IGRF 和 WMM 主要捕获地心场。重点是该模型可以使用来自较低海拔的数据延续或扩展到较高海拔。然而,目前可用的 IGRF 和 WMM 数据没有提供足够的细节或足够的精度来支持 MARN。

还有一些地图或数据库是专门用来捕捉磁场异常信息的。特别地,北美磁异常数据库(North American magnetic anomaly database, NAMAD)[8-10]是由美国地质调查局、加拿大地质调查局和墨西哥矿产资源委员会联合创建的,它提供了北美地区 2~8km 间距内不同指数据精度的数据,并有可能为磁场参考导航提供合理的性能。

世界数字磁异常图(world digital magnetic anomaly map, WDMAM)[11-13]是国际上创建的世界磁异常图。该地图或数据库以 3″的分辨率模拟了 5km 高度的地球磁场异常(在赤道处为 5.5km)。世界数字磁异常也是由不同质量的数据创建的。它可能提供一定程度的精度来支持 MARN。

12.5 基本架构

以地球重力场异常和磁力场异常作为参考的导航系统的架构与 TRN 基本的架构相同。本节将描述 3 种适用性较强的变形架构：

(1) 捷联式 GGI 辅助 INS；

(2) 单轴重力计辅助 INS；

(3) 标量磁力计辅助 INS。

同样地,可以创建许多其他类型的变形架构,但不同架构间的基本原则是相同的。

图 12.1 所示为 GGI 辅助 GGARN 系统的基本架构。显然,该架构与前面讨论的通用全源定位、导航与授时(positioning, navigation, and timing, PNT)架构是一致的,并且 GGI 更新通道可以很容易地合并到全源 PNT 架构中。

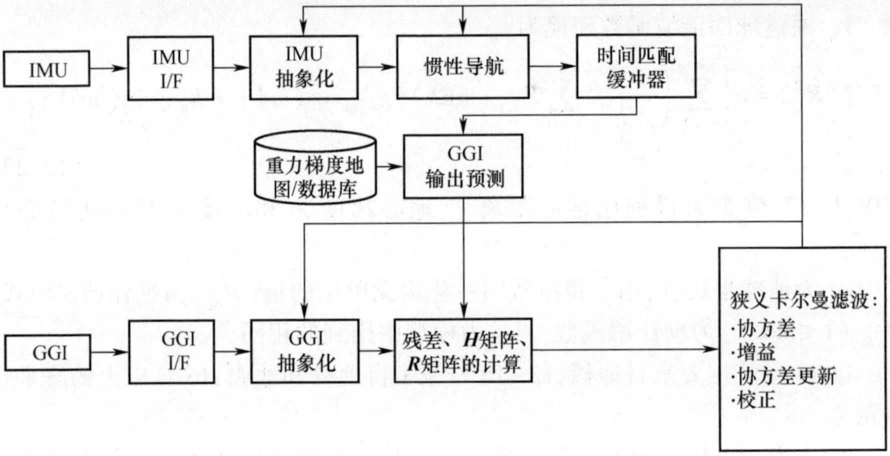

图 12.1　GGI 辅助 GGARIN 系统的基本架构

图 12.2 所示为基于单轴重力计的 GARN 系统架构。如前所述,由于大数值重力投影问题,使用三轴重力计系统不是很有利。只有沿着本地垂线方向的单轴传感器才最有意义。假设 IMU 和重力计都安装在低成本平台上,使用 INS 输出控制低成本平台使平台保持本地水平。

可以看出,该架构使用了一个低成本的平台来保持重力计与本地水平面垂直。如前所述,由于余弦效应,平台不需要精确,误差在 1mrad 量级的低成本平台可以满足需求。

此外,必须使用运动滤波器来滤除运动引起的加速度,通常为一个极低带宽的低通滤波器,为载体特定的频率提供额外的陷波滤波器。

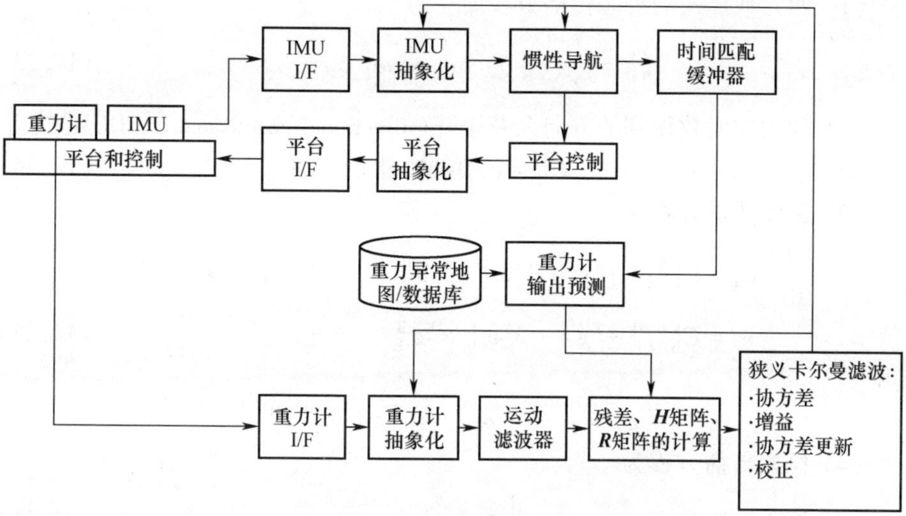

图 12.2 低成本平台式单轴重力计 GARN 系统

图 12.3 所示为基于磁强计的 MARN 系统。可以看出,它在结构上与经典的 TRN 和 GARN 完全相同。虽然示意图是通用的,但在该类型系统中,精密标量磁强计(如 OPM)被认为是最佳选择。

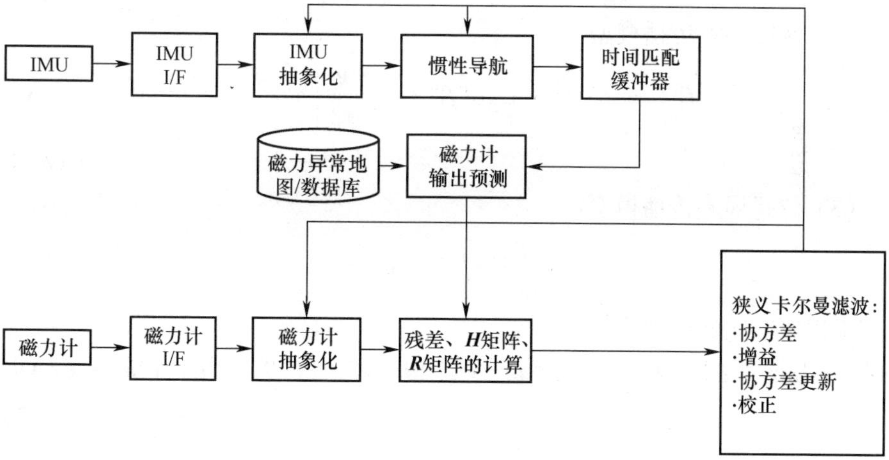

图 12.3 基于磁强计的 MARN 系统

12.6 传播算法与误差模型

惯性导航算法在第 3 章中已讨论,在不同坐标系下编写方程,算法类型也不同。针对本章需求,使用 ECEF 坐标系下的 INS 算法,总结如下。

(1) 四元数形式的姿态传播方程简写为

$$\dot{\boldsymbol{q}}_{\mathrm{B}}^{\mathrm{E}}=\frac{1}{2}\left(\boldsymbol{q}_{\mathrm{B}}^{\mathrm{E}} \otimes{ }^{\mathrm{B}} \boldsymbol{\omega}_{\mathrm{I}}^{\mathrm{B}}-{ }^{\mathrm{E}} \boldsymbol{\omega}_{\mathrm{I}}^{\mathrm{E}} \otimes \boldsymbol{q}_{\mathrm{B}}^{\mathrm{E}}\right) \tag{12.23}$$

(2) 利用四元数得到的方向余弦矩阵(directional cosine matrix, DCM)为

$$\boldsymbol{C}_{\mathrm{B}}^{\mathrm{E}}=\mathrm{q2DCM}\left(\boldsymbol{q}_{\mathrm{B}}^{\mathrm{E}}\right) \tag{12.24}$$

(3) 速度传播方程为

$$\begin{aligned}\frac{\mathrm{d}}{\mathrm{d} t}{ }^{\mathrm{E}} \boldsymbol{v}_{\mathrm{E}}^{\mathrm{B}} & =\boldsymbol{C}_{\mathrm{B}}^{\mathrm{E}}{ }^{\mathrm{B}} \boldsymbol{f}_{\mathrm{I}}^{\mathrm{B}}+{ }^{\mathrm{E}} \boldsymbol{g}-2^{\mathrm{E}} \boldsymbol{\omega}_{\mathrm{I}}^{\mathrm{E}} \times{ }^{\mathrm{E}} \boldsymbol{v}_{\mathrm{E}}^{\mathrm{B}}-\left[{ }^{\mathrm{E}} \boldsymbol{\omega}_{\mathrm{I}}^{\mathrm{E}} \times\right]\left[{ }^{E} \boldsymbol{\omega}_{\mathrm{I}}^{\mathrm{E}} \times\right]{ }^{\mathrm{E}} \boldsymbol{r}_{\mathrm{E}}^{\mathrm{B}} \\ & =\boldsymbol{C}_{\mathrm{B}}^{\mathrm{E}}{ }^{\mathrm{B}} \boldsymbol{f}_{\mathrm{I}}^{\mathrm{B}}+{ }^{\mathrm{E}} \boldsymbol{g}_{\mathrm{c}}-2^{E} \boldsymbol{\omega}_{\mathrm{I}}^{\mathrm{E}} \times{ }^{\mathrm{E}} \boldsymbol{v}_{\mathrm{E}}^{\mathrm{B}}\end{aligned} \tag{12.25}$$

其中

$${ }^{\mathrm{E}} g_{\mathrm{c}}={ }^{\mathrm{E}} \boldsymbol{g}-\left[{ }^{\mathrm{E}} \boldsymbol{\omega}_{\mathrm{I}}^{\mathrm{E}} \times\right]\left[{ }^{\mathrm{E}} \boldsymbol{\omega}_{\mathrm{I}}^{\mathrm{E}} \times\right]{ }^{\mathrm{E}} \boldsymbol{r}_{\mathrm{E}}^{\mathrm{B}}$$

(4) 位置传播方程为

$$\frac{\mathrm{d}}{\mathrm{d} t}{ }^{\mathrm{E}} \boldsymbol{r}_{\mathrm{E}}^{\mathrm{B}}={ }^{\mathrm{E}} \boldsymbol{v}_{\mathrm{E}}^{\mathrm{B}} \tag{12.26}$$

对于卡尔曼滤波的协方差传播过程,需要姿态、速度和位置的线性化误差模型,即重复第 3 章内容。

(1) 姿态误差传播模型:

$$\delta^{\mathrm{E}} \dot{\boldsymbol{\theta}}_{\mathrm{B}}^{\mathrm{E}}=-\left[{ }^{\mathrm{E}} \boldsymbol{\omega}_{\mathrm{I}}^{\mathrm{E}} \times\right] \delta^{\mathrm{E}} \boldsymbol{\theta}_{\mathrm{B}}^{\mathrm{E}}-\boldsymbol{C}_{\mathrm{B}}^{\mathrm{E}} \delta^{\mathrm{B}} \boldsymbol{\omega}_{\mathrm{I}}^{\mathrm{B}} \tag{12.27}$$

(2) 速度误差传播模型:

$$\frac{\mathrm{d}}{\mathrm{d} t} \delta^{\mathrm{E}} \boldsymbol{v}_{\mathrm{E}}^{\mathrm{B}}=\left[\left(\boldsymbol{C}_{\mathrm{B}}^{\mathrm{E}} m^{\mathrm{B}} \boldsymbol{f}_{\mathrm{I}}^{\mathrm{B}}\right) \times\right] \delta^{\mathrm{E}} \boldsymbol{\theta}_{\mathrm{B}}^{\mathrm{E}}+\boldsymbol{C}_{\mathrm{B}}^{\mathrm{E}} \delta^{\mathrm{B}} \boldsymbol{f}_{\mathrm{I}}^{\mathrm{B}}+\left[\frac{\partial^{\mathrm{E}} \boldsymbol{g}}{\partial^{\mathrm{E}} \boldsymbol{r}_{\mathrm{E}}^{\mathrm{B}}}\right] \delta^{\mathrm{E}} \boldsymbol{r}_{\mathrm{I}}^{\mathrm{B}}-2\left[\left({ }^{\mathrm{E}} \boldsymbol{\omega}_{\mathrm{I}}^{\mathrm{E}}\right) \times\right] \delta^{\mathrm{E}} \boldsymbol{v}_{\mathrm{E}}^{\mathrm{B}} \tag{12.28}$$

(3) 位置误差传播模型:

$$\frac{\mathrm{d}}{\mathrm{d} t} \delta^{\mathrm{E}} \boldsymbol{r}_{\mathrm{E}}^{\mathrm{B}}=\delta^{\mathrm{E}} \boldsymbol{v}_{\mathrm{E}}^{\mathrm{B}} \tag{12.29}$$

采用以下陀螺误差模型:

$$\delta^{\mathrm{B}} \boldsymbol{\omega}_{\mathrm{I}}^{\mathrm{B}}=m^{\mathrm{B}} \boldsymbol{\omega}_{\mathrm{I}}^{\mathrm{B}}-{ }^{\mathrm{B}} \boldsymbol{\omega}_{\mathrm{I}}^{\mathrm{B}}=\boldsymbol{C}_{G}^{B} \operatorname{diag}\left({ }^{G} \boldsymbol{s}\right){ }^{G} \boldsymbol{\omega}_{\mathrm{I}}^{\mathrm{B}}+\left(\left[{ }^{\mathrm{B}} \boldsymbol{\theta}_{\mathrm{G}} \times\right]+L\left({ }^{\mathrm{B}} \boldsymbol{\beta}_{\mathrm{G}}\right)\right){ }^{\mathrm{B}} \boldsymbol{\omega}_{\mathrm{I}}^{\mathrm{B}}+{ }^{\mathrm{B}} \boldsymbol{b}_{\mathrm{G}}+\boldsymbol{C}_{\mathrm{G}}^{\mathrm{B}} \mathbf{ARW} \tag{12.30}$$

其中

$$\left[{ }^{\mathrm{B}} \boldsymbol{\theta} \times\right]=\begin{bmatrix}0 & -\theta_{z} & \theta_{y} \\ \theta_{z} & 0 & -\theta_{x} \\ -\theta_{y} & \theta_{x} & 0\end{bmatrix}, \quad L\left({ }^{\mathrm{B}} \boldsymbol{\beta}\right)=\begin{bmatrix}0 & 0 & 0 \\ \beta_{z} & 0 & 0 \\ -\beta_{x} & \beta_{y} & 0\end{bmatrix} \tag{12.31}$$

也可以写为更适合卡尔曼滤波的形式:

$$\delta^{\mathrm{B}} \boldsymbol{\omega}_{\mathrm{I}}^{\mathrm{B}}=\boldsymbol{C}_{\mathrm{G}}^{\mathrm{B}} \operatorname{diag}\left({ }^{\mathrm{G}} \boldsymbol{\omega}_{\mathrm{I}}^{\mathrm{B}}\right){ }^{\mathrm{G}} \boldsymbol{s}-\left[{ }^{\mathrm{B}} \boldsymbol{\omega}_{\mathrm{I}}^{\mathrm{B}} \times\right]{ }^{\mathrm{B}} \boldsymbol{\theta}_{\mathrm{G}}+J\left({ }^{\mathrm{B}} \boldsymbol{\omega}_{\mathrm{I}}^{\mathrm{B}}\right){ }^{\mathrm{B}} \boldsymbol{\beta}_{\mathrm{G}}+{ }^{\mathrm{B}} \boldsymbol{b}_{\mathrm{G}}+\boldsymbol{C}_{\mathrm{G}}^{\mathrm{B}} \mathbf{ARW} \tag{12.32}$$

其中

$$J(\boldsymbol{\omega})=\begin{bmatrix}0 & 0 & 0\\ 0 & 0 & \omega_x\\ \omega_y & -\omega_x & 0\end{bmatrix} \tag{12.33}$$

采用以下加速度计误差模型：

$$\delta^{\mathrm{B}}\boldsymbol{f}_{\mathrm{I}}^{\mathrm{B}}=m^{\mathrm{B}}\boldsymbol{f}_{\mathrm{I}}^{\mathrm{B}}-{}^{\mathrm{B}}\boldsymbol{f}_{\mathrm{I}}^{\mathrm{B}}=\boldsymbol{C}_{\mathrm{A}}^{\mathrm{B}}\mathrm{diag}({}^{\mathrm{A}}\boldsymbol{s}){}^{\mathrm{A}}\boldsymbol{f}_{\mathrm{I}}^{\mathrm{B}}+L({}^{\mathrm{B}}\boldsymbol{\beta}_{\mathrm{A}}){}^{\mathrm{B}}\boldsymbol{f}_{\mathrm{I}}^{\mathrm{B}}+{}^{\mathrm{B}}\boldsymbol{b}_{\mathrm{A}}+\boldsymbol{C}_{\mathrm{A}}^{\mathrm{B}}\mathbf{VRW} \tag{12.34}$$

也可以写为更适合卡尔曼滤波的形式：

$$\delta^{\mathrm{B}}\boldsymbol{f}_{\mathrm{I}}^{\mathrm{B}}=\boldsymbol{C}_{\mathrm{A}}^{\mathrm{B}}\mathrm{diag}({}^{\mathrm{A}}f_{\mathrm{I}}^{\mathrm{B}}){}^{\mathrm{A}}\boldsymbol{s}+J({}^{\mathrm{B}}\boldsymbol{f}_{\mathrm{I}}^{\mathrm{B}}){}^{\mathrm{B}}\boldsymbol{\beta}_{\mathrm{A}}+{}^{\mathrm{B}}\boldsymbol{b}_{\mathrm{A}}+\boldsymbol{C}_{\mathrm{A}}^{\mathrm{B}}\mathbf{VRW} \tag{12.35}$$

$$J({}^{\mathrm{B}}\boldsymbol{f}_{\mathrm{I}}^{\mathrm{B}})=\begin{bmatrix}0 & 0 & 0\\ 0 & 0 & {}^{\mathrm{B}}f_{\mathrm{I}x}^{\mathrm{B}}\\ {}^{\mathrm{B}}f_{\mathrm{I}y}^{\mathrm{B}} & -{}^{\mathrm{B}}f_{\mathrm{I}x}^{\mathrm{B}} & 0\end{bmatrix} \tag{12.36}$$

式中：**VRW** 表示加速度计随机游走；${}^{\mathrm{A}}\boldsymbol{s}$ 为沿加速度计坐标系的刻度系数误差；${}^{\mathrm{B}}\boldsymbol{\beta}_{\mathrm{A}}$ 表示加速度计非正交错位；${}^{\mathrm{B}}\boldsymbol{b}_{\mathrm{A}}$ 为沿载体坐标系的加速度计零偏矢量。

如果将各 IMU 误差参数建模为一个随机游走过程，令

$$\begin{aligned}\delta\boldsymbol{X}_{\mathrm{I}}^{\mathrm{T}}&=[\delta^{\mathrm{E}}\dot{\boldsymbol{\theta}}_{\mathrm{B}}^{\mathrm{E}},\delta^{\mathrm{B}}\boldsymbol{b}_{\mathrm{G}}^{\mathrm{T}},\delta^{\mathrm{G}}\boldsymbol{s}^{\mathrm{T}},\delta^{\mathrm{B}}\boldsymbol{\beta}_{\mathrm{G}}^{\mathrm{T}},\delta^{\mathrm{B}}\boldsymbol{\theta}_{\mathrm{G}}^{\mathrm{T}},(\delta^{\mathrm{E}}\boldsymbol{v}_{\mathrm{E}}^{\mathrm{B}})^{\mathrm{T}},\delta^{\mathrm{B}}\boldsymbol{b}_{\mathrm{A}}^{\mathrm{T}},\delta^{\mathrm{A}}s^{\mathrm{T}},\delta^{\mathrm{B}}\boldsymbol{\beta}_{\mathrm{A}}^{\mathrm{T}},(\delta^{\mathrm{E}}\boldsymbol{r}_{\mathrm{E}}^{\mathrm{B}})^{\mathrm{T}}]\\ \boldsymbol{W}_{\mathrm{I}}^{\mathrm{T}}&=[-(\boldsymbol{C}_{\mathrm{E}}^{\mathrm{G}}\mathbf{ARW})^{\mathrm{T}},\mathbf{RRW}^{\mathrm{T}},\mathbf{SRW}_{\mathrm{G}}^{\mathrm{T}},\boldsymbol{\beta}\mathbf{RW}_{\mathrm{G}}^{\mathrm{T}},\boldsymbol{\theta}\mathbf{RW}_{\mathrm{G}}^{\mathrm{T}},\\ &\quad(\boldsymbol{C}_{\mathrm{A}}^{\mathrm{E}}\mathbf{VRW})^{\mathrm{T}},\mathbf{ABRW}^{\mathrm{T}},\mathbf{SRW}_{\mathrm{A}}^{\mathrm{T}},\boldsymbol{\beta}\mathbf{RW}_{\mathrm{A}}^{\mathrm{T}},\mathbf{0}]\end{aligned} \tag{12.37}$$

有

$$\delta\dot{\boldsymbol{X}}_{\mathrm{I}}=\boldsymbol{A}_{\mathrm{II}}\delta\boldsymbol{X}_{\mathrm{I}}+\boldsymbol{W}_{\mathrm{I}}$$

$$\boldsymbol{A}_{\mathrm{II}}=\begin{bmatrix}-[{}^{\mathrm{E}}\boldsymbol{\omega}_{\mathrm{I}}^{\mathrm{E}}\times] & -\boldsymbol{C}_{\mathrm{B}}^{\mathrm{E}} & -\boldsymbol{C}_{\mathrm{G}}^{\mathrm{E}}\mathrm{diag}({}^{\mathrm{G}}\boldsymbol{\omega}_{\mathrm{I}}^{\mathrm{B}}) & -\boldsymbol{C}_{\mathrm{B}}^{\mathrm{E}}J({}^{\mathrm{B}}\boldsymbol{\omega}_{\mathrm{I}}^{\mathrm{B}}) & \boldsymbol{C}_{\mathrm{B}}^{\mathrm{E}}[{}^{\mathrm{B}}\boldsymbol{\omega}_{\mathrm{I}}^{\mathrm{B}}\times] & \mathbf{0}_{3\times3} & \mathbf{0}_{3\times3} & \mathbf{0}_{3\times3} & \mathbf{0}_{3\times3} & \mathbf{0}_{3\times3}\\ \mathbf{0}_{3\times3} & \mathbf{0}_{3\times3} & \mathbf{0}_{3\times3} & \mathbf{0}_{3\times3} & \mathbf{0}_{3\times3} & \mathbf{0}_{3\times3} & \mathbf{0}_{3\times3} & \mathbf{0}_{3\times3} & \mathbf{0}_{3\times3} & \mathbf{0}_{3\times3}\\ \mathbf{0}_{3\times3} & \mathbf{0}_{3\times3} & \mathbf{0}_{3\times3} & \mathbf{0}_{3\times3} & \mathbf{0}_{3\times3} & \mathbf{0}_{3\times3} & \mathbf{0}_{3\times3} & \mathbf{0}_{3\times3} & \mathbf{0}_{3\times3} & \mathbf{0}_{3\times3}\\ \mathbf{0}_{3\times3} & \mathbf{0}_{3\times3} & \mathbf{0}_{3\times3} & \mathbf{0}_{3\times3} & \mathbf{0}_{3\times3} & \mathbf{0}_{3\times3} & \mathbf{0}_{3\times3} & \mathbf{0}_{3\times3} & \mathbf{0}_{3\times3} & \mathbf{0}_{3\times3}\\ \mathbf{0}_{3\times3} & \mathbf{0}_{3\times3} & \mathbf{0}_{3\times3} & \mathbf{0}_{3\times3} & \mathbf{0}_{3\times3} & \mathbf{0}_{3\times3} & \mathbf{0}_{3\times3} & \mathbf{0}_{3\times3} & \mathbf{0}_{3\times3} & \mathbf{0}_{3\times3}\\ [(\boldsymbol{C}_{\mathrm{B}}^{\mathrm{E}}m^{\mathrm{B}}\boldsymbol{f}_{\mathrm{I}}^{\mathrm{B}})\times] & \mathbf{0}_{3\times3} & \mathbf{0}_{3\times3} & \mathbf{0}_{3\times3} & \mathbf{0}_{3\times3} & -2[{}^{\mathrm{E}}\boldsymbol{\omega}_{\mathrm{I}}^{\mathrm{E}}\times] & \boldsymbol{C}_{\mathrm{B}}^{\mathrm{E}} & \boldsymbol{C}_{\mathrm{A}}^{\mathrm{E}}\mathrm{diag}({}^{\mathrm{A}}\boldsymbol{f}_{\mathrm{I}}^{\mathrm{B}}) & \boldsymbol{C}_{\mathrm{B}}^{\mathrm{E}}J({}^{\mathrm{B}}\boldsymbol{f}_{\mathrm{I}}^{\mathrm{B}}) & \dfrac{\partial{}^{\mathrm{E}}\boldsymbol{g}}{\partial{}^{\mathrm{E}}\boldsymbol{r}_{\mathrm{E}}^{\mathrm{B}}}\\ \mathbf{0}_{3\times3} & \mathbf{0}_{3\times3} & \mathbf{0}_{3\times3} & \mathbf{0}_{3\times3} & \mathbf{0}_{3\times3} & \mathbf{0}_{3\times3} & \mathbf{0}_{3\times3} & \mathbf{0}_{3\times3} & \mathbf{0}_{3\times3} & \mathbf{0}_{3\times3}\\ \mathbf{0}_{3\times3} & \mathbf{0}_{3\times3} & \mathbf{0}_{3\times3} & \mathbf{0}_{3\times3} & \mathbf{0}_{3\times3} & \mathbf{0}_{3\times3} & \mathbf{0}_{3\times3} & \mathbf{0}_{3\times3} & \mathbf{0}_{3\times3} & \mathbf{0}_{3\times3}\\ \mathbf{0}_{3\times3} & \mathbf{0}_{3\times3} & \mathbf{0}_{3\times3} & \mathbf{0}_{3\times3} & \mathbf{0}_{3\times3} & \mathbf{0}_{3\times3} & \mathbf{0}_{3\times3} & \mathbf{0}_{3\times3} & \mathbf{0}_{3\times3} & \mathbf{0}_{3\times3}\\ \mathbf{0}_{3\times3} & \mathbf{0}_{3\times3} & \mathbf{0}_{3\times3} & \mathbf{0}_{3\times3} & \mathbf{0}_{3\times3} & \boldsymbol{I}_{3\times3} & \mathbf{0}_{3\times3} & \mathbf{0}_{3\times3} & \mathbf{0}_{3\times3} & \mathbf{0}_{3\times3}\end{bmatrix} \tag{12.38}$$

12.7 量测方程与误差模型

12.7.1 捷联重力梯度仪更新

假设由有足够数量的重力梯度传感器组成的 GGI 来测量重力梯度张量:

$$m^{S}\boldsymbol{\Gamma} = \boldsymbol{C}_{B}^{S}\,{}^{B}\boldsymbol{\Gamma}(\boldsymbol{C}_{B}^{S})^{T} + \boldsymbol{V} \tag{12.39}$$

式中:S 表示传感器坐标系; $\boldsymbol{C}_{B}^{S}$ 为传感器到载体坐标系的 DCM; ${}^{B}\boldsymbol{\Gamma}$ 为沿运载器载体坐标系的重力梯度矩阵; $\boldsymbol{V}$ 为量测噪声。

利用当前的导航状态和地图数据库来预测测量结果,并推导出沿 ECEF 坐标系预测的重力梯度矩阵。

沿 ECEF 坐标系表示的重力梯度矩阵可以采用下式转换到载体坐标系中:

$${}^{B}\boldsymbol{\Gamma} = \boldsymbol{C}_{E}^{B}\,{}^{E}\boldsymbol{\Gamma}(\boldsymbol{C}_{E}^{B})^{T} \tag{12.40}$$

上述矩阵变换也可以写成矢量形式。由于矩阵 ${}^{B}\boldsymbol{\Gamma}$ 和 ${}^{E}\boldsymbol{\Gamma}$ 是对称的,可以使用一个包含 6 个元素的矢量来表示这些矩阵。定义以下两个从矩阵导出的矢量:

$${}^{B}\boldsymbol{v}\boldsymbol{\Gamma} = \begin{bmatrix} {}^{B}\Gamma_{11} \\ {}^{B}\Gamma_{12} \\ {}^{B}\Gamma_{13} \\ {}^{B}\Gamma_{22} \\ {}^{B}\Gamma_{23} \\ {}^{B}\Gamma_{33} \end{bmatrix}, \quad {}^{E}\boldsymbol{v}\boldsymbol{\Gamma} = \begin{bmatrix} {}^{E}\Gamma_{11} \\ {}^{E}\Gamma_{12} \\ {}^{E}\Gamma_{13} \\ {}^{E}\Gamma_{22} \\ {}^{E}\Gamma_{23} \\ {}^{E}\Gamma_{33} \end{bmatrix} \tag{12.41}$$

如果将式(12.40)展开,可以得到

$${}^{B}\boldsymbol{v}\boldsymbol{\Gamma} = \boldsymbol{T}_{E}^{B}\,{}^{E}\boldsymbol{v}\boldsymbol{\Gamma} \tag{12.42}$$

其中,6×6 矩阵 $\boldsymbol{T}_{E}^{B}$ 表示为(假设 $\boldsymbol{C}_{E}^{B} = [c_{ij}]$):

$$\boldsymbol{T}_{E}^{B} = \begin{bmatrix} c_{11}^2 & 2c_{11}c_{12} & 2c_{11}c_{13} & c_{12}^2 & 2c_{11}c_{13} & c_{13}^2 \\ c_{11}c_{21} & c_{11}c_{22}+c_{12}c_{21} & c_{11}c_{23}+c_{13}c_{21} & c_{12}c_{22} & c_{12}c_{23}+c_{13}c_{22} & c_{13}c_{23} \\ c_{11}c_{31} & c_{11}c_{32}+c_{12}c_{31} & c_{11}c_{33}+c_{13}c_{31} & c_{12}c_{32} & c_{12}c_{33}+c_{13}c_{32} & c_{13}c_{33} \\ c_{21}^2 & 2c_{21}c_{22} & 2c_{21}c_{23} & c_{22}^2 & 2c_{22}c_{23} & c_{23}^2 \\ c_{21}c_{31} & c_{21}c_{32}+c_{22}c_{31} & c_{21}c_{33}+c_{23}c_{31} & c_{22}c_{32} & c_{22}c_{33}+c_{23}c_{32} & c_{23}c_{33} \\ c_{31}^2 & 2c_{31}c_{32} & 2c_{31}c_{33} & c_{32}^2 & 2c_{32}c_{33} & c_{33}^2 \end{bmatrix} \tag{12.43}$$

下面推导重力梯度张量误差对平台姿态误差和位置误差灵敏度的线性化方程:

$$
\begin{aligned}
{}^{\mathrm{B}}\boldsymbol{\Gamma} &= \boldsymbol{C}_{\mathrm{E}}^{\mathrm{B}}\,{}^{\mathrm{E}}\boldsymbol{\Gamma}\,(\boldsymbol{C}_{\mathrm{E}}^{\mathrm{B}})^{\mathrm{T}} \\
{}^{\mathrm{B}}\hat{\boldsymbol{\Gamma}} &= \hat{\boldsymbol{C}}_{\mathrm{E}}^{\mathrm{B}}\,{}^{\mathrm{E}}\boldsymbol{\Gamma}\,(\hat{\boldsymbol{C}}_{\mathrm{E}}^{\mathrm{B}})^{\mathrm{T}}
\end{aligned}
\tag{12.44}
$$

有

$$
\begin{aligned}
{}^{\mathrm{B}}\boldsymbol{\Gamma} - {}^{\mathrm{B}}\hat{\boldsymbol{\Gamma}} &= C_{\mathrm{E}}^{\mathrm{B}}\,{}^{\mathrm{E}}\boldsymbol{\Gamma}\,(\boldsymbol{C}_{\mathrm{E}}^{\mathrm{B}})^{\mathrm{T}} - \hat{\boldsymbol{C}}_{\mathrm{E}}^{\mathrm{B}}\,{}^{\mathrm{E}}\boldsymbol{\Gamma}\,(\hat{\boldsymbol{C}}_{\mathrm{E}}^{\mathrm{B}})^{\mathrm{T}} \\
&\approx (\boldsymbol{C}_{\mathrm{E}}^{\mathrm{B}} - \hat{\boldsymbol{C}}_{\mathrm{E}}^{\mathrm{B}})\boldsymbol{\Gamma}(\boldsymbol{C}_{\mathrm{E}}^{\mathrm{B}})^{\mathrm{T}} + \boldsymbol{C}_{\mathrm{E}}^{\mathrm{B}}\,{}^{\mathrm{E}}\boldsymbol{\Gamma}\,(\boldsymbol{C}_{\mathrm{E}}^{\mathrm{B}} - \hat{\boldsymbol{C}}_{\mathrm{E}}^{\mathrm{B}})^{\mathrm{T}} + \boldsymbol{C}_{\mathrm{E}}^{\mathrm{B}}({}^{\mathrm{E}}\boldsymbol{\Gamma} - {}^{\mathrm{E}}\hat{\boldsymbol{\Gamma}})\boldsymbol{C}_{\mathrm{E}}^{\mathrm{B}}
\end{aligned}
\tag{12.45}
$$

前两项是由姿态误差引起的误差，最后一项是由重力梯度张量误差引起的误差。假设数据库误差被建模为随机噪声，并被归入传感器噪声中。式(12.45)最后一项的主要来源是位置误差，也正是通过这一项，位置才变得可观测。

注意：

$$
(\boldsymbol{C}_{\mathrm{E}}^{\mathrm{B}} - \hat{\boldsymbol{C}}_{\mathrm{E}}^{\mathrm{B}}) = \boldsymbol{C}_{\mathrm{E}}^{\mathrm{B}}[\boldsymbol{\theta}_{\hat{\mathrm{E}}}^{\mathrm{E}}\times]
\tag{12.46}
$$

有

$$
\begin{aligned}
&(\boldsymbol{C}_{\mathrm{E}}^{\mathrm{B}} - \hat{\boldsymbol{C}}_{\mathrm{E}}^{\mathrm{B}})\boldsymbol{\Gamma}(\boldsymbol{C}_{\mathrm{E}}^{\mathrm{B}})^{\mathrm{T}} + \hat{\boldsymbol{C}}_{\mathrm{E}}^{\mathrm{B}}\,{}^{\mathrm{E}}\boldsymbol{\Gamma}(\boldsymbol{C}_{\mathrm{E}}^{\mathrm{B}} - \hat{\boldsymbol{C}}_{\mathrm{E}}^{\mathrm{B}})^{\mathrm{T}} = \boldsymbol{C}_{\mathrm{E}}^{\mathrm{B}}[\boldsymbol{\theta}_{\mathrm{E}}^{\mathrm{E}}\times]\boldsymbol{\Gamma}(\boldsymbol{C}_{\mathrm{E}}^{\mathrm{B}})^{\mathrm{T}} - \hat{\boldsymbol{C}}_{\mathrm{E}}^{\mathrm{B}}\,{}^{\mathrm{E}}\boldsymbol{\Gamma}[\boldsymbol{\theta}_{\hat{\mathrm{E}}}^{\mathrm{E}}\times](\boldsymbol{C}_{\mathrm{E}}^{\mathrm{B}})^{\mathrm{T}} \\
\approx\ &\boldsymbol{C}_{\mathrm{E}}^{\mathrm{B}}[\boldsymbol{\theta}_{\hat{\mathrm{E}}}^{\mathrm{E}}\times]\boldsymbol{\Gamma}(\boldsymbol{C}_{\mathrm{E}}^{\mathrm{B}})^{\mathrm{T}} - \boldsymbol{C}_{\mathrm{E}}^{\mathrm{B}}\,{}^{\mathrm{E}}\boldsymbol{\Gamma}[\boldsymbol{\theta}_{\hat{\mathrm{E}}}^{\mathrm{E}}\times](\boldsymbol{C}_{\mathrm{E}}^{\mathrm{B}})^{\mathrm{T}} = \boldsymbol{C}_{\mathrm{E}}^{\mathrm{B}}([\boldsymbol{\theta}_{\hat{\mathrm{E}}}^{\mathrm{E}}\times]\boldsymbol{\Gamma} - {}^{\mathrm{E}}\boldsymbol{\Gamma}[\boldsymbol{\theta}_{\hat{\mathrm{E}}}^{\mathrm{E}}\times])(\boldsymbol{C}_{\mathrm{E}}^{\mathrm{B}})^{\mathrm{T}}
\end{aligned}
\tag{12.47}
$$

定义

$$
\boldsymbol{L}_{\theta}^{\mathrm{E}} = ([\boldsymbol{\theta}_{\hat{\mathrm{E}}}^{\mathrm{E}}\times]\,{}^{\mathrm{E}}\boldsymbol{\Gamma} - {}^{\mathrm{E}}\boldsymbol{\Gamma}[\boldsymbol{\theta}_{\hat{\mathrm{E}}}^{\mathrm{E}}\times]) = ([\delta^{\mathrm{E}}\boldsymbol{\theta}_{\mathrm{B}}^{\mathrm{E}}\times]\,{}^{\mathrm{E}}\boldsymbol{\Gamma} - {}^{\mathrm{E}}\boldsymbol{\Gamma}[\delta^{\mathrm{E}}\boldsymbol{\theta}_{\mathrm{B}}^{\mathrm{E}}\times])
\tag{12.48}
$$

用 $\delta^{\mathrm{E}}\boldsymbol{\theta}_{\mathrm{B}}^{\mathrm{E}}$ 替换式(12.48) 中的 $\boldsymbol{\theta}_{\hat{\mathrm{E}}}^{\mathrm{E}}$，有

$$
\begin{aligned}
\delta^{\mathrm{B}}\boldsymbol{\Gamma} = {}^{\mathrm{B}}\boldsymbol{\Gamma} - {}^{\mathrm{B}}\hat{\boldsymbol{\Gamma}} &= \boldsymbol{C}_{\mathrm{E}}^{\mathrm{B}}([\delta^{\mathrm{E}}\boldsymbol{\theta}_{\mathrm{B}}^{\mathrm{E}}\times]\,{}^{\mathrm{E}}\boldsymbol{\Gamma} - {}^{\mathrm{E}}\boldsymbol{\Gamma}[\delta^{\mathrm{E}}\boldsymbol{\theta}_{\mathrm{B}}^{\mathrm{E}}\times])(\boldsymbol{C}_{\mathrm{E}}^{\mathrm{B}})^{\mathrm{T}} + \boldsymbol{C}_{\mathrm{E}}^{\mathrm{B}}\delta^{\mathrm{E}}(\boldsymbol{C}_{\mathrm{E}}^{\mathrm{B}})^{\mathrm{T}} \\
&= \boldsymbol{C}_{\mathrm{E}}^{\mathrm{B}}\boldsymbol{L}_{\theta}^{\mathrm{E}}(\boldsymbol{C}_{\mathrm{E}}^{\mathrm{B}})^{\mathrm{T}} + \boldsymbol{C}_{\mathrm{E}}^{\mathrm{B}}\delta^{\mathrm{E}}(\boldsymbol{C}_{\mathrm{E}}^{\mathrm{B}})^{\mathrm{T}}
\end{aligned}
\tag{12.49}
$$

展开式(12.48)，有

$$
\begin{aligned}
\boldsymbol{L}_{\theta}^{\mathrm{E}} &= ([\delta^{\mathrm{E}}\boldsymbol{\theta}_{\mathrm{B}}^{\mathrm{E}}\times]\,{}^{\mathrm{E}}\boldsymbol{\Gamma} - {}^{\mathrm{E}}\boldsymbol{\Gamma}[\delta^{\mathrm{E}}\boldsymbol{\theta}_{\mathrm{B}}^{\mathrm{E}}\times]) \\
&= \begin{bmatrix}
2({}^{\mathrm{E}}\Gamma_{13}\delta^{\mathrm{E}}\boldsymbol{\theta}_{\mathrm{B}}^{\mathrm{E}}(2) - {}^{\mathrm{E}}\Gamma_{12}\delta^{\mathrm{E}}\boldsymbol{\theta}_{\mathrm{B}}^{\mathrm{E}}(3)) &
\begin{matrix} -{}^{\mathrm{E}}\Gamma_{13}\delta^{\mathrm{E}}\boldsymbol{\theta}_{\mathrm{B}}^{\mathrm{E}}(1) + {}^{\mathrm{E}}\Gamma_{23}\delta^{\mathrm{E}}\boldsymbol{\theta}_{\mathrm{B}}^{\mathrm{E}}(2) + \\ ({}^{\mathrm{E}}\Gamma_{11} - {}^{\mathrm{E}}\Gamma_{11})\delta^{\mathrm{E}}\boldsymbol{\theta}_{\mathrm{B}}^{\mathrm{E}}(3) \end{matrix} &
\begin{matrix} {}^{\mathrm{E}}\Gamma_{12}\delta^{\mathrm{E}}\boldsymbol{\theta}_{\mathrm{B}}^{\mathrm{E}}(1) + ({}^{\mathrm{E}}\Gamma_{33} - {}^{\mathrm{E}}\Gamma_{11})\delta^{\mathrm{E}}\boldsymbol{\theta}_{\mathrm{B}}^{\mathrm{E}}(2) + \\ {}^{\mathrm{E}}\Gamma_{23}\delta^{\mathrm{E}}\boldsymbol{\theta}_{\mathrm{B}}^{\mathrm{E}}(3) \end{matrix} \\
\begin{matrix} -{}^{\mathrm{E}}\Gamma_{13}\delta^{\mathrm{E}}\boldsymbol{\theta}_{\mathrm{B}}^{\mathrm{E}}(1) + {}^{\mathrm{E}}\Gamma_{23}\delta^{\mathrm{E}}\boldsymbol{\theta}_{\mathrm{B}}^{\mathrm{E}}(2) + \\ ({}^{\mathrm{E}}\Gamma_{11} - {}^{\mathrm{E}}\Gamma_{11})\delta^{\mathrm{E}}\boldsymbol{\theta}_{\mathrm{B}}^{\mathrm{E}}(3) \end{matrix} &
-2({}^{\mathrm{E}}\Gamma_{23}\delta^{\mathrm{E}}\boldsymbol{\theta}_{\mathrm{B}}^{\mathrm{E}}(1) - {}^{\mathrm{E}}\Gamma_{12}\delta^{\mathrm{E}}\boldsymbol{\theta}_{\mathrm{B}}^{\mathrm{E}}(3)) &
\begin{matrix} ({}^{\mathrm{E}}\Gamma_{22} - {}^{\mathrm{E}}\Gamma_{11})\delta^{\mathrm{E}}\boldsymbol{\theta}_{\mathrm{B}}^{\mathrm{E}}(1) - {}^{\mathrm{E}}\Gamma_{12}\delta^{\mathrm{E}}\boldsymbol{\theta}_{\mathrm{B}}^{\mathrm{E}}(2) + \\ {}^{\mathrm{E}}\Gamma_{13}\delta^{\mathrm{E}}\boldsymbol{\theta}_{\mathrm{B}}^{\mathrm{E}}(3) \end{matrix} \\
\begin{matrix} {}^{\mathrm{E}}\Gamma_{12}\delta^{\mathrm{E}}\boldsymbol{\theta}_{\mathrm{B}}^{\mathrm{E}}(1) + ({}^{\mathrm{E}}\Gamma_{33} - {}^{\mathrm{E}}\Gamma_{11})\delta^{\mathrm{E}}\boldsymbol{\theta}_{\mathrm{B}}^{\mathrm{E}}(2) + \\ {}^{\mathrm{E}}\Gamma_{23}\delta^{\mathrm{E}}\boldsymbol{\theta}_{\mathrm{B}}^{\mathrm{E}}(3) \end{matrix} &
\begin{matrix} ({}^{\mathrm{E}}\Gamma_{22} - {}^{\mathrm{E}}\Gamma_{11})\delta^{\mathrm{E}}\boldsymbol{\theta}_{\mathrm{B}}^{\mathrm{E}}(1) - {}^{\mathrm{E}}\Gamma_{12}\delta^{\mathrm{E}}\boldsymbol{\theta}_{\mathrm{B}}^{\mathrm{E}}(2) + \\ {}^{\mathrm{E}}\Gamma_{13}\delta^{\mathrm{E}}\boldsymbol{\theta}_{\mathrm{B}}^{\mathrm{E}}(3) \end{matrix} &
2({}^{\mathrm{E}}\Gamma_{23}\delta^{\mathrm{E}}\boldsymbol{\theta}_{\mathrm{B}}^{\mathrm{E}}(1) - {}^{\mathrm{E}}\Gamma_{13}\delta^{\mathrm{E}}\boldsymbol{\theta}_{\mathrm{B}}^{\mathrm{E}}(2))
\end{bmatrix}
\end{aligned}
\tag{12.50}
$$

取对称矩阵的 6 个元素，并形成矢量，得到下式：

$$
\boldsymbol{v}\boldsymbol{L}_{\theta}^{\mathrm{E}}=\begin{bmatrix}\boldsymbol{L}_{\theta}^{\mathrm{E}}(1,1)\\ \boldsymbol{L}_{\theta}^{\mathrm{E}}(1,2)\\ \boldsymbol{L}_{\theta}^{\mathrm{E}}(1,3)\\ \boldsymbol{L}_{\theta}^{\mathrm{E}}(2,2)\\ \boldsymbol{L}_{\theta}^{\mathrm{E}}(2,3)\\ \boldsymbol{L}_{\theta}^{\mathrm{E}}(3,3)\end{bmatrix}=\begin{bmatrix}2({}^{\mathrm{E}}\Gamma_{13}\delta^{\mathrm{E}}\boldsymbol{\theta}_{\mathrm{B}}^{\mathrm{E}}(2)-{}^{\mathrm{E}}\Gamma_{12}\delta^{\mathrm{E}}\boldsymbol{\theta}_{\mathrm{B}}^{\mathrm{E}}(3))\\ -{}^{\mathrm{E}}\Gamma_{13}\delta^{\mathrm{E}}\boldsymbol{\theta}_{\mathrm{B}}^{\mathrm{E}}(1)+{}^{\mathrm{E}}\Gamma_{23}\delta^{\mathrm{E}}\boldsymbol{\theta}_{\mathrm{B}}^{\mathrm{E}}(2)+({}^{\mathrm{E}}\Gamma_{11}-{}^{\mathrm{E}}\Gamma_{11})\delta^{\mathrm{E}}\boldsymbol{\theta}_{\mathrm{B}}^{\mathrm{E}}(3)\\ {}^{\mathrm{E}}\Gamma_{12}\delta^{\mathrm{E}}\boldsymbol{\theta}_{\mathrm{B}}^{\mathrm{E}}(1)+({}^{\mathrm{E}}\Gamma_{33}-{}^{\mathrm{E}}\Gamma_{11})\delta^{\mathrm{E}}\boldsymbol{\theta}_{\mathrm{B}}^{\mathrm{E}}(2)\\ -2({}^{\mathrm{E}}\Gamma_{23}\delta^{\mathrm{E}}\boldsymbol{\theta}_{\mathrm{B}}^{\mathrm{E}}(1)-{}^{\mathrm{E}}\Gamma_{12}\delta^{\mathrm{E}}\boldsymbol{\theta}_{\mathrm{B}}^{\mathrm{E}}(3))\\ ({}^{\mathrm{E}}\Gamma_{22}-{}^{\mathrm{E}}\Gamma_{11})\delta^{\mathrm{E}}\boldsymbol{\theta}_{\mathrm{B}}^{\mathrm{E}}(1)-{}^{\mathrm{E}}\Gamma_{12}\delta^{\mathrm{E}}\boldsymbol{\theta}_{\mathrm{B}}^{\mathrm{E}}(2)+{}^{\mathrm{E}}\Gamma_{13}\delta^{\mathrm{E}}\boldsymbol{\theta}_{\mathrm{B}}^{\mathrm{E}}(3)\\ 2({}^{\mathrm{E}}\Gamma_{23}\delta^{\mathrm{E}}\boldsymbol{\theta}_{\mathrm{B}}^{\mathrm{E}}(1)-{}^{\mathrm{E}}\Gamma_{13}\delta^{\mathrm{E}}\boldsymbol{\theta}_{\mathrm{B}}^{\mathrm{E}}(2))\end{bmatrix}
$$

$$
=\begin{bmatrix}0 & 2{}^{\mathrm{E}}\Gamma_{13} & -2{}^{\mathrm{E}}\Gamma_{12}\\ -{}^{\mathrm{E}}\Gamma_{13} & {}^{\mathrm{E}}\Gamma_{23} & {}^{\mathrm{E}}\Gamma_{11}-{}^{\mathrm{E}}\Gamma_{22}\\ {}^{\mathrm{E}}\Gamma_{12} & {}^{\mathrm{E}}\Gamma_{33}-{}^{\mathrm{E}}\Gamma_{11} & -{}^{\mathrm{E}}\Gamma_{23}\\ -2{}^{\mathrm{E}}\Gamma_{23} & 0 & 2{}^{\mathrm{E}}\Gamma_{12}\\ {}^{\mathrm{E}}\Gamma_{22}-{}^{\mathrm{E}}\Gamma_{33} & -{}^{\mathrm{E}}\Gamma_{12} & {}^{\mathrm{E}}\Gamma_{13}\\ 2{}^{\mathrm{E}}\Gamma_{23} & -2{}^{\mathrm{E}}\Gamma_{13} & 0\end{bmatrix}\delta^{\mathrm{E}}\boldsymbol{\theta}_{\mathrm{B}}^{\mathrm{E}} \tag{12.51}
$$

采用下式表示：

$$
\frac{\partial\boldsymbol{v}\boldsymbol{L}_{\theta}^{\mathrm{E}}}{\partial\delta^{\mathrm{E}}\boldsymbol{\theta}_{\mathrm{B}}^{\mathrm{E}}}=\begin{bmatrix}0 & 2{}^{\mathrm{E}}\Gamma_{13} & -2{}^{\mathrm{E}}\Gamma_{12}\\ -{}^{\mathrm{E}}\Gamma_{13} & {}^{\mathrm{E}}\Gamma_{23} & {}^{\mathrm{E}}\Gamma_{11}-{}^{\mathrm{E}}\Gamma_{22}\\ {}^{\mathrm{E}}\Gamma_{12} & {}^{\mathrm{E}}\Gamma_{33}-{}^{\mathrm{E}}\Gamma_{11} & -{}^{\mathrm{E}}\Gamma_{23}\\ -2{}^{\mathrm{E}}\Gamma_{23} & 0 & 2{}^{\mathrm{E}}\Gamma_{12}\\ {}^{\mathrm{E}}\Gamma_{22}-{}^{\mathrm{E}}\Gamma_{33} & -{}^{\mathrm{E}}\Gamma_{12} & {}^{\mathrm{E}}\Gamma_{13}\\ 2{}^{\mathrm{E}}\Gamma_{23} & -2{}^{\mathrm{E}}\Gamma_{13} & 0\end{bmatrix} \tag{12.52}
$$

式(12.51)可以简化为

$$
\boldsymbol{v}\boldsymbol{L}_{\theta}^{\mathrm{E}}=\frac{\partial\boldsymbol{v}\boldsymbol{L}_{\theta}^{\mathrm{E}}}{\partial\delta^{\mathrm{E}}\boldsymbol{\theta}_{\mathrm{B}}^{\mathrm{E}}}\delta^{\mathrm{E}}\boldsymbol{\theta}_{\mathrm{B}}^{\mathrm{E}} \tag{12.53}
$$

至此，从当前信息看整个推导过程，有

$$
\delta^{\mathrm{B}}\boldsymbol{\Gamma}={}^{\mathrm{B}}\boldsymbol{\Gamma}-{}^{\mathrm{B}}\hat{\boldsymbol{\Gamma}}=\boldsymbol{C}_{\mathrm{E}}^{\mathrm{B}}\boldsymbol{L}_{\theta}^{\mathrm{E}}\,(\boldsymbol{C}_{\mathrm{E}}^{\mathrm{B}})^{\mathrm{T}}+\boldsymbol{C}_{\mathrm{E}}^{\mathrm{B}}\delta^{\mathrm{E}}\,(\boldsymbol{C}_{\mathrm{E}}^{\mathrm{B}})^{\mathrm{T}} \tag{12.54}
$$

式(12.54)也可以用六元矢量表示：

$$
\delta^{\mathrm{B}}\boldsymbol{v}\,\boldsymbol{\Gamma}={}^{\mathrm{B}}\boldsymbol{v}\,\boldsymbol{\Gamma}-{}^{\mathrm{B}}\boldsymbol{v}\,\hat{\boldsymbol{\Gamma}}=\boldsymbol{T}_{\mathrm{E}}^{\mathrm{B}}\,\boldsymbol{v}\,\boldsymbol{L}_{\theta}^{\mathrm{E}}+\boldsymbol{T}_{\mathrm{E}}^{\mathrm{B}}\delta^{\mathrm{E}}\boldsymbol{v}\,\boldsymbol{\Gamma} \tag{12.55}
$$

如前所述，$\delta^{\mathrm{E}}\boldsymbol{v}\boldsymbol{\Gamma}$ 的主要影响因素是位置误差，该值可以从数据库中得出

$$
\delta^{\mathrm{E}}\boldsymbol{v}\boldsymbol{\Gamma}=\frac{\partial^{\mathrm{E}}\boldsymbol{v}\boldsymbol{\Gamma}}{\partial^{\mathrm{E}}\boldsymbol{r}}\delta^{\mathrm{E}}\boldsymbol{r} \tag{12.56}
$$

将所有元素结合起来，可以得到如下线性化误差敏感性方程：

$$
\delta^{\mathrm{B}}\boldsymbol{v}\boldsymbol{\Gamma}={}^{\mathrm{B}}\boldsymbol{v}\boldsymbol{\Gamma}-{}^{\mathrm{B}}\boldsymbol{v}\hat{\Gamma}=\boldsymbol{T}_{\mathrm{E}}^{\mathrm{B}}\,\frac{\partial\boldsymbol{v}\boldsymbol{L}_{\theta}^{\mathrm{E}}}{\partial\delta^{\mathrm{E}}\boldsymbol{\theta}_{\mathrm{B}}^{\mathrm{E}}}\delta^{\mathrm{E}}\boldsymbol{\theta}_{\mathrm{B}}^{\mathrm{E}}+\boldsymbol{T}_{\mathrm{E}}^{\mathrm{B}}\,\frac{\partial^{\mathrm{E}}\boldsymbol{v}\boldsymbol{\Gamma}}{\partial^{\mathrm{E}}\boldsymbol{r}}\delta^{\mathrm{E}}\boldsymbol{r} \tag{12.57}
$$

回到量测模型上，有

$$m^{\mathrm{S}}\boldsymbol{\Gamma} = \boldsymbol{C}_{\mathrm{B}}^{\mathrm{S}}\,{}^{\mathrm{B}}\boldsymbol{\Gamma}\,(\boldsymbol{C}_{\mathrm{B}}^{\mathrm{S}})^{\mathrm{T}} + \boldsymbol{V}$$

相应的六元向量形式可以写为

$$m^{\mathrm{S}}\boldsymbol{v}\boldsymbol{\Gamma} = \boldsymbol{T}_{\mathrm{B}}^{\mathrm{S}}\,{}^{\mathrm{B}}\boldsymbol{v}\,\boldsymbol{\Gamma} + \boldsymbol{v}\boldsymbol{V} \tag{12.58}$$

然后，线性化量测模型（或卡尔曼滤波的残差方程）可以写为

$$m^{\mathrm{S}}\boldsymbol{v}\boldsymbol{\Gamma} - {}^{\mathrm{S}}\boldsymbol{v}\hat{\boldsymbol{\Gamma}} = \boldsymbol{T}_{\mathrm{B}}^{\mathrm{S}}\boldsymbol{T}_{\mathrm{E}}^{\mathrm{B}}\left(\frac{\partial\boldsymbol{v}\,\boldsymbol{L}_{\theta}^{\mathrm{E}}}{\partial\delta^{\mathrm{E}}\boldsymbol{\theta}_{\mathrm{B}}^{\mathrm{E}}}\delta^{\mathrm{E}}\boldsymbol{\theta}_{\mathrm{B}}^{\mathrm{E}} + \frac{\partial^{\mathrm{E}}\boldsymbol{v}\boldsymbol{\Gamma}}{\partial^{\mathrm{E}}\boldsymbol{r}}\delta^{\mathrm{E}}\boldsymbol{r}\right) + \boldsymbol{v}\,\boldsymbol{V} \tag{12.59}$$

因此，$\boldsymbol{H}$ 矩阵可以写为

$$\boldsymbol{H}_{\mathrm{GGI}} = \left(\boldsymbol{T}_{\mathrm{B}}^{\mathrm{S}}\boldsymbol{T}_{\mathrm{E}}^{\mathrm{B}}\frac{\partial\boldsymbol{v}\boldsymbol{L}_{\theta}^{\mathrm{E}}}{\partial\delta^{\mathrm{E}}\boldsymbol{\theta}_{\mathrm{B}}^{\mathrm{E}}}, 0, \cdots, 0, \boldsymbol{T}_{\mathrm{B}}^{\mathrm{S}}\boldsymbol{T}_{\mathrm{E}}^{\mathrm{B}}\frac{\partial^{\mathrm{E}}\boldsymbol{v}\boldsymbol{\Gamma}}{\partial^{\mathrm{E}}\boldsymbol{r}}\right) \tag{12.60}$$

注意，上面的模型是非常简化的。对于现实应用，可能引入以下额外复杂性参数：

（1）模型中可包括传感器对准误差，该误差项可以作为卡尔曼滤波状态量的一部分。可以采用类似于上述姿态误差的方法来包含该误差项。

（2）可以包含在模型中基于传感器物理特性的附加误差项（如偏差和刻度系数误差）。

（3）根据特定 GGI 的物理特性，量测模型中可能还包括其他参数，如载体坐标系转速等。

12.7.2　单轴重力异常更新

重力梯度非常小，需要用很高精度和高成本的 GGI 测量系统才能测量到。重力异常的量级为 100μG，通常需要的传感器精度较低。然而，重力异常的问题在于难以将它与运动引起的加速度区分。因此，重力异常（而不是重力梯度异常）辅助导航需要大量平均或滤波来消除重力测量中运动的影响。

重力异常的另一个重要问题是，沿当地水平轴方向的重力异常往往难以测量，因为通过当地水平轴上的小姿态或对准误差得到的重力投影往往比通过重力异常得到的大几个数量级。例如，为了保持重力测量在当地水平轴方向上的 1μG 级精度，姿态误差需要大于 1μrad。即使有能够达到这种精度水平的传感器，热变形和其他影响因素也很容易超过这个精度。

但由于余弦效应，较小的姿态误差不会产生明显的沿当地垂线轴方向的重力测量误差。也就是说，一阶姿态误差只会对当地垂线轴重力测量产生二阶误差。例如，1mrad 横滚或俯仰误差仅在当地垂线轴上产生 0.5μG 的重力误差。

因此，可以得出以下结论。

（1）基于捷联传感器的重力异常辅助导航难以实现，这是由于垂线轴上的重力通过姿态误差和对准误差映射到水平轴上时会产生巨大的误差。

（2）在精度有限的平台上，单纵轴重力异常的性能和成本之间需要进行

平衡。

(3) 需要长期平均来平均或滤除运载器运动信息。

当地垂线轴重力测量值可以建模为

$$m a_z = \boldsymbol{\eta}(\text{lat}, \text{lon}, h) + v \tag{12.61}$$

式中，$\boldsymbol{\eta}(\text{lat},\text{lon},h)$ 表示地心坐标 $(\text{lat},\text{lon},h)$ 下重力图预测的当地垂直重力(注意,通常使用地心坐标下的重力模型)。

为了预测测量结果,首先将 ECEF 位置转换为(纬度,经度,高度)坐标:

$$\mathbf{L\hat{L}A} = \begin{bmatrix} \hat{\text{lat}} \\ \hat{\text{lon}} \\ \hat{h} \end{bmatrix} = \text{ecef2lla\_geocentric}({}^{\mathrm{E}}\hat{\boldsymbol{r}}_{\mathrm{E}}^{\mathrm{B}})$$

然后计算:

$$m\hat{a}_z = \boldsymbol{\eta}(\hat{\text{lat}}, \hat{\text{lon}}, \hat{h})$$

将推导出的线性化量测模型用于构建卡尔曼滤波的 $\boldsymbol{H}$ 矩阵:

$$\begin{aligned}
\delta m a_z &= \frac{\partial \boldsymbol{\eta}(\text{lat},\text{lon},h)}{\partial \text{lat}} \frac{\partial \text{lat}}{\partial {}^{\mathrm{E}}\boldsymbol{r}_{\mathrm{E}}^{\mathrm{B}}} \delta {}^{\mathrm{E}}\boldsymbol{r}_{\mathrm{E}}^{\mathrm{B}} + \frac{\partial \boldsymbol{\eta}(\text{lat},\text{lon},h)}{\partial \text{lon}} \frac{\partial \text{lon}}{\partial {}^{\mathrm{E}}\boldsymbol{r}_{\mathrm{E}}^{\mathrm{B}}} \delta {}^{\mathrm{E}}\boldsymbol{r}_{\mathrm{E}}^{\mathrm{B}} + \frac{\partial \boldsymbol{\eta}(\text{lat},\text{lon},h)}{\partial h} \times \\
&\quad \frac{\partial h}{\partial {}^{\mathrm{E}}\boldsymbol{r}_{\mathrm{E}}^{\mathrm{B}}} \delta {}^{\mathrm{E}}\boldsymbol{r}_{\mathrm{E}}^{\mathrm{B}} + \boldsymbol{v} \\
&= \left(\frac{\partial \boldsymbol{\eta}(\text{lat},\text{lon},h)}{\partial \text{lat}} \frac{\partial \text{lat}}{\partial {}^{\mathrm{E}}\boldsymbol{r}_{\mathrm{E}}^{\mathrm{B}}} + \frac{\partial \boldsymbol{\eta}(\text{lat},\text{lon},h)}{\partial \text{lon}} \frac{\partial \text{lon}}{\partial {}^{\mathrm{E}}\boldsymbol{r}_{\mathrm{E}}^{\mathrm{B}}} + \frac{\partial \boldsymbol{\eta}(\text{lat},\text{lon},h)}{\partial h} \frac{\partial h}{\partial {}^{\mathrm{E}}\boldsymbol{r}_{\mathrm{E}}^{\mathrm{B}}} \right) \times \\
&\quad \delta {}^{\mathrm{E}}\boldsymbol{r}_{\mathrm{E}}^{\mathrm{B}} + \boldsymbol{v}
\end{aligned} \tag{12.62}$$

相关的 $\boldsymbol{H}$ 矩阵简化为

$$\boldsymbol{H}_{\mathrm{GA}} = \left[0,0,\cdots,0, \left(\frac{\partial \eta(\text{lat},\text{lon},h)}{\partial \text{lat}} \frac{\partial \text{lat}}{\partial {}^{\mathrm{E}}\boldsymbol{r}_{\mathrm{E}}^{\mathrm{B}}} + \frac{\partial \eta(\text{lat},\text{lon},h)}{\partial \text{lon}} \frac{\partial \text{lon}}{\partial {}^{\mathrm{E}}\boldsymbol{r}_{\mathrm{E}}^{\mathrm{B}}} + \frac{\partial \eta(\text{lat},\text{lon},h)}{\partial h} \frac{\partial h}{\partial {}^{\mathrm{E}}\boldsymbol{r}_{\mathrm{E}}^{\mathrm{B}}} \right) \right] \tag{12.63}$$

12.7.3 标量磁强计更新

磁强计可以用于在 MARN 之前校正部分误差。具体来说,希望利用最恰当的信息来校正以下误差。

(1) 航向误差校正:使用当前的姿态信息校正与姿态相关的误差。通常情况下,航向误差的敏感性并不足以将量测误差建模为姿态误差的函数(因此,在 $\boldsymbol{H}$ 矩阵中使用了关于姿态误差状态的非零项)。

(2) 载体环境误差校正:这一步骤对磁场参考导航的成功至关重要。为了达到合适的性能,必须确保由载体环境引起的磁场要么在校准过程中通过足够高频率的估计模型的参数进行校准,要么通过随机化滤除。校正和校准模型很可能是载体姿态的函数。同样,不期望与姿态相关的修正可以证明在量测模型中包含姿态误差是合理的。

(3) 在使用磁异常模型之前,对其他已知的磁场信息(如基线 IGRF 或 WMM 场模型)进行修正。

换句话说,将从原始的总磁场测量中产生以下磁异常量测值:

$$y_m = z_m - \text{IGRF}(\text{lat},\text{lon},h) - \text{航向修正}(\boldsymbol{C}_{\text{E}}^{\text{B}}) - \text{载体场修正}(\boldsymbol{C}_{\text{E}}^{\text{B}}) \tag{12.64}$$

式中:z_m 为传感器的原始输出,为测量传感器感应到的总磁强与量测噪声之和;y_m 为推导出的磁异常量测与量测噪声之和。

利用 NAMAD 等磁异常模型,推导出的磁异常量测模型为

$$y_m = \boldsymbol{\eta}(\text{lat},\text{lon},h) + v \tag{12.65}$$

式中,$\boldsymbol{\eta}(\text{lat},\text{lon},h)$ 表示磁异常模型函数,如 NAMAD 是以地心坐标中的位置坐标 $(\text{lat},\text{lon},h)$ 为输入。

为了预测测量结果,首先将 ECEF 位置转换为(纬度,经度,高度)坐标。

$$\mathbf{L\hat{L}A} = \begin{bmatrix} \hat{\text{lat}} \\ \hat{\text{lon}} \\ \hat{h} \end{bmatrix} = \text{ecef2lla\_geocentric}({}^{\text{E}}\hat{\boldsymbol{r}}_{\text{E}}^{\text{B}})$$

再次注意,这里使用的是地心坐标,而不是大地坐标。ecef2lla-geocentric 表示 ECEF 坐标转换到经纬高坐标。

然后计算:

$$\hat{y}_m = \boldsymbol{\eta}(\hat{\text{lat}},\hat{\text{lon}},\hat{h}) \tag{12.66}$$

将推导出的线性化量测模型用于卡尔曼滤波 $\boldsymbol{H}$ 矩阵:

$$\begin{aligned}\delta y_m &= \frac{\partial\boldsymbol{\eta}(\text{lat},\text{lon},h)}{\partial\text{lat}}\frac{\partial\text{lat}}{\partial{}^{\text{E}}\boldsymbol{r}_{\text{E}}^{\text{B}}}\delta{}^{\text{E}}\boldsymbol{r}_{\text{E}}^{\text{B}} + \frac{\partial\boldsymbol{\eta}(\text{lat},\text{lon},h)}{\partial\text{lon}}\frac{\partial\text{lon}}{\partial{}^{\text{E}}\boldsymbol{r}_{\text{E}}^{\text{B}}}\delta{}^{\text{E}}\boldsymbol{r}_{\text{E}}^{\text{B}} + \frac{\partial\boldsymbol{\eta}(\text{lat},\text{lon},h)}{\partial h}\frac{\partial h}{\partial{}^{\text{E}}\boldsymbol{r}_{\text{E}}^{\text{B}}}\delta{}^{\text{E}}\boldsymbol{r}_{\text{E}}^{\text{B}} + \boldsymbol{v} \\ &= \left(\frac{\partial\boldsymbol{\eta}(\text{lat},\text{lon},h)}{\partial\text{lat}}\frac{\partial\text{lat}}{\partial{}^{\text{E}}\boldsymbol{r}_{\text{E}}^{\text{B}}} + \frac{\partial\boldsymbol{\eta}(\text{lat},\text{lon},h)}{\partial\text{lon}}\frac{\partial\text{lon}}{\partial{}^{\text{E}}\boldsymbol{r}_{\text{E}}^{\text{B}}} + \frac{\partial\boldsymbol{\eta}(\text{lat},\text{lon},h)}{\partial h}\frac{\partial h}{\partial{}^{\text{E}}\boldsymbol{r}_{\text{E}}^{\text{B}}}\right)\delta{}^{\text{E}}\boldsymbol{r}_{\text{E}}^{\text{B}} + \boldsymbol{v}\end{aligned} \tag{12.67}$$

相关的 $\boldsymbol{H}$ 矩阵简化为

$$\boldsymbol{H}_m = \left[0,0,\cdots,0,\left(\frac{\partial\boldsymbol{\eta}(\text{lat},\text{lon},h)}{\partial\text{lat}}\frac{\partial\text{lat}}{\partial{}^{\text{E}}\boldsymbol{r}_{\text{E}}^{\text{B}}} + \frac{\partial\boldsymbol{\eta}(\text{lat},\text{lon},h)}{\partial\text{lon}}\frac{\partial\text{lon}}{\partial{}^{\text{E}}\boldsymbol{r}_{\text{E}}^{\text{B}}} + \frac{\partial\boldsymbol{\eta}(\text{lat},\text{lon},h)}{\partial h}\frac{\partial h}{\partial{}^{\text{E}}\boldsymbol{r}_{\text{E}}^{\text{B}}}\right)\right] \tag{12.68}$$

12.8 仿真示例

下面将介绍单轴重力计辅助导航系统的简单示例,及其在太平洋和落基山

脉上空的轨迹性能。在这个示例中,假设已经理想地滤除了真实运动带来的加速度。

图 12.4 所示为太平洋重力场的变化,其中,重力异常变化的均方根(root mean square, RMS)为 9.5mGal。相比之下,在落基山脉上空的变化更大(RMS 为 69.4mGal),如图 12.5 所示。图 12.6 所示为在太平洋上空模拟的轨迹。图 12.7所示为使用重力计辅助的低成本 INS 在太平洋上空轨迹的导航性能。

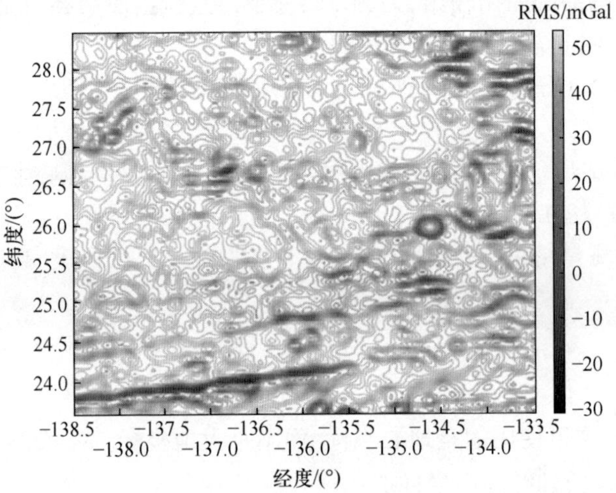

图 12.4　太平洋上空的重力异常(RMS 为 9.5mGal)

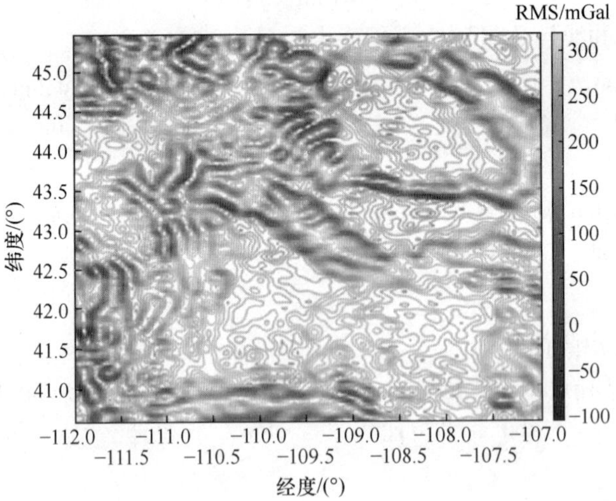

图 12.5　落基山脉上空的重力异常(RMS 为 69.4mGal)

下面将给出一个完全假设的仿真案例。假设在加州崎岖的地形上空进行低空飞行产生的加速度已经被理想地平均或滤除了。由于重力异常高度的变化和载体的高速运动,可以快速感受到重力异常的变化,从而使预测性能大大提高。图 12.8 给出了轨迹和仿真结果。

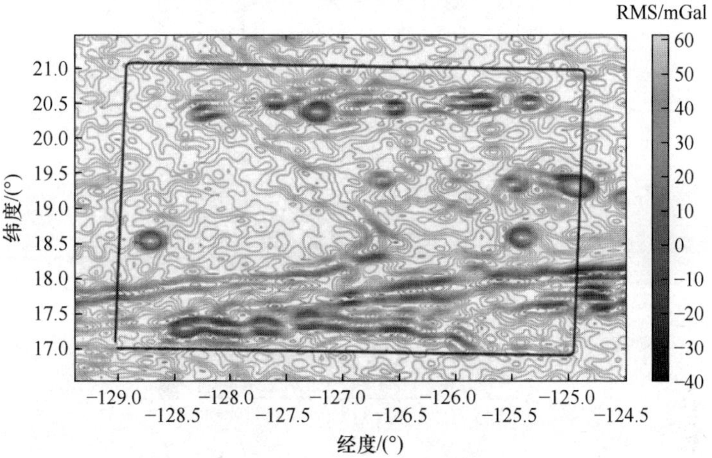

图 12.6　太平洋上空假设轨迹

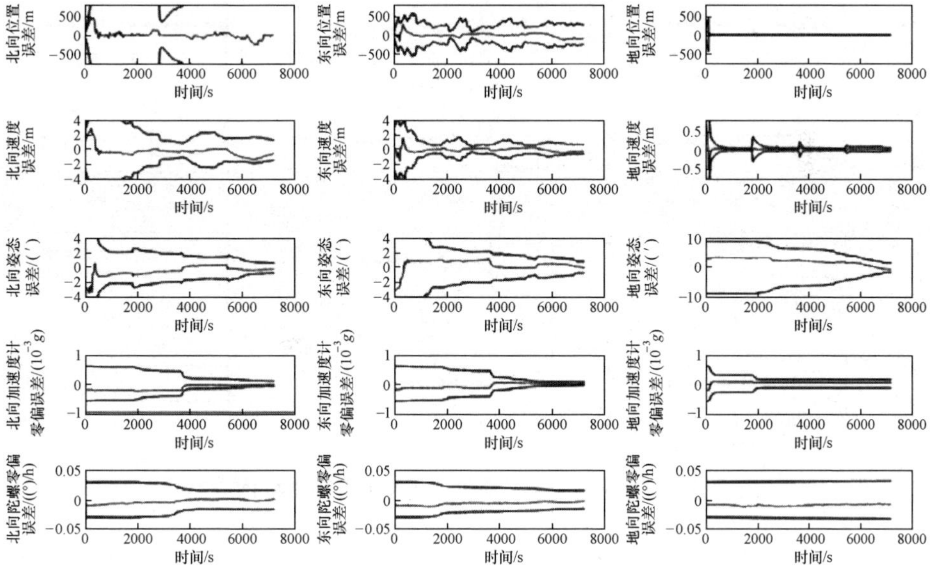

图 12.7　重力计辅助 INS 的在太平洋上空轨迹的导航性能

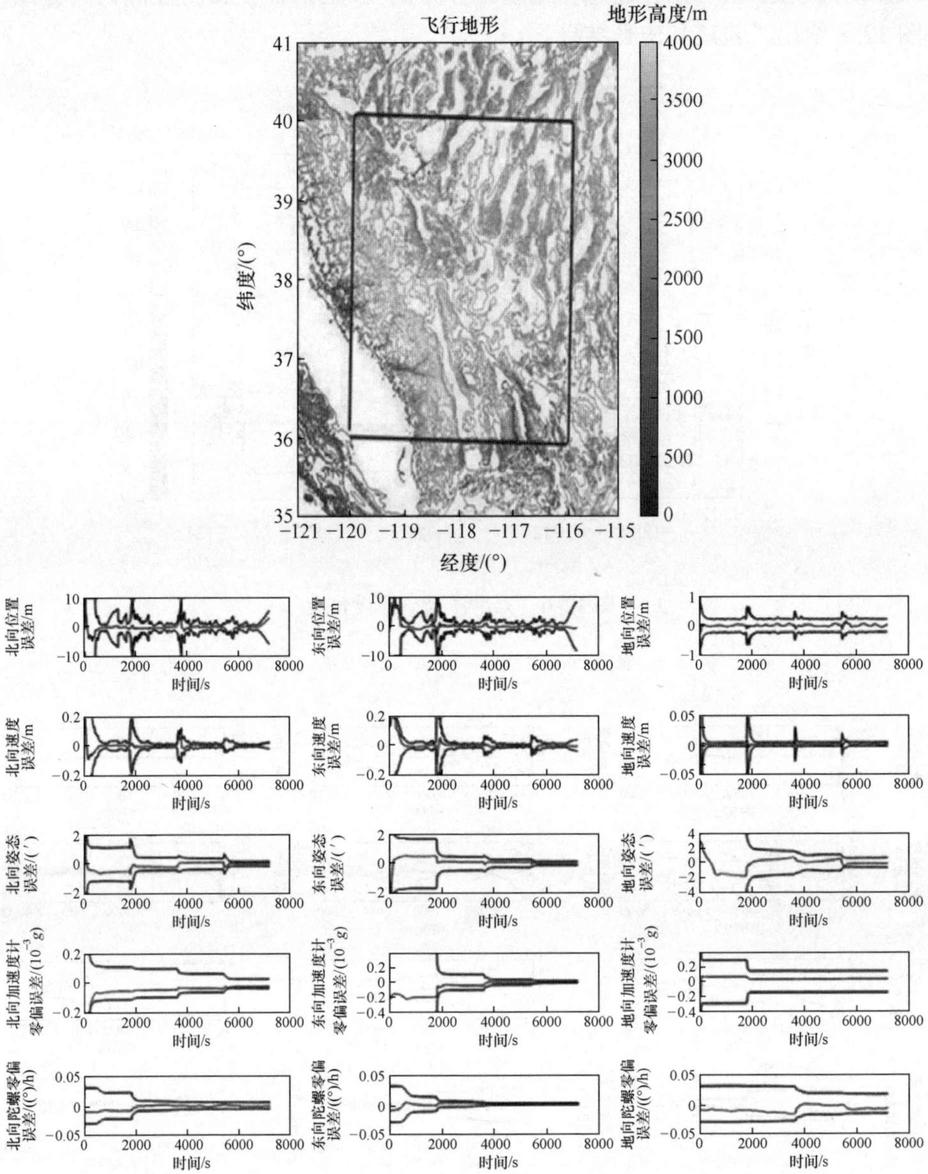

图 12.8　崎岖地形上空的假设轨迹和重力计辅助 INS 性能

参 考 文 献

[1] Richeson, J. A., "Gravity Gradiometer Aided Inertial Navigation Within Non-GNSS Environments," Ph. D. Dissertation, University of Maryland, College Park, MD, 2008.

[2] Rogers, M. M., "An Investigation into the Feasibility of Using a Modern Gravity Gradient Instrument for Passive Aircraft Navigation and Terrain Avoidance," Master's Thesis, Air Force Institute of Technology, 2009.

[3] Canciani, A. J., "Absolute Positioning Using the Earth's Magnetic Anomaly Field," Ph. D. Dissertation, Air Force Institute of Technology, 2016.

[4] Canciani, A., and J. Raquet, "Airborne Magnetic Anomaly Navigation," *IEEE Transactions on Aerospace and Electronic Systems*, Vol. 53, No. 1, February 2017, pp. 67–80.

[5] Oehler, J., D. Rouxel, and M. Lequentrec-Lalancette, "Comparison of Global Geomagnetic Field Models and Evaluation Using Marine Datasets in the North-Eastern Atlantic Ocean and Western Mediterranean Sea," *Earth Planets Space*, Vol. 70, No. 99, 2018.

[6] Parker, R. L., "The Rapid Calculation of Potential Anomalies," *The Geophysical Journal of the Royal Astronomical Society*, Vol. 31, No. 4, 1972, pp. 447–455.

[7] Jekeli, C., and L. Zhu, "Comparison of Methods to Model the Gravitational Gradients from Topographic Data Bases," *Geophys. J. Int.*, Vol. 166, 2006, pp. 999–1014.

[8] https://mrdata.usgs.gov/magnetic/, USGS. North American Magnetic Anomaly Database.

[9] https://catalog.data.gov/dataset/digital-data-grids-for-the-magnetic-anomaly-map-of-north-america, North American Magnetic Anomaly Database.

[10] Bankey, V., et al., "Digital Data Grids for the Magnetic Anomaly Map of North America," U. S. Geological survey open file report 02-414, U. S. Geological Survey, 2002.

[11] http://wdmam.org/, The World Digital Magnetic Anomaly Map.

[12] http://geomag.org/models/wdmam.html, The World Digital Magnetic Anomaly Map.

[13] Maus, S., "Emag2: Earth Magnetic Anomaly Grid (2-Arc-Minute Resolution)," National Geophysical Data Center, NOAA, 2009.

[14] Metzger, J., et al., "Sigma-Point Filter for Terrain Referenced Navigation," *AIAA Guidance, Navigation, and Control Conference and Exhibit*, San Francisco, CA, August 15–18, 2005.

[15] Wu, X., "Gravity Gradient Survey with a Mobile Atom Interferometer," Ph. D. Dissertation, Stanford University, 2009.

[16] Metzger, E. H., and A. Jircitano, "Inertial Navigation Performance Improvement Using Gravity Gradient Matching Techniques," *J. Spacecraft*, June 1976.

[17] Moryl, J., H. Rice, and S. Shinners, "The Universal Gravity Module for Enhanced Submarine Navigation," *IEEE* 1998 *Position Location and Navigation Symposium*, Palm Springs, CA, 1998.

[18] Wu, L., et al., "Performance Evaluation and Analysis for Gravity Matching Aided Navigation," Sensors, April 2017.

[19] Wang, H., et al., "Location Accuracy of INS/Gravity-Integrated Navigation System on the Basis of Ocean Experiment and Simulation," Sensors, December 2017.

[20] Wang, B., et al., "A Particle Filter-Based Matching Algorithm with Gravity Sample Vector for Underwater Gravity Aided Navigation," *IEEE/ASME Transactions on Mechatronics*, Vol. 21, No. 3, June 2016.

[21] Morales, G., "Magnetometer Aided Navigation Filters for Improved Observability and Estimation on Ground Vehicles," Master's Thesis, Auburn University, 2016.

[22] Wang, H., et al., "Characteristics of Marine Gravity Anomaly Reference Maps and Accuracy Analysis of Gravity Matching-Aided Navigation," *Sensors (Basel)*, Vol. 17, No. 8, August 2017, p. 1851.

[23] Wang, H., et al., "Location Accuracy of INS/Gravity-Integrated Navigation System on the Basis of Ocean Experiment and Simulation," *Sensors*, Vol. 17, 2017, p. 2961.

[24] Dai,T. ,et al. ,"A Robust Underwater Navigation Method Fusing Data of Gravity Anomaly and Magnetic Anomaly," *International Journal of Systems Science*, Vol. 50, No. 4, 2019, pp. 679-693.

[25] Dai,T. ,et al. ,"Solving Gravity Anomaly Matching Problem Under Large Initial Errors in Gravity Aided Navigation by Using an Affine Transformation Based Artificial Bee Colony Algorithm," *Frontiers in Neurorobotics*, Vol. 13, 2019.

[26] Bishop,G. C. ,"Gravitational Field Maps and Navigational Errors Unmanned Underwater Vehicles," *IEEE J. Ocean. Eng.*, Vol. 27, 2002, pp. 726-737.

[27] Han,Y. ,et al. ,"An Improved TERCOM Based Algorithm for Gravity-Aided Navigation," *IEEE Sens. J.*, Vol. 16, 2016, pp. 2537-2544.

[28] Wu,L. ,et al. ,"Modelling Full-Tensor Gravity Gradient Maps for Gravity Matching Navigation," Vol. 21, pp. 7037-7041, https://www.researchgate.net/publication/291987927_Modelling_full-tensor_gravity_gradient_maps_for_gravity_matching_navigation.

[29] Claus,B. ,and R. Bachmayer,"Terrain-Aided Navigation for an Underwater Glider," *Journal of Field Robotics*, Vol. 32, 2015, pp. 935-951.

[30] Hollowell,J. ," Heli/SITAN: A Terrain Referenced Navigation Algorithm for Helicopters," *IEEE Symposium on Position Location and Navigation. A Decade of Excellence in the Navigation Sciences*, March 1990.

[31] McGuffin,J. T. ,"Terrain Referenced Navigation Electromagnetic-Gravitational Correlation," U. S. Patent 5272639A, 1992(2019-11-14 Application status is Expired—Lifetime).

[32] Fellerhoff,J. R. ,"SITAN Implementation in the Saint System," *IEEE Journal*, 1986, pp. 89-95.

[33] Baird, C. A., and M. R. Abramson, " A Comparison of Several Digital Map-Aided Navigation Techniques," *IEEE Journal*, 1984, pp. 286-293.

[34] Hostetler, L. D., and R. D. Andreas, " Nonlinear Kalman Filtering Techniques for Terrain Aided Navigation," *IEEE Transactions on Automatic Control*, Vol. AC-28, No. 3, March 1983, pp. 315-323.

[35] Priestley,N. ,"Terrain Referenced Navigation," IEEE Symposium on Position Location and Navigation. *A Decade of Excellence in the Navigation Sciences*, March 20, 1990.

[36] Henley,A. J. ,"Terrain Aided Navigation: Current Status, Techniques for Flat Terrain and Reference Data Requirements," IEEE Symposium on Position Location and Navigation. A Decade of Excellence in the Navigation Sciences, March 20, 1990.

[37] Jalving,B. ,et al. ,"Terrain Referenced Navigation of AUVs and Submarines Using MultiBeam Echo Sounders," Norwegian Defense Research, 2004, http://citeseerx.ist.psu.edu/viewdoc/download?doi=10.1.1.459.3521&rep=rep1&type=pdf.

[38] https://www.sciencedirect.com/topics/earth-and-planetary-sciences/magnetometer.

[39] https://en.wikipedia.org/wiki/Magnetometer.

[40] http://www.gemsys.ca/pdf/GEM_Scalar_Magnetometers_Optically_Pumped.pdf.

[41] https://gmw.com/product/mag-03-mag-13/.

[42] Tierney, T., et al., " Optically Pumped Magnetometers: From Quantum Origins to MultiChannel Magnetoencephalography," *NeuroImage*, Vol. 199, 2019, pp. 598-608.

[43] Ripka,P. ,"Review of Fluxgate Sensors," *Sensors and Actuators A: Physical*, Vol. 33, No. 3, June 1992, pp. 129-141.

第 13 章

协作式 PNT

13.1 引　言

本章将讨论一组导航仪器、用户和平台(每个都被称为节点)在一个网络环境中共同工作时的定位、导航与授时(positioning, navigation, and timing, PNT)问题。其中,每个节点位于不同的地理位置,处于不同的全球卫星导航系统(global navigation satellite systems, GNSS)环境中。有些节点可能位于 GNSS 信号广泛可用、完整性很高的区域;有些节点可能位于城市建筑群中,那里的高层建筑将阻挡用户的部分 GNSS 信号;有些节点可能位于有大量射频干扰或信号不可用的区域,导致无法获得 GNSS 信号。

各节点可以配备不同类型的 PNT 设备或传感器:其中,有些节点只有一个 GNSS 接收机,有些节点可能有 GNSS 或惯性导航系统(inertial navigation system, INS),有些节点可能具有视觉导航和天文导航的能力。这样,即使在 GNSS 完全不可用的情况下,也可以提供 PNT 解决方案。

协作式 PNT,也称为合作式 PNT,是利用本地可用信息和网络通信可用信息,使每个运行节点具有更好的 PNT 性能、可用性和完整性。Rongsheng(Ken) Li 认为,与其他互补式 PNT 不同,尽管文献[1-19]中提到了该领域,但协作式或合作式 PNT 并未得到研究人员的足够重视。

通信网络有两个重要的作用:

(1) 允许运行节点间共享信息;

(2) 除了各节点本地可用的 PNT 传感器信息之外,允许创建新的协作测量。

在网络环境中,至少有 3 种重要的协作和协作测量类型:

(1) 运行节点之间的时间传输和时间同步(例如,通用网络定时协议(network time protocol, NTP)和 IEEE 1588 精确计时协议(precision timing

protocol, PTP)[20-22]是开放标准,目前已在每台计算机上运行);

(2) 协作节点之间的距离测量;

(3) 协作节点之间的视距无线传输(line-of-sight, LOS)、到达角(angle of arrival, AOA)或到达方向(direction of arrival, DOA)测量。

协作式 PNT 至少通过两种不同方式,实现了比各节点更优的 PNT 解决方案:

(1) 各节点都可以利用本地信息和"邻居"信息(local with immediate-neighbor, LWIN)来改进其解决方案。

(2) 一个网络或子网可以利用整个网络或子网的所有可用信息(综合全网解决方案(integrated total network solution, ITNS)),为网络或子网中各节点提供更优的解决方案。

图 13.1 说明了协作式 PNT 的概念,展示了三种类型的或协作模式:

(1) 虚线表示仅用于通信的连接;

(2) 细实线表示通信、时间传输或测距协作连接;

(3) 粗实线表示通信、时间传输、距离或 LOS 方向协作。

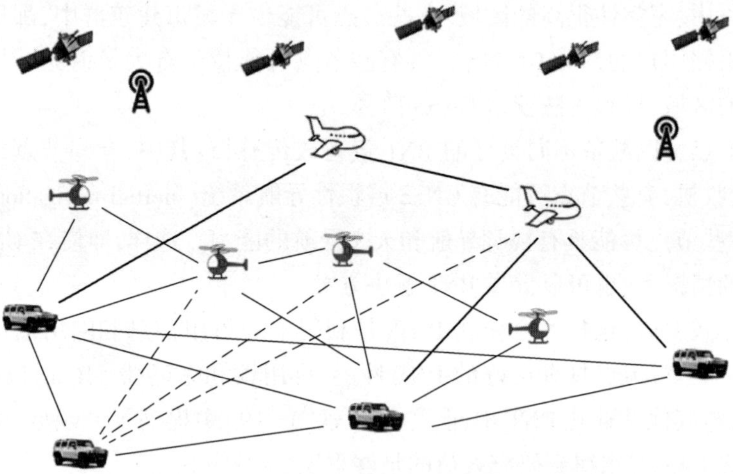

图 13.1 协作式 PNT 网络

需要指出的是,一个网络通常可以分解为许多子网,而在这些子网之间,没有可用的协作测量。换句话说,可以通过处理更简单、更小的子网来降低问题的复杂性和规模。在缺少协作测量的情况下,将网络作为一个整体来处理是一个方法。

图 13.2 描述了一个被分解为两个独立子网的网络结构。

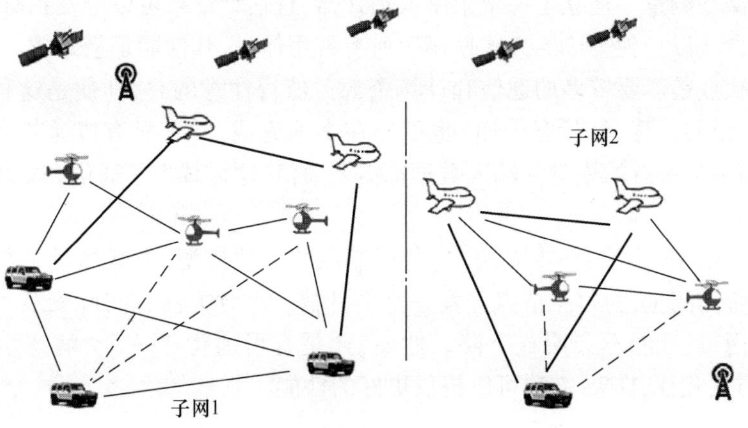

图 13.2　一个网络被分解为两个独立子网

13.2　协作式 PNT 架构

13.2.1　用于协作式网络估计器的通用卡尔曼滤波架构

首先讨论了用于协作式网络的通用卡尔曼滤波，从而为本章奠定基础。本章内容除了适用于 PNT 外，也适用于许多其他类型的应用。

设网络或子网中有 n 个节点，每个节点由以下方程作为状态模型和量测模型。

（1）节点 i 状态量模型为

$$x_i(k+1)=f_i(x_i(k),u_i(k),k)+w_i(k) \tag{13.1}$$

（2）节点 i 量测量模型为

$$z_i(k)=g_i(x_i(k),u_i(k),k)+v_i(k) \tag{13.2}$$

（3）由节点 i 测量的节点 i 和节点 j 之间的协作量测模型为

$$y_{ij}(k)=h_{ij}(x_i(k),x_j(k),k)+s_{ij}(k) \tag{13.3}$$

其中，$w_i(k)$ 、$v_i(k)$ 、$s_{ij}(k)$ 表示独立白噪声序列，有

$$\begin{cases}E(w_i(k)w_i^{\mathrm{T}}(l))=Q_{\mathrm{d}}(k)\delta_{kl}\\E(v_i(k)v_i^{\mathrm{T}}(l))=R_{\mathrm{vd}i}(k)\delta_{kl}\\E(s_{ij}(k)s_{ij}^{\mathrm{T}}(l))=R_{\mathrm{sd}ij}(k)\delta_{kl}\end{cases} \tag{13.4}$$

注意，如果每个节点都与所有其他节点协作生成一个协作测量，那么可能会有 $n(n-1)$ 个协作测量。

对于上述系统，有以下两种方法来构建相应的估计器。

（1）ITNS 方法：在本方法中，所有模型和测量被整合在一起，形成了综合系

统的模型和测量。建立了一个集中式估计器,且估计结果可以分发到每个节点。由于该方法以一种集成的方式使用了所有可用信息,其性能是最好的。然而,该方法的缺点是需要较多的通信和计算资源。值得注意的是,即使是这种集成的方法,大量的计算(如状态传递)也可以在本地完成,并且只有传递状态量需要通信,而不是所有的模型和输入数据都需要通信,这样减少了通信和集中计算的需求。

(2) LWIN 方法:在本方法中,利用节点的本地模型、本地测量及与其近邻节点的协作测量,为每个节点开发一个估计器。这种方法在实际安装和应用中更加实用,且性能不会明显下降。然而,还是有可能构建一个“病态示例”,与 LWIN 方法相比,ITNS 方法可以提供更好的性能。

13.2.2 ITNS 扩展卡尔曼滤波算法与方程

如前所述,ITNS 是一种集中式方法,使用这种方法构建的卡尔曼滤波需要大量的集中计算。即使如此,仍然有部分计算过程可以采用分布式的方式完成,具体如下。

(1) 对于每一个节点 i ($i = 1,2,\cdots,n$),状态传递可以在本地完成,即

$$\hat{x}_i(k|k-1) = f_i(\hat{x}_i(k-1|k-1), u_i(k-1), k-1) \tag{13.5}$$

(2) 整个系统的状态转换矩阵为块对角线形式:

$$\boldsymbol{\Phi}(k-1) = \begin{bmatrix} \boldsymbol{\Phi}_{11}(k-1) & 0 & 0 & 0 \\ 0 & \boldsymbol{\Phi}_{22}(k-1) & 0 & 0 \\ 0 & 0 & \ddots & 0 \\ 0 & 0 & 0 & \boldsymbol{\Phi}_{nn}(k-1) \end{bmatrix} \tag{13.6}$$

其中

$$\boldsymbol{\Phi}_{ii}(k-1) \triangleq \frac{\partial f_i}{\partial x_i}_{|x=\hat{x}_i(k-1|k-1)} \triangleq f_{i,x_i | x_i=\hat{x}_i(k-1|k-1)} \tag{13.7}$$

系统噪声协方差矩阵也是块对角线矩阵:

$$\boldsymbol{Q}(k) = \begin{bmatrix} Q_1(k) & 0 & \cdots & 0 \\ 0 & Q_2(k) & \cdots & 0 \\ \vdots & \vdots & \ddots & \vdots \\ 0 & 0 & \cdots & Q_n(k) \end{bmatrix} \tag{13.8}$$

然而,协方差矩阵不会是块对角线矩阵。因此,系统总协方差传播方程为

$$\boldsymbol{P}(k|k-1) = \boldsymbol{\Phi}(k-1)\boldsymbol{P}(k-1|k-1)\boldsymbol{\Phi}^{\mathrm{T}}(k-1) + \boldsymbol{Q}(k) \tag{13.9}$$

很明显,因为矩阵 $\boldsymbol{\Phi}$ 和 $\boldsymbol{Q}$ 是块对角线矩阵,因此,如果逐块展开上述方程,能够节省大量的计算。

(3) 本地量测值的预测和本地残差的预测可以在本地完成,即

$$\hat{\boldsymbol{z}}_i(k|k-1) = \boldsymbol{g}_i(\hat{\boldsymbol{x}}_i(k|k-1), \boldsymbol{u}_i(k-1), k) \tag{13.10}$$

本地残差的计算公式为

$$\begin{gathered} \boldsymbol{\mu}_i = (z_i(k) - \hat{z}_i(k|k-1)) \\ \boldsymbol{\mu} = [\boldsymbol{\mu}_1^{\mathrm{T}} \quad \boldsymbol{\mu}_2^{\mathrm{T}} \quad \cdots \quad \boldsymbol{\mu}_n^{\mathrm{T}}]^{\mathrm{T}} \end{gathered} \tag{13.11}$$

(4) 所有本地量测值叠加在一起的 $\boldsymbol{H}$ 矩阵是块对角线矩阵:

$$\boldsymbol{H}_z(k) \triangleq \frac{\partial g}{\partial x}\bigg|_{\boldsymbol{x}=\hat{\boldsymbol{x}}_i(k|k-1)} = \begin{bmatrix} \dfrac{\partial g_1}{\partial x_1} & 0 & \cdots & 0 \\ 0 & \dfrac{\partial g_2}{\partial x_2} & \cdots & 0 \\ \vdots & \vdots & \ddots & \vdots \\ 0 & 0 & 0 & \dfrac{\partial g_n}{\partial x_n} \end{bmatrix} \tag{13.12}$$

(5) 本地量测值 $\boldsymbol{z}(k)$ 的 $\boldsymbol{R}$ 矩阵也是块对角线矩阵:

$$\boldsymbol{R}_z(k) = \begin{bmatrix} R_{z1}(k) & 0 & \cdots & 0 \\ 0 & R_{z2}(k) & \cdots & 0 \\ \vdots & \vdots & \ddots & 0 \\ 0 & 0 & 0 & R_{zn}(k) \end{bmatrix} \tag{13.13}$$

本地残差向量(所有本地残差叠加在一起)的协方差矩阵为

$$\boldsymbol{P}_\mu = \begin{bmatrix} \left(\dfrac{\partial g_1}{\partial x_1}\right) P_{11} \left(\dfrac{\partial g_1}{\partial x_1}\right)^{\mathrm{T}} + R_{z11} & \left(\dfrac{\partial g_1}{\partial x_1}\right) P_{12} \left(\dfrac{\partial g_2}{\partial x_2}\right)^{\mathrm{T}} & \cdots & \left(\dfrac{\partial g_1}{\partial x_1}\right) P_{1n} \left(\dfrac{\partial g_n}{\partial x_n}\right)^{\mathrm{T}} \\ \left(\dfrac{\partial g_2}{\partial x_2}\right) P_{21} \left(\dfrac{\partial g_1}{\partial x_1}\right)^{\mathrm{T}} & \left(\dfrac{\partial g_2}{\partial x_2}\right) P_{22} \left(\dfrac{\partial g_2}{\partial x_2}\right)^{\mathrm{T}} + R_{z22} & \cdots & \left(\dfrac{\partial g_2}{\partial x_2}\right) P_{2n} \left(\dfrac{\partial g_n}{\partial x_n}\right)^{\mathrm{T}} \\ \vdots & \vdots & \ddots & \vdots \\ \left(\dfrac{\partial g_n}{\partial x_n}\right) P_{n1} \left(\dfrac{\partial g_1}{\partial x_1}\right)^{\mathrm{T}} & \left(\dfrac{\partial g_n}{\partial x_n}\right) P_{n2} \left(\dfrac{\partial g_2}{\partial x_2}\right)^{\mathrm{T}} & \cdots & \left(\dfrac{\partial g_n}{\partial x_n}\right) P_{nn} \left(\dfrac{\partial g_n}{\partial x_n}\right)^{\mathrm{T}} + R_{znn} \end{bmatrix} \tag{13.14}$$

然而,它不是块对角线矩阵。上述矩阵的逆矩阵为

$$\boldsymbol{B}_\mu = \boldsymbol{P}_\mu^{-1} \tag{13.15}$$

增益矩阵为

$$\boldsymbol{K}_z(k) = \boldsymbol{P}(k|k-1)\boldsymbol{H}_z^{\mathrm{T}}(k)\boldsymbol{B}_\mu \tag{13.16}$$

通常情况下,尽管 $\boldsymbol{H}$ 矩阵是块对角线矩阵,式(13.16)仍然是一个全矩阵。

(6) 采用以下方程进行状态量更新：

$$\hat{\boldsymbol{x}}(k|k) = \hat{\boldsymbol{x}}(k|k-1) + \boldsymbol{K}_z \boldsymbol{\mu}(k) \tag{13.17}$$

整个协方差矩阵需要用下式更新：

$$\boldsymbol{P}(k|k) = (\boldsymbol{I} - \boldsymbol{K}_z(k)\boldsymbol{H}_z(k))\boldsymbol{P}(k|k-1) \tag{13.18}$$

协作测量可以在不同的时刻使用，最好是在协方差传播解算之后，这样在这一步不需要做任何处理。协作测量也可以在执行本地测量更新之后立即使用，这样的话，需要将更新后的协方差矩阵复制到更新前的协方差矩阵中，然后以连续的方式使用新的量测值。

重要的是，对于每个节点(i)，可能会有许多与不同节点相关的协作测量。因此，最多可以有 $n(n-1)$ 次协作更新(相对于 n 次本地更新)。为了避免方程变得更复杂，将循环遍历 $n(n-1)$ 次测量。在每次迭代中，只处理与一对节点相关联的量测方程，该方程为节点 i 在与节点 j 协作时节点 i 的量测方程。重要的是要记住，在每次迭代之间，如果没有进行协方差传播，总是需要将当前更新的协方差矩阵复制到更新前的协方差矩阵中：

$$\boldsymbol{P}(k|k-1) = \boldsymbol{P}(k|k) \tag{13.19}$$

对每个节点重复下述的步骤(8)~(11)。对每个节点而言，这些步骤将在每次协作测量时重复进行。步骤(1)~(6)和步骤(8)~(11)结合起来，会导致上述步骤重复执行 $n(n-1)$ 次。

(7) 协作测量的预测值可以计算为

$$\hat{y}_{ij}(k|k-1) = h_{ij}(\hat{x}_i(k|k-1), \hat{x}_j(k|k-1), k) \tag{13.20}$$

然后，残差可以计算为

$$v_{ij} = (y_{ij}(k) - \hat{y}_{ij}(k|k-1)) \tag{13.21}$$

(8) 节点 i 与节点 j 协作时，由节点 i 测量的协作测量 $\boldsymbol{H}$ 矩阵可以写为

$$\begin{aligned} \boldsymbol{H}_{y_{ij}}(k) &= \begin{bmatrix} \cdots & 0 & \dfrac{\partial h_{ij}}{\partial x_i} & 0 & \cdots & 0 & \dfrac{\partial h_{ij}}{\partial x_j} & 0 & \cdots \end{bmatrix} \\ &= \begin{bmatrix} \cdots & 0 & h_{y_{ij_i}} & 0 & \cdots & 0 & h_{y_{ij_j}} & 0 & \cdots \end{bmatrix} \end{aligned} \tag{13.22}$$

(9) 假设测量方差矩阵为 $\boldsymbol{R}_{y_{ij}}(k)$ 。残差的协方差矩阵可以计算为

$$P_{v_{ij}} = (h_{y_{ij_i}}(k)\boldsymbol{P}_{ii}(k|k-1)h_{y_{i_{ii}}}^{\mathrm{T}}(k) + h_{y_{ij_j}}(k)\boldsymbol{P}_{jj}(k|k-1)h_{y_{i_{jj}}}^{\mathrm{T}}(k) + \boldsymbol{R}_{y_{ij}}(k)) \tag{13.23}$$

上述矩阵的逆矩阵可以计算为

$$\boldsymbol{B}_{v_{ij}} = \boldsymbol{P}_{v_{ij}}^{-1} \tag{13.24}$$

由量测量 y_{ij} 得到整个状态向量的增益矩阵为

$$\boldsymbol{K}_{y_{ij}}(k) = \boldsymbol{P}(k|k-1)\boldsymbol{H}_{y_{ij}}^{\mathrm{T}}(k)\boldsymbol{B}_{v_{ij}} \tag{13.25}$$

(10) 通过下式完成状态和协方差矩阵的更新：

$$\hat{\boldsymbol{x}}(k|k) = \hat{\boldsymbol{x}}(k|k-1) + \boldsymbol{K}_{y_{ij}}\boldsymbol{v} \tag{13.26}$$

$$\boldsymbol{P}(k|k) = (\boldsymbol{I} - \boldsymbol{K}_{y_{ij}}(k)H_{y_{ij}}(k))\boldsymbol{P}(k|k-1) \tag{13.27}$$

图 13.3 对 ITNS 方法的架构进行了简要说明。

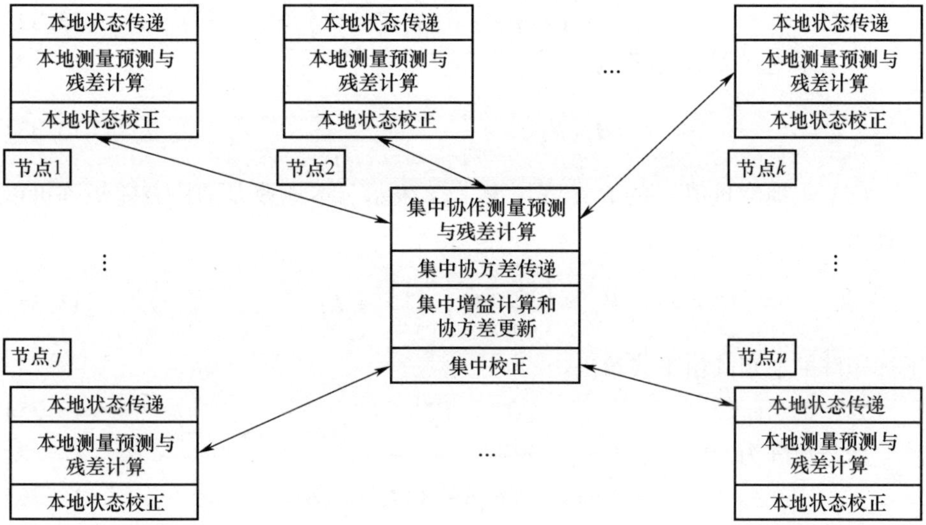

图 13.3　ITNS 方法的架构

13.2.3　LWIN 扩展卡尔曼滤波算法与方程

LWIN 方法基于去中心化思想。该状态量由分布式本地估计量组成，这些分布式本地估计量都保持自己的状态向量和协方差矩阵。在本例中，本地更新完全在本地完成。基于协作测量的更新也在本地完成，它是利用协作量测方程中协作节点状态的最佳估计结果作为带有噪声的量测量，而不是作为整个系统状态的一部分。估计结果通常从协作节点处获得。

如下所述，LWIN 方法的扩展卡尔曼滤波基本上是 n 个解耦的标准扩展卡尔曼滤波。对每个节点 i（$i = 1,2,\cdots,n$）分别执行以下操作。

(1) 状态传播。

$$\hat{\boldsymbol{x}}_i(k|k-1) = f_i(\hat{\boldsymbol{x}}_i(k|k-1), \boldsymbol{u}_i(k-1), k-1) \tag{13.28}$$

(2) 协方差传播。

节点 i 的状态转移矩阵为

$$\boldsymbol{\Phi}_{ii}(k-1) \triangleq \frac{\partial f_i}{\partial x_i}\bigg|_{x=\hat{x}_i(k-1|k-1)} \triangleq f_{i,x_i}\big|_{x_i=\hat{x}_i(k-1|k-1)} \tag{13.29}$$

系统噪声协方差矩阵为 $\boldsymbol{Q}_i(k)$，利用下式完成节点 i 的协方差传播：

$$P_i(k|k-1)=\boldsymbol{\Phi}_i(k-1)P_i(k-1|k-1)\boldsymbol{\Phi}_i^{\mathrm{T}}(k-1)+Q_i(k) \tag{13.30}$$

（3）在本地完成本地测量与本地残差的预测。

$$\hat{z}_i(k|k-1)=g_i(\hat{\boldsymbol{x}}_i(k|k-1),\boldsymbol{u}_i(k-1),k) \tag{13.31}$$

本地残差计算为

$$\boldsymbol{\mu}_i=(z_i(k)-\hat{z}_i(k|k-1)) \tag{13.32}$$

（4）本地量测 $\boldsymbol{H}$ 矩阵为

$$\boldsymbol{H}_{z_i}(k)\triangleq\frac{\partial g_i}{\partial x_i}\bigg|_{x_i=\hat{x}_i(k|k-1)} \tag{13.33}$$

（5）本地测量值 z_i 的 $\boldsymbol{R}$ 矩阵用 $\boldsymbol{R}_{z_i}(k)$ 表示。本地残差的协方差矩阵可以计算为

$$\boldsymbol{P}_{\mu_i}=\left(\frac{\partial g_i}{\partial x_i}\right)\boldsymbol{P}_i\left(\frac{\partial g_i}{\partial x_i}\right)^{\mathrm{T}}+\boldsymbol{R}_{z_i} \tag{13.34}$$

上述矩阵的逆矩阵由下式给出：

$$\boldsymbol{B}_{\mu_i}=\boldsymbol{P}_{\mu_i}^{-1} \tag{13.35}$$

增益矩阵为

$$\boldsymbol{K}_{z_i}(k)=\boldsymbol{P}_i(k|k-1)\boldsymbol{H}_{z_i}^{\mathrm{T}}(k)\boldsymbol{B}_{\mu_i} \tag{13.36}$$

（6）本地状态量采用以下方程更新：

$$\hat{\boldsymbol{x}}_i(k|k)=\hat{\boldsymbol{x}}_i(k|k-1)+\boldsymbol{K}_{z_i}\boldsymbol{\mu}_i(k) \tag{13.37}$$

本地协方差矩阵采用以下方程更新：

$$\boldsymbol{P}_i(k|k)=(\boldsymbol{I}-\boldsymbol{K}_{z_i}(k)\boldsymbol{H}_{z_i}(k))\boldsymbol{P}_i(k|k-1) \tag{13.38}$$

（7）协作测量可以在不同的时刻使用，最好是在协方差传播解算步骤之后，这样不需要在这一步做任何事情。

协作测量也可以在本地测量更新后立即使用，这样就需要将更新后的协方差矩阵复制到更新前的协方差矩阵中，然后才能以连续的方式使用新的量测值。

重要的是，对于每个节点（i），可能有 0 到 $n-1$ 个与不同节点相关的协作测量。为了避免方程变得更加复杂，将对每个节点最多进行 $n-1$ 次的循环遍历测量，并且在每次迭代中只处理一个量测方程。在每一次迭代之间，如果没有进行协方差传播解算，需要将当前更新的协方差矩阵复制到更新前的协方差矩阵中：

$$\boldsymbol{P}_i(k|k-1)=\boldsymbol{P}_i(k|k) \tag{13.39}$$

（8）协作测量的预测值可以计算为

$$\hat{\boldsymbol{y}}_{ij}(k|k-1)=h_{ij}(\hat{\boldsymbol{x}}_i(k|k-1),\hat{\boldsymbol{x}}_j(k|k-1),k) \tag{13.40}$$

残差可以计算为

$$\boldsymbol{v}_{ij}=(\boldsymbol{y}_{ij}(k)-\hat{\boldsymbol{y}}_{ij}(k|k-1)) \tag{13.41}$$

（9）节点 i 测量的协作量测 $\boldsymbol{H}$ 矩阵可以写为

$$\boldsymbol{H}_{y_{ij}}(k)=\frac{\partial h_{ij}}{\partial x_i} \tag{13.42}$$

（10）假设测量方差矩阵为 $\boldsymbol{R}_{y_{ij}}(k)$ 。由于现在使用协作节点的状态作为量测量，测量的复合协方差矩阵为

$$\overline{\boldsymbol{R}}_{y_{ij}}(k)=\boldsymbol{R}_{y_{ij}}(k)+\left(\frac{\partial h_{ij}}{\partial x_j}\right)\boldsymbol{P}_j(k|k-1)\left(\frac{\partial h_{ij}}{\partial x_j}\right)^{\mathrm{T}} \tag{13.43}$$

残差的协方差矩阵为

$$\boldsymbol{P}_{v_{ij}}=(\boldsymbol{H}_{y_{ij}}(k)\boldsymbol{P}_i(k|k-1)\boldsymbol{H}_{y_{ij}}^{\mathrm{T}}(k)+\left(\frac{\partial h_{ij}}{\partial x_j}\right)\boldsymbol{P}_j(k|k-1)\left(\frac{\partial h_{ij}}{\partial x_j}\right)^{\mathrm{T}}+\boldsymbol{R}_{y_{ij}}(k)) \tag{13.44}$$

上述矩阵的逆矩阵为

$$\boldsymbol{B}_{v_{ij}}=\boldsymbol{P}_{v_{ij}}^{-1} \tag{13.45}$$

由量测量 y_{ij} 得到的本地估计量的增益矩阵为

$$\boldsymbol{K}_{y_{ij}}(k)=\boldsymbol{P}_i(k|k-1)\boldsymbol{H}_{y_{ij}}^{\mathrm{T}}(k)\boldsymbol{B}_{v_{ij}} \tag{13.46}$$

（11）状态和协方差矩阵的更新是通过下式完成的：

$$\hat{\boldsymbol{x}}_i(k|k)=\hat{\boldsymbol{x}}_i(k|k-1)+\boldsymbol{K}_{y_{ij}}\boldsymbol{v} \tag{13.47}$$

$$\boldsymbol{P}_i(k|k)=(\boldsymbol{I}-\boldsymbol{K}_{y_{ij}}(k)\boldsymbol{H}_{y_{ij}}(k))\boldsymbol{P}_i(k|k-1) \tag{13.48}$$

从上面可以看出，使所有本地估计量相互解耦的关键步骤是使用协作节点的状态作为测量，而不是作为状态的一部分，并在步骤（10）中使用其协方差矩阵来创建复合测量协方差矩阵：

$$\overline{\boldsymbol{R}}_{y_{ij}}(k)=\boldsymbol{R}_{y_{ij}}(k)+\left(\frac{\partial h_{ij}}{\partial x_j}\right)\boldsymbol{P}_j(k|k-1)\left(\frac{\partial h_{ij}}{\partial x_j}\right)^{\mathrm{T}}$$

图 13.4 描述了 LWIN 方法的结构。

13.2.4　两种类型协作测量

协作节点之间的无线通信可以通过射频或光通信链路实现。通信链路有助于实现以下目的：

（1）有用信息的交流。从 PNT 角度来看，通信链路将允许协作节点交换每个协作节点的位置、速度、姿态和时间信息。

（2）创建可用于 PNT 量测值变量。具体来说，载体间通信链接可产生以下两种类型的量测量：

① 导致协作节点之间进行时间传播和测量两个协作节点距离的 TOA 信号；

② 使用相控阵天线或精密捷联式系统测量的 AOA 或 DOA。

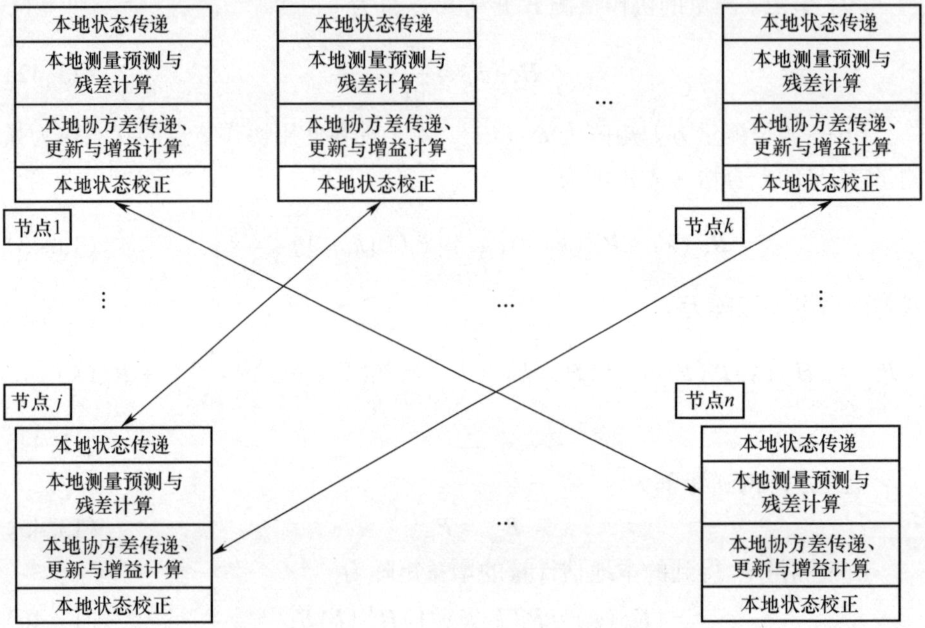

图 13.4　LWIN 方法的结构

如第 4 章所述,当协作节点根据自身时钟,通过射频链路或光链路互相发送一个带有传输时间戳的时间标记时,可以使用双向 TOA 测量来估计双方之间的距离和两个时钟之间的时钟偏差。这就是双向时间传输。

通过一个节点相对于三个或三个以上协作节点的距离测量,可以确定该节点的位置,要求三个或三个以上协作节点的位置已知且非共面。

通常情况下,一个节点对已知部分或全部位置信息的协作节点进行距离测量,有助于该节点利用协作关系降低位置信息的不确定性。

这样,将 AOA 和 DOA 与测距相结合,利用一个节点可以直接确定另一个节点的位置,而无须与其他节点进行三角测量。

13.3　协作式时间同步与 NTP、PTP

协作式网络可以实现协作的要求之一是时间同步协作。由于计算机网络工程的大量发展和应用,有大量现有技术支撑该领域的良好发展。具体来说,NTP 和 PTP(IEEE1588)都是被广泛使用的开放标准时间同步协议与方法。现在,几乎每台计算机都在运行 NTP,并与互联网上的时间服务器进行时间同步。

NTP 通常可以实现从几微秒到几毫秒的时间同步精度。PTP 与 NTP 类似,旨在实现更高的精度,达到纳秒甚至皮秒级。其实际性能与网络拓扑、网络带宽、流量以及网卡的硬件支持有关。NTP 和 PTP 非常相似,主要区别如下。

(1) PTP 采用硬件时间戳来实现更高的时间戳精度。相比之下,NTP 必须等待操作系统提供基于软件的时间戳,因此会有更多的延迟和更低的准确性。

(2) PTP 试图补偿由网络接口硬件引入的延迟。

不管网络的实际拓扑结构如何,NTP 和 PTP 都是将网络中的时间资源分层处理,分层中的每一层称为一层。层 0 设备是时间参考的主要来源,它们通常为高精度计时设备,如原子钟或 GPS 接收器。层 1 设备通常是通过直接网络连接同步到层 0 的设备,该连接表现为由网络流量引起的稳定延迟。层 1 的时间服务器将为层 2 设备提供服务。层 n 设备将为层 $n+1$ 设备提供服务。图 13.5 对 NTP 和 PTP 分层进行了说明。

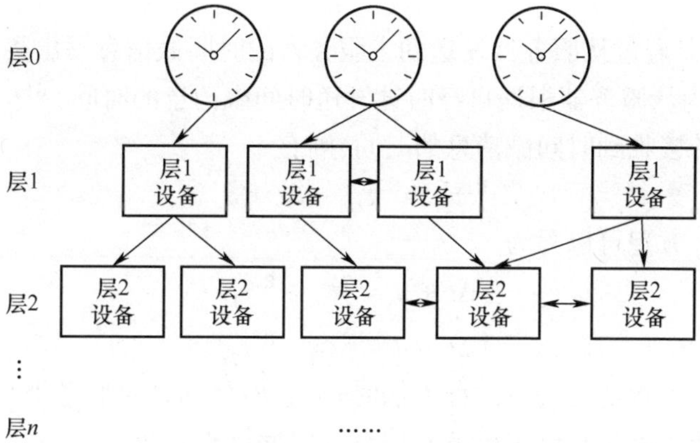

图 13.5 NTP 和 PTP 分层

网络上的设备可以与一层以上的多个时间服务器进行通信,通过统计平均值来提高性能。它还可以与同一层的同级别节点对话,进行交叉检查,以实现更稳定、更稳健的时间同步。

NTP 和 PTP 使用的算法与第 4 章描述的双向时间传输算法相同。唯一的区别是,由射频或光信号传输的距离所造成的延迟被主服务器和从服务器之间的多跳网络延迟取代。

图 13.6 说明了双向时间传输过程中涉及的两条信息和四个时间戳。

设两个时间参考点的偏移量为 Δt ,即

$$^{R2}t = {}^{R1}t + \Delta t$$

式中: $^{R1}t_{11}$ 为主服务器根据自身时钟发送时间戳消息的时间; $^{R2}t_{12}$ 为从服务器根据自身时钟接收到时间戳消息的时间。

显然有

$$^{R2}t_{12} = {}^{R1}t_{11} + \Delta t + d$$

式中: d 为将消息从主服务器传送到从服务器的时间延迟,反之亦然。

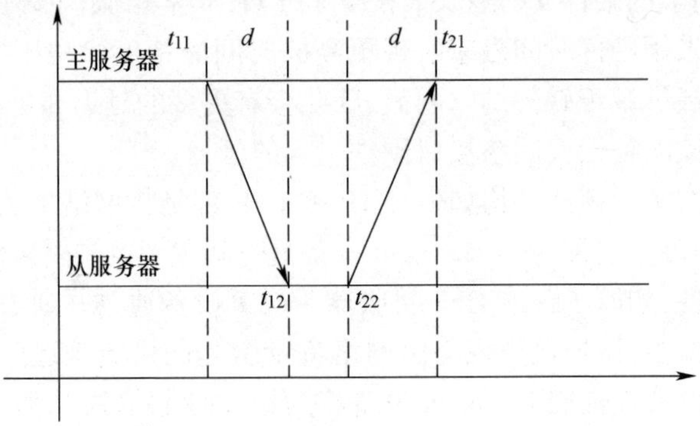

图 13.6 双向时间传输过程中涉及的两条信息和四个时间戳

因此,可以通过从服务器发送到主服务器的时间戳信息写出类似的方程。

设 ${}^{R2}t_{22}$ 为从服务器根据自身时钟发送时间戳消息的时间, ${}^{R1}t_{21}$ 为主服务器根据自身时钟接收到时间戳消息的时间,则有

$$
{}^{R1}t_{21} = {}^{R2}t_{22} - \Delta t + d
$$

上述两个方程可以写为

$$
\begin{cases}
\Delta t + d = {}^{R2}t_{12} - {}^{R1}t_{11} \\
\Delta t - d = {}^{R2}t_{22} - {}^{R1}t_{21}
\end{cases}
$$

上述两个方程的右边可以称为伪时延,它们分别是主服务器信息到从服务器信息和从服务器信息到主服务器信息的时间延迟。不同的是,时间戳使用的参考不同。

求解上述方程,有

$$
\begin{cases}
\Delta t = \dfrac{({}^{R2}t_{12} - {}^{R1}t_{11}) + ({}^{R2}t_{22} - {}^{R1}t_{21})}{2} \\
d = \dfrac{({}^{R2}t_{12} - {}^{R1}t_{11}) - ({}^{R2}t_{22} - {}^{R1}t_{21})}{2}
\end{cases}
\tag{13.49}
$$

误差特性为

$$
\begin{cases}
\sigma(\Delta t) = \dfrac{\sqrt{\sigma^2({}^{R2}t_{12}) + \sigma^2({}^{R1}t_{11}) + \sigma^2({}^{R2}t_{22}) + \sigma^2({}^{R1}t_{21})}}{2} \\
\sigma(d) = \sigma(\Delta t)
\end{cases}
\tag{13.50}
$$

在短时间内,主服务器和从服务器之间的时间偏移可以被认为是恒定的,如果发送多对消息,并从每对消息中获得时间偏移的量测值,就可以通过对这些量测值进行平均,以获得更好的性能。

显然,可以通过对时间偏移、时间偏移变化率和其他误差进行建模,并使用卡尔曼滤波器或固定增益滤波器来估计状态,从而获得更好的性能。

此外,如前所述,网络中的一个节点可以与多个时间服务器通信,从而实现更好的性能、有效性和完整性。图 13.7 对该范例进行了说明。

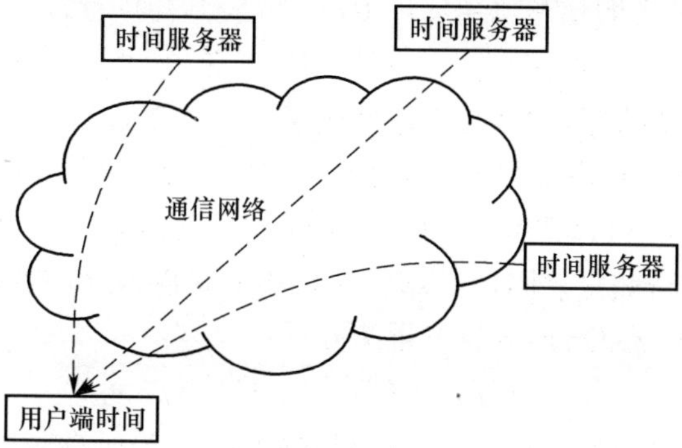

图 13.7　在网络上使用多个时间服务器以实现更好的性能、有效性和完整性

重要的是,主从服务器之间的双向通信是对称的(即主服务器到从服务器和从服务器到主服务器的路径和信息流量延迟是相同)。可以想象,对基于 NTP 和 PTP 的时钟同步而言,通信路径和信息流量不对称是主要误差来源。

两个节点之间的通信路径变成直接射频或光链路是实现对称性的最佳条件。在这种情况下,延迟和距离的关系为

$$r = c \cdot d$$

通过式(13.49)和式(13.50)可以推导出距离量测值。

13.4　LOS、AOA 和 DOA 及测距的协作

根据信息的丰富程度,测距协作是最高等级的协作。通过距离和 LOS 方向信息,可以直接推导出协作节点的位置。

节点 i 和节点 j 在地心固连(earth centered earth fixed, ECEF)坐标系中的位置由 ${}^{\mathrm{E}}\boldsymbol{R}_i$ 、${}^{\mathrm{E}}\boldsymbol{R}_j$ 表示,设 ${}^{\mathrm{B}_i}\boldsymbol{u}_{ji}$ 表示节点 i 测量的沿载体坐标系 B_i 从节点 i 到节点 j 的单位向量,设 ${}^{\mathrm{B}_j}\boldsymbol{u}_{ji}$ 表示节点 j 测量的沿载体坐标系 B_j 从节点 j 到节点 i 的单位向量。可以写出以下两方程:

$${}^{\mathrm{E}}\boldsymbol{R}_j - {}^{\mathrm{E}}\boldsymbol{R}_i = \boldsymbol{C}^{\mathrm{E}}_{\mathrm{B}_i}(\boldsymbol{r}^{\mathrm{B}_i}_{ji}\boldsymbol{u}_{ji}) \tag{13.51}$$

$${}^{\mathrm{E}}\boldsymbol{R}_i - {}^{\mathrm{E}}\boldsymbol{R}_j = \boldsymbol{C}^{\mathrm{E}}_{\mathrm{B}_j}(\boldsymbol{r}^{\mathrm{B}_j}_{ij}\boldsymbol{\mu}_{ij}) \tag{13.52}$$

式(13.51)和式(13.52)可以通过下面几种不同的方式使用。

13.4.1　LWIN 方程

当采用 LWIN 方法时,或者以节点 i 为中心,或者以节点 j 为中心。

具体来说,如果节点 j 的位置未知,可以采用下式推导其位置:

$$^{E}\boldsymbol{R}_j = {}^{E}\boldsymbol{R}_i + \boldsymbol{C}_{B_i}^{E}(\boldsymbol{r}_{ji}^{B_i}\boldsymbol{\mu}_{ji}) \tag{13.53}$$

如果以节点 i 为中心,节点 j 是已经与节点 i 传递过位置信息的协作节点,就可以利用节点 i 产生的量测值来估计节点 i 的姿态和位置:

$$\boldsymbol{z}_{i_{ij}} = \boldsymbol{r}^{B_i}\boldsymbol{\mu}_{ji} = \boldsymbol{C}_{E}^{B_i}({}^{E}\boldsymbol{R}_j - {}^{E}\boldsymbol{R}_i) + \boldsymbol{v}_{i_{ij}} \tag{13.54}$$

式中:$\boldsymbol{C}_{E}^{B_i}$ 为节点 i 的姿态测量(地球坐标系对载体坐标系 DCM);${}^{E}\boldsymbol{R}_i$ 为节点 i 的位置测量(位置信息沿地球坐标系表示);噪声项 $\boldsymbol{v}_{i_{ij}}$ 为所有测量误差总和。

量测 $\boldsymbol{z}_{i_{ij}}$ 的下标可以理解为:通过节点 i 和节点 j 的协作,利用节点 i 生成的量测,对节点 i 进行测量。同理,节点 j 可以将其量测值、位置和姿态发送给节点 i,并让其根据式(13.52)形成如下量测方程:

$$\boldsymbol{z}_{i_{ji}} = \boldsymbol{r}^{B_j}\boldsymbol{\mu}_{ij} + \boldsymbol{C}_{E}^{B_j}\,{}^{E}\boldsymbol{R}_j = \boldsymbol{C}_{E}^{B_j}\,{}^{E}\boldsymbol{R}_i + \boldsymbol{v}_{i_{ji}} \tag{13.55}$$

式中:${}^{E}\boldsymbol{R}_i$ 为节点 i 位置矢量的测量结果;噪声项 $\boldsymbol{v}_{i_{ji}}$ 为所有测量误差总和。

量测值 $z_{i_{ji}}$ 下标可以理解为:通过节点 j 和节点 i 的协作,利用节点 j 产生的量测,对节点 i 进行测量。类似地,可以对节点 j 对称地写出相同类型的两个方程,得到 $z_{j_{ji}}$ 与 $z_{j_{ij}}$ 的方程。

上述协作测量的观点是针对 LWIN 方法的。

13.4.2 ITNS 方程

对于 ITNS 方法中的每一对协作节点,可以写出以下两个方程:

$$\boldsymbol{z}_{ij} = \boldsymbol{r}^{B_i}\boldsymbol{\mu}_{ji} = \boldsymbol{C}_{E}^{B_i}({}^{E}\boldsymbol{R}_j - {}^{E}\boldsymbol{R}_i) + \boldsymbol{v}_{ij} \tag{13.56}$$

和

$$\boldsymbol{z}_{ji} = \boldsymbol{r}^{B_j}\boldsymbol{\mu}_{ij} = \boldsymbol{C}_{E}^{B_j}({}^{E}\boldsymbol{R}_i - {}^{E}\boldsymbol{R}_j) + \boldsymbol{v}_{ji} \tag{13.57}$$

式(13.56)给出了节点 i 姿态和位置、节点 j 位置的量测结果;式(13.57)给出了节点 j 姿态和位置、节点 i 位置的量测结果。

13.4.3 线性化方程

对于扩展卡尔曼滤波及其误差分析,需要推导出量测方程的线性化模型。

首先,写出

$$\delta z_{ij} = \delta(r^{B_i}\boldsymbol{\mu}_{ji}) = \delta\boldsymbol{C}_{E}^{B_i}({}^{E}\hat{\boldsymbol{R}}_j - {}^{E}\hat{\boldsymbol{R}}_i) + \hat{C}_{E}^{B_i}(\delta\,{}^{E}\boldsymbol{R}_j - \delta\,{}^{E}\boldsymbol{R}_i) + \boldsymbol{v}_{ij}$$

需要注意

$$\delta\boldsymbol{C}_{E}^{B_i} = \boldsymbol{C}_{E}^{B_i} - \boldsymbol{C}_{\hat{E}}^{B_i} = \boldsymbol{C}_{\hat{E}}^{B_i}\boldsymbol{C}_{E}^{\hat{E}} - \boldsymbol{C}_{\hat{E}}^{B_i} = \boldsymbol{C}_{\hat{E}}^{B_i}(\boldsymbol{C}_{E}^{\hat{E}} - \boldsymbol{I})$$

并且

$$\boldsymbol{C}_{E}^{\hat{E}} = (\boldsymbol{I} - [{}^{E}\boldsymbol{\theta}_{iE}^{\hat{E}}\times]) = (\boldsymbol{I} + [{}^{E}\boldsymbol{\theta}_{i\hat{E}}^{E}\times])$$

上述所有符号的准确定义为

$${}^{E}\boldsymbol{\theta}_{i\hat{E}}^{E} = ({}^{E}\boldsymbol{\theta}_{B_i}^{E} - {}^{E}\hat{\boldsymbol{\theta}}_{B_i}^{E}) = \delta\,{}^{E}\boldsymbol{\theta}_{B_i}^{E}$$

有

$$\delta \boldsymbol{C}_{\mathrm{E}}^{\mathrm{B}_i} = \boldsymbol{C}_{\hat{\mathrm{E}}}^{\mathrm{B}_i}(\boldsymbol{C}_{\mathrm{E}}^{\hat{\mathrm{E}}} - \boldsymbol{I}) = \boldsymbol{C}_{\hat{\mathrm{E}}}^{\mathrm{B}_i}[{}^{\mathrm{E}}\boldsymbol{\theta}_{i\mathrm{E}}^{\hat{\mathrm{E}}} \times] = \hat{\boldsymbol{C}}_{\mathrm{E}}^{\mathrm{B}_i}[\delta {}^{\mathrm{E}}\boldsymbol{\theta}_{\mathrm{B}_i}^{\mathrm{E}} \times]$$

并且

$$\delta \boldsymbol{C}_{\mathrm{E}}^{\mathrm{B}_i}({}^{\mathrm{E}}\hat{\boldsymbol{R}}_j - {}^{\mathrm{E}}\hat{\boldsymbol{R}}_i) = \boldsymbol{C}_{\hat{\mathrm{E}}}^{\mathrm{B}_i}[\delta {}^{\mathrm{E}}\boldsymbol{\theta}_{\mathrm{B}_i}^{\mathrm{E}} \times]({}^{\mathrm{E}}\hat{\boldsymbol{R}}_j - {}^{\mathrm{E}}\hat{\boldsymbol{R}}_i) = -\hat{\boldsymbol{C}}_{\mathrm{E}}^{\mathrm{B}_i}[({}^{\mathrm{E}}\hat{\boldsymbol{R}}_j - {}^{\mathrm{E}}\hat{\boldsymbol{R}}_i)\times]\delta {}^{\mathrm{E}}\boldsymbol{\theta}_{\mathrm{B}_i}^{\mathrm{E}}$$

因此,最终结果为

$$\delta z_{ij} = z_{ij} - \hat{z}_{ij} = \hat{\boldsymbol{C}}_{\mathrm{E}}^{\mathrm{B}_i}\delta {}^{\mathrm{E}}\boldsymbol{R}_j - \hat{\boldsymbol{C}}_{\mathrm{E}}^{\mathrm{B}_i}\delta {}^{\mathrm{E}}\boldsymbol{R}_i - \hat{\boldsymbol{C}}_{\hat{\mathrm{E}}}^{\mathrm{B}_i}[({}^{\mathrm{E}}\hat{\boldsymbol{R}}_j - {}^{\mathrm{E}}\hat{\boldsymbol{R}}_i)\times]\delta {}^{\mathrm{E}}\boldsymbol{\theta}_{\mathrm{B}_i}^{\mathrm{E}} + \boldsymbol{v}_{ij} \tag{13.58}$$

同理,有

$$\delta z_{ji} = z_{ji} - \hat{z}_{ji} = \hat{\boldsymbol{C}}_{\mathrm{E}}^{\mathrm{B}_j}\delta {}^{\mathrm{E}}\boldsymbol{R}_i - \hat{\boldsymbol{C}}_{\mathrm{E}}^{\mathrm{B}_j}\delta {}^{\mathrm{E}}\boldsymbol{R}_j - \hat{\boldsymbol{C}}_{\hat{\mathrm{E}}}^{\mathrm{B}_j}[({}^{\mathrm{E}}\hat{\boldsymbol{R}}_i - {}^{\mathrm{E}}\hat{\boldsymbol{R}}_j)\times]\delta {}^{\mathrm{E}}\boldsymbol{\theta}_{\mathrm{B}_j}^{\mathrm{E}} + \boldsymbol{v}_{ji} \tag{13.59}$$

对于ITNS方法,上述方程可以直接使用。

对于LWIN方法,节点 i 的方程如下。

对节点 i 测量,有

$$\delta z_{i_{ij}} = \delta z_{ij} - \hat{\boldsymbol{C}}_{\mathrm{E}}^{\mathrm{B}_i}\delta {}^{\mathrm{E}}\boldsymbol{R}_j = -\hat{\boldsymbol{C}}_{\mathrm{E}}^{\mathrm{B}_i}\delta {}^{\mathrm{E}}\boldsymbol{R}_i - \hat{\boldsymbol{C}}_{\hat{\mathrm{E}}}^{\mathrm{B}_i}[({}^{\mathrm{E}}\hat{\boldsymbol{R}}_j - {}^{\mathrm{E}}\hat{\boldsymbol{R}}_i)\times]\delta {}^{\mathrm{E}}\boldsymbol{\theta}_{\mathrm{B}_i}^{\mathrm{E}} + \boldsymbol{v}_{i_{ij}} \tag{13.60}$$

其中,$\boldsymbol{v}_{i_{ij}} = \boldsymbol{v}_{ij} - \hat{\boldsymbol{C}}_{\mathrm{E}}^{\mathrm{B}_i}\delta {}^{\mathrm{E}}R_j$

$\boldsymbol{v}_{i_{ij}}$ 表示节点 j 位置量测误差与信息误差的组合。

对节点 j 测量,对于节点 i,有

$$\delta z_{i_{ji}} = \delta z_{ji} + \hat{\boldsymbol{C}}_{\mathrm{E}}^{\mathrm{B}_j}\delta {}^{\mathrm{E}}\boldsymbol{R}_j + \hat{\boldsymbol{C}}_{\hat{\mathrm{E}}}^{\mathrm{B}_j}[({}^{\mathrm{E}}\hat{\boldsymbol{R}}_i - {}^{\mathrm{E}}\hat{\boldsymbol{R}}_j)\times]\delta {}^{\mathrm{E}}\boldsymbol{\theta}_{\mathrm{B}_i}^{\mathrm{E}} = \hat{\boldsymbol{C}}_{\mathrm{E}}^{\mathrm{B}_j}\delta {}^{\mathrm{E}}\boldsymbol{R}_i + \boldsymbol{v}_{i_{ji}} \tag{13.61}$$

其中

$$\boldsymbol{v}_{i_{ji}} = \boldsymbol{v}_{ji} + \hat{\boldsymbol{C}}_{\mathrm{E}}^{\mathrm{B}_j}\delta {}^{\mathrm{E}}\boldsymbol{R}_j + \hat{\boldsymbol{C}}_{\hat{\mathrm{E}}}^{\mathrm{B}_j}[({}^{\mathrm{E}}\hat{\boldsymbol{R}}_i - {}^{\mathrm{E}}\hat{\boldsymbol{R}}_j)\times]\delta {}^{\mathrm{E}}\boldsymbol{\theta}_{\mathrm{B}_j}^{\mathrm{E}}$$

式中:$\boldsymbol{v}_{i_{ji}}$ 为节点 j 位置和姿态量测误差与信息误差的组合。

13.4.4 ITNS方法与惯性导航的组合

下面将举例说明如何对仅由两个节点(节点 i 和节点 j)组成的简单网络进行ITNS操作,该方法可以很容易地扩展到更大的系统。

不再重复第3章中相同的方程,将INS的非线性算法抽象为

$$\dot{\boldsymbol{X}}_{\mathrm{I}} = f(\boldsymbol{X}_{\mathrm{I}}) + \boldsymbol{W}_{\mathrm{I}}$$

其中,惯性导航状态量定义为

$$\begin{aligned}\boldsymbol{X}_{\mathrm{I}}^{\mathrm{T}} = [&(\boldsymbol{q}_{\mathrm{B}}^{\mathrm{E}})^{\mathrm{T}}, ({}^{\mathrm{B}}\boldsymbol{b}_{\mathrm{G}})^{\mathrm{T}}, ({}^{\mathrm{G}}\boldsymbol{s})^{\mathrm{T}}, ({}^{\mathrm{B}}\boldsymbol{\beta}_{\mathrm{G}})^{\mathrm{T}}, ({}^{\mathrm{B}}\boldsymbol{\theta}_{\mathrm{G}})^{\mathrm{T}}, ({}^{\mathrm{E}}\boldsymbol{v}_{\mathrm{E}}^{\mathrm{B}})^{\mathrm{T}},\\ &({}^{\mathrm{B}}\boldsymbol{b}_{\mathrm{A}})^{\mathrm{T}}, ({}^{\mathrm{A}}\boldsymbol{s})^{\mathrm{T}}, ({}^{\mathrm{B}}\beta_{\mathrm{A}})^{\mathrm{T}}, ({}^{\mathrm{E}}\boldsymbol{r}_{\mathrm{E}}^{\mathrm{B}})^{\mathrm{T}}]\end{aligned} \tag{13.62}$$

而驱动非线性系统的过程噪声定义为

$$\begin{aligned}\boldsymbol{W}_{\mathrm{I}}^{\mathrm{T}} = [&-(\boldsymbol{C}_{\mathrm{E}}^{G}\mathbf{ARW})^{\mathrm{T}}, \mathbf{RRW}^{\mathrm{T}}, \mathbf{SRW}_{\mathrm{G}}^{\mathrm{T}}, \boldsymbol{\beta}\mathbf{RW}_{\mathrm{G}}^{\mathrm{T}}, \boldsymbol{\theta}\mathbf{RW}_{\mathrm{G}}^{\mathrm{T}}, (\boldsymbol{C}_{\mathrm{A}}^{\mathrm{E}}\mathbf{VRW})^{\mathrm{T}}, \mathbf{ABRW}^{\mathrm{T}},\\ &\mathbf{SRW}_{\mathrm{A}}^{\mathrm{T}}, \boldsymbol{\beta}\mathbf{RW}_{\mathrm{A}}^{\mathrm{T}}, 0]\end{aligned} \tag{13.63}$$

所有变量都已在第 3 章中定义。

线性化误差模型为

$$\delta\dot{\boldsymbol{X}}_{\mathrm{I}} = \boldsymbol{A}_{\mathrm{II}}\delta\boldsymbol{X}_{\mathrm{I}} + \boldsymbol{W}_{\mathrm{I}} \tag{13.64}$$

其中

$$\delta\boldsymbol{X}_{\mathrm{I}}^{\mathrm{T}} = [\delta^{\mathrm{E}}\dot{\boldsymbol{\theta}}_{\mathrm{B}}^{\mathrm{E}}, \delta^{\mathrm{B}}\boldsymbol{b}_{\mathrm{G}}^{\mathrm{T}}, \delta^{\mathrm{G}}\boldsymbol{s}^{\mathrm{T}}, \delta^{\mathrm{B}}\boldsymbol{\beta}_{\mathrm{G}}^{\mathrm{T}}, \delta^{\mathrm{B}}\boldsymbol{\theta}_{\mathrm{G}}^{\mathrm{T}}, (\delta^{\mathrm{E}}\boldsymbol{v}_{\mathrm{E}}^{\mathrm{B}})^{\mathrm{T}}, \delta^{\mathrm{B}}\boldsymbol{b}_{\mathrm{A}}^{\mathrm{T}}, \delta^{\mathrm{A}}\boldsymbol{s}^{\mathrm{T}}, \delta^{\mathrm{B}}\boldsymbol{\beta}_{\mathrm{A}}^{\mathrm{T}}, (\delta^{\mathrm{E}}\boldsymbol{r}_{\mathrm{E}}^{\mathrm{B}})^{\mathrm{T}}] \tag{13.65}$$

并且

$$\boldsymbol{A}_{\mathrm{II}} = \begin{bmatrix} -[{}^{\mathrm{E}}\boldsymbol{\omega}_{\mathrm{I}}^{\mathrm{E}}\times] & -\boldsymbol{C}_{\mathrm{B}}^{\mathrm{E}} & -\boldsymbol{C}_{\mathrm{G}}^{\mathrm{B}}\mathrm{diag}({}^{\mathrm{G}}\boldsymbol{\omega}_{\mathrm{I}}^{\mathrm{B}}) & -\boldsymbol{C}_{\mathrm{B}}^{\mathrm{E}}\boldsymbol{J}({}^{\mathrm{B}}\boldsymbol{\omega}_{\mathrm{I}}^{\mathrm{B}}) & \boldsymbol{C}_{\mathrm{B}}^{\mathrm{E}}[{}^{\mathrm{B}}\boldsymbol{\omega}_{\mathrm{I}}^{\mathrm{B}}\times] & \boldsymbol{0}_{3\times3} & \boldsymbol{0}_{3\times3} & \boldsymbol{0}_{3\times3} & \boldsymbol{0}_{3\times3} & \boldsymbol{0}_{3\times3} \\ \boldsymbol{0}_{3\times3} & \boldsymbol{0}_{3\times3} & \boldsymbol{0}_{3\times3} & \boldsymbol{0}_{3\times3} & \boldsymbol{0}_{3\times3} & \boldsymbol{0}_{3\times3} & \boldsymbol{0}_{3\times3} & \boldsymbol{0}_{3\times3} & \boldsymbol{0}_{3\times3} & \boldsymbol{0}_{3\times3} \\ \boldsymbol{0}_{3\times3} & \boldsymbol{0}_{3\times3} & \boldsymbol{0}_{3\times3} & \boldsymbol{0}_{3\times3} & \boldsymbol{0}_{3\times3} & \boldsymbol{0}_{3\times3} & \boldsymbol{0}_{3\times3} & \boldsymbol{0}_{3\times3} & \boldsymbol{0}_{3\times3} & \boldsymbol{0}_{3\times3} \\ \boldsymbol{0}_{3\times3} & \boldsymbol{0}_{3\times3} & \boldsymbol{0}_{3\times3} & \boldsymbol{0}_{3\times3} & \boldsymbol{0}_{3\times3} & \boldsymbol{0}_{3\times3} & \boldsymbol{0}_{3\times3} & \boldsymbol{0}_{3\times3} & \boldsymbol{0}_{3\times3} & \boldsymbol{0}_{3\times3} \\ \boldsymbol{0}_{3\times3} & \boldsymbol{0}_{3\times3} & \boldsymbol{0}_{3\times3} & \boldsymbol{0}_{3\times3} & \boldsymbol{0}_{3\times3} & \boldsymbol{0}_{3\times3} & \boldsymbol{0}_{3\times3} & \boldsymbol{0}_{3\times3} & \boldsymbol{0}_{3\times3} & \boldsymbol{0}_{3\times3} \\ [(\boldsymbol{C}_{\mathrm{B}}^{\mathrm{E}}\boldsymbol{m}^{\mathrm{B}}\boldsymbol{f}_{\mathrm{I}}^{\mathrm{B}})\times] & \boldsymbol{0}_{3\times3} & \boldsymbol{0}_{3\times3} & \boldsymbol{0}_{3\times3} & \boldsymbol{0}_{3\times3} & -2[{}^{\mathrm{E}}\boldsymbol{\omega}_{\mathrm{I}}^{\mathrm{E}}\times] & \boldsymbol{C}_{\mathrm{B}}^{\mathrm{E}} & \boldsymbol{C}_{\mathrm{A}}^{\mathrm{E}}\mathrm{diag}({}^{\mathrm{A}}\boldsymbol{f}_{\mathrm{I}}^{\mathrm{B}}) & \boldsymbol{C}_{\mathrm{B}}^{\mathrm{E}}\boldsymbol{J}({}^{\mathrm{B}}\boldsymbol{f}_{\mathrm{I}}^{\mathrm{B}}) & \dfrac{\partial^{\mathrm{E}}\boldsymbol{g}}{\partial^{\mathrm{E}}\boldsymbol{r}_{\mathrm{E}}^{\mathrm{B}}} \\ \boldsymbol{0}_{3\times3} & \boldsymbol{0}_{3\times3} & \boldsymbol{0}_{3\times3} & \boldsymbol{0}_{3\times3} & \boldsymbol{0}_{3\times3} & \boldsymbol{0}_{3\times3} & \boldsymbol{0}_{3\times3} & \boldsymbol{0}_{3\times3} & \boldsymbol{0}_{3\times3} & \boldsymbol{0}_{3\times3} \\ \boldsymbol{0}_{3\times3} & \boldsymbol{0}_{3\times3} & \boldsymbol{0}_{3\times3} & \boldsymbol{0}_{3\times3} & \boldsymbol{0}_{3\times3} & \boldsymbol{0}_{3\times3} & \boldsymbol{0}_{3\times3} & \boldsymbol{0}_{3\times3} & \boldsymbol{0}_{3\times3} & \boldsymbol{0}_{3\times3} \\ \boldsymbol{0}_{3\times3} & \boldsymbol{0}_{3\times3} & \boldsymbol{0}_{3\times3} & \boldsymbol{0}_{3\times3} & \boldsymbol{0}_{3\times3} & \boldsymbol{0}_{3\times3} & \boldsymbol{0}_{3\times3} & \boldsymbol{0}_{3\times3} & \boldsymbol{0}_{3\times3} & \boldsymbol{0}_{3\times3} \\ \boldsymbol{0}_{3\times3} & \boldsymbol{0}_{3\times3} & \boldsymbol{0}_{3\times3} & \boldsymbol{0}_{3\times3} & \boldsymbol{0}_{3\times3} & \boldsymbol{I}_{3\times3} & \boldsymbol{0}_{3\times3} & \boldsymbol{0}_{3\times3} & \boldsymbol{0}_{3\times3} & \boldsymbol{0}_{3\times3} \end{bmatrix} \tag{13.66}$$

在 ITNS 方法中，有两个惯性导航算法在运行：

$$\dot{\boldsymbol{X}}_{\mathrm{I}i} = f(\boldsymbol{X}_{\mathrm{I}i}) + \boldsymbol{W}_{\mathrm{I}i} \text{ 和 } \dot{\boldsymbol{X}}_{\mathrm{I}j} = f(\boldsymbol{X}_{\mathrm{I}j}) + \boldsymbol{W}_{\mathrm{I}j}$$

系统的状态量是两个状态量的组合，由下式给出：

$$\boldsymbol{X}_{\mathrm{I}} = \begin{bmatrix} \boldsymbol{X}_{\mathrm{I}i} \\ \boldsymbol{X}_{\mathrm{I}j} \end{bmatrix} \tag{13.67}$$

线性化模型状态量为

$$\delta\boldsymbol{X}_{\mathrm{I}} = \begin{bmatrix} \delta\boldsymbol{X}_{\mathrm{I}i} \\ \delta\boldsymbol{X}_{\mathrm{I}j} \end{bmatrix} \tag{13.68}$$

线性化误差动态模型为

$$\delta\dot{\boldsymbol{X}}_{\mathrm{I}} = \begin{bmatrix} \delta\dot{\boldsymbol{X}}_{\mathrm{I}i} \\ \delta\dot{\boldsymbol{X}}_{\mathrm{I}j} \end{bmatrix} = \begin{bmatrix} \boldsymbol{A}_{\mathrm{II}i} & 0 \\ 0 & \boldsymbol{A}_{\mathrm{II}j} \end{bmatrix} \begin{bmatrix} \delta\dot{\boldsymbol{X}}_{\mathrm{I}i} \\ \delta\dot{\boldsymbol{X}}_{\mathrm{I}j} \end{bmatrix} + \begin{bmatrix} \boldsymbol{W}_{\mathrm{I}i} \\ \boldsymbol{W}_{\mathrm{I}j} \end{bmatrix} \tag{13.69}$$

离散化形式为

$$\begin{bmatrix} \delta\dot{\boldsymbol{X}}_{\mathrm{I}i}(k+1) \\ \delta\dot{\boldsymbol{X}}_{\mathrm{I}j}(k+1) \end{bmatrix} = \begin{bmatrix} \boldsymbol{\Phi}_{\mathrm{I}i}(k+1,k) & 0 \\ 0 & \boldsymbol{\Phi}_{\mathrm{I}i}\ (k+1,k)_{\mathrm{I}j} \end{bmatrix} \begin{bmatrix} \delta\dot{\boldsymbol{X}}_{\mathrm{I}i} \\ \delta\dot{\boldsymbol{X}}_{\mathrm{I}j} \end{bmatrix} + \begin{bmatrix} \boldsymbol{W}_{\mathrm{dI}i} \\ \boldsymbol{W}_{\mathrm{dI}j} \end{bmatrix} \tag{13.70}$$

式中：$\boldsymbol{\Phi}_{\mathrm{I}i}(k+1,k)$ 和 $\boldsymbol{\Phi}_{\mathrm{I}j}(k+1,k)$ 为由 $\boldsymbol{A}_{\mathrm{II}i}$ 和 $\boldsymbol{A}_{\mathrm{II}j}$ 推导得到的状态转换矩阵；

$\boldsymbol{W}_{\mathrm{dI}i}$ 和 $\boldsymbol{W}_{\mathrm{dI}j}$ 为由 $\boldsymbol{W}_{\mathrm{I}i}$ 和 $\boldsymbol{W}_{\mathrm{I}j}$ 推导得到的离散噪声过程，该方程是卡尔曼滤波协方差传播的基础。

虽然 $\boldsymbol{\Phi}$ 矩阵和 $\boldsymbol{Q}$ 矩阵都是块对角线矩阵，但协方差矩阵 $\boldsymbol{P}$ 不是块对角线矩阵，并且需要对整个系统进行协方差传播。

下面给出这两类量测量的非线性量测方程：

$$z_{ij} = \boldsymbol{r}^{\mathrm{B}_i}\mu_{ij} = \boldsymbol{C}_{\mathrm{E}}^{\mathrm{B}_i}({}^{\mathrm{E}}\boldsymbol{R}_j - {}^{\mathrm{E}}\boldsymbol{R}_i) + \boldsymbol{v}_{ij} \tag{13.71}$$

并且

$$z_{ji} = \boldsymbol{r}^{\mathrm{B}_j}\mu_{ji} = \boldsymbol{C}_{\mathrm{E}}^{\mathrm{B}_j}({}^{\mathrm{E}}\boldsymbol{R}_i - {}^{\mathrm{E}}\boldsymbol{R}_j) + \boldsymbol{v}_{ji} \tag{13.72}$$

量测误差方程线性化结果为

$$\delta z_{ij} = z_{ij} - \hat{z}_{ij} = \hat{\boldsymbol{C}}_{\mathrm{E}}^{\mathrm{B}_i}\delta{}^{\mathrm{E}}\boldsymbol{R}_j - \hat{\boldsymbol{C}}_{\mathrm{E}}^{\mathrm{B}_i}\delta{}^{\mathrm{E}}\boldsymbol{R}_i - \hat{\boldsymbol{C}}_{\hat{\mathrm{E}}}^{\mathrm{B}_i}[({}^{\mathrm{E}}\hat{\boldsymbol{R}}_j - {}^{\mathrm{E}}\hat{\boldsymbol{R}}_i)\times]\delta{}^{\mathrm{E}}\boldsymbol{\theta}_{\mathrm{B}_i}^{\mathrm{E}} + \boldsymbol{v}_{ij} \tag{13.73}$$

并且

$$\delta z_{ji} = z_{ji} - \hat{z}_{ji} = \hat{\boldsymbol{C}}_{\mathrm{E}}^{\mathrm{B}_j}\delta{}^{\mathrm{E}}\boldsymbol{R}_i - \hat{\boldsymbol{C}}_{\mathrm{E}}^{\mathrm{B}_j}\delta{}^{\mathrm{E}}\boldsymbol{R}_j - \hat{\boldsymbol{C}}_{\hat{\mathrm{E}}}^{\mathrm{B}_j}[({}^{\mathrm{E}}\hat{\boldsymbol{R}}_i - {}^{\mathrm{E}}\hat{\boldsymbol{R}}_j)\times]\delta{}^{\mathrm{E}}\boldsymbol{\theta}_{\mathrm{B}_j}^{\mathrm{E}} + \boldsymbol{v}_{ji} \tag{13.74}$$

因此，得到与上述各量测方程对应的 $\boldsymbol{H}$ 矩阵：

$$\boldsymbol{H}_{z_{ij}} = \left[-\hat{\boldsymbol{C}}_{\hat{\mathrm{E}}}^{\mathrm{B}_i}[({}^{\mathrm{E}}\hat{\boldsymbol{R}}_j - {}^{\mathrm{E}}\hat{\boldsymbol{R}}_i)\times] \quad 0 \quad \cdots \quad 0 \quad -\hat{\boldsymbol{C}}_{\mathrm{E}}^{\mathrm{B}_i} \quad 0 \quad \cdots \quad 0 \quad \hat{\boldsymbol{C}}_{\mathrm{E}}^{\mathrm{B}_i}\right] \tag{13.75}$$

非零元素对应节点 i 的姿态误差、节点 i 的位置误差和节点 j 的位置误差。

$$\boldsymbol{H}_{z_{ji}} = \left[0 \quad \cdots \quad 0 \quad \hat{\boldsymbol{C}}_{\mathrm{E}}^{\mathrm{B}_j} \quad -\hat{\boldsymbol{C}}_{\hat{\mathrm{E}}}^{\mathrm{B}_i}[({}^{\mathrm{E}}\hat{\boldsymbol{R}}_j - {}^{\mathrm{E}}\hat{\boldsymbol{R}}_i)\times] \quad 0 \quad \cdots \quad 0 \quad -\hat{\boldsymbol{C}}_{\mathrm{E}}^{\mathrm{B}_i}\right] \tag{13.76}$$

非零元素对应节点 i 的位置误差、节点 j 的姿态误差和节点 j 的位置误差。

13.4.5 LWIN 方法与惯性导航的组合

在这种情况下，只需要描述局部卡尔曼滤波。

惯性导航算法由下式给出：

$$\dot{\boldsymbol{X}}_{\mathrm{I}i} = f(\boldsymbol{X}_{\mathrm{I}i}^{\mathrm{I}i}) + W_{\mathrm{I}i} \tag{13.77}$$

线性化误差方程为

$$\delta\dot{\boldsymbol{X}}_{\mathrm{I}i} = \boldsymbol{A}_{\mathrm{II}i}\delta\boldsymbol{X}_{\mathrm{I}i} + \boldsymbol{W}_{\mathrm{I}i} \tag{13.78}$$

量测方程为

$$z_{i_{ij}} = \boldsymbol{r}^{\mathrm{B}_i}\boldsymbol{\mu}_{ji} = \boldsymbol{C}_{\mathrm{E}}^{\mathrm{B}_i}({}^{\mathrm{E}}\boldsymbol{R}_j - {}^{\mathrm{E}}\boldsymbol{R}_i) + \boldsymbol{v}_{i_{ij}} \tag{13.79}$$

并且

$$z_{i_{ji}} = r^{B_j}\boldsymbol{\mu}_{ij} + \boldsymbol{C}_{E}^{B_jE}\boldsymbol{R}_j = \boldsymbol{C}_{E}^{B_jE}\boldsymbol{R}_i + \boldsymbol{v}_{i_{ji}} \tag{13.80}$$

线性化方程为

$$\delta z_{i_{ij}} = z_{i_{ij}} - \hat{z}_{i_{ij}} = \delta z_{ij} - \hat{\boldsymbol{C}}_{E}^{B_i}\delta^{E}\boldsymbol{R}_j = -\hat{\boldsymbol{C}}_{E}^{B_i}\delta^{E}\boldsymbol{R}_i - \hat{\boldsymbol{C}}_{\hat{E}}^{B_i}[({}^{E}\hat{\boldsymbol{R}}_j - {}^{E}\hat{\boldsymbol{R}}_i)\times]\delta^{E}\boldsymbol{\theta}_{B_i}^{E} + \boldsymbol{v}_{i_{ij}} \tag{13.81}$$

并且

$$\delta z_{i_{ji}} = z_{i_{ji}} - \hat{z}_{i_{ji}} + \hat{\boldsymbol{C}}_{E}^{B_j}\delta^{E}\boldsymbol{R}_j + \hat{\boldsymbol{C}}_{\hat{E}}^{B_j}[({}^{E}\hat{\boldsymbol{R}}_i - {}^{E}\hat{\boldsymbol{R}}_j)\times]\delta^{E}\boldsymbol{\theta}_{B_j}^{E} = \hat{\boldsymbol{C}}_{E}^{B_j}\delta^{E}\boldsymbol{R}_i + \boldsymbol{v}_{i_{ji}} \tag{13.82}$$

相关性 $\boldsymbol{H}$ 矩阵为

$$\boldsymbol{H}z_{i_{ij}} = \left[-\hat{\boldsymbol{C}}_{\hat{E}}^{B_i}[({}^{E}\hat{\boldsymbol{R}}_j - {}^{E}\hat{\boldsymbol{R}}_i)\times] \quad 0 \quad \cdots \quad 0 \quad -\hat{\boldsymbol{C}}_{E}^{B_i}\right] \tag{13.83}$$

并且

$$\boldsymbol{H}_{z_{i_{ji}}} = \left[0 \quad \cdots \quad 0 \quad \hat{\boldsymbol{C}}_{E}^{B_j}\right] \tag{13.84}$$

13.4.6 仿真示例

如图 13.8 所示，两载体配备了 GPS 和 INS，并配有交叉通信链路，可以测量 LOS 矢量和距离。这两个载体都经过 GPS 可用和 GPS 不可用的区域。如果没有协作系统，每个载体都会有一段时间的导航性能不佳。通过协作，可以在整个过程中保持良好的性能。下面主要关注三种协作类型的性能：

(1) GPS 和 INS 没有协作；

(2) GPS 和 INS 与 LWIN 协作；

(3) GPS 和 INS 与 ITNS 协作。

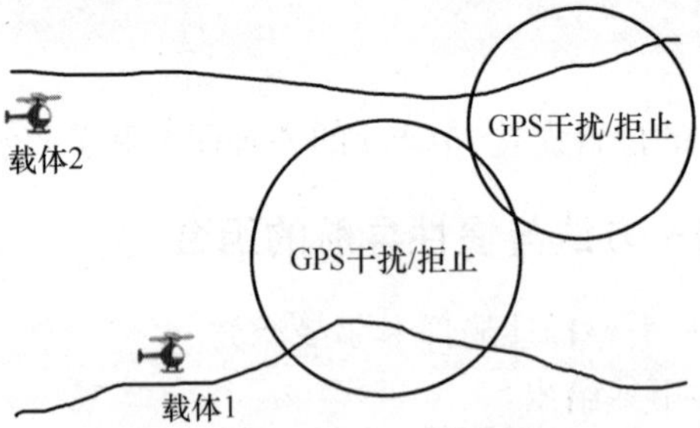

图 13.8　两载体经过 GPS 不可用区域

图 13.9 和 13.10 说明了在只使用 GPS 和 INS 情况下两个载体的导航性能。根据卡尔曼滤波协方差矩阵预测的 3σ 上界和下界，绘制了蒙特卡罗仿真的导航误差图。对于载体 1，GPS 在运行 5min 后不可用，经过 10min 后 GPS 可再次使用。对于载体 2，GPS 在运行开始 15min 后不可用，经过 10min 后 GPS 可再次使用。

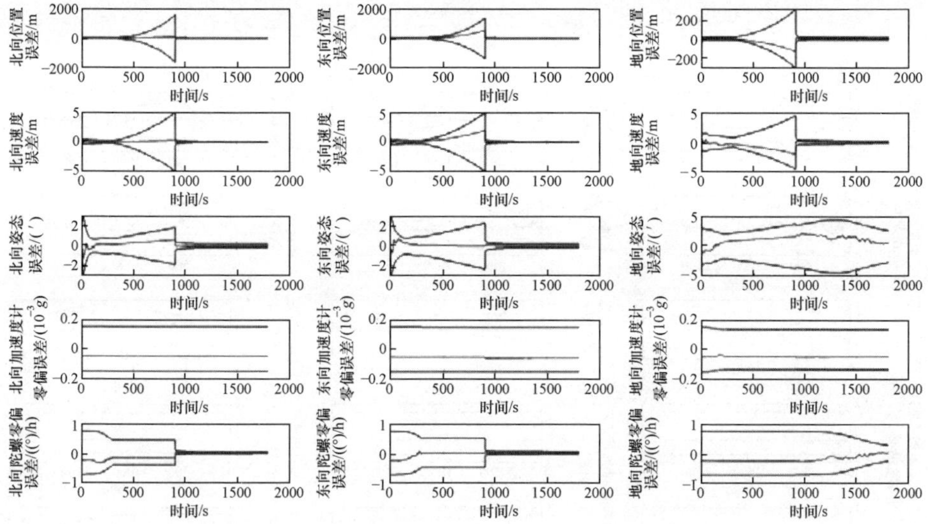

图 13.9 载体 1 只使用 GPS 和 INS 的性能

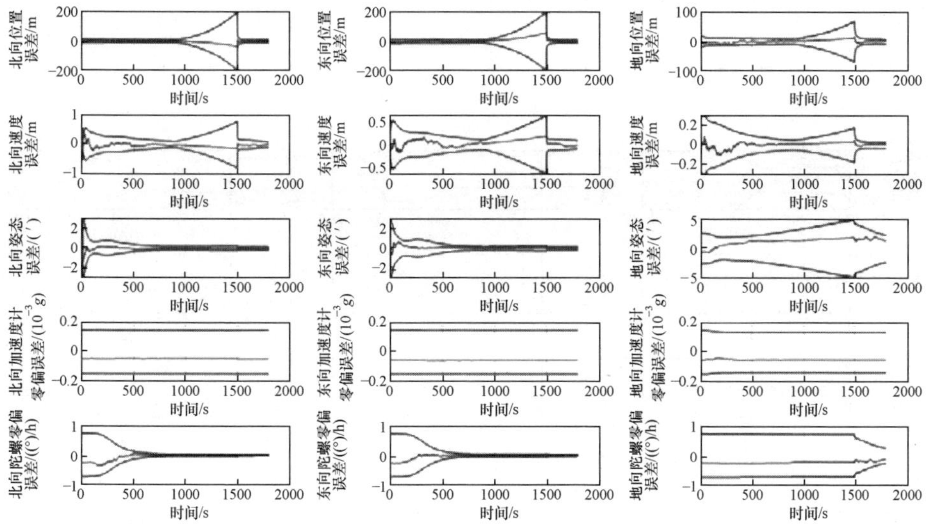

图 13.10 载体 2 只使用 GPS 和 INS 的性能

图 13.11 和图 13.12 显示了载体 1 和载体 2 使用 GPS 和 INS 与 LWIN 协作(LOS和距离)更新后的性能。

图 13.13 和图 13.14 显示载体 1 及载体 2 在采用 ITNS 方法时的性能。

使用具有两倍状态量的单一卡尔曼滤波。可以看到，该方法性能略优于LWIN方法。

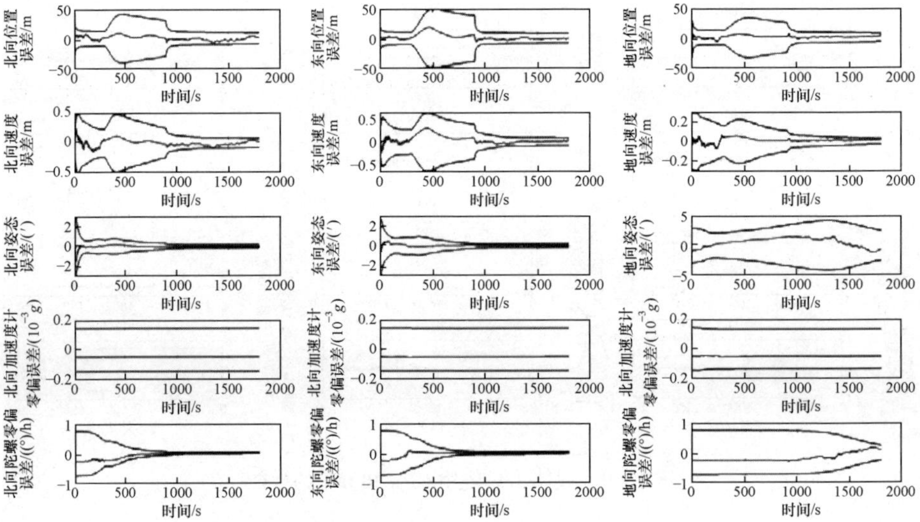

图 13.11　载体 1 使用 GPS 和 INS 与 LWIN 协作的性能

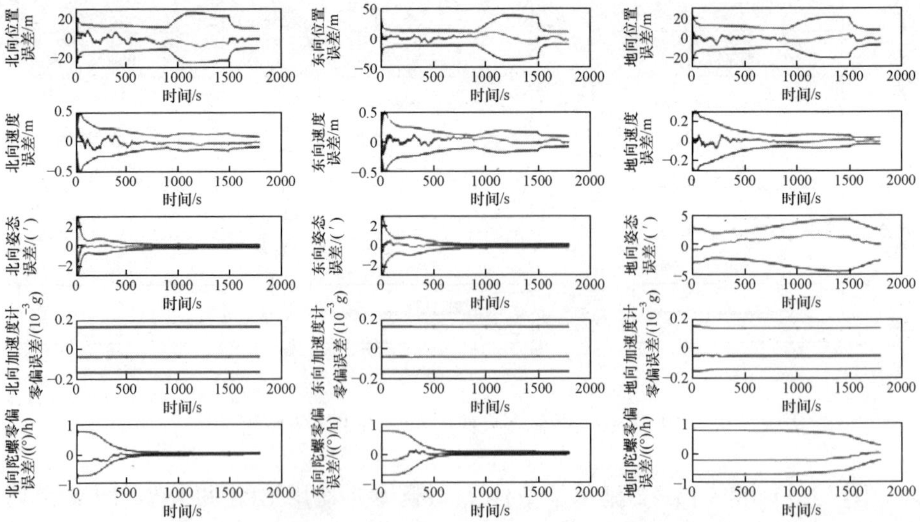

图 13.12　载体 2 使用 GPS 和 INS 与 LWIN 协作的性能

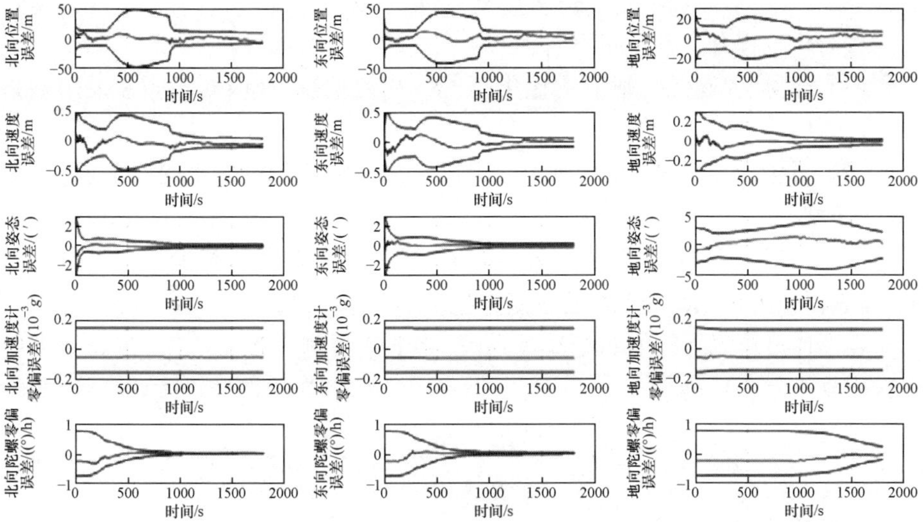

图 13.13　载体 1 采用 ITNS 方法时的性能

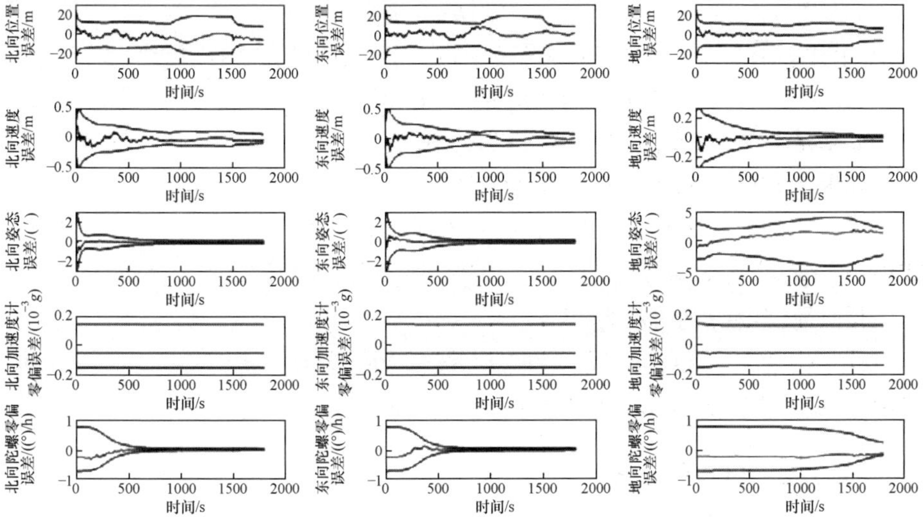

图 13.14　载体 2 采用 ITNS 方法时的性能

13.5　测 距 协 作

13.5.1　非线性与线性化量测方程

给定节点 i 与节点 j 在 ECEF 坐标系的位置，由 ${}^{E}\boldsymbol{R}_i$ 与 ${}^{E}\boldsymbol{R}_j$ 表示，距离测量简化为

$$d_{ij} = \|{}^{E}\boldsymbol{R}_i - {}^{E}\boldsymbol{R}_j\| + \boldsymbol{v}_{ij} \tag{13.85}$$

该简化方程有三种不同的用法。

(1) 如果 ${}^{E}\boldsymbol{R}_j$ 已知,则上式提供了 ${}^{E}\boldsymbol{R}_i$ 相关信息,此时对节点 i 采用的是 LWIN 方法。

(2) 同样,如果 ${}^{E}\boldsymbol{R}_i$ 已知,则上式提供了 ${}^{E}\boldsymbol{R}_j$ 的相关信息,此时对节点 j 采用 LWIN 方法。

(3) 如果采用 ITNS 方法, ${}^{E}\boldsymbol{R}_i$ 和 ${}^{E}\boldsymbol{R}_j$ 都是整个系统状态量的一部分。因此,该方程视为是 ${}^{E}\boldsymbol{R}_i$ 和 ${}^{E}\boldsymbol{R}_j$ 的量测方程。

在设计最小二乘和卡尔曼滤波器时,将上述量测方程线性化(正如本书中多次重复的方法),有

$$\delta \boldsymbol{d}_{ij} = \boldsymbol{d}_{ij} - \hat{\boldsymbol{d}}_{ij} = \frac{({}^{E}\hat{\boldsymbol{R}}_i - {}^{E}\hat{\boldsymbol{R}}_j)^{T}}{\|{}^{E}\hat{\boldsymbol{R}}_i - {}^{E}\hat{\boldsymbol{R}}_j\|}(\delta \boldsymbol{R}_i - \delta \boldsymbol{R}_j) + \boldsymbol{v}_{ij} \tag{13.86}$$

如果定义

$${}^{E}\boldsymbol{u}_{ij} = \frac{{}^{E}\boldsymbol{R}_i - {}^{E}\boldsymbol{R}_j}{\|{}^{E}\boldsymbol{R}_i - {}^{E}\boldsymbol{R}_j\|} \tag{13.87}$$

其中,上式表示节点 j 到节点 i 的单位矢量。那么,线性化方程可以写为

$$\delta \boldsymbol{d}_{ij} = {}^{E}\hat{\boldsymbol{u}}_{ij}{}^{T}\delta {}^{E}R_i - {}^{E}\hat{\boldsymbol{u}}_{ij}{}^{T}\delta {}^{E}R_j + \boldsymbol{v}_{ij} \tag{13.88}$$

如果是 ITNS 方法,上述方程可以直接使用。

如果是 LWIN 方法,节点 i 的方程为

$$\delta \boldsymbol{d}_{i_{ij}} \equiv \delta \boldsymbol{d}_{ij} + {}^{E}\hat{\boldsymbol{u}}_{ij}{}^{T}\delta {}^{E}R_j = {}^{E}\hat{\boldsymbol{u}}_{ij}{}^{T}\delta {}^{E}\boldsymbol{R}_i + \boldsymbol{v}_{i_{ij}} \tag{13.89}$$

式中: $\boldsymbol{v}_{i_{ij}} = \boldsymbol{v}_{ij} + {}^{E}\hat{\boldsymbol{u}}_{ij}{}^{T}\delta {}^{E}\boldsymbol{R}_j$; $\boldsymbol{v}_{i_{ij}}$ 为节点 j 位置的量测误差和信息误差的组合。

相似地,节点 j 的方程为

$$\delta \boldsymbol{d}_{j_{ij}} \equiv \delta \boldsymbol{d}_{ij} - {}^{E}\hat{\boldsymbol{u}}^{T}{}_{ij}\delta {}^{E}\boldsymbol{R}_i = -{}^{E}\hat{\boldsymbol{u}}_{ij}{}^{T}\delta {}^{E}\boldsymbol{R}_j + \boldsymbol{v}_{j_{ij}} \tag{13.90}$$

式中: $\boldsymbol{v}_{j_{ij}} = \boldsymbol{v}_{ij} - {}^{E}\hat{\boldsymbol{u}}^{T}{}_{ij}\delta {}^{E}\boldsymbol{R}_i$; $\boldsymbol{v}_{j_{ij}}$ 为节点 i 位置的量测误差和信息误差的组合。

13.5.2 ITNS 方法

下面将展示如何对仅由两个节点(节点 i 和节点 j)组成的简单网络进行 ITNS 操作,并且该方法可以很容易地扩展到更大的系统。

节点 i 和节点 j 的 INS 设置与 13.5.1 节相同。在 ITNS 方法中,运行两个惯性导航算法,即

$$\dot{\boldsymbol{X}}_{Ii} = f(\boldsymbol{X}_{Ii}) + \boldsymbol{W}_{Ii} \text{ 和 } \dot{\boldsymbol{X}}_{Ij} = f(\boldsymbol{X}_{Ij}) + \boldsymbol{W}_{Ij}$$

系统的状态向量是两个状态向量的组合,由下式给出:

$$\boldsymbol{X}_{I} = \begin{bmatrix} \boldsymbol{X}_{Ii} \\ \boldsymbol{X}_{Ij} \end{bmatrix} \tag{13.91}$$

线性化模型的状态向量由下式给出：

$$\delta \boldsymbol{X}_{\mathrm{I}}=\begin{bmatrix}\delta \boldsymbol{X}_{\mathrm{I}i}\\ \delta \boldsymbol{X}_{\mathrm{I}j}\end{bmatrix} \tag{13.92}$$

线性化误差动态模型为

$$\delta \dot{\boldsymbol{X}}_{\mathrm{I}}=\begin{bmatrix}\delta \dot{\boldsymbol{X}}_{\mathrm{I}i}\\ \delta \dot{\boldsymbol{X}}_{\mathrm{I}j}\end{bmatrix}=\begin{bmatrix}A_{\mathrm{II}i} & 0\\ 0 & A_{\mathrm{II}j}\end{bmatrix}\begin{bmatrix}\delta \dot{\boldsymbol{X}}_{\mathrm{I}i}\\ \delta \dot{\boldsymbol{X}}_{\mathrm{I}j}\end{bmatrix}+\begin{bmatrix}\boldsymbol{W}_{\mathrm{I}i}\\ \boldsymbol{W}_{\mathrm{I}j}\end{bmatrix} \tag{13.93}$$

离散化形式为

$$\begin{bmatrix}\delta \boldsymbol{X}_{\mathrm{I}i}(k+1)\\ \delta \boldsymbol{X}_{\mathrm{I}j}(k+1)\end{bmatrix}=\begin{bmatrix}\boldsymbol{\Phi}_{\mathrm{I}i}(k+1,k) & 0\\ 0 & \boldsymbol{\Phi}_{\mathrm{I}i}\ (k+1,k)_{\mathrm{I}j}\end{bmatrix}\begin{bmatrix}\delta \dot{\boldsymbol{X}}_{\mathrm{I}i}\\ \delta \dot{\boldsymbol{X}}_{\mathrm{I}j}\end{bmatrix}+\begin{bmatrix}\boldsymbol{W}_{\mathrm{dI}i}\\ \boldsymbol{W}_{\mathrm{dI}j}\end{bmatrix} \tag{13.94}$$

式中：$\boldsymbol{\Phi}_{\mathrm{I}i}(k+1,k)$ 和 $\boldsymbol{\Phi}_{\mathrm{I}j}(k+1,k)$ 为由 $\boldsymbol{A}_{\mathrm{II}i}$ 和 $\boldsymbol{A}_{\mathrm{II}j}$ 推导得到的状态转换矩阵；$\boldsymbol{W}_{\mathrm{dI}i}$ 和 $\boldsymbol{W}_{\mathrm{dI}j}$ 为由 $W_{\mathrm{I}i}$ 和 $W_{\mathrm{I}j}$ 推导得到的离散噪声过程。

该方程是卡尔曼滤波协方差传播的基础。

虽然 $\boldsymbol{\Phi}$ 矩阵和 $\boldsymbol{Q}$ 矩阵都是块对角线矩阵，但协方差矩阵 $\boldsymbol{P}$ 不是块对角线矩阵，需要对整个系统进行协方差传播。

下面给出了节点 i 和节点 j 之间距离测量的非线性量测方程

$$\boldsymbol{d}_{ij}=\|{}^{\mathrm{E}}\boldsymbol{R}_i-{}^{\mathrm{E}}\boldsymbol{R}_j\|+\boldsymbol{v}_{ij} \tag{13.95}$$

线性化量测误差方程为

$$\delta \boldsymbol{d}_{ij}={}^{\mathrm{E}}\hat{\boldsymbol{u}}_{ij}^{\mathrm{T}}\delta{}^{\mathrm{E}}\boldsymbol{R}_i-{}^{\mathrm{E}}\hat{\boldsymbol{u}}_{ij}^{\mathrm{T}}\delta{}^{\mathrm{E}}\boldsymbol{R}_j+\boldsymbol{v}_{ij} \tag{13.96}$$

因此，有如 $\boldsymbol{H}$ 矩阵：

$$\boldsymbol{H}_{z_{ij}}=[0\ \ \cdots\ \ 0\ \ \hat{\boldsymbol{\mu}}_{ij}^{\mathrm{T}}\ \ 0\ \ \cdots\ \ 0\ \ -\hat{\boldsymbol{\mu}}_{ij}^{\mathrm{T}}] \tag{13.97}$$

非零元素对应节点 i 的位置误差和节点 j 的位置误差。

13.5.3　LWIN 方法

在这种情况下，只需要描述本地卡尔曼滤波。

惯性导航算法由下式给出：

$$\dot{\boldsymbol{X}}_{\mathrm{I}i}=f(\boldsymbol{X}_{\mathrm{I}i})+\boldsymbol{W}_{\mathrm{I}i} \tag{13.98}$$

线性化误差方程为

$$\delta \dot{\boldsymbol{X}}_{\mathrm{I}i}=\boldsymbol{A}_{\mathrm{II}i}\delta \boldsymbol{X}_{\mathrm{I}i}+\boldsymbol{W}_{\mathrm{I}i} \tag{13.99}$$

量测方程为

$$\boldsymbol{d}_{ij}=\|{}^{\mathrm{E}}\boldsymbol{R}_i-{}^{\mathrm{E}}\boldsymbol{R}_j\|+\boldsymbol{v}_{ij} \tag{13.100}$$

线性化方程为

$$\delta d_{i_{ij}} \equiv \delta d_{ij} + {}^{E}\hat{\boldsymbol{u}}_{ij}^{T}\delta^{E}\boldsymbol{R}_{j} = {}^{E}\hat{\boldsymbol{u}}_{ij}^{T}\delta^{E}\boldsymbol{R}_{i} + \boldsymbol{v}_{i_{ij}} \tag{13.101}$$

相关 $\boldsymbol{H}$ 矩阵为

$$\boldsymbol{H}_{z_{i_{ij}}} = [0 \quad \cdots \quad 0 \quad {}^{E}\hat{\boldsymbol{u}}_{ij}^{T}] \tag{13.102}$$

13.5.4 仅测距最小二乘法

首先,重申第 4 章的重要结论。

(1) 在三维空间中,只有距离的协作式网络可以由三个非共面节点确定。换句话说,如果网络的几何形状和大小已经由节点之间的相对距离定义,那么,如果确定了至少三个非共面节点的位置,就可以确定网络中每个节点的位置。对于二维空间,如果已经确定两个节点的位置,上述结论也成立。

(2) 如果已知一个节点与其他三个已知位置的非共面节点之间的距离,则可以确定该节点在三维空间中的位置。如果在二维空间中,则只需要两个节点。

基于这两个原则,首先可以确定第 1 级节点的位置,第 1 级节点被定义为与至少 3 个锚定节点(即不使用其他节点的位置或测距信息,而已知位置的节点)有连接的节点(已知测距)。

当所有第 1 级节点都确定了位置,就可以继续确定第 2 级节点的位置,第 2 级节点被定义为与锚定节点没有足够的连接,但在与锚定节点和第 1 级节点的总和中,至少有三个连接的节点。

当所有第 2 级节点都确定了位置,就可以继续研究第 3 级节点,第 3 级节点被定义为与锚定节点和第 1 级节点都没有足够的连接,但在与第 2 级、第 1 级和锚定节点的总和中至少有 3 个连接的节点。

可以一直循环到第 4 级、第 5 级。以此类推,直到所有可以确定的节点位置都被确定下来。

以图 13.15 为例,说明了网络在三维空间中的锚定节点和第 1 级、第 2 级、第 3 级、第 4 级节点(即需要三个连接来确定节点位置)的关系。在本例中,节点 1~3 是锚定节点。节点 5 直接连接到三个锚定节点(即三个节点中的每个节点都有可用测距信息),因此它是 1 级节点。节点 4 和节点 6,每个节点只连接了两个锚定节点,必须依赖节点 5 这个 1 级节点来确定它的位置。因此,它们是第 2 级节点。节点 8 需要依赖两个 2 级节点(节点 4、节点 6)和一个 1 级节点(节点 5)来确定其位置。因此,节点 8 是 3 级节点。节点 7 和节点 9 必须使用 1 级、2 级和 3 级节点(节点 8)的组合来确定它们的位置,所以是第 4 级节点。显然,如果被限制在二维空间中,那么三个连接的准则就会降低为两个。

如果遵循上述方法,就能确定具有足够连接数的所有节点的位置。在每个步骤中,每次只求解一个节点的位置。换句话说,不需要将方程叠加在一起求解,而是每次只求解含有三个未知数的方程组。这种方法从根本上说就是 LWIN 方法。

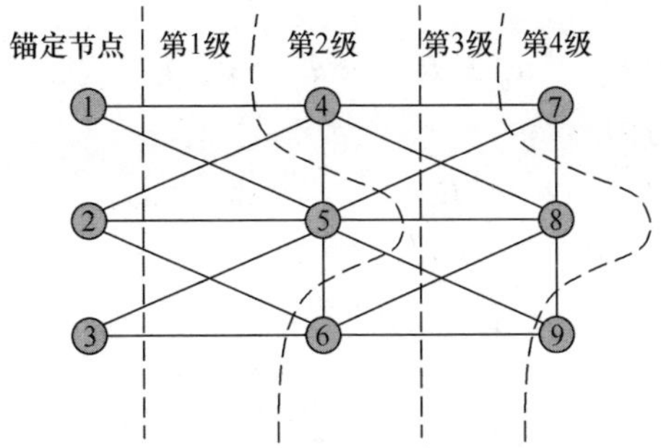

图 13.15　锚定节点和第 1 级、第 2 级、第 3 级和第 4 级节点示例

当没有噪声和计算误差时，需要解的方程组只有一个精确解。在这种情况下，使用 LWIN 方法（每次求解一个节点的位置）与 ITNS 方法（同时求解所有节点的未知位置）提高解算精度的解决方案相同。

当存在噪声和计算误差（总是存在），并且存在可用的冗余信息时，将所有方程和约束叠加在一起的 ITNS 方法具有更好的性能。

具体来说，对于每个测距，有以下非线性方程：

$$\boldsymbol{d}_{ij} = \|{}^{\mathrm{E}}\boldsymbol{R}_i - {}^{\mathrm{E}}\boldsymbol{R}_j\| + \boldsymbol{v}_{ij}$$

已知解算方案的初始值，上述方程可以线性化为

$$\delta\boldsymbol{d}_{ij} = {}^{\mathrm{E}}\hat{\boldsymbol{u}}_{ij}{}^{\mathrm{T}}\delta{}^{\mathrm{E}}\boldsymbol{R}_i - {}^{\mathrm{E}}\hat{\boldsymbol{u}}_{ij}{}^{\mathrm{T}}\delta{}^{\mathrm{E}}\boldsymbol{R}_j + \boldsymbol{v}_{ij}$$

该方程是 ITNS 方法的基本方程。

13.5.5　ITNS 方法

假设有 n 个节点，$3n$ 个未知数。通常假定前 l 个节点是锚定节点。这意味着，可以写出如下矢量方程：

$$^{\mathrm{E}}\boldsymbol{R}_i = \overline{\boldsymbol{R}}_i,\quad i = 1,2,\cdots,l \tag{13.103}$$

如果网络中节点之间有 m 条连接，将得到 m 个如下形式的方程：

$$^{\mathrm{E}}\hat{\boldsymbol{u}}_{ij}{}^{\mathrm{T}}\delta{}^{\mathrm{E}}\boldsymbol{R}_i - {}^{\mathrm{E}}\hat{\boldsymbol{u}}_{ij}^{\mathrm{T}}\delta{}^{\mathrm{E}}\boldsymbol{R}_j = \delta\boldsymbol{d}_{ij} - \boldsymbol{v}_{ij} \tag{13.104}$$

那么，标量方程的总数是 $3l + m$ 。显然，为了提出解算方案，必须有

$$3l + m > 3n \tag{13.105}$$

根据量测噪声和初始信息的不确定性，对上述方程组进行适当的加权求解，可以得到最优解。这是基本的 ITNS 方法。

13.5.6　LWIN 方法

如果采用 LWIN 方法并采用递归方式求解，问题就会变得容易得多。在每次递归中，只解出一个未知的位置矢量即可。

设未知的位置矢量为 $\boldsymbol{R}_i$ ，节点 i 与位置已知节点的每一个连接，可以写成

下式形式：

$$ {}^{\mathrm{E}}\hat{\boldsymbol{u}}_{ij_k}^{\mathrm{T}}\delta{}^{\mathrm{E}}\boldsymbol{R}_i - {}^{\mathrm{E}}\hat{\boldsymbol{u}}_{ij_k}^{\mathrm{T}}\delta{}^{\mathrm{E}}\boldsymbol{R}_{j_k} = \delta\boldsymbol{d}_{ij_k} - \boldsymbol{v}_{ij_k}, j_k = j_1, j_2, \cdots, j_q \tag{13.106} $$

式(13.106)可写为

$$ {}^{\mathrm{E}}\hat{\boldsymbol{u}}_{ij_k}^{\mathrm{T}}\delta{}^{\mathrm{E}}\boldsymbol{R}_i = \delta\boldsymbol{d}_{ij_k} + {}^{\mathrm{E}}\hat{\boldsymbol{u}}_{ij_k}^{\mathrm{T}}\delta{}^{\mathrm{E}}\boldsymbol{R}_{j_k} - \boldsymbol{v}_{ij_k} \triangleq \delta\bar{\boldsymbol{d}}_{i_kj_k} + \boldsymbol{w}_{ij_k}, \quad j_k = j_1, j_2, \cdots, j_q \tag{13.107} $$

将这些方程叠加在一起，有

$$ \begin{bmatrix} {}^{\mathrm{E}}\hat{\boldsymbol{u}}_{ij_1}^{\mathrm{T}} \\ {}^{\mathrm{E}}\hat{\boldsymbol{u}}_{ij_2}^{\mathrm{T}} \\ \vdots \\ {}^{\mathrm{E}}\hat{\boldsymbol{u}}_{ij_q}^{\mathrm{T}} \end{bmatrix} \delta{}^{\mathrm{E}}\boldsymbol{R}_i = \begin{bmatrix} \delta\bar{\boldsymbol{d}}_{i_kj_1} \\ \delta\bar{\boldsymbol{d}}_{i_kj_2} \\ \vdots \\ \delta\bar{\boldsymbol{d}}_{i_kj_q} \end{bmatrix} + \begin{bmatrix} \boldsymbol{w}_{ij_1} \\ \boldsymbol{w}_{ij_2} \\ \vdots \\ \boldsymbol{w}_{ij_q} \end{bmatrix} \tag{13.108} $$

这是一个简单的最小二乘问题，可以很容易解出答案。

参考文献

[1] Gao, C., G. Zhao, and H. Fourati, (eds.), *Cooperative Localization and Navigation: Theory, Research, and Practice*, Boca Raton, FL: CRC Press, 2020.

[2] Sivaneri, V. O., and J. N. Gross, "Cooperative Navigation Between a Ground Vehicle and an Unmanned Aerial Vehicle in GNSS-Challenged Environments," *Computer Science*, 2016.

[3] Hardy, J., et al., "Unmanned Aerial Vehicle Relative Navigation in GPS Denied Environments," *2016 IEEE/ION Position, Location and Navigation Symposium (PLANS)*, 2016, pp. 344-352.

[4] Kealy, A., et al., "Collaborative Navigation as a Solution for PNT Applications in GNSS Challenged Environments—Report on Field Trials of a Joint FIG/IAG Working Group," *Journal of Applied Geodesy*, Vol. 9, No. 4, 2015, pp. 244-263.

[5] Vetrella, A. R., et al., "Cooperative Navigation in GPS-Challenging Environments Exploiting Position Broadcast and Vision-Based Tracking," *2016 International Conference on Unmanned Aircraft Systems (ICUAS)*, Arlington, VA, 2016, pp. 447-456.

[6] Ko, H., B. Kim, and S. -H. Kong, "GNSS Multipath-Resistant Cooperative Navigation in Urban Vehicular Networks," *IEEE Transactions on Vehicular Technology*, Vol. 64, No. 12, 2015, pp. 5450-5463.

[7] Gao, Y., et al., "UWB/GNSS-Based Cooperative Positioning Method for V2X Applications," *Proc. of 27th International Technical Meeting of the ION Satellite Division*, 2014, pp. 3212-3221.

[8] Ducatelle, F., et al., "Cooperative Navigation in Robotic Swarms," *Swarm Intell.*, Vol. 8, November 23, 2013, pp. 1-33.

[9] Yao, Y., "Cooperative Navigation System for Multiple Unmanned Underwater Vehicles," *IFAC Proceedings*, Vol. 46, No. 20, 2013, pp. 719-723.

[10] Lee, J. K., et al., "Network-Based Collaborative Navigation in GPS-Denied Environment," *The Journal of Navigation*, Vol. 65, 2012, pp. 445-457.

[11] Fankhauser, P., "Collaborative Navigation for Flying and Walking Robots," *2016 IEEE/RSJ International Conference on Intelligent Robots and Systems (IROS)*, Daejeon, Korea, October 9-14, 2016.

[12] Berefelt, F. , et al. , "Collaborative GPS/INS Navigation in Urban Environment," *Proc. of the 2004 National Technical Meeting of The Institute of Navigation*, San Diego, CA, 2004.

[13] Grejner-Brzezinska, D. A. , et al. , "Positioning in GPS-Challenged Environments: Dynamic Sensor Network with Distributed GPS Aperture and Inter-Nodal Ranging Signals," *Proc. of 22nd International Technical Meeting of the Satellite Division of the Institute of Navigation (ION GNSS 2009)*, Savannah, GA, 2009.

[14] Kaba, J. , and S. Wu, "Distributed Multi-Sensor Fusion for Improved Collaborative GPSDenied Navigation," ION International Technical Meeting, Anaheim, Ca, January 2009.

[15] Sanderson, A. C. "A Distributed Algorithm for Cooperative Navigation Among Multiple Mobile Robots," *Advanced Robotics*, Vol. 12, 1997, pp. 335-349.

[16] Brown, A. , and J. Nordlie, "Integrated GPS/TOA Navigation Using a Positioning and Communication Software Defined Radio," *Proc. of PLANS 2006*, San Diego, CA, 2006.

[17] Whelan, D. , G. Gutt, and P. Enge, "Boeing Timing & Location: An Indoor Capable Time Transfer and Geolocation System," *Proc. of 5th Stanford University, Symposium on Position, Navigation, and Timing*, Menlo Park, CA, 2011.

[18] Tan, Z. , et al. , "New Method for Positioning Using IRIDIUM Satellite Signals of Opportunity," *IEEE Access*, Vol. 7, June 24, 2019, pp. 83412-83423.

[19] Chowdhary, G. , et al. , "GPS-Denied Indoor and Outdoor Monocular Vision Aided Navigation and Control of Unmanned Aircraft," *Journal of Field Robotics*, Vol. 30, No. 3, 2013, pp. 415-438.

[20] https://en.wikipedia.org/wiki/Network_Time_Protocol.

[21] https://en.wikipedia.org/wiki/Precision_Time_Protocol.

[22] Eidson, J. , "IEEE 1588 Standard Version 2—A Tutorial," National Institute of Standards and Technology (NIST), 2006, https://web.archive.org/web/20100331083017/http://ieee1588.nist.gov/2006%20IEEE1588%20Agenda/Eidson_1588_Version%202.pdf.

第 14 章

机会信号 PNT

14.1 引　言

基于无线电的全球卫星导航系统(global navigation satellite systems, GNSS)几乎是定位、导航与授时(positioning, navigation, and timing, PNT)的完美解决方案。GNSS 提供了低成本和低尺寸、重量和功率(size, weight, and power, SWAP)的用户设备(例如,每台手机内部的 GNSS 芯片,成本可能不到 1 美元)。GNSS 服务应用广泛,通常情况下性能非常好。

GNSS 唯一的缺点是,由于信号功率低,GNSS 很容易被拒止,并且民用 GNSS 信号很容易被欺骗。此外,GNSS 基础设施在战争期间可能成为攻击目标,从而变得不可用。

GNSS 优点(或缺点)的来源,主要是因为它是一种射频(radio frequency, RF)系统。基于机会信号(signal of opportunity, SOOP)的 PNT[1-9] 也是 RF 系统,该系统试图利用环境中已经存在的大量 RF 信号来提供 PNT 服务。

SOOP 有希望达到 GNSS 的经济性、有效性和精度性能。同时,通过利用大多数信号的功率和多样性的增加,减少干扰和被攻击的机会。SOOP 的主要优势是有大量可用的无线电信号源。因此,通过使用这些信号源,并通过这些源之间的交叉检查来改善完整性,从而大幅度提高系统有效性。具体如下。

(1) 世界上大约有 27000 个电视台,而且这个数字还在增长。

(2) 世界上大约有 44000 个广播电台,而且这个数字还在增长。

(3) 世界上有 400 多万个手机信号塔和其他类型的通信系统信号塔,而且这个数字还在迅速增长。

(4) 目前,至少有 2000 颗通信卫星环绕地球运行,未来还有更多正在规划和部署中的星座。值得一提的是,SpaceX 正在开发的星链计划无疑将产生重大影响。

(5) 有数十亿的 WiFi、蓝牙和手机产生射频信号。

SOOP 的第二个主要优势是,这些信号中的大多数信号明显比全球定位系统(global positioning systems, GPS)信号更强。表 14.1 总结了用户接收到的部分典型功率等级。

表 14.1　用户收到的各种 SOOP 源的典型功率等级

信号源	接收器额定功率/dBm	与 GPS 的功率比
GPS	-128	1
标准低地轨道移动电话(例如,铱星)	-98	1×10^3
标准卫星广播(如小天狼星/XM)	-86	2×10^4
TV	-45	2×10^8
电台	-50	6×10^7
手机	-61	5×10^6
无线网络	-64	3×10^6

干扰、欺骗或破坏这些信号源是非常困难的,尤其是功率非常高的信号源。然而,要有效地接收和使用这些信号也是非常困难的。在任何情况下,对整个系统结构、高效低成本接收器进行周密的规划和开发,就会有大量机会利用这些信号,使这项技术得到实际应用。

使用 SOOP 有许多不同的方法,下面列出 SOOP 接收器可产生的典型测量类型,可用于 PNT。

(1) 接收信号强度(received signal strength, RSS);

(2) 到达角(angle of arrival, AOA);

(3) 到达时间(time of arrival, TOA);

(4) 到达频率(frequency of arrival, FOA);

(5) 到达时差(time difference of arrival, TDOA);

(6) 到达频率差(frequency difference of arrival, FDOA);

14.1.1　接收信号强度

接收信号强度是 SOOP 接收器中产生最简单但质量最低的量测量之一。RSS 可以转换为距离的量测量(但通常误差较大)。通过对三个或三个以上位置已知的非共面源的 RSS 测量,可以确定接收器的三维位置。在数学方面,已经在第 4 章中解决了基于距离的定位问题。图 14.1 说明了 RSS 定位的概念。

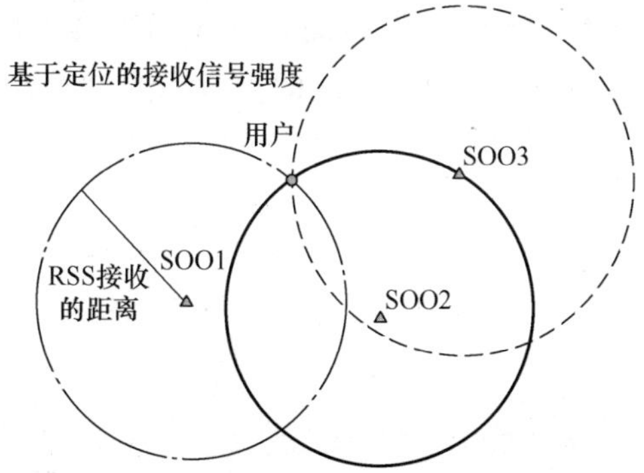

图 14.1　RSS 定位

14.1.2 AOA

AOA 更准确的表达是到达方向(direction of arrival, DOA),是由 SOOP 接收器产生另一种类型的量测量。AOA 通常是利用相控阵天线来确定信号相对于传感器参考坐标系的方向。对于每个信号源,可以测量两个角度或一个单位向量。

至少有三种使用 AOA 的场景:

(1) 如果传感器坐标系到地球坐标系的姿态是已知的,那么能够从两个或两个以上已知位置信号源的 AOA 测量中确定接收器位置;

(2) 如果已知接收器的位置,能够从两个或两个以上已知位置信号源的 AOA 测量中确定接收器姿态;

(3) 如果既不知道位置也不知道姿态,则需要从三个或三个以上信号源的 AOA 测量中确定接收器的位置和姿态。

在数学上,已经在第 4、7 和 10 章中解答了上述三个问题。

图 14.2 说明了基于 AOA 定位的概念场景。

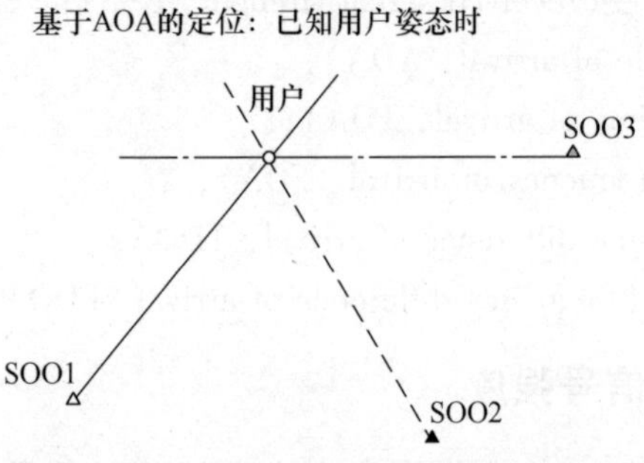

图 14.2 基于 AOA 定位的概念场景

14.1.3 TOA

TOA 更准确地表达为伪 TOA (pseudo-TOA, PTOA),因为在现实中,大多数 TOA 测量至少是基于两个时间参考,即信号源的时间参考和用户的时间参考。如果所有信号源具有相同的时间参考,就可以确定位置和时间,这与基于 GPS 的 PNT 问题完全相同。PTOA 和伪距是一样的。

很多卫星系统使用同步卫星时间。例如,铱星星座和全球星座都使用同步的卫星时间基准。因此,可以使用报头作为一个时间标记,并将该时间标记测量的 TOA 作为 PTOA。

一旦有了测量结果,解算方法和 GPS 是一样的。图 14.3 说明了基于 PTOA 的定位。

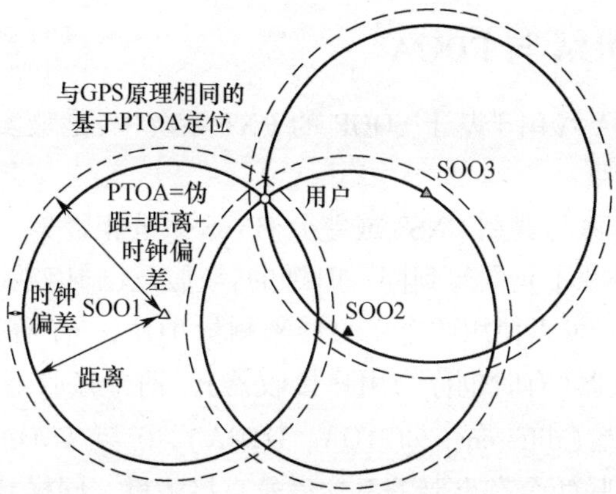

图 14.3　基于 PTOA 的定位

14.1.4　FOA

FOA 更准确地描述为伪 FOA（pseudo-FOA，PFOA）。由于多普勒效应，FOA 或 PFOA 至少在两种情况下是有用的：频率相对于视距无线传输（line-of-sight，LOS）速度的变化而变化。第一种情况是 PFOA 可用于求解速度和时钟率误差；第二种情况是当信号源是一个具有可预测速度矢量的低地轨道卫星时，测量的伪多普勒实际上表示速度矢量在 LOS 矢量上的投影。由于 LOS 矢量是一个关于当前位置的函数，在这种情况下，多普勒测量提供了位置的部分可观测性。图 14.4 说明了低轨道卫星 PFOA 测量的概念。

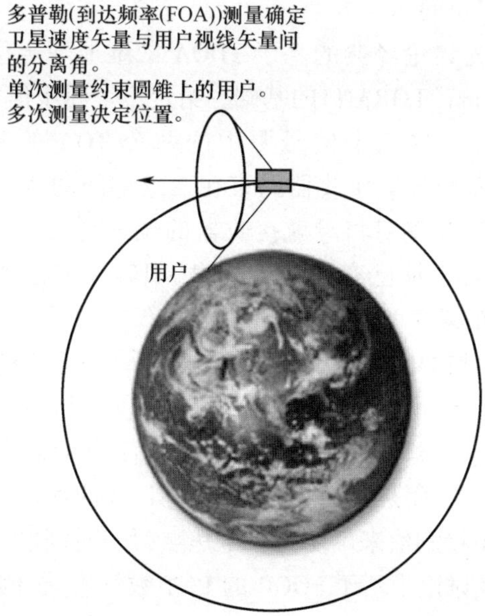

图 14.4　使用低地轨道卫星的 PFOA（多普勒）测量进行定位

14.1.5 TDOA 与 FDOA

TDOA 和 FDOA 可用于基于 SOOP 的 PNT 系统中,是最实用的测量方法之一,主要有两个原因。

(1) 预期性能可与典型 GNSS 或差分 GNSS 系统相媲美。

(2) 假设信号源不是同步到同一时钟的,该假设也与实际情况最相符。

如第 4 章所述,可以使用两个接收器来测量 TOA,一个称为参考接收器,另一个称为导航接收器(有时也称为用户接收器)。两个接收器测量 TOA 之间的差异称为到达时差(difference of TOA, DTOA),它与 TDOA 在本质上相同。TDOA 可以通过关联两个有重要关系的信号直接测量。同样,DTOA 和 TDOA 更正确的说法实际上是伪 DTOA 和伪 TDOA,因为它们通常包含 TOA、参考接收器和导航接收器之间的相对偏差。在本章的其余部分,将直接使用 TDOA 和 FDOA 来指代 DTOA 和 TDOA 以及 DFOA 和 FDOA。

当采用基于空间的信号源,并且导航接收器和参考接收器之间的距离不是太远时(如小于 100km),TDOA 的差分性质有一个额外的好处,即为对消或部分对消信号传播误差,如电离层延迟和对流层延迟误差,该性质与差分 GPS 完全相同。

微分多普勒测量或伪 FDOA 测量可以被视为速度矢量投影与距离矢量的差,如图 14.4 所示。

在本节阐述基于 TDOA 定位方法的更多细节之前,针对目前的问题,先描述经典的 TDOA 地理定位问题。

简单起见,此处先讨论经典的基于 TDOA 二维地理定位问题,这是远程导航(long range navigation, LORAN)的基础。给定三个同步信号源,可以测量信号到达用户的 TOA,并由这三个信号源中的两个 TOA 的差形成两个独立的 TDOA。每个 TDOA 都将导航接收器约束在二维空间的双曲线(或三维空间的双曲面)上。两个 TDOA 测量将导航接收器的位置约束在双曲线对的交点上。可能有1~8 个交点,且根据已有的其他信息,很容易确定哪一点是正确的解。图 14.5 说明了经典的基于 TDOA 的定位方法。

实际应用中所面临的问题与该经典问题相反。体系中信号源和用户接收器互换了角色。如图 14.6 所示,具体来说,用户接收器和参考接收器位于一对双曲线的两个焦点上,信号源位于双曲线上。不是使用焦点信息和 TDOA 来确定双曲线上一个点的位置,而是使用双曲线上的点、双曲线的一个焦点(参考接收器)信息,以及 TDOA 量测值来确定另一个焦点(用户接收器)的位置。

由于第 4 章已经讨论了基于 SOOP 的 PNT 数学本质,因此本章将重点讨论基于 TDOA 和 FDOA 的方法。

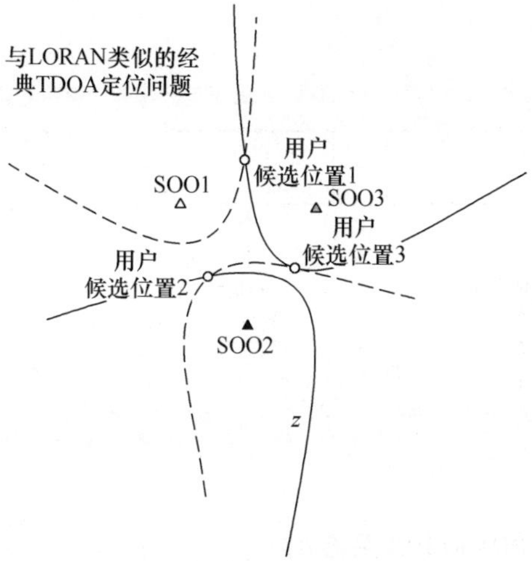

图 14.5 经典 TDOA 定位
(与 LORAN 类似)

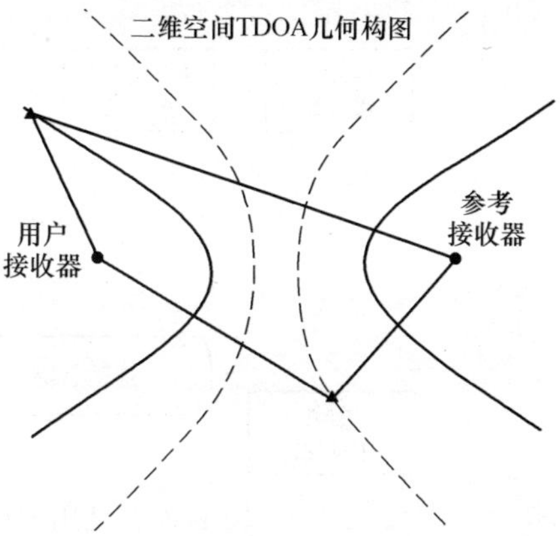

图 14.6 TDOA 定位中参考接收器、
用户(导航)接收器与信号源的关系

14.2 TDOA 和 FDOA SOOP PNT 系统的架构

TDOA 和 FDOA SOOP PNT 系统架构至少有三个重要的变化。

(1) 仅使用 TDOA/FDOA 的 PNT 系统(即类似于 GPS 接收机的 SOOP 接收器)。

(2) TDOA/FDOA 集成到全源 PNT 系统(且最重要的是惯性导航系统(inertial navigation system, INS))。

(3) 对于上述两种架构,TDOA 和 FDOA 可以通过两种不同方式获得:

① TDOA 由 DTOA 衍生获得,而且是一个时间标记(如解调数字信号的报头)测量的 TOA。

② TDOA 是通过将从导航接收器和参考接收器收集的原始 I/Q 数据进行直接关联而获得的。

图 14.7 说明了只使用 TDOA/FDOA 的 PNT 系统结构,其中 TDOA/FDOA 采用一个没有内部细节的方框表示。

图 14.8 说明了集成了 INS 和金源 PNT 的 TDOA 和 FDOA 系统结构。

图 14.9 说明了两种类型的 TDOA 和 FDOA 确定方法。

虽然只使用 TDOA/FDOA 的系统不能提供最佳性能,但是具有简单、低 SWAP 和低成本的优点。它免去了所有与集成解决方案相关的复杂性、成本和 SWAP。对于这种类型的结构,重点是要使用足够数量的信号源,具体原因如下。

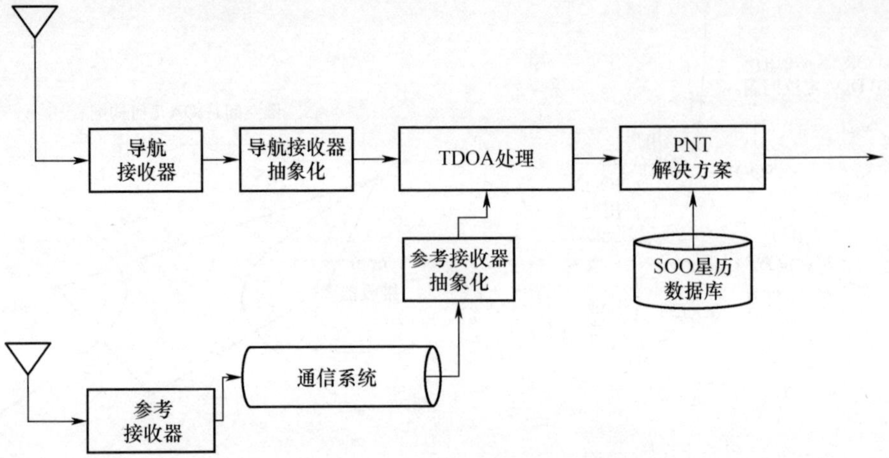

图 14.7 只使用 TDOA/FDOA 的 PNT 系统架构

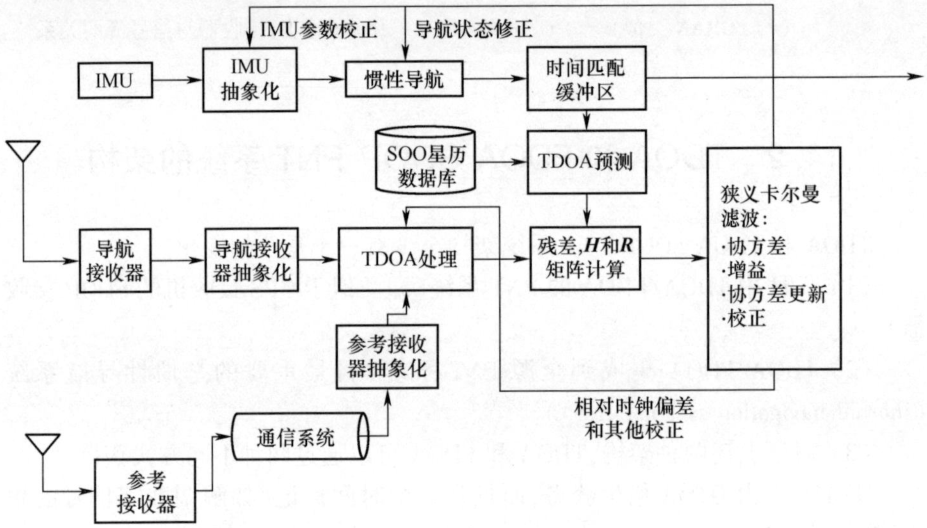

图 14.8 集成了 INS 和全源 PNT 的 TDOA/FDOA 结构

(1) 在任何时候,足够数量的信号源(四个或四个以上)可用于确定 PNT 点的解决方案,以确保连续的可用性和访问性。

(2) 足够数量的信号源可用于执行完整性监视或交叉检查,以确保解决方案的完整性。

当上述两种情况中的任何一种或两种都不能满足时,就必须与惯性导航系统或其他传感器数据源组合。例如,如果只使用低轨道卫星信号,如铱星,通常一次只能看到 1~2 颗卫星。此时,将需要依靠卫星的运动来提供可观测性,并改善随着时间的推移精度下降的问题。因此,必须在接收器和卫星都在移动、几何形状变化的情况下构建解决方案。惯性导航就是一个可以完成这种构建的典

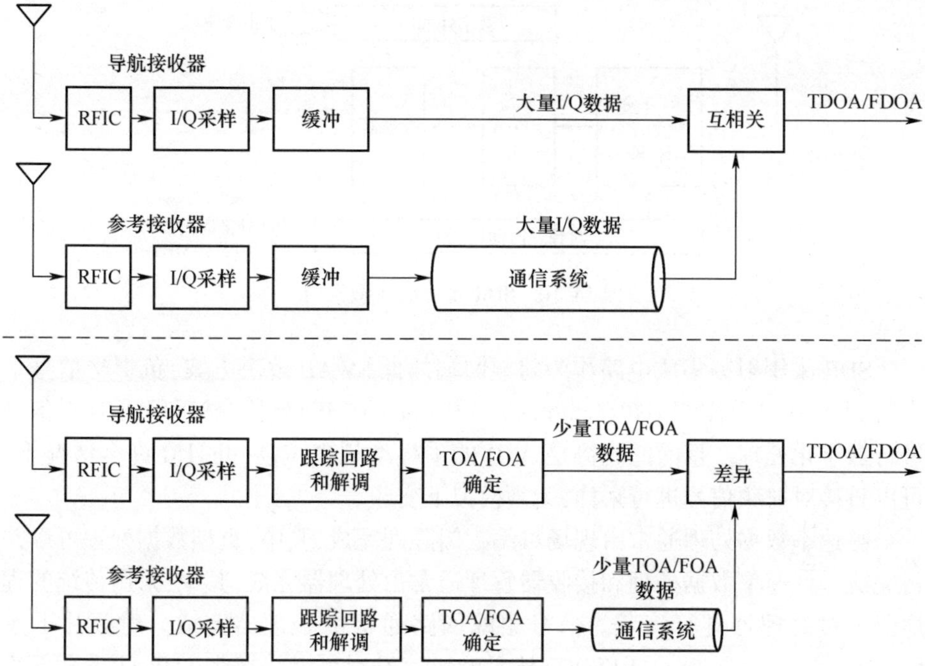

图 14.9　两种类型的 TDOA 和 FDOA 确定方法

型应用示例。

当已知信号上调制的数据报文格式时,就可以测量信息模式的 TOA,如信息的报头或前导码。因此,可以采用类似于 GPS 的方式获得伪距测量。用这种方法得到的 TOA 或伪距包含了数据源的时钟偏差和用户接收器的时钟偏差。

同样,参考接收器也可以测量 TOA 或伪距。其中,包含数据源的时钟误差和参考接收器的时钟误差。

当计算两个 TOA 的差值时,数据源信号时钟误差造成的误差被抵消,剩下的是参考接收器和导航接收器之间的相对时钟误差。这种方法的优点是:由于只需要发送 TOA 和伪距,因此,从参考接收器到导航接收器的通信负担不大。

一种更通用的方法是不依赖任何关于信号调制数据的详细信息,只是简单地从两个接收器获取原始 I/Q 数据,并将两个采样信号进行互相关。互相关峰值对应的时间增量提供了 TDOA 的测量结果。该方法的应用依赖于一个事实,即同一个信号被两个具有不同延迟或不同多普勒效应的接收器接收时,它不需要寻找可识别的时间标记,甚至不需要使用数字调制信号。

由于基于 SOOP 的 PNT 系统依赖于许多不同类型的机会信号,因此软件定义的无线电(software-defined radio, SDR)通常是有意义的。SDR 提供了使用相同硬件接收和处理许多不同类型信号的灵活性。图 14.10 说明了 SDR 接收器的典型结构。

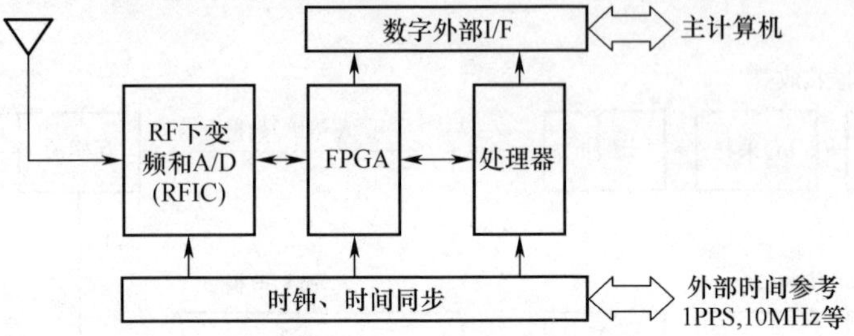

图 14.10　SDR 系统的典型架构

SDR 采用射频集成电路作为射频前端的低 SWAP 解决方案,负责将信号下变频到 A/D 可采样的中频(intermediate frequency, IF)频段,然后用 A/D 对信号进行数字化处理。目前的趋势是 A/D 的采样率越来越高,并且在许多情况下,可以直接对射频信号进行采样,无须模拟下变频。

高速率数据处理通常由现场可编程门阵列完成,其中,重型数据处理可以并行完成。低速率数据处理和接收器管理通常由处理器完成,其中,采用传统的程序语言对处理器进行编程。信号跟踪回路通常由处理器完成。射频片上系统(RF system-on-chip, RFSOC)技术的快速发展可以将宽带 SDR 几乎全部集成在单个芯片上。赛灵思 Zynq UltraScale+RFSOC 就是该技术一个很好的应用实例[10]。

14.3　互相关 TDOA 和 FDOA 测量

20 世纪 70 年代以来,基于互相关的 TODA 和 FDOA 测量问题得到了很好的研究[11-17],可以作为基于 TDOA/FDOA 的定位和地理定位方法的基础。

设 $x(t)$ 、$y(t)$ 为两个接收器从同一信号源 $s(t)$ 接收到的信号,有

$$\begin{aligned} x(t) &= s(t) + n_x(t) \\ y(t) &= A_r s(t-d)\exp(-j2\pi f_d t) + n_y(t) \end{aligned} \tag{14.1}$$

式中: d 表示 TDOA; f_d 表示 FDOA。

然而,实际情况是,在关注频段上往往存在多个信号,因此有

$$\begin{cases} x(t) = s(t) + \sum_{k=1}^{n_s} s_k(t) + n_x(t) \\ y(t) = A_r s(t-d)\exp(-j2\pi f_d t) + \sum_{k=1}^{n_s} a_k s(t-d_k)\exp(-j2\pi f_{d_k} t) + n_y(t) \end{cases} \tag{14.2}$$

首先,考虑最简单的情况,当多普勒频差为 0 或小到可以忽略时,有

$$\begin{cases} x(t) = s(t) + n_x(t) \\ y(t) = A_r s(t-d) + n_y(t) \end{cases} \tag{14.3}$$

信号的自相关与互相关由下式给出:

$$\begin{cases} R_x(\tau) = E(x(t)x^*(t-\tau)) = R_s(\tau) + R_{n_x}(\tau) \\ R_y(\tau) = E(y(t)y^*(t-\tau)) = |A_r|^2 R_s(\tau) + R_{n_y}(\tau) \\ R_{yx}(\tau) = E(y(t)x^*(t-\tau)) = A_r R_s(\tau-d) + R_{n_y n_x}(\tau) \end{cases} \tag{14.4}$$

在频域中,上述方程可以写为

$$\begin{cases} S_x(f) = S_s(f) + S_{n_x}(f) \\ S_y(f) = |A_r|^2 S_s(f) + S_{n_y}(f) \\ S_{yx}(\tau) = A_r S_s(f) \exp(-j2\pi d) + S_{n_y n_x}(f) \end{cases} \tag{14.5}$$

假设信噪比(signal-to-noise ratio,SNR)足够高,高到可以忽略噪声,则有

$$\frac{S_{yx}(f)}{S_x(f)} = A_r \exp(-j2\pi d), \quad f_0 - \frac{B_s}{2} \leqslant f \leqslant f_0 + \frac{B_s}{2} \tag{14.6}$$

式中:B_s 表示需关注的信号带宽。

进行傅里叶反变换,得到

$$\begin{aligned} r_{yx}(\tau) &= \mathrm{IFT}\left(\frac{S_{yx}(f)}{S_x(f)}\right) = \int_{f_0-B_s/2}^{f_0+B_s/2} \frac{S_{yx}(f)}{S_x(f)} \exp(j2\pi f t)\,\mathrm{d}f \\ &= \frac{A_r \sin[\pi B_s(\tau-d)]}{\pi(\tau-d)} \exp[j2\pi f_0(\tau-d)] \end{aligned} \tag{14.7}$$

复数正弦波的振幅是一个 sinc 函数,它的宽度(即 sinc 脉冲的宽度)取决于带宽 B_s。

如果通过寻找函数 $r_{yx}(\tau)$ 的峰值来确定 d,则 TDOA 测定的性能由下式估计[14-15]:

$$\sigma(\hat{d}-d) = \frac{\sqrt{3}}{2\pi}\left(\frac{1}{\sqrt{T}}\right)\left(\frac{1}{B_s\sqrt{B_s}}\right)\left(\frac{1}{\sqrt{\gamma}}\right) = \frac{0.2757}{B_s}\frac{1}{\sqrt{B_s T \gamma}} \tag{14.8}$$

式中:T 为观测时间;γ 为有效接收器信噪比,满足下式:

$$\frac{1}{\gamma} = \frac{1}{2}\left(\frac{1}{\gamma_1} + \frac{1}{\gamma_2} + \frac{1}{\gamma_1\gamma_2}\right) \tag{14.9}$$

其中,γ_1 和 γ_2 为第一个和第二个接收器的信噪比。

在实际操作中,相关性通常通过快速傅里叶变换(fast fourier transform,FFT)和反 FFT 来完成,下面逐步说明了这种算法的处理过程。

(1) 计算两个信号的 FFT：

$$\begin{cases}X(f)=\mathrm{FFT}(x(t))\\Y(f)=\mathrm{FFT}(y(t))\end{cases}\tag{14.10}$$

(2) 当信号处于频域时，通过将不需要的频谱设置为 0，就有可以滤掉不关注的频率信息。

(3) 计算功率谱密度函数：

$$\begin{cases}S_x(f)=X(f)X^*(f)\\S_{xy}(f)=X(f)Y^*(f)\end{cases}\tag{14.11}$$

(4) 计算加权互相关：

$$s_{xy}(f)=\frac{S_{xy}(f)}{S_x(f)}=\frac{Y^*(f)}{X^*(f)}\tag{14.12}$$

注意，式(14.12)第二部分明显节省了计算量。计算时可以跳过步骤(3)，简单地计算两个信号的 FFT 共轭比。

采用非加权互相关还是其他不同类型的加权互相关，取决于实际情况。哪种方式能给出更清晰、更尖锐的相关峰，能更好地测量 TDOA，哪种方式就是正确的选择。

(5) 反 FFT 变换：

$$r_{xy}(\tau)=\mathrm{IFFT}(s_{xy}(f))\tag{14.13}$$

当相对多普勒效应不能被忽略时，需要按照包括相对多普勒频移的信号模型，对该方法进行扩展：

$$\begin{aligned}x(t)&=s(t)+n_x(t)\\y(t)&=A_{\mathrm{r}}s(t-d)\exp(-j2\pi f_{\mathrm{d}}t)+n_y(t)\end{aligned}\tag{14.14}$$

得到交叉模糊函数(cross-ambiguity function，CAF)：

$$A(\tau,f)=\int_0^T y(t)x^*(t-\tau)\exp(2\pi ft)\,\mathrm{d}t\tag{14.15}$$

然后确定合适的 τ 、f 使上述方程最大化。

令 $f=0$，那么上述方程就可以简化为经典的互相关函数：

$$A(\tau,0)=\int_0^T y(t)x^*(t-\tau)\,\mathrm{d}t=R_{yx}(\tau)=C(y,x,\tau)\tag{14.16}$$

使用互相关符号 $C(y,x,\tau)$ ，CAF 可以写成多普勒频移函数的互相关，且有

$$A(\tau,f)=\int_0^T y(t)x^*(t-\tau)\exp(2\pi ft)\,\mathrm{d}t=C(y(t)\exp(2\pi ft),x(t),\tau)\tag{14.17}$$

这意味着计算过程中会做一个二维搜索，对于每个候选的相对多普勒频率 f 都会进行互相关函数计算。

使用 FFT 重点要意识到，$x(t)$ 的 FFT 只需要计算一次，这在每个多普勒搜索的步骤中都是一样的。$y(t)\exp(2\pi ft)$ 的 FFT 可以通过平移 $y(t)$ 的 FFT 有效计算得到，因为傅里叶变换有以下性质：

$$\mathrm{FT}(y(t)\exp(2\pi f_d t)) = Y(f - f_d) \tag{14.18}$$

换句话说，只需要计算一次 $y(t)$ 的 FFT。因此，只需要对两个 FFT 分别执行一次计算，这样就节省了计算量。同样重要的是，在执行 FFT 时可能需要确定两个信号的多普勒频率，在这种情况下，就可以简单地平移一个 FFT 结果，以便于两个信号之间的多普勒匹配，无须进行二维搜索。

下面的示例说明了这一点。图 14.11 和 14.12 展示了两个信号 $a(t)$ 和 $b(t)$ 的 FFT。由于存在相对多普勒效应，当没有相对多普勒补偿时，这两个信号的直接相关没有出现相关峰值，如图 14.13 所示。

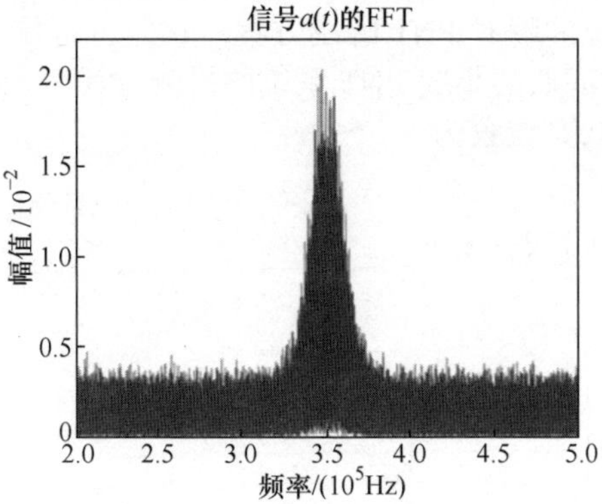

图 14.11　$a(t)$ 信号的 FFT 变换

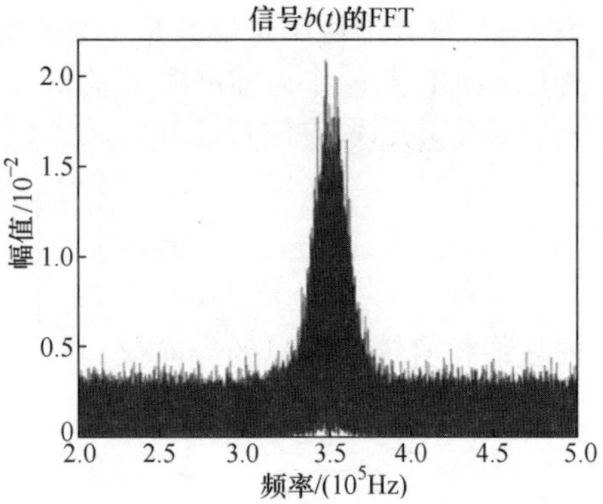

图 14.12　$b(t)$ 信号的 FFT 变换

如果通过对齐两个信号的中心频率来平移信号 $b(t)$ 的 FFT，相关性会出现一个明显的峰值，如图 14.14 所示。

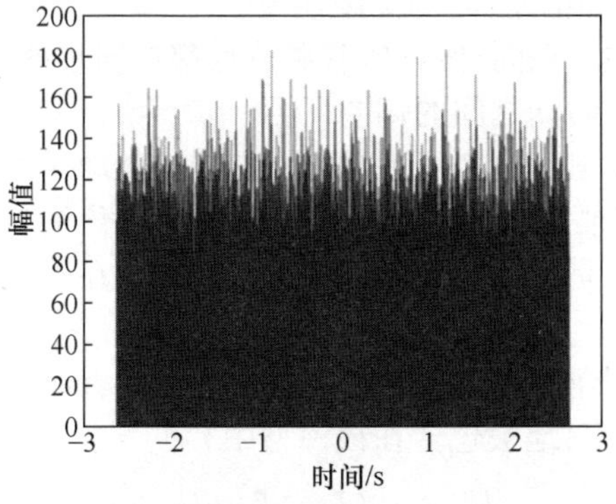

图 14.13　没有相对多普勒补偿的 $a(t)$ 和 $b(t)$ 的相关性(无明显的峰值)

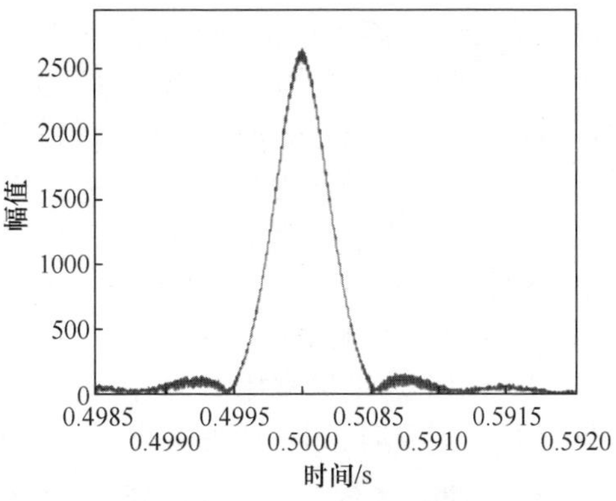

图 14.14　补偿相对多普勒频率后显示的相关峰值

14.4 无参考接收器下基于 TOA 伪距离测量的接收器 PNT

如果满足以下两个条件,PNT 可以在没有参考接收器的情况下工作:

(1) 所有使用 SOOP 信号源都有同步时钟,或者已经确定了一个时钟校正模型和相关参数,从而使每个信号源的时间基准可以被校正并实现同步。

(2) 可以不使用 TOA 或伪距的差异来消除信号传播误差,或者可以利用其他信号源对信号传播延迟误差进行建模和校正。

在本节中,当 SOOP 信号源同步时,将使用 TOA 或伪距和多普勒效应或 FOA 来推导 PNT 问题的方程。然而,这些方程重要不仅是因为该方程为本节讨论问题提供了解决方案,还因为当使用参考接收器时,该方程在数学上等价于使用异步源 SOOP 的 PNT 问题。此外,这些方程可以用来形成最小二乘解问题的方程组,推导出使用足够数量 SOOP 数据源的瞬时 PNT 解决方案。它们也可作为以 SOOP 测量作为辅助源的基于卡尔曼滤波的集成 PNT 系统的量测方程。

给定坐标系中位置已知的 n 个信号源,其位置为

$$\boldsymbol{r}_k = \begin{bmatrix} x_k \\ y_k \\ z_k \end{bmatrix}, \quad k = 1,2,\cdots,n$$

要获取自身定位信息的导航仪,其位置为

$$\boldsymbol{r} = \begin{bmatrix} x \\ y \\ z \end{bmatrix}$$

通过测量每个源节点的 TOA 或伪距可以获得位置。

假设每个源节点使用相同的时间参考(同步化的源节点),可得:

$$\rho_k = \|\boldsymbol{r} - \boldsymbol{r}_k\| + b + \boldsymbol{v}_k = \sqrt{(x - x_k)^2 + (y - y_k)^2 + (z - z_k)^2} + b + \boldsymbol{v}_k \tag{14.19}$$

式中:b 为以距离为单位(如 m)测量的时钟偏差;$\boldsymbol{v}_k$ 为测距误差。

此处可以假设所有信号源的时钟偏差 b 相同,假设所有源节点都是同步的,唯一的时间偏差则是导航器时间与源节点时间之间的偏差。

如果信号源是低地球轨道(low earth orbit, LEO)卫星(如铱星或全球星系统),则由卫星运动引起的多普勒频移会很大,且会随着几何形状的变化而变化。因此,多普勒频移或 FOA 通常被认为是一个很好的信息源,特别是在难以测量 TOA 或伪距的情况下。

由于用户速度通常比 LEO 卫星速度小得多,通常使用下式来模拟多普勒测量(并且在需要时,用户速度矢量可以很容易地被包含在该模型中):

$$f_{\mathrm{d}_k} = f_k \frac{\boldsymbol{v}_{\mathrm{LOS}} + b_{\mathrm{r}}}{c} + v_{\mathrm{f}} = f_k \frac{-(\boldsymbol{v}_k^{\mathrm{T}} l) + b_r}{c} + v_{\mathrm{f}} = \frac{f_k}{c}\left(-\boldsymbol{v}_k^{\mathrm{T}} \frac{(\boldsymbol{r}_k - \boldsymbol{r})}{\|\boldsymbol{r}_k - \boldsymbol{r}\|} + b_{\mathrm{r}}\right) + \boldsymbol{v}_{\mathrm{f}} \tag{14.20}$$

式中：f_k 为源信号 k 的载波频率；$\boldsymbol{v}_{\text{LOS}}$ 为卫星到用户接收器之间沿 LOS 矢量方向的速度；$l=(\boldsymbol{r}_k-\boldsymbol{r})/\|\boldsymbol{r}_k-\boldsymbol{r}\|$ 为用户到卫星的 LOS 单位向量；b_{r} 为以速度（m/s，即按光速缩放后）为单位的时钟速率偏差；$\boldsymbol{v}_{\text{f}}$ 为多普勒量测噪声；$\boldsymbol{v}_k$ 为卫星 k 的速度矢量，$\boldsymbol{r}_k$ 为卫星 k 的位置矢量。

将上述方程近似线性化，得到近似解：

$$
{}_0\boldsymbol{r}=\begin{bmatrix}{}_0x\\ {}_0y\\ {}_0z\end{bmatrix}
$$

对于 TOA 或伪距，下式以略微不同的形式多次出现：

$$
\Delta\rho_k({}_0\boldsymbol{r})=\rho_k-\|({}_0\boldsymbol{r}-\boldsymbol{r}_k)\|=-\boldsymbol{u}_{\text{LOS}}({}_0\boldsymbol{r})_k^{\text{T}}(\boldsymbol{r}-{}_0\boldsymbol{r})+b+\boldsymbol{v}_k=-\boldsymbol{u}_{\text{LOS}}({}_0\boldsymbol{r})_k^{\text{T}}\Delta\boldsymbol{r}+b+\boldsymbol{v}_k
$$

其中

$$
\boldsymbol{u}_{\text{LOS}}=\boldsymbol{u}_{\text{LOS}}(\boldsymbol{r}_0)_k=(\boldsymbol{r}_k-{}_0\boldsymbol{r})/\|\boldsymbol{r}_k-{}_0\boldsymbol{r}\|
$$

表示从用户到卫星的单位矢量。

令 r_{u0} 表示位置的初始猜测值，那么多普勒的初始猜测值由下式给出：

$$
{}_0f_{\text{d}_k}=\frac{f_k}{c}\left(-\boldsymbol{v}_k^{\text{T}}\frac{(\boldsymbol{r}_k-{}_0\boldsymbol{r})}{\|\boldsymbol{r}_k-{}_0\boldsymbol{r}\|}\right)
$$

由位置偏差推导得到的多普勒偏差的线性化模式为

$$
\begin{aligned}
\Delta f_{\text{d}_k}&=f_{\text{d}_k}-f_{d_0}+\frac{f_k}{c}b_{\text{r}}+\boldsymbol{v}_{\text{f}}=-\frac{f_k}{c}\boldsymbol{v}_k^{\text{T}}\left(\frac{(\boldsymbol{r}_k-\boldsymbol{r})}{\|\boldsymbol{r}_k-\boldsymbol{r}\|}-\frac{(\boldsymbol{r}_k-{}_0\boldsymbol{r})}{\|\boldsymbol{r}_k-{}_0\boldsymbol{r}\|}\right)+\frac{f_k}{c}b_{\text{r}}+\boldsymbol{v}_{\text{f}}\\
&\approx\frac{f_k}{c}\boldsymbol{v}_k^{\text{T}}\left(\frac{\boldsymbol{I}_{3\times3}}{\|\boldsymbol{r}_k-{}_0\boldsymbol{r}\|}-\frac{({}_0\boldsymbol{r}-\boldsymbol{r}_k)(\boldsymbol{r}-\boldsymbol{r}_k)^{\text{T}}}{\|\boldsymbol{r}_k-{}_0\boldsymbol{r}\|^3}\right)(\boldsymbol{r}-{}_0\boldsymbol{r})+\frac{f_k}{c}b_{\text{r}}+\boldsymbol{v}_{\text{f}}\\
&\approx\frac{f_k}{c}\boldsymbol{v}_k^{\text{T}}\frac{1}{\|\boldsymbol{r}_k-{}_0\boldsymbol{r}\|}\left(\boldsymbol{I}_{3\times3}-\frac{({}_0\boldsymbol{r}-\boldsymbol{r}_k)({}_0\boldsymbol{r}-\boldsymbol{r}_k)^{\text{T}}}{\|\boldsymbol{r}_k-{}_0\boldsymbol{r}_k\|^2}\right)\Delta\boldsymbol{r}+\frac{f_k}{c}b_{\text{r}}+v_{\text{f}}\\
&=\frac{f_k}{c}\boldsymbol{v}_k^{\text{T}}\frac{1}{\|\boldsymbol{r}_k-{}_0\boldsymbol{r}\|}\left(\boldsymbol{I}_{3\times3}-\frac{(\boldsymbol{r}_k-{}_0\boldsymbol{r})(\boldsymbol{r}_k-{}_0\boldsymbol{r})^{\text{T}}}{\|\boldsymbol{r}_k-{}_0\boldsymbol{r}\|^2}\right)\Delta\boldsymbol{r}+\frac{f_k}{c}b_{\text{r}}+\boldsymbol{v}_{\text{f}}\\
&=\frac{f_k}{c}\boldsymbol{v}_k^{\text{T}}\frac{1}{\|\boldsymbol{r}_k-{}_0\boldsymbol{r}\|}(\boldsymbol{I}_{3\times3}-\boldsymbol{u}_{\text{LOS}}({}_0\boldsymbol{r})_k\boldsymbol{u}_{\text{LOS}}({}_0\boldsymbol{r})_k^{\text{T}})\Delta\boldsymbol{r}+\frac{f_k}{c}b_{\text{r}}+\boldsymbol{v}_{\text{f}}
\end{aligned}
$$

综上，对于每个信号源 k，得到以下线性化量测方程：

$$
\Delta\rho_k({}_0\boldsymbol{r})=-(\boldsymbol{u}_{\text{LOS}}({}_0\boldsymbol{r})_k)^{\text{T}}\Delta\boldsymbol{r}+b+\boldsymbol{v}_k \tag{14.21}
$$

$$
\Delta f_{\text{d}_k}=\frac{f_k}{c}\boldsymbol{v}_k^{\text{T}}\frac{1}{\|{}_0\boldsymbol{r}-\boldsymbol{r}_k\|}(\boldsymbol{I}_{3\times3}-\boldsymbol{u}_{\text{LOS}}({}_0\boldsymbol{r})_k\boldsymbol{u}_{\text{LOS}}({}_0\boldsymbol{r})_k^{\text{T}})\Delta\boldsymbol{r}+\frac{f_k}{c}b_{\text{r}}+\boldsymbol{v}_{\text{f}} \tag{14.22}
$$

引入以下简化符号：

$$
\boldsymbol{h}_{\text{pp}}(k)=-(\boldsymbol{u}_{\text{LOS}}({}_0\boldsymbol{r})_k)^{\text{T}} \tag{14.23}
$$

并且

$$\boldsymbol{h}_{\mathrm{fp}}(k)=\frac{f_k}{c}\boldsymbol{v}_k^{\mathrm{T}}\frac{1}{\|{}_0\boldsymbol{r}-\boldsymbol{r}_k\|}(\boldsymbol{I}_{3\times 3}-\boldsymbol{u}_{\mathrm{LOS}}({}_0\boldsymbol{r})_k\boldsymbol{u}_{\mathrm{LOS}}({}_0\boldsymbol{r})_k^{\mathrm{T}}) \tag{14.24}$$

式(14.21)与式(14.22)可以写为

$$\Delta\rho_k({}_0\boldsymbol{r})=\boldsymbol{h}_{\mathrm{pp}}(k)\Delta\boldsymbol{r}+b+\boldsymbol{v}_k \tag{14.25}$$

并且

$$\Delta f_{\mathrm{d}_k}=\boldsymbol{h}_{\mathrm{fp}}(k)\Delta\boldsymbol{r}+\frac{f_k}{c}b_{\mathrm{r}}+\boldsymbol{v}_{\mathrm{f}} \tag{14.26}$$

当量测解与传播解(如惯性导航)结合时,这些方程可以直接用于扩展卡尔曼滤波器的设计。此时,使用这些方程形成 $\Delta\boldsymbol{r}$ 的最小二乘解,因此,$\boldsymbol{r}$ 的估计结果为

$$\boldsymbol{r}={}_0\boldsymbol{r}+\Delta\boldsymbol{r} \tag{14.27}$$

如果只使用伪距量测值,则有

$$\Delta\boldsymbol{P}=\begin{bmatrix}\Delta\rho_1({}_0\boldsymbol{r})\\\Delta\rho_2({}_0\boldsymbol{r})\\\vdots\\\Delta\rho_n({}_0\boldsymbol{r})\end{bmatrix}=\begin{bmatrix}\boldsymbol{h}_{\mathrm{pp}}(1)&1\\\boldsymbol{h}_{\mathrm{pp}}(2)&1\\\vdots&\vdots\\\boldsymbol{h}_{\mathrm{pp}}(n)&1\end{bmatrix}\begin{bmatrix}\Delta\boldsymbol{r}\\b\end{bmatrix}+\begin{bmatrix}v_1\\v_2\\\vdots\\v_n\end{bmatrix}\triangleq\boldsymbol{H}_{\mathrm{p}}\begin{bmatrix}\Delta\boldsymbol{r}\\b\end{bmatrix}+\boldsymbol{v}_{\mathrm{p}} \tag{14.28}$$

如果只使用多普勒量测值,则有

$$\Delta\boldsymbol{F}=\begin{bmatrix}\Delta f_{\mathrm{d}_1}({}_0\boldsymbol{r})\\\Delta f_{\mathrm{d}_2}({}_0\boldsymbol{r})\\\vdots\\\Delta f_{\mathrm{d}_n}({}_0\boldsymbol{r})\end{bmatrix}=\begin{bmatrix}\boldsymbol{h}_{\mathrm{fp}}(1)&\frac{f_1}{c}\\\boldsymbol{h}_{\mathrm{fp}}(2)&\frac{f_2}{c}\\\vdots&\vdots\\\boldsymbol{h}_{\mathrm{fp}}(n)&\frac{f_n}{c}\end{bmatrix}\begin{bmatrix}\Delta\boldsymbol{r}\\b_{\mathrm{r}}\end{bmatrix}+\begin{bmatrix}v_{f1}\\v_{f2}\\\vdots\\v_{fn}\end{bmatrix}\triangleq\boldsymbol{H}_{\mathrm{f}}\begin{bmatrix}\Delta\boldsymbol{r}\\b_{\mathrm{r}}\end{bmatrix}+\boldsymbol{v}_{\mathrm{f}} \tag{14.29}$$

如果同时使用多普勒量测值与伪距量测值,则有

$$\begin{bmatrix}\Delta\boldsymbol{P}\\\Delta\boldsymbol{F}\end{bmatrix}=\begin{bmatrix}\Delta\rho_1({}_0\boldsymbol{r})\\\Delta\rho_2({}_0\boldsymbol{r})\\\vdots\\\Delta\rho_n({}_0\boldsymbol{r})\\\Delta f_1({}_0\boldsymbol{r})\\\Delta f_2({}_0\boldsymbol{r})\\\vdots\\\Delta f_n({}_0\boldsymbol{r})\end{bmatrix}=\begin{bmatrix}\boldsymbol{h}_{\mathrm{pp}}(1)&1&0\\\boldsymbol{h}_{\mathrm{pp}}(2)&1&0\\\vdots&\vdots&0\\\boldsymbol{h}_{\mathrm{pp}}(n)&1&0\\\boldsymbol{h}_{\mathrm{fp}}(1)&0&\frac{f_1}{c}\\\boldsymbol{h}_{\mathrm{fp}}(2)&0&\frac{f_2}{c}\\\vdots&\vdots&\vdots\\\boldsymbol{h}_{\mathrm{fp}}(n)&0&\frac{f_n}{c}\end{bmatrix}\begin{bmatrix}\Delta\boldsymbol{r}\\b\\b_{\mathrm{r}}\end{bmatrix}+\begin{bmatrix}\boldsymbol{v}_{\mathrm{p}}\\\boldsymbol{v}_{\mathrm{f}}\end{bmatrix}=\boldsymbol{H}_{\mathrm{pf}}\begin{bmatrix}\Delta\boldsymbol{r}\\b\\b_{\mathrm{r}}\end{bmatrix}+\begin{bmatrix}\boldsymbol{v}_{\mathrm{p}}\\\boldsymbol{v}_{\mathrm{f}}\end{bmatrix} \tag{14.30}$$

上述每一个问题都可以视为未加权或加权最小二乘问题,该问题已在本书中进行了充分阐述,这里不再赘述。

14.5 带有参考接收器的 SOOP PNT

当 SOOP 信号源不同步时,参考接收器的引入在下面两种方式中具有重要作用。

(1) 通过对来自用户(导航)接收器和参考接收器的 TOA 或伪距量测值进行差分,能够消除信号源的时钟偏差,从而在数学上将 PNT 问题转换为与信号源同步时的 PNT 问题。

(2) 通过对来自用户(导航)接收器和参考接收器的 TOA 或伪距量测值进行差分,能够达到与差分 GPS 相同的效果。即如果 SOOP 信号源来自空间,则大量的传播误差(如电离层和对流层延迟)将被抵消。

使用与上一节相同的设置,可以写出导航器相对于 SOOP 信号源 k 的 TOA 或伪距量测方程:

$$\rho_{\mathrm{u}_k} = \|\boldsymbol{r} - \boldsymbol{r}_k\| + b_{\mathrm{u}} + b_k + v_{\mathrm{u}_k} = \sqrt{(x - x_k)^2 + (y - y_k)^2 + (z - z_k)^2} + b_{\mathrm{u}} + b_k + v_{\mathrm{u}_k} \tag{14.31}$$

式中:b_{u} 为以距离为单位(如 m)测量的用户接收器时钟偏差;b_k 为以距离为单位(如 m)测量的信号源 k 的时钟偏差;v_{u_k} 为用户伪距测距误差。

同样,多普勒量测方程可以写为

$$f_{\mathrm{d}_{\mathrm{u}_k}} = \frac{f_k}{c}\left(-\boldsymbol{v}_k^{\mathrm{T}}\frac{(\boldsymbol{r}_k - \boldsymbol{r})}{\|\boldsymbol{r}_k - \boldsymbol{r}\|} + b_{\mathrm{ru}} + b_{\mathrm{r}_k}\right) + v_{\mathrm{f}_{\mathrm{u}_k}} \tag{14.32}$$

式中,b_{ru} 为以速度为单位(如 m/s)测量的用户接收器时钟速率偏差;$b_{\mathrm{r}k}$ 为以速度为单位(如 m/s)测量的信号源 k 的时钟速率偏差;$v_{\mathrm{f}_{\mathrm{u}_k}}$ 为用户多普勒测量误差。

对于已知位置的参考接收器,可以写出类似方程:

$$\rho_{\mathrm{r}_k} = \|\boldsymbol{r}_{\mathrm{r}} - \boldsymbol{r}_k\| + b_{\mathrm{r}} + b_k + v_{\mathrm{r}_k} = \sqrt{(x_{\mathrm{r}} - x_k)^2 + (y_{\mathrm{r}} - y_k)^2 + (z_{\mathrm{r}} - z_k)^2} + b_{\mathrm{r}} + b_k + v_{\mathrm{r}_k} \tag{14.33}$$

式中:b_{r} 为以距离为单位(如 m)测量的参考接收器的时钟偏差;v_{r_k} 为参考伪距量测误差。

多普勒量测模型由下式给出:

$$f_{\mathrm{dr}_k} = \frac{f_k}{c}\left(-\boldsymbol{v}_k^{\mathrm{T}}\frac{(\boldsymbol{r}_k - \boldsymbol{r}_{\mathrm{r}})}{\|\boldsymbol{r}_k - \boldsymbol{r}_{\mathrm{r}}\|} + b_{\mathrm{rr}} + b_{\mathrm{r}_k}\right) + v_{\mathrm{fr}_k} \tag{14.34}$$

式中:b_{rr} 为以速度为单位(如 m/s)测量的参考接收器时钟速率偏差,v_{fr_k} 为参考多普勒量测误差。

计算用户伪距和参考伪距之间的一个单差,则有

$$\mathrm{SD}\rho_{\mathrm{ur}_k}=\rho_{\mathrm{u}_k}-\rho_{\mathrm{r}_k}=\|\boldsymbol{r}-\boldsymbol{r}_k\|-\|\boldsymbol{r}_\mathrm{r}-\boldsymbol{r}_k\|+(b_\mathrm{u}-b_\mathrm{r})+(v_{\mathrm{u}_k}-v_{\mathrm{r}_k}) \tag{14.35}$$

式中:$\mathrm{SD}\rho_{\mathrm{ur}_k}$ 为 TDOA 测量的单差伪距,设 $\xi_k=\mathrm{SD}\rho_{\mathrm{ur}_k}+\|\boldsymbol{r}_\mathrm{r}-\boldsymbol{r}_k\|$;$b_{\mathrm{ur}}=b_\mathrm{u}-b_\mathrm{r}$ 为用户节点和参考节点之间的相对时钟偏差。$v_{\mathrm{ur}_k}=v_{\mathrm{u}_k}-v_{\mathrm{r}_k}$ 为伪距量测误差的微分。

可得与标准同步伪距定位问题相同形式的方程:

$$\xi_{\mathrm{ur}_k}=\|\boldsymbol{r}-\boldsymbol{r}_k\|+b_{\mathrm{ur}}+v_{\mathrm{ur}_k} \tag{14.36}$$

同样,可以在两个多普勒量测方程之间进行单差计算,则有

$$\mathrm{SD}f_{\mathrm{du}_k}=f_{\mathrm{du}_k}-f_{\mathrm{dr}_k}=-\frac{f_k}{c}\left(\boldsymbol{v}_k^\mathrm{T}\frac{(\boldsymbol{r}_k-\boldsymbol{r})}{\|\boldsymbol{r}_k-\boldsymbol{r}\|}-\boldsymbol{v}_k^\mathrm{T}\frac{(\boldsymbol{r}_k-\boldsymbol{r}_\mathrm{r})}{\|\boldsymbol{r}_k-\boldsymbol{r}_\mathrm{r}\|}\right)+\frac{f_k}{c}(b_{\mathrm{ru}}-b_{\mathrm{rr}})+(v_{\mathrm{fu}_k}-v_{\mathrm{fr}_k}) \tag{14.37}$$

令

$$\eta_k=\mathrm{SD}f_{\mathrm{ur}_k}-\frac{f_k}{c}\boldsymbol{v}_k^\mathrm{T}\frac{(\boldsymbol{r}_k-\boldsymbol{r})}{\|\boldsymbol{r}_k-\boldsymbol{r}\|} \tag{14.38}$$

如果定义 $b_{\mathrm{rur}}=b_{\mathrm{ru}}-b_{\mathrm{rr}}$ 为用户接收器和参考接收器之间的相对时钟速率偏差,定义 $v_{\mathrm{fur}_k}=v_{\mathrm{fu}_k}-v_{\mathrm{fr}_k}$ 为用户接收器和参考接收器之间的多普勒测量误差之差,则有

$$\boldsymbol{\eta}=\frac{f_k}{c}\left(-\boldsymbol{v}_k^\mathrm{T}\frac{(\boldsymbol{r}_k-\boldsymbol{r})}{\|\boldsymbol{r}_k-\boldsymbol{r}\|}+b_{\mathrm{rur}}\right)+v_{\mathrm{fur}_k} \tag{14.39}$$

式(14.39)的含义如下。

(1) 特定源的时钟偏差和时钟速率偏差项被抵消了是十分重要的。

(2) 伪距和多普勒量测方程与同步 SOOP 问题的形式相同。这意味着所有方程的解法和误差分析方法都可以重复使用,因此这里不再赘述。

(3) 该方案解决的时钟偏差是用户接收器和参考接收器之间的相对时钟偏差。换句话说,要实现参考节点和用户节点之间的时间同步和时间传递。

(4) 单差分方程中的伪距误差是用户接收器和参考接收器误差的差值,有两个特点:

① 增加的接收机噪声通常是高频且可滤波的;

② 信号传播误差部分抵消。

(5) 多普勒测量的方程与式(14.39)相同。

仿真实例

例 14.1 使用 TOA 和多普勒测量的单颗铱星定位

在这种情况下可以想象到,导航开始时几何精度因子会非常差,然后随着卫

星在天空中的移动而逐渐改善。

图 14.15 显示了单颗铱星定位性能随时间变化的仿真结果。仿真过程中用户位置固定,在此情况下同时使用 TOA 和多普勒测量。

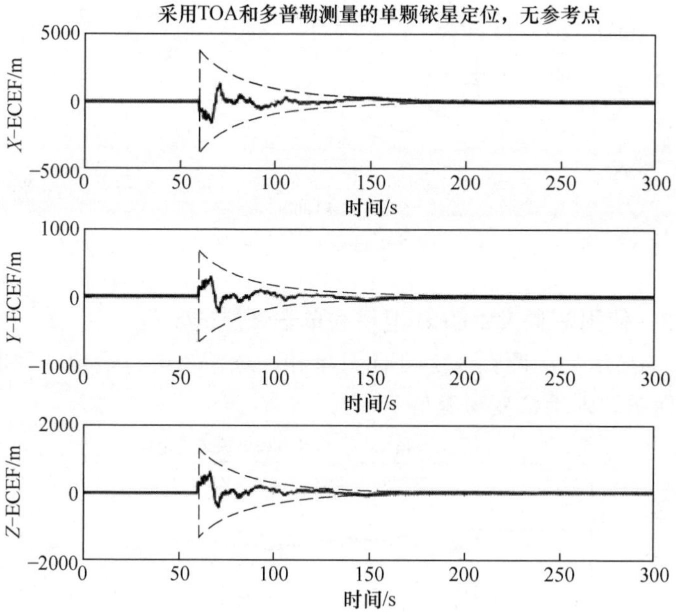

图 14.15　采用 TOA 和多普勒测量的单颗铱星定位性能随时间变化的仿真结果

虚线表示误差的 2σ 上下界,中间的曲线是蒙特卡罗模拟结果的实例。定位工作在程序运行 1min 后才开始。利用前 1min 的数据,采用批量最小二乘法创建初始解。

例 14.2　仅使用 TOA 测量的单颗铱星定位

图 14.16 显示了与例 14.1 相同场景的定位性能,唯一不同的是此次仿真中只使用了 TOA,定位性能稍微变差了一些。

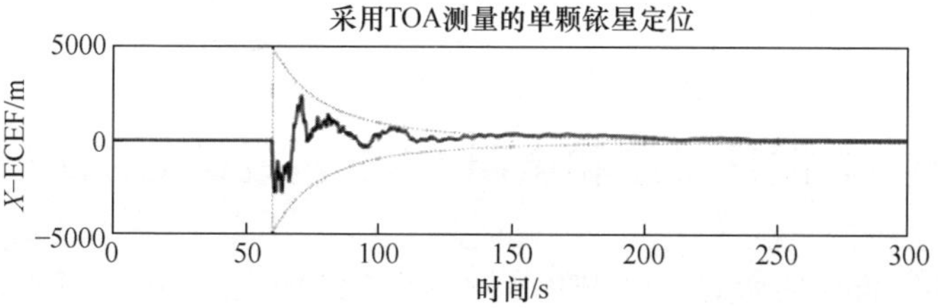

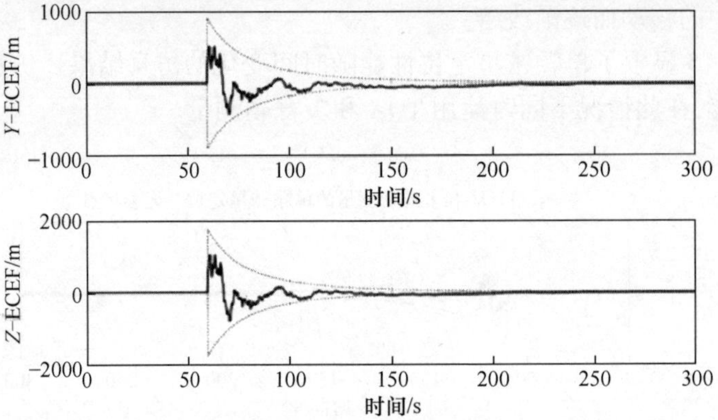

图 14.16 仅采用 TOA 测量的单颗铱星定位性能随时间变化的仿真结果

例 14.3 使用两颗 XM GEO 卫星和单颗铱星的定位。

图 14.17 显示了用两颗 XM GEO 卫星和一颗铱星进行定位的性能。在这种情况下,几何精度因子会变得更好。

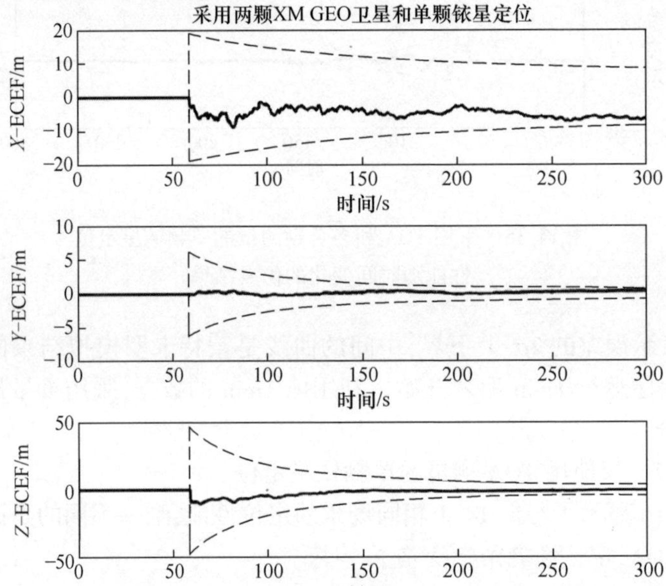

图 14.17 使用两颗 XM GEO 卫星和单颗铱星定位性能随时间变化的仿真结果

14.6 与惯性系统和全源 PNT 集成的 SOOP PNT

有了前面推导的所有方程,SOOP 测量与 INS 的集成(由此集成到全源 PNT 系统中)比较容易。首先,重复第 3 章的 INS 非线性算法。

14.6.1 INS 非线性算法

下面为 INS 非线性算法。

（1）四元数形式的姿态传播方程为

$$\dot{\boldsymbol{q}}_{\mathrm{B}}^{\mathrm{E}}=\frac{1}{2}\left(\boldsymbol{q}_{\mathrm{B}}^{\mathrm{E}}\otimes{}^{\mathrm{B}}\boldsymbol{\omega}_{\mathrm{I}}^{\mathrm{B}}-{}^{\mathrm{E}}\boldsymbol{\omega}_{\mathrm{I}}^{\mathrm{E}}\otimes\boldsymbol{q}_{\mathrm{B}}^{\mathrm{E}}\right) \tag{14.40}$$

（2）基于四元数的方向余弦矩阵为

$$\boldsymbol{C}_{\mathrm{B}}^{\mathrm{E}}=\mathrm{q2DCM}(\boldsymbol{q}_{\mathrm{B}}^{\mathrm{E}}) \tag{14.41}$$

（3）速度传播方程为

$$\begin{aligned}\frac{\mathrm{d}}{\mathrm{d}t}{}^{\mathrm{E}}\boldsymbol{\omega}_{\mathrm{E}}^{\mathrm{B}}&=\boldsymbol{C}_{\mathrm{B}}^{\mathrm{E}}{}^{\mathrm{B}}f_{\mathrm{I}}^{\mathrm{B}}+{}^{\mathrm{E}}g-2{}^{\mathrm{E}}\boldsymbol{\omega}_{\mathrm{I}}^{\mathrm{E}}\times{}^{\mathrm{E}}\boldsymbol{v}_{\mathrm{E}}^{\mathrm{B}}-[{}^{\mathrm{E}}\boldsymbol{\omega}_{\mathrm{I}}^{\mathrm{E}}\times][{}^{\mathrm{E}}\boldsymbol{\omega}_{\mathrm{I}}^{\mathrm{E}}\times]{}^{\mathrm{E}}\boldsymbol{r}_{\mathrm{E}}^{\mathrm{B}}\\&=\boldsymbol{C}_{\mathrm{B}}^{\mathrm{E}}{}^{\mathrm{B}}f_{\mathrm{I}}^{\mathrm{B}}+{}^{\mathrm{E}}g_{\mathrm{c}}-2{}^{\mathrm{E}}\boldsymbol{\omega}_{\mathrm{I}}^{\mathrm{E}}\times{}^{\mathrm{E}}\boldsymbol{v}_{\mathrm{E}}^{\mathrm{B}}\end{aligned} \tag{14.42}$$

其中

$${}^{\mathrm{E}}g_{\mathrm{c}}={}^{\mathrm{E}}g-[{}^{\mathrm{E}}\boldsymbol{\omega}_{\mathrm{I}}^{\mathrm{E}}\times][{}^{\mathrm{E}}\boldsymbol{\omega}_{\mathrm{I}}^{\mathrm{E}}\times]{}^{\mathrm{E}}r_{\mathrm{E}}^{\mathrm{B}}$$

（4）位置传播方程为

$$\frac{\mathrm{d}}{\mathrm{d}t}{}^{\mathrm{E}}\boldsymbol{r}_{\mathrm{E}}^{\mathrm{B}}={}^{\mathrm{E}}\boldsymbol{v}_{\mathrm{E}}^{\mathrm{B}} \tag{14.43}$$

对于卡尔曼滤波器的协方差传播，重复使用了第 3 章中的姿态、速度和位置的线性化误差模型（所有变量的定义在第 3 章已明确）。

误差状态矢量包含惯性导航系统的姿态、速度和位置误差，以及所有与 IMU 相关的误差参数。系统噪声为陀螺和加速度计噪声及参数随机游走：

$$\begin{aligned}\delta\boldsymbol{X}_{\mathrm{I}}^{\mathrm{T}}&=[\delta{}^{\mathrm{E}}\dot{\boldsymbol{\theta}}_{\mathrm{B}}^{\mathrm{E}},\delta{}^{\mathrm{B}}\boldsymbol{b}_{\mathrm{G}}^{\mathrm{T}},\delta{}^{\mathrm{G}}\boldsymbol{s}^{\mathrm{T}},\delta{}^{\mathrm{B}}\boldsymbol{\beta}_{\mathrm{G}}^{\mathrm{T}},\delta{}^{\mathrm{B}}\boldsymbol{\theta}_{\mathrm{G}}^{\mathrm{T}},(\delta{}^{\mathrm{E}}\boldsymbol{v}_{\mathrm{E}}^{\mathrm{B}})^{\mathrm{T}},\delta{}^{\mathrm{B}}\boldsymbol{b}_{\mathrm{A}}^{\mathrm{T}},\delta{}^{\mathrm{A}}\boldsymbol{s}^{\mathrm{T}},\delta{}^{\mathrm{B}}\boldsymbol{\beta}_{\mathrm{A}}^{\mathrm{T}},(\delta{}^{\mathrm{E}}\boldsymbol{r}_{\mathrm{E}}^{\mathrm{B}})^{\mathrm{T}}]\\\boldsymbol{W}_{\mathrm{I}}^{\mathrm{T}}&=[-(\boldsymbol{C}_{\mathrm{G}}^{\mathrm{E}}\mathbf{ARW})^{\mathrm{T}},\mathbf{RRW}^{\mathrm{T}},\mathbf{SRW}_{\mathrm{G}}^{\mathrm{T}},\boldsymbol{\beta}\mathbf{RW}_{\mathrm{G}}^{\mathrm{T}},\boldsymbol{\theta}\mathbf{RW}_{\mathrm{G}}^{\mathrm{T}},(\boldsymbol{C}_{\mathrm{A}}^{\mathrm{E}}\mathbf{VRW})^{\mathrm{T}},\\&\quad\ \mathbf{ABRW}^{\mathrm{T}},\mathbf{SRW}_{\mathrm{A}}^{\mathrm{T}},\boldsymbol{\beta}\mathbf{RW}_{\mathrm{A}}^{\mathrm{T}},\mathbf{0}]\end{aligned} \tag{14.44}$$

然后，得到以下 30 维状态量线性化误差传播模型：

$$\delta\dot{\boldsymbol{X}}_{\mathrm{I}}=A_{\mathrm{II}}\delta\boldsymbol{X}_{\mathrm{I}}+\boldsymbol{W}_{\mathrm{I}}$$

$$A_{\mathrm{II}}=\begin{bmatrix}-[{}^{\mathrm{E}}\boldsymbol{\omega}_{\mathrm{I}}^{\mathrm{E}}\times] & -C_{\mathrm{B}}^{\mathrm{E}} & -C_{\mathrm{G}}^{\mathrm{B}}\mathrm{diag}({}^{\mathrm{G}}\omega_{\mathrm{I}}^{\mathrm{B}}) & -C_{\mathrm{B}}^{\mathrm{E}}J({}^{\mathrm{B}}\omega_{\mathrm{I}}^{\mathrm{B}}) & C_{\mathrm{B}}^{\mathrm{E}}[{}^{\mathrm{B}}\omega_{\mathrm{I}}^{\mathrm{B}}\times] & \mathbf{0}_{3\times3} & \mathbf{0}_{3\times3} & \mathbf{0}_{3\times3} & \mathbf{0}_{3\times3} & \mathbf{0}_{3\times3}\\ \mathbf{0}_{3\times3} & \mathbf{0}_{3\times3} & \mathbf{0}_{3\times3} & \mathbf{0}_{3\times3} & \mathbf{0}_{3\times3} & \mathbf{0}_{3\times3} & \mathbf{0}_{3\times3} & \mathbf{0}_{3\times3} & \mathbf{0}_{3\times3} & \mathbf{0}_{3\times3}\\ \mathbf{0}_{3\times3} & \mathbf{0}_{3\times3} & \mathbf{0}_{3\times3} & \mathbf{0}_{3\times3} & \mathbf{0}_{3\times3} & \mathbf{0}_{3\times3} & \mathbf{0}_{3\times3} & \mathbf{0}_{3\times3} & \mathbf{0}_{3\times3} & \mathbf{0}_{3\times3}\\ \mathbf{0}_{3\times3} & \mathbf{0}_{3\times3} & \mathbf{0}_{3\times3} & \mathbf{0}_{3\times3} & \mathbf{0}_{3\times3} & \mathbf{0}_{3\times3} & \mathbf{0}_{3\times3} & \mathbf{0}_{3\times3} & \mathbf{0}_{3\times3} & \mathbf{0}_{3\times3}\\ \mathbf{0}_{3\times3} & \mathbf{0}_{3\times3} & \mathbf{0}_{3\times3} & \mathbf{0}_{3\times3} & \mathbf{0}_{3\times3} & \mathbf{0}_{3\times3} & \mathbf{0}_{3\times3} & \mathbf{0}_{3\times3} & \mathbf{0}_{3\times3} & \mathbf{0}_{3\times3}\\ [(C_{\mathrm{B}}^{\mathrm{E}}\boldsymbol{m}{}^{\mathrm{B}}f_{\mathrm{I}}^{\mathrm{B}})\times] & \mathbf{0}_{3\times3} & \mathbf{0}_{3\times3} & \mathbf{0}_{3\times3} & \mathbf{0}_{3\times3} & -2[{}^{\mathrm{E}}\omega_{\mathrm{I}}^{\mathrm{E}}\times] & C_{\mathrm{B}}^{\mathrm{E}} & C_{\mathrm{A}}^{\mathrm{E}}\mathrm{diag}({}^{\mathrm{A}}f_{\mathrm{I}}^{\mathrm{B}}) & C_{\mathrm{B}}^{\mathrm{E}}J({}^{\mathrm{B}}f_{\mathrm{I}}^{\mathrm{B}}) & \dfrac{\partial{}^{\mathrm{E}}g}{\partial{}^{\mathrm{E}}\boldsymbol{r}_{\mathrm{E}}^{\mathrm{B}}}\\ \mathbf{0}_{3\times3} & \mathbf{0}_{3\times3} & \mathbf{0}_{3\times3} & \mathbf{0}_{3\times3} & \mathbf{0}_{3\times3} & \mathbf{0}_{3\times3} & \mathbf{0}_{3\times3} & \mathbf{0}_{3\times3} & \mathbf{0}_{3\times3} & \mathbf{0}_{3\times3}\\ \mathbf{0}_{3\times3} & \mathbf{0}_{3\times3} & \mathbf{0}_{3\times3} & \mathbf{0}_{3\times3} & \mathbf{0}_{3\times3} & \mathbf{0}_{3\times3} & \mathbf{0}_{3\times3} & \mathbf{0}_{3\times3} & \mathbf{0}_{3\times3} & \mathbf{0}_{3\times3}\\ \mathbf{0}_{3\times3} & \mathbf{0}_{3\times3} & \mathbf{0}_{3\times3} & \mathbf{0}_{3\times3} & \mathbf{0}_{3\times3} & \mathbf{0}_{3\times3} & \mathbf{0}_{3\times3} & \mathbf{0}_{3\times3} & \mathbf{0}_{3\times3} & \mathbf{0}_{3\times3}\\ \mathbf{0}_{3\times3} & \mathbf{0}_{3\times3} & \mathbf{0}_{3\times3} & \mathbf{0}_{3\times3} & \mathbf{0}_{3\times3} & \boldsymbol{I}_{3\times3} & \mathbf{0}_{3\times3} & \mathbf{0}_{3\times3} & \mathbf{0}_{3\times3} & \mathbf{0}_{3\times3}\end{bmatrix} \tag{14.45}$$

14.6.2 量测方程和误差模型

有了上一节定义的变量,TDOA 或单差伪距测量的量测方程为

$$\xi_{\mathrm{ur}_k} = \| {}^{\mathrm{E}}\boldsymbol{r}_{\mathrm{E}}^{\mathrm{B}} - \boldsymbol{r}_k \| + b_{\mathrm{ur}} + v_{\mathrm{ur}k} \tag{14.46}$$

单差 FDOA 或多普勒测量的量测方程为

$$\eta = \frac{f_k}{c}\left(-\boldsymbol{v}_k^{\mathrm{T}} \frac{(\boldsymbol{r}_k - {}^{\mathrm{E}}\boldsymbol{r}_{\mathrm{E}}^{\mathrm{B}})}{\|\boldsymbol{r}_k - {}^{\mathrm{E}}\boldsymbol{r}_{\mathrm{E}}^{\mathrm{B}}\|} + b_{\mathrm{rur}} \right) + v_{\mathrm{fur}_k} \tag{14.47}$$

预测量测简化为

$$\hat{\xi}_{\mathrm{ur}_k} = \| {}^{\mathrm{E}}\hat{\boldsymbol{r}}_{\mathrm{E}}^{\mathrm{B}} - \boldsymbol{r}_k \| + \hat{b}_{\mathrm{ur}} \tag{14.48}$$

并且

$$\hat{\eta} = \left(\frac{f_k}{c}\right)\left(-\boldsymbol{v}_k^{\mathrm{T}} \boldsymbol{u}_{\mathrm{LOS},k}({}^{\mathrm{E}}\hat{\boldsymbol{r}}_{\mathrm{E}}^{\mathrm{B}}) + \hat{b}_{\mathrm{rur}} \right) \tag{14.49}$$

用于协方差更新的线性化模型为

$$\begin{aligned} \Delta\xi_k &= (-u_{\mathrm{LOS}}({}^{\mathrm{E}}\hat{\boldsymbol{r}}_{\mathrm{E}}^{\mathrm{B}})_k)^{\mathrm{T}} \delta {}^{\mathrm{E}}\boldsymbol{r}_{\mathrm{E}}^{\mathrm{B}} + b_{\mathrm{ur}} + v_{\mathrm{p}_k} \\ &= b_{\mathrm{pp}}(k) \delta {}^{\mathrm{E}}r_{\mathrm{E}}^{\mathrm{B}} + b_{\mathrm{ur}} + v_{\mathrm{p}_k} \end{aligned} \tag{14.50}$$

并且

$$\begin{aligned} \Delta\boldsymbol{\eta} &= \frac{f_k}{c}\boldsymbol{v}_k^{\mathrm{T}} \frac{1}{\| {}^{\mathrm{E}}\hat{\boldsymbol{r}}_{\mathrm{E}}^{\mathrm{B}} - \boldsymbol{r}_k \|}\left(\boldsymbol{I}_{3\times3} - \boldsymbol{u}_{\mathrm{LOS},k}({}^{\mathrm{E}}\hat{\boldsymbol{r}}_{\mathrm{E}}^{\mathrm{B}}) \boldsymbol{u}_{\mathrm{LOS},k}({}^{\mathrm{E}}\hat{\boldsymbol{r}}_{\mathrm{E}}^{\mathrm{B}})^{\mathrm{T}}\right) + \left(\frac{f_k}{c}\right) b_{\mathrm{rur}} + v_{\mathrm{f}_k} \\ &= h_{\mathrm{fp}}(k) \delta {}^{\mathrm{E}}\boldsymbol{r}_{\mathrm{E}}^{\mathrm{B}} + \frac{f_k}{c} b_{\mathrm{rur}} + v_{\mathrm{f}_k} \end{aligned} \tag{14.51}$$

在上述方程中,下列单位向量可以互换使用:

$$\hat{\boldsymbol{u}}_{\mathrm{LOS},k} = \boldsymbol{u}_{\mathrm{LOS}}({}^{\mathrm{E}}\hat{\boldsymbol{r}}_{\mathrm{E}}^{\mathrm{B}})_k = \frac{(\boldsymbol{r}_k - {}^{\mathrm{E}}\hat{\boldsymbol{r}}_{\mathrm{E}}^{\mathrm{B}})}{\|\boldsymbol{r}_k - {}^{\mathrm{E}}\hat{\boldsymbol{r}}_{\mathrm{E}}^{\mathrm{B}}\|}$$

卡尔曼滤波的状态量由 INS 状态量与两个时钟误差状态量组成:

$$\boldsymbol{X}^{\mathrm{T}} = [\boldsymbol{X}_{\mathrm{I}}^{\mathrm{T}}, \boldsymbol{b}_{\mathrm{ur}}, \boldsymbol{b}_{\mathrm{rur}}] \tag{14.52}$$

线性化传播误差模型由下式给出:

$$\frac{\mathrm{d}}{\mathrm{d}t}(\delta\boldsymbol{X}) = \begin{bmatrix} \boldsymbol{A}_{\mathrm{II}} & \boldsymbol{0}_{30\times1} & \boldsymbol{0}_{30\times1} \\ \boldsymbol{0}_{1\times30} & 0 & 0 \\ \boldsymbol{0}_{1\times30} & 0 & 0 \end{bmatrix} \delta\boldsymbol{X} + \begin{bmatrix} \boldsymbol{W}_{\mathrm{I}} \\ \mathbf{brw} \\ \mathbf{brw} \end{bmatrix}$$

$$\frac{\mathrm{d}}{\mathrm{d}t}(\delta\boldsymbol{X}) = \begin{bmatrix} \boldsymbol{A}_{\mathrm{II}} & \boldsymbol{0}_{30\times1} & \boldsymbol{0}_{30\times1} \\ \boldsymbol{0}_{1\times30} & 0 & 0 \\ \boldsymbol{0}_{1\times30} & 0 & 0 \end{bmatrix} \delta\boldsymbol{X} + \begin{bmatrix} \boldsymbol{W}_{\mathrm{I}} \\ \mathbf{brw} \\ \mathbf{brrw} \end{bmatrix} \tag{14.53}$$

线性化量测方程可以写为

$$\begin{bmatrix} \delta\boldsymbol{\xi}_k \\ \delta\boldsymbol{\eta}_k \end{bmatrix} = \begin{bmatrix} \boldsymbol{H}_{\mathrm{p}}(k) & 1 & 0 \\ \boldsymbol{H}_{\mathrm{f}}(k) & 0 & \dfrac{f_k}{c} \end{bmatrix} \delta\boldsymbol{X} + \begin{bmatrix} v_{\mathrm{ur}_k} \\ v_{\mathrm{rur}_k} \end{bmatrix} \tag{14.54}$$

其中

$$\boldsymbol{H}_{\mathrm{pp}}(k) = [0,0,\cdots,0,b_{\mathrm{pp}}(k)] \tag{14.55}$$

$$\boldsymbol{H}_{\mathrm{fp}}(k) = [0,0,\cdots,0,b_{\mathrm{fp}}(k)] \tag{14.56}$$

参 考 文 献

[1] Jones, M., "Signals of Opportunity: Holy Grail or a Waste of Time?" GPS World, February 2018, https://www.gpsworld.com/signals-of-opportunity-holy-grail-or-a-waste-of-time/.

[2] Zheng, L., and R. Xue, "Signals of Opportunity Navigation Methods for Complex Lower Airspace Flight," *2011 IEEE 5th International Conference on Cybernetics and Intelligent Systems*, 2011.

[3] El Gemayel, N., et al., "A Low Cost TDOA Localization System: Setup, Challenges and Results," *2013 10th Workshop on Positioning, Navigation and Communication (WPNC)*, Dresden, 2013, pp. 1-4.

[4] Tan, Z., et al., "New Method for Positioning Using IRIDIUM Satellite Signals of Opportunity," *IEEE Access*, 2019.

[5] Lawrence, D., et al., "Test Results from a LEO-Satellite-Based Assured Time and Location Solution," *Proc. ION GNSS*, Monterey, CA, January 2016, pp. 125-129.

[6] Reid, T. G., et al., "Leveraging Commercial Broadband LEO Constellations for Navigating," *Proc. ION GNSS*, Portland, OR, September 2016, pp. 2300-2314.

[7] Per, E., et al., "Orbital Diversity for Satellite Navigation," *Proc. ION GNSS*, Nashville, TN, September 2012, pp. 3834-3846.

[8] Hill, J., "The Principle of a Snapshot Navigation Solution Based on Doppler Shift," *Proc. ION GPS*, Salt Lake City, UT, September 2001, pp. 3044-3051.

[9] Joerger, M., et al., "Analysis of Iridium-Augmented GPS for Floating Carrier Phase Positioning" *Journal of The Institute of Navigation*, Vol. 57, No. 2, Summer 2010, pp. 137-216.

[10] https://www.xilinx.com/products/silicon-devices/soc/rfsoc.html.

[11] Ohm, D. R., "Kinematic and Cyclostationary Parameter Estimation for Co-Channel Emitter Location Applications," Ph. D. dissertation, Oregon State University, 2007.

[12] Johnson, J. J., "Implementing the Cross Ambiguity Function and Generating Geometry Specific Signals," Master's Thesis, Naval Postgraduate School, Monterey, CA, 2001.

[13] Ahmed, H. I., et al., "Estimation of Time Difference of Arrival (TDOA) for the Source Radiates BPSK Signal," *IJCSI International Journal of Computer Science Issues*, Vol. 10, Issue 3, No. 2, May 2013.

[14] Carter, G. C., "Coherence and Time Delay Estimation," *Proceedings of the IEEE*, Vol. 75, February 1987, pp. 236-255.

[15] Knapp, C. H., and G. C. Carter, "The Generalized Correlation Method for Estimation of Time Delay," *IEEE Transactions on Acoustics, Speech, and Signal Processing*, Vol. ASSP-24, No. 4, August 1976.

[16] Azaria, M., and D. Hertz, "Time-Delay Estimation by Generalized Cross-Correlation Methods," *IEEE Transactions on Acoustics, Speech, and Signal Processing*, Vol. ASSP-32, No. 2, April 1984.

[17] Stein, S. S., "Algorithms for Ambiguity Function Processing," *IEEE Transactions on Acoustics, Speech, and Signal Processing*, Vol. ASSP-29, No. 3, June 1981.

第 15 章

实时系统和软件开发方法及其在 PNT 系统中的应用

15.1 引　言

前面几章重点关注的是的定位、导航与授时(positioning, navigation, and timing, PNT)应用软件,包括软件架构、算法和软件本身。此外,还讨论了 PNT 系统的部分传感器。

本章将重点讨论前面几章未覆盖到的 PNT 系统其他方面的问题,主要涉及以下几个主题。

(1) 计算机系统,包括电脑硬件和软件基础,软件基础是指为应用软件提供支持,最终达到 PNT 系统的目的。

(2) 系统和软件架构,最重要的是架构标准。

(3) 系统和软件开发过程的质量标准。

本章讨论的大多数内容普遍适用于包括 PNT 系统在内的许多类型的系统。因此,讨论过程中应保持普遍性,并在必要时对 PNT 系统的细节进行讨论。

15.2 实时系统的架构

15.2.1 架构是什么?

简单地说,架构是关于如何将系统分解为各个组件,以及如何将各个组件集成以实现系统功能的体系结构。因此,分解、组件和集成是架构中最重要的方面。

该架构系统有两个目标:

(1) 具有提供所需功能的能力;

(2) 实现与系统的开发、构建、测试、维护和操作相关的某些质量属性。

功能方面比较简单。例如,PNT 系统必须提供定位、导航和定时功能,以支持使用特定的接口硬件、软件和数据协议与其进行通信的系统。使系统实现功能需求是架构设计中的最低要求。

质量属性是衡量一个架构好坏的关键。例如,一个好的系统架构可以实现下列部分或全部目标:

(1) 让复杂的系统变得易于管理;

(2) 允许系统的不同部分在系统的各部分独立工作(无交叉);

(3) 允许不同功能的结构在系统的各部分独立工作,且这些功能是最有用的;

(4) 允许重复使用过去开发的组件;

(5) 如果组件具有特定的标准接口,则允许单独获取组件或子系统,因此组件或子系统变得具有互操作性;

(6) 允许系统以一种有组织、易管理的方式进行集成;

(7) 促使开发项目成本最小化,并遵循一个易管理和可预测的计划;

(8) 通过维修、更换和升级组件,使系统易于维护;

(9) 允许系统易于集成到更大的系统中,当然,其他系统可能符合,也可能不符合某些标准。

因此,保证在架构开发过程中提出、处理和评估功能需求和质量属性需求是极其重要的。

15.2.2　系统架构开发方法

如前所述,系统或软件架构的开发是由两种类型的输入驱动的:①通常作为用例或功能性需求提出的功能性和使用需求;②通常作为质量属性场景提出的架构质量属性。

功能性和使用需求驱动开发架构系统具有提供功能的能力。质量属性驱动着架构的决策,这些决策不仅是为了满足功能需求,也是为了解决开发和操作方面的问题。例如,如何简单地改变设计以适应需求的变化,如何使系统易于操作,以及如何重复利用组织已开发的功能。

例如,对于 PNT 系统的架构设计,通常由以下质量属性驱动。

(1) 由不同供应商创建的不同 PNT 传感器或子系统可以轻松地集成并协同工作,以实现 PNT 功能(互操作性和兼容性)。

(2) 当遵循相同的标准时,来自不同供应商的产品可以互换使用,以促进多来源采购和竞争性定价(多源或竞争)。

(3) 硬件和软件组件可以重复使用,以创建不同的产品(硬件和软件组件重用)。

(4) 商业技术尤其是手机技术的投入远远高于军事技术的投入,且拥有巨大的市场,可用于支持 PNT 应用。换句话说,架构不应设置障碍来阻碍商业技术的应用,而是应该促进这种应用(利用商业技术)。

(5) 使用现有的硬件和软件组件可以快速开发系统。集成和测试也是简单而有效的(快速而有效的开发和集成)。

(6) 系统、软件和硬件易于维护。设计变更可以在成本和进度影响最小的情况下轻易实施(可维护性)。

(7) 系统、软件和硬件设计易于被新工程师理解,他们可以在短时间的培训或学习后上手(可理解性)。

有许多不同的方法可用于从上述两类输入下设计的架构。此外,完成下面的重要步骤是一个很好的选择,且每个关键步骤都可以使用不同的方法和工具进行扩展或详细说明。

(1) 通过用途和需求分析得出黑盒功能需求。黑盒需求是独立于内部设计的系统外部需求。最重要的是,首先要确定黑盒的需求是什么,以便在内部设计和架构优化方面有足够的自由。该步骤可以在没有架构模型的帮助下简略完成,或者也可以从用例中派生(例如,使用传统 IDEF0 功能分析的应用场景,或者使用更现代的基于统一建模语言(unified modeling language, UML)和系统建模语言(system modeling language, SysML)的方法。

(2) 提出候选的逻辑或物理系统分解(即将系统分解为子系统或组件)。该步骤可以用许多不同的方法来完成。无论使用什么方法,强大的专业知识是决定如何将系统分解为更小的系统的关键,也是较小的系统协同工作实现整个系统能力的同时实现高质量属性响应的关键。对于系统分解,建议采用以下方法。

① 通过功能分解来推动逻辑或物理分解。通过分解系统的主要功能(不是每一个功能)获得足够的关于如何分解逻辑系统或物理系统的提示。

② 使用设计样式。设计样式是在过去的项目中被验证过的架构模型,优点和缺点已知。设计样式的使用大大提高了成功的概率。本章中介绍的大多数架构示例都提供了用户可用的设计样式。

③ 运用设计策略和原则。

(3) 将需求向下传递到子系统或组件。无论是否使用架构模型,都可以采用多种不同的方式来完成此步骤。当使用架构模型时,通过详细说明如何通过子系统或组件功能的协作来实现系统黑箱功能,从而能够使用 IDEF0 和 UML/SysML 方法。

(4) 通过确保架构支持的功能性性能,并比较不同候选架构或单个架构决策之间的质量属性响应,来评估和改进架构。

(5) 对于每个子系统或组件,可重复步骤(2)、(3)和(4)按层次详细阐述架构,使最低级别的组件可以随时使用或易于开发。需要注意的是,这种准备和架构细化的深度会随着具体的目的、场景和要处理问题的变化而变化。

架构的开发和方法如图 15.1 所示。值得一提的是,不管是否使用架构模型都可以进行架构开发。强烈建议设计人员在可视化架构模型的帮助下开发架构,并且推荐使用架构建模语言。例如,图形化建模语言,如 IDEF0、UML 和 SysML,在引出、记录和传输架构上有很大帮助。此外,传统系统框图的使用也有助于架构的描述。

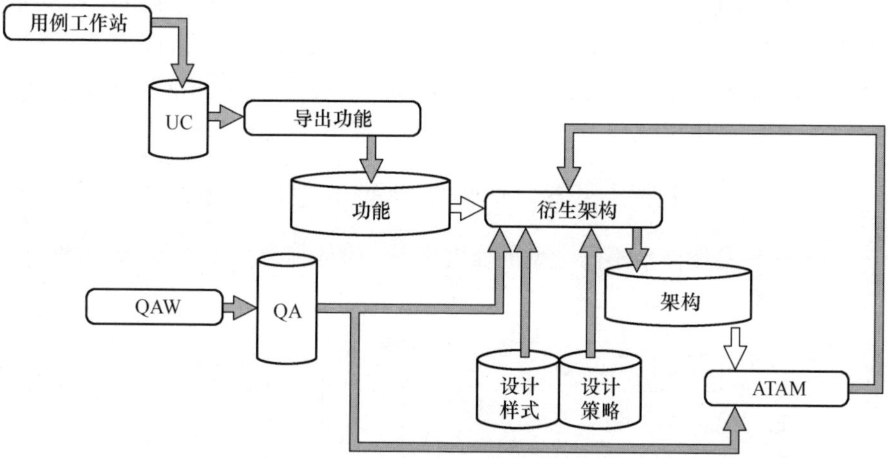

图 15.1　架构开发过程和方法

15.2.3　架构设计样式、策略与实例

15.2.3.1　简介

如图 15.1 所示,架构开发过程中最困难的步骤之一是架构衍生,这是架构开发更接近于艺术而不是科学的地方。这一步的关键是依靠以往开发和学习的设计样式、设计策略和原则使架构变得有效。通过使用这些设计样式、设计策略和原则,结合架构评估和评价步骤,能以更科学的方式进行架构开发。在本节的其余部分,将提供一些设计样式的示例,并讨论这些示例中包含的部分设计策略和原则[1]。

如前所述,组件的概念是架构的基础。这个概念对于硬件和系统来说是很合理的,但是对于软件来说就不那么清晰了,因为早期的软件开发人员通常认为软件是一个程序,认为软件是一系列动作而不是一个对象。直到面向对象程序设计变得流行并被广泛采用,软件组件才成为一个公认的概念。

软件组件是具有明确定义的服务和接口封装的软件元素,它可以重复使用,不限定使用该组件的环境,并且可以独立部署。通常情况下,一个组件是用更小的组件构建的。

基于组件的架构将系统分解为一组组件,这些组件由架构确定的结构化方法进行相互交互。软件组件通常采用对象或对象集合的形式(如一个 C++或 Java 类),以二进制或文本的形式,遵守某种接口描述语言(如公共对象请求代理架构(common object request broker architecture, CORBA)使用的交互式数据语言(Interactive data language, IDL),以便于该组件可以独立于计算机中其他组件而存在。

基于组件的架构促进了软件的计划性重复使用(产品线方法)。它还允许独立供应商从事生产组件的业务,可以把这些组件销售给不同的高级集成商。

重要的是要认识到,大尺寸组件(即集成了整个系统性能重要部分的组件)促进了新系统的快速性开发,并且会明显节省成本和加快进度。

15.2.3.2 典型传感器、计算机、执行器和用户界面的逻辑架构

在工业界发现许多不同类型的实时系统,都具有包括传感器、计算机、执行器和用户界面(user interface, UI)架构的基本模式,如图 15.2 所示。

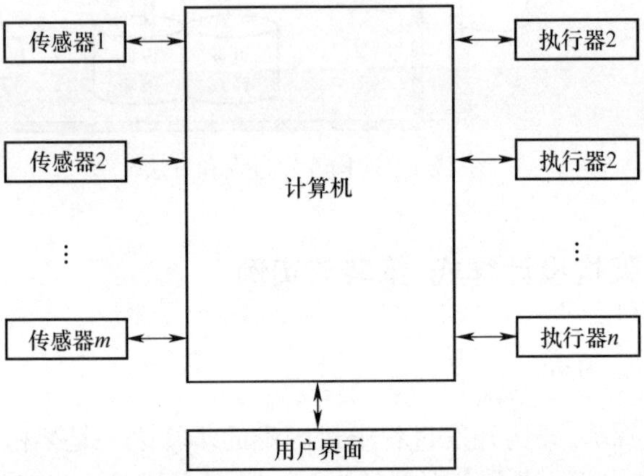

图 15.2 典型传感器、计算机、执行器和用户界面架构

将这种架构视为逻辑架构而不是物理架构是正确的。当被视为逻辑架构时,传感器或执行器元素在逻辑上提供传感器功能或执行器功能。传感器或执行器本身的物理实现可以采用计算机和其他电子设备。类似地,这个架构中的计算机是一个提供计算机功能的逻辑元素。物理上,逻辑计算机可以由现代意义上的一台计算机、一组计算机,甚至早期机械或模拟计算机来实现。

这种简单架构的一个关键作用是,大多数系统的设计和开发工作都集中在计算机内部完成,也就是说,逻辑软件通常是由一台真正的计算机或几台计算机,甚至是现场可编程门阵列或专用集成芯片实现的。

15.2.3.3 分层系统架构

分层系统架构是另一种常用的设计样式。设计分层系统架构的基本设计原则或策略是关注点分离,即采用不同的组件层来处理系统的不同问题。

分层系统架构是一种管理相关性的特殊方法,因此分层系统架构能针对系

统复杂性管理。这种基本思想既适用于系统,也适用于软件。在分层系统架构中,系统或软件被划分为几个组件组,每组称为一层。

严格的分层系统架构要求各层形成一个串行相关性堆栈。换句话说,如果各层从下到上编号为 $0,1,\cdots,N$,那么 k 层只能取决于 $k-1$ 层。

宽松的分层系统架构允许上层取决于所有下层。

实际上,架构师和开发人员可以定义一个特定的分层系统架构,在严格的分层系统架构和宽松的分层系统架构之间使用相关性规则,以提供复杂性管理、性能和效率之间的最佳平衡方案。

分层系统架构中的相关性约束意味着在严格的分层系统架构中,改变一层接口只能影响该层上面的直接相关层,对于宽松分层系统架构而言影响的是该层的上层。

通常根据关注点判定分离原则及层次选择,上层负责更高层和更抽象的问题,下层负责更低层和更具体的问题。

图 15.3 给出了分层系统架构的框图。需要指出的是,在分层系统架构中,系统被编成若干组件组,每组称为一层。一般来说,期望每层去解决不同层次的问题,因此,需要不同的技能和知识基础来定义、设计和实现。

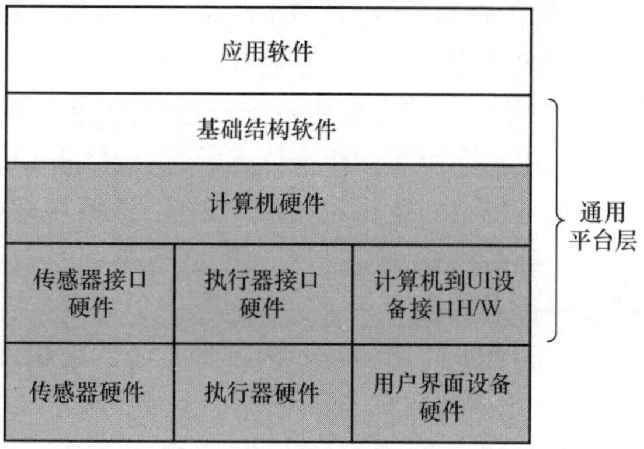

图 15.3　分层系统架构

如图 15.3 所示,底层是传感器、执行器和用户界面设备硬件,它们提供系统和外界之间的输入信息及操作和输出信息及操作。换句话说,该层是硬件设备与外界进行交互的层。

下一层包括传感器、执行器和 UI 设备接口硬件,提供了计算机硬件和实际设备之间的硬件接口。如果使用标准接口,如标准 A/D、标准 D/A 和标准串行数据总线,该层可以使用标准硬件构建,并可用于构建不同用途的系统。标准串行数据总线的示例有 MIL-STD-1553、ARINC 429、ARINC 629、ARINC664、以太网、RS232、RS422、RS485、USB、Camera-Link、IEEE 1394 和 Spacewire。这些标准接口中有些是商业标准接口,有些是专门为较冷门的应用领域设计的。重要的是要认识到,当代技术尤其是电子技术的发展,更有可能由商业或消费性产业主导,而不是由国防和航天工业主导。特别是,手机产业一直是低成本、低尺寸、重量和功率(size, weight, and power, SWAP)、高性能计算和通信设备的主要推动力,对其他行业产生了很大的影响。因此,重要的是要引导产业转向(不管喜不喜欢)手机产业采用的标准,以便以最小的成本和最少的时间延迟来充分利用这些发展与转向成果。

计算机硬件层提供了执行软件的能力,软件执行计算并实现逻辑和算法,处理来自传感器、执行器、用户设备硬件接口层的输入信息,并为该层产生输出信息。

基础结构软件层实现了将来自硬件层的计算和输入/输出能力进行软件抽象化,这种软件抽象大大简化了应用软件开发的过程。

最后,应用软件实现了系统的详细逻辑和算法,并由计算机硬件执行。应用软件位于基础结构软件之上的事实表明,应用软件的开发不需要过多关注硬件的细节,只需要关注由基础结构软件实现的硬件的软件抽象化就可以了。

基础结构软件层、计算机硬件层和传感器、执行器、UI 设备硬件接口层构成了一个系统,这种系统设计方式同样可以用于一大类系统的设计。将上述三层称为平台,当它与不同的传感器、执行器、UI 设备和应用软件相连接时,可以被许多不同的应用程序重复使用。

因此,顶层和底层都是针对特定应用系统而设计的,而中间三层是通用的。底层硬件层提供特定应用程序所需的特定传感器、执行器和 UI 设备。应用软件针对特定的应用程序执行特定的逻辑和算法。因此,该系统架构的关键是应用软件通过标准接口与基础结构软件层进行通信,传感器、执行器和 UI 设备通过标准接口与硬件接口进行通信。

这种方法已经有意无意地应用到行业内各种系统的架构设计中,并且平台层变得更加通用已经成为一种趋势。此外,应用软件、传感器和执行器硬件设备正变得更加独立于平台层。集成模块化航空电子系统(integrated modular avionics, IMA)就是该方法成熟实施的良好范例,已应用在现代波音 787 和空客 A380 上。

图 15.4 显示了实时系统分层架构的另一个典型例子,它强调软件和更精细的分层。在本例中,各个层次会被重新规划用来处理不同等级的问题。

顶层是“任务和系统自主层”,主要是通过使用核心控制系统的抽象化能力(接口)操作系统来实现任务目标的层级。该层并不关注具体操作是如何实现的。

下一层是核心能力层,它关注的是如何使用各种算法提供抽象化的能力。对于上层来说,这一层是通过其应用程序设计接口(application programming interface,API)进行抽象化的。

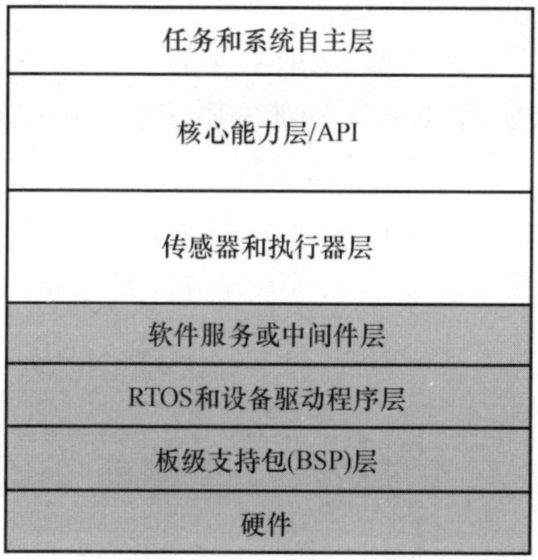

图 15.4　典型的航空航天实时软件的分层

再下一层是传感器和执行器层,用于处理单个传感器和执行器的具体细节。对于上层来说,抽象的传感器和执行器接口是独立于设备的。

以上三层称为应用层。

应用层下面是软件服务或中间件层,它提供调度、通信和数据管理等服务。

中间件层下面是实时操作系统(real-time operating system, RTOS)和设备驱动程序层。通过板级支持包(board support package, BSP)层对操作系统(operating system, OS)和硬件进行屏蔽。

下面的三层有时也被称为基础结构层。即基础结构层通常由三层组成:中间件层、操作系统和设备驱动层、BSP 层。

基础结构软件通过为应用层提供抽象化服务来保护计算机硬件和输入输出设备的细节不受应用软件的影响(但是它不保护传感器和执行器的高级特性),当计算机硬件、I/O(输入和输出)设备或基础结构软件层本身由于其他原因发生更改时,这些抽象化服务不必更改。

通常,基础结构软件层提供的服务如下:

(1) 多任务安排或调度服务;

(2) 计时服务;

(3) 通信服务;

(4) 数据管理服务;

这些服务通常是通过中间件提供的,中间件增强了通用 RTOS 的能力,提供只消耗应用程序软件最小的工作量就可以使用的服务。

几乎所有系统使用的实时操作系统都遵循或符合可移植操作系统接口(portable operating system interfaces, POSIX)标准。使用兼容或符合 POSIX 的 RTOS 意味着,如果需要的话,RTOS 可以很容易被替换为其他供应商的产品,而不会对中间件和应用软件造成问题。

如前所述，对于航空航天系统，ARINC 653 为应用软件的分区 RTOS 功能定义了一个标准。在符合 ARINC 653 标准的系统中，吞吐量(时间)和内存被划分为独立的资源，看起来就像是独立的虚拟计算机。发生在某一特定分区的故障和错误不会传播到其他分区。ARINC 653 标准允许在同一台计算机上运行独立的应用软件。在某种程度上，这些应用软件可以独立获得资格与认证。图 15.5 为相关概念说明。

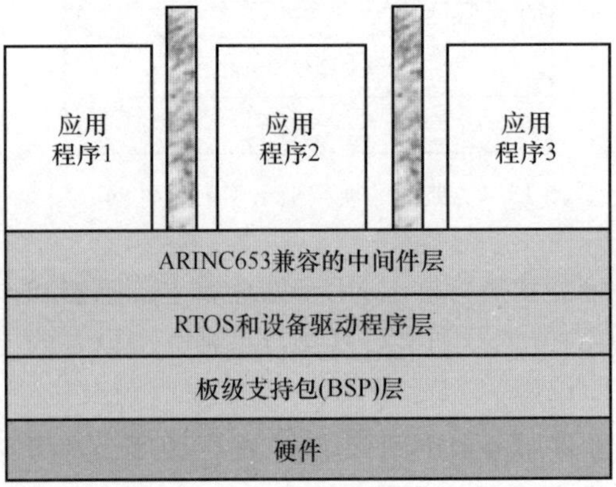

图 15.5　在同一硬件上通过符合 ARINC 653 标准的分区 RTSO 运行的独立应用软件的概念

应用层在基础结构层提供的平台之上实现实时系统功能。

典型的应用软件至少有三层：传感器与执行器层、核心算法层、操作与自主层。

底层的传感器和执行器抽象层提供了对传感器和执行器的抽象化。虽然传感器和执行器层本身依赖于传感器和执行器的细节，但常规设计目标是，该层提供的抽象化不依赖于设备的细节。因此，传感器和执行器的变化对上面的层没有影响。

核心算法层为系统执行详细算法。常规设计目标是使这一层独立于硬件设备，并专注于抽象化算法的实现。

操作和自主层提供操作和自主功能。这些功能与使用核心算法层功能的操作系统有关。

此外，使用组件来构建每一层是一个很好的实现方式。

15.2.3.4　分布式与集中式物理架构

当逻辑系统被物理系统实现时，分布式和集中式物理架构是架构设计的两个重要变化。当集中式物理计算引擎实现逻辑计算机功能时，该物理架构就是集中的。当逻辑计算机功能由物理分布式计算引擎实现时，该物理架构是分布式的。这两种变化各有优缺点,对于具体的应用程序和目标,选择特定的架构通常需要仔细评估和权衡。

对于 PNT 系统,经常关注三个层次架构:

(1) 网络或系统中的系统层面;

(2) 载体层面;

(3) 受关注的位置层面。

在网络或系统中的系统层面,关注的是由各种 PNT 基础结构系统(如 GPS、GLONASS、Galileo 和北斗)、各种增强系统(如广域增强系统(wide area augmentation system, WAAS))、局域增强系统(如伪卫星系统)、各种机会信号系统(如电台和电视台)以及各种用户系统或设备组成的大型系统。因此,就物理架构而言,PNT 系统中的系统除了分布式外没有别的选择。

在载体层面,传感器可以安装在多个位置,而传感器的位置受到许多因素的限制,如视角、热度和机械约束、热变形和结构弯曲。至少从传感器的角度来看,物理架构必须是分布式的。计算架构可以是集中式的,也可以是分布式的,并且需要针对特定的应用进行权衡和优化。

逻辑上集中式 PNT 系统可以根据具体应用的需求设计感兴趣的位置层面或载体层面,计算架构可以是物理上的分布式或集中式。

15.2.3.5 集成模块化航空电子设备和系统或设备的集成

集成模块化航空电子设备[2-5]是航空航天电子系统架构的一个重大突破。IMA 将传统上由飞机上独立物理盒子实现的系统集成在一个统一的通用计算机网络中,该通用计算机网络通过高速通信数据总线(如 ARINC 664 第 7 部分(航空电子全双工交换以太网)或较早的 ARINC 429 数据总线)实现互联。传感器和执行器硬件设备连接到这个网络,并且可以被网络上的任何一个计算引擎访问。传统上为每个盒子单独开发的软件模块,现在变成了运行在计算机网络上的公共硬件和底层软件资源上的应用软件模块。

IMA 在降低开发成本、硬件成本、重量和维护成本方面具有显著优势。

(1) 使用公共 API 访问硬件和网络资源大大简化了硬件和软件集成工作。

(2) IMA 允许应用程序开发人员将精力集中在应用层上,从而实现更高效的开发和更简单的集成和测试。

(3) 随着时间的推移,IMA 会跨项目甚至跨社区重新使用经过广泛测试的硬件和平台层的底层软件。

(4) 在运行过程中,如果检测到主计算引擎出现故障,IMA 允许应用软件在备用的计算引擎上重新部署和配置。这降低了系统冗余和故障管理的成本。

IMA 已经被 F22-Raptor、空客 A380、波音 787 以及其他几款重要的航空电子系统所采用。

ARINC 653(航空电子应用标准软件接口)是一个划分空间和时间的软件规范。它遵循集成模块化航空电子系统的架构,定义了航空电子系统软件的 API。IMA 的实现依赖于符合 ARINC 653 标准的 RTOS 或中间件,使得计算机的可用内存和时间可以用某种方式进行分割,就像它们是多台硬件计算机一样。

航空航天工业中称为 IMA 的系统在其他领域也称为电子设备融合或系统融合。传统系统通常在多个独立的盒子中实现,然后被组合成一个集成系统。计算系统是集成化的且通用性强。不同传统系统的功能是由多个应用软件组件实现的。这些软件组件由多种类型的共享传感器和执行器支持。

这种集成系统的一个示例就是手机。如今的手机是多个传统独立设备的集成,包括电话、时钟或手表、日历、相机、便携式摄像机、电视、录像机及其播放器、录音机及其播放器、书、心率监视器、计步器、GPS 接收器、便携式电脑、游戏机等。所有这些不同的功能都是在相同的手机硬件和基础结构软件上通过应用程序(即独立应用软件组件)实现。

例 15.1 波音 787 的 IMA[2]

由于 IMA 的许多优点,波音 787 和空客 380 都采用了基于 IMA 的航空电子架构。波音 787 的 IMA 是基于通用核心系统(common core system, CCS),该系统是由史密斯工业公司(现在的通用电气)开发的。图 15.6 是波音 787 的 CCS 图片。

图 15.6 波音 787 的 CCS 图片

CCS 是波音 787 的中枢神经系统。CCS 是由双通用计算资源(common computing resource, CCR)机柜组成的一种计算平台,机柜中部署了主处理模块、电源控制模块和网络交换机。特定应用模块(application - specific modules, ASM)可以安装在机柜中。

CCS 平台运行的是一个 ARINC 653 分区的操作环境,其网络主干是航空电子全双工交换以太网(ARINC 664 第 7 部分)。CCS 为飞机功能系统提供了共享的系统平台资源,如航空电子设备、环境控制、电气、机械、液压、辅助动力系统、客舱服务、飞行控制、健康管理、燃料、有效载荷和推进剂等。

CCS有一个公共数据网络(common data network, CDN),包括安装在CCR机柜内部和外部的飞机网络交换机。CDN是一个光纤以太网,连接所有需要与CCS通信的系统并负责与其他CCS之间的通信。

CCS设计的目的是利用远程数据集中器(remote data concentrators, RDC)整合飞机系统和飞机传感器的输入,包括模拟和数字接口,如ARINC 429和控制器局域网(controller area network, CAN)总线。

CCS取代了多台计算机,并承载了多达80种航空电子设备和实用功能。淘汰了100多个不同的线路可替换单元(line replaceable units, LRU)。

例15.2 集成航空电子设备上的全源PNT系统

在集成航空电子系统中(注意,需关注行业中对航空电子系统一词的滥用,航空电子系统指的是载体实时电子系统,而不是传统狭义的航空电子系统),传感器和执行器可以连接到集成航空电子系统中,在集成航空电子系统中可以运行多个独立的应用程序,使用和产生传感器和执行器之间的数据,并产生用于不同目的的输出。相比之下,传统的系统由多个物理盒子组成,每个物理盒子通过与具有特定功能的传感器和执行器连接,并执行该功能的进程,从而提供不同的服务。

尽管全源PNT几乎可以在任何类型的物理架构上实现,但是它特别适用于集成航空电子架构,其根本原因是全源PNT系统需要集成平台上(如汽车、飞机、船舶)多种不同类型的传感器。每个传感器都可以用于其他目的,因此,将传感器数据收集到一个集成航空电子系统中,并使它们可用于不同类型的应用程序是有益的。特别是,它减少了开发和重复使用的成本,降低了系统的尺寸重量和功率并优化了性能。图15.7说明了这个概念。

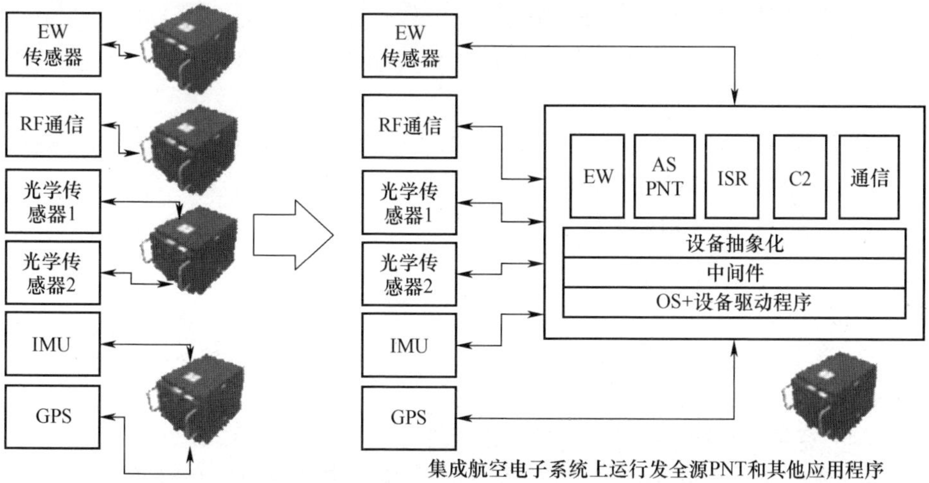

图15.7 集成航空电子上的全源PNT系统和其他应用

15.3 开放式架构和开放式架构标准

15.3.1 概述

如前所述,架构就是将系统分解为组件,再将组件集成为系统。开放式架构要求组件遵守公开可用的标准,具有以下两个方面的优势:

(1) 组件可以由不同的供应商或其他机构开发和生产;

(2) 不同来源的组件可以互换使用。

更重要的是,要意识到:

(1) 仅基于组件的架构不一定是开放式架构;

(2) 开源架构不一定是开放式架构;

(3) 商业成品(commercial off-the-shelf, COTS)架构不一定是开放式架构。

开放式系统架构是一种由接口标准定义的组件间关系,并且架构原则和指南与开放式系统方法保持一致[6]。

开放式系统是为了满足特定需求而设计的交互组件集成化集合。其中,组件实现过程符合标准的接口规范。同时组件的接口规范是被完全定义且公开使用的,并根据群体共识进行维护。

因此,开放式架构引出以下质量属性。

(1) 开发相关的质量属性:

① 易于开发和集成。系统可以开发和集成早已存在的、经过充分测试和充分认证的组件。

② 可复用性。由不同供应商开发的组件和子系统可以很容易被重复使用。

(2) 操作相关的质量属性:

① 操作灵活性。架构允许配置和重构可用资产,以满足快速变化的操作需求。

② 互操作性。由不同供应商开发的组件和子系统可以共同操作和无缝集成。可分割的软件和硬件模块可以独立更改。

(3) 维护和服务相关的质量属性:

① 可升级性和技术创新。在不改变整个系统中所有组件的情况下,交付新功能或替代技术。

② 可维护性和技术更新性。通过替换和更新组件,可以轻易完成系统维护或更新。

(4) 竞争、节约成本和避免不必要开销:

① 实现竞争生态系统。具有可分割模块的开放式架构,允许组件公开竞争。

② 节约成本和避免不必要开销。在整个采购周期内,重新使用来自任何供应商的技术、模块或组件。

由于开放式架构方法的潜在优势,美国国防部(department of defense, DoD)已正式采用模块化开放式系统(modular open system approach, MOSA)作为评估和实施开放式系统的综合业务和技术策略。

2019 年 1 月,美国军方最高领导人在美国海军、陆军和空军部长签署的三军备忘录中强调了他们将致力于开放式系统标准的使用[7]。该备忘录指示五角大楼的服务采办主管和项目主管使用 MOSA 以及现存的和新兴的开放式系统标准,包括:

(1) 传感器开放式系统架构(sensor open systems architecture, SOSA);

(2) 未来机载环境能力(future airborne capability environment, FACE)[8-9];

(3) 基于 C4ISR/EW 互操作性的车载集成(vehicular integration for C4ISR/EW Interoperability, VICTORY)[10];

(4) 开放式任务系统/通用指挥控制接口(open mission systems/universal command and control interface, OMS/UCI)。

这些现有和新兴的标准涵盖了美国国防部重要系统的各个方面,但并没有覆盖所有类型的系统。

SOSA 利用 OpenVPX 嵌入式计算标准,并专注于单板计算机以及解决如何集成到传感器平台的问题。

对于 PNT 系统开发人员而言,FACE 和 VICTORY 在未来的 PNT 系统中都扮演着重要的角色。

FACE 是一种全面开放的航空电子标准,能够使开发人员通过通用操作环境创建和部署跨军用航空系统的应用程序。力求在降低成本的同时,提高系统性能、安全性和灵活性。FACE 的主要技术目标是创建一个支持在开放式环境中使用软件组件的环境。从这个意义上讲,FACE 的适用性肯定超越了航空电子系统。

VICTORY 是一项陆军标准,允许军用车辆上不同供应商的不同系统通过开放式车辆数据总线或网络系统进行集成和互操作。VICTORY 的主要技术目标是创建一个车载数据总线标准和支持数据总线的硬件和软件层,以便于轻松地集成系统(盒子)。

国防部的意图是在未来项目中使用开放式系统。根据 10 USC 2446 号法律规定,在 2019 年 1 月 1 日之后获得的阶段 A 或阶段 B 批准的重大国防采购项目,应在实际可行的最大范围内采用模块化开放式系统方法进行设计和开发,以实现增量式开发,加强竞争、创新和互操作性。

MOSA 要求使用综合业务和技术战略的主要国防采购项目包括:

(1) 采用模块化设计,在主系统平台和主系统组件之间、主系统组件之间或主系统平台之间使用主系统接口。

(2) 必须经过核查,以确保主系统接口符合(如果有且合适的话)获得广泛支持和基于共识的标准。

(3) 使用一个系统架构,在主系统平台的生命周期内,允许在适当级别上逐渐增加、移除或替换可分割的主系统组件。

每个现存和新兴的标准在某种程度上都与 PNT 有关。表 15.1 大致总结了 FACE 和 VICTORY 对 PNT 系统架构的覆盖范围与期望的 PNT 架构标准的对比,它们是密切相关的。

表 15.1　FACE 和 VICTORY 的覆盖范围与期望的 PNT 架构标准对比

PNT 架构类型	期望架构标准内容	FACE	VICTORY
系统中的 PNT 系统和网络架构	(1) PNT 系统如何协作以实现网络层面的目标; (2) 接口和通信标准; (3) 用于时间同步和时间传输、测距和视距测量的标准	对于该级别架构,覆盖范围非常有限	对于该级别架构,覆盖范围非常有限
车载级 PNT 系统架构	(1) 子系统如何共享传感器信息以实现多种操作目的标准; (2) 传感器信息共享的标准; (3) 便携式硬件和软件组件的标准; (4) 时间同步标准; (5) 参考基准标准; (6) 通信信息的标准	良好覆盖范围的车载级 PNT 架构;聚焦可移植软件组件和 FACE 计算环境,允许一个广泛形式的架构范式	以数据总线为中心的、良好覆盖范围的车载级 PNT 架构方法;一个几乎完全覆盖的特定架构范式
关注位置层面的 PNT 架构	上述情况均适用	良好的覆盖范围	不关心盒子里发生了什么,更关注节点之间的通信、协作和资源共享

15.3.2　FACE

FACE 是为了支持 MOSA 而创建的最佳标准之一,主要目的是建立一个开放式的标准,并在这个标准下使用、重复使用和部署航空电子设备的软件组件。

FACE 技术标准是一种开放式的航空电子标准,旨在使军事计算操作具有更好的稳健性、可互操作性、可移植性和安全性。该标准使开发者通过一个通用的操作环境创建和部署广泛的应用目录，供整个军事航空系统使用。该标准的最新版本进一步提高了应用程序的互操作性和可移植性，增强了 FACE 组件之间交换数据的需求，强调了为该标准定义通用语言的需求。

图 15.8 说明了 FACE 的背景。FACE 定义如下：

（1）现存的和未来的航空电子硬件和通信网络可支持标准 FACE 计算环境；

（2）符合便携式 FACE 组件标准的应用软件，按组件分类可以在许多不同类型的航空电子系统中重复使用。

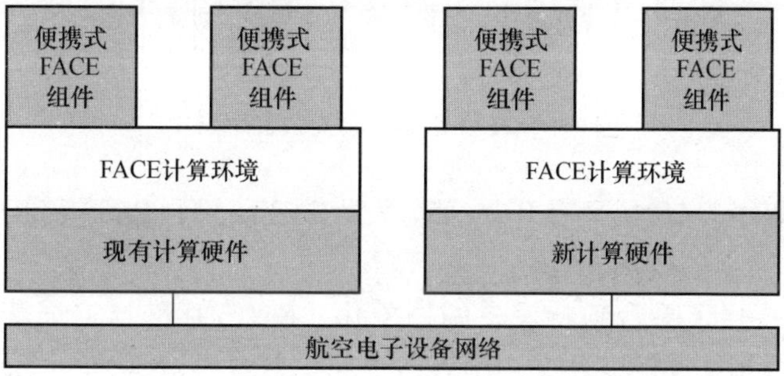

图 15.8　FACE 是由 FACE 计算环境支持，在一系列系统中创建和部署便携式 FACE 软件组件的标准

FACE 消除了传统紧耦合组件中便携式组件的障碍，将紧耦合的关注点从 FACE 便携组件上转移到 FACE 计算环境中。向 FACE 计算平台中添加适配器就可以处理平台设备接口控制文件的可变性。

FACE 使用一个五层架构，在 FACE 标准中每一层称为一个部分。FACE 参考架构的五部分如下：

（1）操作系统部分（operating system segment, OSS）；

（2）I/O 服务部分（I/O services segment, IOSS）；

（3）特定平台服务部分（platform-specific services segment, PSSS）；

（4）传输服务部分（transport services segment, TSS）；

（5）便携式组件部分（portable components segment, PCS）。

图 15.9 说明了 FACE 参考架构的各个层级。

下面根据文献[8-9]对每一层进行简要描述。

在图 15.9 中，OSS 位于所有其他部分和供应商提供的代码之下。它承载各种操作系统、运行时间和框架接口，并为其他部分的软件提供垂直接口。

IOSS 层是一个适配层，用于为接口适配各个厂商的设备驱动程序。该部分屏蔽了所有上层对供应商特定硬件和设备驱动程序的更改。换句话说，当硬件

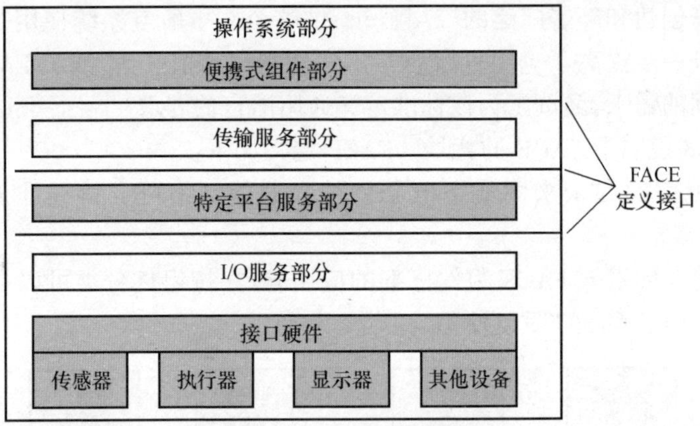

图 15.9　FACE 参考架构的各个层次

和设备驱动程序改变时，只有 IOSS 部分发生改变。只要 PSSS 和 IOSS 之间的接口不发生改变，上层就不会变化。

PSSS 层提供了平台独特设备的抽象化。FACE 标准接口屏蔽了来自上层中设备接口控制文件的变化。当引入一个新设备时，只要功能、数据和操作方法可以被抽象为使用相同的 FACE 标准接口来处理这类设备，上层就不需要更改。

TSS 是一个支持数据传输的层。数据传输有两种类型：①仅由 TSS 层实现的便携式组件之间的数据传输；②通过 PSSS 层将便携式组件之间的数据传输到更低层（最终到达硬件设备）。为此，数据通信和分发服务（如数据分发服务（data distribution service，DDS）中间件）用于实现这层的功能。

PCS 层是由一组便携式 FACE 组件和通用服务组成的层，它们同时执行时提供所需的平台级性能。由于 TSS 层提供数据传输的服务、PSSS 层提供对设备的抽象化，以及在 IOSS 层中进行对设备驱动程序的抽象化，PCS 层应该具有独立于以下因素的可移植性。

（1）使用特定的底层操作系统，如 Linux、VxWorks、Integrity，兼容 ARINC 653 的操作系统，甚至是支持 POSIX 的 Windows。

（2）提供具有特定功能的特定平台设备，如传感器、执行器、显示器，以及惯性测量单元、GPS 接收器和控制显示单元（control and display unit，CDU）等其他设备。

（3）特定的硬件接口设备及其设备驱动程序，如 Ethernet、1553、RS422、RS485 和 ARIC 429。

15.3.3　VICTORY

VICTORY 用于开发集成电子任务设备的框架，包括地面平台上的 C4ISR 和电子战系统。该框架包括架构、标准规范和参考设计。架构包括通用术语、系统、组件和接口的定义。该规范为确定架构中的系统、组件和接口提供了技术规范。

如果忽略 FACE 的航空用途和 VICTORY 的地面车辆用途，FACE 和 VICTORY 都可以应用于同一系统。尽管如此，FACE 和 VICTORY 在整个系统架构中使用了差异性很大的基本假设。

具体来说，FACE 假设单个或多个计算机硬件通过某种网络连接，网络上有 FACE 计算环境支持的 FACE 便携式软件组件。

VICTORY 的设计理念是：车载系统主要是由数据总线连接的盒子，而不是软件模块。它并没有假设所有终点是都能运行的中间件甚至是软件。图 15.10 举例说明了 VICTORY 设计的基本底层架构。与 FACE 一样，VICTORY 也是 MOSA 的另一个例子，用于创建模块化和互操作性。

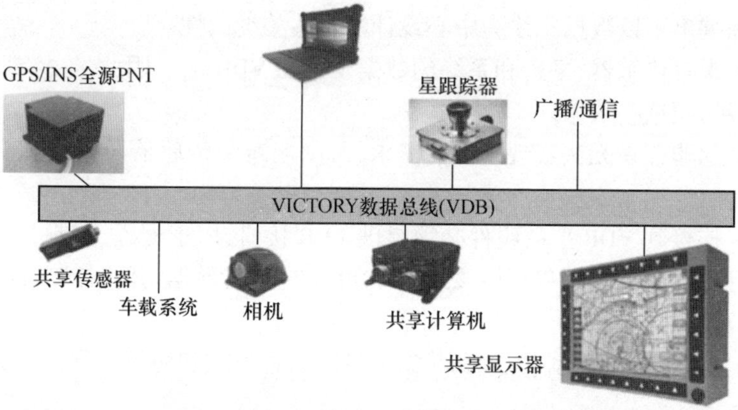

图 15.10 以数据总线为中心的 VICTORY 架构设计

在 VICTORY 标准文档中，一些被称为 VICTORY 原则的基本原则构成了 VICTORY 架构的核心。这些原则主张车辆平台上的电子系统设计应遵循以下原则（以下原则是逐字重复的 VICTORY 标准公开文件，无版权声明[10]）：

（1）使用以数据总线为中心的设计；

（2）使用在线网络接口；

（3）提供可共享的硬件组件，因此无须添加硬件即可部署软件组件；

（4）仅在系统之间和 C4ISR/EW 组件之间使用开放式标准物理和逻辑接口；

（5）使用一组共享数据服务；

（6）提供共享的硬件和软件信息保障（information assurance，IA）组件类型，使系统集成商能够构建深度安全防御设计，充分保护平台资源。

15.3.3.1 以数据总线为中心的设计

VICTORY 架构的基础是车辆数据总线(vehicle data bus, VDB)。VDB 提供了核心集成机制(即通过 VDB 实现车载系统的集成)。因此,网络接口成为该架构中最重要的接口。

使用数据总线,而不是点对点通信,有助于保持架构的简单性,减少系统中单个组件更改产生的影响。

为了支持这一基本架构的设计原则,与 VICTORY 组件类型兼容的每个系统都必须提供 VDB 接口,包括数据接口、配置接口、控制接口、状态报告接口和故障管理接口,这些接口都要符合 VICTORY 标准规范。

VICTORY 将尽可能使用现有标准。因此,VDB 以互联网协议(internet protocol, IP)为基础,将以太网作为物理层(physical layer, PHY)、媒体访问控制(media access control, MAC)和数据链路层的标准。

下面列出了以数据总线为中心设计的一些关键属性。

(1) 来自传感器、平台和系统的数据发布在 VDB 上。因此,连接到 VDB 的节点可以访问这些数据。

(2) 除非存在无法实现的性能需求,否则应避免传感器及其处理功能的紧耦合。

(3) 连接到 VDB 上的组件必须提供 VDB 接口,用于配置、控制、状态上报、故障管理等功能。应用程序应该通过 VDB 接口进行数据访问、控制、配置、状态报告和故障管理。

(4) 所有数据、控制、配置和状态接口的消息格式和协议必须是开放式的。

15.3.3.2 线上网络接口

VICTORY 通过定义具有线上规范的网络接口来提升组件之间的互操作性。用于通信的消息格式和协议标准化的是推动组件之间的互操作性、实现 VICTORY 组件类型规范的关键概念。

VICTORY 的主要目标是提升组件和系统之间的互操作性,允许政府选择由谁提供系统和组件,同时实现它们之间的互操作性。VICTORY 的第二个目标是降低计算平台之间移动软件组件的技术风险(成本和进度),从而使政府采购软件组件,而不是采购预先集成的盒子。线上网络接口是 VICTORY 的关键。

15.3.3.3 共享硬件组件

VICTORY 架构的另一个核心原则是共享硬件组件。共享硬件组件的目的是减少平台上硬件组件的数量。

VICTORY 架构提倡处理、显示和用户输入硬件应该在多个系统之间共享的理念。为了实现这一目标,VICTORY 架构推动了能承载第三方软件应用程序的硬件,这些软件应用程序是根据适当的应用程序编程接口(在平台的性能限制内)进行开发的。该架构还提倡使用能提供第三方作战机器接口(warfight machine interface, WMI)的显示设备,以及能与共享处理单元(shared processing units, SPU)上运行的第三方应用程序一起工作的输入设备。VICTORY 标准规范定义了用于具有多个应用程序的共享计算设备、显示设备和用户输入设备的标准。

15.3.3.4　标准开放式接口与 API

VICTORY 架构倡导的理念是,不仅要在 VDB 上实现数据传输和管理接口,这些接口还要采用标准开放式接口和 API,这样可以进一步提高系统中组件的互操作性和重用性。

15.3.3.5　共享 PNT 服务

特别有趣的是,VICTORY 认识到,几乎每个连接到 VDB 的 C4ISR/EW 系统都需要 PNT 信息。因此,VICTORY 将 PNT 确定为最重要的共享服务之一。通过为车辆提供 PNT 服务,降低了对重复性处理和重复使用硬件设备的需求。

时间同步是 PNT 最重要的服务之一。每个连接到 VDB 的硬件组件的系统时钟都应该被同步,以便在分布式处理单元上运行的应用程序具有相同的时间基准。

15.3.3.6　共享的信息保障组件

在 VICTORY 中,IA 支持作为 VDB 架构的一部分,该架构能够确定实现各种 IA 解决方案所需的组件和架构样式。这使得系统设计人员能够在设计阶段将 IA 解决方案包含在内。

图 15.11 是从官方 VICTORY 架构文档(公开文件)中获得的图表提供了 VICTORY 的另一个视角,描述了其以数据总线为中心的方法、支持 C4IRS/EW 系统的能力,以及访问或连接到平台系统的能力。

15.3.4　国防部 PNT 架构标准

国防部 PNT 架构(PNT architecture, PNTA)标准的开发是 MOSA 的另一项工作。它将 PNT 系统的接口和操作环境标准化,以提升互操作性、可重用性,并降低成本和进度。PNTA 仍处于早期发展阶段。然而,在 PNTA 正式发布和采用之前,前面描述的 FACE 和 VICTORY 已为 PNT 系统开发人员提供了大量指导。

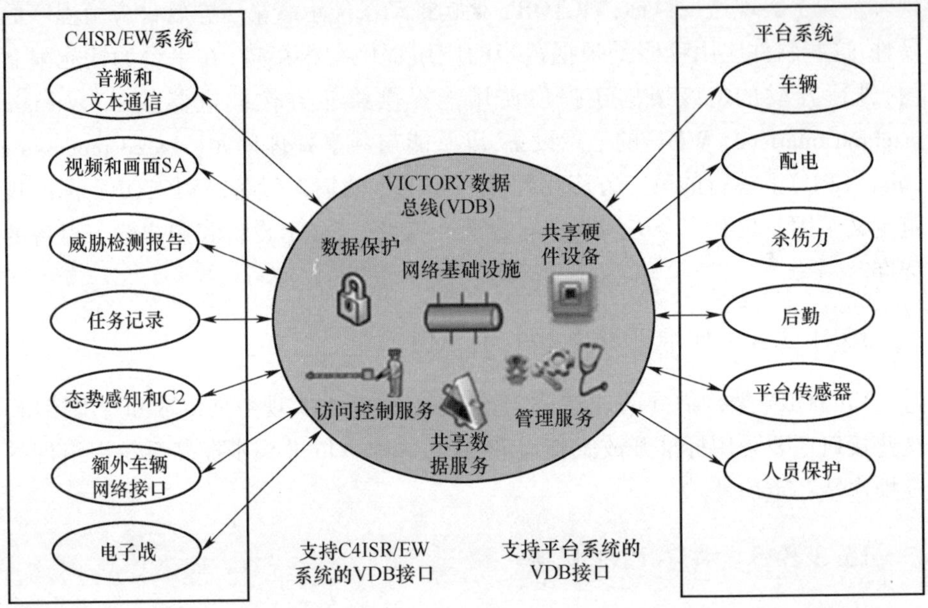

图 15.11 支持 C4ISR/EW 系统的 VICTORY 集成并提供对平台系统的访问和接口[10]

15.3.5 支持开放式系统和开放式标准的专有供应商方法

对于提供系统、子系统或组件的供应商来说,用开放式系统架构来设计标准大系统集成的系统、子系统或组件,最难的是如何逐步采用标准。换句话说,在标准被逐渐采用期间,供应商需要提供一种支持开放式系统标准的设计。同时,由于不是所有系统都采用开放式标准,所以还需要支持其他非开放式系统的架构和接口。

如果要为全世界定义和推广一种统一的语言,也会面临同样的问题。统一的语言可能是很好的,会让世界上的一切都变得更容易。然而,在统一的语言被每个人完全接受之前,将会变得更难,因为一个人不仅需要掌握当前使用的不同语言,还需要掌握新的统一语言。因此,开放式系统架构系统或组件的供应商需要开发一种既支持开放式系统标准又支持所有接口的策略。

幸运的是,解决这个问题的方法很简单。

(1) 供应商需要使用良好的内部架构,通过使用抽象层来保护或屏蔽大多数来自外部接口变化的设计,使其免受外部接口变化的影响。

(2) 当必须遵守不同的接口需求(包括开放式标准接口)时,可以使用抽象层中的适配器,使相同的内部设计适应包括开放式标准接口在内的不同接口。

换句话说,可以将开放式标准接口视为另一个必须支持的接口,并且采用良好的架构来支持多种不同的接口标准。图 15.12 对此概念进行了说明。

如图 15.12 所示，良好的内部架构将保持除适配层外的大多数设计和代码不发生变化。适配层用于处理未完成的情况：多种但未必一致的标准与不断发展的标准是共存的，因此，必须同时支持非标准的所有接口。

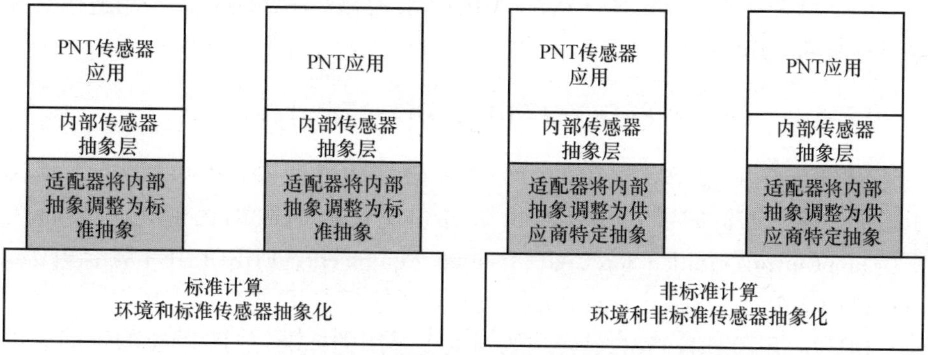

图 15.12　使用良好的内部架构和适配器处理不断发展的、多种开放标准与专有接口和环境的标准共存问题

15.4　实时系统质量和开发流程标准

15.4.1　简介

行业中有许多软件过程标准。标准的选择由系统要解决的市场问题决定。

在军事应用中，已经有 MIL-STD-2167、MILSTD- 498 和 IEEE 12207 标准[11-13]。从采用现代软件开发方法的角度来看，这些过程通常不能提供足够的灵活性。因此，与 20 世纪 80 年代和 90 年代相比，这些标准的使用有所减少。

对于商业航空市场，由于美国联邦航空管理局（Federal Aviation Administration，FAA）认证的需要，几乎所有与飞机相关的软件的开发都遵循由航空无线电技术委员会（Radio Technical Commission for Aeronautics，RTCA）制定的 DO-178B/C 标准[14-15]。DO-178B/C 是以目标为驱动的，为使用不同的软件开发方法提供了灵活性。

能力成熟度模型（capability maturity model，CMM）集成（capability maturity model integration，CMMI）[16] 由卡内基梅隆大学软件工程研究所（software engineering institute，SEI）开发和推广，被广泛应用于行业的各个部门。CMMI 不仅适用于软件工程也适用于系统工程。

值得一提的是，由于成本的巨大超支和进度拖延，以及大量备受瞩目的软件开发工作的完全失败，相较于传统瀑布式的开发方法，行业正在转向由风险驱动的迭代式开发方式。国际商业机器公司（International Bussiness Machiness Corporation，IBM）的 Rational 统一过程（Rational unified process，RUP）[17-19] 及其开源版本和开放统一过程(open unified process, OpenUP),在行业内被广泛采用。

在DO-178B/C和CMMI标准下,类似于RUP这样的迭代式开发过程是被允许的。尽管并非不可实现,但对于MIL-STD-2167类型的过程,采用迭代式方法是很难的。

15.4.2 DO-178(DO-178B和DO-178C)标准

《机载系统和设备认证中的DO-178软件注意事项》为软件的开发提供了指导。DO-178标准由RTCA出版并由RTCA和欧洲民航电子设备组织(European organization for Civil Aviation Equipment, EUROCAE)联合开发。DO-178B和DO-178C是DO-178标准的最新的版本,已被广泛采用。

DO178-B和DO-178C已经成为事实上采用的标准,并且FAA的咨询通告AC20-115B和AC20-115C已经确定了DO-178B和DO-178C是认证所有新航空软件的公认手段。

DO178-B/C主要涉及开发过程,因此DO178-B/C认证需要提供多种证明文件和记录。DO178-B/C认证所需物品的数量及其必须包含的信息数量是由认证级别决定的。

设计保证级别(design assurance levels, DAL)用于对航空系统软件的危急程度进行级别划分,并为每个级别定义了不同等级的测试和验证目标,这些测试和验证目标具有不同程度的独立性。表15.2简要说明了DAL的详细内容。

表15.2 DAL的详细内容

DAL	失败后果	失败后果描述
A	灾难性	可能导致坠机
B	危险	对性能、安全或机组操作有巨大影响;乘客受重伤或致死
C	大	对性能、安全或机组操作造成重大影响;导致乘客不适
D	较小	明显的影响;造成乘客不便
E	无影响	对性能和安全无影响

DO-178B/C是以目标为驱动的,因此,在软件开发生命周期过程中具有很大的灵活性。传统的瀑布式过程和现代的迭代式过程都可以在DO-178 B/C标准下使用。然而,它在目标、必须做什么和产生什么文件方面,规定了开发工作中关键的必要活动:规划、发展、验证、配置管理、质量保证、认证沟通。

以下是DO-178B/C要求的文件和记录的清单,不是所有的认证等级都需要。

1) DO-178B/C规划相关的文件

(1) 认证软件方面的计划(plan for software aspects of certification, PSAC);

(2) 软件开发计划(software development plan, SDP);

（3）软件验证计划(software verification plan，SVP)；

（4）软件配置管理计划(software configuration management plan，SCMP)；

（5）软件质量保证计划(software quality assurance plan，SQAP)；

（6）软件需求标准(software requirement standards，SRS)；

（7）软件设计标准(software design standards，SDS)；

（8）软件代码标准(software code standards，SCS)。

2）DO-178B/C 开发相关的文件

（1）软件需求数据(software requirement data，SRD)；

（2）软件设计描述(software design description，SDD)；

（3）实际的软件代码和图像。

3）DO-178B/C 验证相关的文件和记录的清单

（1）软件验证案例和程序(software verification cases and procedures，SVCP)；

（2）软件配置索引(software configuration index，SCI)；

（3）软件技能摘要(software accomplishment summary，SAS)；

（4）软件验证结果(software verification results，SVR)；

（5）问题报告。

4）DO-178B/C 配置管理相关的文件或记录的清单

（1）软件配置索引(software configuration index，SCI)；

（2）软件生命周期环境配置索引(software life-cycle environment configuration index，SECI)；

（3）软件配置管理记录；

（4）软件质量保证记录。

5）DO-178B/C 质量保证相关的文件或记录的清单

（1）软件质量保证记录(software quality assurance Records，SQAR)；

（2）软件符合性审查(software conformity review，SCR)；

（3）软件技能摘要(software accomplishment summary，SAS)。

15.4.3　Mil-STD-2167/Mil-STD-498/IEEE 12207 标准

军用标准 498(Mil-STD-498)是用于软件开发和文档编制的美国军用标准，于 1994 年发布，取代了 DOD-STD-2167A 和一些其他相关标准。Mil-STD-498 作为一个临时标准在 1998 年被取消，然后被 J-STD-016/IEEE 12207 取代。然而，这些标准都是由相同的关键技术人员制定的，他们遵循相同的理念具有相同的基本内容。

这些标准为如何在保证质量的情况下开发软件提供了严格的指导方针。该标准为需求分析、架构、详细设计、编码、单元测试、集成测试、质量鉴定测试、配置管理和维护等过程提供了指导方针。这些标准规定了应编制的文件。

(1)软件开发计划(software development plan, SDP);

(2) 软件测试计划(software test plan, STP);

(3) 软件安装计划(software installation plan, SIP);

(4) 软件过渡计划(software transition plan, STRP);

(5) 操作概念描述(operational concept description, OCD);

(6) 系统和子系统规范(system and subsystem specification, SSS);

(7) 软件需求规范(software requirement specification, SRS);

(8) 接口需求规范(interface requirement specification, IRS);

(9) 系统和子系统设计描述(system and subsystem design description, SSDD);

(10) 软件设计描述(software design description, SDD);

(11) 接口设计描述(interface design description, IDD);

(12) 数据库设计描述(database design description, DBDD);

(13) 软件测试描述(software test description, STD);

(14) 软件测试报告(software test report, STR);

(15) 软件产品规范(software product specification, SPS);

(16) 软件版本描述(software version description, SVD);

(17) 软件用户手册(software user manual, SUM);

(18) 软件输入和输出手册(software input and output manual, SIOM);

(19) 软件中心操作手册(software center operator manual, SCOM);

(20) 计算机操作手册(computer operation manual, COM);

(21) 计算机程序设计手册(computer programming manual, CPM);

(22) 固件支持手册(firmware support manual, FSM)。

15.4.4 CMMI

CMMI 是一种工艺改进方法,它为公司和组织提供了有效过程的基本要素。CMMI 是软件 CMM 的后续版本。软件 CMM 的开发时间为 1987 年到 1997 年。CMMI 1.1 版本于 2002 年发布,随后分别发布了 1.2 版本(2006 年)、1.3 版本(2010 年)和 2.0 版本(2018 年)。CMMI 项目的目标是通过将不同的模型集成到一个框架中来提高成熟模型的可用性。它是由工业界、政府和 SEI 的成员共同创建的,主办单位包括国防部部长办公室(Office of The Secretary of Defense, OSD)和国防工业协会。

CMMI 最佳范例发布在“示例”的文档中。过程模型是描述有效过程特征的结构化操作的集合,这些操作已经被实际经验证明是有效的。因此,过程模型可用来确保过程的稳定、有效和成熟,同时也可以作为改进过程的指南。

CMMI 模型不是一个过程,而是用于描述过程特征的模型。因此,很多不同的过程、系统和软件的开发方法可以与 CMMI 确定的操作一致。例如,瀑布式开发过程和迭代式开发过程都可以与 CMMI 操作保持一致。

CMMI 模型目前涉及两个领域:开发和获取。本节只讨论开发领域。

CMMI-DEV 模型在 22 个过程领域中提供了最佳使用范例:因果分析和决议、配置管理、决策分析和决议、综合项目管理、测量和分析、组织创新和部署、组织过程定义、组织过程的重点、组织过程性能、组织培训、项目监测与控制、项目规划、过程和产品质量保证、产品整合、量化项目管理、需求管理、需求开发、风险管理、供应商协议管理、技术方案、验证、核查。

一个公司或组织的开发过程和实际操作的成熟度可以由以下五个等级进行评估和评级。

(1) 等级 1:初始的。

(2) 等级 2:可复验的。

(3) 等级 3:已定义的。

(4) 等级 4:受监督的。

(5) 等级 5:最优的。

图 15.13 说明了五个成熟度等级。

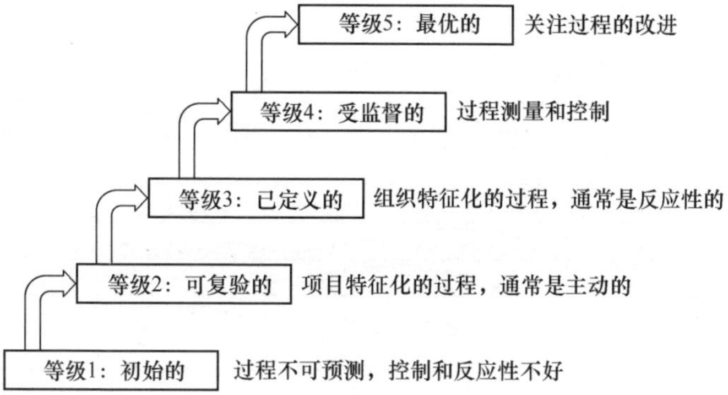

图 15.13　五个成熟度等级及其特点

15.4.5　瀑布式与迭代式开发过程

需要注意的是,有两种截然不同的系统和软件开发方式。第一种方法为瀑布式过程,它的特点是顺序执行系统和软件开发任务。汽车生产线就是瀑布式过程的一个示例。在瀑布式过程中,工作产品只有在过程的最后阶段才被生产出来。第二种方法为迭代式过程,其特点是通过迭代使产品逐渐成长或变得成熟。在每次迭代中,都有一个功能不完全或不成熟的工作产品。迭代式开发的一个很好的示例就是生命的成长。

当需求和设计成熟时,瀑布式过程是一个非常高效的开发方法,它只是一个简单的执行或批量生产的问题。瀑布式过程的缺点是它不允许改变,并且在该过程中,需求或设计的变更会导致严重的成本和进度问题。因此,对于设计良好且可量产的产品而言,瀑布式过程是一个很好的方法。然而,瀑布式方法可能不是一个使产品设计逐渐成熟的好方法。

迭代式开发通过迭代将产品从一个非常不成熟的原型变为一个功能齐全且完全合格的产品。在每次迭代中都要做的一些事情包括需求分析、架构设计、详细设计、实现、集成和测试。当需求和设计在开发过程中很可能发生变化时,迭代式开发将会是合适的方法。如果开发的产品不用于大规模生产,迭代式开发是有效的(请注意,软件从来都不用于大规模生产。这里忽略了在拷贝或通过网站传播等情况下的生产)。

迭代式开发工作的一个关键好处是,它经常能够尽早地暴露并减少风险,因此,在大多数情况下,对于软件开发而言,迭代式开发过程比传统瀑布式过程更好。

在迭代式开发过程的许多变体中,IBM RUP 是使用迭代式开发方法最成功的过程之一。图 15. 14 为 RUP 说明。

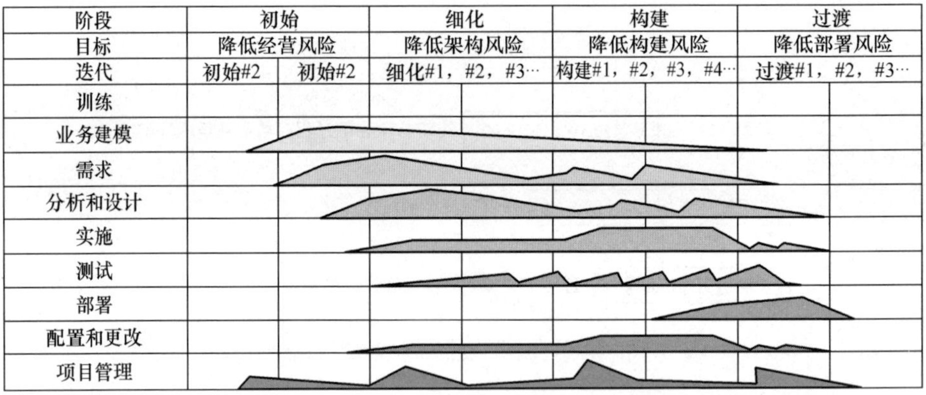

图 15. 14　RUP 说明

如图 15. 14 所示,生命周期被划分为四个连续的阶段(本质上是瀑布式的),每个阶段由许多迭代(本质上是迭代式的)组成。在每个迭代中,都要进行少量的业务建模、需求、分析和设计、实现、测试和部署。初始阶段的目的是为了降低经营风险;细化阶段的目的是降低架构风险;构建阶段的目的是构建产品并降低执行风险;过渡阶段的目的是降低部署风险。

15.5　仿真、测试以及验证确认方法

15.5.1　简介

对于开发实时系统来说，仿真在系统开发的生命周期中扮演着非常重要的角色。在开发工作的初始阶段，仿真被用来验证系统概念，并用于估计开发的规模、成本和进度。

类似于 RUP 的细化阶段，在（传统的）初步设计和关键设计阶段，使用仿真来验证：①系统需求与用例或使用场景一致；②系统架构支持所有需求的功能；③细节设计可行并满足需求。

实施阶段类似于 RUP 过程中的构建阶段，软件在环（software-in-the-loop，SITL）仿真可以作为集成和测试实现系统或软件的软件开发平台。SITL 仿真允许大多数应用软件的错误在模拟环境中被及早发现和消除。

除了 SITL 仿真提供的精确性验证之外，处理器在环（processor-in-the-loop，PITL）仿真是在通用计算机上运行真实的模型，在目标处理器上运行飞行软件。PITL 仿真通常是实时执行的，因此，可以在一个简单方便的环境中，将与处理器和实时执行有关的风险提前消除。

最高保真度的仿真是由硬件在环（hardware-in-the-loop，HITL）仿真环境提供的，在该环境中，实时计算机的测试版本与 I/O 硬件集成在一起，其中 I/O 硬件是由真实或模拟硬件设备驱动的。HITL 为测试实时软件提供了真实环境。人在环仿真是 HITL 仿真的一种特殊类型，在仿真中包括人机接口硬件设备，从而允许人与系统进行交互。

除了概念开发的仿真外，如果上述各种仿真（包括 SITL 测试模拟、PITL 测试模拟和 HITL 测试模拟）的共性得到最大化，并且是较低保真度仿真的自然延伸，通常会更有效率。

15.5.2　概念开发仿真与验证确认

在实时系统设计的概念开发过程中，仿真在验证概念的可行性和系统目标的可实现性方面起着重要的作用。仿真还有助于对开发工作范围和规模的早期评估，以及对开发成本和进度进行估计。

概念开发的仿真通常要求模拟简单且快速，易于定制并且能够在短时间内分析不同的场景。因此，用于此种目的的仿真通常用采用 MATLAB 和 Simulink 等语言编码或采用电子表格形式的编码。在这个阶段，如果使用具有更高保真度的仿真会带来更多的开销，除非项目的风险是实现、成本和进度风险，而不是技术和设计风险。

如果风险主要在实现方面,则仿真的早期版本有必要采用具有更高保真度的仿真方式仿真,如 SITL 仿真、PITL 仿真或 HITL 仿真。

15.5.3 SITL 仿真与验证确认

一旦制定了详细的设计方案,为了达到设计验证确认、性能分析、实施和降低风险的目的,有必要开发和维护高保真的仿真。

这需要进行权衡,但多数时候,SITL 仿真是一种有效的高保真度仿真。SITL 仿真具有同时验证系统架构和系统性能、验证算法设计和验证软件实施的优势。

现代 SITL 仿真通常可以在开发人员的台式机上使用。SITL 仿真允许设计人员、分析人员和实施者以一种高效的方式快速地实现和验证设计变化。因此,高效软件和系统开发过程是非常重要的。尤其是在迭代式开发过程中,早期频繁的测试和快速的转变对于高效地执行迭代是至关重要的。

经典 SITL 仿真运行速度比实际时间流速快,从而允许高效的测试和调试。当需要在开发过程的早期减少与实时过程和多任务相关的风险时,可以将 SITL 仿真配置为实时运行模式。

15.5.4 PITL 仿真与验证确认

PITL 仿真为实时系统提供了更高保真度的仿真。一些 PITL 仿真平台只有运行软件的目标处理器和在通用处理器上运行的仿真真实模型,它们通过以太网和 TCP/IP 等标准接口相互通信。一些 PITL 仿真是高保真的,对于处理器来说所有的硬件接口都是真实的,在这种情况下,与硬件相关的低等级软件可以在这种环境中进行集成和测试。

通常,PITL 仿真平台更昂贵且可用性更低,需要花费更多的精力来运行测试用例。因此,PITL 仿真的使用频率应该低于 SITL 仿真。大多数调试和测试都应该在 SITL 环境中进行。

PITL 仿真允许在 PITL 环境中进行测试和调试从而降低与特定目标处理器相关的风险。随着现代基础结构软件的发展,应用软件很少出现这种风险。PITL 仿真对于降低基础结构软件的风险具有很大作用。

15.5.5 HITL 仿真和验证确认

HITL 仿真提供了最高保真度的仿真,在该仿真中工程开发单元将连接在一起完成集成测试。HITL 仿真平台通常只进行实时运行测试,使用实时计算机、传感器和执行器的工程开发模型来执行对硬件接口的重要测试。

在 HITL 仿真平台中,并非所有硬件都被包含在仿真中,仿真内容取决于哪些接口或集成问题被视为风险。只有那些被认为对系统的成功开发有风险的设备才会被包含在内。

显然,HITL 仿真的保真度最高,但同时也是最昂贵和最不容易获得的。因此,HITL 仿真只用于执行在其他地方无法完成的测试和验证,如硬件和软件接口、传感器和执行器的交互,以及用于测试整个系统的测试,如作为正式质量鉴定测试(formal qualification test, FQT)一部分的测试案例。

15.6 集成系统和软件工程以及模型驱动/基于模型的开发

与其他行业的软件开发不同,航空航天工业的软件开发通常分为两组活动。第一组活动包括算法的定义和验证、算法设计验证和系统性能的仿真开发,以及编写向代码工程师传达设计的算法设计文档。第二组活动包括代码的开发、测试、集成和确认。

多年来,这种传统方法一直存在一个根本缺陷:领域知识与代码、测试和集成活动是分离的。因此,第二组活动效率很低,并且常常是项目的风险领域。

事实上,在几乎所有的航空航天实时系统的开发项目中,软件成本和进度被认为是一个关键风险。造成这一现象的原因有很多,在传统的航空航天软件开发过程中,领域专长与软件编码、调试和测试的分离就是关键问题之一。

由于以下原因,这个问题变得越来越明显。

(1) 算法复杂度的增加使得这些算法和软件的架构必须由具有相关领域知识的人来完成。事实证明,系统领域专业知识以及系统和软件架构专业知识的结合对于高效和成功地开发复杂、性能要求高、安全性需求高的航空航天系统和软件至关重要。

(2) 算法复杂性的增加使得编写和调试算法软件的研发人员必须具备足够的领域知识从而高效地工作。

(3) 相较于传统的瀑布式过程,现代的迭代式开发方法(如 IBM 的 RUP)已被证明是软件开发中一种更好的方法,其要求具有快速迭代的能力,这些迭代中包含紧耦合需求、架构、详细设计、实施、集成和测试活动。传统的系统工程方法把一些工作扔给软件工程,但这并不适合迭代式开发方法。

集成算法、仿真和软件开发(integrated algorithm, simulation, and software development, IASSD)是一种将前面提到的两组活动整合为一组活动的方法,它由同时开发算法、仿真和飞行软件的一个综合化工程师团队来完成。IASSD 通常在迭代式开发过程(如 RUP)中执行。

以下是一些可以采用 IASSD 的方法。

IASSD 可以通过综合领域和软件团队使用传统的手工代码方法来开发算法、模拟和飞行软件。为了达到这些目的,领域专家要接受软件开发技能的培训,软件工程师要接受领域知识的培训。

IASSD 可以使用一种称为自动编码的技术来完成。当使用自动编码时，算法、仿真和飞行软件是采用现代图形语言（如 Simulink 和 Matrix-X）来定义和实现的，这些语言通常由控制工程师使用，然后从更高层次的设计图形描述中自动生成飞行代码。这种方法通常称为基于模型的设计。

自动编码也可以在基于 UML 的架构模型中完成，并且这种方法通常与模型驱动的设计相关。

无论采用何种方法，基于 IASSD 开发成功的一个关键因素是，在整个生命周期的循环仿真中开发和使用飞行软件。对基于手工代码的开发方法，仿真中包含了手工编码的飞行软件。对基于模型的方法，飞行软件在环仿真实际上就是基于图形化模型的仿真。

15.7 软件复用和软件产品线

如前所述，实时软件系统的成本和进度问题在整个行业中一直存在。更好的过程、更好的方法、更好的工具和更好的设计提供了更好的生产力，从而降低了成本和进度。

重要的是要认识到，完全消除某些开发比任何生产力的提高节省了更多的成本和缩短进度。沿着这条思路，软件复用和软件产品线（software product lines，SPL）就是减少成本和进度的方法。

同样重要的是，复用不仅仅意味着代码的复用，概念、需求、架构、架构模型、设计文档、代码和测试用例都可以被重复使用。

软件复用是一个比软件产品线所指范围更广泛的术语，软件复用包括任何形式的复用。然而，产品线方法指的是以规定方式进行计划和管理复用的方法。由于可以在产品线方法中对可重用的资产进行规划和开发，软件产品线方法往往比传统的普通复用效果更好。

多年来，软件复用已经从函数或子程序的复用演变为包含数据和函数的模块、类和对象的复用，以及为软件系统提供大量功能的组件的复用。

就复用元素的大小而言，它已经从小粒度的函数或对象变为大粒度的组件。正如前面所讨论的，大粒度组件允许使用少数大型组件对软件系统进行快速组装、集成和测试。

软件产品线方法从策略复用逐渐发展为完全策略的复用。这意味着以规定的方式，从一组通用核心资产中，开发出多个具有某种通用管理特征集的软件系统产品。因此，建立一个软件产品线比建立一个代码库更复杂。

通过仔细研究业界成功和不成功的软件产品线实践案例，卡内基梅隆大学的 SEI 已经开发了一个相当成熟的软件产品线实践框架，称为 SPL 框架[20-21]。这个框架确定了三个基本活动，包括核心资产开发、产品开发和管理。这个框架确定并描述了被分为三类的 29 个实践领域(practice areas, PA),三类分别为软件工程、技术管理和组织管理。

软件工程实践领域包括架构定义、架构评估、组件开发、现有资产挖掘、需求工程、软件系统集成、测试、相关领域理解、外部可用软件的使用。

技术管理实践领域包括配置管理、制作/购买/挖掘/委托分析、测量和跟踪、过程纪律、范围界定、技术规划、技术风险管理、工具支持。

组织管理的实践领域包括商业案例建立、客户界面管理、采购策略制定、资助、启动和制度化、市场分析、运营、组织规划、组织风险管理、组织构建、技术预测、培训。

对于航空航天系统而言,飞机、导弹、运载火箭和航天器使用的不同系统具有许多相似之处和通用功能。导航、定姿、定轨、温度控制等功能在许多不同类型的飞行器中都非常相似。在飞行控制方面,较小类别飞行器之间存在相似性。此外,几乎所有实时航空系统中的实时操作系统都非常相似。这些相似性允许在不同级别上进行复用。通过仔细规划可以建立软件产品线,实现从传统的简单复用转变为使用软件产品线的战略性复用。

产品线的成功部署不仅可以大规模地提高生产力,还可以改善上市时间,有助于保持市场占有率、维持增长、减少人力需求、提高产品质量和提高客户的满意度。

促进软件产品线成功开发的一些关键因素包括令人信服的商业案例、深入的领域知识、丰富的传统基础、专业的技术支持、组织凝聚力、勇于尝试新的工程方法。

参 考 文 献

[1] Li, R., and M. Santina, "Aerospace Real-Time Control System and Software," Ch. 6 in *The Control Handbook: Control System Applications*, 2nd ed., W. S. Levine, (ed.), Boca Raton, FL: CRC Press, 2018.

[2] New Item: "GE Aviation Common Core System for the 787 Dreamliner Marks Debut of Open System Architecture for the Type of Commercial Aviation System," https://www.greencarcongress.com/2011/10/geccs-20111028.html.

[3] https://en.wikipedia.org/wiki/Integrated_modular_avionics.

[4] Watkins, C. B., and R. Walter, "Transitioning from Federated Avionics Architectures to Integrated Modular Avionics," *26th Digital Avionics Systems Conference (DASC)*, Dallas, TX, October 2007.

[5] Littlefield-Lawwill, J., and R. Viswanathan, "Advancing Open Standards in Integrated Modular Avionics: An Industry Analysis," *26th Digital Avionics Systems Conference (DASC)*, Dallas, TX, October 2007.

[6] https://www.theopensystem.org/the-idea.

[7] https://www.militaryaerospace.com/computers/article/16722050/pentagon-reinforces-mandate-for-electronics-design-opensystems-standards-like-sosa-face-and-victory.

[8] The Open Group, "Technical Standard for Future Airborne Capability Environment (FACE™)," Edition

2.1,2014.

[9] https://www.opengroup.org/face.

[10] VICTORY Standards Support Office, "Vehicular Integration for C4ISR/EW Interoperability (VICTORY) Architecture," Version A, April 2, 2019.

[11] Sorensen, R., "MIL-STD-498, J-STD-016, and the U.S. Commercial Standard," *CrossTalk Magazine*, December 16, 2004.

[12] https://en.wikipedia.org/wiki/MIL-STD-498.

[13] https://en.wikipedia.org/wiki/DOD-STD-2167A.

[14] https://en.wikipedia.org/wiki/DO-178B.

[15] https://en.wikipedia.org/wiki/DO-178C.

[16] https://en.wikipedia.org/wiki/Capability_Maturity_Model_Integration.

[17] https://en.wikipedia.org/wiki/Rational_Unified_Process.

[18] Jacobson, I., G. Booch, and J. Rumbaugh, *The Unified Software Development Process*, Reading, MA: Addison-Wesley Professional, 1999.

[19] Kroll, P., and P. Kruchten, *Rational Unified Process Made Easy: A Practitioner's Guide to the RUP*, Reading, MA: Addison-Wesley Professional, 2003.

[20] Northrop, L. M., et al., "Framework for Software Product Line Practice, Version 5.0," White Paper, Software Engineering Institute, December 2012.

[21] https://en.wikipedia.org/wiki/Software_product_line.

内 容 简 介

全球卫星导航系统(GNSS)主要用来解决定位、导航与授时问题。然而,对于军事安全和商业关键任务应用来说,GNSS 有一个根本性缺点——脆弱易损。因此,当 GNSS 损坏或无法工作时,需要提出一种解决方案短暂取代 GNSS,即全源定位、导航与授时(PNT)技术。本书重点阐述全源 PNT 技术,共分为三部分:第 1~5 章为第 1 部分,主要阐述全源 PNT 技术的必要性,涉及的基本概念和工具,以卡尔曼滤波为基础的系统融合方案;第 6~14 章为第 2 部分,重点介绍一些具有潜在应用价值和实用性的 PNT 辅助技术,介绍的每一项技术都可以被纳入全源定位、导航与授时结构中:第 15 章为第 3 部分,主要介绍通用硬件、实时软件架构及其开发过程。

本书突出对基本原理和不同辅助技术的阐述、分析,内容由浅入深,可作为导航定位专业研究生和高年级本科生的参考书,也可供相关领域科研人员阅读、参考。